MITTEILUNGEN
der
Geographischen Gesellschaft in Hamburg

Band 54

Im Auftrage des Vorstandes herausgegeben
von

Prof. Dr. Wilhelm Brünger
Mitglied des Vorstandes

Mit 61 Karten und Figuren sowie 55 Abbildungen

1961
IM SELBSTVERLAG DER
GEOGRAPHISCHEN GESELLSCHAFT
IN HAMBURG

Im Selbstverlag der Geographischen Gesellschaft in Hamburg
Gesamtherstellung: A. F. Blöcker, Hamburg-Wandsbek
Printed in Germany

Tätigkeitsbericht

V o r s t a n d (gewählt am 18. Dezember 1958):

Herr Bürgermeister a. D. Rudolf Petersen (Ehrenvorsitzender)
Herr Kurt Hartwig Siemers (1. Vorsitzender)
Herr Professor Dr. Albert Kolb (2. Vorsitzender)
Herr Dr. Rudolf Brinckmann (Schatzmeister)
Herr Dr. Franz Nusser (Geschäftsführer)
Herr Professor Dr. Wilhelm Brünger (Stellv. Geschäftsführer)
Herr Arthur Binder
Herr Präsident Dr. Günther Böhnecke
Herr Claus Gottfried Holthusen
Herr Dr. Heinrich Lösche
Herr Alwin Münchmeyer
Herr Professor Dr. Erich Otremba
Herr Oberstudiendirektor Dr. Ludwig Sroka
Herr Professor Dr. Theodor Stocks
Herr Professor Dr. Franz Termer

Veranstaltungen der Geographischen Gesellschaft

1. E h r u n g e n

Die Goldene Kirchenpauermedaille wurde verliehen an Sir Vivian Fuchs Ph. D. (London) in Anerkennung seiner hervorragenden Verdienste und seiner einzigartigen Forscherleistungen während des Geophysikalischen Jahres. Die Inschrift lautet: Sir Vivian Fuchs, Ph. D. für die erste Durchquerung der Antarktika Hamburg, 3. 12. 1958.

Sir Vivian Fuchs, Ph. D. zeigte im Tonfilm die Vorexpedition und sprach über „Die Durchquerung des Antarktischen Kontinents 1957-58" in englischer Sprache mit Farblichtbildern. Anschließend wurde gemeinsam mit dem Anglo-German-Club ein Herrenessen im Gebäude des Anglo - German - Club veranstaltet.

Am darauffolgenden Tage gab mittags die Hochschulbehörde – Senator Landahl – einen Empfang für Sir Vivian Fuchs, Ph. D. und einige Herren des Vorstandes der Gesellschaft im Übersee-Club.

Die Silberne Kirchenpauermedaille wurde verliehen an Herrn Kapitän a. D. Oberregierungsrat a. D. Alfred Ritscher (Hamburg) anläßlich seines 80. Geburtstages in Anerkennung seiner Verdienste in der Arktisforschung und der Entdeckung von Neu-Schwabenland in der Antarktis. Die Inschrift lautet: Kapitän Alfred Ritscher für Verdienste um die Arktis- und Antarktis-Forschung 23. Mai 1959., am 22. Mai 1959.

Anschließend an die Ehrung wurde ein Farbtonfilm der BP Benzin und Petroleum Aktiengesellschaft über die Trans-Antarktis-Expedition Sir Vivian Fuchs 1957 - 58 vorgeführt.

2. A l l g e m e i n e S i t z u n g e n

Herr Professor Dr. F r a n z T e r m e r (Hamburg): „Palenque die Tempelstadt der Maya in Süd-Mexico" mit Farblichtbildern, 16. Okt. 1958

Herr Baron G u s t a v A d o l f von M a y d e l l (Hamburg): „Durch die Wälder des Himalaja vom Satledsch bis zum Brahmaputra" mit Farblichtbildern, 30. Okt. 1958

Herr Professor Dr. Hermann Trimborn (Bonn): „Probleme der indianischen Landwirtschaft in Bolivien" mit Farblichtbildern, 12. Nov. 1958

Herr Professor Dr. Albert Kolb (Hamburg): „China" mit Farblichtbildern, 27. Nov. 1958

Herr Oberreg. Rt. Dr. Joachim Joseph (Hamburg): „Die Forschungsfahrten mit dem V. S. F. „Gauss" im Nordatlantik während des Internationalen Geophysikalischen Jahres 1958" mit Farblichtbildern, 28. Jan. 1959

Herr Dr. Heinrich Schiffers (Köln): „Die Zukunft des neuen saharischen Wirtschaftsgebietes" mit Farblichtbildern, 12. Feb. 1959
Vor dem Vortrage wurde die Mitgliederversammlung abgehalten, geleitet von Herrn Dr. Franz Nusser

Herr Dr. Wendelin Klaer (Heidelberg): „Libanon Reisen und Forschungen 1957/58" mit Farblichtbildern, 18. März 1959

Herr Dozent Dr. Wolfgang Weischet (München): „Von Magallanes zum Titicaca-See. Landschaftserlebnisse in Chile und Bolivien" mit Farblichtbildern, 24. April 1959

Herr Professor Dr. Herfried Hoinkes (Innsbruck): „Mit der USA-Antarktis-Expedition 1957/58 zum Südpol" mit Farblichtbildern, 5. Mai 1959

3. Fachsitzungen

Herr Dr. Alois Heupel (Hamburg): „Die Geschichte des Schweizerischen Landeskartenwerkes und seine heutige Erstellung" mit Lichtbildern, 3. Okt. 1958

Herr Oberstud. Rt. Dr. Willi Eggers (Hamburg): „Großbritannien Landschaft und Karte" mit Farblichtbildern, 12. Jan. 1959

Herr Dr. Werner Horn (Gotha): „Zur Geschichte der Isolinienkarten" mit Lichtbildern, 27. April 1959

4. Exkursion

Wohldorf und Wohldorfer Wald, historisch-geographisch, waldwirtschaftlich und siedlungsgeographisch, Leitung Herr Stud. Rt. Dr. Heinrich Lösche (Hamburg), 27. Juni 1959

VORWORT ZUM 54. MITTEILUNGSBAND DER GEOGRAPHISCHEN GESELLSCHAFT HAMBURG 1961

Es ist mir eine Freude, daß hiermit der 54. Band unserer Mitteilungen mit zwei bedeutsamen Arbeiten vorgelegt werden kann, wenn er aus Gründen der Finanzierung auch verspätet erscheint.

Die erste Arbeit bringt einen Forschungsbericht von Dr. habil Karl Helbig über seine ausgedehnten Reisen in Chiapas, Mexicos südlichstem Staat und zwar „das Stromgebiet des oberen Río Grijalva", der sich sehr gut an die Forschungen von Prof. Dr. Leo Waibel, Bonn, in der Sierra Madre de Chiapas anschließt. Diese Arbeit ist ebenfalls in unseren Mitteilungen erschienen und zwar 1933 im Band 43, S. 12 – 162. Beiden Arbeiten sind gute, übersichtliche und aufeinander abgestimmte Karten beigegeben, die erstmalig anschauliche Vorstellungen von den entsprechenden Räumen geben.

Die zweite Arbeit von Dr. Dr. Ehrfried Lankenau beschäftigt sich mit interessanten Problemen der Grenzwirkung der Anden unter dem früheren Einfluß der nach innen gerichteten Kontinentalität und der späteren, von den Küsten her wirkenden Ozeanität.

Bei der angenehmen Pflicht zu danken, habe ich zunächst wieder die Hochschulabteilung der Schulbehörde Hamburg zu nennen, die den überaus größten Teil der Druckkosten des Mitteilungsbandes übernahm. Ganz besonders danke ich auch der Druckerei A. F. Blöcker, die trotz eingetretener Schwierigkeiten die Herausgabe ermöglichte.

Hamburg, im Juli 1961

Wilhelm Brünger

Inhalt

Karl M. Helbig, Hamburg: Das Stromgebiet des oberen Río Grijalva; eine Landschaftsstudie aus Chiapas, Süd-Mexiko. Mit 58 Karten und Figuren sowie 37 Abbildungen

Ehrfried Lankenau: Die Andengrenze von Altchile. Mit 3 Karten und 18 Bildern.

Das Stromgebiet des oberen Río Grijalva

Eine Landschaftsstudie aus Chiapas, Süd-Mexiko

Von Karl M. Helbig

Inhalt

Vorwort . . . 9

I. Das untersuchte Gebiet . . . 13
II. Rückschau in Forschung und Schrifttum . . . 14
III. Das Kartenmaterial . . . 21
IV. Geografische Grundlagen . . . 34

1. Aufbau und Oberfläche . . . 34
2. Klima . . . 42
3. Das Gewässernetz, insbesondere der Río Grijalva . . . 51
4. Vegetation . . . 57
5. Nützliche und schädliche Tiere . . . 71
6. Bevölkerung, Besiedlung, Bewirtschaftung . . . 76

V. Landschaftliche Aufteilung . . . 101

A. *Die Mesa Central* . . . 101
1. Die Hochbecken und Hochtäler . . . 104
2. Die randlichen Bergreihen . . . 116
3. Die Sierra de Nuevo León . . . 118
4. Die Ebene um Comitán . . . 123
5. Steilabfall und Terrassen gegen das Valle Central . . . 130

B. *Die Zentrale Depression (Valle Central)* . . . 135
1. Das Hügelland im Osten . . . 136
2. Das Grijalva-Tal bis zum Sumidero . . . 140
3. Die Barranca-Landschaft im Nordwesten . . . 146
4. Die Landschaft um Tuxtla . . . 149
5. Die Llanos und Bergmassive im Südteil . . . 156

C. *Die Binnenseite der Sierra Madre* . . . 173
1. Das kristalline Kettengebirge im Nordwesten . . . 175
2. Die Blockmassive im Südosten . . . 187
3. Das Bergland um Pacayal . . . 200
4. Das Cuilco- und Motozintla-Tal . . . 206
5. Die großen Kaffeetäler . . . 213

VI. Schlußbetrachtung: Bilanz und künftige Möglichkeiten der Entwicklung 221

VII. Anhänge . . . 228
1. Zusammenfassung der Wetterbeobachtungen . . . 228
2. Liste der Gesteinsproben . . . 232
3. Liste der Pflanzen . . . 237
4. Liste der Tiere . . . 255
5. Verdeutschung von Fremdbezeichnungen . . . 258
6. Bibliografie . . . 261

Liste der Karten und Figuren . . . 272
Liste der Abbildungen . . . 273

In Mexico selbst und darüberhinaus in der internationalen Wasserbaukunde ist in den letzten Jahren im Zusammenhang mit dem Großeinsatz der mexicanischen Regierung für Wassernutzung und Wasserversorgung viel die Rede von dem „Grijalva-Usumacinta-Projekt" in den Staaten Chiapas und Tabasco. Was die ins Meer geführten Wassermassen betrifft, so haben diese beiden Flüsse von jeher zu den wichtigsten der Erde, aber auch den bisher am wenigsten beachteten gehört.

Jetzt soll das anders werden. Großzügige Pläne zur Anlage von Stauseen, Kraftwerken, Bewässerungsanlagen und Schiffahrtswegen sind von hervorragenden, welterfahrenen mexicanischen Ingenieuren ausgearbeitet, Kontrollstationen errichtet und erste Vorarbeiten bereits durchgeführt worden. Ein von Natur gut ausgestattetes, jedoch sehr vernachlässigtes Teilstück von Mexico soll mit Hilfe der gezähmten Wassermassen künftig aufblühen und jenen Fortschritten zugeführt werden, die großen Teilen der Menschheit längst zur Verfügung stehen.

Ein bedeutender Abschnitt in diesem System ist „das Stromgebiet des oberen Río Grijalva". Mag die hier vorgelegte Veröffentlichung im Kleinen dazu beitragen, es in der internationalen Geografie etwas besser als bisher bekannt werden zu lassen. – Herr Ingenieur Luis Echeagaray Bablot von der „Secretaría de Recursos Hidráulicos" in México D. F., der seit Jahren alle seine Energien für die Verwirklichung dieser segensreichen Ziele einsetzt, mag mir gestatten, in voller Unterstützung seines friedlichen Kampfes zum Wohle der Menschheit ihm unbekannterweise meine Ausführungen als Widmung anzutragen.

Vorwort

Im Jahre 1956 erreichte mich eine Einladung des mir während meiner Rückfahrt von Honduras nach Mexico im Frühjahr 1954 in Chiapas bekanntgewordenen deutschen Lehrers und Leiters der „Escuela Primaria Particular Incorporada ‚Eduardo Seler'" in San Cristóbal Las Casas, Don José Weber. Er schlug mir vor, Reisen und Studien in geographisch vernachlässigten Teilgebieten des Staates Chiapas durchzuführen und sicherte mir dafür nicht nur Gastfreundschaft, sondern auch geldliche Beihilfen seitens einiger deutscher und mexicanischer Interessenten an solchen Studien zu. Sie wurden später tatsächlich in einigem Umfang gewährt, in großzügigster Weise von dem Einladenden selbst und seiner fürsorglichen Gattin, Doña Carmen Velasco de Weber, sowie seitens des Herrn Rodolfo Peters, Eigentümer der Kaffeefinca Irlanda. In ihm und seinem Sohn Walter lernte ich außerdem vortreffliche Berater über die örtlichen Gegebenheiten im Soconusco kennen. Außerdem gewährten freundliche Unterstützung und / oder Gastlichkeit der mexicanische Kaufmann und jetzt Parlamentsmitglied der Deputiertenkammer, Don Humberto Zebadúa in San Cristóbal Las Casas und Don Moctezuma Pedrero in Tuxtla Gutiérrez, ferner die deutschen Finqueros Hermann Schimpf, Liquidámbar, Adolfo Gramlich, Rancho Alegre, Harald Edelmann, Hamburgo, Graf Juan Bernstorff, Guanajuato, Walter Tessmann, Escalón, Felix Punt, Santa Anita, Valentin Plettner, La Catarina, Hubertus von Knoop, Prusia, Ernesto Jaeger, Gadow, Martin Pohlenz, Custepec, und der deutsche Lehrer Heimfried Wiebe in México D. F.

Mitte Oktober 1957 konnte ich die Reise antreten, versehen mit einem befürwortenden Schreiben von Herrn Professor Dr. Adolf Meyer-Abich, Leiter der Deutschen Ibero-Amerika-Stiftung Hamburg, verbilligt geliefertem Fotomaterial des VEB Filmfabrik AGFA-Wolfen und leihweise zur Verfügung gestellten meteorologischen Instrumenten des Deutschen See-Wetteramtes, Hamburg. Die Rückkehr nach Hamburg erfolgte Ende Juni 1958. Der größere Teil des Aufenthaltes in Mexico selbst wurde im Staate Chiapas verbracht. Dank des verständnisvollen Entgegenkommens der Reedereien Ernst Komrowsky und

Hamburg-Amerika-Linie konnten Ausreise und Heimreise auf den Schiffen „Vulkan", Kapitän Zumberg, und „Augsburg", Kapitän Bursch, zu bevorzugten Bedingungen, teils gegen Arbeitsleistung durchgeführt werden.

An mexicanischen öffentlichen Einrichtungen, Wissenschaftlern und sonstigen Persönlichkeiten gewährten mir wertvolle Auskünfte und Empfehlungen vor allem die „Sociedad Mexicana de Geografía y Estadística" und ihr Präsident Prof. Ramón Alcorta Guerrero, der mir ein Empfehlungsschreiben an die Regierung von Chiapas mitgab und erwirkte, daß diese ihrerseits mich mit einer Einführung an die örtlichen Behörden ausstattete, ferner der Geograf Prof. Jorge A. Vivó, Direktor des Geographischen Instituts der Universität in México D. F., der Geologe Dr. Manuel Maldonado Koerdell vom Instituto Panamericano de Geografía e Historia und der Botaniker Dr. Faustino Miranda im Instituto Botánico, sämtlich in México D.F. In Chiapas kamen hinzu Lic. Ernesto Quiñones L. vom Consejo de Planiación Económico y Social, Lic. Juan Castillo Tielmans und sein Contador Don Alejandro García von der Tesorería, Ing. Vicente Martínez von der Secretaría Agrícola und Ing. Fernando C. Romo, Leiter der División Hidrométrica in den Recursos Hidráulicos in Tuxtla, schliesslich Don Mario Tobilla, Verwalter der meteorologischen Beobachtungsstation in San Cristóbal Las Casas. Ausgezeichnete Hilfe gewährten in der gleichen Stadt die reichhaltige Bibliothek und das Archiv der beiden besten Chiapas-Experten, des Dänen Frans Blom und seiner aus Österreich stammenden Gattin Gertrude Duby.

Alle diese, aber auch die zahlreichen ungenannten dörflichen Bürgermeister, Schullehrer und Rancheros, bei denen ich unterwegs Quartier und Auskünfte fand, meine mexicanischen Maultiertreiber und indianischen Träger, ohne alle die das Unternehmen weniger zufriedenstellend verlaufen wäre, sollen in meinen herzlichen und bleibenden Dank eingeschlossen sein.

Andrerseits soll hier nicht verschwiegen werden, daß in sehr vielen Fällen zwar reichlich und überschwenglich jede Hilfe und Auskunft versprochen, dann aber – gerade in Latein-Amerika nichts Ungewöhnliches – niemals gegeben wurde. Manche Ergebnisse haben unter diesem Mangel nicht unerheblich gelitten; denn ohne Mithilfe der Regierungs- und Verwaltungsstellen, auch der Bevölkerung selbst, muß dem fremden Reisenden manches verborgen bleiben, das er mit seinen eigenen Sinnen nicht wahrnehmen kann. Nicht selten ist man, behindert durch ein Übermaß an Unzuverlässigkeit und, je nachdem, enttäuscht oder belustigt über allzuviel leere Versprechungen versucht, zwar gehässige, aber nicht ganz unzutreffende Slogans wie „Viajar en Chiapas es esperar" (In Chiapas reisen heißt warten) oder „La palabra de un Chiapaneco vale menos que el respiro de un burro" (Das Wort eines Chiapaneken wiegt leichter als das Stöhnen eines Esels) zu prägen. Doch solche negativen Feststellungen verwischen sich glücklicherweise später.

Der „Geographischen Gesellschaft in Hamburg", die mich bereits mehrere Male in ihren „Mitteilungen" zu Wort hat kommen lassen, bin ich für die gute Herausgabe dieser umfangreichen Arbeit, Frau Gertrud Tischner, Hamburg, für die unermüdliche Mithilfe bei Anfertigung der Zeichnungen und Karten, Frau Emma Mahler desgleichen für ihre Hilfe beim Korrekturlesen sehr verbunden. Herr Dr. Herbert Willi Grebe, der mir auch früher bei der makroskopischen Bestimmung meiner Gesteinsproben aus Zentralamerika entscheidend behilflich gewesen ist, unterzog sich freundlichst der gleichen Mühe bei den in Chiapas gesammelten Handstücken. Die Druckerei A. F. Blöcker in Hamburg-Wandsbek schließlich sorgte für den sauberen Druck von Text, Figuren und Abbildungen.

Karl M. Helbig

Hamburg, im Juni 1960

I. Das untersuchte Gebiet

Es war von vornherein beabsichtigt, nach bestem Können die Arbeiten des vor einigen Jahren verstorbenen Geografen Leo Waibel in der „Sierra Madre de Chiapas" im Jahre 1925/26, veröffentlicht im Jahre 1933 in diesen gleichen „Mitteilungen", weiterzuführen, um innerhalb der deutschen Geografie das Thema „Chiapas" erneut zur Sprache zu bringen.

Nach vorbereitender Beschäftigung mit dem Gesamt-Staat wurde an Ort und Stelle das genaue Studiengebiet festgelegt. Im großen und ganzen schließt es der Länge nach nördlich an Waibel's Forschungsgelände an, hier und da deckt es sich mit diesem. Neben einem Besuch der Kaffeezone im Soconusco, also an der pazifischen Abdachung der Sierra Madre [1]), wurden als besonders lohnend Reisen im oberen Stromgebiet des Río Grijalva erachtet, und zwar von den guatemaltekischen Grenzregionen bis zum Eintritt des Flusses in die große „Sumidero"-Klamm unfern Tuxtla, das heißt bis zu seinem Austritt aus der „zentralen Depression". Außer dieser letzteren selbst – allerdings abgesehen von ihrem westlichsten, recht gut bekannten Teil um Cintalapa und Ocozocuautla – sollte auch die Nordabdachung der Sierra Madre, als Quellgebiet der linken, und der von Terrassen unterbrochene Steilabfall der „Mesa Central" mit ihren randlichen Hochbecken, als Ausgangsgebiet der rechten Zuflüsse des oberen Grijalva eingeschlossen sein. Es war von Vorteil, daß ich bei einer knappen Bereisung Guatemalas im Jahre 1954 auch einen Teil der Landschaften im Quellgebiet dieses Stromes jenseits der mexicanischen Grenze kennengelernt hatte.

Das so umrissene und im Titel dieser Arbeit bezeichnete „Stromgebiet des oberen Río Grijalva" umfaßt auf mexicanischem Boden zwischen ca. 15° 15' und 16° 45' N in breitenparalleler sowie zwischen 91° 45' und 93° 15' W in meridionaler Richtung, genau gesagt in einem Rechteck von durchschnittlich 100 km SW/NE- und 150 km SE/NW-Erstreckung, rund 15.000 qkm (Gesamt-Chiapas: 74,415 qkm, Mexico: 1 963 890 qkm).

Der Untertitel des Themas: „eine Landschaftsstudie", weist auf die Ausrichtung der Beobachtungen und der Darstellung. Hauptsächlich sollen die verschiedenen Landschaften, also Naturräume kleiner und mittlerer Größenordnung, in diesem Stromgebiet zur Anschauung gebracht sowie in Beziehung zu den anthropogenen Eingriffen gesetzt werden. Zwar liegt dieses kleine Gebiet rein regional geschlossen innerhalb der „Tropenzone" und unterliegt somit im großen gesehen einheitlichen Naturgesetzen. Doch die charakteristische orographische Gestaltung Mexicos, die auch seinen südlichsten Teil umfaßt, also: pazifische Küstenregion bzw. -ebene, West-Sierra, Hochfläche, Ost-Sierra, atlantische Küstenebene, bedingt rein höhenmäßig in Bezug auf Klima und Vegetation, Besiedlung und Bewirtschaftung wesentliche Abstufungen. Der unterschiedliche geologische Aufbau verstärkt sie.

1) Über die Landschaft Soconusco wird ausführlich in den „Deutschen Geographischen Blättern", Band 49, Bremen 1961, berichtet; außerdem erschien allgemein unterrichtend: Deutscher Kaffee aus Mexico, Übersee-Rundschau, Hamburg 1959, H. 6, S. 3–7.

In Chiapas erfährt die orographische Großform „Hochfläche" noch eine Differenzierung dadurch, daß sie in einen stufenförmig abgetreppten, von höheren Bergmassiven überragten, und in Auflösung begriffenen tafelförmigen zentralen Gebirgsblock, die „Mesa (Meseta) Central", oder „Altiplanicie de Chiapas" mit Höhen zwischen 1500 und 2300 m, Spitzen bis fast 2850 m, sowie eine nur 700 – 400 m hoch gelegene graben- oder trogförmige Senke, die „Depresión Central", „Depresión de Chiapas" oder „Valle Central" aufgegliedert ist. Dagegen entfällt hier in ihrem Osten eine ausgesprochene, in größere Höhen vorstoßende atlantische „Sierra". Bestenfalls läßt sich der zerschnittene Ostrand der „Mesa Central" als eine gesonderte Berglandschaft abteilen. Einige Autoren, vor allem Müllerried, haben sie in die „Montañas del Norte" und „Montañas del Oriente" aufgeteilt. (Vergl. Müllerried 1957, K. 4.)

In der vorliegenden Betrachtung werden also der innere Rand der Sierra Madre, die Depression und der sie begleitende Teil der Mesa Central zur Sprache kommen. Dieser letztere läßt sich landschaftlich unterteilen in 1. die Hochbecken und Hochtäler, 2. die randlichen Bergreihen, 3. die Sierra de Nuevo León, 4. die Ebene um Comitán und 5. Steilabfall und Terrassen gegen das Valle Central. Innerhalb der Zentralen Depression lassen sich aussondern 1. das Hügelland im Osten, 2. das Grijalva-Tal bis zum Sumidero, 3. die Barranca-Landschaft im Nordwesten, 4. die Landschaft um Tuxtla, 5. die Llanos und Bergmassive im Südteil. Schließlich ergeben sich auch an der Nordseite bzw. der Binnenseite der Sierra Madre ebenfalls fünf, gleich den vorgenannten teils natürlich, teils anthropogen bedingt, sehr unterschiedliche Teillandschaften, nämlich 1. das kristalline Kettengebirge im Nordwesten, 2. die Blockmassive im Südosten, 3. das Bergland um Pacayal, 4. das Cuilco- und Motozintla-Tal, 5. die großen Kaffeetäler. (Vergl. hierzu die gleiche Einteilung auf der Übersichtskarte, Fig. 1.)

II. Rückschau in Forschung und Schrifttum (bis 1959)

Als wichtigste jüngere Quelle in deutscher Sprache und eine der sehr wenigen echten „geografischen" Arbeiten über Chiapas muß immer noch Leo Waibel's „Sierra Madre" (1933) gelten.[2] Mit dreizehnjähriger Verspätung (1946) ist sie endlich auch in einer spanischen, von Enrique Berlin ausgezeichnet übersetzten und von dem führenden mexicanischen Geografen Jorge A. Vivó dankenswert kommentierten und erweiterten Ausgabe erschienen. In einer Großeinteilung nach „Naturlandschaft" und „Kulturlandschaft" erschöpft das Werk, in der bekannten klaren Methodik dieses vielgereisten Forschers, das durchwanderte Gebiet nach allen geografisch interessierenden Richtungen.

Waibel seinerseits griff auf die Arbeiten unserer Landsleute Karl Sapper und Emil Boese kurz vor und nach der Jahrhundertwende zurück und suchte Anschluß an deren Routen. Diese beiden Forscher erbrachten für lange Zeit das grundlegende geologische Rüstzeug für die Süd-Mexico-Kunde und gaben Anlaß zu interessanten Diskussionen.

2) Über „das wirtschaftsgeographische Lebenswerk" dieses Forschers siehe in der „Bibliografie" unter Pfeifer, G.

Figur 1: Landschaftliche Gliederung. 1 : ± 1 600 000.

A. Die MESA CENTRAL
1. Die Hochbecken und Hochtäler
2. Die randlichen Bergreihen
3. Die Sierra de Nuevo León
4. Die Ebene um Comitán
5. Steilabfall und Stufen gegen das Valle Central

B. Das VALLE CENTRA
1. Das Hügelland im
2. Das Grijalva-Tal b
3. Die Barranca-Lan
4. Die Landschaft un
5. Die Llanos und Be

C. Die BINNENSEITE der SIERRA MADRE
1. Das kristalline Kettengebirge im Nordwesten
2. Die Blockmassive im Südosten
3. Das Bergland um Pacayal
4. Das Motozintla – Cuilco – Tal
5. Die großen Kaffee - Täler

esten

teil

Die Ziffern 1 – 38 kennzeichnen die Fundplätze der Gesteinsproben (siehe Anhang).

Sapper's sehr genauen – allerdings auch ein wenig ermüdenden – Routenbeschreibungen in seinen noch heute gültigen Ausführungen „Über Gebirgsbau und Boden des nördlichen Mittelamerika", mit den dazugehörigen Karten und Profilen (1899), war schon fünf Jahre vorher ein in Mexico veröffentlichter „Informe sobre la geografía física y la geología de los Estados de Chiapas y Tabasco" vorausgegangen. Der in mexicanischem Auftrag reisende Geologe Boese veröffentlichte seine „Reseña acerca de la geología de Chiapas y Tabasco" (1905) von vorneherein in Spanisch.

Der unermüdliche Wanderer und von der Erforschung des geologischen Aufbaues in Chiapas geradezu besessen gewesene, viel zu früh verstorbene Federico K. G. Müllerried hinterließ uns neben zahlreichen Einzelarbeiten und einer aus seinem Nachlaß zusammengetragenen „Geología de Chiapas" (1957) in dieser letzteren auch eine 140 Nummern umfassende geologische Bibliographie nebst (S. 51–57) einer ausführlichen Geschichte der geologischen Erforschung des Staates. Auf sie muß hier verwiesen werden. Von den zahlreichen Spezialthemen Müllerried's soll nur seine Arbeit über den landschaftlich großartigsten Abschnitt von Chiapas, den „Sumidero" des Grijalva-Flusses (1952) herausgegriffen werden. Die Vorarbeiten von Sapper, Boese und anderen Forschern sind in der Zwischenzeit weiter fortgeschritten. Die erdgeschichtlichen Vorgänge wurden in ihrem zeitlichen Ablauf erkannt, die Großformen des Reliefs davon abgeleitet, die Formationen, wenn auch noch lückenhaft, nach ihrem Alter bestimmt. Während des jüngsten, 1956 in Mexico durchgeführten Internationalen Geologen-Kongresses führte eine Exkursion auf der Carretera Panamericana (Pan American Highway) auch quer durch Chiapas bis zur Grenze von Guatemala. Ein Sonderflug führte von Comitán in die zentrale Depression nach Chicomuselo. In der Nachbarschaft dieses Ortes wurden älteste Gesteinsschichten demonstriert. Der zu dieser Exkursion gelieferte „Führer" faßt zahlreiche frühere Untersuchungsergebnisse zusammen. – In diesem Rahmen sollen auch die durch Manuel Medina Peralta (1946) vorgenommenen gravimetrischen Messungen erwähnt werden.

Leider nur in sehr wenigen Exemplaren wurde die inhaltsreiche Dissertation von Pedro H. D. Hendrichs, dem Übersetzer der Schmieder'schen „Landeskunde Mittelamerikas" ins Spanische, über die „Morfología y climatología de la cuenca del Grijalva" (1955) der Öffentlichkeit übergeben. Der Autor war Mitglied einer siebenköpfigen Studienkommission der „Recursos Hidráulicos" (föderales Ministerium für Verwertung und Überwachung der Wasservorräte), die von November 1950 bis März 1951 im Stromgebiet des oberen und unteren Grijalva vorbereitende Studien für künftige Arbeiten dieses Ministeriums betrieb. Trotz der Spärlichkeit der Landrouten – viele Trajekte wurden nur abgeflogen – ist eine durch Karten, Profile und Abbildungen unterstützte Übersicht herausgekommen. Sie bereichert in jedem Falle den auf Chiapas bezüglichen Abschnitt in der meistgebräuchlichen „Climatología de México" von Jorge

A. Vivó und José C. Gómez (1946). Hinsichtlich von wichtigen Lokalbeobachtungen gilt das auch für die auf der Kaffeefinca Prusia entstandenen „Variaciones en el clima de una hacienda de café . . ." (1948) des in Chiapas wohlbekannten Zoologen (und jetzigen Direktors des Bremer Übersee-Museums) Helmuth O. Wagner.

In einem Land mit ausgeprägter langer Trockenzeit richtet sich die Aufmerksamkeit vor allem auf das Wasser. Der vielseitige Privatgelehrte Manuel A. Woolrich B. versuchte sich innerhalb einer mit zehn Bänden geplanten allumfassenden „Enciclopedía chiapaneca" daher verständlicherweise zunächst an dem Teil „Hidrología", der, 110 Seiten stark, bisher als einziger des Gesamtwerkes erscheinen konnte. Es ist eine reine Bestandsaufnahme des Gewässernetzes, wertvoll, weil keine andere dieses Umfanges über Chiapas besteht, im einzelnen jedoch, auf unzulängliche Quellen zurückgreifend, mit reichlichen Fehlern belastet. Mehr noch gilt das für die bereits 1897 erschienene „Hidrografía del Sureste de México" des mehr aus geologischer und klimatologischer Sicht arbeitenden José N. Rovirosa. Die 1945 erschienene Neubearbeitung ist allerdings mit berichtigenden und ergänzenden Kommentaren versehen. Doch auch in dem Anhang „El Río Grijalva" des 1946 veröffentlichten „Ensayo Histórico . . ." des gleichen Autors mangelt es nicht an Irrtümern. Ein Flußregister für ganz Mexico, alphabetisch angeordnet, schuf 1949 Salvador Esperón de la Flor.

Etwa seit Ende des Zweiten Weltkrieges ist, im Zuge einer Gesamtforcierung der Wasserversorgung und Wasserausnutzung in Mexico, namentlich den großen Flüssen des Südens wache Aufmerksamkeit gewidmet worden. Grijalva und Usumacinta wurden dabei als zukunftreichste Ströme der Republik erkannt, sowohl hinsichtlich der Schiffahrtsmöglichkeiten, als auch der Energie-Erzeugung, Wasserversorgung bzw. Bewässerung und Neulandgewinnung. Auf die von Hendrichs u. a. durchgeführten Vorarbeiten wurde schon hingewiesen. Im Jahre 1947 schuf der Ingenieur José S. Noriega im Verein mit anderen Autoren, ebenfalls für die „Recursos Hidráulicos" arbeitend, einen ersten großen „Control y aprovechamiento del Río Grijalva". Eingehende Befahrungen des Flusses selbst ermöglichten eine bisher niemals durchgeführte genaue Aufnahme aller Teilabschnitte von der Mündung bis zur Entstehung im Zusammenfluß von San Miguel und San Gregorio (595 km Länge). Auf 14 großmaßstäblichen Karten sind die einzelnen Abschnitte mit allen Zuflüssen, Siedlungen und Höhenlinien in 50 oder 100 m Abstand dargestellt. Leider dürfte dieses Dokumentarwerk nirgends in Deutschland greifbar sein.

Auf diesen Aufnahmen haben die „Recursos Hidráulicos" weitergebaut. Zwei 1951 bzw. 1955 von ihnen herausgegebene Schriften „Chiapas y sus grandes posibilidades" und „Cuencas del Grijalva y del Usumacinta" befassen sich mit dem naturgegebenen Bestand, den Möglichkeiten, Planungen, Berechnungen und ersten Inangriffnahmen; allerdings durchweg mit dem Schwerpunkt zunächst in den unteren Stromgebieten. Der Ingenieur Luis Echeagaray, später Subsecretario in genanntem Amt, ging einen

Schritt weiter. Er stellte den Ermittlungen in der Grijalva-Usumacinta-Cuenca in weltweitem Rahmen Vergleiche aus anderen Stromsystemen gegenüber und schuf damit die bisher beste geografisch-wasserbaukundliche Arbeit über Chiapas: „La cuenca del Grijalva-Usumacinta a escala nacional y mundial", 1957. Hingewiesen werden muß hier bezüglich dieses Fragenkomplexes auch auf das von den „Recursos Hidráulicos" herausgegebene „Boletín Hidrológico", speziell Band 9: Datos de la Región Sureste . . ." (1951) und die Vierteljahreszeitschrift „Ingeniería Hidráulica en México". Sie unterrichtet über die laufenden Arbeiten des Wasserwirtschaftsministeriums in Gesamt-Mexico; Chiapas kommt in mehreren Heften zur Sprache.

Dem nicht von der botanischen Wissenschaft herkommenden Reisenden, der bei seinen landschaftskundlichen Bestandsaufnahmen im Lande selbst immer nur die einheimischen, nicht aber die wissenschaftlichen Pflanzennamen zu hören bekommt, hat ein Nachschlagewerk über die Pflanzenwelt von Chiapas lange gefehlt. Er mußte das vielbändige Werk „Trees and shrubs of Mexico" des mittelamerikanischen Standardbotanikers Paul C. Standley heranziehen (1920-26). Eine gewisse Hilfe boten auch auf breiten Gebrauch abgestellte Kataloge und Monografien des z. Zt. führenden mexicanischen Botanikers Maximino Martinez (siehe Bibliografie). Die streng wissenschaftlichen Register des in Mexico heimisch gewordenen Japaners Eizi Matuda beschränkten sich bezüglich Chiapas auf die pazifische Region, unter Voranstellung der botanischen Namen. Ein gutes Hilfsmittel für pflanzengeografische Studien schuf der Amerikaner Leopold A. Starker mit seinen auch ins Spanische übersetzten „Vegetation Zones of Mexico" (1950, 1952), mehr noch Carl Troll mit seinen „Forschungen in Zentralmexiko 1954", obwohl beide Autoren nicht speziell in und über Chiapas arbeiteten. Für dieses stellte José Alvarez del Villar 1952 ein „Esquema geobotánico" zusammen und grenzte innerhalb des Staates 7 scharf ausgeprägte Vegetationszonen gegeneinander ab.

Im gleichen Jahre schenkte Faustino Miranda, Idealist, Könner und rastlos Schaffender zugleich, der Öffentlichkeit endlich das längst erwartete praktische Handbuch „La vegetación de Chiapas" mit sowohl einer zusammenfassenden Beschreibung der einzelnen Pflanzengesellschaften, unter Herausstellung der typischen Vertreter, als auch einer nahezu vollkommenen Liste der einheimischen und botanischen Namen von Bäumen und Sträuchern, mit Standorten, physionomischen, physiologischen und wirtschaftlichen Einzelheiten, dazu eine Geschichte der botanischen Forschungen in Chiapas nebst Bibliografie. Durch den Aufbau eines Botanischen Gartens und Museums in Tuxtla Gutiérrez, der Hauptstadt von Chiapas, erweiterte er überdies eine anschauliche Verbreitung botanischer Kenntnisse unter der Bevölkerung. Sein Kollege von der Zoologie, Miguel Alvarez de Toro, schrieb gleichzeitig ein gern aufgegriffenes Buch über „Los animales silvestres de Chiapas", legte in ihm das Schwergewicht allerdings auf seine Spezialgebiete der Lurche, Echsen und Vögel.

Mit „geografischen" Gesamtbeschreibungen haben sich, wie überall, so auch in Chiapas schon die frühen Reisenden beschäftigt. Unter Berücksichtigung nur der letzten hundert Jahre wäre die rund 100 Seiten starke „Descripción geográfica del departamento de Chiapas y Soconusco" von Emilio Pineda in einem der ersten Bände des Boletíns der Mexicanischen Geografischen Gesellschaft (III, 1852) als erste zu nennen. Gegen Ende des vorigen Jahrhunderts wurde der 20. Band der großen „Geografía y Estadística de la República Mexicana" dem Staate Chiapas gewidmet (1898). Für ihre Zeit spiegelten diese Werke erschöpfend die damaligen Kenntnisse; für heutige Betrachtungsweise enthalten sie reichlich inzwischen überholten lokalen Ballast. Von den vielen für allgemeine Überblicke und für den Schulgebrauch bestimmten „Geografien" sind hier nur wenige herangezogen worden. Die von Enrique Santibáñez aus dem Jahre 1911 gehört zwar zu den teilweise veralteten; ihr Verdienst gegenüber jüngeren – etwa von Angel M. Corzo (1943, 1946), Manuel Salazar Córdova (1946), Cuauhtémoc Suárez Grajales (1956) – bleibt aber die klare Ordnung des Stoffes und vor allem, bedauerlicherweise immer noch eine Seltenheit in Mexico, die ausgezeichnete Drucktechnik für Text und Bildmaterial. Manche recht inhaltsreiche Monografien von besten Landes- und Sachkennern gelangen dagegen kaum in die öffentliche Benutzung. Gemeint sind hier u. a. die für den internen Gebrauch der Lehrerschaft vervielfältigten Manuskripte von geografisch interessierten Pädagogen und Inspektoren, etwa eines Alfonso Chanona C. (1954), der auf seinen elf Seiten über die „Onceava zona escolar del Estado", das sind die Municipios Venustiano Carranza (San Bartolomé), La Concordia, Angel Albino Corzo (Jaltenango), Villa Corzo und Villa Flores in der zentralen Depression, viel geografisch-wirtschaftlich-staatskundlich brauchbares Material zusammengetragen hat.

Für wissenschaftlich-geografische Studien dürfen selbstverständlich auch die großen mexicanischen Geografien von Jorge A. Vivó (4. Auflage 1958) und Jorge L. Tamayo (1952) nicht außer Acht bleiben. Die auch Chiapas mit umfassende kleine, aber gehaltvolle Arbeit von Franz Termer über die „Paisajes geográficos de América Central" (1933) behauptet noch heute ihren Platz. Die Karte der von ihm aufgestellten Landschaftstypen ist z. B. erst kürzlich in der „Morfología . . ." von Hendrichs wieder zum Abdruck gelangt.

Frühe „Beiträge zur Ethnographie von Südost-Mexico" mit einer kleinen Völker- und Sprachenkarte sind unserem Altmeister Karl Sapper zu danken (1895). Dieser wissenschaftliche Sektor hat bis zu den späteren Arbeiten der Forschergemeinschaft Frans Blom – Gertrude Duby, die allerdings das hier behandelte Gebiet nur gelegentlich am Rande mit erfaßt haben – ihr klassischer Forschungsbereich ist das Land der Lakandonen –, in Chiapas ziemlich brach gelegen. Ein Abschweifen in die besser, auf deutscher Seite z. B. von Franz Termer, gepflegte Archäologie muß hier unterbleiben, sie ist Hauptdomäne der Nordamerikaner. – Ein „Panorama de las actividades antropológicas en Chiapas..." aus einer der jüngsten Regierungsperioden hat Bernardo Reyes entworfen

(1944). Speziell die „Población indígena", also die indianischen Bevölkerungsgruppen von ganz Mexico, hat Carlos Basauri 1940 in einem umfangreichen Werk abgehandelt. Den „Tribus indígenas del Estado de Chiapas" wurde dabei gebührender Raum gewidmet. Inzwischen hat das INI (Instituto Nacional Indigenista) auch in diesem Landesteil seine kulturell-hygienisch-sozial-wirtschaftliche Tätigkeit unter den Indianern – leider mit der vordringlichen Tendenz ihrer völligen, sehr einseitig aufgefaßten „Mexicanisierung" – aufgenommen und in San Cristóbal ein großes Zentralinstitut, in vielen Dörfern Schulen und andere Einrichtungen eröffnet. Seine Monatszeitschrift „Acción Indigenista" unterrichtet laufend über die Förderungsmaßnahmen. In dieser Sparte mag auch das für den in Chiapas forschenden Fremden sehr nützliche Handbuch von Marcos E. Becerra über die „Nombres geográficos indígenas" (1932) genannt sein. Es übersetzt und erklärt die Mehrzahl der indianischen Ortsbezeichnungen und lokalisiert sie gleichzeitig.

Nunmehr zu dem weiten Bereich der wirtschaftlichen Veröffentlichungen übergehend, kann gleich zum Anfang ein erst vor wenigen Jahren herausgekommenes, überaus erfreuliches vierbändiges Standardwerk erwähnt werden. Es ist das unter Leitung und Mitarbeit eines der fruchtbarsten mexicanischen Publizisten im ökonomischen Bereich, Moisés T. De la Peña, entstandene, 1951 erschienene „Chiapas económico". Besonders aus dem in Form einer fortlaufenden Reise-Topografie mit wirtschaftlichen und historischen Einblendungen gehaltenen Band 1 zieht der Geograf manchen Nutzen. Aber auch die rein wirtschaftlichen Teile fördern und erleichtern seine Arbeit. Nebenher ist dieses Werk nicht nur recht exakt, sondern, verglichen mit vielen anderen mexicanischen Darstellungen, auch in einem nicht ermüdenden Stil geschrieben. Es hieße Eulen nach Athen tragen, in der hier gebotenen Studie etwa die fundamentalen Ausführungen über die Geschichte des Landbesitzes, die einzelnen Landbaukulturen, die Verkehrsverhältnisse gekürzt und weniger kompetent wiederholen zu wollen. Mit „Chiapas Económico" ist eine erschöpfende Darstellung von besten Sachkennern geschaffen worden, allerdings lediglich in spanischer Sprache, und auf sie muß der Interessent verwiesen werden.

Alles Zahlenmaterial beruht dort jedoch noch auf dem Census von 1940. Inzwischen sind auf der Basis der Erhebungen von 1950 unter anderen erschienen ein kleines „Esquema social y económico" von Chiapas (1956) und die großen Statistiken des Wirtschaftsministeriums, Abt. Statistik, so der „Septimo Censo General de Población" vom Staate Chiapas (1952), dito der „Tercer Censo Agrícola Ganadero y Ejidal" (1957), und noch jünger das allgemeine „Compendio Estadístico 1956 de los Estados Unidos Mexicanos" (1958).

Franz Termer brachte „die gegenwärtigen wirtschaftlichen und sozialen Zustände in den mexicanischen Staaten Chiapas und Tabasco" (1927), nach Eindrücken auf seinen Reisen in der Mitte der Zwanziger Jahre aus kulturgeografischer Sicht zur Sprache.

Aus der Fülle von wirtschaftskundlichen Sonderthemen hier nur „El cultivo del maíz en Chiapas" von Luis de Anda (1951), ein „Panorama histórico de las comunicaciones en Chiapas" von Fernando Castañon Gamboa (1951), und ein bisher beklagenswerterweise unveröffentlichter, aber nach Zuverlässigkeit, Einsicht und konstruktiver Kritik ganz hervorragender „Bosquejo sobre la situación económica de San Cristóbal Las Casas" von José Weber.

Über das gleiche „Valle de San Cristóbal" hat 1943 Lino Morales V. eine recht gute geografisch-geschichtliche Skizze geschrieben. Wenceslao Dominguez beschränkte sich 1937 auf eine Darstellung der „Fundación de la ciudad (San Cristóbal) según Fray Antonio de Remesal"; und ebenfalls stadthistorisch sind die Ausführungen von E. Flores Ruíz über die „Ciudad Real..." (1943). Den Übertritt bzw. die Einverleibung von Chiapas aus dem guatemaltekischen in den mexicanischen Herrschaftsbereich haben in jüngerer Zeit Andres Clemente Vazquez (1932) und Jorge A. Vivó (1954, für beide siehe Lit.-Verzeichnis) zum Thema sorgfältiger und streng wissenschaftlicher Studien gewählt. Einen weniger anstrengenden Beitrag steuerte Manuel B. Trens mit seiner „Reseña histórica de Chiapas" (1951) bei.

Historische Charakterbilder über verdienstvolle Persönlichkeiten, zumeist aus dem politisch-revolutionären-reformistischen Bereich in Chiapas, die bald mehr, bald weniger auch dem Geografen etwas sagen können, gibt es eine ganze Reihe. Über den größten Nationalhelden, Angel Albino Corzo, 1816 in Chiapa geboren, verbreitete sich E. J. Albores (1946); über den nicht minder verehrten, 1863 in Comitán zur Welt gekommenen Doctor Belisario Dominguez schrieb Fernando Castañon G. (1937), und der schon erwähnte Wenceslao Dominguez (1938) über den führenden Kämpfer gegen die 1823 zusammenbrechende spanische Vorherrschaft, Don Joaquín Miguel Gutiérrez, den die Hauptstadt des Staates in ihrem Namen – Tuxtla Gutiérrez – ehrt. Noch weiter zurück bis zu den heldenhaften indianischen Widerstandskämpfern beim ersten Eindringen der Spanier in Chiapas greift in mehreren Aufsätzen Eduardo Flores Ruíz (1954, 1957) und stellt vieles richtig, das frühere Autoren unter falschen Vorzeichen zu erklären versuchten.

Dieser Rückblick wäre unvollständig, wenn nicht auch die am wenigsten erfreulichen Bereiche, die bei länderkundlichen Betrachtungen einbezogen werden müssen, berücksichtigt würden: Hygiene und Krankheiten. Alle Fachbibliografien und Fachzeitschriften daraufhin durchzusehen, war unmöglich; nur einige in der Öffentlichkeit oder bei den Behörden von Chiapas wohlbekannte Publikationen konnten zu Rate gezogen werden. Mehrere davon beziehen sich nicht ausschließlich auf die vom Referenten bereisten Landschaften, sind aber für diese gleichermaßen gültig. Paul Loewe Seeber verfertigte als Dissertation einen „Informe general sobre la exploración sanitaria de la zona cafetera de Argovia" (1940). Exakt klassifiziert und analysiert er die Ursachen von Krankheit und

Tod. Er kommt dabei zu dem gleichen Schluß wie jeder kritische Beobachter, nämlich dem, daß neben Insekten, Parasiten usw. vor allem der unzureichende oder völlig fehlende Sinn für Hygiene unter der Bevölkerung die schwerste Gefahr bildet.

Aber daneben spielen gerade in Chiapas, und hier wieder besonders in einigen Teilabschnitten, übertragende und schädliche Insekten eine verheerende Rolle. Die Kaffee- und Citruspflanzer werden vor der die Kulturen zerstörenden „mosca prieta" (Aleurocanthos Woglomi Ash., Aleurodidae) gewarnt, die in Mexico erst zwischen 1910 und 1930 mit aus Indien eingeführten Mangopflanzen eingeschleppt worden ist. Die Abteilung „Control de Plagas" des Landwirtschaftsministeriums von Chiapas hat über dieses Insekt und seine unheilvolle Tätigkeit eine recht interessante kleine Aufklärungsschrift verbreitet (1951). Die von Simuliden übertragene, nicht selten tödliche Oncocercosis haben unter anderen José Manuel de la Fuente (1952) und Francisco Muñoz Osorio (1955) wissenschaftlich untersucht. Crisoforo Vega stellte schon 1946 eine 20 Seiten lange Bibliografie darüber zusammen. Carmen Lopez befaßte sich insgesamt mit den „Enfermedades tropicales del Sureste" (1947, und zwar in Tabasco und Chiapas. Der soeben erwähnte J. M. de la Fuente schließlich hat für die Hauptstadt des Staates in einer sehr aufschlußreichen Studie „Tuxtla: su agua y sus enfermedades hidricas" (1957) das Übel an der Wurzel erkannt und den mangelhaften Gesundheitszustand der Einwohner vor allem auf die unzureichende und hygienisch mangelhafte Wasserzufuhr zurückgeführt. Für sie wiederum ist Ursache die stetig fortschreitende Entwaldung und fehlende Wiederaufforstung.

Damit endet diese Rückschau bei genau dem gleichen Mißstand, gegen den auch der anfangs genannte Leo Waibel bereits warnend seine Stimme erhob. Gerade aus dem täglich mehr verwüsteten Chiapas wählte auch H. O. Wagner aus eigener Anschauung und Betroffenheit zahlreiche Beispiele für seine wichtige aufklärende und wegweisende Schrift „El bosque y la conservación del suelo . . ." (1948)

Nicht minder wird der Verfasser der hier vorliegenden Studie in den folgenden Ausführungen immer wieder darauf zurückkommen müssen. Denn die Flammen, denen die Wälder und Savannen von Chiapas unaufhörlich zum Opfer fallen, sind das Symbol eines unaufhaltsamen Niederganges, wenn ihnen nicht noch im letzten Augenblick Einhalt geboten werden kann.

III. Das Kartenmaterial

Die dieser Veröffentlichung beigegebenen Karten, speziell die große Übersichtskarte No. 2 (als Beilage), erheben, zumal in den vom Verfasser nicht unmittelbar begangenen Teilstücken, keinen Anspruch auf allseitige Genauigkeit. Vor allem sind sie nicht als „topografische" Karten, sondern nur als „Übersichten" zu bewerten. Sie können bei den gewählten Maßstäben bzw. in den örtlichen Ausschnitten, noch dazu in Verbindung mit den Profilen und Geländeansichten, wie sie bisher kaum aus Chiapas vorgelegt worden sind, jedoch über die dargestellten Gebiete eine etwas genauere Topografie vermitteln, als die bereits zur Verfügung stehenden Karten, und sie sollen diese letzteren auch in einigen Teilen korrigieren. Im einzelnen zu dem Kartenmaterial über Chiapas folgendes:

1. Die Karte 1: 1 Million, Blätter „Istmo de Tehuantepec" und „Ciudad Guatemala" der „Geographical Society of New York", 1938 bzw. 1935, Ausgabe 1952, in der üblichen Farbgebung. Mit ihren Höhenschichtungen, dem Gewässernetz und den zahlreich eingezeichneten Siedlungen gilt sie, trotz des kleinen Maßstabes, als eine der zuverlässigsten Quellen für das Kartenbild von Chiapas. Als „astronomische oder trigonometrische Punkte" sind innerhalb des hier untersuchten Gebietes allerdings nur sehr wenige Örtlichkeiten angegeben, abgesehen von den drei größten Städten Tuxtla, San Cristóbal Las Casas und Comitán liegen sie sämtlich in einem höchstfalls 30 km breiten Streifen entlang der guatemaltekischen Grenze. Die zahlreich angegebenen Höhenziffern weichen in vielen Fällen von denen anderer Karten und Auskunftswerke ab; die Legende sagt nicht, wie sie und die Höhenlinien ermittelt worden sind, wohl aber, daß dieses Gebiet zum größeren Teil nur nach „approximate traverses and compass sketches" angefertigt worden ist.

Die Karte gehört zu den wenigen, die auch Einzelheiten der orografischen Gestaltung, wie beispielsweise die Meseta de Copoya (nicht: Copoyá) südlich von Tuxtla, oder die von der Mesa Central weit nach Süden in die zentrale Depression vorspringende, auf allen anderen Karten kaum hervortretende große Sierra de Nuevo León – wenn auch ohne Namen –, und die aus der Depression auffällig emporwachsenden Bergstöcke, wenigstens einige von ihnen, gut zum Ausdruck bringt. Andere besonders auffallende Einzelmassive treten dagegen im Kartenbild garnicht, vielleicht auch in falscher Lage, in Erscheinung, so beispielsweise der mindestens 600 m über die Ebene aufragende, umfangreiche Cerro Nambiyuguá NNW von Villa Flores, oder die von der bis auf mindestens 1400 m, wenn nicht 1600 m Höhe emporragenden, charakteristischen „Bola" gekrönte „Señorita" NW von Jaltenango, jetzt Angel Albino Corzo.

Im Gewässernetz mangelt es leider nicht an manchen fehlerhaften Darstellungen. An der Nordabdachung der Sierra Madre im NW des hier untersuchten Abschnittes beginnend und nach SE weiterschreitend, wäre folgendes bei späteren Aufnahmen und Ausgaben eingehend zu prüfen und zutreffendenfalls zu berücksichtigen:

Der Río de la Escalera, rechter Nebenfluß des Santo Domingo, besitzt auf der Karte eine zu stark S/N verlaufende Richtung. Er strebt vielmehr in einem langen, nahezu E/W gerichteten Tal dem Río Santo Domingo entgegen.

Río Dorado und Río San Miguel sind auf der Karte als ein einziger, wie üblich mehrfach den Namen wechselnder, Fluß aufgefaßt. Nach Kenntnis des Verfassers – vergleiche auch Karte W a i b e l – handelt es sich um zwei verschiedene Flüsse, die sich in nicht sehr großer Entfernung nordöstlich der nach Tuxtla führenden Straße vereinigen, der San Miguel zuletzt unter dem Namen Río Brillante. Ihre Täler verlaufen annähernd parallel in 10 – 15 km Abstand. Beide reichen mit ihren Quellsystemen bis weit in die Sierra hinauf.

Der Río Custepec – auf der Karte im Plural als „Custepeques" erscheinend – ist im Oberlauf vermutlich mit dem Río Cabañas oder Río de Nueva Linda verwechselt worden. Fälschlich wird auch an diesen der Ort San Juan Custepeques, die gegenwärtige Finca Custepec, verlegt. In Wahrheit fließt der Oberlauf viel weiter östlich, näher zum „Río Jaltenango" hin. Doch auch dieser liegt auf der Karte zu weit westlich. Sein Quellgebiet mit der Vereinigung des Río Catarina und Río Prusia muß um fast 1,5 cm nach E rücken. Er fließt ziemlich genau nordwärts. Nordöstlich des eingezeichneten Platzes Santa Rosa Jaltenango vereinigt er sich mit dem auf der Karte nur sehr kurzen, tatsächlich aber ebensolangen und rund 6 km Luftlinie östlich vom Prusia verlaufenden Río Limón. Dieser berührt unter anderen die fälschlich auf der Karte nördlich von Prusia angegebene Siedlung (Kaffeefinca) Monte Grande. Ungefähr dort, wo Prusia und (das nicht mehr bestehende) Anexo a Prusia angegeben sind, liegt in Wahrheit die große Kaffeefinca Liquidámbar am Río Limón.

Das nach SE nächstfolgende Fluß-System ermangelt ebenfalls nicht der Ungenauigkeiten. An den oberen Zuflüssen des Río Yayahuita ist das Dorf Monte Cristo an den, auf der Karte nicht benannten, Río San Nicolás verlegt worden. In Wahrheit liegt das Dorf auf der südwärts folgenden, 1300 – 1500 m hohen Fläche ohne jeden Kontakt mit dem 400 m tiefer liegenden Fluß. Der auf der Karte südlich von Montecristo eingezeichnete, von W nach NE verlaufende Fluß soll wahrscheinlich der Río de la Independencia (oder Suiza) sein. Er kommt in Wirklichkeit mit zwei Quellflüssen fast aus südlicher Richtung und biegt erst ca. 5 km unterhalb der Einmündung des Río San Nicolás als Río Yayahuita nach E um in Richtung auf Chicomuselo.

Der Lauf des „Río de Chicomucelo", von der Bevölkerung allgemein als „Río Tachinula" bezeichnet, müßte auf der Karte weiter ostwärts gedrückt werden. An dem von seinem Mittellauf nach SE vorstoßenden Quellarm oder Nebenfluß, dem (nicht benannten) Río Guerrero, liegt auf einer Terrasse gut 300 m über dem Fluß und in $\pm$ 1600 m Meereshöhe das Municipio (San Isidro) Siltepec. Auf der Karte erscheint es fälschlich, 1 cm zu weit östlich, über dem nicht benannten Río Bellavista, der sich eben oberhalb Chicomuselo mit dem Río Tachinula vereinigt. Auf einem Terrassensporn über dem Bellavista, aber nicht – wie auf der Karte – auf der rechten, sondern auf der linken Seite liegt das Municipio San Pedro Remate, jetzt Bellavista genannt. Ein schwerer Fehler ist bei der Einzeichnung dieses Tales unterlaufen. Es wird in geringer Höhe weit nach Süden in die Sierra hinauf vorstoßend dargestellt. Der Fehler entstand dadurch, daß die Orte La Grandeza und Malé mit 881 bzw. 922 m eingesetzt wurden. Tatsächlich betragen ihre Höhen $\pm$ 1880 und $\pm$ 2920 m. Die tiefe Aufspaltung des Gebirges an dieser Stelle ergibt ein völlig falsches Bild.

In dem südlich anschließenden hohen Bergland ist das Dorf El Rodeo reichlich weit von El Porvenir abgerückt; es liegt dort, wo „La Laguna" steht, und eine Siedlung dieses Namens wird heute nicht mehr dort, sondern östlich von La Grandeza angetroffen.

Noch weiter ostwärts findet sich auf der Karte ein Ort Río Branco, muß heißen Río Blanco, das jetzige Amatenango Nuevo, an der Einmündung des Río Blanco in den Hauptfluß, der weiter abwärts unter dem Namen Río San Miguel (Ibarra) einen der beiden großen Stammflüsse des Río Grijalva bildet. Die ihm auf der Karte in dieser Höhe gegebene Bezeichnung Río Blanco ist jedoch ungewöhnlich und unberechtigt; er heißt hier vielmehr Río Cuilco, als solcher kommt er beim Municipio Amatenango (de la Frontera) aus Guatemala und vereint sich unfern des Dorfes mit dem vom SW her auf ihn zustoßenden Río Mazapa. – Ein im Soconusco zum Pazifik führender Fluß „Comitán" soll der „Coatán" sein.

Folgen wir der Karte weiter nordwärts. Eine auffällige Bergspitze „C. de la Lanza" unweit „Altamira", richtig: Finca Altamisa, ist dem Verfasser dort nicht zu Gesicht gekommen und bekannt geworden. Wohl erhebt sich ein stumpfer Felskopf aus einem mäßig hohen Bergrücken und mit diesem zusammen aus südwestlicher Sicht einer riesigen Sphinx ähnelnd, unter dem Namen „Cerro Purgadoro" unmittelbar über dem rechten Ufer des Río San Miguel, etwa gegenüber von Santa Rita und Pajal. Die nicht seltene Bezeichnung „La Lanza" für steil bzw. lanzenförmig aufragende Felsnadeln wird innerhalb der zentralen Depression hauptsächlich für den äußerst charakteristischen Lavapfropf vor dem Südende der oben erwähnten Sierra de Nuevo León angewendet.

Ein Blick auf die Carretera Internacional. Auf dem Südblatt der Chiapas-Karte von 1952 ist sie noch nicht bis zur Grenze durchgeführt. Sie erreicht diese fast genau östlich des Municipios Comalapa beim Dorfe Ocotal, jetzt: Ciudad Cuauhtémoc genannt, am Fuß des „C. Ocotal". Weiter im N, vor Comitán, durchquert sie in Wahrheit nicht den Ort Zapaluta, sondern dieser liegt 2 km weiter östlich an einer Stichstraße. Die – nicht in, sondern 2 km westlich von – Amatenango (del Valle) nach SSW abzweigende Straße erreicht bereits nach 8 km Strecke das Dorf Aguacatenango. Dieses ist auf der Karte also zu weit abgerückt, und es liegt nicht auf 860, sondern 1860 m Höhe. Der SW von Aguacatenango eingezeichnete Ort San Diego La Reforma (jetzt Nicolás Ruíz) liegt 3–4 mm weiter westlich. Bei dem südlich von San Bartolomé (jetzt: Venustiano Carranza) eingezeichneten „Río Oasactic" soll es sich vermutlich um den Bach „Casaltic" handeln, doch muß dieser um 0,5 cm nach S rücken.

Falsch dargestellt sind nördlich der Carretera zwischen San Cristóbal Las Casas und Tuxtla die Flußbereiche des R. Burrero/Blanco/Hondo/Osumacinta und Escopetazo. Es handelt sich bei ihnen um zwei verschiedene Systeme; der Burrero mündet unfern von Osumacinta unterhalb des Sumidero-Cañons in den Río Grijalva, der Escopetazo oberhalb von diesem beim Städtchen Chiapa de Corzo unter dem Namen R. Chico oder

Chiquito. – Die Höhenlinien bis 1000 m müßten nordöstlich von Tuxtla im Bereich des „Sumidero" beiderseits ganz nahe an den Grijalva-Fluß herangebracht werden, um den Cañon-Charakter zum Ausdruck zu bringen.

Die Beispiele sollen hier nicht fortgesetzt werden, der Vergleich der Karten muß sie erbringen. Ganz allgemein soll jedoch noch gesagt werden, daß bedauerlicherweise bei vielen Orten nur die alten, vor der um 1911 beginnenden politisch-sozialen Revolution in Mexico üblichen Namen verzeichnet worden sind, nicht aber die im Gefolge dieser Revolution seitens der Bevölkerung durchgeführten und amtlich übernommenen Neubenennungen. Nur bei der ehemaligen Hauptstadt San Cristóbal hat man auf der Karte ausschließlich die neue Benennung „Ciudad Las Casas" eingesetzt. Die Mehrheit der sehr konservativ-katholischen Bürger hat jedoch auch die Beibehaltung des alten Namens erwirkt, und die Stadt trägt seitdem die amtliche Doppelbezeichnung „San Cristóbal Las Casas".

Im Erscheinungsjahr der Neuausgabe der Karte waren längst die neuen Namen im allgemeinen Gebrauch, und heute ist es so, daß nur noch Teile der älteren Generation auch die früheren Bezeichnungen anwenden; nur einige wenige von diesen hört man noch im allgemeinen Sprachgebrauch. Damit sind vor allem viele San-, Santo- und Santa-Kombinationen sowie sonstige auf religiöse Begriffe zurückgehende Namen aus der Topografie verschwunden. Bestehengebliebene Privatfincas allerdings haben sie zumeist beibehalten. Neu aufgenommen wurden dagegen solche Namen, die auf national verdienstvolle Persönlichkeiten, auf Revolutionshelden und revolutionäre Vorgänge bzw. Daten Bezug nehmen. Einer der wichtigsten von ihnen ist in Chiapas Angel Albino Corzo, dem zu Ehren die sehr alte Siedlung Chiapa unfern Tuxtla mit dem Attribut „de Corzo" versehen wurde, auf der Karte fälschlich Chiapa de Corza.

Da weithin die alten Bezeichnungen tatsächlich nicht mehr bekannt sind, wird die Benutzung der Karte im Gelände oft problematisch. Hinzu kommt, daß durch die Landreformen sehr viele Großgrundbesitze, also einstige Fincas bzw. Haciendas, aber auch kommunale Ländereien aufgeteilt worden sind. In manchen Fällen sind die – auf der Karte noch eingetragenen – Wohnkomplexe der früheren Besitzer heute und längst völlig verlassen und verfallen. Auf den weiten Geländen sind an ganz anderen Plätzen „colonias" bzw. „ejidos" oder „rancherías" und sonstige Neusiedlungen entstanden. Damit hat sich auch das Wegenetz verlagert. Selbstverständlich sind während der letzten Jahre manche neue Autoverbindungen hinzugekommen; wenn auch als einzige Straße erster Ordnung, deren letzte Teilstücke z. Zt. gerade asfaltiert werden, nach wie vor die Carretera Internacional oder Panamericana, einschließlich der Stichstraße nach Arriaga, zu gelten hat.

2. Die ebenfalls farbige Karte 1 : 1 Million des Aeronautical Chart Service, Blätter „Isthmus of Tehuantepec, 644" und „Tacana Volcano, 711". Sie wird der Karte der Geographical Society of New York vorgezogen, weil sie in der Aufnahme bzw. in der Zusammenstellung „from best

source material available, including tri-metrogon compilation" jünger ist und Gebirgsverlauf nebst Gewässernetz teilweise exakter widergibt, teilweise hat sie allerdings auch die gleichen Fehler übernommen. Ihr Nachteil beim Studium und im Gelände ist die uns ungeläufige Höheneinteilung nach „Fuß" und der äußerst knappe Inhalt an Namen. Auch auf ihr fehlen manche große neue Orte, während mehrere nebensächliche Siedlungen von früheren Karten übernommen worden sind. Aguacatenango erscheint auch hier in zu geringer Höhe zwischen 3000 und 5000 Fuß. San Bartolomé (jetzt Venustiano Carranza) wird fälschlich als Santa B. bezeichnet. Das Municipio Bejucal – nicht Brejucal – NW von Motozintla liegt 1000 m höher als eingezeichnet; andererseits ist das Dorf El Rodeo 1000 m zu tief eingetragen. Der Ort NW von Huixtla heißt Pueblo Nuevo Comaltitlán, nicht Pubelo Nuevo. Mit „Carretas" SE von Pijijiapam an dem Ferrocarril Panamericano (der Eisenbahnlinie) dürfte „Las Margaritas" gemeint sein.

An den Quellflüssen des Río Jaltenango herrscht noch mehr Verwirrung als auf der Karte der Geographical Society. Die große Kaffeefinca Prusia, in Wahrheit am Río Prusia, und Monte Grande, in Wahrheit am Río Limón, sind hier beide an bzw. in die Nähe des Río Las Corrientes verlegt worden, der unterhalb der Prusia-Limón-Vereinigung einmündet.

Im übrigen Gewässernetz irritiert auf dieser und anderen Karten vor allem der lange Fluß, der nordwestlich von Comitán herkommt und den – nicht benannten – Río San Vicente mit bilden soll. Ein solch bedeutender Fluß existiert dort nicht; wenn doch, so kann er nur unterirdisch fließen und zur Entstehung des großen Quelltopfes bei Tzimol beitragen.

Die Carretera Panamericana ist in dem Abschnitt vor der guatemaltekischen Grenze zu nahe an den Río San Miguel gelegt und über die alte Finca Cushú (Cuxú) geführt worden. Bei dieser Linienführung handelt es sich um ein älteres Projekt, das dann aber nicht durchgeführt wurde (vgl. Helbig: Soconusco, 1961, Kapitel „Verkehr"). Das Netz der „Primary" und „Secondary Roads" ist weit übertrieben; ein Teil der angegebenen Strecken sind bestenfalls Maultierpfade, so z. B. die „Straßen" von San Bartolomé nach La Concordia, von Villa Flores nach Tonalá oder von Aguacatenango nach Comitán.

Die mit 6000 Fuß angegebene Höhe der Bola im Señorita-Massiv, nördlich von Jaltenango, dürfte um mindestens 200 m zu hoch gegriffen sein, vielleicht auch die des Cerro Unión Buenavista mit 6800 Fuß. Die Höhe von 3500 Fuß in dem langen Bergzug nördlich des Río Grijalva unterhalb seiner Entstehung aus den Flüssen San Miguel und San Gregorio ist mit einem „?" versehen; ähnliche Höhen sind dort jedoch erkennbar. – Im Pazifischen Gebiet kann man diese Karte als am besten verläßlich bezeichnen.

Tamayo (1953/55, S. 23) sagt von ihr, daß sie auf Luftaufnahmen basiere, die im Jahre 1941 zwischen den Regierungen der U.S.A. und Mexicos für strategische und aeronautische Zwecke vereinbart worden seien. Gleichzeitig weist er aber darauf hin, daß vom gesamten offiziellen

Kartenmaterial Mexicos erst 16 % als „gut", 21,2 % als „mittel" und 62,8 % als „schlecht" angesprochen werden müssen. Er erwähnt ferner (ebenda, S. 21) die Karten 1 : 100 000, die seit 1939 nach und nach von dem mexicanischen „Departamento Cartográfico Militar" vom ganzen Lande entstehen sollen. Es liegen bisher jedoch hauptsächlich erst Blätter von Mittel-Mexico vor. Von Chiapas war Ende 1957 seitens der „Sección de Cartografía" in Tacubaya eine Neuauflage des 1949 erstmalig herausgekommenen Blattes „Tapachula" 1:500 000 mit einem Teilstück des Soconusco in der Herstellung begriffen. – Außerdem hat die (private) „Compañia Mexicana de Aerofotografía" in Mexico D. F. unter Leitung des Ingenieurs Struck u. a. vor einigen Jahren Luftaufnahmen von der „Cuenca del Río Grijalva" durchgeführt.

Diese sind inzwischen kartografisch ebenfalls für die „Carta Geográfica de la República Mexicana" 1 : 500 000 in 47 Blättern, mit ausgewertet worden. Sie wurde Anfang 1956 auf Initiative des damaligen Landespräsidenten Don Adolfo Ruiz Cortines in Zusammenwirken verschiedener Regierungsämter und Militärstellen von der Militär-Kartografischen Abteilung der Landesverteidigung unter Obhut ihres Leiters, des Generals Enrique Sánchez Lamiego, forciert vorangetrieben und ist für Ende 1958 fertig gemeldet worden. Verfasser sind die für seine Arbeit entscheidenden Blätter von Chiapas jedoch bisher nicht zugänglich geworden. Diese Karte basiert auf allen bisherigen Land- und Luftaufnahmen, bringt u.a. alle Siedlungen über 500 Einwohner, ganzjährig und trockenzeitlich befahrbare Straßen und gleichzeitig, eine wichtige Neuerung, spezifizierte Vegetationsangaben.

3. Speziell für die „Sierra Madre de Chiapas" gilt immer noch die Karte von Waibel, 1 : 400 000, Höhenlinien in 100 m Abstand, braun, aus dem Jahre 1933 als die detaillierteste. Sie ist auch in die spanische Ausgabe von 1946 übernommen worden. Hier ist in der Legende jedoch ein irreführender Übersetzungsfehler unterlaufen. Waibels „nicht begangene", also von ihm persönlich nicht begangenen Straßen und Wege werden als „abandonado", also als verlassene, nicht mehr benutzbare Wege angegeben. Der größte Teil von ihnen wird sehr wohl noch begangen. Übrigens sind der spanischen Ausgabe erfreulicherweise noch eine geologische und eine administrative Karte von ganz Chiapas beigefügt worden.

Die Vielzahl der Routen dieses Reisenden quer über das Gebirge und beiderseits an ihm entlang, die Sorgfalt der Beobachtungen und Aufnahmen dürften bisher nicht überboten sein. Die Karte besitzt noch heute ihren vollen Wert bezüglich der Höhenangaben und Gebirgsgestaltung, wobei die Dichte der Isohypsen im Hundertmeterabstand auch die Darstellung kleiner Geländeunterschiede ermöglicht hat, andererseits hier und da, z. B. in dem Gebiet E und SE des Cerro Boquerón im SW von Motozintla zu Schematisierungen Anlaß gegeben haben dürfte. Schlechte Sichtverhältnisse an nebligen Tagen müssen gerade bei den Gebirgsaufnahmen einkalkuliert werden. Auch die Lage der Ortschaften, soweit sie heute noch bestehen, ist sehr genau festgelegt. Ein erheblicher Fehler betrifft nur das Municipio Chicomuselo. Es ist einige Kilometer unterhalb des Zusammenflusses von Yayahuita und Tachinula eingezeichnet, während es in Wahrheit in dem Winkel oberhalb der Vereinigung liegt.

Einige gröbere Ungenauigkeiten sind im Flußnetz dort festzustellen, wo W a i b e l nicht persönlich das Gelände begangen, sondern nur aus der Ferne gesichtet hat. Das trifft vor allem für das Gebiet um Chicomuselo zu. Den (nicht benannten) Río Bellavista, der von La Grandeza herunterkommt, lässt er unmittelbar in den Río Cuilco münden, während er in Wahrheit noch oberhalb von Chicomuselo in den Río Tachinula fließt. Der unterhalb von San Isidro (Siltepec) vorbeiströmende Fluß (R. Guerrero) muß einschließlich der begleitenden Bergmassive und der Ortschaft selbst um ca. 5 km nach W rücken. Der Fluß von Honduras biegt schon um 1 cm weiter südlich als auf der Karte nach E zum R. Guerrero ab und trägt mit ihm zusammen dann den Namen Río Tachinula.

Völlig irreführend ist die Darstellung der beiden nächsten nach W hin folgenden Flüsse. Sowohl Río Las Delicias als Río de la Independencia (Suiza) fließen nicht nach N in die Zentraldepression hinein, sondern biegen beide hinter dem Bergmassiv des C. Garafa resp. C. Taraya (nicht Taraja) scharf nach E ab und vereinigen sich zum Río Yayahuita; dieser dann, wie bereits erwähnt, eben unterhalb des Dorfes Chicomuselo mit dem Río Tachinula.

Gut, auch in Einzelheiten, dargestellt sind dagegen R. Limón und R. Prusia nebst ihrem Durchbruch nach N als R. Jaltenango. Der westwärts folgende Rìo Custepec dagegen liegt im Oberlauf viel zu weit westlich. Der als „Acatengo" eingezeichnete und mit seinem Oberlauf weit in die Sierra hinaufgreifende Fluß existiert in diesem Verlauf nicht. Bei Waibels langem Oberlauf des Acatengo handelt es sich um den R. Naranjo, der aber stark nach SE in Richtung zum Quellgebiet des R. Prusia / Catarina herumgreift und der ungefähr in Höhe der 1000 m - Isohypse in nordwestlicher Richtung zum R. Custepec strebt. – Im Soconusco existiert der zwischen dem R. Huehuetán und R. Nexapa weit nach N ins Gebirge hinaufgreifende, ohne Namen belassene Fluß nicht, jedenfalls nicht in der angegebenen Länge.

4. Sowohl für die Karten von B o e s e und W a i b e l als auch für die jüngeren nordamerikanischen Darstellungen wird die 1899 bei Perthes in Gotha im Mehrfarbendruck hergestellte, auch Chiapas mit einbeziehende „Originalkarte des nördlichen Mittelamerika; nach eigenen Aufnahmen und allen vorhandenen Quellen entworfen und gezeichnet von Dr. C a r l S a p p e r, Maßstab 1 : 1 100 000" noch mit als Unterlage gedient haben. Neben kartografischen Darstellungen der geologischen Formationen und der Böden sowie einer noch heute bestens verwertbaren Höhenliste ist sie als Anhang dem immer noch äußerst nützlichen Werk „Über Gebirgsbau und Boden des nördlichen Mittelamerika" beigegeben. Zwar liegt ihr Schwergewicht auf Guatemala; für dieses Land muß sie in ihrer vorher nicht gekannten Sorgfältigkeit und dem reichen Inhalt damals geradezu sensationell gewirkt haben. Wie in allen seinen übrigen Beobachtungen und Aufzeichnungen hat S a p p e r auch beim Entwurf dieser Karte eine

Meisterarbeit geleistet. Allerdings ist sein Routennetz gerade in dem hier behandelten Teil Mittelamerikas nicht allzu dicht gewesen, und auf einigermaßen brauchbares topografisches Material konnte er seinerseits noch kaum zurückgreifen. So wird es verständlich, daß die von ihm persönlich nicht besuchten Abschnitte sehr oft unvollkommen und fehlerhaft bleiben mußten. Besonders nachteilig für spätere Bearbeiter muß sich ausgewirkt haben, daß Sapper leider den großen Block der Sierra Madre zwischen den Massiven im äußersten Osten und dem Ort Tonalá im Westen selber nicht bereist hat, ebensowenig die pazifische Abdachung und Küstenfläche sowie die Täler am Nordrand der Sierra und den westlichsten Teil der Zentraldepression. Um so genauer ist die Beschreibung längs seiner Routen; seine Kenntnisse und Kombinationen über den geologischen Aufbau und die darüber angefertigte Karte nebst Profilen können noch heute nicht unberücksichtigt bleiben.

5. Große Verdienste erwarb sich der in San Cristóbal ansässige dänische Forschungsreisende und ausgezeichnete Landeskenner Frans Blom mit seinen beiden Karten von Nord- und Mittel-Chiapas 1:250 000 aus den Jahren 1953: „La Selva Lacandona y Tierras Colindantes", und 1956: „Pichucalco-Palenque, Tuxtla Gutiérrez-Comitán", Höhenlinien in 300 m Abstand, auf der erstgenannten Karte in braun, Gewässer in blau. Ausdrücklich erheben beide Karten keinen Anspruch auf „ser perfecto". Jedoch besteht der Nachsatz „Sinembargo es algo mejor que los que se han publicado hasta ahora" durchaus zu Recht, zumal was die äußerst ausführlich dargestellten Flüsse und die Lage der Siedlungen betrifft.

Die Nordkarte reicht allerdings nur mit der nächsten Umgebung von Comitán, die des Mittelteiles etwas ausgedehnter südlich und südwestlich der Carretera Panamericana zwischen Tuxtla und Comitán in das hier untersuchte Gebiet hinein, und gerade in diesem ist Blom selber am wenigsten gereist. Dennoch konnten nur wenige Fehler festgestellt werden. Ungefähr dort, wo im W von Comitán der Ort „Tzimol" eingezeichnet ist, liegt in Wahrheit die Colonia Tzinil; Tzimol muß gut 3 cm weiter im SE von diesem Platz gesucht werden. Für Pinola, das unterhalb der 1500 m-Linie eingetragen ist, wird trotzdem, mit Fragezeichen, eine Höhe von 1645 m angegeben. Es liegt vermutlich um 900, höchstens 1000 m. Die entsprechende Isohypse muß hier, auch um Soyatitán, viel weiter nach N reichen. Aguacatenango ist unterhalb 1200 m eingezeichnet, aber mit 1875 m (richtig) angegeben; vergl. ähnliche Fehler auf den unter 1. und 2. genannten Karten. San Diego gehört ca. 1,2 cm weiter nach W; San Lucas (heute El Zapotal), zwar mit 1100 m verzeichnet, findet sich, richtig, dicht unter der 900 m-Linie. Der Ort Yerba Buena an der Carretera ist mit 2390 m Höhe angegeben, erscheint aber innerhalb der 1800 m-Kurve. Schließlich wäre noch darauf hinzuweisen, daß die Isohypsen neben dem Sumidero bei Tuxtla den tausend Meter tiefen Absturz des Gebirges zum Fluß nicht richtig erkennen lassen. Selbst die 1200 m-Linie müßte strekkenweise noch ganz dicht an den Grijalva heranrücken.

6. Die Secretaría de Recursos Hidráulicos, Abteilung Irrigación y Control de Ríos, in México D.F., gab im Januar 1957 für internen Gebrauch

eine Schwarz-Weiß-Karte von Chiapas unter dem Titel „División Hidrométrica de Chiapas" in 1 : 500 000 heraus. Sie geht wahrscheinlich auf eine ähnliche Gewässerkarte 1 : 1 Million in der von der gleichen Secretaría 1955 herausgegebenen Schrift „Cuencas del Grijalva y del Usumacinta" zurück. Obwohl sie bezüglich der Oberflächengestaltung nichts aussagt, auch im Wegenetz und Siedlungsbild manche Ungenauigkeiten von früheren Karten übernommen hat – z. B. die fehlerhafte Lage von Tzimol, wie bei Blom, von Custepec, Prusia, Liquidámbar, Nicolás Ruiz u. a. wie bei 1. und 2., auch den großen Platz Nuevo León SW von San Cristóbal an die Carretera verlegt, obwohl er einen Tagemarsch südlich davon liegt –, muß sie hier doch als wertvolle geografische Quelle genannt werden. Sie bringt nämlich ihren Aufgaben entsprechend das Gewässernetz verzweigter und mit mehr Namen versehen als die übrigen Karten, außerdem gut übersichtlich sämtliche hydrometischen und klimatologischen Beobachtungsstationen, die seitens des herausgebenden Amtes in Chiapas, auch im Stromgebiet des oberen Grijalva, im Laufe des letzten Jahrzehntes eingerichtet worden sind oder kontrolliert werden. Da die Recursos Hidráulicos außerdem in einigen Abschnitten, insbesondere um Pinola – Soyatitán – Pugiltic – Socoltenango, erste größere Bewässerungsanlagen in diesem Teil von Chiapas angelegt haben, ist dort auch ein genaues Studium der gesamten Landschaft vorausgegangen. Ein Vergleich zwischen dem betr. Kartenausschnitt und einer seitens des Verfassers angefertigten Übersicht des gleichen Gebietes (siehe Figur 3) wird jedoch die unterschiedliche Eignung beider Darstellungen für geografische Orientierungen verdeutlichen.

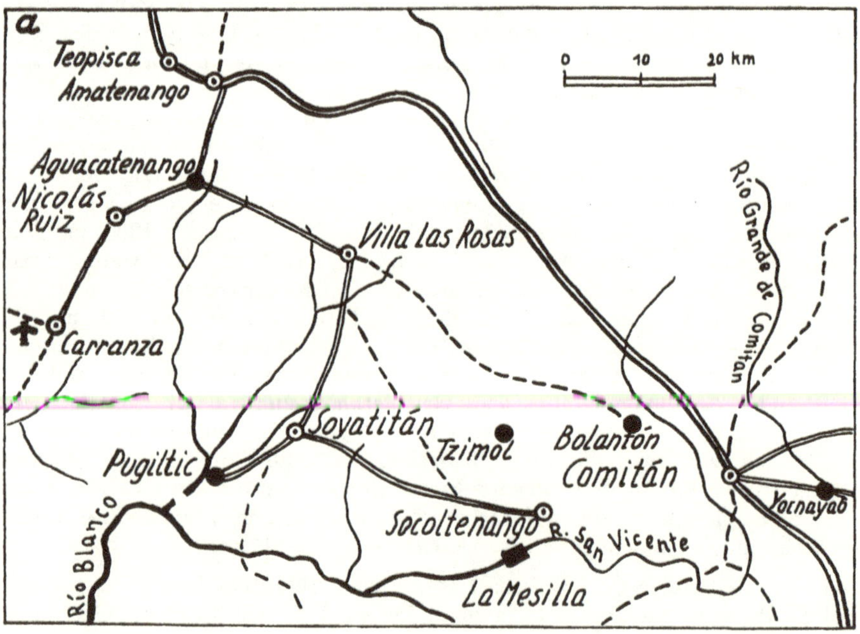

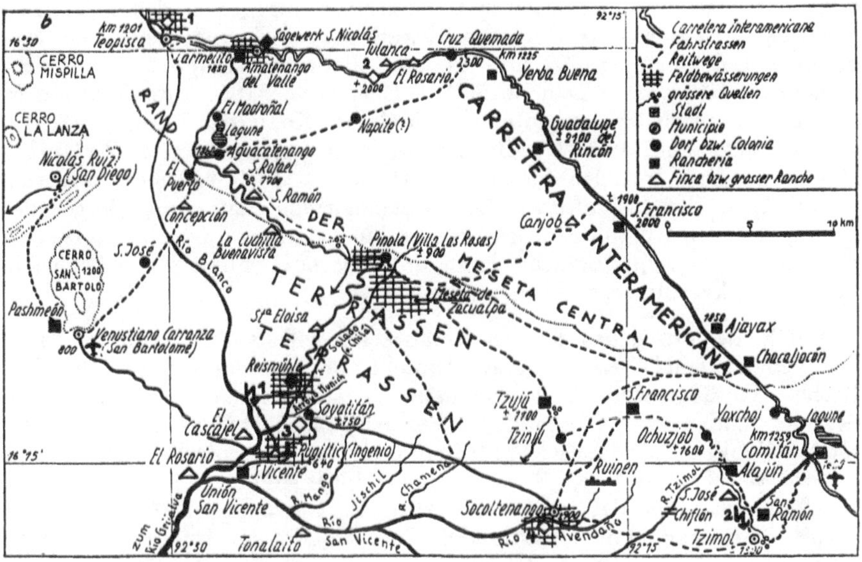

Figur 3: Kartenausschnitt Comitán – San Bartolo.

a) Karte der „Recursos Hidráulicos" 1 : 500 000. Tuxtla Gutz., Jan. 1957

b) Entwurf: Karl M. Helbig, 1958

Entfernungen: Carretera Interamericana
Teopisca – Comitàn 58 km

sonstige Fahrwege:

Carmelito	- Aguacatenango	8 km
	- Pinola	22 km
	- Soyatitán	38 km
	- Pugiltic	42 km
	- Ven. Carranza	60 km
Soyatitán	- Socoltenango	16 km

Fußwege:

Comitán - Tzimol	10 km
Tzimól - Ochuzjob	12 km
Ochuzjob - Tzinil	12 km
Tzinil - Socoltenango	4,5 km
Tzinil - Pinola Direktweg	20 km

Weitere Flüßchen in den Bewässerungsgebieten sind: R. Eschpoiná, R. Chajob, R. Borracho, R. Pugiltic u. R. Zapote Negro. (vergl. Ing. Hidr. 1952, 3, 148)

◊ 1. Campo Agrícola Teopisca
2. Straßenbaulager Campo Porvenir
3. Estación Recursos Hidraúlicos (Station des Wasserbauamtes)
4. Klimatologische u. Hydrometrische Beobachtungsstation La Mesilla

ϟ 1 Planta (E-Werk) für Ingenio Pugiltic
2 Planta (E-Werk) für Stadt Comitán

7. Einiger Spezialeintragungen halber soll hier auch die dem „Esquema Social y Económico de Chiapas" (1956) angehängte, breiten Kreisen leicht zugängliche Karte des Staates im (nicht angegebenen) Maßstab 1 : 1 Million genannt werden. Die grob schematisierte Darstellung der Gebirge und wenigen großen Flüsse scheidet als geografische Unterlage allerdings aus; auf die Wiedergabe eines Wegenetzes ist, mit Ausnahme der „Internacional" und einiger wichtiger Abzweigungen, verzichtet worden. Doch sind

alle Flugplätze bzw. provisorischen Flugfelder angegeben, das regelmäßig angeflogene Venustiano Carranza wurde allerdings vergessen. Die Municipios sind klar umgrenzt und für eine Reihe der Hauptorte sind Meereshöhe und Einwohnerzahl nach dem Census von 1950 eingetragen worden. Die Karte ist im Prinzip eine verkleinerte Kopie der Karte 1 : 750 000 von der „División Politica", die der spanischen Ausgabe von W a i b e l ' s „Sierra Madre", mit den Einwohnerziffern von 1940 versehen, angefügt wurde. Über die am falschen Ort vorgenommene Eintragung einiger der Hauptplätze (so Chiapilla, Acala, Venustiano Carranza, Nicolás Ruíz, Berriozabal, El Porvenir, Bejucal) kann unter Berücksichtigung des beabsichtigten Zweckes hinweggesehen werden.

8. Die Regierung des Staates Chiapas hat selbstverständlich im Laufe der Zeiten manche Karte herausgebracht, doch niemals eine „topografische", da über weite Teile bis heute genaue Aufnahmen fehlen, sondern nur „allgemeine". Besonderes Verdienst gebührt hierbei dem bedeutsamen Gouverneur A n g e l A l b i n o C o r z o. Er hinterließ die „Carta general del Estado L. y. S. de Chiapas levantado por disposición del Cno.[3]) Gobernador del mismo: D. Angel A. Corzo en el año de 1856", später „reformada por acuerdo del Cno. Gobor. del Estado: M a n u e l C a r r a s c o s a en el año de 1889", 1 : 600 000. Für ihre Zeit war sie eine große Leistung. Grenzen, Entfernungen, Besiedlung sind auf ihr zwar noch recht ungenau, aber Gebirge, Flüsse und Lagunen, wenn auch den tatsächlichen Gegebenheiten vielfach nur wenig Rechnung tragend, sind gut herausgehoben, die einzelnen „departamentos" in verschiedenen Farben gehalten.

9. Von den jüngeren Karten dieser Art soll hier nur „Chiapas, 1 : 1 000 000, publicada por la Secretaría de Agrícola y Ganadería, Dirección de Geografía y Meteorología, Dep. Geográfico, México D. F." in der korrigierten Ausgabe von 1946 erwähnt werden. Sie zeigt hauptsächlich Flußnetz, Straßen und Siedlungen, in großen Abschnitten aber auch so gut wie nichts. Im übrigen muß bezüglich solcher Übersichten auf die „Nota para una bibliografía cartográfica chiapaneca" von M a n u e l A. W o o l r i c h B. im Boletín de la Sociedad Mexicana de Geografía y Estadística LXVII, 1, 1949, p. 161 – 193 verwiesen werden. In ihr werden 120 Karten und Pläne, selbständig gedruckte, in anderen Werken veröffentlichte und im Manuskript vorhandene vom Gesamt-Staat Chiapas, von Einzelregionen und Einzelgemeinden aufgeführt und kommentiert. Der größte Teil der älteren Karten besitzt heute nur noch historischen Wert.

Neben diesen geografischen und staatskundlichen Übersichten besteht, größtenteils aus jüngerer Zeit, eine ganze Reihe von Spezialkarten einzelner wissenschaftlicher Disziplinen und Wirtschaftszweige. Das unter Leitung von M o i s e s T. d e l a P e ñ a von mehreren Fachleuten zusammengestellte, oben bereits erwähnte vierbändige Werk „Chiapas Económico", Tuxtla Gutz. 1951, enthält neben administrativen Übersichten u. a. zahlreiche klimatologische und demografische Karten, ferner Dar-

3) Abkürzung für Ciudadano, Bürger.

stellungen der municipalen Verteilung jedes einzelnen nennenswerten Anbaugewächses.

10. Vor allem ist diesem Standardwerk und ebenso der spanischen Ausgabe von Waibel's „Sierra Madre" eine nach den besten Quellen zusammengestellte „Carta geológica de Chiapas", 1 : ca. 900 000, allerdings nur in Schwarz/Weiß-Ausführung, zugeteilt. Sie basiert auf jüngsten Croquis der „Bataafschen Petroleum Maatschappij" (die zwecks Erdölmutungen vornehmlich in der Nordregion des Staates geologische Untersuchungen durchführte), auf den topografischen und geologischen Karten von Waibel, Boese, Müllerried und Staub, schließlich auf den geologischen Routenbeschreibungen und Profilen von Sapper und faßt diese bisherigen verstreuten Ergebnisse in einer für viele Zwecke ausreichenden Form zusammen. Das Teilstück „Chiapas" auf der großen neuen mehrfarbigen „Carta geológica de la República Mexicana", herausgegeben vom Instituto de Geología, Mexico D. F. 1942, und der „Carta geológica de México" des „Congreso Geológico Internacional, Sesión 1956", in 1 : 2 Million, sagt nicht mehr aus als die erwähnte Karte. Flußnetz, Berg- und Siedlungsnamen sind auf ihr dicht genug gehalten, um auch dem weniger landeskundigen Betrachter schnelle Orientierung zu gewähren. Die Flußläufe sind, großmaßstäblich, richtiger als auf vielen anderen Karten dargestellt; doch gibt es auch hier ärgerliche Fehler. So läßt man – nur ein Beispiel – den vereinigten Río S. Miguel (Brillante) / Dorado in der zentralen Depression auf langem Wege nach N unter Einbeziehung des R. de la Escalera in den R. Santo Domingo einmünden und nicht in seinem tatsächlichen kurzen Bogen direkt in den Grijalva.

11. Während des letzten Jahrzehnts ist vor allem Müllerried mit zahlreichen geologischen Übersichten und Teilkarten von Chiapas herausgekommen. Sie sind einer großen Anzahl von Beiträgen in durchweg mexicanischen Zeitschriften beigefügt. In seinem Nachlaßwerk „La Geología de Chiapas" (1957) interessiert neben anderen vor allem die Karte 7 mit der „ökonomischen Geologie von Chiapas", eine kleine, aber gute Darstellung aller bisher bekannten Vorkommen von Erzen und Mineralien, verwertbaren Steinen und Erden sowie der wahrscheinlichen Erdölvorkommen.

12. Schließlich sei noch die erste ausführliche „Mapa de la Vegetación de Chiapas" in dem grundlegenden Werk von Faustino Miranda über das gleiche Thema (1952) herausgestellt; ca. 1 : 1 250 000, schwarzweiß. Innerhalb einer Grundaufteilung nach „Tierras calientes" einerseits, „Tierras templadas y frías" andererseits bringt sie für den gesamten Staat 10 Vegetationstypen, die sämtlich auch in dem hier behandelten oberen Stromgebiet des Río Grijalva anzutreffen sind. Sie bildet im Verein mit eigenen Beobachtungen ein hervorragendes Hilfsmittel für jede landschaftskundliche Betrachtung. Für manche jüngere ähnliche Darstellung hat sie Pate gestanden, so auch für die unveröffentlichte „Mapa Agroecológica de Chiapas", die der föderalen Secretaría Agrícola in Tuxtla als Unterlage für ihre landwirtschaftlichen Planungen dient. Unterlage war sie auch für das schöne mehrfarbige Großrelief von Chiapas im Vorraum des 1951

unter der Regierung des Generals Francisco J. Grajales erbauten und durch den beispielhaften Idealismus jenes gleichen Dr. Miranda zu einem der wertvollsten wissenschaftlichen Institute und volkstümlichen Museen des Staates gewordenen „Instituto Botánico de Chiapas" in Tuxtla Gutiérrez.

IV. Geografische Grundlagen

1. Aufbau und Oberfläche (hierzu Figuren 4 – 9)

Nach seiner Oberflächengestaltung besteht Chiapas aus zwei Tieflandsflächen im Süden entlang des Pazifik und im Norden gegen den Golf hin. Zwischen beiden erheben sich als Fortsetzung oder Teilstück der Guatemala durchziehenden Cuchumatanes die Kordilleren, das „Chiapas-Gebirge", das vor Waibel's Reisen mitunter in seiner Gesamtheit als „Sierra Madre de Chiapas" klassifiziert wurde. Es besteht aus drei Teilen: I. der Süd-Sierra oder pazifischen Küsten-Sierra, der allein seit Waibel's Namengebung noch die Bezeichnung „Sierra Madre" zugeteilt wird. Großteil II ist der zentrale Gebirgsblock oder die zentrale Sierra, nach Müllerried unterteilt in 1. die Altiplanicie oder Mesa Central (kurz: Mesa, Meseta) mit dem von S her am besten sichtbaren höchsten, klotzartigen Mittelstück als „Hochland von San Cristóbal" (Waibel) oder „Sierra de San Cristóbal" (Hendrichs); 2. die atlantischen Randberge, nach Müllerried mit a) den Montañas del Norte und b) den Montañas del Oriente. Beide kommen hier nicht zur Sprache und auch die Mesa Central nur so weit sie zum oberen Grijalva abwässert. Zwischen I und II liegt III: die Depresión Central oder das Valle Central (Zentrale Depression, Zentraltal), auch kurz die „Cuenca" genannt (talförmiges Stromgebiet, Strommulde, nämlich des oberen R. Grijalva), ein großer Trog, den man mit der Oberrheinischen Tiefebene zwischen den Gebirgshorsten des Schwarzwaldes und der Vogesen vergleichen möchte. Nach der Entstehung ist er jedoch kein an Bruchrändern eingesunkener Graben, sondern eine durch Flexur entstandene Großmulde. Seine Ähnlichkeit mit anderen Gräben verleitet und berechtigt allerdings dazu, ihn landschaftskundlich ebenfalls als einen „großen Graben" zu bezeichnen.

Teilstücke von Chiapas haben schon in ältester erdgeschichtlicher Zeit bestanden. Vor allem Waibel's Gesteinsproben aus der Sierra Madre haben ergeben (1933, S. 23), daß es sich bei dieser nicht, wie früher angenommen, um einen einheitlichen Granitkörper handelt, sondern teils um nicht metamorphe, teils um metamorphe Gesteine sowie ältere Gang- und Ergußgesteine. Auch unter den Sedimentmassen des zentralen Gebirgsblockes bilden sie die Grundlage. Manche Flüsse, etwa der Rio Blanco, haben sie angeschnitten.

Metamorphe Gesteine zumindest der paläozoischen, wenn nicht präkambrischen Periode, vielleicht bereits im Perm, wahrscheinlich im Devon oder Karbon stark gefaltet (Webber & Ojeda in: Congr. Geól, Intern., S. 79), von später streckenweise freigelegten Intrusionen granitisch-dioritischer Massen durchdrungen und gelegentlich von ebenfalls sauren Effusiva überlagert, bilden, SE/NW streichend, auch das noch heute zutageliegende ursprüngliche Gerüst der Sierra Madre de Chiapas. Von marinen Transgressionen ist sie verschont geblieben. Meeresablagerungen aus verschiedenen Epochen, unteres und mittleres Perm, unteres Mesozoikum, untere Kreide, sind zwar noch in großen Höhen namentlich im Südostteil der Sierra nachgewiesen worden (Müllerried, 1957, S. 63, 128f, auch Waibel, S. 23ff u. a.); jedoch hat ihr Zentralgerüst stets als absperrender Wall zwischen den jeweiligen atlantischen und pazifischen Meeren gewirkt.

Bereits weitestgehend abgetragen, wurde die Sierra im Laufe der jungtertiären Großfaltungen zu ihrer jetztigen Gebirgsgestalt einer aufgekippten, nach S und SE hin steil abfallenden Keilscholle umgeformt, aufs neue der Abtragung unterworfen, aber gleichzeitig bis in das Quartär hinein in ihrem südöstlichsten Abschnitt durch andesitische Lavaströme und Tuffmassen neu aufbrechender Vulkane überlagert. Noch die rezenten Aschenfälle des Santa María im benachbarten Guatemala von seinem großen Ausbruch am 24. Oktober 1902 haben sich mit südöstlichen Winden weithin über die chiapanekische Sierra Madre verbreitet, ohne bisher restlos wieder abgespült worden zu sein. Selbst in dem weit entfernten San Cristóbal überstäubten sie alle Dächer. – Den Geologen Boese (1905, p. 7) behinderten sie bei seinen Untersuchungen sehr. Er stellte die Mächtigkeit der Aschendecke bei Comitán mit 2,6 cm und bei Motozintla mit 21 cm fest. – Unter geländegünstigen Voraussetzungen sind kleine intramontane Hochflächen und Talebenen aus jungen Alluvionen inmitten der alten Gebirgsmassen zusammengeschwemmt worden. Betreffs ihrer Entstehungsgeschichte und Formgestaltung im Einzelnen muß auf Waibel's umfassende Darstellung verwiesen werden. Schon die Lektüre seiner „Zusammenfassung der Ergebnisse" (1933, S. 91 – 93) vermittelt eine ausgezeichnete Vorstellung, die durch eine Wiederholung nicht überboten werden könnte.

Aus Höhen von durchschnittlich 1500 m, in Kalkdecken der südöstlichen Blöcke sowie in Gipfelpartien der granitischen Batholite bis 3000 m und im andesitischen jungen Tacaná auf der mexicanisch-guatemaltekischen Grenze mehr als 4000 Metern stürzt diese Sierra steil, unter Einschaltung einiger Verebnungen und eines nur geringfügigen Gürtels von Vorhügeln, zu der mit Alluvionen überlagerten, ebenfalls kristallin-metamorphen Abrasionstafel der pazifischen Küstenfläche ab. Eine enge Folge kurzer, tief ausgearbeiteter Hangtäler zerfurcht in parallelen Kerben diesen pazifischen Absturz.

Anders die Binnenseite der Sierra. Hier läuft sie gemächlicher aus, sendet mehr oder minder lebhaft durch Querrippen verbundene Ausläufer vorfühlend weit nach N über ihren eigentlichen Rand hinaus und verschmilzt mit den gehobenen Sedimentmassen alter Binnenbecken und Meere, die einst den Gebirgswall bespülten. Diese ihrerseits freilich können unter Einwirkung eines Zusammenspiels von epirogenetischen Vorgängen und junger Erosion ebenfalls, zuweilen inselförmig mehr als 2000 m aufsteigen und gelegentlich geradezu mauerartig abstürzen. Es sind die „Kammberge" Waibel's, abgelöste Einzelmassive in Kippschollenform, hervorgerufen durch eine

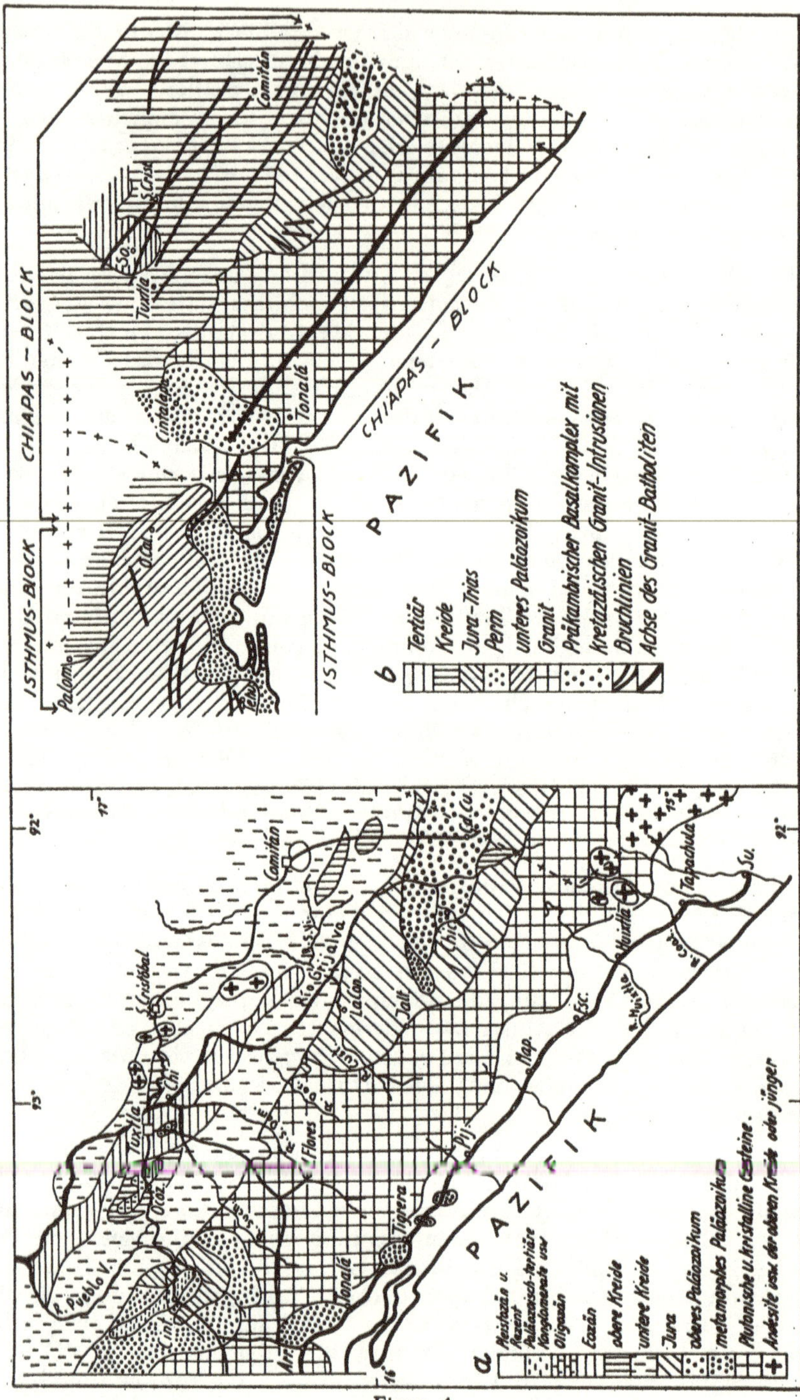
ISTHMUS-BLOCK
CHIAPAS-BLOCK
PAZIFIK
b
Tertiär
Kreide
Jura-Trias
Perm
unteres Paläozoikum
Granit
Präkambrischer Basalkomplex mit
Kretazäischen Granit-Intrusionen
Bruchlinien
Achse des Granit-Batholiten
a
Eozän
obere Kreide
untere Kreide
Jura
oberes Paläozoikum
metamorphes Paläozoikum
Plutonische u. kristalline Gesteine

Figur 4

Erklärung zu Figur 4:
Geologische Übersicht, nach der Carta Geológica de México
a) 1:2000000 des Congreso Geológico Internacional Sesión 1956
b) Chiapas als geologischer Block. Nach *B. N. Webber u. J. Ojeda R.* in: Congreso Geológico Internacional, Exc. C – 15, Fig. 14

---

starke Flexur der Todos-Santos-Schichten nach N und NW; sie wiederholen also im Kleinen und Einzelnen umgekehrt die Formung der Gesamt-Sierra. Als „Schulbeispiel" eines solchen Kammberges wird das Señorita-Massiv zwischen den Llanos von Jaltenango und La Concordia angeführt (1933, S. 28). Auch hier am Innenrand der Sierra ist die Zerschneidung lebhaft, denn der NE-Passat trägt seine Feuchte durch breite Lücken in den weiter nordwärts folgenden Tafelblöcken bis an die wolkenfangenden Ketten heran und unterwirft sie der stärksten Erosion im gesamten zentralen Chiapas. Doch bei dem geringen Gefälle der Scholle, den vielen an- und vorgelagerten Bergmassiven, nehmen die nur selten gleichgerichteten Flüsse hier längere und gewundenere Wege als drüben an der pazifischen Steilseite. Außerdem streben sie hier nicht direkt dem Meeresniveau zu, sondern dem von 700 auf 400 m abfallenden Hochtal des Río Grijalva. Er nimmt sie alle ausnahmslos in sich auf.

An der Grenze Guatemalas geht in der pazifischen Randkordillere der Kettencharakter der Sierra verloren. Von dort an setzt die lange Reihe der zentralamerikanischen Vulkane ein und beherrscht mit ihren Kegeln und Decken Aufbau und Oberfläche. Im NW andererseits, bereits auf dem Boden des Nachbarstaates Oaxaca, endet die 300 km lange Sierra Madre de Chiapas an der weiten Senke des Isthmus von Tehuantepec, der geografischen Grenze von Mittel- und Nordamerika. Das von SSE nach NNW verlaufende Tal des oberen Río Grijalva, innerhalb der „Zentralen Depression" oder des „Valle Central de Chiapas", begleitet sie dabei auf fast fünf Sechstel ihrer Gesamterstreckung.

Schon aus dem Perm stammen im Vorland der Sierra marine Schichten aus abgetragenem Gebirgsmaterial und große Kalkstöcke. Oberflächlich nachgewiesen sind sie zunächst nur im äußersten SE und dort diskordant durch einen Gürtel junger, vorwiegend rötlicher Gesteine der Trias-Jura-Zeit von den Granitmassiven getrennt. Müllerried glaubte terrestre bzw. küstennahe Aufschüttungen aus dem unteren Mesozoikum (Ende der Trias bis mittlerer Jura?), Sandsteine, sandige Konglomerate u. a. mit gelegentlich eingeschalteten schwachen Kohlenflözen und verkieseltem Holz, in langem schmalen Gürtel entlang der gesamten Sierra zu erkennen (vergl. Fig. 5a). Andere geologische Karten der jüngeren Zeit (Fig. 4 u. 6, z.B. in Hendrichs, Congr. Geól. Intern., Beilage zur spanischen Ausgabe von Waibel und Chiapas Económico) beschränken diese Vorkommen auf den SE oder wollen sie, die ursprünglich sogar als karbonische „Todos-Santos-Schichten" in die geologische Literatur eingegangen waren, vielleicht bis in die Untere Kreide hinübernehmen. Im SW unseres Gebietes erreichen sie größte Mächtigkeit bis 750 m, im NE gegen die Grenze von Guatemala hin, sinken sie ab auf 180 m (Congr. Geól. Intern. 1956, S. 22).

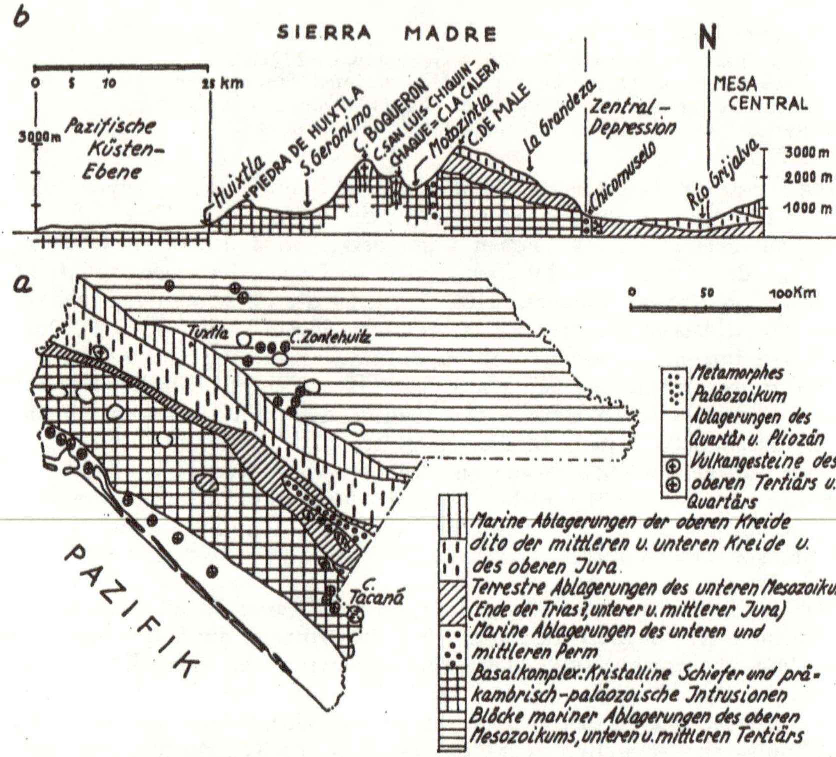

Figur 5: a) Geologische Übersicht nach Müllerried (La Geología . . , Karte 6) 1957
b) Geologisches Profil durch das südöstliche Chiapas von S nach N
(Nach Müllerried: La Contribución . . . . . , 1948)

Zu Beginn dieses Zeitabschnittes muß das Festland im Bereich des gegenwärtigen Chiapas infolge von Krustenbewegungen größere Ausdehnung besessen haben als vordem, denn die mit Sicherheit nachweisbaren unteren Kreideschichten sind durch eine klare Diskordanz von ihren Unterlagen getrennt (Webber & Ojeda, wie oben, S. 80). Nun aber rückte im Verlauf einer leichten Verbiegung der Oberfläche das Meer vor und ermöglichte in der Folge die ausgedehnten kretazäischen und nach N hin, mit erneuter Diskordanz, auch noch tertiären Ablagerungen, aus denen heute die Zentraldepression und die Mesa Central bestehen.

Untere und Mittlere Kreide bestehen hauptsächlich aus nur selten von Sandsteinen überdeckten, dünnschichtigen, hellgrauen bis cremefarbigen Kalken, dem sogenannten „Sierra-Madre-Kalk". Sie werden mit 450 m für die Untere bzw. 2400 m Mächtigkeit für die Mittlere Kreide angegeben (Congr. Geól. Intern. 1956, S. 22). Über sie legt sich, nur im NW-Teil des Gebietes um Tuxtla nebst einem nicht sehr breiten Streifen im übrigen NW der zentralen Depression diskordant durch alttertiäre Kalke ersetzt, als „Ocozocuautla-Formation" die bis 600 m mächtige Obere Kreide. Bis knapp zur halben Höhe handelt es sich bei ihr um sehr feinkörnige Sandsteine und Tone. Darüber folgen bis zu 130 m mächtige dunkelrote

Konglomerate vorwiegend sandiger Zusammensetzung. Die restlichen rund 170 m können wechselnd aus grauen, in der Verwitterung hellroten und schokoladefarbenen Letten, Mergeln und sehr lockeren Kalksandsteinen bestehen (ebenda S. 24).

Eine erneute Diskordanz zwischen Oberer Kreide und Alttertiär läßt Landhebungen, wenn auch nur für eine kurze Periode, erkennen. Vielleicht stieg das Land damals bis zur Höhe der gegenwärtigen großen Stufen am inneren Steilrand der Mesa Central auf. Schon damals dürfte sich im Bereich der „Zentralen Depression" ein erstes Grijalva-Tal mit Zuflüssen aus Nord und Süd gebildet haben. Das gegenwärtige Großrelief formte sich jedoch erst im Verlauf der Gebirgsbildung im Pliozän und im Übergang zum Quartär. Während Sierra Madre im S und Mesa Central im N in mehreren Phasen emporstiegen, blieb der Streifen der zentralen Depression in Gestalt einer Großmulde (Waibel, 1933, S. 14) oder eines Troges jedoch fast ungestört von Faltungen oder Verbiegungen. Gegebenenfalls mag er von seiner einstigen Höhe wieder um einige hundert Meter abgesunken sein. Um so steiler bogen sich die Kalke der besonders heftig aufsteigenden Mesa Central zu der tiefen Landsenke herab und drückten gleichzeitig am Saum der verbleibenden Tafel randliche Höhenzüge empor.

Der Río Grijalva konnte nun erst recht zum Wassersammler des 40 – 70 km breiten Tales und seiner begleitenden Gebirgsreihen werden. Von einem Tal im eigentlichen Sinne kann allerdings nicht die Rede sein. Vielmehr handelt es sich um eine Verschachtelung steilwandiger Resthorste, aufgekippter Einzelschollen und weiter Erosionsebenen oder aufgeschütteter ehemaliger Binnenseebecken, der sogenannten „llanos", über denen die restlichen Berge inselförmig aufragen, mit zerschnittenem Hügelgelände, vulkanischen Fremdformen und schmalen Fluß-Auen. Perioden statischen Verharrens und langwährender gleichmäßiger Klimaperioden gaben Anlaß zur Ausbildung von Talterrassen, während Zeiten erhöhten Niederschlages zu neuen Eintiefungen, stärkerer Erosion und kräftigerer Reliefformung führten. Die ausgeprägten Treppen an den Bergmassiven innerhalb der Depression sind außerdem auf die unterschiedliche Abtragung der bald härteren, bald weicheren, flach übereinander lagernden Gesteine zurückzuführen.

Während des Pliozäns begann nach jahrmillionenlanger Pause in diesem, zwischen den mittelmexicanischen und zentralamerikanischen Vulkanzonen verhältnismäßig stabilen Chiapas-Block in Zusammenhang mit den tektonischen Vorgängen erneut vulkanische Tätigkeit. Nicht nur in dem schon genannten Südostteil der Sierra Madre, sondern auch entlang von Bruchlinien und durch Verbiegung entstandenen Schwächezonen auf der Mesa Central, hier vor allem im weiten Halbrund von S über W nach N um das gegenwärtige Becken von San Cristóbal Las Casas herum, mit inselförmigen Vorposten nach Osten bis in das Gebiet um Teopisca und Amatenango del Valle, sodann am Steilabfall zur Depression in Richtung auf Venustiano Carranza (San Bartolomé) und Acala hin, drängten Quellkuppen und Spaltenergüsse an die Oberfläche, öffneten sich Krater, wurden

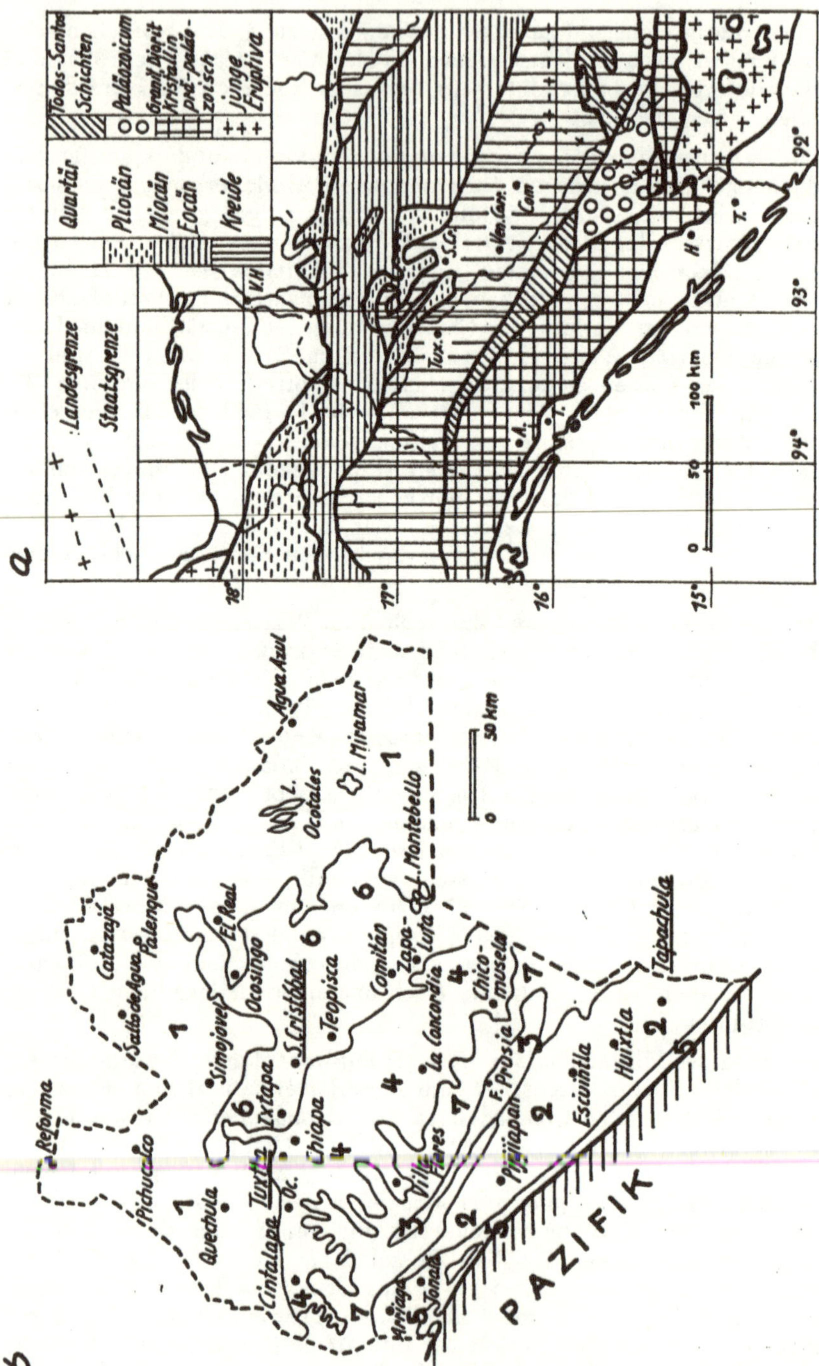
a
Landesgrenze
Staatsgrenze
Quartär
Pliocän
Miocän
Eocän
Kreide
Todos-Santos Schichten
Paläozoicum
Granit, Diorit kristallin prä-paläozoisch
junge Eruptiva
0 50 100 km
b
PAZIFIK
Reforma
Pichucalco
Quechula
Cintalapa
Tuxtla
Chiapa
Ixtapa
Simojovel
Salto de Agua
Catazajá
Palenque
Ocosingo
El Real
S. Cristóbal
Teopisca
Comitán
Zapaluta
L. Montebello
L. Ocotales
L. Miramar
Agua Azul
La Concordia
Chicomuselo
F. Prusia
Villa Flores
Pijijiapan
Escuintla
Huixtla
Tapachula
Tonalá
Arriaga
0 50 km

Figur 6

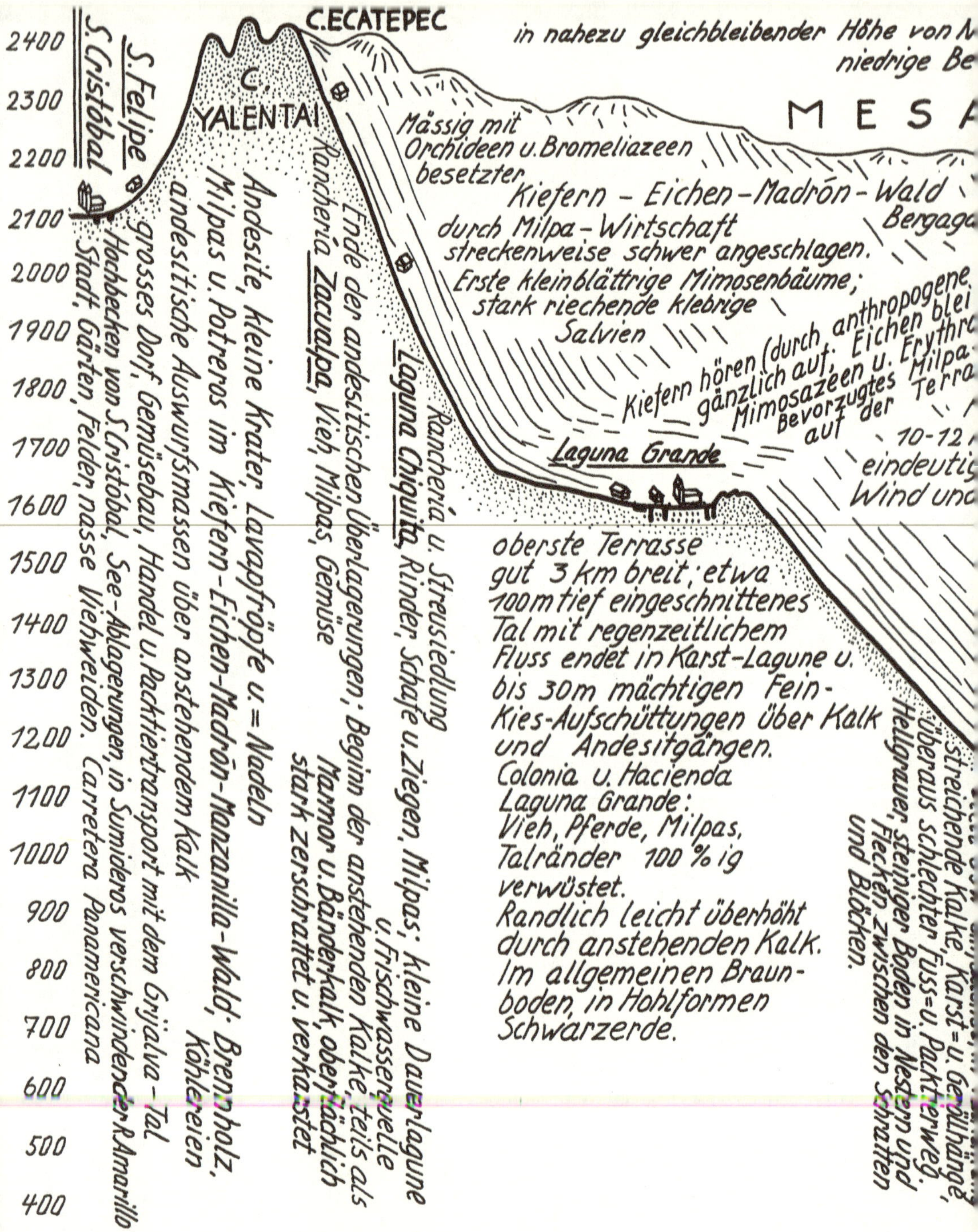

San Cristóbal – Acala: 28 km Luftlinie.

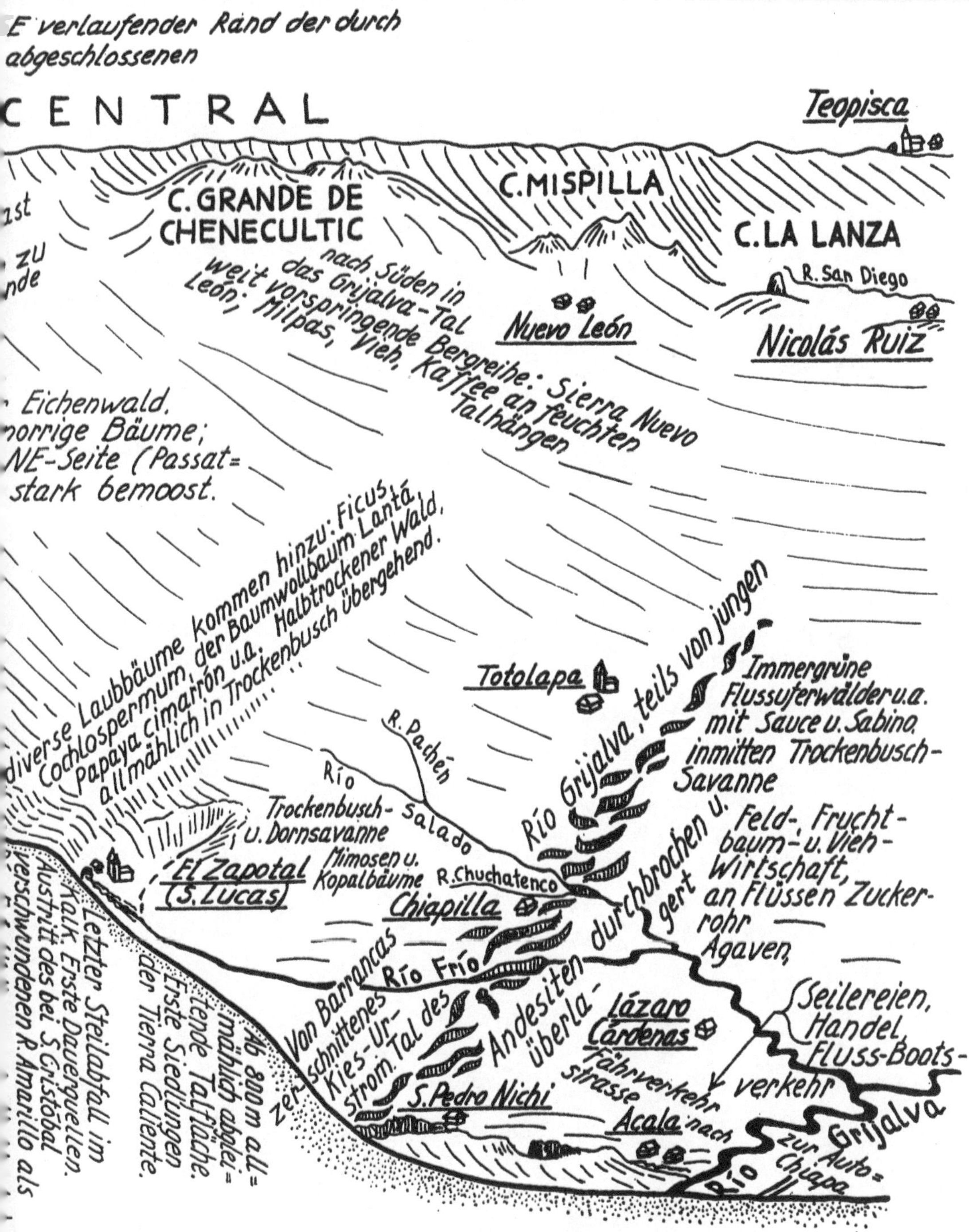

ur 7: Schnitt von der Mesa Central zum Grijalva-Tal zwischen S. Cristóbal und Acala. Überhöhung 10 : 1 (randliche Höhenziffern nur auf den Schnitt bezüglich)

Erklärung zu Figur 6:
a) Die geologischen Grundlagen in und um Chiapas.
(Nach Hendrichs: Morfología . . . . , 1957, Fig. 3.)
b) Orographisch - klimatologisch bedingte Groß - Zonen von Chiapas.
(Nach Miranda (1952) u. Hendrichs: Morfología . . . . , 1957, Fig. 53.)
1. Ebenen und Abdachungen der Golfregion
2. dito der pazifischen Region. 3. Abhänge der Hoch-Sierra uzm Golf.
4. Zentrale Depression. 5. Abhänge der nordwestlichen Sierra Madre, Pazifikseite und Küste.
6. Mesa Central. 7. Hauptteil der Sierra Madre.

Lavaströme und Lockermassen basischer Effusiva über die inzwischen gehobenen und zu Festland gewordenen Formationen der Kreide und des Alttertiärs ausgebreitet, sprudeln noch heute heiße und schwefelhaltige Quellen zur Oberfläche. Durchweg gehören die Gesteine dieses Förderabschnittes nach Beschaffenheit der mitgebrachten Proben zur dacitischen Gruppe. In der Literatur treten sie durchweg als „Andesite" auf; doch sagt z. B. Müllerried (1957, S. 109) ausdrücklich, daß sich „dieser graue Hornblende - Andesit reichlich von dem des Soconusco (in der südöstlichen Sierra Madre) unterscheidet". Ebenso wie in der Sierra Madre mit dem Tacaná, so bildeten auch auf der Mesa Central diese Vorgänge mit dem Cerro Zontehuitz (2850 m), Hueitepec (2760 m), Ecatepec (± 2400 m) u. a. die höchsten Erhebungen. Nach Sapper (1913, p. 156) bestehen diese tertiären Vulkane Zontehuitz aus Basalt, Hueitepec, Mispilla und San Bartolo aus Hornblende - Augit - Andesit. Er bringt (1899, p. 72) diese vulkanischen Ergüsse in Verbindung mit den Verwerfungen, die hier „das Kreidekalkgebiet durchziehen und an denen mächtige Kalkgebirgsschollen zur Tiefe gesunken sind". Die „energisch ansteigenden und isolierten Bergformen von San Bartolo und Mispilla" dürften nach seiner Ansicht „nicht aus langgezogenen Spalten, sondern aus Schloten von beschränkter Längserstreckung hervorgequollen sein". Die gruppenförmige Anordnung dieser Berge entspricht der geringen Entfernung der Schlote. Weiter unten im Abschnitt über „Die Sierra von Nuevo León" kommen sie näher zur Sprache; die Ausweitung dieses Vulkangebietes nach Westen hin wird im Abschnitt „Die Barranca - Landschaft im Nordwesten" der Zentralen Depression behandelt.

Nicht unwahrscheinlich ist, daß etwa zur gleichen Zeit, von Geologen bisher kaum untersucht, auch entlang des inneren Sierra-Madre-Randes Andesitmassen emporgestiegen sind. Zwischen der Sierra und dem Inselmassiv der Señorita z. B. liegt ein breiter Rücken andesitischer Effusiva, und zahlreiche kleine Berge und Buckel vor beiden Gebirgen erinnern in ihren Formen lebhaft an Krater, Pfröpfe und Quellkuppen bzw. -schilde. Hier befindet sich allerdings auf den geologischen Karten von Sapper und Boese eine kleine Andesit - Insel südöstlich vom Mittellauf der Flüsse Brillante und Dorado. Sie ist in Wahrheit ausgedehnter als angegeben. Ebenso dürften die eigenartig geformten „Tres Tenamastes" (vergl. Fig. 32 u. 33), 100 – 200 m hohe, mit steilwandigen, kraterähnlichen Gipfelpartien versehene Einzelberge am Südwestfuß des Cerro Nambiyuguá unfern Villa Flores kleine Kraterberge sein; im größten von ihnen soll sich ein klarer, kreisrunder See befinden. Schließlich möchte Verfasser spätere Reisende auf den ebenfalls stark vulkanisch anmutenden Kegel des C. Curuchu (vergl. Fig. 40) an der Einmündung des Naranjo-Tales in das Custepec-Tal aufmerksam machen, den er, vom Gadow-Tal kommend, in einiger Entfernung wahrnehmen und aufnehmen, aber leider nicht besuchen konnte.

Starker Auflösung und Ausbildung typischer Karstformen unterlagen in Pluvialzeiten vor allem die Kalke. Müllerried (1952) gab die anschauliche Erklärung, daß der Grijalva sich ein solches aufgelöstes Kalkgebiet nordöstlich der gegenwärtigen Hauptstadt Tuxtla zunutze machte, um sich einen kürzeren Abfluß zu verschaffen. Floß er früher auf einem rund 900 m hohen Niveau, auf dem er ein langes, von alluvialen Schottern überdecktes Urstromtal nahe des Steilrandes der Mesa Central zurückließ, der natürlichen Neigung der Depression entsprechend nach NW in Richtung des Río de la Venta, so grub er sich nunmehr unter steter Eintiefung seines Tales scharf nach N in der fast 1000 m tiefen Sumidero-Klamm[4]) durch das Gebirge und erreichte damit auf kürzestem Wege das atlantische Tiefland.

Eine große „Carta de Suelos de México" der Ingenieure Miguel Brambila und Rafael Ortiz Monasterio in „Ingeniería Hidráulica de México" X, 1956, Nr. 4, S. 84, zeigt für das hier behandelte Gebiet in grober Aufteilung und von der Sapper'schen Aufteilung (1899, Bodenkarte) abweichend: 1. verschiedenartige Gebirgsböden, hauptsächlich kaffeebraune und podsolische; 2. gelbe und rote Lateritböden; 3. Schwarzböden (Tschernozjem), diese hauptsächlich im Südteil der Zentraldepression. An Ort und Stelle ist der Aufbau selbstverständlich sehr viel differenzierter.

2. Klima

(Hierzu Figuren 6b, 10 – 15)

Chiapas kann zwar geschlossen als zum „Tropenklima" gehörig gerechnet werden. Doch im einzelnen ist dieses unterschiedlich. Es gibt Normalabschnitte mit jeweils 6 Monaten Regen- und Trockenzeit, humide, in denen die Regenzeit bis auf 8 Monate ansteigen, und aride, in denen sie bis auf 4 Monate absinken kann. Außerdem reicht es mit beiden Sierren in das tropische Höhenklima hinauf. Dieses darf keineswegs, wie es häufig geschieht, dem subtropischen oder gemäßigten Klima gleichgesetzt werden, wenn auch der Begriff „Tierra templada", gemäßigtes Land, durchaus angewandt werden kann und sich ohnehin nicht mehr vertreiben läßt. Denn gegenüber dem Tiefland und den Trockengebieten sind Temperatur und Niederschlag „gemäßigt". In den Grundzügen der atmosphärischen Vorgänge aber bleibt das Klima „tropisch". So wachsen in diesem Klima der „Tierra templada" auch durchaus noch subtropische Pflanzen wie Fruchtbäume, Agaven, Palmen usw. Selbst in San Cristóbal auf 2100 m, mit vielen Nachtfrösten und Reiffällen, stehen in geschützten

4) „Sumidero" bedeutet wörtlich: Ort, an dem etwas versenkt wird, verschwindet, also unterirdisch, Tunnel. Früheren irrtümlichen Annahmen zufolge sollte der Strom das Gebirge unterirdisch queren. Die Bezeichnung ist bis heute beibehalten worden.

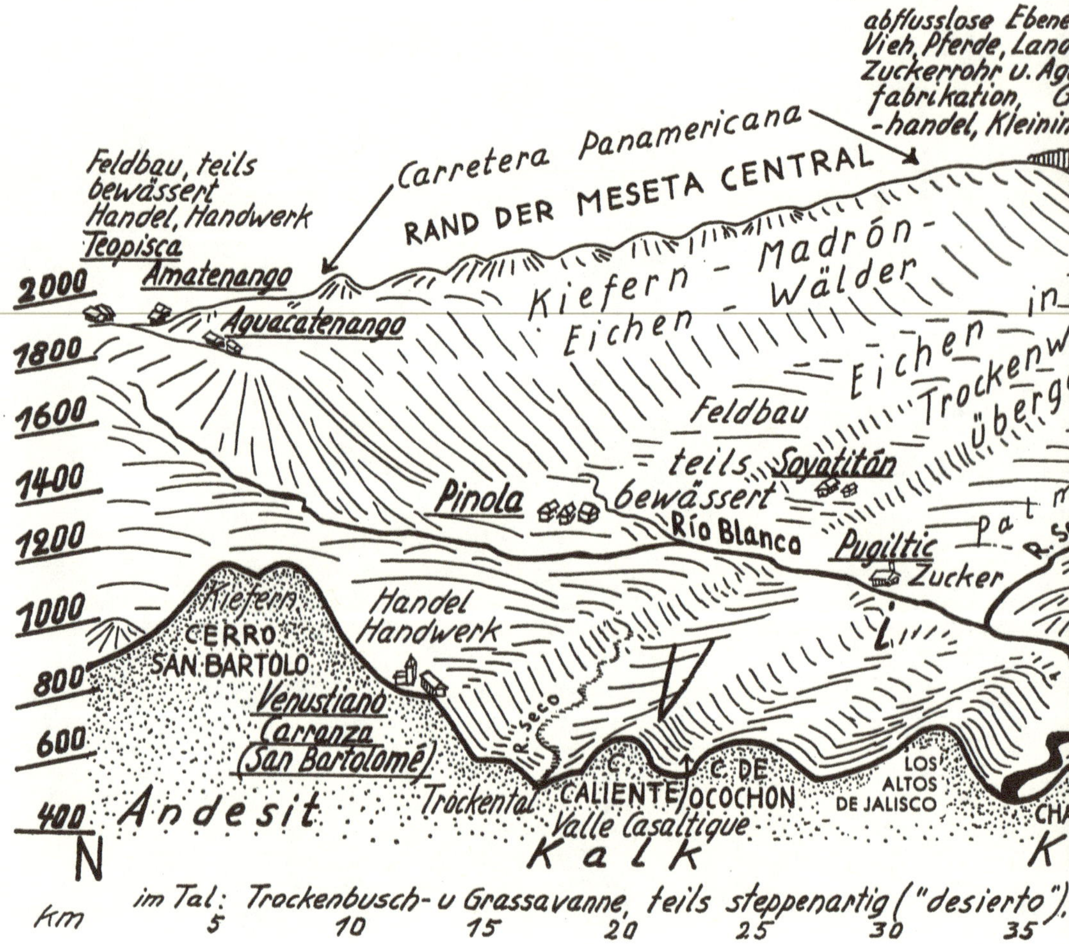

abflusslose Ebene
Vieh, Pferde, Land
Zuckerrohr u. Aga
fabrikation, Gr
-handel, Kleinin
Carretera Panamericana
RAND DER MESETA CENTRAL
Feldbau, teils bewässert Handel, Handwerk
Teopisca
Amatenango
Aguacatenango
Kiefern - Madrón - Eichen - Wälder
Eichen in Trockenw übergeh
Feldbau teils bewässert
Soyatitán
Pinola
Río Blanco
Pugiltic
Zucker
R. Sa
Kiefern
CERRO SAN BARTOLO
Handel Handwerk
Venustiano Carranza (San Bartolomé)
R. Seco
C. CALIENTE
C. DE OCOCHON
LOS ALTOS DE JALISCO
CHA
Andesit
Trockental
Valle Casaltique
Kalk
K
N
2000
1800
1600
1400
1200
1000
800
600
400
km
im Tal: Trockenbusch- u Grassavanne, teils steppenartig ("desierto").
5
10
15
20
25
30
35

Figur 8: Schnitt durch die Zentrale Depression in der Höhe San Bartolo - Jaltenango. Überhöhung 12.5 : 1

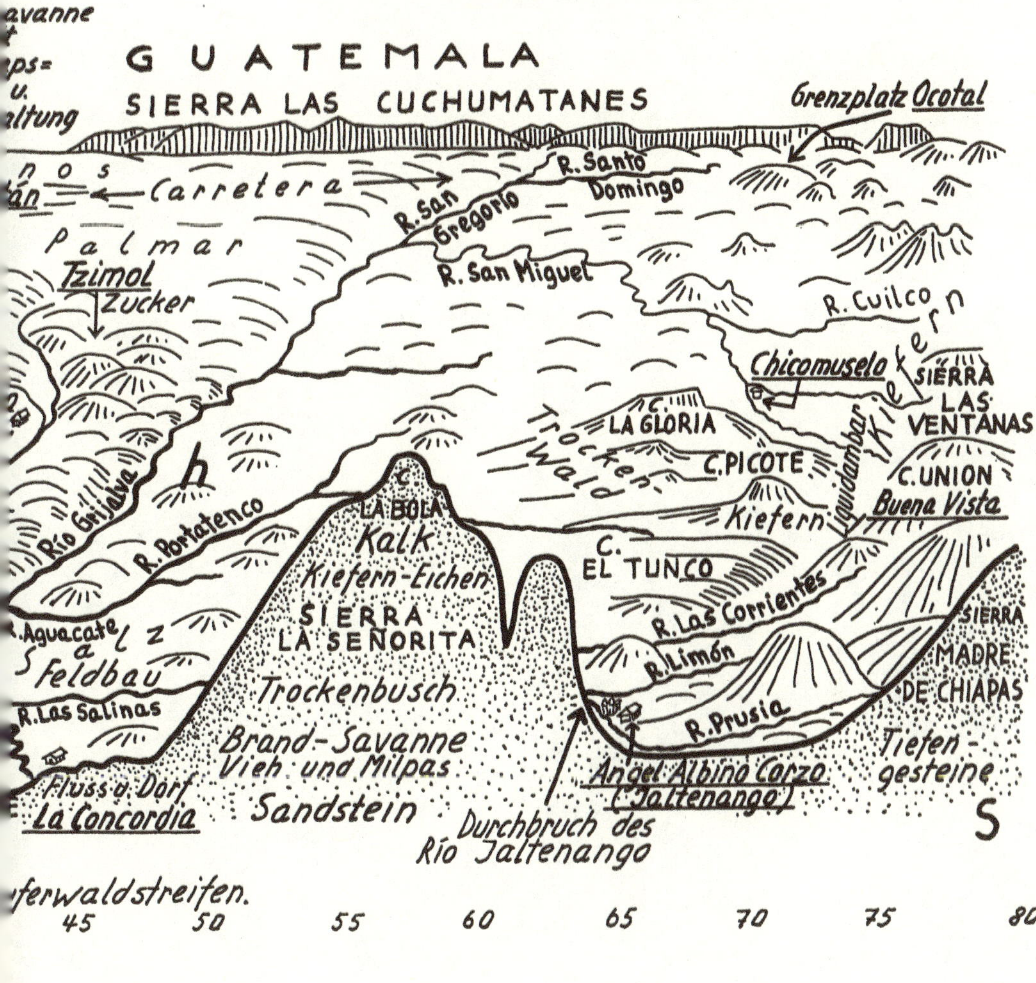

Figur 9: Schnitt vom Pazifik ü
(Höhe Huixtla – Chico

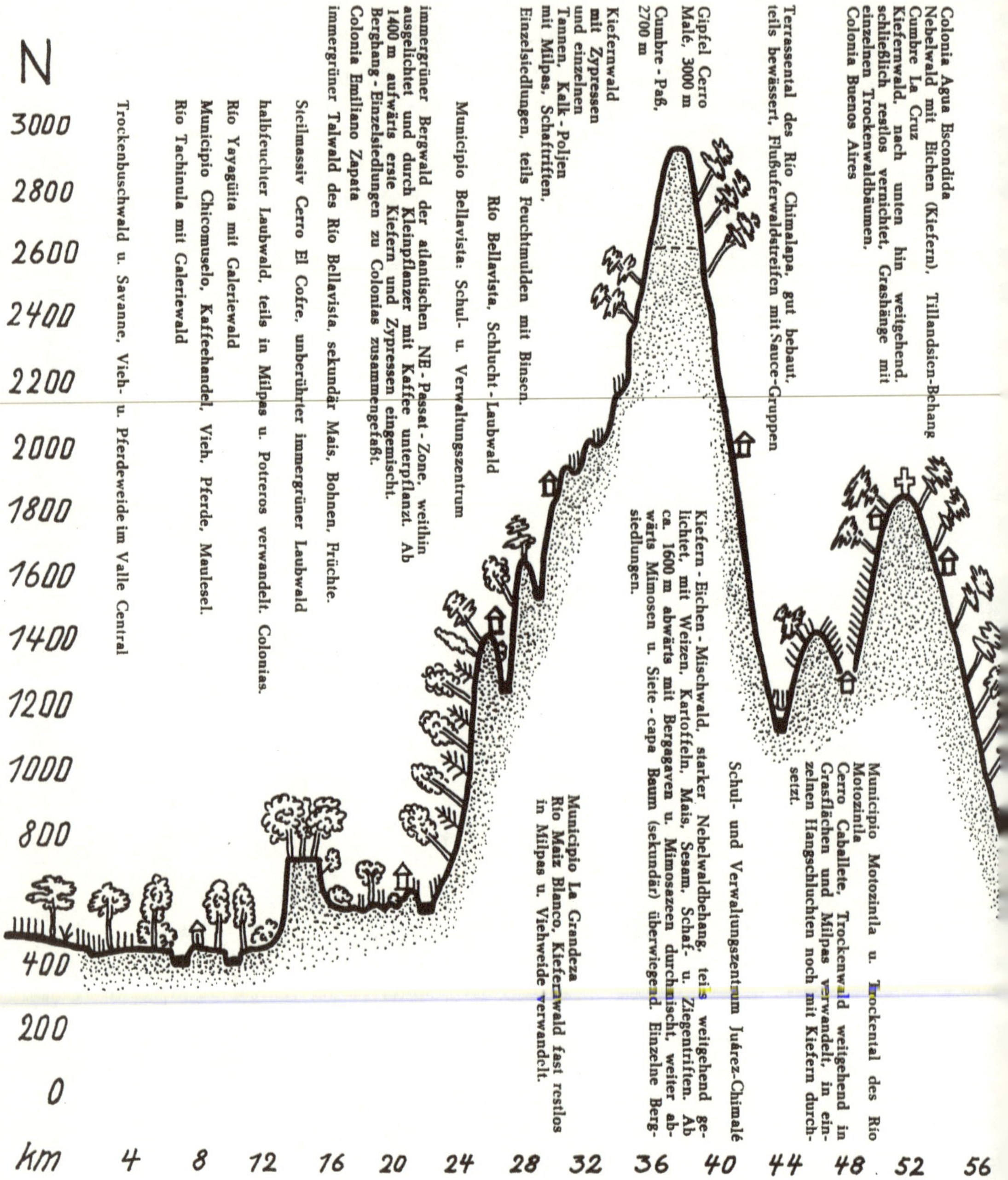

ra Madre zur Zentraldepression
erhöhung 20 : 1

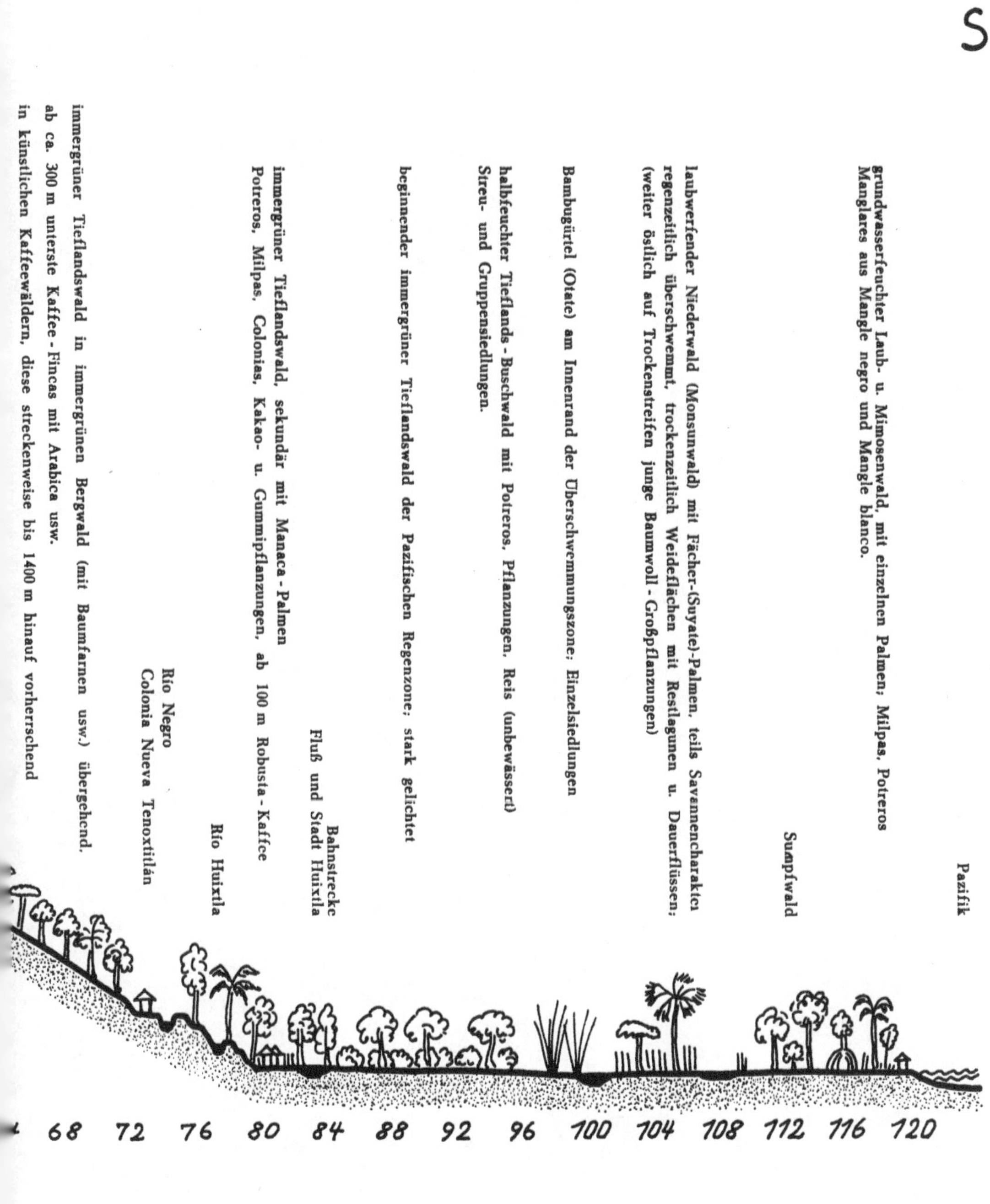

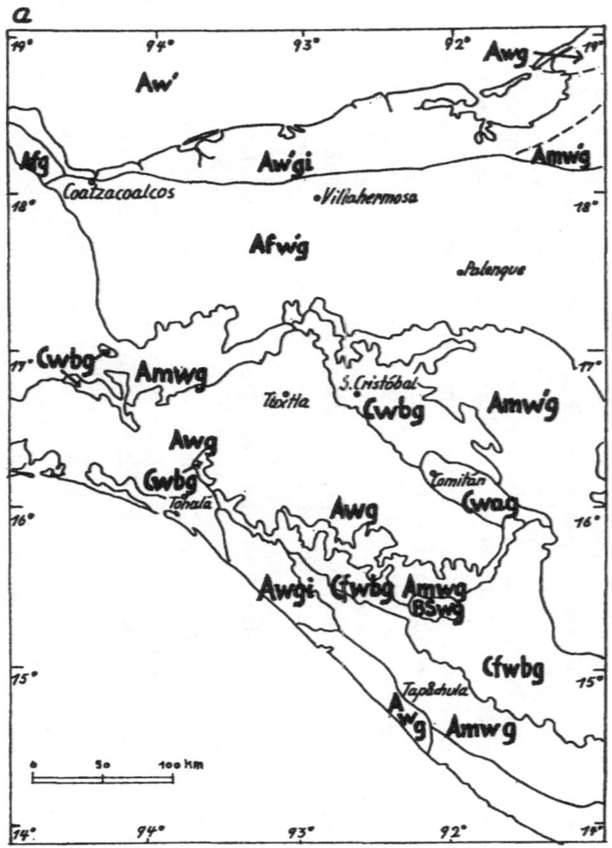

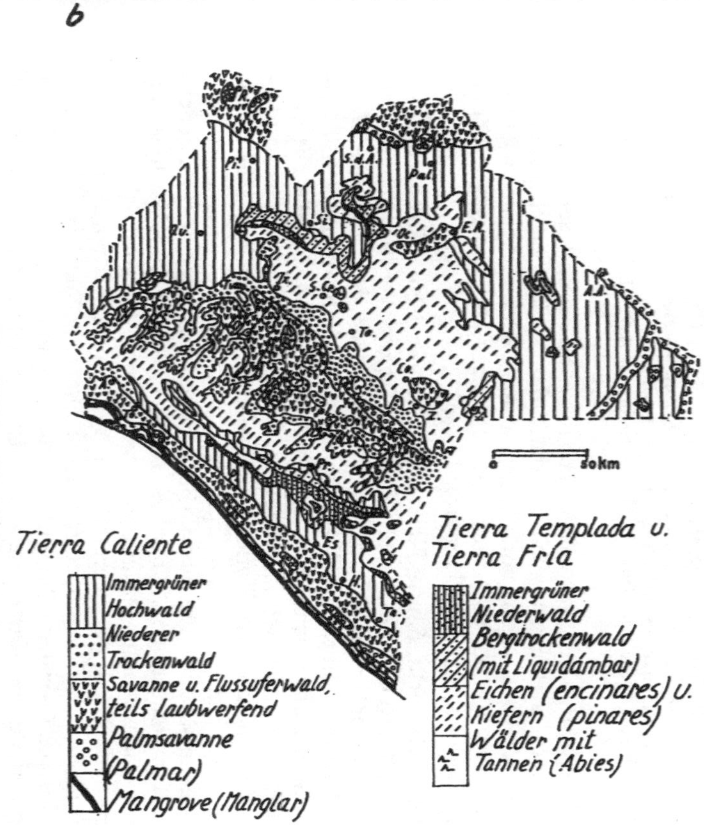

Figur 10

A: Tropischer Regen, alle Monatsmittel über 18°
BS: Trockenklima, am trockensten im Sommer
C: feucht – gemäßigt
a: wärmster Monat mehr als 22°
b: wärmster Monat weniger als 22°, mehr als 4 Monate über 10°
f: beständig feucht
g: Höchsttemperaturen vor der Sommer – Regenzeit
i: isothermale Jahresschwankung geringer als 5°
m: heftiger Monsunregen
w: Regen im Sommer
w': Regenzeit gegen den Herbst hin verschoben

Erklärung zu Figur 10: a) Die Klimagebiete in und um Chiapas.
(Nach Hendrichs, 1957, Fig. 51, auf Grund der Köppen'schen Einteilung.)
b) Die Pflanzengesellschaften von Chiapas.
(Nach Miranda, 1952 und Hendrichs, Fig. 52.)

Höfen noch reichlich tragende Orangenbäume süßer und saurer Arten, wachsen an den Berghängen noch oberhalb der Stadt Feigenkakteen. In den Wäldern kommen sogar noch „tropischere" kleine Aguacate-Arten vor. Andererseits gibt es dort ebensogut Pflanzen der gemäßigten Zone wie Holunder, Brombeere und Himbeere.

Das lange Zeit recht dünne Netz der klimatologischen Beobachtungsstationen im Stromgebiet des oberen Grijalva ist erst verdichtet und einigermaßen gleichmäßig verteilt worden, seitdem nach dem Zweiten Weltkriege die „Recursos Hidráulicos" die Nutzungsmöglichkeiten des Río Grijalva zu erkunden begannen. Ihre dieserhalb errichteten, jeweils mit zwei Personen besetzten und der „División Hidrometrica de Chiapas" unterstehenden Hydrometrischen Stationen rüsteten sie außer mit Meßinstrumenten für Wassermenge, Schlammgehalt, Strömungsgeschwindigkeit usw. der Flüsse, hauptsächlich des Río Grijalva, auch mit solchen für Niederschlag und Temperatur, teils überdies für Windstärke und Verdunstung aus. Vordem waren Messungen auf die vom Servicio Meteorológico Nacional, als einer Abteilung der Secretaría de Agricultura y Ganadería, unterhaltenen Stationen in den größeren Plätzen San Cristóbal Las Casas, Comitán, Venustiano Carranza, Chiapilla, Motozintla und Angel Albino Corzo sowie einige (deutsche) Kaffeefincas in den Randtälern der Sierra Madre beschränkt. Diese letzteren, Prusia und Liquidámbar mit Namen, haben allerdings seit ihrem Bestehen, das heißt über Zeiträume von mehreren Jahrzehnten, vorzügliches Material über Niederschläge, etappenweise auch über Temperaturen, Feuchte und Verdunstung erbracht. Die hier benutzten Unterlagen stammen von allen diesen verschiedenen Beobachtungsplätzen.

Im übrigen darf man die älteren Beobachtungen nicht für allzu zuverlässig erachten. Verfasser stellte z. B. fest, daß in San Cristóbal Las Casas von 1930–1938 fantastische Niederschlagsmengen zwischen 3700 und 5400 mm registriert worden waren, die dann nach 1940, seit Einzug eines neuen Beobachters, plötzlich auf weniger als 2000 mm absanken ..., und niemand war auf diesen erstaunlichen Rückgang bisher aufmerksam geworden! Wie weit seitdem dort und an anderen Plätzen die Beobachtungen bzw. Berechnungen den Tatsachen entsprechen, muß weiterhin mit Vorbehalt vermerkt werden; z. B. ob tatsächlich in genanntem San Cristóbal 1942 nur 673, im Jahre 1955 dagegen 1900 mm Regen gefallen sind.

Immerhin sind verschiedentlich Entwürfe von „Klimakarten", zumeist nach der Koeppen'schen Einteilung für Chiapas vorgenommen bzw. Niederschlags- und Temperaturdiagramme gegenübergestellt worden (z. B. in Vivó & Gómez 1946, Wagner & Stresemann 1950, Chiapas Económico 1951, Echeagaray und Hendrichs 1957), so daß im großen und ganzen die Eingliederung von Chiapas und des hier behandelten Teilgebietes in das Weltklima möglich ist. Die beigefügten Karten und Diagramme mögen darüber Aufschluß geben. Heute steht für das

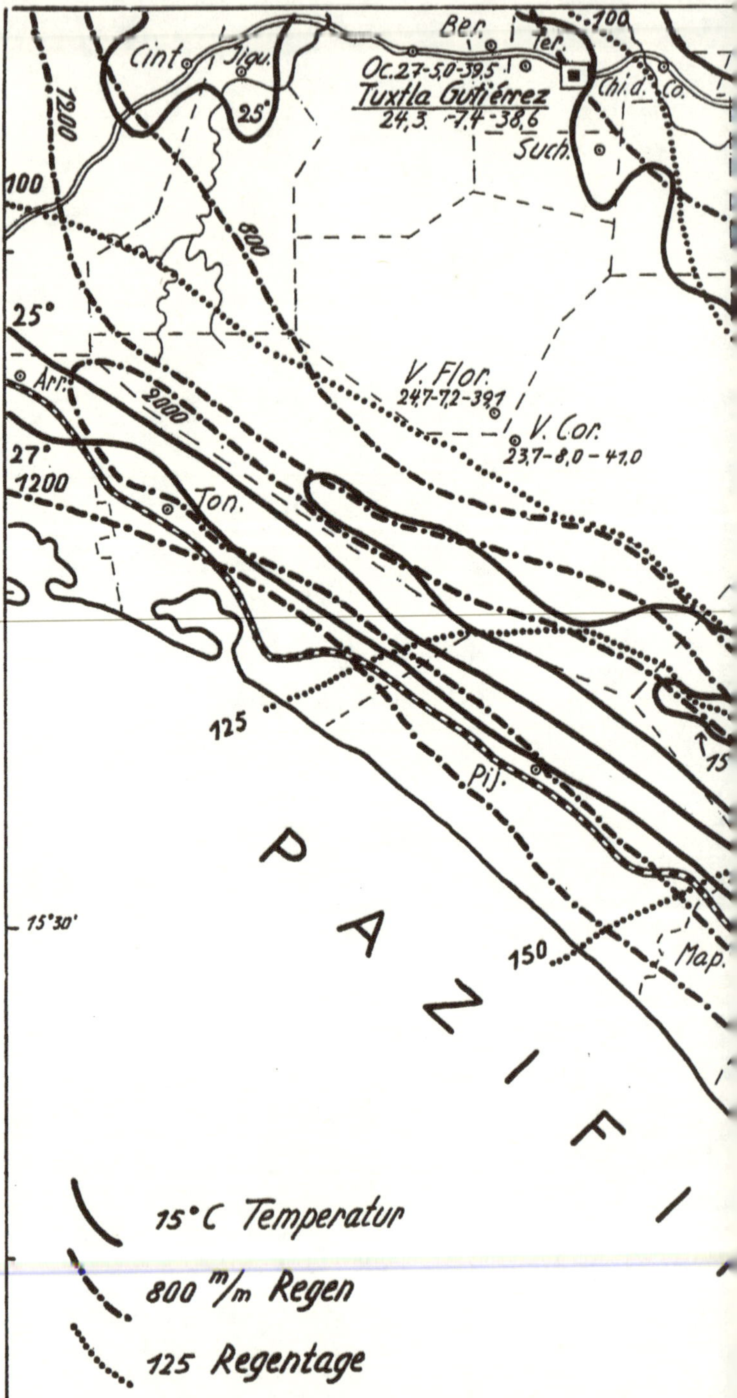

Figur 11: Jahres-Isothermen, Isohyeten und Zahl der Regentage, gleich
waltungseinteilung in „Municipios". Die Ziffern bei einigen Orten
Jahresmitteltemperatur, mittleres Minimum, mittleres Maximum 1
(Nach Chiapas Económico, Bd. I, S. 18 u. 24)

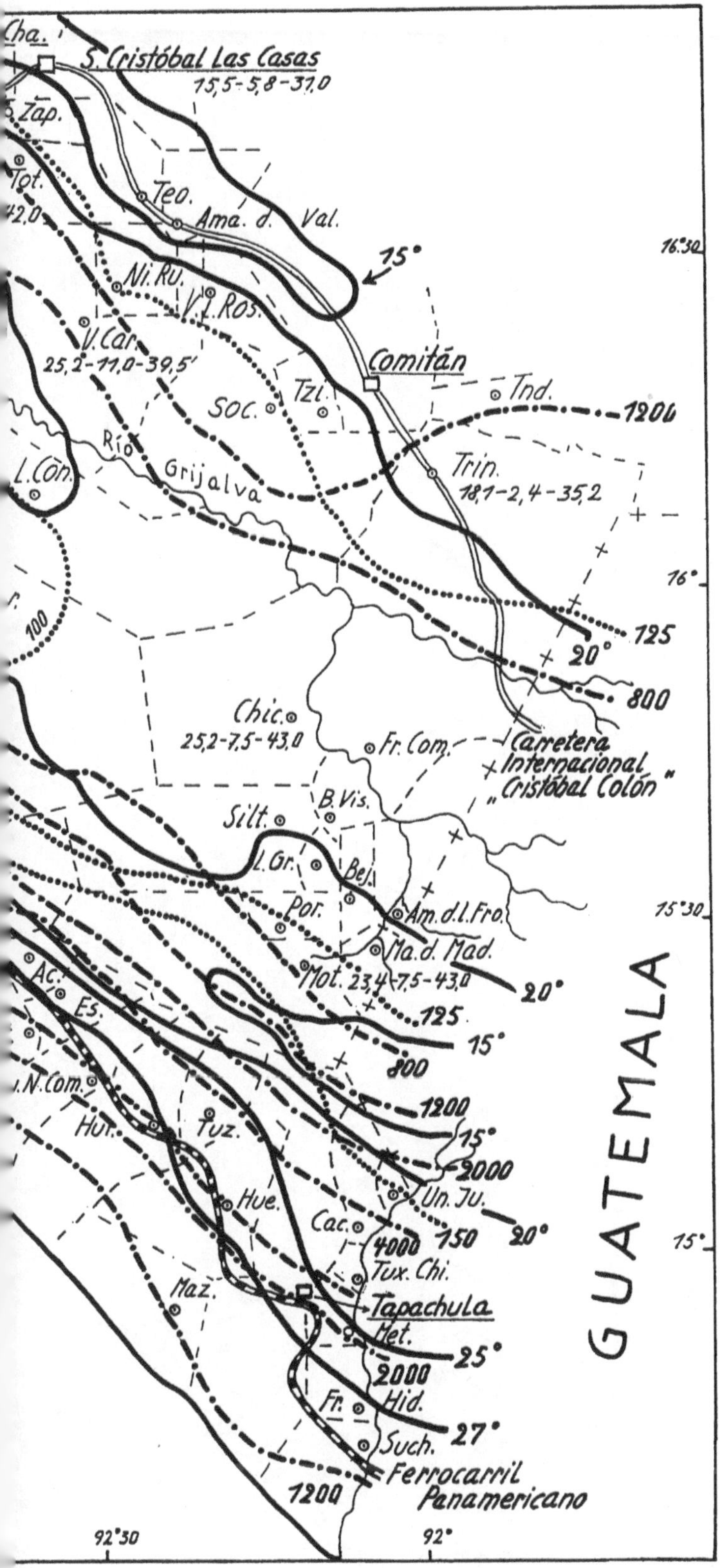

S. Cristóbal Las Casas
15,5-5,8-31,0
Teo.
Ama. d. Val.
15°
16°30
Ni. Ru.
V. l. Ros.
V. Car.
25,2-11,0-39,5
Comitán
SOC.
Tzi.
Tnd.
1200
Río Grijalva
L. Con.
Trin.
18,1-2,4-35,2
16°
125
20°
100
800
Chic.
25,2-7,5-43,0
Fr. Com.
Carretera Internacional „Cristóbal Colón"
B. Vis.
Silt.
L. Gr.
Bej.
Por.
Am. d. l. Fro.
15°30
Ma. d. Mad.
Mot. 23,4-7,5-43,0
20°
125
15°
800
Ac.
Es.
N. Com.
1200
Hui.
Tuz.
15°
2000
Un. Ju.
Hue.
Cac.
20°
4000
150
15°
Tux. Chi.
Maz.
Tapachula
Met.
25°
2000
Hid.
Fr.
27°
Such.
Ferrocarril Panamericano
1200
92°30
92°
GUATEMALA

Stromgebiet des oberen Río Grijalva, also über die errechneten ± 15 000 qkm, Material, wenn auch zum großen Teil erst über wenige Jahre und vorwiegend nur mit Regenmeßergebnissen, von mehr als zwanzig Plätzen zur Verfügung.

Bestimmend für die Vorgänge im Luftraum ist das Luftdruckgefälle zwischen Atlantischem und Pazifischem Ozean in Verbindung mit der Lage von Chiapas innerhalb des Nordostpassatgürtels und dem orografischen Aufbau des Landes. Die Luftdruckunterschiede zwischen nördlichem Golf und Tapachula in der pazifischen Küstenebene betragen im Januar 765 bzw. 758 mm, im April 760 bzw. 757 mm, im Juli 761 bzw. 758 mm und im Oktober 761 bzw. 757 mm (nach Vivó & Gómez). Die Grenze zwischen atlantischen und pazifischen Luftbewegungen verschiebt sich unter den herrschenden Druckverhältnissen ständig, überschreitet aber die Zentraldepression und Mesa Central in keinem Monat nach N hin. Gerade im oberen Grijalva-Tal treffen sich die Winde aus nördlichen bzw. östlichen und aus südlichen bzw. südwestlichen Richtungen, steigern sich aber nur selten zu Stürmen. Verheerende Fallwinde, als welche die vom Golf herüberkommenden, am Binnenrand der Sierra abgeregneten und zu Föhnstürmen abgewandelten „Nortes" (northers) die Südhänge der Sierra Madre heimsuchen und dort namentlich in den Kaffeefincas häufig schwere Schäden anrichten, kommen hier nirgends zur Wirkung. Ebenso verschont bleibt das Gebiet, dank der hohen Sierra-Mauer, von den gelegentlichen pazifischen Monsunstürmen bzw. Tornados. In Anlehnung an Elpidio Lopez erklärt Waibel (1932) jene Nortes als einen an sich normalen Luftaustausch zwischen einer abziehenden Zyklone im nördlichen Mittelamerika und im Golf von Mexico einerseits, sowie einer von NW aus dem Gebiet der U. S. A. (Mississippi-Talung) herbeikommenden Antizyklone andererseits. Er schwillt nur deshalb gewissermaßen als „potenzierter Passat" zu starken Stürmen an, weil er sich in Nord/Süd-Richtung erstreckt, weil ferner zu dem dynamischen Gegensatz von Antizyklone und Zyklone noch der thermische von kaltem Festland im N und warmem Ozean im S tritt, und weil schließlich der Luftaustausch zwischen beiden durch keinerlei Gebirge gehemmt wird, sondern sich auf weiten, glatten Ebenen abspielt.

Die Zahl der Tage mit Bewölkung nimmt von 150 im N von Chiapas – unter Ausklammerung besonders stark beregneter Gebirgsteile – bis auf 90 am Pazifik ab, die Zahl der Regentage von 160 im äußersten SE, wo der hohe Tacaná-Vulkan als Wolkenbildner wirkt und außerdem das Gebirgsland gleichermaßen von atlantischer und pazifischer Feuchtigkeit profitiert, bis auf 90 Tage im Valle Central. Gegen N steigt sie dann wieder auf 120, maximal im Grenzgebiet Chiapas/Tabasco im Bereich der passatischen Steigungsregen allerdings auf den Rekord von 180 an. Auch mit einer mittleren jährlichen relativen Feuchtigkeit von 80 % liegt der NE höher als das pazifische Küstengebiet mit nur 70 %.

In jeder Beziehung ist der tiefe Trog der durch Gebirge abgeriegelten zentralen Depression einschließlich des im Lee des Passates liegenden Steilabfalles der Mesa Central das am meisten benachteiligte Gebiet. Hin-

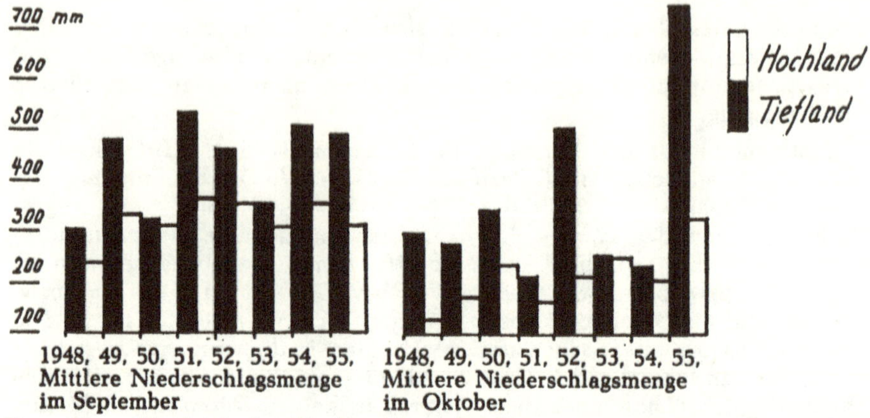

Figur 12: Vergleich der Niederschläge der Hauptregenmonate im Stromgebiet des oberen und unteren Río Grijalva. (Nach L. Echeagaray Bablot: La Cuenca del Grijalva – Usumacinta, Fig. 47.)

zu gesellt sich auch das obere Cuilco-Motozintla-Tal im SE-Teil der Sierra. Ihm nehmen die großen quergestellten Massive der von den guatemaltekischen Cuchumatanes west- bzw. nordwestwärts ausstrahlenden Ketten und Blöcke die Feuchtigkeit weg. Es ließ sich auf den Märschen z. B. beobachten, wie große Wolkenbänke aus nördlicher Richtung über das Grandeza- und Ojo-de-Agua-Massiv bis an den Talrand des Río Cuilco rollten, dort den ganzen Tag über einige hundert Meter tief herabhingen, ohne von der Stelle zu kommen, und sich erst nachmittags auflösten. Nur einzelne kleine Fetzen, von der Warmluft des Tales rasch höher getrieben, trifteten dabei auch über das Tal selbst hin.

Innerhalb der Depression selbst ist bezüglich der Niederschläge wieder die Nordseite schlechter ausgestattet als die Südseite. Der Passat drängt durch die breite Scharte der Comitán-Fläche zwischen dem höchsten Stockwerk der Mesa Central im W und den Altos Cuchumatanes im E in die Grijalva-Talung vor und stößt jenseits gegen die Sierra Madre. An und vor ihr fallen die meisten Regen, strömt die Mehrzahl der Flüsse mit 80% aller Wasserzufuhren (de la Peña I, S. 69) dem Hauptstrom entgegen und sind dementsprechend die weitesten Ebenen ausgebildet. In manchen Jahren beträgt der Unterschied, wenn die Messungen korrekt sind, das Doppelte, im Mittel 1944/48 z. B. für den N und NW an verschiedenen Stationen 770–990 mm, in der Mitte, im S und SW der Depression selbst 1150 bis fast 1900 mm, in den begünstigten Randtälern der Sierra Madre 2500–3500 mm, im Trockental von Motozintla dagegen nur 750 mm. (Fig. 14 u. 15.) Motozintla kam in zwanzig Meßjahren nur einmal, 1931, über 1000 mm und blieb in acht Jahren unter 700 mm.

Diese für ein Tropengebiet und im Vergleich zum übrigen Chiapas teils äußerst geringen Niederschlagsziffern wirken sich noch um so nachteiliger aus, als sie fast ausnahmslos nur in die halbjährige Regenzeit von April/Mai bis Oktober/November, mit den Spitzen durchweg zwischen Juli und September, gebunden sind und im Mittel 4 Monate ohne jeden Tropfen, 2–3 weitere Monate ohne nennenswerten Niederschlag

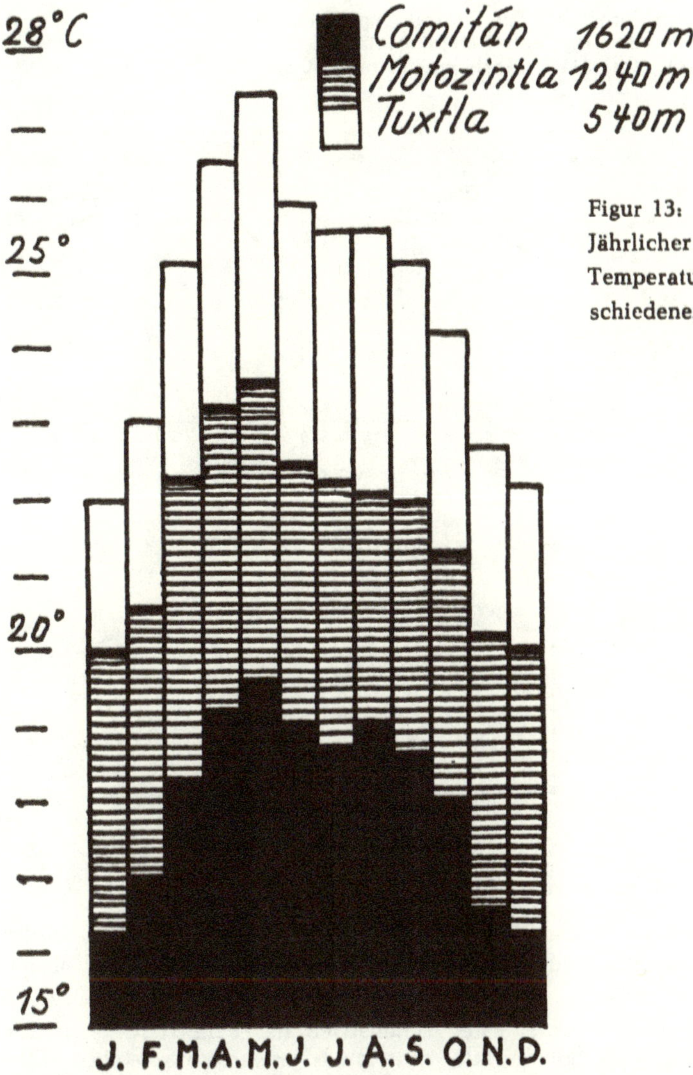

Figur 13: Jährlicher Gang der Temperatur in verschiedenen Höhenlagen.

bleiben. Es kommt ferner hinzu, daß ein großer Teil der Niederschläge in kurzen Wolkenbrüchen herab kommt und die Hauptregen ohnehin nur auf 2–3 Monate beschränkt bleiben. Auf der Finca Custepec z. B. fielen im September 1956 in 26 Tagen 579 mm, davon allein an einem Tage ein Maximum von 107 mm. Selbst auf dieser 900 m hoch weit aufwärts in der Sierra gelegenen Pflanzung gab es aber im Januar 1957 nur 1 Tag mit 7 mm, im Februar 4 Tage mit 37 mm, davon einen allein mit 32 mm, im März 2 Tage mit 24 mm, einen davon mit 18 mm Regen. Sehr viel ungünstiger noch ist die Verteilung in größerer Entfernung von der Sierra innerhalb der großen Senke.

1 La Concordia, mittlerer Teil der Zentral-Depression, 550 m
2 Villa Flores, SW-Teil der Zentral-Depression, 630 m
3 Tuxtla Gutz., NW-Teil der Zentral-Depression, 540 m

1 2 3

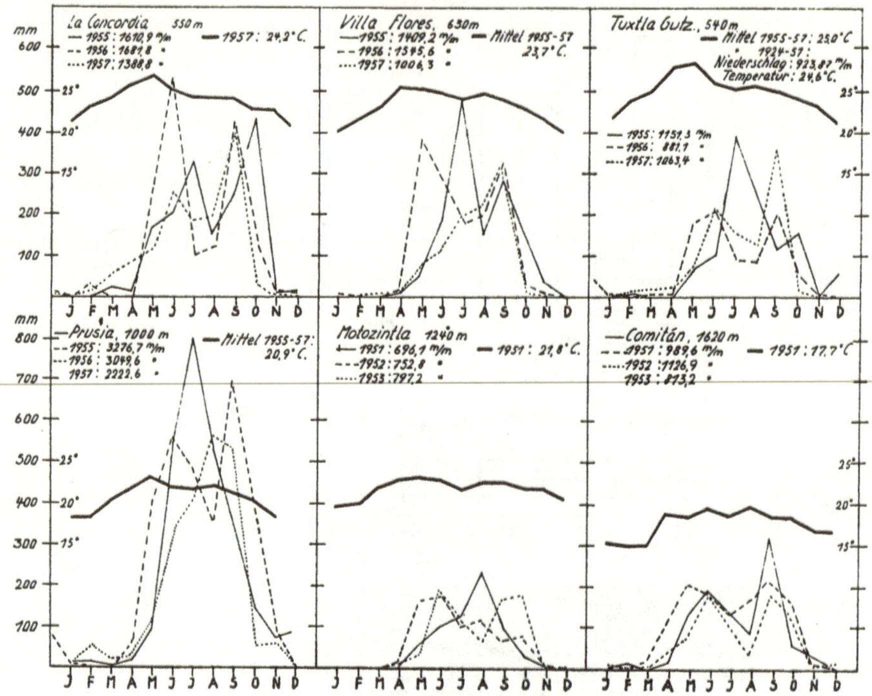

4 5 6

4 Prusia, Gebirgstal im Luv des NE-Passats, 1000 m
5 Motozintla, inneres Gebirgstal im Regenschatten, 1240 m
6 Comitán, Hochebene am Rand von Meseta Central u. Zentral-Depression, 1620 m

Figur 14: Niederschlag und Temperatur in verschiedenen Teilen des oberen Grijalva-Stromgebietes.

Auch der Tau, als vornehmster Lebenstrieb der Pflanzenwelt in der Periode des „estiaje" (Sommerhitze mit niedrigstem Wasserstand), fällt gegen ihr Ende hin immer spärlicher und hört schließlich ganz auf. Hohe Temperaturen gehen damit gepaart. Wenn auch das Jahresmittel in allen unterhalb 1000 m gelegenen Teilen des Stromgebietes 26° C nicht übersteigt, werden in großen Teilen der Depression und namentlich in ihrem am wenigsten durchlüfteten SW-Teil mittlere Maxima bis zu 45° C verzeichnet. In den höchsten Regionen der Meseta und der Sierra Madre sind andererseits Minus-Temperaturen, durchweg in der zweiten Nachthälfte und den frühen Morgenstunden, keine Seltenheit. San Cristóbal Las Casas, auf 2100 m Höhe, verzeichnete 1957 nicht weniger als 17 Tage mit leichtem und 6 mit heftigem Frost, 13 mit Hagel und ein mittleres Temperatur-Minimum von minus 4,2° C.

Gerade dort in den abgeschlossenen Hochbecken und Hochtälern der Mesa Central lasten oft bis weit in die Vormittage hinein oder selbst den ganzen Tag über naßkalte Nebel, in der Frühe nicht selten auch Reifdecken, und lassen die weite Südlage dieses Landes vergessen. In nach oben hin scharf begrenzten, etwa 400 m dicken Decken liegen die Nebel stundenlang über den hohen Nordbergen von Hueitepec zum Zontehuitz, ehe sie naß und träge weiter über die Hochflächen schleppen,

Niederschlag	Jahresmengen		
1931 : 3779	1945 : 2305	1938 : 2593	1952 : 2993
32 : 3111	46 : 2476	39 : 2393	53 : 2273
33 : 3451	47 : 2443	40 : 2578	54 : 2972
34 : 2487	48 : 2429	41 : 2467	55 : 2926
35 : 2449	49 : 2157	42 : 2285	56 : 2967
36 : 2821	50 : 2135	43 : 1472	57 : 2203
37 : 2438	51 : 2169	44 : 2376	Total: 69148 mm
			Jahresmittel: 2561 mm

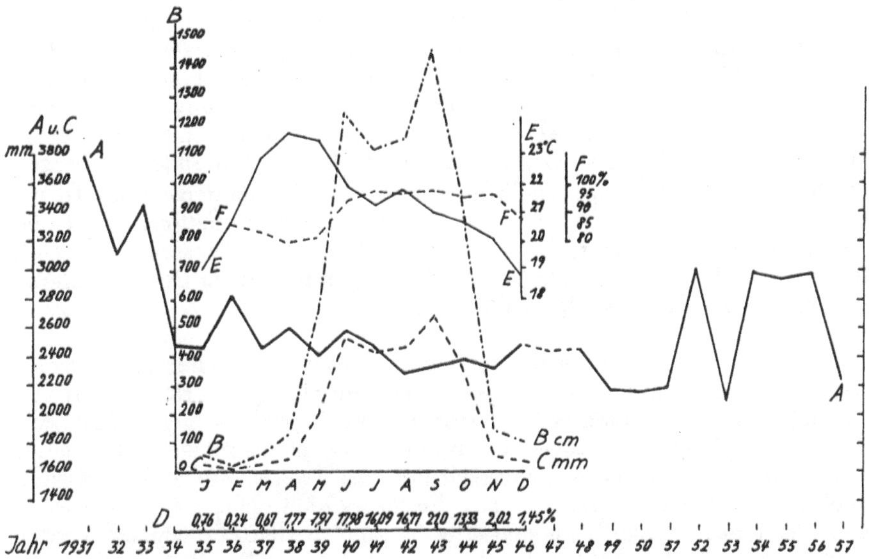

Figur 15: Klimatische Daten für die Finca Liquidámbar (Kaffee, 1100 m).

A: Jährliche Regenmenge 1931-1957 (1947 Messungen für Mai u. Juni unvollständig)

B: Gesamte monatliche Niederschlagsmengen für die 27 Jahre (1931-1957) in cm.

C: Monatsmittel in mm.

D: Mittlerer monatlicher Prozentanteil an der Jahresmenge.

E: Monatliche Mitteltemperaturen für den Zeitraum 1953-1957.

F: Relative Luftfeuchtigkeit um 20 Uhr im Meßjahr 1936/37.

um später in die den steilen Abbruch zum Zentraltal begleitenden Höhenzüge des Ecatepec und seiner Ausläufer abzutreiben. Dort hängen sie erneut in dichten Schwaden und lösen sich schließlich beim Abstieg am Steilhang in der Warmluft der Talung spurlos auf.

Im NW der Meseta, wo sich gegen das – nach Müllerried früher auch vom Grijalva mitbenutzte (siehe voriges Kapitel) – Tal des Río de la Venta hin eine breite Scharte zum atlantischen Tiefland öffnet, strömt über das ganze Jahr der zum NNW-Wind abgelenkte Passat mit großer Heftigkeit in das obere Grijalva-Tal ein, kommt aber schon nach 15 – 20 km zum Erliegen.

Ähnliches wie für die Mesa Central gilt für die Binnenseite der Sierra Madre. An den Nordhängen ihrer hohen Kämme, vornehmlich zwischen 2000 und 2400 m, laden die durch das weiter oben genannte Tor der Comitán-Fläche hereinkommenden Passatwinde und Nebel einen großen Teil ihrer Feuchtigkeit ab. Namentlich in der Kenterung von Trocken- zu Regenzeit, im März / April, treiben heftige Süd- und Südwestwinde, fast immer erst in der zweiten Tageshälfte, auch von der pazifischen Seite her Nebel über die Sierra. Sie sind zunächst trocken. Über die Kämme und Gipfel ziehen sie noch rasch hinweg – der Südwest kann dabei in heftigen föhnartigen Böen noch bis tief in die Täler hinunterstoßen –; doch an den kühleren und feuchten Nordseiten bleiben sie hängen, kondensieren über Nacht, steigen am anderen Vormittag wieder auf und kriechen, alles durchfeuchtend, in den Tälern abwärts. Vermischt mit den tieferen Wolkenlagen des Passats verwandeln sie sich in langwährende Sprühregen. Doch in der Warmluft unterhalb ± 1200 m hört die Kondensation auf, der Übergang der Vegetation von Feucht- zu Trockenformationen läßt das deutlich erkennen. Erst recht unterbleibt diese, in der nassen Zeit neben den eigentlichen Regenfällen sehr heftige, vormittägliche Durchfeuchtung in dem tiefen Warmtrog des Valle Central.

In diesem selbst konnte während der Märsche bei weiter Sicht immer wieder das Herantreiben der Passatwolken durch das „Loch" östlich von Comitán und ihr langsames Herabfließen zur Depression beobachtet werden. In der Trockenzeit zogen sie in einiger Geschlossenheit und Schatten spendend aber nur im östlichen Drittel des Troges, auf dessen Grund leichte Ostwinde vorherrschten, auf die Sierra Madre zu. Weiter westwärts über der großen Senke löste sich alles auf und bestenfalls winzige Tupfen erreichten noch ihre Mitte. Dort stand zur gleichen Zeit Wind aus westlichen Richtungen, also eine Auswirkung des jenseits der Sierra Regen bringenden, hier jedoch bereits abgetrockneten Monsuns. Diese wichtige Grenze der trockenzeitlichen Luftbewegung, von Waibel (1933, p. 41) noch nicht erkannt, wurde etwa einen Tagemarsch östlich von La Concordia überschritten. Gerade der Mangel fast jeglicher Bewölkung und Beschattung dürfte zur Erklärung der gegen W hin immer mehr zunehmenden Hitze und Ausdörrung der Depression in der regenlosen Zeit beitragen.

Als eine auffällige Erscheinung im Luftraum darf der Dunst nicht unerwähnt bleiben. Er ist an die Trockenzeit gebunden. Einerseits bricht er die allzu starke Strahlung der Sonne, andererseits verhindert er die ungehemmte Ausstrahlung der Erdoberfläche. Gleichzeitig verwischt er alle Konturen und beschränkt die Sicht auf geringe Entfernungen. Namentlich die tiefe Rinne des Valle Central, über die man bei klarer Witterung von Sierra zu Sierra hinübersehen kann, liegt dann unter einem dichten graurötlichen Schleier verborgen. Dieser Dunst entsteht gleichermaßen durch Oszillation über den glühheißen dürren Flächen, durch Staub und, anthropogen hervorgerufen, durch die zahllosen Wald-, Busch- und Grasbrände. Gegen das Ende der Trockenzeit hin vergeht kein Tag, an dem nicht mächtige Rauchschwaden von den Berghängen und Ebenen her über das Land treiben, und nachts fressen sich die Feuerschlangen vom Wind voran getrieben in schmalen Bändern knisternd und fauchend über riesige Areale. Ihr Widerschein steht gleich riesigen Triumphbogen über den Kämmen und Gipfeln der Berge; und ist doch nichts als der Triumph einer gedankenlosen Vernichtung, die nach unerbittlichen Naturgesetzen eine stete Verarmung des Bodens und des ganzen Landes zur Folge haben muß.

3. Das Gewässernetz, insbesondere der Río Grijalva.

In einem Lande, das Jahr für Jahr sechs Monate lang unter Regenmangel leiden muß, richtet sich verständlicherweise alles Sinnen und Trachten vornehmlich auf das Wasser. Zwar ist es nicht so, daß in Chiapas während der Trockenzeit Menschen den Dursttod sterben müßten; eher schon erleidet gelegentlich das Vieh bedauerliche Verluste. In gewissen Abständen wird immer noch ein wasserführender Bach – neben vielen völlig ausgetrockneten –, eine perennierende Quelle oder ein „pozo", eines jener ärmlichen Grundwasserlöcher der Bevölkerung, die ganze Dörfer am Leben erhalten müssen, gefunden. Aber die Bewohner mancher Siedlung haben dann doch mehrstündige Wege zum Wasserholen und äußerste Sparsamkeit in Kauf zu nehmen; der Wanderer über größere Entfernungen kann streckenweise, namentlich in Kalkgebieten, ohne mitgenommenen Vorrat nicht auskommen; das Vieh muß zu begünstigteren Abschnitten abgetrieben werden oder sucht sich selber den Weg zu ihnen.

Unglücklicherweise gibt es zudem manche Quellen, namentlich entlang der Bruchspalten am Steilabfall der Zentraltafel, bei Pinola, Tzujá, Carmen, Paso de la Vega, u. a. O., deren schwefliges oder salziges Wasser zwar – auch nicht in jedem Falle – noch vom Vieh angenommen wird, für den Menschen aber ungenießbar oder bei längerem Gebrauch gesundheitsschädigend ist. Solche Beimengungen können selbst größere Flüsse für die menschliche Versorgung ausschalten. Ein längst bekanntes Beispiel dafür sind die stark salzhaltigen Quellen und Bäche in der Nähe des Río de las Salinas, wie der untere Teil des Jaltenango-Flusses vor seiner Einmündung in den Concordia wegen der an ihm verbreiteten kleinen Salzgewinnungsplätze genannt wird. In jüngster Zeit erwies sich die gleiche

Unbrauchbarkeit, hier wahrscheinlich infolge schwefliger und alaunhaltiger Beimischungen, am früher kaum besiedelten Unterlauf des Río Blanco. Das in seiner Nähe seit 1952 groß ausgebaute Ingenio (Zuckerrohrpflanzung nebst Fabrik) Pugiltic mit seiner ständig wachsenden Belegschaft – in der „zafra", der Erntezeit, mehr als 2000 Menschen –, leidet unter schwierigsten Wasserproblemen. An sich schon liegt es, im Lee der regenfangenden Mesa, in einem der niederschlagärmsten Abschnitte. Der Río Blanco kann zur Trinkwasserversorgung der Bewohner eben jener schädlichen Beimischungen halber nicht herangezogen werden; einige bisher benutzte kleinere Bäche reichen für die Zukunft nicht aus. Grundwasserquellen sind in dem mächtigen Kalksteinuntergrund kaum zu erwarten, unterirdische Wasserläufe bisher nicht erkundet worden. So bleibt für eines der größten Landbauunternehmen im Stromgebiet des oberen Grijalva nichts übrig, als künftig entweder riesige Regenwasserzisternen anzulegen oder sich mit Zufuhren von weit oben am Rand des Steilhanges zu versorgen, wenn sich weiterhin der Untergrund als unergiebig erweisen sollte.

Neben diesen unbrauchbaren Quellen und Flüssen gibt es aber eine weit größere Reihe mit gutem, das ganze Jahr zur Verfügung stehenden Wasser. Nur liegt es in vielen Fällen in schmalen, tiefen Tälern, wenn nicht ausgesprochenen Cañons, bzw. in steil ausgewaschenen Betten, und kann daher nur mühsam erreicht, ohne erheblichen Einsatz von Arbeit, Technik und Kapital nicht zur Trinkwasserversorgung und Bewässerung herangezogen werden. An ausgesprochenen „Auen", also in Flußhöhe liegenden, zeitweilig überschwemmten und im übrigen stets grundwassernahen ebenen Talstücken ist das obere Stromgebiet des Grijalva arm. Sie beschränken sich vornehmlich auf den südwestlichen und westlichen Teil der Depression mit den großen „llanos" am Rande der dort stark aufgelösten Sierra. Die Quelltäler des R. Santo Domingo und R. Suchiapa, streckenweise auch die des San Miguel-Brillante, gehören zu den am besten mit „vegas" (Auen) ausgestatteten. Am großen Grijalva-Strom beschränken sie sich innerhalb der Depression auf die letzten paar Dutzend Kilometer vor dem Sumidero; doch auch hier und vor allem weiter hinauf fließt er im größeren Teil seines Laufes in steilen Felsbetten. Das gleiche gilt für viele seiner Zuflüsse. In manchen Fällen zeigen die Karten Ortschaften unmittelbar am Fluß. In Wahrheit liegen sie hundert, ja vielleicht dreihundert Meter über ihm, und wenn nicht perennierende Nebenbäche vorhanden sind, gibt es weder Bewässerungsmöglichkeiten für die Gärten oder Felder, noch erspart sich der mühsame Transport von Trinkwasser vom Fluß herauf mit Hilfe von Menschenkraft oder Eseln, die in der üblichen Weise auf jeder Seite des Packsattels zwei Fäßchen tragen. Selbst in bedeutenden Siedlungen, wie etwa Comitán, gehören diese Wasser-Esel neben Wasserträgern und -trägerinnen (aguadores, aguadoras) mit großen Tonkrügen am Stirnband bzw. auf dem Kopfe noch zum gewohnten Straßenbild. Vom Fehlen jeglicher Hygiene bei einer solchen Art der Wasserbeschaffung unmittelbar aus den Flüssen soll hier gar nicht die Rede sein.

Die Meseta Central, also der zentrale Gebirgsblock ist, abgesehen von den ihr aufgesetzten andesitischen Bergstöcken, arm an fließendem Wasser.

Viel versickert im durchlässigen Untergrund ihrer mächtigen Kalktafeln. Oft beschrieben ist das Beispiel des kurzen R. Amarillo im Hochbecken von San Cristóbal. In mehreren „sumideros" (Tunneln, Sickerlöchern) verschwindet er am südlichen Stadtrand, um 1200 m tiefer jenseits am Steilrand bei El Zapotal (San Lucas) in einer Riesenquelle als „Río Frío" sein kaltes Hochlandswasser wieder auszuspeien. Ganz ähnliches gilt für die Bäche der in einem kleineren Kessel gelegenen volkreichen Indianersiedlung Navenchaog oder die Quellbäche des R. Blanco bei Teopisca und Aguacatenango und des Río Grande de Comitán. Sie versickern und verschwinden auf weite Strecken hin in Ponoren, ohne jeden Nutzeffekt. Das gilt ebenso für zahlreiche Gewässer im Kalk der zentralen Depression, etwa den R. Seco bei Venustiano Carranza (San Bartolomé) oder den R. Pacayal unfern der Grenze von Guatemala. Am schwersten betroffen in dieser Beziehung ist der ganz aus Kalk bestehende Steilrand der Mesa und der offenbar ebenfalls ausnahmslos aus Kalk aufgebaute Nordostabschnitt der Depression, der nicht umsonst die volkstümliche Bezeichnung „El Desierto", die Wüste, trägt. Weiter unterhalb, im Bereich der andesitischen Sierra de Nuevo León und der weiter abwärts anschließenden, wechselnd aus Andesiten, Tufflagen, Sandsteinen, Tonen, Kalken usw. aufgebauten Landschaft dagegen nimmt bis zur Sumidero-Klamm des Río Grijalva hin das Gewässernetz sprunghaft zu.

Die Sierra Madre im S und die Altos Cuchumatanes im E, stark beregnet und nur zum kleinen Teil aus durchlässigen Kalken aufgebaut, entlassen das dichteste Flußnetz. Tal neben Tal schlitzt den Gebirgsrand tief auf, im Gegensatz zu dem fast geradlinig beschnittenen Steilrand der Mesa Central. Zu den schon oben genannten Systemen des Suchiapa und Santo Domingo gesellen sich entlang der Sierra Madre die großen Fächer des Dorado / San Miguel - Brillante, Custepec - Concordia, Prusia / Limón-Jaltenango, Aguacate und Paso Padre, weiter im SE des Yayagüita und Tachinula, die dann zusammen mit dem aus einem vielverzweigten Netz entstandenen Cuilco als „Río San Miguel" – sein Zusatzname „Ibarra" wird selten gehört – die eine der beiden großen Wurzeln des Grijalva bilden. Der Cuilco und seine Tributäre fressen sich schon tief in die Cuchumatanes hinauf, und gänzlich aus diesen bezieht der zweite Grijalva-Bildner, der „Río San Gregorio", sein Wasser. Über den Lagartero, Nentón und Dolores, San Lucas und Rincón Tigre, Selagua, Xanjón und Chicol fließen sie in Guatemala zusammen, auf mexicanischem Boden verstärkt durch Santo Domingo - Jocote und einige kleinere Bäche.

Bei den Vieh-Fincas San Felipe, rechtsseitig, und Argelia, linksseitig, vereinigen sich San Miguel und San Gregorio, der letztere noch in der Trockenzeit an 50 m breit, wasserreich und mit heftiger Strömung, der erstere breiter, aber flacher und weniger heftig. Es ist noch immer eine Streitfrage, welcher von beiden als der Hauptzufluß des Río Grijalva zu gelten hat.

Dem Grijalva selbst gebührt genau genommen nur in seinem letzten Tieflandsabschnitt dieser Name. Seine Mündung wurde vom spanischen

Kapitän Juan de Grijalva, der als erster Europäer die Küsten von Veracruz und Tabasco befuhr, im Jahre 1518 entdeckt (Rovirosa, 1946). Weiter hinauf bis zum Sumidero trägt er den Namen Mezcalapa. Innerhalb des Valle Central wird er Río (Grande de) Chiapa oder kurz Río Grande bzw. Río Chiapa, oberhalb des Angostura-Cañons auch R. Chejel genannt. Doch trägt auch der Oberlauf des Río San Miguel Ibarra auf mexicanischem Boden neben dem Namen Río Cuilco bereits den des Grijalva; und in jüngster Zeit, seit den Arbeiten der „Recursos Hidráulicos", wird vereinfachend der gesamte Stromlauf unter dieser einheitlichen Bezeichnung erfaßt. Dem sei hier gefolgt.

Die Gesamtlänge seiner „cuenca", das heißt seines Stromgebietes oder, richtiger gesagt, seiner Strommulde, ist von Echeagaray (1957, S. 69) auf 766 km, seine Fläche auf 52 182 qkm, seine jährlich abgeführte Wassermenge im Mittel auf 40 419 Mill. cbm, zusammen mit dem im Unterlauf einmündenden, noch wasserreicheren Usumacinta auf 103 Milliarden cbm berechnet worden. (Der Rhein führt bei Emmerich durchschnittlich 2330 cbm/sec. [vergl. „Kosmos", Stuttgart, 1959, H. 2, S. 67] = knapp 73,5 Mrd. cbm im Jahr.) Noriega (1947) gibt als Länge des Stromes von der Mündung bis zur Vereinigung der beiden Stammflüsse 595 km an, bis eben oberhalb des Sumideros 425 km, und (S. 198) als mittlere jährliche Wassermenge 45,3 Mrd. cbm. Das würde eine Kraftleistung von 2,5 Mill. Kilowatt bedeuten, bei einer für ganz Mexico geschätzten hydro-elektrischen Potenz von 9 Millionen Kilowatt. Bemerkenswert ist, daß sich schon im Jahre 1833 ein Geistlicher, Fray Victor María Flores, um ähnliche Berechnungen bemühte. Er kam für den Río Grijalva – mit oder ohne Usumacinta bleibt unklar – jährlich auf nur 40,383 Mrd. Kubikfuß Wasser und, reichlich wenig, rund 33 000 t in den Golf geführten Schlamm (nach A. M. Corzo, 1946, S. 23). Seitdem sind die verschiedensten Zahlen angeführt worden, noch in Schulbüchern und Übersichten der Gegenwart stimmen selbst die für Länge und Flächenraum des Stromgebietes keineswegs überein.

Rund ein Viertel dieser gewaltigen Wassermenge sammelt sich bereits in der „cuenca alta", also dem oberen Stromgebiet; hier eine aus Echeagaray (Fig. 43) übernommene Aufstellung (siehe Tabelle auf Seite 54).

In schweren Regenjahren können diese Mengen sich verdreifachen. Im Jahre 1952 z. B. steigerten sie sich auf 28,5 Mrd. cbm, davon allein 8,062 Mrd. = 28 % im Monat Oktober (ebenda S. 86), der zusammen mit dem September stets die größten Wassermassen und gleichzeitig – bei stetig fortschreitender Vernichtung der natürlichen Pflanzendecke, insbesondere der Wälder in den Einzuggebieten – die größte Menge an schwebenden Bestandteilen erbringt. Im Jahre 1949 z. B. (vergl. Bol. Hidrol. No. 9, S. 301) flossen bei der Station Puente Colgante nur gut 8,03 Mrd. cbm Wasser durch; sie führten 13,7 Mill. cbm schwebenden Schlamm. Nicht weniger als 7,3 Mill. davon passierten mit 2,01 Mrd. cbm Wasser im Oktober, und 3,56 Mill. mit 2,04 Mrd. cbm Wasser im September. Verfasser hielt diese Ziffern im Vergleich zur Jahresmenge für

Stromgebiet	Oberfläche qkm	Mill. cbm Wasser im Jahresmittel
R. San Miguel (Ibarra) bis Argelia	5362	2663
R. San Gregorio bis San Felipe	4261	1878
R. Grijalva in Argelia	9623	4541
R. Grijalva bis Mündung R. Blanco	632	198
R. Blanco / San Vicente bis zur Mündung	1738	518
R. Paso Padre u. Salina Grande bis Mündung	1683	854
R. Custepec / Concordia bis Mündung	1339	579
R. Grijalva total bis Arco de Piedra (hydrometr. Station eben unterh. Paso de la Vega)	15015	6690
R. San Miguel-Brillante u. Dorado bis Mündung	1824	655
R. Grijalva zw. Arco de Piedra u. Angostura-Cañon	294	102
R. Grijalva total bis Angostura-Cañon	17133	7447
R. Santo Domingo u. Suchiapa bis Mündung	4483	1247
R. Grijalva zw. Angostura u. Puente Colgante (hydrometr. Station kurz vor dem Sumidero)	2462	832
R. Grijalva total bis Puente Colgante	24078	9526

unmöglich und für Berechnungs- bzw. Druckfehler. Er legte sie in Tuxtla auf dem Büro der „Recursos Hidráulicos" zur Nachprüfung vor und .... bekam die Ziffern als richtig bestätigt. Einzelne besonders schwere Wolkenbrüche können in dem weithin waldlosen Land die doppelte und dreifache Menge Schlamm der üblichen Hochwasser hervorrufen.

Diese erhebliche und stoßweise Schlammführung ist ein besonders schweres Hindernis für die Kraftnutzung, so wie die Kies- und Geröllablagerungen vor jeder Nebenmündung es für die Schiffahrt sind. Staubecken würden sich in verhältnismäßig kurzer Zeit mit Sedimenten füllen, ein Vorgang, der sich unter ähnlichen Verhältnissen bei dem 1954 in Betrieb genommenen Lempa-Stausee in der Republik El Salvador, der ersten mittelamerikanischen Großkraftanlage, sowie auch bei den meisten Presas in Mexico selbst, heute schon nachteilig bemerkbar macht. Dennoch glauben die Wasserbauingenieure diesen Gefahren begegnen zu können. Sie denken im Bereich des oberen Grijalva-Stromgebietes zumindest an zwei Stauseen. Der eine soll durch eine Staumauer am Südknick des Angostura-Cañons hervorgerufen werden. Hier gewähren 50 – 60 m hohe Steilwände bei nur 100 m Schluchtbreite ideale Möglichkeiten zur Absperrung. Im Durchschnitt passieren hier 260 cbm Wasser je Sekunde. Der See soll etwa 60 km lang sein und noch weit hinauf in die Mündungsabschnitte der Flüsse Dorado, Concordia, Aguacate (Paso Padre) und Blanco reichen. Die Beschaffenheit der besäumenden Gesteine aus sehr rissigem Kalk dürfte allerdings die Ausführung dieses Projektes sehr erschweren (Rec. Hidr.: Chiapas y sus grandes posibilidades, 1951, S. 19 u. 25). Der andere, knapp 30 km lange Stausee soll vor dem Sumidero entstehen, den Mündungsabschnitt des Santo Domingo / Suchiapa mit erfassen und in langem Zipfel bis Acala hinauf reichen.

Der sehr sachkundige deutsch-mexicanische Biologe (und gegenwärtige Direktor des Übersee-Museums in Bremen) Helmuth O. Wagner, der sich u. a. sehr skeptisch mit dem „Wasserhaushalt des Hochtales von Mexico" [5]) auseinandersetzte und im Auftrag der „Pan American Union" in Washington zuletzt ausgedehnte Untersuchungen über die Ursachen der riesigen Überschwemmungen im Unterlauf des Río Papaloapan im Südteil des Staates Veracruz durchführte und sie letzten Endes in der überaus starken Abholzung am Oberlauf dieses Flusses erkannte, schrieb [6]) auf Grund mehrerer langer Aufenthalte in Chiapas bezüglich des Grijalva-Projektes folgendes: „ . . . Inwieweit es möglich sein wird, den Grijalva aufzustauen, ohne daß nicht die ungeheuren Erdmassen, die der Fluß herabführt, die Staubecken auffüllen, nachdem die unteren Abflüsse verstopft sind, weiß ich nicht. Wenn man in Chiapas die tropischen Regen mitgemacht und gesehen hat, welche Baumriesen der Grijalva bei Hochwasser mit sich führt und welche Blöcke das Wasser dort weiterbewegt, fragt man sich, wie eine Auffüllung der Presas verhindert werden kann. Dieses wird nur möglich sein, wenn die sinnlosen Waldvernichtungen aufhören. Als ich kürzlich von Angel Albino Corzo nach Tuxtla Gutiérrez flog, war ich entsetzt darüber, wie weit gerade in den Llanos, also dem großen Tal des Grijalva, der Wald im letzten Jahrzehnt vernichtet war . . ."

Zum Unterschied von weiteren geplanten Stauwerken im Tiefland, die namentlich Kraft spenden, Überschwemmungen verhindern, Schlamm abfangen und dadurch die heute nur 620 km umfassenden Schiffahrtsmöglichkeiten im unteren Grijalva-Usumacinta-System (bei 3291 km schiffbaren Flüssen in ganz Mexico) auf 2690 km steigern sollen, müßten die Stauseen am Oberlauf neben der Stromgewinnung (Angostura 120 000, Sumidero 300 000 KW) vordringlich für Trinkwasserversorgung und Bewässerungszwecke innerhalb der semi-ariden Zentraldepression herangezogen werden. Allein durch die Angostura-Anlage hofft man 100 000 ha Land bewässern zu können. An mehrere kleinere Vorratsbecken für rein lokale Bewässerungen ist noch gedacht bei Argelia (8000 ha), bei La Tigrilla am R. Custepec („Hoja Blanca", 6000 ha), an der „Puerta" am oberen R. San Pedro (5000 ha). Gleichzeitig sollen durch Entwässerungen von Sumpfgeländen weitere Ländereien nutzbar werden. So erwartet man durch die Trockenlegung der „Ciénega de San Vicente" im bereits mit Hilfe der Wasser aus R. Blanco und R. Salado geschaffenen Bewässerungsgebiet bei Villa Las Rosas (Pinola), Soyatitán und Pugiltic z. B. 2000 Hektar (Echeagaray in Ingen. Hidr. 1957, Nr. 1, S. 13 – 18). Über eine ganze Reihe bereits in Ausführung begriffener oder fertiggestellter kleinerer Be- und Entwässerungsarbeiten der „Recursos Hidráulicos" im oberen Grijalva-Stromgebiet muß die Durchsicht der einzelnen Jahrgänge der „Ingeniería Hidráulica de México" empfohlen werden. Ein Kärtchen mit den geplanten Stauseen findet sich auch in der Übersee-Rundschau, Hamburg, 1959, Heft 10, S. 47 (Helbig: Mexicos Süden wird erschlossen).

5) In „Erdkunde", Bonn, VI, 1952, p. 162-168, Abb., Lit.

6) Mit Brief vom 22. Oktober 1959 an den Verfasser.

Da in den zur Diskussion stehenden Bewässerungsgebieten zum guten Teil beste, nur viel zu trockene Schwarzerdeböden vorliegen, könnte die Cuenca Alta des Río Grijalva in der Tat zu einer der größten Kornkammern, präziser gesagt: Reis-, Mais-, Zuckerrohr-, Ölfrucht- und Obstkammern ganz Mexicos ausgebaut werden, denn Bewässerung bedeutet unter dem dort herrschenden Klima nicht nur Steigerung und Sicherung der Ernten, sondern auch mehrere Ernten im Jahr, wie sie ohne Bewässerung nicht möglich sind. Es wäre zu wünschen, daß die „Recursos Hidráulicos" und die hinter ihnen stehende mexicanische Regierung diesen friedlichen Kampf gewinnen und für ihren großen Einsatz mit bleibenden Erfolgen belohnt werden würden.

4. Vegetation[7]

Neben dem geradezu legendär gewordenen Mexicaner Carlos Quevedo, dem in einer Umwelt von holzhungrigen Konzessionären, desinteressierten Obrigkeiten und verständnislosen, ja, feindseligen Mitbürgern bahnbrechend wirkenden Vorkämpfer für die schonende Bewirtschaftung der mexicanischen Wälder, die Abgrenzung von Schutzgebieten und die Wiederaufforstung, hat sich in jüngerer Zeit vor allem Enrique Dupré Ceniceros auf internationaler Basis mit dem „Waldproblem" Mexicos befaßt. Wenn er (1948, S. 418) nach dem Zweiten Weltkrieg für die Republik (mit 1,96 Mill. qkm) noch rund 23 % „Wald" angab, so rechnete er zu den 31,2 Mill. ha „Waldareal mit Bäumen" auch die nicht geringe Fläche von 13,8 Mill. ha „Waldareal mit Trockenvegetation" hinzu. Diese hat mit ihren Kakteen-, Agaven- ,Yucca- und anderen xerophylen Gewächsen mit einem „Wald' in unserem landschaftlichen und forstwirtschaftlichen Sinne jedoch nicht die geringste Ähnlichkeit.

Seitdem ist ein Jahrzehnt vergangen, und die echte Waldfläche hat sich infolge unaufhörlicher Eingriffe mit Sicherheit um mehrere Millionen Hektar verringert. Bedenkt man, daß Mexico ohnehin schon über 31,5 Mill. ha „für Landbau unbrauchbare Wüsten" verfügt und, neben Weideland usw., nur 23,4 Mill. ha kultiviertes oder kultivierbares Landbaureal besitzt, von denen genau genommen nur 7 % ohne künstliche Bewässerung voll ertragsfähig sind, während die übrigen 93 % eigentlich durchweg bewässert werden müßten, so gewinnen im Hinblick auf den Wasserhaushalt die Wälder eine noch weit höhere Bedeutung als bei uns. Nun zeigt Dupré (S. 420) auf, daß 68 % der Oberfläche Mexicos aus Bergland bestehen und dieses früher mit Wald bedeckt war. Heute ist es unter der Einwirkung von unbeabsichtigten Feuersbrünsten und vorsätzlicher Brandwirtschaft zum Zwecke der Feld- und Weidegewinnung, von übersteigerter Holznutzung und Holzkohlebereitung (1941 - 1945 jährlich im Durchschnitt 169 200 t Holzkohle = 846 183 cbm Holz, soweit kontrollierbar!), von Überwucherung mit Gras und Schädlingsbefall aber zumeist kahl, und warnend fordert Dupré, künftig zumindest auf den Wasserscheiden jegliche Beseitigung der Wälder

7) Wo einheimische Namen bekannt und hier verwendet worden sind, siehe für die botanischen Namen das Pflanzenregister im Anhang.

zu unterlassen. In der Tat sind seitens der Regierung in jüngster Zeit rund 22 Mill. ha „Wald' theoretisch zu Nationalparks, Restriktionen, Reserven und Schutzzonen erklärt worden. In der Praxis jedoch kann sich jeder davon überzeugen, daß die Bevölkerung die eingefahrenen Traditionen nicht nur der Waldvernichtung, sondern leider auch der Waldverachtung noch in keiner Weise überwunden hat.

Trotz geringer Bevölkerungsdichte ist auch im Stromgebiet des oberen Grijalva infolge extensiver Wirtschaftsmethoden und unkontrollierter Freizügigkeiten der Einfluß von Mensch und Vieh auf die Vegetation so stark und nachhaltig, daß die von beiden geschaffenen Formen weithin mit den natürlichen längst verschmolzen und in einer kaum noch zu trennenden Weise verschachtelt sind. Bis in die höchsten Höhen von 3000 m ist nirgends Halt gemacht worden. Wagner (Changes . . ., 1948) z.B. weist darauf hin, daß besonders seit dem Vordringen der Tacaneco-Bergindianer von Guatemala her, ursprünglich hervorgerufen durch einen befürchteten Ausbruch des Tacaná-Vulkans, seit 1933 in und entlang der Sierra Madre in stärkerem Maaße als je gebrannt und dadurch nicht nur eine lebhafte Veränderung der Vegetation, sondern auch des Klimas hervorgerufen worden ist. Namentlich die - am leichtesten zu beseitigenden - Kiefern-Eichenwälder sind seitdem in diesen Bereichen weitgehend, streckenweise restlos zerstört worden. Am Nordrand der Sierra ist dadurch den geade in den trockensten Monaten März/April wehenden, über dem tiefgelegenen Valle Central sehr erhitzten Nordwinden der Zutritt zu den höher gelegenen Bergwäldern und Kaffeewäldern erleichtert worden. Die Zusammensetzung des Bergwaldes hat sich hierdurch und infolge der auch in sie hinauf vorgeschobene Brandwirtschaft verändert, der Beginn der Regenzeit ist von Mitte April bis auf Mitte Mai verschoben, die Zahl der Regentage und die Niederschlagsmenge verringert, die Temperatur, speziell in ihren Extremen, erhöht, die durchgehende Belaubung der Kaffeebäumchen beeinträchtigt und ihre Ertragsfähigkeit gemindert worden (vergl. Fig. 15).

Noch oberhalb der gemäßigten Zone der Bergwälder, in den kühlen Regionen der südöstlichen Sierra Madre ist zwischen rund 1800 und 3000 m Höhe in nicht geringem Umfang erst in junger Zeit, nämlich etwa vom Jahre 1880 an eine grundlegende Umgestaltung der ursprünglichen Vegetation vor sich gegangen. Seit diesem Zeitpunkt sind guatemaltekische Hochlandsindianer, namentlich der Mames- und Kakchiquel-Gruppen, ununterbrochen über die Grenze in die benachbarten Blockmassive des pazifischen Küstengebirges vorgedrungen und haben mit Hilfe des Feuers die ursprünglich geschlossenen Wälder in großen Flächen gerodet, während auf den Höhen des zentralen Gebirgsblockes schon seit alten Zeiten chiapanekische Indios in einigem Umfang ihren Brandbau betrieben. Waibel (1933, S. 137) traf diese Zuzügler im wesentlichen noch ohne Tierhaltung an; Milpa (Maisfeld) und Guatal (buschbedeckte Brache) bestimmten zu seiner Zeit anstelle der Wälder bereits weithin das Landschaftsbild. Seitdem ist aber die Schafhaltung fast überall aufgenommen worden - nicht zuletzt, um in den kleinen nächtlichen „cercos' (Hürden) etwas Dung für die künftigen

Felder zu gewinnen - und sekundäre Grastriften haben sich als weitere anthropogen hervorgerufene Landschaftsteile hinzugesellt.

Andererseits können selbst in unseren Tagen zeitweilige Regenerationen der ursprünglichen Pflanzendecke vorkommen. Ähnelt schon die Sekundärvegetation des Guatal nach einigen Jahren einem Buschwald (monte) und das Cafetal nach dem Aufkommen der Schattenbäume – sofern nicht Bananen als solche gewählt werden – äußerlich der „Montaña", dem immergrünen Bergwald, so haben historische Ereignisse sogar Veränderungen von großen Landschaftsräumen hervorgerufen. Bezüglich der Grijalva-Talung z.B. stellte H. O. Wagner[8]) folgendes fest: „...Dieses Tal war ursprünglich im Besitz von großen Hacendados, die Indigo anbauten und (nach dessem Niedergang) vor allem Viehwirtschaft betrieben. Durch die Revolution (ab 1912) wurden die Haciendas zerschlagen und bis 1940 fristete dort eine geringe Bevölkerung ihr Dasein. In diesem Zeitraum hatte die ganze Gegend wieder einen Savannencharakter angenommen, indem die Weideflächen sich durchsetzt hatten mit mehr oder weniger großen Waldinseln. Heute sind diese schon alle wieder verschwunden. Wenn Sie meine Fotos aus der damaligen Zeit sehen, werden Sie nicht glauben, daß diese Gegend einmal so ausgesehen hat. Wo früher nur einige Ranchos standen, wohnen jetzt oft hundert und mehr Familien. Was aus diesem wunderbaren Gebiet werden soll, weiß ich nicht. Das Tal bietet sich förmlich zur Kultivierung an; aber die Fruchtbarkeit, die hier großenteils gleichbedeutend mit Wasser ist, wird mit der Vernichtung der Wälder im umliegenden Gebirge ständig abnehmen ...".

Nur bei einer äußerst speziellen, auf knappem Raum undurchführbaren lokalen Betrachtungsweise würde man Fläche um Fläche nach primärer natürlicher und sekundärer anthropogener Entstehungsweise auseinander halten können. Bei der später folgenden Einzelbeschreibung der Landschaften wird das wenigstens hier und da in großen Zügen versucht werden. Im Rahmen dieses allgemeinen Überblickes können nur die großräumig durch die Klimastufung und kleinräumig durch Standortsbedingungen hervorgerufenen Pflanzengesellschaften berücksichtigt werden. Mindestens fünf Typen sind dabei zu unterscheiden.

Da selbst in der gesamten Cuenca Alta des Río Grijalva, dem trockensten Abschnitt von Chiapas, nach den bisher vorliegenden Meßergebnissen im mehrjährigen Mittel 700 mm Regen jährlich nicht unterschritten werden, entfallen von Natur aus die ärmlichsten Vegetationsgürtel nicht nur der Wüsten und Halbwüsten, sondern auch der Dornsavannen. Wo die letztgenannte dennoch das Landschaftsbild beherrscht, ist sie durch starke Beweidung entstanden insofern, als die Tiere die auch in der Trockensavanne mit vorhandenen Dorngewächse am ehesten meiden, und gerade diese in der Folge dann die Oberhand gewinnen. Bestensfalls in der Tiefe des besonders trockenen Motozintla-Tales könnten die dort vorherrschenden Kakteen, Dornmimosen und sonstigen Stachelgewächse auch von Natur

8) Mit Brief vom 22. Oktober 1959 an den Verfasser.

aus eine echte Dornsavanne darstellen. Der früher perennierende Fluß ist jedoch erst während der Erdbeben und Ausbrüche des Santa-María-Vulkans im benachbarten Guatemala im Jahre 1902 durch eine vermutlich damit zusammenhängende tektonische Veränderung versiegt, nur nach schwerem Regen führt er jetzt noch Wasser; vorher wird das Tal wesentlich feuchter gewesen sein. – Wenn die Bevölkerung bei besonders dürren und an Flüssen armen Gegenden, die in manchen Jahren vielleicht nur 500 mm Niederschlag erhalten mögen, sogar von „desierto", Wüste, spricht, fehlt in Wahrheit niemals die Vegetation gänzlich. Es handelt sich vielmehr auch hier noch um Trockensavanne. Jedoch läßt der überaus steinige Boden – in der Regel fast nackte Kalkplatten und Kalkschutt – dort nur sehr wenige Pflanzen Wurzel fassen.

Das gesamte Stromgebiet gehört auf Grund von Niederschlagsmenge und -verteilung pflanzengeografisch somit in die tropischen Wald- und Savannengürtel. Der Begriff „Wald" wird dabei in Chiapas mehrfach untergliedert, einmal nach der Zusammensetzung in „Selva", Urwald, in dem keine Baumart überwiegt, und in „Bosque", in dem sehr wohl bestimmte Arten die Vorherrschaft führen und den Typ bestimmen. Hauptsächlich sind das Kiefern-Eichen-Wälder, gelegentlich auch Liquidámbar-Wälder und, sehr selten, nur in Höhen über 2700 m, das bedeutet hier im Übergang von der gemäßigten zur kalten Zone, Tannenwälder mit „romerillo": Abies guatemalensis. Des weiteren wird – nicht etwa altersmäßig, sondern entsprechend dem Gesamttyp der vergesellschafteten Arten – nach der Höhe unterschieden in Hochwälder (altas) über 20 m und Niederwälder (bajas) unter 20 m, zumeist zwischen 8 und 15 m Höhe vom Boden bis zum Wipfel. Schließlich hat Miranda (1952) auf seiner Vegetationskarte von Chiapas (vergl. Fig. 10b) als äußerst wesentlich für den Habitus des Waldes die „deciduas" (laubwerfenden) und „subdeciduas" (teilweise bzw. zeitweise laubwerfenden) von den „siempre verdes", den immergrünen Wäldern, geschieden.

Allen diesen Waldtypen steht als offene Formation die „sabana", Savanne, gegenüber, also vorherrschend Graslandschaft. In der Regel, jedoch nicht überall, tritt sie in Form der Galeriewaldsavanne auf. Das heißt, bei den immerhin 6 bis 7 als „humid" anzusprechenden Monaten im Jahr, liegt sie gerade an der Grenze von Feucht- und Trockensavanne. Sie ist mit Gras, Buschwerk und meist laubwerfenden Baumgruppen auf den Flächen, mit „selvas altas subdeciduas", also teilweise und zu verschiedenen Zeiten laubwerfenden – wechselgrünen oder halbtrockenen – Hochwaldstreifen entlang der Flüsse bestanden.

Als gesonderten Typ stellt Miranda das nur beschränkt in überschwemmungsgefährdeten tiefgründigen Abschnitten im Nordostteil der Zentraldepression auftretende „palmar" heraus. Es könnte ebensogut als Untertyp der Savanne, eben als „Palmsavanne" bezeichnet werden. In ihr sind 6–12 m hohe schlanke Fächerpalmen (Palma real, suyate: Sabal mexicana) landschaftsbestimmend. Gelegentlich, vor allem südlich des Grijalva, kann auch die höhere und breitwüchsigere Wedelpalme Scheelea Preussii (Manaca, Coyol) der Savanne ein besonderes Aussehen verleihen.

Die Fächerpalme „Pitshan" (eine Brahea) dagegen tritt nicht zu Palmares zusammen, sondern steht einzeln und in Gruppen im Trockenbusch und im Eichenwald.

Als wichtigste Typen ergeben sich somit: 1. Galeriewald-, Busch- und Palmsavannen; 2. laubwerfender Niederwald – oder Trockenbuschwald – im Warmland; 3. halbtrockener, wechselgrüner Laubwald (teilweise laubwerfend), zumeist mit Liquidámbar in höheren Lagen und übergehend in 4. Kiefern- und Eichenwälder, teils getrennt, öfter jedoch als Mischwald, gelegentlich mit Zypressen, in höchsten Regionen auch mit Tannen, und schließlich 5. immergrüne Laubwälder. Miranda unterscheidet diese in der Tierra Caliente als „selvas altas", in der Tierra Templada y Fría als „selvas bajas". Doch war es Verfasser im Gelände nicht möglich, dieser Einteilung zu folgen und in den von Miranda für „selva baja" bezeichneten Gebieten den immergrünen Wald weniger hoch als andernorts zu empfinden. Statt dessen möchte er im Stromgebiet des oberen Grijalva, in dem der ausgesprochene Tieflandswald entfällt, die immergrünen Wälder topografisch nach Schlucht-, Berg- und Wolken- oder Nebelwäldern gliedern.

1. Wo riesige Savannenflächen auffällige Inseln inmitten der weiten Kiefern-Eichen-Wälder der Mesa Central bilden, wie auf den rund 1600 m hoch unter günstigem Klima gelegenen und schon früh zur Besiedlung verlockenden „Llanos" östlich von Comitán, ist ihre Entstehung durch Brandwirtschaft und Beweidung am wahrscheinlichsten. Hinzu mag kommen, daß diese ausgedehnten Ebenen zwischen den Cuchumatanes und den höheren Teilen der Meseta als „Windpaß" den einmal vernichteten Wald nicht so leich wieder aufkommen ließen. Nur die an ihre tiefsten, abflußlosen und während der Regenzeit in Überschwemmungssümpfe verwandelten Teile gebundenen „quebrachales", Ried- und Grasflächen mit 10 – 15 m hohem Quebracho-Busch, dürften eine edaphische Naturformation sein.

Mit einiger Sicherheit sind aber auch alle jene großen und zumeist ebenen Savannengebiete im Valle Central, in denen sich noch heute bald einzeln, bald in Gruppen oder Streifen und keineswegs nur unter besonders günstigen Grundwasserverhältnissen typische Vertreter des Galeriewaldes vorfinden, ebenfalls durch anthropogene Eingriffe entstanden. Entgegen Waibel (1933, S. 135), der zumindest die Weidelandschaft der Llanos als nahezu unveränderte einstige Naturlandschaft erklärt wissen möchte, hält auch Miranda (1952, I, SS. 119ff) die künstliche Entstehung für wahrscheinlicher. Die in manchen Teilen der Depression vorherrschenden „nanchales", Ansammlungen des Nanche- (oder Nance-) Baumes, können nach seiner Ansicht sogar Nachfolger des vernichteten immergrünen Hochwaldes sein. Zumindest aus der Trockenbusch-Vegetation stammt die Mehrzahl der übrigen gegenwärtigen Savannenbäumchen und Gestrüppe, so vor allem der gern zu „brasilares", Brasil-Savannen, zusammenrückende Brasil-Baum. Hierher gehören auch die mächtige Ceiba, wenngleich sie stets an nicht zu tief liegendes Grundwasser –

für die sie bester Indikator ist – gebunden bleibt; ferner verschiedene Dornmimosen, darunter die gefährliche Ishcanal („Ameisen-Mimose"), oder die an besonders steinige und magere Böden gebundene rauhblättrige Curatella americana (Cacaito, Chaparro). Sie und das Nanchebäumchen gehören übrigens zu jenen Savannengewächsen, die am frühesten, schon ab Mitte/Ende März wieder junge Blätter treiben und den während der Trockenzeit trostlosen Anblick dieser Landschaft durch freundlichere Färbung ablösen. In den Trockenwäldern und Laub-Nadel-Mischwäldern bedecken sich Robles, Encinos und Chicharros als erste mit neuem Laub, und zwar hier wie dort nicht infolge einsetzender Regen, sondern auf Grund ihrer Saftvorräte. Die Gräser dagegen stehen noch braun verdorrt und warten auf die erste Feuchte; die rote, gelbe oder graue Erde ist trokken wie gebranter Ziegelton, vom Geröll prallt wabernd die Hitze zurück.

Nach meinen eigenen Beobachtungen, die sich mit denen Wagner's weitgehend decken, dürfte eine Rekonstruierung der ursprünglichen Verhältnisse folgendes ergeben: In einigen hundert Metern Breite entlang der Flüsse und fleckenförmig in allen grundwasserfeuchten, jedoch nicht langfristig überschwemmten Teilen des Valle Central stand „Feuchtwald". Gemeint ist damit eine großenteils immergrüne Formation, die im Gegensatz zum ständig beregneten „Regenwald", der „montaña" der Bevölkerung, jedoch mehrere Monate ohne Niederschlag auskommen muß und daher auch kurzfristig laubwerfende Vertreter der Pflanzenwelt enthält. Der Mensch verdrängte sie, namentlich im Bereich größerer Hazienden, in den vorigen Jahrhunderten weitgehend durch Indigo- und auch Zukkerrohrfelder, im übrigen hier und da durch Pflanzungen von Plátanos (Mehlbananen), Mango- und anderen Fruchtbäumen. Der Niedergang der Indigo-Kultur seit dem Aufkommen der Anilinfarben, die Zerschlagung der Hazienden im Verlauf der bäuerlichen Revolutionen löschten viele dieser Kulturen wieder aus. Der Feuchtwald begann sich wieder auszudehnen, verwilderte Bananengebüsche und Fruchtbäume verblieben vielfach. – Auf den trockeneren Flächen dagegen hatte von Natur aus Trockenwald gestanden. Bei einiger Bodenfeuchte war darunter ursprünglich ein echter, heute fast gänzlich verschwundener Hochwald mit bis zu 40 m hohen Bäumen zu verstehen, in dem es auch nicht an immergrünen Vertretern der Pflanzenwelt, vor allem Ficus-Arten, mangelte: das gegebene Gelände für die Milpas, die im Brandbau erzielten Maisfelder, die ihrerseits während der mehrjährigen Brache bzw. bei endgültiger Aufgabe wieder in eine Nachfolgewildnis aus Bäumchen, Schlinggewächsen, Gebüschen, Gräsern usw. übergehen, das sogenannte „guatal". Bei abnehmender Feuchte, zumal an den Steilhängen der eingestreuten Bergstöcke und der randlichen Talungsbegrenzungen, wird aus dem Trockenhochwald ein kaum 20 m hoher Trockenbuschwald, ungünstigenfalls auf gleichzeitig minderwertigen Böden sogar ein „chaparral", ein laubwerfendes Gestrüpp mit vorwiegend Chaparro-Krüppelbäumchen, mit noch höher hinauf folgenden reichlich trockenen Kiefernwäldern oder Laub-Nadel-Mischwäldern. Diese Trockenformationen wurden bevorzugtes Weidegelände. Sie gingen unter Viehverbiß und Bränden ständig zurück. Einzelne immergrüne Laubbäume, besonders die vom Vieh gemiedenen Ficus-Arten blieben als

Schattenbäume für die Herden erhalten. Nach der Auflösung der großen Hazienden und Dezimierung der Viehbestände durch die Revolutionsheere wuchs im Umkreis der Schattenbäume durch Samenwurf ebenfalls wieder Wald auf. Junge Feuchtwälder und Trockenwälder schlossen sich in der Folge vielfach, wie einst, zusammenhängend aneinander. Die im Verlauf der Agrarreformen fortschreitende Neugründung von Ackerbau-Kolonistendörfern und -Hazienden bei gleichzeitiger Wiederaufnahme der Viehwirtschaft erwirkte dann während der letzten Jahrzehnte erneut Brandrodung und Waldbeseitigung in immer größerem Umfang.

Selbstverständlich werden gerade in den heißen, wenig beregneten Teilen des Valle Central und auf solchen Böden, die infolge undurchlässigen Untergrundes in der nassen Zeit versumpfen, in der Trockenzeit rasch ausdörren, von jeher Gräser und andere tiefwurzelnde Gewächse natürliche Savannen gebildet haben. Bei allen Savannenpflanzen und ebenso den Trockenwaldbäumen handelt es sich außerdem um sehr brandbeständige Gewächse, ob von Natur aus oder durch jahrtausendelange Gewöhnung, kann hier nicht untersucht werden.

Die gegenwärtigen Regenmengen in den Savannen des oberen Grijalva-Gebietes überschreiten zwar in sehr vielen Fällen 1000, 1200 und selbst 1400 mm. Nach der Jaeger'schen Einteilung (1945) würden sie damit unter die „Feuchtsavannen" fallen. Aber da nirgends mehr als 7 Monate humid sind, müßten auch diese besser beregneten nach dem Lauer'schen Schema (1952 u. siehe Troll, 1952) bereits in den „Trockensavannen-Gürtel" gehören. Sie weisen alle Charakteristika eines solchen auf (vergl. Troll, 1956, S. 26–28): Schirmkronenbildung, lederartiges Laub oder Fiederblättrigkeit bis hinunter zu den Kleinstformen des Copalbaumes (Bursera bipinnata), Laubwurf, Hartholz, Rissigkeit der Borke, Einmischung von Dorn- und sukkulenten Pflanzen, darunter wasserspeichernde Bäume wie die tonnenförmige Ceiba (Ceiba pentandra) oder der mit glatter, äußerlich roter, nach innen hin tiefgrüner Rinde ausgestattete Mulato (auch Chacaj oder Jiote: Bursera simaruba). Unterschiedliche Luftfeuchtigkeit läßt sich einigermaßen am Grad des Epiphytenbewuchses erkennen. Eine besondere Eigenart der Chiapas-Savannen dürfte ihr streckenweise überaus dichter Befall mit Mistelgewächsen (Chujquen) sein.

2. Der Trockenbusch oder laubwerfende Niederwald (selva baja decidua) steht nach Regenmenge und Höhenlage unter den gleichen Bedingungen wie die in größerem Umfang von Gras beherrschten Savannen, meidet topografisch aber die regenzeitlichen Überschwemmungsflächen. Nur die hier und da in reichlichem Maße eingestreuten Eichen, durchweg unter menschlichem Einfluß – Brand, Holzentnahme, Wanderfeldbau, Ziegeneintrieb usw. – kurz gehalten und verkrüppelt, deuten auf Übergang zu höheren Lagen bis in die Tierra Templada hinein. In seinem tiefer gelegenen Verbreitungsgebiet überwiegen dagegen diverse Mimosaceae im Verein mit Wildpapaya (P. cimarrón), Algodoncillo, Candox, Cascabillo, Hormiguillo, den Baumwollbäumen Pochote und Lantá oder Motmot, dem auffällig gelb blühenden Pumpumflor, dem bizarr gewachsenen Pito und anderen typischen Vertretern des Trockenwaldes, im Motozintla-Tal z. B.

dem Plumajillo und dem Copal, sowie der ein dunkles Gummi arabicum liefernden Mezquite-Mimose, auf verhärteten Lehmböden dem Morro. Alle diese sind untermischt von immergrünem Naranjito-Gebüsch, Ficus Arten (Higo, Amate u. a.), Blatt-, Säulen- und Kandelaber-Kakteen (Tuna, Pitahaya,Órgano), Agaven (Ojoyo, Maguey), Wildananas (Piñuela, Pita), Kräutern und Gräsern. Ist der Trockenwald vernichtet, so folgt ihm die Gestrüppwildnis des „matorral" oder „chaparral".

Immer umsäumt dieser Trockenwald die Savannen der Ebenen und Hügellandschaften im Valle Central nach allen Seiten hin, bald an den in der Depression selbst aufwachsenden Massiven, bald auf den Vorbergen der Sierra Madre im SW oder am Steilrand der Meseta im NE. Immer führt er seinerseits mit Mahonien und Berberitzen (z. B. Mahonia johnstonii), der buschigen Leguminose Bauhinia divaricata (Barba de mantél) und weiteren Hartlaubgebüschen wie Pajulul, Salté und Cochosté in die Eichen- und Kiefernwälder über. Schon von Dezember ab steht dieser, nur unter günstigsten Bedingungen bis 20 m hoch werdende Trockenwald völlig kahl und vor Ende April beginnt er sich nicht neu zu begrünen.

Wo in den Savannen und Trockenwäldern Wasserläufe tief genug eingesenkt sind, um auch während der Trockenheit neben dem Flußbett selbst eine grundwasserfeuchte Sohle zu bewahren, bilden sich bis zu einigen hundert Metern breite Galeriewälder oder schmälere Flußuferwaldstreifen in ihnen. Ihre Bäume verlieren nur kurzfristig bzw. am gleichen Baum etappenweise und nicht alle zur gleichen Zeit das Laub. Sie rufen daher den Eindruck von „immergrünen Wäldern' hervor. Zu den fast durchgehend belaubten gehören vor allem wieder verschiedene Ficus, auch der dicht und dunkel beblätterte Totoposte, sodann die vom Menschen besonders geschonten Fruchtbäume Zapote blanco und Sonzapote, gebietsweise in reichem Maße verwilderte Mangobäume, zu den laubwerfenden u. a. Guanacaste, Caspirol und weitere Mimosaceae, Ceiba, Cedro und der stumpfästige, in der Trockenzeit grotesk mit feigenähnlichen Früchten besetzte Maluco.

An größeren Dauerflüssen kann streckenweise die Sauce (Weide) zum Charakterbaum werden. Eine Besonderheit für einige Flußläufe von Chiapas sind geschlossene, von nur wenigen Laubbäumen durchsetzte Sabino-Wälder („sabinales', Taxodium), z. B. im Tal von Tzimol, an Nebenflüssen des R. Suchiapa und R. Santo Domingo. In der zentralen Depression sieht man sie mehr im Nord- als im Südteil, manchmal durchsetzt mit Fresno-Bäumen, die ihrerseits, und zwar diese mehr im Süden als im Norden, zu „fresnales' zusammenrücken können. Von Januar bis März werden sie zu überwältigend schönen rosa Blütenmeeren. Ganz auf den Süden, auf die von der Sierra Madre herabkommenden Täler beschränkt bleiben an Flußläufen und am besonders feuchten unteren Teil der Talhänge die Pappeln (Álamos). Platanen (Tatacui: Platanus chiapensis) in Reihenbeständen wurden vom Verfasser ebenfalls nur im Süden und zwar entlang des Rio Guerrero-Siltepec angetroffen. Doch die drei letztgenannten Laubbäume leiten bereits über zu einem weiteren Vegetationstyp im Stromgebiet des oberen Grijalva.

3. Es ist dieses der am besten als „Halbtrockenwald" oder „wechselgrüner-Laubwald" bezeichnete „bosque" - nicht selva - „deciduo" Miranda's, also ein Wald, in dem bestimmte Baumarten den Charakter bestimmen. Er gehört noch nicht zu den immergrünen Formationen, steht aber andererseits nicht so lange und niemals in seiner Gänze so kahl wie der Trockenbusch. Er meidet die Trockengebiete der zentralen Depression, reicht vielmehr schon in die gemäßigte Zone hinauf, verliert nicht einheitlich das Laub und erneuert es schneller als der Trockenbusch; er übertrifft ihn auch rund um das Doppelte an Höhe. Miranda (1952, I, S. 139) wies nach, daß er sich besonders entwickelt, wo die Nortes auf die 1000 - 2000 m hohen Hänge treffen. Das erklärt sein völliges Fehlen in dem größten Teil des hier untersuchten Gebietes. Nur am Binnenrand der Sierra Madre, und auch dort nicht durchlaufend, ist er in verhältnismäßig schmalen Bändern zu finden. Es kann hinzugefügt werden, daß er offenbar Kalkböden meidet, lehmig bis sandige Rotböden auf Graniten, Sandsteinen usw. bevorzugt.

Sein Charakteristikum ist dort die häufige, ja beherrschende Anwesenheit des bis 50 m hohen, geradstämmigen Liquidámbarbaumes. Auf den Märschen am Binnenrand der Sierra von SE kommend, wurden die ersten Exemplare dieses schönen Baumes westlich des Independencia-Tales und des Bergdorfes Monte Cristo in einem Nebentälchen des R. San Nicolás angetroffen. Er blieb nordwestwärts bei bis ungefähr zur Wasserscheide zwischen Catarina / Prusia-Tal und Naranjo / Custepec-Tal. Unbedenklich mischt sich Liquidámbar ebenso mit den Kiefern der „pinares" wie mit Vertretern des immergrünen Feuchtwaldes. Als auffälligster unter den letzteren ist der riesenhafte Mezcal anzusehen. Es ist Mexicos höchster Baum, im Durchschnitt 60 bis 65, mitunter bis 80 m hoch. Er ist auch in den wechselgrünen Laubwäldern eine gewohnte Erscheinung.

4. Kiefern und Eichen, beide nicht oder nur selten ein weniges unter 800 m, tiefstenfalls bis 600 m anzutreffen, beherrschen in der Tierra templada des zentralen Gebirgsblockes bis 2300 m hinauf weithin das Landschaftsbild. Auf der Binnenseite der Sierra Madre beschränken sie sich in einiger Geschlossenheit auf den Gürtel zwischen 600 und 1000 m, besiedeln stark sonnige, wasserarme Gebirgskämme aber bis 1600 m hinauf, während im allgemeinen dort zwischen 1000 und 1700 m feuchter Bergwald und über diesem bis zu hohen Lagen hinauf Nebel- oder Wolkenwald herrscht, mit um so niedrigerer Vegetation, je heftiger das Gelände von den Höhenwinden bestrichen wird.

Eigenartigerweise stehen Kiefern hier und überall in Mittelamerika unterhalb und nicht oberhalb der feuchten Berg - Laubwälder, denn die tieferen Lagen sind hier die trockeneren. So stehen sie auf Bergzügen in gleicher Höhenlage auch stets im Regenschatten, das heißt an den Südhängen, wo im Luv der feuchten Winde, an den Nordseiten, noch üppiger immergrüner Laubwald gedeiht. Sehr häufig treten Kiefern und Eichen vereint auf, doch gibt es auch nahezu reine Kiefernbestände, „pinares" oder „ocotales", und Eichenwälder, „encinares". Bei den letzteren muß häufig angenommen werden, daß die Kiefern ausgeraubt sind, denn kein Baum ist so begehrt für Brenn-, Bau- und Beleuchtungszwecke (Kienspäne), gleichzeitig auch so brandgefährdet wie der „Pino" oder „Ocote". Trotz seiner Nützlichkeit wird gedankenlos gegen ihn gewütet, selbst wenn seine Bestände sichtbarlich zu Ende gehen und schon weit und breit kein Nachwuchs mehr aufkommt. Man durchwandert weite Strecken, in denen jeder einzelne Baum, oft riesigen Ausmaßes, um einiger weniger Kienspanscheite halber angeschlagen, vom Feuer bereits weit hinauf angekohlt, von der Wunde her im Inneren ausgebrannt oder schon zu Boden gestürzt ist, wo 20 bis 30 m seines besten Stammholzes verrotten. Ohne das Anschlagen zwecks Entnahme von Kienholz würden die Kiefern, geschützt durch die dicke Borke, sehr viel besser dem Feuer widerstehen.

Die Eiche bleibt nicht an den Kiefernwald gebunden. Ihre Anwesenheit in der gemäßigten und kalten Zone scheint mehr von tiefgründigem Lehmboden, als von bestimmter Höhenlage und Regenmenge abzuhängen. Hier fallen ohnehin selten weniger als 1200 mm Niederschlag. Auch im feuchten Berglaubwald gibt es reichlich Eichen, und noch oder gerade in den höchsten Regionen der Sierra über 2700 m, etwa um El Porvenir, gibt es Encinares vorwiegend kleinblättriger, hochwüchsiger Arten in beträchtlichem Ausmaß. Dort können sie ohne weiteres dem immergrünen Nebelwald zugeordnet werden. Quercus acatenangensis mit schmalen lanzettlichen und Chicharro mit nicht sehr großen spitz gezackten Blättern werden dort und weiterhin in der Sierra Madre neben der eichenähnlichen Rapanea jurgensenii am häufigsten gesehen. In der Gipfelregion des Cerro Hueitepec auf der Mesa Central fand sich in reichem Maße eingemischt die im März mit weißen Sternblüten übersäte Ternstroemia chalicophila und die mit saftig-fleischroten Blütenständen ausgestattete Phytolacca icosandra (Amolxihuitl).

Groß- und kleinblättrige Eichen sind im großen und ganzen an verschiedene Standortsbedingungen gebunden. Solche mit ausgelappten Blättern gleich den unseren wurden nur an ganz wenigen Plätzen, z. B. am Südhang des Cerro Malé angetroffen. In Höhenlagen über ± 1600 m gesellt sich der unverkennbare rotrindige und krummwüchsige Madrón, an offenen Stellen auch das Manzanilla-Bäumchen, in tieferen Lagen die strauchartige Komposite Baccharis vaccinioides hinzu. Vereint mit den Kiefern treten vornehmlich Eichenarten mit großen oder mittelgroßen Blättern, Robles, auf. Bemerkenswert sind auch die kleinblättrigen, fast reinen Zwergeichenfelder (Quercus sebifera) auf den windreichen Llanos bei Comitán.

Statt der Palme auf den Felsenhöhen der Sumidero-Klamm hätte Chiapas, gleich der Republik Honduras, besser die Kiefer in sein Wappen aufgenommen. Denn sie ist hier wie dort ebenso charakteristisch wie in der Vegetation etwa von Norddeutschland. Namentlich auf den Flächen oder leicht geschwungenen Höhen der Meseta wähnt man sich oft genug nach dort versetzt. Nur die oft reichliche Beimischung von Bergagaven und der Epiphytenbesatz passen nicht in diesen Vergleich. Aber daneben erklimmt sie auch steilste Hänge und Abstürze. Mit dünnen Bodenlagen ist sie zufrieden und besiedelt noch, sekundär, stark ausgelaugte und ausgespülte

Brandrodungen; und sie begnügt sich, entgegen der Eiche, auch noch mit 1100 oder gar 1000 mm Niederschlag. Immer legten die Indios in der „Kiefern-Eichen-Zone" ihre Milpas nur dort an, wo die Eichen vor- oder allein herrschten, wohl wissend, daß sie die besten Bodenstrecken in dieser Zone ankündigten. Außerdem hielten sie Kiefernboden auf Jahrzehnte hinaus für verharzt. Die späteren Siedler kannten diese Unterschiede nicht, sie rodeten auch reines Kieferngelände und erlebten manche schwere Enttäuschung.

Es gibt sehr verschiedenartige Kiefern in Chiapas, solche mit feinen und groben, langen und kurzen Nadeln, bald großen, bald kleinen Zapfen und verschiedener Stammlänge, ohne daß in jedem Falle Höhenlage oder Feuchte des Standortes allein ausschlaggebend wären. Pinus oocarpa, die am weitesten im mittelamerikanischen Raum verbreitete, ist auch hier die führende neben P. tenuifolia, P. montezumae, P. pseudostrobus u. a. Die Arten P. Hartwegii und P. Prudis wählten die kältesten Höhen der Sierra. Dort, etwa rings um das Gipfelmassiv des Malé auf den Höhen um El Porvenir, La Grandeza und El Rodeo, sind sie bereits gemischt mit der von den hohen Gebirgen Guatemalas herüberkommenden, ausschließlich an die Tierra fría gebundenen Tanne (Romerillo) und der fast ausgerotteten, aber in der Umgebung der Siedlungen hier und da künstlich wieder angepflanzten hochwüchsigen Zypresse (Cupressus Lindleyi). Weniger hohe „Ciprés"-Arten gehen von den oberen Teilen der Mesa Central bis etwa zur Höhe von Comitán (± 1600 m) hinunter.

Immer bedeutet Kiefernwald auch Extensiv-Weide für Rinder, Pferde, Esel, Maulesel, Ziegen und Schafe. Er wird gebrannt wie die Savanne und der Trockenbusch. An Feuchthängen trägt sein Boden bis 1,50 m hohes Gestrüpp aus Keimlingen, Gebüschen, Stauden und Kräutern, den sogenannten „monte"; in trockneren Lagen ist er schon von Natur aus mit Gräsern und Kräutern bedeckt. Die am weitesten verbreiteten Gräser sind Epicampes macroura und Festuca amplissima. Auf besonders stark ausgelaugten Böden der Hochregionen, z. B. in der Nachbarschaft von San Cristóbal Las Casas und im Wasserscheidengebiet oberhalb Motozintla, auch auf manchen Flächen des Valle, steht das mannshohe, harte, vom Vieh nur mit den jungen Schößlingen angenommene, aber als gute Dachbedeckung verwertbare Pajón = Gras. Unter den Kräutern fallen besonders Compositen und Lobelien auf, mehr noch eine klebrige, überaus durchdringend riechende Salvie: Tulipanillo (Salvia cinnabarina). Für die Bodenvegetation der oberen Region des Steilabfalles der Meseta kann sie als Leitpflanze gelten. In den etwas tiefer gelegenen Kiefern-Eichen-Mischwäldern wird sie durch die ebenfalls klebrige, aber weniger penetrante Lamouruxia viscosa verdrängt. In einigen Abschnitten der Sierra fallen große Mengen von leuchtend rot blühendem Wild-Hibiskus (Tulipan silvestre) und goldgelber Jacobinia auf, um hier nur eine winzige Auswahl der tatsächlichen Artenfülle zu treffen. In den höheren Gipfelregionen der Sierra und Meseta sind viele Fuchsien vertreten, teils als Stammkletterer und sogar epiphytisch.

Der Epiphytismus gehört ohnehin zu den auffälligsten Erscheinungen im Pflanzenbild von Chiapas. Vor allem Bromeliaceae und Orchideae (Cattleya, Laelia, Oncidium u. a.) wetteifern miteinander. Aber auch epiphytische Kakteen, Farne, Araceen und zahlreiche Pflanzenfamilien mehr sind hier als Aufsitzer auf Stämmen, Ästen und Astgabeln, auch auf Palmschöpfen, an Lianen und sogar auf Telefondrähten zu finden. Orchideen scheinen vor allem Eichen der nicht zu trockenen Gebiete zu bevorzugen. Die schöne Flor de Candelaria z. B., eine Laelia, bildet in den Wäldern der Mesa und ihres Steilrandes ebenso wie in den Vorbergen der Sierra Madre und auf den Einzelmassiven im Valle Central wahre „Orchideenrasen", die keinen Quadratzentimeter der befallenen Äste freilassen, ja, mit ihnen herabbrechend, auch noch die benachbarten Gesteinstrümmer überziehen. An den Nordhängen der Sierra Madre hängen an Kiefern und Eichen dichte Vorhänge von Pashte (Tillandsia usneoides), und selbst noch in der extremen Trockensavanne des Motozintla-Tales mangelt es nicht an Orchideen, Medusenhäuptern und anderen Bromelien. Solange nicht exakte Feuchtemessungen aus allen Landesteilen vorliegen, wird es schwer sein, den Grad des Epiphytenreichtums mit dem der Luftfeuchtigkeit in Einklang zu bringen. Durchwandert man doch andererseits extrem feuchte Bergwälder mit verhältnismäßig wenigen Epiphyten und oft gar keinem Tillandsienbehang. Man möchte annehmen, daß die Abnahme des Taues in Bodennähe gegen Ende der Trockenheit mit auf die absorbierenden Funktionen der Aufsitzerheere zurückzuführen ist.

5. Die Hauptverbreitungsgebiete der immergrünen Wälder in Chiapas, in den atlantischen Ebenen und Vorbergen auf der einen, an den pazifischen Hängen im Südteil der Sierra Madre auf der anderen Seite, entfallen im Rahmen der hier vorliegenden Betrachtung. Aber auch am Innenrand der Sierra Madre fehlt der „selva siempre verde" die „montaña" im allgemeinen Sprachgebrauch, keineswegs. Zwar werden 12 humide Monate als sein klimatisches Optimum dort selbst in den regenreichsten Abschnitten nicht erreicht. Zumindest Dezember und Januar, in manchen Jahren auch noch November und/oder Februar müssen als arid angesprochen werden. Doch auch die restlichen 9 bis $9^1/_2$ „nassen" Monate mit ihren in keinem Jahre 2100 mm unterschreitenden Niederschlag genügen zu seiner Entwicklung.

Von den Kämmen der Hauptwasserscheide zieht er sich zunächst als triefender, moosumkleideter Nebelwald, dann als feuchter, artenreicher Bergwald, in den Tälern und Schluchten weit in die Kiefern-Eichen-Region, ja, bis an den Rand der Feuchtsavannenbuchten des Valle Central abwärts, mit größter, schwer durchdringbarer Dichte entlang der Flußufer und sonstiger Lichtungen, im Inneren einigermaßen passierbar. Im feuchtesten Teil der Sierra-Abdachung etwa zwischen Bellavista- und Custepec-Tal, gleichzeitig der Kaffeezone am Binnenrand der Sierra, bedeckt er den breitesten Raum. Auch östlich des Cuilco-Tales in den Vorbergen der guatemaltekischen Cuchumatanes ist er zu finden. Dort hat er ebenfalls die Entstehung eines ergiebigen Kaffeeanbaugebietes, mit dem Zentrum Pacayal, hervorgerufen. In seinem Nordabschnitt ist er sogar feuchter als an der jenseitigen, dort rasch immer trockener werdenden pazifischen Abdachung. Von dem schmalen Kamm des Cerro Venado etwa, dem wasserscheidenden Abschluß des Custepec-Tales, steigt man nach NE durch kühlen, triefend nassen Urwald abwärts, zum Pazifik hin dagegen in aufsteigender Warmluft durch einen gänzlich anders gearteten Trocken- oder zumindest Halbtrockenwald.

Unterhalb der Encinares, Kiefern, Tannen und Zypressen der kältesten und bereits über dem Hauptwolkengürtel liegenden Hochregionen beginnt der Nebelwald mit – sofern die Höhenwinde hochwüchsige Vegetation nicht unterbinden – seinen typischen, 50 m hohen Laubbäumen wie Zapotillo, Matilisguate, Castaño, Chicharro, Zapotillo, Aguacate-Arten und weiteren Lauraceae, dem kurzstämmigen Nebelwald-Baumfarn, Melastomaceae u. a. m. Auf Freiflecken am Boden und auf Felsen bilden Rubiaceae, sonnentau-ähnliche Rosaceae (Acaena elongata), durchsetzt mit bescheiden blühenden Erigeron, dichte Polster.

Ab $\pm$ 2000 m läßt wohl die Überfeuchte, doch nicht die Üppigkeit des Waldes nach. Im Gegenteil, erst jetzt in schon größerer Wärme, setzt die ganze Masse der Behangpflanzen, der geschlitzten und gefensterten Monstera (Piñanona, Arpón, Mano de león) und Philodendren (Copapaya), der Epiphyten, der riesigen Blattpflanzen, allen voran Quequeshte, Capa de pobre, Caña de Cristo, Macús, Conte usw. ein. An Bachläufen und vermoosten Wänden wuchern neben ihnen Tradescantien, Sellaginellen, Begonien, Krautfarne, steht schlank und hoch das grüne Carrizo = Bambugras. Der Guarumbo-Baum (Cecropia), unverkennbarer Zeuge hoher Feuchte, reckt seine hellen Gliederstämme und malerisch gelappten Riesenblätter aus der Tiefe der Schluchten. Gruppen von Baumfarnen (Chipe) bilden kleine „chipales" innerhalb der Fülle von großen Laubbäumen wie Leche María, Mezcal, Guayabo volador, Chalum, Peine, Jobo, Guayabillo, Canaco, Guachipilín, Amate und anderen Ficus-Arten, darunter dem sehr häufigen gewaltigen Baumwürger Matapalo. Die Fülle der Arten dieses aus mehreren Stockwerken bestehenden Berg- und Schluchtenwaldes ist unerschöpflich. Schlanke Pacaya- und Bojoncillo-Palmen mischen sich ein; zwischen dem Prusia- und Custepec-Tal sieht man häufig auch die kurze, schmal gefiederte Espadaña-Palme. Zu fast jeder Baumart könnte man eine Besonderheit nennen, die sie auszeichnet: sehr schnellwüchsig ist der Palo corcho, hellrindig, fast weiß die Primavera, von rotem Saft erfüllt der Sangre de Perro; von dieser ist das Holz, von jener die Frucht, von einer anderen wieder der Bast oder eine Droge verwertbar.

Rein physiognomisch wirkt die „Montaña" nicht nur durch Dichte und Höhe, sondern mehr noch durch die Fülle ihres beständigen dunklen Grüns. In der Trockenzeit setzt es sich in klarer Grenze wohltuend gegen die braunen und gelblichen Farben des Trockenbusches und der Savanne ab. Allerdings hat der Mensch sogar weit in die feuchtesten Bergregionen hinauf Breschen geschlagen und gebrannt, so daß der Mantel von Hochwald an ungezählten Stellen durchlöchert und zerfranst ist. In Nachfolge der Milpas können dort ganze Felder von Siquinaj und Trixis radialis wogen, Vernonia melaconarpa und Baccharis vaccinioides die hochgelegenen Schafweiden durchsetzen. An nicht zu feuchten oder inzwischen ausgetrockneten Hängen können sich selbst Gewächse der Trockensavanne als Fremdformen einfinden, wie die Euphorbie Jatropha curcas (Piñon). Und in den Kaffeeanbaugebieten ist teils durch Auslichtung, teils durch Neupflanzung von Schattenbäumen und Kaffeebäumchen eine völlig neue, künstliche Waldformation, eben der „Kaffeewald", entstanden. Andere Bodenkräuter als im dichteren Urwald gewinnen hier die Oberhand: Iresine celosia, Calea, Bidens pilosa; andernorts, namentlich in den Bergen um Pacayal, wilde Tagetes (T. tenuifolia) und die blaublühende Malve Anoda. Entlang der Wege und Pflanzungen erobern die Gebüsche des in der Trockenzeit von grünlich-weißen Blütenköpfchen übersäten Eupatorium oder der dunkelblau blühenden Leguminose Desmodium plicatum, die fingerblättrige Sosa und die riesenblättrige Ortiga-Staude die Herrschaft, durchsponnen von der orangenroten Rank-Composite Senecio kermesinus.

Die Encinares erfreuen, je nach Höhen- und Trockenlage von Dezember bis März vorschreitend, durch die Rotfärbung ihres Laubes. Absolut heimatliche Bilder können sie vortäuschen. In den hochgelegenen Eichen-Kiefern-Wäldern kommt um diese Zeit das ebenso schöne Rot vom Laub des Madrón-Baumes hinzu. Die Fülle leuchtend blühender Bodenpflanzen verleiht den recht eintönigen Pinares einige Belebung. Neben der schon genannten roten Salvia cinnabarina (Tulipanillo) blüht blau die Salvia lavanduloides, ferner Ruellia stemonacanthoides, Lobelia laxiflora, Monnina xalapensis, Loeselia glandulosa, gelegentlich an offenen Bachrändern auch das schöne Kräutchen Anillito. Auf den kärglichen Sandsteinhöhen des Señorita-Massivs in der zentralen Depression überraschten vor allem Indigofera mimata, Ruellia alticaulis und Cologania glabrior. Manchmal können an feuchten Hängen im Kiefern-Eichen-Wald ganze Teppiche von Erdorchideen (Sobralia decora, S. macrantha, u. a.) vorhanden sein.

Im Berg- und Nebelwald sind es neben dem Rot, Weiß, Violett und Blau der Epiphytenblüten vor allem die Kräuter, die satte und leuchtende Farben in die Landschaft bringen, sei es durch ihre Blätter, wie das rotbunte Coleus labiatae, oder durch ihre Blüten. Hier sind es Russelia coccinea, Allophyton megaphyllum, Lopezia mexicana, Browallia americana, Bidens ostruthioides, Polygala paniculata (mit wohlriechender Wurzel), diverse Begonien und viele andere Bodenpflanzen mehr. Nicht zu vergessen sind auch die gelbrot oder dunkelrot blühenden Stauden der Platanillos, daneben einzelne überreich blühende Lianen, so die hellblauen Sterne der Petrea volubilis oder die dunkelroten Bürstchen der Cepillo. Hingegen verschwindet die nicht minder große Fülle von farbenfrohen Baumblüten, etwa der Melastomen (Tibouchina, Conostegia americana u. a.) und gewisser Bignoniaceae im dicht zusammengeschobenen Blätterdach der Wipfel und Lianen.

Nicht einmal Trockenbusch und Savanne wirken in der dürresten Zeit öde und tot. Im Gegenteil, gerade dann entfalten viele entlaubte Bäume und Sträucher ihre Blüten vom klaren Weiß (z. B. Algodoncillo, Siete capas, Lantá) und wächsernen Gelb (z. B. Pumpum flor, Candox) über Rosa (Arrabidoea u. a.), Mattviolett (Llaite, Vernonia oaxacana), Lachs- bis Orangenfarben (Cupapé) und Dottergelb (Huevos de iguana) bis zum Grellrot der schmalen Röhrenblüten des Pito und den hunderttausenden geflammten Dolden der Nanchales. Und nicht minder reich sind dann zwischen dem verdorrten Gras und kahlen Gestrüpp immer noch blühende Kräuter vorhanden: Loeselia involucrata, Heliotropium fruticosum, Tagetes erecta (Shauko) und Dutzende andere.

Sie wie auch die Bäume und „arbustos" (Sträucher, kleinwüchsige Bäume, verholzte Stauden) der einzelnen Vegetationstypen konnten hier nur in knappester Auswahl der auch dem Nicht-Botaniker im Gelände auffallenden Vertreter erwähnt werden. Sehr viel ausführlicher und mit genauen Standortsangaben verbreitet sich Miranda darüber in Band I seiner „Vegetación . . ." von S. 146 bis 166. Hierauf muß verwiesen werden. Der gleiche Autor hat als erster durch systematische Untersuchungen und Vergleiche erkannt, daß nicht nur viele Pflanzen des nördlichen und mittleren Mexico nicht bis Chiapas vorgedrungen sind, andererseits manche Arten nur hier und in Guatemala, bestenfalls bis nach Britisch- und Spanisch-Honduras hin vorkommen, sondern daß auch der breite Trockentrog des Valle Central als ein unüberwindbares Hindernis zwischen Nord und Süd gewirkt hat. Viele Gewächse des atlantischen Regenwaldes sind in dem der Sierra, zumindest nicht an ihrer pazifischen Seite, zu finden, und umgekehrt (ebenda, S. 22-26, 33f.).

5. Nützliche und schädliche Tiere

Dank seiner tropischen Ausstattung ist Chiapas von Natur aus reicher an Tieren wie die Mehrzahl der übrigen mexicanischen Staaten. Leider kann nicht gesagt werden, daß die Bevölkerung der Tierwelt achtungsvoller als der Pflanzenwelt gegenübersteht. Bezüglich dieser letzteren bestehen immerhin Forstschutzgesetze. In Chiapas wurden sie erstmalig schon 1881 durch den Gouverneur Utrilla angeregt (de la Peña 1951, II, S. 610). Aber je weiter ab von den wenigen Überwachungsorganen, um so mehr stehen sie ausschließlich auf dem Papier, denn mit Verbot und Strafandrohung allein ändert man nicht tradidtionsmässig eingefahrene Wirtschaftsmethoden und Lebensgewohnheiten.

Bezüglich der Tiere bestehen Schutz- und Schongesetze in Mexico nicht (Alvarez del Toro, 1952, S. 235) und würden wahrscheinlich von niemandem eingehalten werden. Die gerade beim Lateinamerikaner hoch entwickelte Lust am Schiessen und Töten von Tieren, selbst wenn sie wirtschaftlich unverwertbar sind, ist auch in Chiapas zuhause, und der Besitz einer „escopeta', einer Flinte, bedeuted selbst für manchen ärmlichen

Indio einen Lebenszweck. Nur in den seltensten Fällen wird er damit aber, wie erhofft und aus begreiflichem Fleischhunger, ein Stück Rot- oder Schwarzwild, eine Taube, ein Kaninchen und sonstiges essbares Wild erlegen. Es ist bezeichnend, daß z. B. in der großen vierbändigen Bilanz über die Wirtschaft von Chiapas („Chiapas económico") zwar noch der „Fischfang" angeführt, die „Jagd" aber mit keinem Wort mehr erwähnt wird. Wohl aber wird jeder Flintenbesitzer auf jedes andere Tier, das ihm zu Gesicht kommt, ohne Bedenken losknallen. Wenn er sich mit gleichem Eifer den Kampf gegen die Unzahl von Schädlingen und kleinen Plagegeistern angelegentlich sein lassen würde, wäre der Aufenthalt in seinem Lande erträglicher, die Gesundheit besser, der Wirtschaftseffekt höher. Doch den mühevollen Einsatz gegen die winzigen „plagas" überläßt er lieber den Wissenschaftlern und Behörden. Nur langsam gehen fortschrittliche Finqueros und Bauern wenigstens zu einer Bekämpfung der ärgsten Schädlinge ihres Viehbestandes über, weil sie sich immerhin durch einen baldigen greifbaren Nutzen bezahlt macht.

Aus dem Gesagten läßt sich bereits ableiten, daß der natürliche Bestand an grösseren Tieren auch im Stromgebiet des oberen Grijalva äusserst ärmlich ist. Damit sind allerdings auch die großen Viehräuber, „tigre" (Jaguar) und „león" (Puma) weitgehend zurückgedrängt. Nur noch in den Randgebieten der Sierra und in entlegenen, schwach besiedelten Teilabschnitten des Valle Central wird gelegentlich Klage über sie geführt. Noch - aber wie lange noch? - mögen die unübersichtlichen, von den regelmässigen Bränden verschont bleibenden Berg- und Nebelwälder der Tierwelt besten Schutz gewähren, mögen in ihnen neben Jabalí (Wildschwein) und Venado (Tropenhirsch), Pisote (Nasenbär) und Tepezcuintle (Aguti oder Paca), Occlote und Tigrillo (großfleckige und reihenfleckige Tigerkatze), Oso hormiguero (Ameisenbär) und Mapache (Waschbär), Zorro (Fuchs) und Puerco espino (Stachelschwein) selbst noch einige wenige Dantas (Tapire) ihren entlegenen Pfaden folgen, – – sie alle stehen bereits auf der Aussterbeliste, um so gründlicher, je rascher der Mensch vordringt, je freizügiger der Besitz von Schießwaffen gehandhabt, je weniger aufklärend und eindämmend gegen die Mordlust eingeschritten wird. Wie selten noch werden dortzulande warnende Stimmen einsichtiger und idealistischer Vorkämpfer (z. B. A. del Toro, wie oben, S. 240) für eine Erhaltung der zusammenschmelzenden Bestände, zumindest für die Abgrenzung unantastbarer Reservate erhoben! Selbst vor dem spassigen Tukan, ja, nicht einmal vor dem Quetzal, dem prächtigen einstigen Königsvogel, macht der Mann aus Chiapas Halt, wenn ihm seitens irgend eines besessenen Liebhabers für den zerschossenen und stinkenden Balg noch ein paar Pesos winken. Nur in den einsamen Berg- und Nebelwäldern der hohen Sierren von Chiapas bis nach Honduras hin war dieses selten schöne Tier zuhause.

Es ist begreiflich, daß sich im Bereich der immer wieder abgebrannten Savannen in einigem Umfang neben erdbewohnenden hauptsächlich nur fliegende Tiere halten und vermehren können. Der Vogelreichtum vom zierlichen Kolibri (chupaflor) bis zum großen Wildpfau (pavo) und eleganten Sperber (gavilán) ist dort in der Tat noch groß. Selbst tausende von

Tauben kann man an einem einzigen Marschtage in abgelegenen Gebieten auffliegen sehen. – Zu Siedlungen und Viehherden gehören unabdinglich Scharen von Rabengeiern (zopilotes), und wo sie sich im freien Gelände sammeln, liegt mit Sicherheit ein verendetes oder noch im Todeskampf begriffenes Tier. An Seen, Lagunen und großen Flüssen, namentlich dem Grijalva, fehlt es nicht an Reihern (garza), Enten (pato) und anderen Wasservögeln. Dort finden auch Schildkröten, Kriechtiere neben mancherlei Fischen und Krebsen gute Lebensmöglichkeiten. Ebenso bevorzugen Skorpione (alacrán), Taranteln (yerba) und Schlangen das Warmland des Valle Central und die tieferen Gebirgsregionen. Zu fürchten sind nur wenige Vipern, allen voran die Cascabel (Klapperschlange) und Corallilo (Korallenschlange) .Gefürchtet werden auch, besonders vom Viehhalter, die Vampyre (vampiros). Wie überall in Mittelamerika treten sie auch hier jedoch nur in lokal eng begrenzten Räumen der heißen und gemäßigten Zone auf.

Wild- und Vogelfraß richten zweifellos auf den Feldern und zumal den in Waldgebieten ausgesparten Milpas manchen Schaden an. Als Wurzelzerstörer und Erosionsförderer kommt, wiederum vor allem in den Waldzonen, die (ohne Schwanz) 20 - 25 cm lange Wühlratte Tuza hinzu. Andererseits fördert sie in hohem Maaße die Bodendurchlüftung, denn unablässig trägt sie in ihren Backentaschen die aufgewühlte Erde aus ihren Gängen. Auch von den Ernte- und Hausvorräten geht gerade durch Ratten Jahr für Jahr allzuviel verloren. Schäden an den Kulturgewächsen durch Heuschrecken (chapulín) dagegen treten mehr periodisch auf, solche durch Blattschneiderameisen (sompopo) nur in den von ihnen bewohnten Warmzonen. Dort sind auch die Termitenschäden an Häusern, Brücken usw. nicht zu übersehen.

Mehr richten sich die Angriffe der Insektenwelt gegen Tier und Mensch. Was das Vieh auf der Weide, die Packtiere unterwegs durch Bremsen (tábano) und viel mehr noch durch Zecken (garrapata) auszuhalten haben, ist unbeschreiblich. A. del Toro (1952, S. 27) nennt die Zecken eine „plaga tremenda", eine „fürchterliche Plage". Allerdings konnte sie gerade erst durch die Ausbreitung der Viehwirtschaft den gegenwärtigen Umfang erreichen. Ihre optimalen Lebensbedingungen finden die Zecken in den semiariden offenen Landschaften, also den Hauptviehgebieten. Der im Küstentiefland dem Vieh stets zugesellte und von ihm gern geduldete Zeckenfresser (garrapatero) fehlt hier. Die an seiner Stelle dem weidenden Vieh folgenden „cunculines" scheinen jedoch eher auf die durch die Tiere aufgestörten Insekten usw. als auf die Parasiten aus zu sein. Jahrhunderte lang ist nichts gegen sie unternommen worden, werden doch selbst Impfungen gegen die schwersten Viehseuchen in Chiapas erst seit etwa 1920 und durchaus noch nicht überall durchgeführt (de la Peña, 1951, II, S. 518). Neuerdings werden von Viehfinqueros und aufgeklärten Bauernkolonisten Spritz- und Bademittel (Garraparol u. a.) gegen die Zecken in Anwendung gebracht. Sie werden seitens des Landwirtschaftsministeriums, Abteilung „Plagas", propagiert und beschafft. Aber die Bekämpfung ist bisher nicht allseitig. Sie befreit und schützt zwar das behandelte Tier für eine Weile, beseitigt aber den Parasiten noch nicht aus dem Gelände; und man kann sagen, daß es überall voll von ihm ist.

Noch weniger, praktisch überhaupt nichts wird gegen die Parasiten der Schafe in den Hochregionen unternommen. Es sind vor allem mit den Weidepflanzen aufgenommene Leberegel und durch die Nase in das Gehirn eindringende und es zerstörende Insektenlarven. Schafe sind fast ausnahmslos Besitztum kleinerer indianischer Bauern, und sie sind in der Pflege dieser, ihrer wichtigsten Haustiere noch indifferenter als die Mischlinge. Verlieren die Rinderbesitzer durchschnittlich nicht mehr als 5 % ihrer Viehbestände durch Raubtiere und Parasitenbefall, so betragen die Verluste der Schafhalter durch Fasciolasis hepática (papalota del hígado, Leberegel) und Oestrus Ovis (gusano del naríz oder del cuerno, Nasen- oder Hornlarve) ein mehrfaches. Nicht selten führen sie zu Totalverlusten. Für die Kälber ist vor allem gefährlich die durch den Mikroorganismus Clostridium Chauvoei hervorgerufene infektiöse „carbunco sintomático" (blackleg). Eine andere weit verbreitete Viehkrankheit, genannt „cacho hueco" oder „mal de cacho" (cacho: müde, zusammengesunken; hueco: aufgeblasen) soll ebenfalls durch die Schafbiesfliege (Oestrus ovis), die durch Eiablage in den Nasenlöchern die Drehkrankheit hervorruft, übertragen werden.

Auch den Menschen befallen die Garrapatas. Das gleiche gilt für die noch unangenehmeren, weil kaum sichtbaren Zwergzecken, die „mostacillas", die immer gleich in ganzen Trauben an den Büschen und Gräsern hängen. Mehr noch müssen Mensch und Tier unter den Millionenheeren kleinster Stechfliegen oder Kriebelmücken leiden, wie sie gleichermaßen die heißen Savannen und Trockenwälder in der Tiefe der Zentraldepression wie die Flußuferwälder, die Kaffeepflanzungen, die Encinares und Pinares bis zu ihren höchsten Verbreitungsgebieten, daneben auch weithin die Siedlungen und das Innere der Häuser bevölkern. Glücklicherweise gehen sie das in Bewegung befindliche Lebewesen weniger an als das ruhende; die Märsche durch „mosca"- (Fliegen) -Gebiete würden sonst eine unaufhörliche Qual bedeuten. Um das Vieh schwärmen sie in ganzen Wolken, mitunter so unerträglich, daß die Tiere die Freßlust verlieren, abmagern und sich in die dichtesten, weniger befallenen Gebüsche zurückziehen (de la Peña, 1951, II, S. 520).

Einige von ihnen, die „chaquistes", auch die von der Bevölkerung – zoologisch falsch – als „mosquitos" bezeichneten, stechen zwar schmerzhaft und entziehen dem Körper viel Blut, übertragen aber keine Krankheiten. Anders mit verschiedenen „jejénes" und „rodadores" (Gescheckten), auch „mosco alazán" (fuchsrot) oder „mosco del café" (Kaffeefliege) genannt, 1-1,5 mm großen Insekten, von denen Loewe Seeber (1940, S. 50) die sechs Species Eusimulium ochraceum, avidum, virgatum, pseudohematopotum, mooseri, turgidum, de la Fuente (1952) Simulium oder Cnephia ochracea, caidum und metállicum als gefährlichste aufzählt. Sie verursachen die gefürchtete, bis zur Erblindung und zum Tode führende Haut- und Augenkrankheit Oncocercosis (auch Onchocercosis, Onchoceriasis, kurz Oncho; Filiariasis; vergl. hierzu Muñoz Osorio, 1955, mit Bibliografie). Wahrscheinlich mit afrikanischen Sklaven nach Jamaica gelangt, wurde sie von dort zwischen 1905 und 1910 mit Kaffeearbeitern nach Guatemala, dann nach Chiapas und Oaxaca eingeschleppt. Für 1946 wurden in Chiapas 25 000 Oncho-Kranke geschätzt (de la Peña, I, S. 251); 1957/58 schätzten Fachleute rund 20 000 Kranke. Die Wanderungen der Kaffee-Saisonarbeiter tragen sehr zur Verbreitung bei, zumal die Insekten gerade in der Trockenzeit (Kaffee-Ernte) am aktivsten stechen. Schon 1915–1918 führte Dr. Rodolfo Robles erste klinische Untersuchungen in Chiapas durch; 1925 ordnete der Gouverneur Vidal die Bildung von wissenschaftlichen Studienkommissionen an (de la Peña, I, S. 253). Ab 1935 wurde ihre Bekämpfung in ganz Mexico durch ein Dekret des Präsidenten Lázaro Cárdenas in die Wege geleitet. Das „Instituto Indigenista Interamericana" führte ab 1955 von Ort zu Ort genaue Erhebungen durch. Sie ermöglichten die Erkenntnis besonders gefährdeter Zentren. Vorwiegend decken sie sich mit den großen Kaffeezonen im Soconusco am pazifischen und um Prusia am Binnenrand der Sierra Madre, den Hauptverbreitungsgebieten der Mosca del café. Seit einigen Jahren ist der Gesundheitsdienst (Secretaría de Salubridad y Asistencia) mit dem Aufbau von Haupt- und Nebenstationen zur systematischen Behandlung der Kranken, das heißt: hauptsächlich der operativen Entfernung der mit Larven der Fliege angefüllten Beulen, beschäftigt. Die Larven ernähren sich von Nervensubstanz, vornehmlich der den Augennerven zugeführten. Mit einer einheitlichen Bekämpfung der Fliege selbst ist noch nicht begonnen worden.

Wohl ist das der Fall hinsichtlich der Anopheliden, der Malariamücken. Gegen sie ist seit 1956 in ganz Mexico trotz mancher Widerstände und Passivität unter der unaufgeklärten Bevölkerung eine vorbildliche und segensreiche nationale Kampagne seitens der CNEP (Comisión Nacional para la Erradicación del Paludismo) aufgenommen worden. In Chiapas, Zone Nr. 4 der 14 Malaria-Zonen Mexicos, mit Untersektionen in Tuxtla, Comitán und Huixtla, wurde der Kampf bereits seit 1955 geführt. Mit Ausnahme der höchsten Sierra-Regionen und des Hochlandes um San Cristóbal Las Casas ist ganz Chiapas Malariagebiet. Selbst in entlegensten Siedlungen sieht man kaum noch ein Haus, das nicht die Aufschrift CNEP trägt, als Beweis, daß die Bekämpfungstrupps – im Volksmund kurz „bombaderos", Spritzenmänner, genannt – ihre Arbeit verrichteten. Im Jahre 1958 waren in Chiapas 39 Brigaden je 5 Mann unter Anleitung eines ausreichenden ärztlichen und technischen Stabes ständig unterwegs.

Die Bekämpfung wird durch Bespritzen der Hauswände und -decken, als bevorzugten Ruheplätzen der Moskiten, mit Berührungsgiften durchgeführt. Sie wirken auf das Nervensystem der Insekten ein. Viel verwendete Gifte sind DDT-Suspensionen bzw. -lösungen, Dieldrin und Lindano. Das Gift soll jeweils 5–6 Monate wirksam bleiben, dann erfolgt Wiederholung. Allerdings kann mancher Wandbewurf das eine oder andere Mittel unwirksam machen; entsprechende Untersuchungen müssen voraufgehen.

In jeder Siedlung bzw. jedem Siedlungskomplex sind freiwillige Beobachter (notificantes), in größeren Siedlungen Ärzte, Apotheker usw., in kleineren Lehrer oder „Ehrenhelfer", zur Kontrolle der Wirksamkeit und Meldung von Krankheitsfällen eingesetzt. Anfang 1958 waren für 7588 kontrollierte chiapanekische Dörfer 1345 Notificantes tätig.

Die Malaria (paludismo) ist durch diesen Großeinsatz gegen ihren Überträger sprunghaft zurückgegangen. Noch vor wenigen Jahren stand sie an der Spitze aller Todesursachen in Chiapas, 1950–1954: 20 % (nach Esquema Social . . ., S. 13), merkwürdigerweise mehr bei der städtischen als der dörflichen Bevölkerung (vielleicht weil bei der ersteren die Todesursachen einwandfreier feststellbar sind als auf den weithin arztlosen Dörfern?). Bei einer besonders schweren Epidemie im Jahre 1938 hielt Chiapas mit je 650 Sterbefällen auf 10 000 städtische Einwohner den Rekord für ganz Mexico (Guzmán Mardueño, 1950, Graphik 5). Gegenwärtig dagegen beträgt der Anteil der Malaria unter allen gemeldeten Krankheitsfällen nur noch 3 % in Chiapas. (Angaben nach Auskünften und Statistiken auf dem durch Dr. J. Jesús Martinez M. geleiteten Malaria-Bekämpfungs-Büro in Tuxtla.)

6. Bevölkerung, Besiedlung, Bewirtschaftung

In ganz Mexico kann von einem Rückgang der indianischen Bevölkerung nicht die Rede sein, wenn sie im Landesdurchschnitt auch nicht ganz so schnell wächst wie die Gesamtbevölkerung, im Jahrzehnt 1930 bis 1940 z. B. mit 111 % gegen 119 %. Im gleichen Zeitraum betrugen in Chiapas die Vergleichszahlen aber 135 gegen 126 % (de la Peña, 1951, I, S. 285). Genau ein Drittel der Bevölkerung des Staates wird als „Indígenas", Eingeborene, also Indianer, bezeichnet. Von diesen wiederum waren 1940 zwei Drittel, 1950 angeblich nur noch reichlich ein Drittel ausschließlich ihrer einheimischen Sprache mächtig. Von den Tojolabales in und um Comitán wird gesagt, daß sie bis zum letzten hin heute der spanischen Sprache mächtig wären, und somit ein Sprachproblem dort nicht mehr besteht.

Die Verteilung der indianischen Bevölkerung innerhalb des Staates Chiapas ist jedoch sehr unterschiedlich. Im Stromgebiet des oberen Grijalva gibt es innerhalb des Valle Central in den Municipios Villa Flores, Villa Corzo und Angel Albino Corzo (Jaltenango) das größte zusammenhängende Gebiet von Chiapas ohne jeden indianischen Sprach- und wahrscheinlich auch Bevölkerungsanteil (vergl. Fig. 16). Zu dieser, nach Erhebungen von 1940 angefertigten Karte muß korrigierend bemerkt werden, daß 1957/58 auch im Municipio Chicomuselo kein einziger indianisch sprechender Bewohner vom Verfasser angetroffen wurde und nach Aussage der Bevölkerung in der Tat keiner mehr vorhanden sein sollte. Im Jahre 1894 hatte hier Karl Sapper eine Indiogruppe „entdeckt", deren Chicomucelteco-Idiom überraschende Ähnlichkeit mit der Sprache der Huaxtecos weit im Norden Mexicos, um Tampico, aufwies. Sein Schüler und Nachfahre Franz Termer (1928) traf dort Anfang 1926 nur

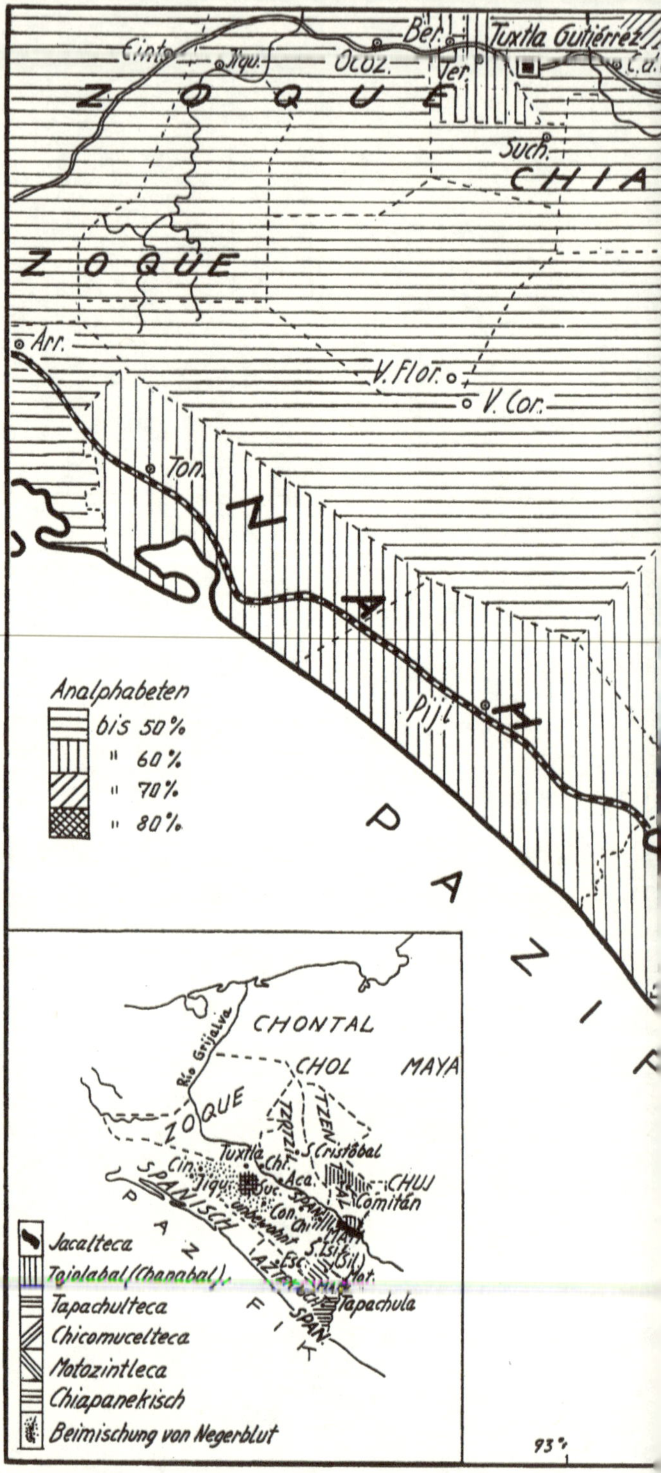

Figur 16: Verbreitung der einheimischen Sprachen (neben dem Spanischen) un Analphabetentum. (Nach „Chiapas Económico", I, S. 292 u. 274).

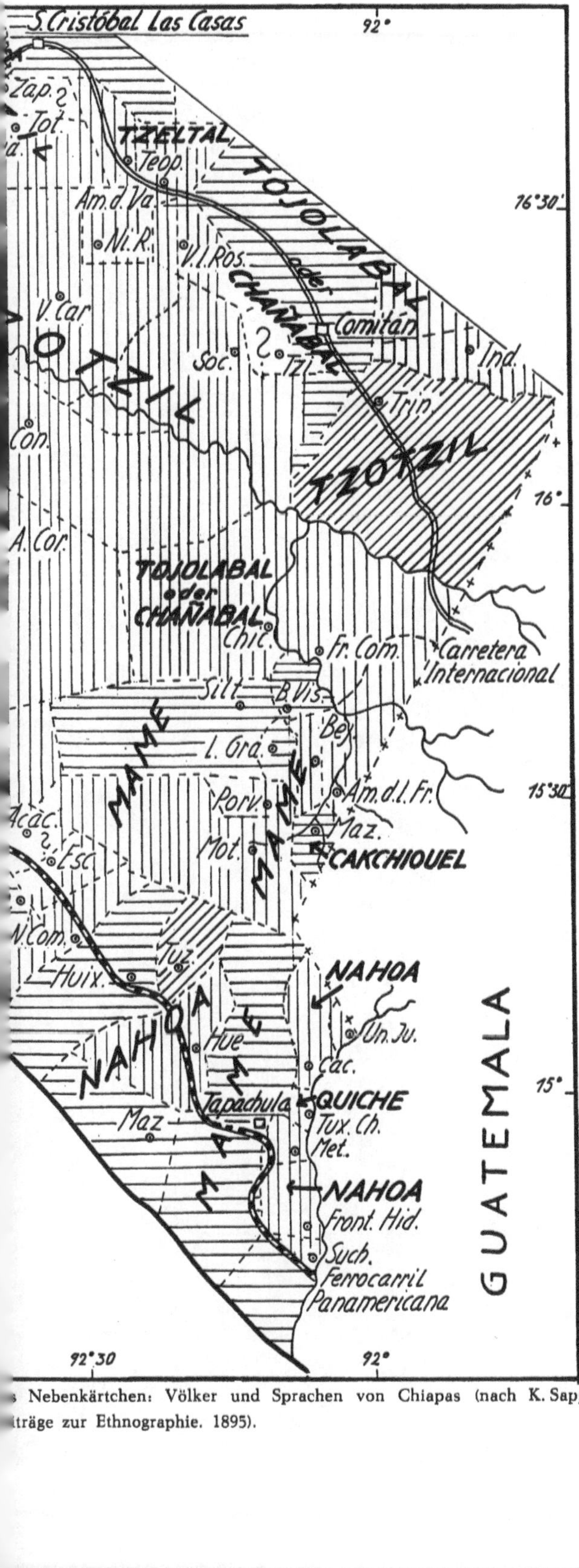

s Nebenkärtchen: Völker und Sprachen von Chiapas (nach K. Sapper
iträge zur Ethnographie. 1895).

noch drei alte Leute an, die das Chicomucelteco beherrschten, aber untereinander nicht mehr anwendeten. Andererseits sind in letzter Zeit, auf den Karten noch nicht berücksichtigt, den Grijalva abwärts bis etwa zur Höhe von La Concordia sowie in den Randbergen der Sierra bereits bis zum Catarina-Tal hin Mames, Tacanecos und andere „Guatemaltecos", womit hier durchweg guatemaltekische Indios gemeint sind, durchgesickert.

Um so dichter ist das indianische Element seit altersher auf der Mesa Central, in einigem Umfang, zumeist erst seit weniger als 100 Jahren und bis in die Gegenwart nachrückend, auch in den Grenzabschnitten der Sierra Madre gegen Guatemala hin vertreten, mit den Mames vor allem um Motozintla und Mazapa, weiter nördlich mit Kakchiqueles und westwärts bis zum Übergang der Blockmassive in das Kettengebirge mit Tacanecos. Waibel hat zu seiner Zeit Zählungen vorgenommen und in seinem Hauptwerk (1933, Fig. 4) eine Karte darüber veröffentlicht. Hier ein Beispiel aus der Gegenwart: In der großen, fast tausendköpfigen Colonia Paso Hondo gibt es nur gegen 20 echte „Mexicanos", also spanisch sprechende Mischlinge, alle anderen Bewohner sind „Guatemaltecos". Auf der Meseta sind es im Mittelabschnitt Tzeltal, im Osten Tojolabal (oder Chanabal) – beide gemeinsam auch als Tzental oder Tzendal zusammengefaßt –, und im Westen Tzotzil sprechende Gruppen. Diese Sprachen weisen sie als Angehörige der Maya-Quiché-Indianer aus. Tojolabales und Tzeltales sind, namentlich mit der Gruppe der Totiques von Pinola, Soyatitán, Nicolás Ruiz und San Bartolomé, auch am Steilabfall abwärts bis an den Nordrand des Valle Central zu finden. Im Nordwesten werden sie von den Chiapa, um die Hauptstadt Tuxtla und weiter nach W und N von den Zoques abgelöst. Die Chiapa sind aus Nicaragua zugewandert und sollen ursprünglich sogar aus Paraguay stammen. Von einem letzten, die einheimische Sprache noch beherrschenden Angehörigen dieser Volksgruppe sind um 1946 kurz vor seinem Tode noch Sprachproben auf Schallplatten aufgenommen worden. Die Zoques sind vermutlich mit den weiter nördlich wohnenden Mixtecos verwandt. Sie, die intelligentesten von allen, scheinen am stärksten dem vorsätzlich vorangetriebenen „Mexicanisierungsprozeß" zu verfallen. Während, wiederum im Vergleich 1930/1940, das Tzotzil-Element auf 100 % verharrte, das der Tzeltal auf 106, der Tojolabal sogar auf 226 % (?) stieg, ging das der Zoque auf 58 % zurück.

Noch immer ist die Zone um San Cristóbal Las Casas mit rund 60 % „indígenas" Indianerland erster Ordnung und gerade deshalb auch zum Hauptanziehungspunkt der zeitgemäßen Touristik geworden. Denn ein großer Teil der Indianer verharrte bisher bei traditioneller Kleidung und Lebensgewohnheit, wie der Tourist sie sehen will. Chamulas, Huistecos, Sinacantecos kommen in ihren malerischen Trachten in die Stadt, Packtiere und Frauen, bei den Chamulas auch die Männer beladen mit Brennholz und Holzkohle, Mais, Früchten, Gemüsen und Blumen, Schaf- und Schweinefleisch. Sie selber essen Schaffleisch nicht, sondern verwerten von diesen mageren, seit Jahrhunderten nicht aufgekreuzten Tieren nur die Wolle für ihre Kleidung – sie wohnen durchweg in kühlen, nebligen

Höhenlagen –, und das Schlachten der Schweine ist bei ihnen, als eine weitere ihrer Eigenarten, Angelegenheit der Frauen.

Alle haben sie über die Erzeugnisse ihres Landbaues und ihrer extensiven Viehhaltung hinaus Besonderheiten ihres Gewerbefleißes anzubieten. Lederwaren, geflochtene Hüte aus Pitshan - Palmblattstreifen, bestickte Gewebe, wollene Umhänge kommen aus der Umgebung von San Cristóbal, Textilien verschiedener Art auch aus dem Bereich der Tzeltales und Tojolabales, von dort auch Geflechte und Seilerwaren aus Ixtle (Agavenfaser), Töpferwaren aus Amatenango del Valle, die Fächerblätter der Palma real für Dachbedeckungen aus den Palmares um Socoltenango. Jicalpestles, das sind die charakteristischen, bunt bemalten Gefäße aus Kürbis- und Kalebassenschalen, fertigen die Chiapas und Zoques.

Alle befassen sich überdies mit dem Sammeln von verschiedenen Produkten der Wildvegetation. Darin steht ihnen auch die „mexicanische" Bevölkerung nicht nach. Sehr begehrt sind vor allem die mark- und bohnenhaltigen Schoten der Guash - Mimose aus den Trocken- und Halbtrockenwäldern, die wohlschmeckenden, gern in Alkohol konservierten Früchte der Nanche, die säuerlich - erfrischenden der Piñuela - Wildananas, die süß - saftigen Feigen der Tuna- und Pitahaya-Kakteen, die fetthaltigen Nüsse der Manaca - Palmen, die für Marmeladen und „dulces" (Süßigkeiten) verwendeten Äpfelchen des Manzanilla - Baumes, um nur die bedeutendsten Produkte dieser Sammelwirtschaft zu streifen. Die Mames im Umkreis des Motozintla - Tales zapfen Gummi arabicum aus den Mezquite - Mimosen und den in den Kirchen unentbehrlichen Weihrauch aus den in der Trockensavanne des Tales ebenfalls anwesenden Kopalbäumen. Aber hier und wo immer diese „copales" unter ähnlichen trockenklimatischen Bedingungen einst in Massen vorhanden waren, werden sie rücksichtslos zu Tode gezapft.

Alle diese Produkte bringen dem Sammler und Verkäufer nicht viel ein. Eine Packtier - carga (Last) Brennholz, das sind zwei Bündel je ca. 14 Stück einmeterlanger Scheite vorwiegend von Eichenholz, zu deren Einschlag und Transport ein reichlicher Aufwand an Zeit benötigt wird, wurde 1958 in San Cristóbal mit 3,50 Pesos, drei cargas frei Haus für 10,– Pesos verkauft (12,50 Ps. = 1 US$; 3 Ps. = 1 DM), ein 50 cm langes Scheit „ocote": Kienholz zum Feueranzünden, für 0,20 bis 0,30 Pesos. Eine Traglast Guash - Schoten, die von den Sammlern mit Stangen aus den Bäumen geschlagen werden müssen, bringt etwa 4 Pesos, ein großer, 10 l fassender Tontopf noch nicht einmal so viel ein. Jeder „mexicanische" Käufer versucht außerdem, die bescheidenen Forderungen des Indios noch zu drücken. Zum Vergleich: 1 kg Mais mußte zur gleichen Zeit je nach Vorratslage mit 0,40 – 0,65 Pesos bezahlt werden.

Da der Indio in vielen Fällen nicht das brauchbarste Landbaugelände zur Verfügung hat, sich außerdem zur Intensivierung seiner Wirtschaftsmethoden und Verbesserung seiner Erzeugnisse nur ungern bereit findet, leidet er oft genug Not und muß sich für Trägerdienste, Straßenbau, vor allem als „bracero" (Wanderarbeiter) für Saisonarbeit auf den weit entlegenen Kaffeefincas am Nordrand der Sierra, ja, bis zum fernen Soconusco hin verdingen. Die Vermittlung übernehmen Agenten (habilitadores), die von den Finqueros gegen Gehalt und einen halben Peso Beteiligung an jedem abgeleisteten Tagewerk (jornal) in den großen Werbezentren San Cristóbal, Comitán und Motozintla unterhalten werden. Chamulas, Huistecos und „Comitecos" (Tojolabales aus der Umgebung von Comitán und deren Mischlinge) bilden dort neben den aus geringeren Entfernungen zuströmenden Mames die Hauptmasse der Erntearbeiter. Diese Art der Arbeiterwerbung auf der Mesa Central wurde 1904 durch den deutschen Kaffeepflanzer W. Kahle ins Leben gerufen (Pozas A., 1952, S. 34).

Trotz guter menschlicher Anlagen und beachtlich hoher innerer Kulturwerte, an denen er den Mischling zweifellos übertrifft, ist der Indio in der zeitgemäßen Entwicklung zurückgeblieben, teils infolge des eigenen Beharrungsvermögens, mehr noch durch fehlerhaftes Verhalten seiner gesellschaftlichen Umgebung in der Vergangenheit. Ein Blick z. B. auf die Karte des Analphabetentums (Fig. 16) zeigt, daß seine höchsten Prozentsätze sich mit den dichtesten Indianergebieten decken. Für die höchsten Sterbeziffern, insbesondere der Säuglinge gilt das gleiche, denn noch immer wird dem „brujo" (Zauberer, Quacksalber) mehr Vertrauen entgegengebracht als dem Arzt. In gewissem Sinne gehört auch hierher, daß die meisten Indianer trotz jahrhundertelanger Zugehörigkeit zur Katholischen Kirche weder kirchlich noch standesamtlich legitimierte Ehen führen. Wenn dieses auch ganz allgemein für viele Bewohner von Chiapas zutrifft, so liegen die höchsten Ziffern doch auch hierfür wieder bei den Indios. Im Municipio Chamula z. B. bestanden im Jahre 1940 nur 102 kirchliche und 260 bürgerlich legitimierte Ehen neben 7743 „freien Vereinigungen"; in anderen Indianer-Municipios war das Verhältnis nicht weniger ungleich (de la Peña, I, S. 231). Seitdem auch in Chiapas seit 1955 das INI (Instituto Nacional Indígenista) seine Förderungsarbeit am Indio mit einem großen Zentralinstitut (Centro Coordinador Tzendal-Tzotzil) in San Cristóbal, ärztlicher Versorgung, Schulen und Lehrstätten in mehreren Dörfern aufgenommen hat, kann eine zunehmende Wandlung der wirtschaftlichen, sozialen, kulturellen und gesellschaftlichen Verhältnisse nicht mehr ausbleiben.

Die Bevölkerung von Chiapas hat sich seit der Jahrhundertwende mehr als verdreifacht, von 360 800 im Jahre 1900 stieg sie auf 907 000 im Jahre 1950 (12 je qkm; ganz Mexico 25,8 Mill., 13,2 je qkm) und auf ± 1 200 000 in der Gegenwart (1958). Noch 1940 waren es knapp 680 000, doch stand schon damals Chiapas mit 88 % Zunahme gegenüber 1900 an der Spitze aller mexicanischen Staaten. Seitdem sind in weniger als zwei Jahrzehnten ½ Million hinzugekommen, teils durch Zuwanderung, überwiegend durch natürlichen Anwachs (und verbesserte Zählmethoden). In der Dichte hält das Stromgebiet des oberen Grijalva mit etwa 15 Köpfen je qkm den

Durchschnitt des ganzen Staates Chiapas und die Mitte zwischen der dichter besiedelten pazifischen Zone (mehr als 20) im Süden und der dünner bewohnten Golfzone (mit rund 10) im Norden.

Keineswegs bezieht sich die Zunahme aber gleichmäßig auf alle Teilgebiete. Am stärksten ist sie einmal in den städtischen Bezirken an der Hauptverkehrsader des Staates, der Carretera Panamericana. Für die Hauptstadt Tuxtla wurden 1958 fast 38 000 Einwohner geschätzt (10% mehr Frauen als Männer), der Census meldete für 1950 in Tuxtla noch 10 000, für 1940 sogar 22 000 weniger. San Cristóbal Las Casas, Comitán und Chiapa, 1940 zusammen von knapp 26 000 Menschen bewohnt, holten bis 1950 auf 17 500 bzw. 12 000 bzw. 6800 auf; San Cristóbal dürfte inzwischen 20 000, Comitán 15 000, Chiapa 8000 überschritten haben. Außer diesen vier Städten sind im Stromgebiet des oberen Grijalva nur noch die altspanische Siedlung S. Bartolomé (Venustiano Carranza, 1950: 6440 Einwohner) und Villa Flores, ein aufblühender Platz im SW des Valle Central (1950: 5270 E.), „ciudad", Stadt.

Sodann haben während der letzten zwei Jahrzehnte, abgesehen von den bereits erwähnten indianischen Siedlungsgebieten, die ihre Einwohnerschaft in den meisten Fällen nicht durch Zuwanderer, sondern von den bereits teilweise verdreifachten, mehrere ländliche Municipios ihre Kopfzahl knapp oder mehr als verdoppelt. Das sind hauptsächlich die jungen Kaffeebezirke in der Feuchtwaldregion am Hang der Sierra Madre, wie Chicomuselo, Comalapa, Bellavista, Siltepec und Angel Albino Corzo. Ähnliches gilt auch für das Municipio Villa Flores, nur waren hier nicht günstige Anbaumöglichkeiten für Kaffee, sondern gelenkter Ausbau zu einer der größten „Kornkammern" von Chiapas (el „Granero de Chiapas") Anlass für Zuwanderungen aus anderen Teilen des Staates. Das Gebiet um Motozintla, schon immer Durchgangszone für den Verkehr zwischen Hochland und pazifischem Küstenland, profitierte durch die 1954 erfolgte Eröffnung eines ersten, vorerst allerdings noch sehr schlechten Autoweges nach Huixtla an der pazifischen Bahnstrecke. Er gab Anlass zu vermehrten Niederlassungen und Landerschließungen.

Bei der Mehrzahl der Municipios im Valle Central ging die Bevölkerungszunahme weniger stürmisch vor sich, nachdem gerade hier während der Revolutionsjahre durch die Zerschlagung der Hazienden ein starker Rückgang stattfand. Zwar sind gerade in den letzten zwei Jahrzehnten zahlreiche Neugründungen von Siedlungskomplexen (vor allem „éjidos" und „colonias") auf freiwillig oder zwangsweise aufgeteilten kommunalen und privaten Großgrundbesitzen vorgenommen worden. Doch sie wurden anwesenden Landarbeitern besetzt. In manchen abgelegenen Strecken, etwa in den heißen, wasserarmen Kalkgebieten am Fuß des Steilrandes, herrscht sogar Stagnation. Erst die großen Bewässerungsanlagen an den Flüssen San Vicente, Salado und Blanco bahnen hier Wandlungen an. Der seit 1954 entstandene Neukomplex der großen Zuckerrohrpflanzungen von Pugiltic ist ein bedeutsamer Beginn.

Die Größe der einzelnen Municipios wechselt auf Grund historischer Entwicklungen und administrativer Überlegungen ausserordentlich. Innerhalb des Valle Central finden sich mit Villa Flores, Villa Corzo und A. Alb. Corzo die größten Verwaltungseinheiten oder richtiger übersetzt „Gemeinden", von je mehr als 2000 qkm. Die kleinsten mit weniger als 100 qkm liegen in den bewirtschaftungsfähigen Hochbecken der Sierra: El Bejucal, El Porvenir, La Grandeza. Trotz der oft unangenehmen Kälte und vielen Nebel sind sie bevorzugte Wohngebiete widerstandsfähiger Bergindianer; sie weisen auf ihrem engen Raum die höchsten Dichten auf: 50, 65 und sogar 110 Einwohner je qkm. Auf den weiten Flächen des Valle beträgt die Dichte nirgends mehr als 20, ja, meistens unter 8, in A. Alb. Corzo, auf z. T. sehr schlechten quarzitischen Böden, sogar nur 3 Einwohner je qkm.

Mit der Zahl der Bevölkerung stieg automatisch die Zahl der Siedlungen, und zwar in ganz Chiapas von 1174 im Jahre 1900 auf 8574 im Jahre 1940 (de la Peña I, 223; für 1950, vergl. Compendio Estadístico 1955, S. 14, werden zwar nur 6809 angegeben, doch hierbei können kleinere Einheiten zusammengefasst sein). Rein zahlenmäßig überwiegt dabei die Kleinsiedlung unter 100 Einwohner (rancho: Einzelhaus oder Häusergruppe, ranchería: Weiler, Streusiedlung, in indianischen Bezirken: paraje) mit zwei Drittel aller Einheiten. Der „städtische" Anteil der Bevölkerung in Siedlungen über 2500 Einwohnern beträgt nur 15 %.

Die Beschaffenheit der Häuser richtet sich in erster Linie nach dem Einsatz von Geldmitteln und Arbeitskraft, erst in zweiter nach klimatischer Gunst oder Ungunst und vorhandenen Baustoffen. Auch im kühlen Hochland wohnen viele Menschen in jämmerlich leichten Hütten, während der Bessergestellte selbst im Warmland ein massives Wohnhaus erstellt. Nach der Statistik von 1950 (vergl. Esquema Social... S. 33) bestanden je 30 % aller Häuser aus Holz (zumeist in den Kieferngebieten) und Lehmbewurf auf Knüppelwerk (embarro oder bajareque), 13 % aus luftgetrockneten Lehmziegeln (adobe), der Rest aus anderem Material wie Maisstroh, Palmblättern, Wellblech, und nicht einmal 2 % aus Mauerwerk. Fast die Hälfte aller Behausungen umfaßt nur einen einzigen Raum.

Mit der fortschreitenden Landaufteilung, in ihren ersten Anfängen seit 1918, verstärkt nach dem Ausbau der den Kleinbesitz fördernden Agrargesetzgebung seit 1941 – bis 1945 waren nach A. M. Corzo (1946, S. 53) bereits 700 000 ha aufgeteilt –, ist die Zahl der Kleinsiedlungen besonders rasch gewachsen, denn kein anderer Staat der Republik war in solchem Maaße „Finca"-Gebiet, also Großgrundbesitz, wie Chiapas. Noch heute besitzt es die meisten Fincas von allen mexicanischen Staaten. Nach politisch-rechtlichem Status haben sich in den ländlichen Bezirken die Neusiedlergemeinschaften der „éjidos" und „colonias" neben den alten „rancherías" und „pueblos" (Dörfern), „haciendas" und „fincas" einen wichtigen Platz geschafft. Im Lande selbst nennt man übrigens auch die Ejidalsiedlungen, also die von den bereits anwesenden landlosen Bauern und Arbeitern in Besitz genommenen Aufteilungsgelände, im allgemeinen kurz „colonias", obwohl diese Bezeichnung bzw. die „colonia agrícola" nur den durch Kredite und Landanweisungen der „Comisión Nacional de Colonización" auf nationalem Grund zustandegekommenen Siedlungen von Bauernkolonisten zusteht. Aus diesem Grunde ist es praktisch nicht möglich, Ejido und Colonia einwandfrei auseinanderzuhalten; auch in den hier vorliegenden Ausführungen wird daher die landläufige Bezeichnung „colonia" beibehalten. Je nach Art der Vergesellschaftung und Beteiligung der Siedler gibt es rechtlich auch noch Bezeichnungen wie „congregación" oder „comunidad"; sie können hier außer Acht bleiben.

Ausdrücklich muß festgestellt werden, daß die Zeit noch nicht ausgereicht hat, um allseitig die durch die Landreformen erhoffte wirtschaftliche Besserstellung des „campesino" (Bauern) zu erzielen. In sehr vielen Fällen leidet er auch heute noch Not an Nahrung, Geld, Betriebsmitteln, sozialer und zivilisatorischer Versorgung, und fast immer ist er in neue Abhängigkeiten geraten - und zwar nicht nur dem Kreditinstitut gegenüber -, denn in der Praxis besteht an vielen Orten noch immer ein ausgesprochenes Kazikentum. Jedoch ist er heute „frei", nicht mehr „peón", Knecht und Sklave eines Großgrundbesitzers. Wie unmenschlich und sebstsüchtig die chiapanekischen Hacendados und Finqueros, einheimische wie ausländische, ganz besonders unter der grausamen Diktatur von Porfirio Diaz, aber, trotz der nominellen Verkündung der Befreiung von der Leibeigenschaft im September 1914, noch bis in die zwanziger Jahre hinein die Versklavung und Ausnutzung der Landarbeiter trieben, hat de la Peña (II, S. 354 ff) an erschütternden Beispielen verdeutlicht. Auf ihn und andere einschlägige Tatsachenberichte und Bilanzen, etwa die keineswegs übertriebenen Romane des Norwegers Ben Traven (Aufstand der Gehenkten; Die Carreta; Der Marsch ins Reich der Caoba; Ein General kommt aus dem Dschungel, u. a.) muß hier verwiesen werden.

Dieses psychologische Moment der „Freiheit" allein veranlaßt den Bauern, eine Rückkehr zu der überwundenen Besitzordnung auf das schärfste abzulehnen und die Hoffnung auf eine künftige Verbesserung auch seines wirtschaftlichen Status nicht aufzugeben. Seinem Fortschrittsgefühl wird auch noch von anderer Seite Nahrung zugeführt. Seit rund einem Jahrzehnt unterliegt jede Colonia der Verpflichtung, eine Schule zu bauen und zu unterhalten, was klare Abkehr vom Analphabetismus auch für den kleinsten Bauern bedeutet, zunächst freilich oft nur erst auf dem Papier. Denn den Lehrer stellt und bezahlt zwar die Regierung, doch die Gehälter sind so gering, daß ohne Beihilfe der Gemeinde oder Nebenerwerb (Landbau, Handel) das Existenzminimum für die Lehrkräfte schwerlich erreicht wird.[9]) Folge ist, daß in der Praxis gerade in abgelegenen und ärmlichen Dörfern, die nichts zu bieten haben, keine Lehrer vorhanden, die Schulen entweder noch nicht gebaut worden oder bereits wieder im Verfall begriffen sind, wie Verfasser gelegentlich seiner Märsche in vielen Fällen

9) Im April/Mai 1958 veranstalteten Lehrer aus allen Teilen der Republik im Anschluß an große Streiks eine Art „Hungermarsch" zur Hauptstadt. Infolge der indifferenten Haltung der Regierung kampierten sie dort mit ihren Familien viele Tage lang auf und vor den Treppen zum Kultusministerium, um wenigstens ihre Mindestforderungen zu erreichen.

beobachten konnte. Damit entfällt in solchen Orten, die überdies nichts, aber auch gar nichts für eine Förderung des menschlichen Inhalts ihr eigen nennen, die letzte Möglichkeit einer geistigen Betreuung und Weiterbildung.

In der Mehrzahl der Dörfer sind jedoch tatsächlich Schulen in Betrieb. Nur werden sie keineswegs ausreichend benutzt. Alfonso Chanona C. stellte z. B. in dem großen 11. Schulbezirk von Chiapas, der die Municipios Venustiano Carranza, La Concordia, Angel Albino Corzo, Villa Flores und Villa Corzo im Valle Central umfaßt, in seiner Eigenschaft als Inspektor fest, daß 1950 von den 19 000 registrierten schulpflichtigen Kindern zwischen 5 und 14 Jahren nur 3800 zur Schule kamen. Verfasser wurden auf seinen Märschen von den Lehrern ähnliche Prozentsätze mitgeteilt. Ursache dafür sind teilweise untragbare Entfernungen, teils frühzeitiger Arbeitseinsatz der Kinder oder auch geringe Aktivität und Autorität der Eltern.

Die materielle Versorgung verharrt darüberhinaus auch in anderen Landesabschnitten noch in einer spürbaren Rückständigkeit. Besonders beklagenswert ist die schlechte Versorgung mit Wasser an sich und mit einwandfreiem Trinkwasser im besonderen. Denn sie verschuldet viele Krankheiten und hohe Sterbeziffern durch sogenannte „enfermedades hidricas" (Wasserkrankkheiten): Tifoidea, Paratifoidea, Disentería ambiana oder Ambiasis (Amöbenruhr), Parasitosis (namentlich Würmer) u. a. Sie verursachen in Chiapas fast 20 % aller Todesfälle. Das weit verbreitete „mal de pinto", wörtlich: Farbübel, ein zwar schmerzloser, aber depressive Zustände hervorrufender, entstellender Pigmentmangel der Haut, z. B. ist auf unzureichende Sauberhaltung des Körpers infolge Wassermangels bzw. Fehlens von Bademöglichkeiten zurückzuführen und befällt sowohl Indianer wie Mischlinge. Die geringe Zahl der ärztlichen Stationen und Hospitäler, aber auch unvorstellbare Nachlässigkeit und Gleichgültigkeit der Bevölkerung, vermehrt noch das Dilemma. Im Stromgebiet des oberen Grijalva gab es 1958 seitens der „Servicios Coordinados de Salubridad" nur in Tuxtla, San Cristóbal Las Casas und Comitán Krankenhäuser; in Venustiano Carranza (San Bartolomé) und Motozintla waren solche in Bau. Aber auf der ganzen weiten Fläche des Valle und in der Sierra Madre gab es nicht einmal eine Poliklinik.

Nur erst 30 % aller Einwohner von Chiapas, durchweg in größeren Siedlungen, können durch Haus- oder Straßenzapfstellen Wasser aus Rohrleitungen beziehen, der Rest nimmt ohne jede Reinigung und Kontrolle aus Grundwasserbrunnen bzw. -löchern (pozos), Zisternen (aljibes) oder fließenden Gewässern, ja, in besonders trockenen Gebieten während des Estiaje sogar aus den vom Vieh mitbenutzten restlichen Regen-Überschwemmungstümpeln (jagüeyes).

Noch trauriger steht es um die Stromversorgung; sie beschränkt sich im oberen Grijalva-Tal bisher auf die weiter oben genannten fünf Städte und einige weitere Municipal-Hauptplätze, sowie auf größere Kaffeefincas usw. Abgesehen von der Hauptstadt Tuxtla besteht nur Nacht- oder sogar nur 5-6 stündige Abendversorgung mit Strom von zumeist schlechter

Qualität. Im Jahre 1957 wurden etwa 23 % der Bevölkerung von Chiapas als „electrificados“ angegeben. Als Wertmesser des allgemeinen Zivilisationsniveaus werden in Mexico, ohne Rücksicht auf absolute Notwendigkeit, aber als erstrebenswert für jeden Bewohner, auch „Verbrauch von Weizenbrot“ und „Art des Schuhwerks“ eingesetzt. In Chiapas gingen 1950 noch durchschnittlich 2/3, nur im Municipio Tuxtla weniger als 1/3 aller Bewohner barfuß, je knapp 1/5 verwendete einheimische „huarachas“ (Art Sandalen aus Ledergeflecht mit Leder- oder Gummisohle aus abgedienten Autoreifen) oder Schuhe. Fast 60 % der Gesamtbevölkerung kannten bzw. aßen auch kein Weizenbrot; in Bezirken ohne Weizenanbau waren es oft bis fast 100 % (*Esquema Social*..., S. 34-37).

Völlig im Argen liegt die Versorgung mit Brennstoff. Die wenigen kleinen und noch dazu tektonisch gestörten Kohlevorkommen im terrestren Tertiär der Meseta bei San José-Bocolté westlich von San Cristóbal und an einigen anderen Fundorten sind nicht abbauwürdig. Obwohl Mexico zu den reichsten Ölländern der Erde zählt, wird Heizöl für die Haushalte weder propagiert noch zur Verfügung gestellt. Heizgas (Propan) in Stahlflaschen für fortschrittliche Haushaltungen von Chiapas muß per Lastwagen aus Oaxaca bezogen werden und ist daher nur in den Städten an der Carretera Panamericana bei dem wohlhabenden Teil der Bevölkerung zu finden. Der große Brennstoffversorger waren seit jeher und sind noch heute ausschließlich Wald und Savanne. Nach amtlichen Erhebungen (*Censo Agrícola*... S. 310) wurden 1950 in Chiapas fast 700 000 cbm Brennholz und 11 000 t Holzkohle aus rund 60 000 cbm Holz gewonnen; in Wahrheit werden die Ziffern weit höher liegen.

Die Vegetation ist auch über den Brennstoffbedarf hinaus stark und stets beansprucht. Nutzhölzer bieten alle Typen der Wälder, vom Trockenbusch bis zum immergrünen Wald, in großer Auswahl, wenn auch vom statistisch erfaßten Areal des Staates nur 20,3 % als Wald mit, dagegen 24,18 % ohne Nutzholz geführt werden. Im Botanischen Museum in Tuxtla sind, in Auswahl, an die 30 verschiedene Nutzhölzer ausgestellt, *de la Peña* (II, S. 590-593) zählt 2 1/2 mal mehr auf, vom leichtesten Jopí (Balsa Wood, cbm. 120-190 kg) bis zum schwersten Guayacán (Lignum vitae, 1200-1350 kg). Gerade Trockenbusch und Savannengehölze erzeugen ausgezeichnete, vielbegehrte Hart- und Farbhölzer, etwa das für den Bau der Marimbas benötigte Hormiguillo colorado. Aber gerade sie sind der steten Brände halber in ihrem Fortbestand am meisten gefährdet, weil Nachwuchs nur schwer aufkommt. Obwohl Export oder Weiterverkauf in andere, holzärmere Staaten Mexicos nur aus verkehrsgünstigsten Gebieten stattfindet, ist die Entnahme doch groß, denn die Bevölkerung lebt noch weit mehr als bei uns in einer „Holzzeit“, und von einer schonenden Auswahl, einer sparsamen Verwertung, einem Nachpflanzen kann nicht die Rede sein. Erst seit wenigen Jahren versucht der „Servicio Forestal“, speziell in den Kaffee-Großanbaugebieten, die Einhaltung der Forstgesetze zu überwachen.

Ärger noch dezimiert die Landwirtschaft den Wald. Der Indianer ist immer schon Brandbauer, rücksichtsloser Waldvernichter gewesen und er hat diese Form der Feldgewinnung sowie den primitiven Pflanzstockbau nicht nur fast durchweg selber bis in die Gegenwart beibehalten, sondern sie auch auf den „Mexicaner" übertragen. Waibel (1933, S. 138) hat herausgestellt, daß in diesen Gebieten eine fünf- bis sechsköpfige Familie bei intensiven Bebauungsmethoden mit 1,5 ha Land auskommen würde, infolge der Brand- und Brachwirtschaft aber 8-10 ha braucht, und die Bevölkerungsdichte somit nur den fünften oder sechsten Teil des Möglichen beträgt. Nach de la Peña (II, S. 610) werden drei Viertel aller „Kulturflächen" in Chiapas durch Entwaldung und Brandwirtschaft gewonnen. Das bezieht sich gleichermaßen auf die Felder und Weideflächen.

Chiapas ist ein bedeutendes Viehland. In den großen Llanos des Valle Central und um Comitán hielten schon in der Kolonialzeit spanische, später mexicanische Hacendados große Herden. Heute kommen auf je 10 Einwohner 8 Rinder, 3 Schafe, mehr als 4 Schweine und fast 3 Pferde, Maulesel oder Esel. Knapp 30 % des Areals werden als Weideland (pastura und potrero) geführt. Chiapas versorgt mit seinen Überschüssen hauptsächlich die Landeshauptstadt. Von den großen Fincas im Grijalva-Tal wandert das in der Regel nicht unter 10 Jahre alte Schlachtvieh - die Zeugungskraft läßt dann nach und das Fleisch ist gut ausgereift - auf alten Tracks zur Carretera Panamericana bei Comitán, Tuxtla oder Cintalapa. Von dort wird es per Lastwagen in 1 - 1 ½ Tag nach Oaxaca transportiert. Nach einem Tag Ruhe und Versorgung gelangt es am folgenden Tag bis México D. F. Ein Rind von 375 kg erbrachte 1958 um 700 Pesos.

Vor der Landreform gab es auf den großen Fincas bis zu 20 000 Stück Vieh. Heute verfügt ein mittlerer Fincabetrieb über 1000 - 1500 Stück Vieh, zu deren Betreuung je nach Art des Geländes 4 - 8 berittene Vaqueros und 1 Vormann (caporal, mayordomo) benötigt werden. Sie wohnen in bescheidenen Häuschen in der Nähe des Herrenhauses. Der Finquero selbst hat allerdings in den meisten Fällen noch eine Wohnung „in der Stadt", in Comitán, Tuxtla oder gar México D. F. und verweilt dann nur zeitweilig auf seiner Finca. Das früher allein vertretene „Criollo"-Rind wird mehr und mehr durch Zebu, Holländer, Schweizer und englische Rassen aufgekreuzt. Durch jahrhundertelange Gewöhnung hat es die notwendigste Eigenschaft für die Überdauerung langer Trockenzeiten erworben: geringen Wasserbedarf und äußerste Anspruchslosigkeit bezüglich des Futters. Es ist auch an die Brände gewöhnt, sieht den Flammen gelassen entgegen und weiß den schmalen Feuerschlangen geschickt auszuweichen, sofern man es vorher nicht vorsorglich abgetrieben hat.

Auf Schattenbäume dagegen kann es nicht verzichten, immer wird für deren bestmögliche Erhaltung Sorge getragen. Nur aus den dürresten Gebieten muß es während der letzten Trockenmonate in die noch Futter bietenden Bergregionen oder Flußauen überführt werden. Ab Dezember beginnt es abzumagern; sofern überhaupt gemolken wird, setzt man dann damit aus. Je bessere Tränkmöglichkeiten jedoch vorhanden sind, um so höher die Vermehrungsquoten, die von de la Peña (II, 565) für die Grijalva-Zone mit nicht mehr als 20 % angegeben werden. Jeder Viehhalter bemüht sich, für die schlimmsten Notzeiten, speziell die Zeit der Brände in Flußnähe „potreros", künstlich angelegte und eingezäunte Weiden meistens mit Pará-Gras, zu unterhalten. Dennoch wird der trockenzeitliche Verlust aus Mangel an Wasser und Futter im Mittel mit 5 % angegeben. Wo speziell auf Milchertrag und Fettvieh gezüchtet wird, werden auf großen eingezäunten „zacatales" nicht als Weide, sondern als zusätzliches Schnittfutter vor allem Zacatón (oder Zacate guinea) und Zacate gigante (oder elefante) aus Stecklingen angepflanzt.

Zwar besitzen auch die Feldbau betreibenden Bauern bzw. „ejidatarios" einigen Viehbestand. Doch zum größeren Teil vollzieht sich die Haltung von Rindern, mitunter gemeinsam mit der von Pferden oder Mulas, als reine Viehwirtschaft. Nur die Vaqueros bebauen nebenher ihre kleinen Milpas, und beim Herrenhaus und den übrigen Behausungen befinden sich einige Fruchtkulturen. Schafe und Ziegen, Esel, Schweine und Geflügel dagegen gehören vorwiegend zum kleinen Landbaubetrieb. Schafe werden unter 1500 m kaum ständig angetroffen, ihr tiefstes Großverbreitungsgebiet sind die Llanos von Comitán, im übrigen leben sie auf den Höhen der Meseta und in den Hochregionen der Sierra in sehr beachtlichen Mengen. Insgesamt dürften im Stromgebiet des oberen Grijalva mindestens 150 000 Stück vorhanden sein. Die aus schwarzen und weißen Tieren zusammengesetzten Herden mit ihren malerisch gekleideten indianischen Hirten und Hirtinnen auf weiten, steinigen Triften inmitten hoher Gipfel der Sierra können an echt alpine Bilder erinnern. Eine Besonderheit der Schafregionen sind die aus Stangen und Knüppeln zusammengefügten kleinen Einzäunungen (cercos) für die Nacht. Sie dienen dem Schutz der Herde und der Düngung des künftigen Milpageländes.

Die in ganz Mittelamerika verbreitete Milpa, das Brandrodungs-Maisfeld, ist auch in Chiapas nicht nur die charakteristische Form des Landbaubetriebes – denn der großflächige Dauerfeldbau mit oder ohne Bewässerung tritt sehr viel beschränkter auf –, sondern auch der Innbegriff des Besitzstrebens jeglicher ländlichen, ja, selbst vieler städtischen Bewohner. Wo infolge ungünstiger Böden, etwa in reinen Kieferngebieten, oder infolge vorgeschrittener Erosion, auch aus Übervölkerung nicht genügend Milpagelände zur Verfügung steht, wie namentlich auf den Flächen um San Cristóbal, hat sich folgende eigenartige Form der „Wanderungswirtschaft" entwickelt.

Indianerfamilien ziehen regelmäßig ca. 3 Wochen vor vermutlichem Beginn der Regen – sie setzen in dieser Zone gewöhnlich nicht vor Ende Mai ein – mit ihren Mulas und Schafen am Steilrand der Mesa hinunter ins Warmland, ohne jedoch den Grijalva nach Süden zu überschreiten. Hauptsächlich suchen sie die Fußzone zwischen Chiapa de Corzo und Venustiano Carranza, aber auch darüber hinaus bis nach Tzimol hin auf. Von einem ihnen möglichst schon bekannten Landbesitzer pachten sie in der Regel für ein Jahr, manchmal auch gleich für längere Zeit ein Stück Land gegen gewöhnlich 40 % der Ernte als Entgelt auf Treu und Glauben. Bei

Mißernte tragen beide Teile das Risiko. Sie bauen sich aus Palmblättern usw. einfache Regenschutzhütten (chozas) oder finden die vorjährigen noch brauchbar vor. In der Hoffnung auf stete Wiederkehr pflanzen sie auch junge Mangobäume an, die sich entlang der Flüsse später reichlich vermehren. Nach der Ernte, das ist mindestens 4–5 Wochen nach dem letzten Regen und Anfang bis Mitte Dezember, kehren sie mit ihrem Anteil auf den Mulas und den eigenen Rücken in die heimatlichen Siedlungen zurück.

Die Schafe überstehen nicht immer diesen siebenmonatigen Aufenthalt in der Tierra caliente. Die Indios dagegen fühlen sich in der Wärme durchaus wohl, vermissen aber ihre landschaftlich schönere Umwelt auf der Mesa. Die Sinacantecos, als bestentwickelte der Hochlandsindianer, haben zur Durchführung dieser Wanderungen sogar eine eigene kleine Autotransport-Kooperative gebildet. Aus den Höhengebieten der südöstlichen Sierra und der guatemaltekischen Cuchumatanes vollziehen sich ähnliche Züge der Mames und anderer indianischer Völker in die pazifische Fußstufe der Gebirge, dort allerdings meistens mit der Absicht der ständigen Niederlassung. Tacanecos (von den Hängen des Tacaná-Vulkans) sickern in jüngster Zeit auch am Binnenrand der Sierra immer weiter vor und nisten sich auf unbebauten Ländereien der Kaffeefincas usw. ein. Es gelingt selten, sie daran zu hindern.

Bis zum Beginn der Regen muß auf der vorgesehenen Milpa bzw. dem brachliegenden „guatal" das Abholzen (desmonte) und Brennen (quema) durchgeführt, kurz vorher die Saat noch ausgelegt sein. Wo das Gelände es zuläßt und Zugvieh vorhanden ist, wird der Boden mit dem Hakenpflug, sonst mit der Hacke umgebrochen. – In den weitaus meisten Fällen kommt nur die letztere Methode in Frage. De Alba (1951, S. 65) meint launig, die meisten Milpas in Chiapas würden besser von Alpinisten als von Bauern bestellt! In der heißen Zone werden bis zu 8, höher hinauf 4–5, schließlich nur noch 3–4 Körner zusammen mit einigen Bohnen in jedes Pflanzloch gelegt, bei einem Loch- und Reihenabstand von je 1 m. Legt man in den kühleren Gebieten mehr aus, so schießen die Halme ohne Frucht ins Stroh. Im Laufe des Wachstums wird zweimal mit der Hacke gesäubert, beim zweiten Male jede Halmgruppe handhoch umhäufelt, um den Stauden festeren Halt zu bieten. Jeder Halm erbringt 2–3 Kolben. Chiapas, insbesondere die warmgemäßigte Zone um Comitán und die großen Llanos des Valle, auf denen neuerdings Hacendados und fortschrittliche Bauern bereits mit Traktoren auf großen Flächen zu arbeiten beginnen, ist berühmt ob reicher Maisernten. Es produziert 8,4% der Gesamtmenge von Mexico. Neue Sorten – die „Comisión Nacional del Maíz" entwickelte als besonders ergiebig die Varietät V – 520 (de Alba, S. 66) – ergeben bis zu 15 Reihen je 40 Körner an jedem Kolben, die längsten messen mehr als einen halben Meter. Der flachkörnige Tieflandsmais ist am ergiebigsten, wird aber schon nach dreimonatiger Lagerung vom Maiskäfer befallen. Nicht so der stumpfe Hochlandsmais. Er wird daher vom aufkaufenden Händler bevorzugt. Man behauptet, nur aus diesem Grunde selbst in den ungünstigsten Hochgebieten noch Mais anzubauen.

Auf gutem Boden wird eine Milpa 10 – 12, auf geringwertigerem mitunter nur 2 Jahre hintereinander gebrannt und genutzt. In der Kiefern-Eichen-Zone geben die Milpas bestenfalls 3 Jahre Ertrag, dann ist der Boden ausgelaugt. Im Bergwald mit seinen besseren und feuchteren Böden können sie länger bewirtschaftet werden. Doch die in der Erde verbliebenen Samen von Bäumen, Sträuchern und Lianen lassen schon nach einem Jahr eine derartige Unkrautwildnis aufschießen, daß ihr oft selbst mit mehrfacher Säuberung nicht mehr beizukommen ist. Die naßkühlen Hochregionen des Nebel- oder Wolkenwaldes werden ohnehin nur in den indianischen Gebieten noch bewirtschaftet. Nach dem Verlassen der Milpas folgen ± 4 Jahre Ruhe. Die Gewohnheit, das Stroh (rastrojo) so lange auf dem Halm stehen zu lassen, bis das auf die Milpas getriebene Vieh es restlos aufgezehrt hat, erwirkt unnötige Bodenverhärtung, Wasserentzug und Verzögerung der Bearbeitung. Abgesehen von den Viehexcrementen wird den Milpas des kleinen Mannes kein Dung zugeführt. Es findet auch kein Fruchtwechsel statt. Fortschreitender Nährstoffentzug ist die unausbleibliche Folge.

Nur bei Bewässerung können in der heißen Zone jährlich 2 – 3 Ernten erzielt werden; doch verwendet man die wenigen Bewässerungsflächen eher für Zuckerrohr, Tomaten, Gemüse. Dieses geht auch daraus hervor, daß der durchschnittliche Hektarertrag für Mais in Chiapas weniger als 1 t beträgt, denn 1957 erbrachten 360 000 ha nur 340 000 t, absichtliche Falschangaben außer Acht gelassen.

Alle anderen Anbauprodukte bleiben flächenmäßig weit hinter dem Mais zurück. Trotz guter Voraussetzungen für den Anbau von Weizen (trigo) im Hochland wurden 1957 auf der Meseta und in einigen wenigen Abschnitten der Sierra Madre doch nur 2920 ha mit 2336 t Ertrag festgestellt. Etwas Gerste (cebada), um Comitán, fällt überhaupt nicht ins Gewicht. Der Anbau von Reis (arroz) und Sesam (ajonjolí) in Flußauen des Valle Central, z. B. am Río Suchiapa und R. Custepec, ist noch im Stadium der Versuche begriffen. Dagegen belegen Bohnen (frijoles) als wichtigste Tageskost neben der Maistortilla in allen Landesteilen größere Anbauflächen. Im Hochland der Meseta gibt es, bei gesichertem Absatz in den Städten, reichlichen Anbau aller gängigen europäischen Gemüse; an Früchten hauptsächlich Pfirsiche, Äpfel, auch Quitten, Zwetschen und selbst Birnen, neben Erdbeeren, wildwachsenden Brombeeren und Holunder. An tropischen Früchten gedeiht um San Cristóbal nur noch der Feigenkaktus. Alle anderen müssen aus wärmeren Gebieten heraufgeholt werden, teils mit Hilfe indianischer Träger und Packtierhalter aus den atlantischen Tälern. Seit der Fertigstellung der Carretera Panamericana im Jahre 1952 werfen aber mehr und mehr auch die Großbetriebe von Veracruz per Lastwagen ihre Erzeugnisse bis auf den Markt von Chiapas. Dieser Entwicklung ist große Aufmerksamkeit zu widmen, denn sie wird heftige volkswirtschaftliche Erschütterungen in Chiapas hervorrufen.

Als einziges ausgesprochenes Exportgewächs ist nur der Kaffee vorhanden. Über die Anfänge seines Anbaues auf der atlantischen Seite der Sierra Madre ab 1912 hat Waibel (1933, S. 132 – 134) ausreichend berichtet. Zu seiner Zeit bestanden neben Klein- und Mittelbetrieben erst die beiden, in deutschen Händen befindlichen, Großunternehmen Prusia (Walther Kahle) und Liquidámbar (Hermann Schimpf) in der feuchten Bergwaldzone des Prusia- und Limón-Tales. Die 1918 durch den Deutschen Juan Martin Pohlenz ebenfalls im Distrikt La Concordia gegründete Großfinca Custepec im Tal des gleichnamigen Flusses und einigen Nebentälchen kam, nach anfänglichen Rückschlägen durch Revolution und Feuersbrünste, erst 1936 voll in Betrieb. Von dem innerhalb der Familie aufgeteilten, 2400 ha großen Besitz werden z. Zt. jährlich ± 6000 quintales (je 46 kg) „Oro", also geschältes Exportprodukt, erzeugt (Liquidámbar 9–10 000, Prusia 7500–8000 quintales). Im Custepeques- und dem westlich anschließenden Nueva-Linda-Abschnitt sind seitdem auch noch eine ganze Reihe mittelgroßer Betriebe von deutschen und mexicanischen Unternehmern eröffnet worden (z. B. El Gadow, benannt nach einem Angehörigen der Familie Schimpf, jetzt im Besitz von Ernesto Jäger, La Cumbre, zu Deutsch „der Gipfel": W. Hotow, Las Nubes, „die Wolken": W. Sonnemann). Auf dem hier vorhandenen guten jungfräulichen Boden werden die Anpflanzungen in dem Gürtel von 800–1400 m Höhe laufend erweitert, so daß hier eine sehr bedeutende Kaffeezone hinzugekommen ist. Nordwestwärts folgen jetzt in Abständen bis Villa Flores hin am Rande der Sierra kleine Pflanzungen.

Von Prusia aus ist auch das benachbarte Catarina-Tal erschlossen worden. Die dort befindliche Finca La Catarina (Valentin Plettner), die bis 1958 nur ein Naß-Benefiz besaß, erzeugte 1957 etwa 3000 Quintales „Pergamino" (./. 16 % = „Oro"). Während die Fincas in den anderen genannten Tälern mit Hilfe von selbst gebauten und selbst unterhaltenen Stichstraßen die seit 1948 in Betrieb genommene, 155 km lange – und streckenweise sehr schlechte – Fahrstraße von Angel Albino Corzo nach Tuxtla[10]) zur Abfuhr ihrer Ernten benutzen können, mußte La Catarina mangels eines Straßenanschlusses sein Produkt nach der früher allgemein üblichen Weise mittels Maultierlasten je 118 kg auf einem 70 km langen Saumpfad über die Sierra zur pazifischen Bahnstation Mapastepec schaffen. Von dort ging der Kaffee per Waggon nach Tapachula in ein Trockenbenefiz und per Bahn zurück über Mapastepec zum Hafen Coatzacoalcos am Golf, über den heute der Großteil allen Kaffees aus Chiapas verschifft wird. Jetzt hat auch La Catarina Straßenanschluß zum Valle Central.

Östlich vom Limón-Tal setzt sich der Kaffeeanbau an der Sierra bis nach Guatemala hin fort. Hier liegt eine junge Zone ausgesprochener Mittel- und mehr noch Kleinbetriebe vor. Zu Waibel's Zeiten war dort in einigem Umfang nur erst das Suiza- (Independencia-) Tal in Angriff genommen worden. Heute besitzt es Straßenanschluß nach Angel Albino Corzo. Seitdem ist der Anbau weit ausgedehnt worden, hauptsächlich in den Haupt- und Nebentälern des R. Yayagüita, R. Tachinula und R. Bellavista westlich, des R. Pacayal östlich des Cuilco-Tales,

10) Anfang 1959 begann der Staat Chiapas mit dem sachgemäßen Ausbau dieser zumeist nur in das Gelände hineingefahrenen Straße, zunächst im Abschnitt Tuxtla - Rio El Brillante.

schließlich, teils unter künstlicher Bewässerung, auch in geeigneten Abschnitten und Nebentälern dieses Grijalva-Stammflusses selbst. Im Zuge der Landreformen wurden auch an den Gebirgshängen viele kommunale und private Ländereien aufgeteilt. Ausreichendes Feuchtklima und unverbrauchte Urwaldböden, hier hauptsächlich auf den Kalken der großen Blockmassive in Fortsetzung der guatemaltekischen Altos Cuchumatanes, gewährten brauchbare Anbaubedingungen. Staatliche Kredite und die vor der guatemaltekischen Grenze scharf nach Süden in Richtung auf das Gebirge vorstoßende Carretera Panamericana gaben weiteren Anreiz. Ein zwar letztrangiger, aber in der Trockenzeit mit geländegängigen kleinen Lastwagen befahrbarer Stichweg nach Comalapa und Chicomuselo, den heute größten Sammelzentren der zumeist in Comitán beheimateten Kaffeeaufkäufer für das westliche Cuilco-Gebiet, erspart allzu langwierige und kostspielige Packtiertransporte. Nur aus dem entlegenen Siltepec-Tal wird ein Teil der Ernte noch per Mula über die Sierra hinweg zu den Bahnstationen Escuintla und Huixtla im pazifischen Küstenland befördert.

Sehr volkreiche „Kaffeedörfer" und in Colonias (ejidos) zusammengefaßte Streusiedlungskomplexe haben sich hier entwickelt, teils mit 1000 und mehr Einwohnern; allen voran Pacayal, Guadalupe und Nuevo Amatenango in den Grenzbergen östlich, Ojo de Agua, Las Chicharras und Chicharritas, Las Tablas, Bella Vista und eine ganze Reihe anderer in den großen Kalkmassiven westlich des Río Cuilco-San Miguel Ibarra. Während des vergangenen Jahrzehnts hat hier in diesem südöstlichen Sierra-Abschnitt das Stromgebiet des oberen Grijalva seine bedeutendste landwirtschaftliche Erweiterung erfahren. Das Municipio Comalapa, zu dem er verwaltungsmäßig größtenteils gehört, lieferte 1957 bereits mehr als 1000 t Pergamino, teils Arabe, teils Maragogype. Die Weiterverarbeitung dieser Mengen und aller anderen Pergamino-Anlieferungen aus dem oberen Stromgebiet erfolgt fast ausschließlich in den Trockenbenefizen der spanischen Gebrüder Zardain in Tuxtla und San Cristóbal.

In der Trocken- bzw. Halbtrockenlandschaft des Valle Central scheidet der Kaffeeanbau vollständig aus. Doch hat sich an der weit in die Talung vorspringenden andesitischen Sierra de Nuevo León im Distrikt Venustiano Carranza seit einigen Jahren ebenfalls ein kleines Anbaugebiet entwickelt; ebenso um Pinola (Villa Las Rosas). Schließlich wird auch auf der Meseta und im oberen Teil ihres Steilabfalls in teils indianischen Kleinbetrieben hier und da etwas Kaffee angebaut. Qualitätsmäßig ist er der beste, teils liegt er in sehr hohen Gebieten, bis 1500 m, doch wird ihm oft zu wenig Sorgfalt bei der Bearbeitung gewidmet, der Geschmack leidet darunter. Mehrere sehr bedeutende Erzeugungsgebiete folgen dann erst wieder gegen die atlantische Randzone der Mesa hin, vor allem Yajalón, Simojovel, Copainalá und Pichucalco. Diese Zone beginnt sich mit ihren Erzeugungsziffern bereits dem klasssischen Kaffeegebiet von Chiapas, dem Soconusco (Distrikte Tapachula, Huixtla, Motozintla, Acapetahua) zu nähern (vergl. untenstehende Liste). Teils besitzen die dortigen Erzeuger Abfuhrmöglichkeiten über den unteren Grijalva, teils Straßen- bzw. Wegeanschlüsse nach

Comitán und Tuxtla, in nicht geringem Umfang aber auch nur die Möglichkeit des Transportes per Flugzeug. Sowohl einige größere Finqueros als auch die Zardains beschäftigen eine ganze Reihe von „Kaffeefliegern".

Kaffeeproduktion in Chiapas je Distrikt in den Jahren 1945, 1955, 1956 und 1957 in Kilogramm

(Zusammengestellt von D. Alejandro García.)

DISTRITOS		1945		1955		1956		1957
Acapetahua	Kls.	905.682	Kls.	2.238.501	Kls.	2.132.310	Kls.	2.562.837
Cintalapa	Kls.	517	Kls.	15.370	Kls.	15.293	Kls.	21.646
Comalapa	Kls.	401.085	Kls.	1.073.389	Kls.	1.046.366	Kls.	1.041.858
Comitán	Kls.	15.273	Kls.	108.768	Kls.	203.948	Kls.	158.847
Copainalá	Kls.	828.328	Kls.	1.167.527	Kls.	1.298.137	Kls.	1.436.026
Chiapa	Kls.	1.223	Kls.	31.606	Kls.	45.872	Kls.	53.348
Huixtla	Kls.	2.362.445	Kls.	3.690.801	Kls.	3.380.014	Kls.	4.977.725
La Concordia	Kls.	1.046.511	Kls.	2.056.428	Kls.	1.769.419	Kls.	1.940.892
Motozintla	Kls.	1.365.405	Kls.	1.856.777	Kls.	2.145.423	Kls.	2.036.621
Ocosingo	Kls.	107.034	Kls.	202.856	Kls.	172.568	Kls.	247.150
Ocozocoautla	Kls.	78.391	Kls.	328.678	Kls.	376.187	Kls.	473.445
Pichucalco	Kls.	128.085	Kls.	223.824	Kls.	480.568	Kls.	696.760
Salto de Agua	Kls.	29.629	Kls.	16.181	Kls.	41.696	Kls.	57.655
San Cristóbal	Kls.	8.146	Kls.	270.248	Kls.	291.883	Kls.	331.090
Simojovel	Kls.	905.789	Kls.	1.191.038	Kls.	1.507.677	Kls.	1.888.239
Tapachula	Kls.	6.039.060	Kls.	8.969.110	Kls.	9.048.545	Kls.	9.971.621
Tuxtla	Kls.	114.271	Kls.	274.532	Kls.	553.578	Kls.	403.406
V. Carranza	Kls.	3.910	Kls.	19.991	Kls.	25.016	Kls.	34.283
Villa Flores	Kls.	31.400	Kls.	104.527	Kls.	152.704	Kls.	181.050
Yajalón	Kls.	1.461.403	Kls.	1.581.966	Kls.	2.520.092	Kls.	2.824.010
SUMA	Kls.	15.833.587	Kls.	25.422.118	Kls.	27.007.296	Kls.	31.338.509

Chiapas erzeugt gegenwärtig 30 % allen Kaffees in Mexico (gegen Veracruz 38, Oaxaca 12, Puebla 8, alle übrigen Staaten 12 %). Ohne die bedeutenden Anbauflächen dieses Gewächses würden 1950 nicht bereits 915 000 ha = 19 % der vom Census erfaßten 4,9 Mill. Hektar Land (von insgesamt 7,4 Mill. ha Gesamt-Areal des Staates) in Chiapas unter Kultur gewesen sein. Damals schätzte man 1,5 Mill. ha bisher unbebauten Landes für kultur- und kolonisationsfähig. Bis 1957 waren davon 211 000 ha besetzt. Im gleichen Jahre wurden vom staatlichen „Credito Ejidal" mehr als 18 Mill. Pesos an Landbaukrediten in Chiapas verteilt, etwa 1/3 davon für Mais- und Bohnenanbau, 2/3 für Kaffeepflanzungen. (Nach Auskünften im föderalen „Consejo de Planiación Económica y Social" in Tuxtla.)

Der Anteil der bewässerten Flächen am Kulturland war (1950) mit nur 11 000 ha noch außerordentlich gering (Tercer Censo Agrícola..., S. 48). Nur ein Teil davon liegt innerhalb des hier behandelten Gebietes, die größten Komplexe mit ± 1100 ha in den staatlich geförderten Berieselungsgebieten am oberen, knapp 2000 ha am unteren Río Blanco und 1300 ha am Río San Vicente / Tzimol. Nur gut 100 ha gab es im Municipio La Concordia bei Benito Juárez (Nuestra Señora) und La Tigrilla. Einigermaßen nennenswert war sodann die Bewässerung nur noch in der Barranca-Landschaft des alten Grijalva-Urstrom-Tales zwischen Ven. Carranza und Chiapa de Corzo. Hier hat die Bevölkerung auf den mehr oder minder breiten Schluchtsohlen der tief in die Kies- und Tuffmassen eingeschnittenen Flüßchen viele kleine Felder, Gemüsegärten, Zuckerrohr- und Bananenpflanzungen angelegt und bewässert sie durch kurze Seitenrinnen der Flüsse. Ähnlich verfährt man in den Tälern von Motozintla und Mazapa, Chimalapa und Nuevo Amatenango (Río Blanco / Cuilco). Alles in allem kommen dabei aber nur rund 1000 ha zusammen.

Seit 1950 sind seitens der „Recursos Hidráulicos" vor allem die Bewässerungen am Río Blanco-Salado-San Vicente, unter weiterer Zuhilfenahme der kleineren Flüsse Eschpoiná, Chajob, Borracho, Pugiltic und Zapote Negro weiter ausgebaut worden. Mehrere Zufuhrkanäle, darunter ein längster von 12,6 km mit 2800 l/sec., waren Anfang 1958 bereits fertiggestellt. Das Abwässerungsnetz mit 5 km Kanälen führt zum Río San Vicente (Rec. Hidr. 1958, No. 3, S. 36; eine Gesamtaufstellung der Planungen siehe ebenda, 1952, No. 3, S. 148). Hier werden bis zu 26 000 ha für bewässerbar erachtet (de la Peña, III, S. 775 f). Etwa 4070 ha waren Anfang 1958 an das Kanalnetz angeschlosssen. Die Initiative für die Erschließung gerade dieses für den Landbau klimatisch zwar ungünstigen, nach Oberflächengestaltung, Bodengüte und Bewässerungsmöglichkeiten durch die genannten Flüsse aber bevorzugten Abschnittes der Zentraldepression gab Mexicos bisher genialster und tatkräftigster Präsident, Lázaro Cárdenas, gelegentlich eines Aufenthaltes in Chiapas im Jahre 1936.

Ein großer Teil dieser Bewässerungen kommt den z.Z. 750 ha umfassenden, noch in steter Ausdehnung begriffenen Zuckerrohrpflanzungen der „Agricultura Intensiva S. A." (Hauptaktionäre die Gebrüder Hernán und

Moctezuma Pedrero, Tuxtla, sowie als „stiller Teilhaber" der jeweilige Staatsgouverneur, in Pugiltic zugute. Aus bestem ostjavanischem Zuckerrohr (POJ 2878) und mit Hilfe von 2000 meist indianischen Saisonarbeitern aus der Umgebung, ferner aus Comitán und Acala werden in der von November bis Mai währenden Zafra (Ernte) z. Z. rund 100 000 t Rohr geerntet und mit Hilfe einer hochmodernen italienischen Fabrikationsanlage täglich bis zu 1000 t vermahlen. Bei einem Zuckergehalt des Rohres bis zu 17, im Mittel 14 %, werden bisher jedoch nicht mehr als 11 %, also 110 kg Zucker je Tonne Rohr erzielt. Bisher beschränkt man sich allerdings auf die Herstellung von „miel" (Saft, Honig), denn die gesamte Produktion dient ausschließlich der in den gleichen Händen befindlichen Fabrikation von Rum und Branntwein. Täglich gehen während der Zafra bis zu 12 000 l Rohschnaps in die Fabriken von Tuxtla und Comitán. Diese kaufen außerdem den größten Teil des erzeugten Rohzuckers (panela) aus den übrigen Zuckerrohranbaugebieten des Valle Central und der Comitán-Fläche auf. Packtierkarawanen mit Panela in Richtung und Schnapsfässern aus Richtung Comitán und Tuxtla gehören zum gewohnten Anblick bis in die letzten Winkel von Chiapas.

Neben dieser zwar einträglichen, aber wenig segensreichen Industrie, die noch durch zahlreiche illegale Kleinbrennereien vermehrt wird, und den großen Kaffeefabriken hat Chiapas bisher nicht viele Fabrikbetriebe aufzuweisen. Sie sind durchweg an die größeren Orte gebunden. Der Gesamtanteil der in der Industrie beschäftigten Bevölkerung von Chiapas beträgt nur 7,7 %. Außer den schon erwähnten kleinen Kraftwerken sind im Stromgebiet des oberen Grijalva in dieser Sparte nur noch mehrere Weizenmühlen und Gerbereien in San Cristóbal Las Casas, Teopisca und Comitán, ferner Kalk zu Bauzwecken und Bodenplatten verarbeitende Betriebe, eine Reihe kleiner Textil-, Kohlensäure-, Eis-, Fleischwaren- und Limonadenfabriken an verschiedenen Plätzen, sowie vor allem die erst vor wenigen Jahren in Betrieb genommene Coca-Cola-Abfüllfabrik in Tuxtla zu nennen. Bei dem gewaltigen Verbrauch dieses meistpropagierten Getränkes wetteifert sie an Bedeutung bereits mit den großen Schnaps- und Kaffeefabriken. Eine besonders typische Kleinindustrie in San Cristóbal und Chiapa de Corzo ist die Herstellung von Feuerwerkskörpern aus Carrizo (Bambusgras) und Pulver. Sie werden hauptsächlich von den Indianern in unerhörten Mengen, und nicht nur zu Festlichkeiten, aus alten Vorstellungen des Abwehr- und Sympathiezaubers heraus zu Ehren der Heiligen verbraucht. Ohne den steten Knall der „cohetes" (Raketen, Schwärmer) ist San Cristóbal, das große Einkaufszentrum aller Indios, nicht zu denken.

Im Bergbau spielt Chiapas bisher keine Rolle. Blei-, Silber-, Kupfer-, Titan- und Magnesiumerze sind zwar mehrfach, namentlich in den paläozoischen Gesteinen gefunden und zeitweise in kleinem Umfang ausgebeutet worden; aber keine der Minen hat sich entwickeln können. Augenblicklich werden einige Hoffnungen auf etwas bedeutendere Vorräte bei San José - Monte Sinaí unfern Chicomuselo gesetzt; 1957 / 58 wurde in einigem Umfang auf Probe gefördert. Dagegen besteht seit langem, mit gutem Absatz bei den Viehhaltern, Salzgewinnung aus salzhaltigen Quellen in der Umgebung von La Concordia im Valle Central und bei Ixtapa auf der Mesa Central. Sie wird kooperativ durchgeführt. Die verschiedenen, von insgesamt etwa 50 Salineros ausgebeuteten, äußerst primitiven Salinen erbringen jährlich bestenfalls 200 t Salz. Bei La Concordia wird in der Trockenzeit mit Hilfe der Sonne verdampft; im kühlen, nebelreichen Ixtapa muß gesiedet werden.

Noch einen Blick auf den Verkehr im Stromgebiet des oberen Grijalva. Der Strom selbst ist hier nur erst sehr beschränkt Verkehrsträger. Lediglich zwischen Chiapa de Corzo und Acala, bei günstigem Wasserstand bis nach Angostura hinauf, verkehren große Einbäume für Fracht und Passagiere, neuerdings auch mehrere, bis zu 5 t fassende Motorlaunchen. Stromab von Chiapa de Corzo unterbindet der enge Cañon des Sumidero jede Befahrung. Auch oberhalb Angostura folgen schnellenreiche, gefährliche Abschnitte. Weiter hinauf können nur Fähr- und Fischerboote den Fluß benutzen. Die große Schlagader des Verkehrs ist die Carretera Panamericana (Pan American Highway) oder Internacional. Sie durchzieht den Staat Chiapas von der Grenze Oaxacas bis zur Landesgrenze mit 448 km. Nach dem Passieren der Hauptstadt und des Grijalva-Flusses auf der Belisario-Dominguez-Brücke dicht oberhalb des Sumidero, beginnt sie bald hinter Chiapa als echte Alpenstraße das Hochland der Meseta zu erklimmen (s. Fig. 17), hält sich dort in Höhen zwischen 1800 und 2400 m, senkt sich bei Comitán auf die 1600 m hohen Llanos und dann an den großen Terrassen abwärts bis zum Río San Gregorio auf rund 700 m. Die Grenze von Guatemala passiert sie auf fast 900 m. Da sie innerhalb Guatemalas noch nicht fertiggestellt ist, fehlt ihr bisher die große Durchgangsbedeutung. An der Vollendung wurde 1958 noch gearbeitet, 1959 wurde der Verkehr über die Grenze eröffnet. Sie wird vor allem der Stadt Comitán, als letztem großen Platz vor der Grenze, zugute kommen. Für den Fracht- und Personenverkehr nach, von und in Chiapas ist die „Internacional" heute bereits von überragender Bedeutung, bestehen doch nun erstmalig schnelle Direktverbindungen zur Landeshauptstadt und darüber hinaus bis zu den U.S.A. Der Touristik eröffnete sie völlig neue Möglichkeiten. Im Jahre 1956 besuchten 28 867 mexicanische und 5765 ausländische, zumeist nordamerikanische Touristen Chiapas, vorwiegend unter Benutzung der Carretera. Im Jahre 1957 waren die Zahlen etwas zurückgegangen: 25 205 und 3580. (Nach Auskünften auf der „Oficina de Turismo" in Tuxtla.)

Eisenbahnen berühren das Stromgebiet des oberen Grijalva nicht; sie beschränken sich in Chiapas auf das pazifische und atlantische Tiefland. Asphaltierte Straßen gibt es außer der Interamericana – ihr letzter noch fehlender Abschnitt San Cristóbal – Comitán wurde 1957/58 verfestigt – nur die wichtige, 42 km lange Zweigstrecke nach Arriaga an der pazifischen Bahn. Was im übrigen als „Autostraßen" bezeichnet und auf den Karten eingetragen wird, als eine der wichtigsten die 96 km lange Straße von Tuxtla nach Villa Flores, ist nur zum Teil beschottert; manche Teilstrecken, besonders in den Llanos des Valle, sind lediglich

Figur 17. Profil der Carretera Panamericana (Internacional) im Staate Chiapas. Erste Ziffer hinter den Namen bedeutet km-Entfernung von México D. F., zweite Ziffer Höhe über dem Meere, ebenso am linken und oberen Rand.

in das Gelände hineingefahren worden. Sie stellen höchste Ansprüche an Fahrer und Material, manche sind nur in der Trockenzeit benutzbar. Die Carreta, der Ochsenkarren, noch zu Waibel's Zeiten ein Hauptverkehrsmittel, ist im Überlandverkehr heute fast verschwunden. Wo er fahren kann, dahin wagen sich auch die mexicanischen Chauffeure. Übrigens sind diese durchweg in Kooperativen organisiert – jeder Transportunternehmer soll nominell nur einen Wagen besitzen – und tragen von sich aus durch vereinbarte Abgaben mehr zur Erhaltung der „Straßen" bei als der Staat.

Nur wo sie nicht eindringen können, und das ist allerdings noch der größte Teil des Geländes, sind nach wie vor Reit- und Packtier, in den indianischen Gebieten auch der Träger, die einzigen Beförderungsmöglichkeiten. Insbesondere geht noch der gesamte Transport der landwirtschaftlichen Überschüsse, vor allem Mais und Bohnen aus dem Ostteil des Valle, zur Versorgung der großverbrauchenden Kaffeebezirke im Soconusco auf Maultierrücken und schwierigem Saumpfad am weit ins Gebirge hinaufgreifenden Río Cuilco aufwärts zumindest bis Motozintla, von wo seit 1954 eine – ebenfalls nicht vom Staat gebaute – sehr schmale und kurvenreiche trockenzeitliche Autostraße über die Hauptwasserscheide und in dem von der pazifischen Seite ebenfalls weit heraufreichenden Huixtla-Flußgebiet abwärts bis zur Stadt Huixtla benutzbar ist. Gerade hier fehlt ein guter Verbindungsstrang zur Internacional am dringlichsten. Er würde die schnellste Verbindung von der Mesa Central zu den Kaffeezonen des Soconusco darstellen und den Kaffeefinqueros die hohen Anreise- und Wegzehrgelder für die aus dem Norden kommenden indianischen Erntearbeiter wesentlich verringern.

Für den intermexicanischen Flugverkehr stehen in Chiapas nur die Flugplätze von Tuxtla und Tapachula zur Verfügung; alle anderen sind nur behelfsmäßige Weideflächen. San Cristóbal besitzt einen privaten eingezäunten Platz namentlich für den Empfang von Kaffeetransporten – täglich durchschnittlich 5 Maschinen – aus Yajalón. Tuxtla und Tapachula werden von Mexico City aus zweimal täglich angeflogen. Den Lokalverkehr bewältigen 18, wie schon erwähnt hauptsächlich für die Kaffeefincas im Norden eingesetzte, Privatflugzeuge und die „Servicios Aereos de Chiapas, S. A." (SACSA). Sie unterhielt 1958 für den Linien- und Bedarfsdienst 4 Kleinstmaschinen für 8, zwei größere für 11 und 1 für 18 Passagiere; für 2 weitere je 40 war Konzession angefragt. Regelmäßig dreimal wöchentlich wird nur die Route Tuxtla – Ven. Carranza – La Concordia – A. Alb. Corzo – Tuxtla beflogen, monatlich mit durchschnittlich 300 Passagieren, 6000 kg Post und höchstens 3000 kg Fracht. (Nach Auskünften seitens des Geschäftsführers Krontal.) Die Tarife betrugen für Personen von Tuxtla nach Carranza 35,06 Ps., nach Concordia 40,–, nach A. Alb. Corzo 69,63 Ps. (zum Vergleich: die gleiche Strecke mit Lastwagen 25,– Kabine, 20,– auf der Ladung), Fracht je kg 1 % der vorgenannten Tarife. Eine zweite Route Tuxtla – Comitán – Chicomuselo – Motozintla – Tapachula wird nur nach Bedarf, das heißt, meistens in der

Regenzeit bedient. Das gleiche gilt für Privatflugplätze der Finca Custepec und der Colonia Honduras, weil in der Regenzeit kein Landverkehr nach dort möglich ist. Zu den Kaffeebezirken im Norden der Meseta unterhält die gleiche Gesellschaft als Zweigunternehmen die TAYSA: Transportes Aereos de Yajalón, S. A.; Tuxtla – Yajalón täglich 2, Tuxtla – Pichucalco – Villahermosa wöchentlich 3 Flüge. Das Unternehmen leidet stark durch die Unterbietungen der Privat„piraten", zumal es selber infolge des Postkontraktes gezwungen ist, auch viele unwirtschaftliche Flüge durchzuführen.

Der Vollständigkeit halber sei erwähnt, daß über Postkontore, Telefon und Telegraf in der Regel nur die Municipal-Hauptplätze verfügen. Die Mehrzahl der üblichen dörflichen Siedlungen – abgesehen von den großen Kaffeefincas – sind an das Nachrichtennetz noch nicht unmittelbar angeschlossen. Selbst Rundfunkempfänger gibt es noch bei weitem nicht in jeder von ihnen. Einen staatlichen Rundfunk kennt Chiapas gleich dem übrigen Mexico nicht. Von Tuxtla aus arbeiten zwei (XEON und XETS), von Tapachula aus eine weitere ((XEUE) kleine Privatgesellschaft.

Anhang: Bevölkerung und Siedlung im Staate Chiapas

	1895	1900	1910	1921	1930	1940	1950	1953	1955
Oberfläche	70524	70524	71302	74415	74415	74415	74415	74415	74415
Bevölkerung	319599	360799	438843	421744	529983	679885	907026	988632	1045786
Dichte	4,48	5.12	6,15	5,66	7,12	9,14	12,19	13,29	14,05

	1946	1947	1948	1949	1950	1953	1955
Geburten	29577	31744	31831	34294	35854	40344	40601
Sterbefälle	14766	13142	13341	14524	12836	15501	13921
natürl. Überschuß	14811	18602	18490	19770	23018	24843	26680
Geburten auf 1000	38,4	40,0	39,5	41,6	39,6	40,8	38,8
Sterbefälle auf 1000	19,2	16,7	16,5	17,6	14,2	15,7	13,3
natürl. Anwachs auf 1000	19,2	23,6	23,0	24,0	25,4	25,1	25,5

Sterblichkeit der Säuglinge unter 1 Jahr betrug 1952: 78,7; 1953: 78,9; 1954: 69,8 1955: 63,5 auf Tausend.

Liste der Municipios im Stromgebiet des oberen Río Grijalva

mit Zahl der Siedlungseinheiten und Gesamtbevölkerung nach dem Census von 1950, der „cabecera" (Hauptplatz) nebst Einwohnerzahl und einigen der größeren Siedlungen.

Anmerkung: Die Siedlungseinheiten gliedern sich in Chiapas nach Ciudad (Stadt), Villa (Flecken), Pueblo (Dorf), Ranchería (Weiler), Rancho (Einzelgehöft), Finca (Hacienda, Plantage); die nach der Bodenreform entstandenen Siedlungen nach Colonia Agrícola, Ejido, Congregación, Comunidad. In ganz Mexico ist der „rancho" die meistverbreitete Siedlungseinheit; 1940 gab es in der Republik mehr als 80 000, davon in Chiapas fast 6000 Ranchos. – Alle Siedlungen mit Personennamen haben diese von Freiheitskämpfern, Revolutionshelden, bedeutenden Politikern, auch kulturellen und wirtschaftlichen Bahnbrechern entlehnt. Gerade bei kleineren Siedlungen: Rancherías, Ranchos, Fincas, werden gerne Namen von Heiligen, Religionsbegriffen oder Frauen gewählt, sie wiederholen sich daher in ein- und demselben Municipio oft zu Dutzenden, ja zu hunderten. So gibt es z. B. im Municipio de Centro im Staate Tabasco 51 Siedlungen „Carmen", 64 „San Antonio", 50 „San José", 98 „Santa Cruz"; im Municipio Cunduacán sogar 82 „Carmen"; 20 nennen sich dort „La Lucha": der Kampf, und 28 bringen in ihrem Namen „La Esperanza" die Hoffnung auf ein siegreiches Ende dieses Lebenskampfes zum Ausdruck.

Acala: 6424 Einw. in 61 Siedlungseinheiten. Acala, Villa, 3547 E.; Veinte de Noviembre, Colonia Agrícola, 872 E.; Unión Buenavista, Col. Agr., 352 E.

Amatenango de la Frontera: 7232 E. in 29 Siedlungen. Amatenango de la Frontera, Pueblo, 271 E.; El Pacayal, Congregación, 1933 E.; Guadalupe Victoria, Ejido, 1149 E.; Nuevo Amatenango (Río Blanco), Ejido, 912 E.

Amatenango del Valle: 2529 E. in 37 Siedlungen. Amatenango del Valle, Pueblo, 1470 E.; El Madroñal, Colonia Agrícola, 167 E.

Angel Albino Corzo: 5981 E. in 38 Siedlungen. Angel Albino Corzo (Jaltenango), Pueblo, 1875 E.; Querétaro, Ejido, 465 E.; Vicente Guerrero (Monte Cristo), Pueblo, 391 E.; Nueva Palestina, Ejido, 341 E.; Nueva Colombia, Ejido, 297 E.; Francisco I. Madero, Col. Agrícola, 294 E.; Nueva Independencia, Ejido, 276 E.; Liquidámbar, Finca, 223 E.; Prusia, Finca, 216 E.; Monte Grande, Finca, 108 E.

Bejucal de Ocampo: 3481 E. in 11 Siedlungen. Bejucal de Ocampo, Pueblo, 303 E.; Ojo de Agua, Ranchería, 1205 E.; La Laguna, Ranchería, 696 E.; Las Tablas, Ranchería, 417 E.; El Pino, Ranchería, 355 E.

Bella Vista: 6911 E. in 16 Siedlungen. Bella Vista (San Pedro Remate), Pueblo, 353 E.; Las Tablas, Ejido, 1235 E.; El Progreso, Ejido, 1085 E.; Las Chicharras, Ejido, 714 E.; Chicharritas, Ranchería, 549 E.; La Rinconada, Ranchería, 536 E.

Comitán de Dominguez: 23 054 E. in 132 Siedlungen. Comitán de Dominguez, Ciudad, 11 760 E.; Yocnajab, Ranchería, 528 E.; Yocnajab el Prado, Ranchería, 257 E.; Juznajab, Ranchería, 360 E.; Chacoljocom, Ranchería, 304 E.; Ajayash, Ranchería, 169 E.

La Concordia: 7973 E. in 118 Siedlungen. La Concordia, Pueblo, 1880 E.; Benito Juárez, Col. Agrícola, 627 E.; Dolores Jaltenango, Col. Agrícola, 411 E.; Vicente Guerrero, Col. Agrícola, 353 E.; La Tigrilla, Col. Agrícola, 353 E.; Custepec, Finca, 204 E.

Chamula: 22 037 E. in 56 Siedlungen, zumeist außerhalb des Grijalva-Stromgebietes. Chamula, Pueblo, 422 E.

Chiapa de Corzo: 18 560 E. in 173 Siedlungen. Chiapa de Corzo, Ciudad, 6745 E.; Julián Grajales, Col. Agrícola, 779 E.; El Palmar, Pueblo, 704 E.; Cupía, Ranchería, 641 E.; Amatal, Ranchería, 549 E.; Las Flechas, Ranchería, 540 E.; La Nandambua, Ranchería, 438 E.

Chiapilla: 1863 E. in 6 Siedlungen. Chiapilla, Pueblo, 1588 E.; Lázaro Cárdenas, Col. Agrícola, 241 E.

Chicomuselo: 5746 E. in 61 Siedlungen. Chicomuselo, Pueblo, 958 E.; San José Monte Sinai, Col. Agrícola, 668 E.; Unión Buenavista, Col. Agrícola, 633 E.; Pablo L. Sidar, Col. Agrícola, 478 E.; Lázaro Cárdenas, Col. Agrícola, 435 E.

Frontera Comalapa: 7919 E. in 55 Siedlungen. Frontera Comalapa, Pueblo, 1119 E.; Paso Hondo, Ejido, 911 E.; La Nueva Independencia, Congregación, 546 E.; Monte Redondo, Congregación, 503 E.; El Portal, Ranchería, 447 E.; Rodulfo Figueroa, Congregación, 433 E.; Sabinalito, Ejido, 393 E.

La Grandeza: 3048 E. in 4 Siedlungen. La Grandeza, Pueblo, 867 E.; Llano Grande, Ranchería, 1151 E.; Toquín, Ranchería, 577 E.; Pinada, Ranchería, 453 E.

Ixtapa: 4989 E. in 38 Siedlungen, zumeist nicht im Stromgebiet des oberen Río Grijalva. Ixtapa, Pueblo, 1117 E.

Motozintla de Mendoza: 19 087 E. in 113 Siedlungen (teils auch jenseits der Hauptwasserscheide). Motozintla de Mendoza, Villa, 3245 E.; El Carrizal, Ejido, 1095 E.; Benito Juárez, Ejido, 1021 E.; Berriozabal, Ejido, 998 E.; Ixtepec, Ejido, 938 E.; Buenos Aires, Ejido, 758 E.; Ojo de Agua, Ejido, 662 E.; Niquivil, Ranchería, 375 E.; Allende, Ranchería, 306 E.

Nicolás Ruíz: 872 E. in 2 Siedlungen. Nicolás Ruíz (San Diego), Pueblo, 762 E.; La Lanza, Hacienda, 110 E.

El Porvenir: 5302 E. in 13 Siedlungen. El Porvenir, Pueblo, 503 E.; Malé, Ranchería, 1093 E.; Cambil, Ranchería, 943 E.; Canadá, Ranchería, 782 E.; Chimalapa, Ranchería, 365 E.; El Zapotillo, Ranchería, 355 E.; La Salvia, Ranchería, 309 E.

Las Rosas: 7120 E. in 27 Siedlungen. Las Rosas (Pinola), Villa, 6345 E. Alle übrigen 26 Siedlungen, durchweg Ranchos und Haciendas, jeweils unter 100 E.

San Cristóbal Las Casas: 23 071 E. in 56 Siedlungen. San Cristóbal Las Casas Ciudad, 17 448 E.; El Triunfo, Ejido, 650 E.; Ecatepec, Pueblo, 646 E.; El Huitepec, Ranchería, 622 E.; Chupatic, Ranchería, 510 E.; Yashtinín, Congregación, 401 E.; Alle anderen Siedlungen um 200 und weniger E.

Siltepec: 12 693 E. in 28 Siedlungen. Siltepec (San Isidro), Pueblo, 765 E.; La Cascada, Ejido, 1160 E.; Palmar Grande, Ejido, 1026 E.; Libertad Ventanas, Pueblo, 904 E.; Capitán Luis Vidal, Ranchería, 783 E.;

Toquián, Ejido, 670 E.; Vega del Rosario, Ejido, 664 E.; Honduras, Ejido, 656 E.; La Cumbre, Aldea, 580 E.; Cruz de Piedra, Ejido, 558 E.; Angel Díaz, Ejido, 461 E.; El Letrero, Ranchería, 449 E.; Las Moras, Aldea, 403 E. Alle übrigen Siedlungen zwischen 400 und 100 E.

Socoltenango: 2631 E. in 26 Siedlungen. Socoltenango, Pueblo, 1810 E. Tzinil, Col. Agrícola, 208 E.; Alle anderen Siedlungen weniger als 100 E.

Suchiapa: 3629 E. in 26 Siedlungen. Suchiapa, Pueblo, 2736 E.; Pacá, Ranchería, 382 E.; Plan de Mulum, Ranchería, 135 E.

Teopisca: 5440 E. in 26 Siedlungen. Teopisca, Villa, 3151 E.; Nuevo León, Pueblo, 697 E.; Flores Magón, Col. Agrícola, 270 E.

Terán: 3601 E. in 38 Siedlungen. Terán, Pueblo, 2260 E.; Plan de Ayala, Congregación, 588 E.; Emiliano Zapata, Col. Agrícola, 179 E.; Alle anderen Siedlungen um oder unter 50 E.

Totolapa: 1467 E. in 15 Siedlungen. Totolapa, Pueblo, 932 E.; Ponciano Arriaga, Col. Agrícola, 184 E.

La Trinitaria: 16 639 E. in 108 Siedlungen, teils außerhalb des Grijalva-Stromgebietes. La Trinitaria (Zapaluta), Villa, 2365 E.; Juncana, Comunidad, 478 E.; Tziscao, Colonia Agrícola, 444 E.

Tuxtla: 31 198 E. in 78 Siedlungen. Tuxtla Gutiérrez, Ciudad, 28 260 E.; Copoya, Pueblo, 788 E.; Arroyo Grande, Ranchería, 328 E.; Francisco I. Madero, Col. Agrícola, 320 E.; San Juan Sabinito, Ranchería, 304 E.; El Jobo, Ranchería, 235 E. Alle anderen unter 100, mit einigen wenigen Ausnahmen sogar unter 50 E.

Tzimol: 2889 E. in 22 Siedlungen. Tzimol, Pueblo, 1955 E.; Ochuxhjob, Ranchería, 334 E.; Heroes de Chapultepec, Col Agrícola, 137 E.

Venustiano Carranza: 13 924 E. in 95 Siedlungen. Venustiano Carranza (San Bartolomé de los Llanos), Ciudad, 6440 E.; Aguacatenango, Pueblo, 1043 E.; Matamoros, Ranchería, 790 E.; Soyatitán, Pueblo, 604 E.; Vega del Paso (Paso de la Canoa), Congregación, 604 E.; Flores Magón, Col. Agrícola, 543 E.; Ribera de Chalchí, Ranchería,, 500 E.; Vicente Guerrero, Col. Agrícola, 402 E.

Villa Corzo: 12 708 E. in 165 Siedlungen. Villa Corzo, Pueblo, 1422 E.; El Parral, Col. Agrícola, 2047 E.; Buenavista, Col. Agrícola, 1172 E.; Revolución Mexicana, Col. Agrícola, 1121 E.; Primero de Mayo, Col. Agrícola, 569 E.; Jericó, Col. Agrícola, 464 E.; Villa Morelos, Col. Agrícola, 370 E.

Villa Flores: 21 294 E. in 312 Siedlungen. Villa Flores, Ciudad, 5270 E.; Cristóbal Obregón, Col. Agrícola, 1609 E.; Jesús M. Garza, Col. Agrícola, 1182 E.; Nuevo México, Col. Agrícola, 1107 E.; Benito Juárez, 1035 E.; Cuauhtémoc, 529 E.; Tenochtitlán, 504 E.; Lázaro Cárdenas, 475 E.; Villa Hidalgo, 454 E.; Melchior Ocampo, 403 E.; die letztgenannten sämtlich Col. Agrícola.

El Zapotal: 1596 E. in 5 Siedlungen. El Zapotal (San Lucas), Pueblo, 1366 E.; Buena Vista, Ranchería, 149 E.

Zinacantán: 6312 E. in 19 Siedlungen. Zinacantán, Pueblo, 1001 E.; Navenchauc, Congregación, 1144 E.; Zequentic, Congregación, 872 E.; Paste, Congregación, 607 E.

V. Landschaftliche Aufteilung

A. Die Mesa Central

Die neue Carretera Internacional quer durch Chiapas gewährt einen ebenso großartigen wie aufschlußreichen Einblick in den mächtigen Block des Zentralgebirges, die „Mesa Central". Es sei nochmals und ausdrücklich betont, daß diese Bezeichnung lediglich einen geo-morphologischen Prozeß widerspiegelt, nicht aber landschaftlich zu werten ist. Denn der Eindruck einer „Mesa", einer Tafellandschaft entsteht zwar aus der Ferne und vom tieferen Land her gesehen, auf der Höhe selbst jedoch nur recht lokal in begrenzten Abschnitten und bestimmten Ausblicken. Im übrigen sieht man dort ein abwechslungsreiches Bild von lang ausgestreckten Höhenzügen – Faltenkämmen oder herauspräparierten Härtlingsmassen – und zusammengedrängten Kuppen als Überbleibseln aufgelöster Kalkschichten, engen Schluchten und breiteren Talfurchen, dicht umschlossenen Becken und ausgedehnten Flächenstücken, alles überragt von den bald kegelförmigen, bald breitrückigen Gipfeln der großen Vulkanmassive, die ihre von der Erosion zerschlitzten Mäntel weit über diese lebhaft bewegte „Mesa" ausgebreitet haben.

Aus üppigen Kokoswäldern, Zuckerrohrpflanzungen und Maisfeldern auf den braunen oder schlammgrauen Böden der lagunenreichen Küstenfläche östlich von Tehuantepec gelangt die Carretera bald in eine an 100 km weit ausgebreitete Savanne aus Mezquite-Gestrüpp, Hartlaubgewächsen und laubwerfenden Bäumen, später auch Fächerpalmen. Die letzteren führten in Juchitán, dem seit Eröffnung der Straße rasch aufblühenden Hauptmarktflecken dieser Ebene, und seiner Umgebung zur Entwicklung einer beachtlichen Industrie von Hüten, Taschen und anderen Flechtwaren. Nur gelegentlich noch unterbrechen Äcker und Potreros (Weideflächen) in der Nähe verstreuter Siedlungen, in einigen wasserreichen Niederungen auch Cañaverales (Zuckerrohrfelder) und Ingenios (Zuckerfabriken) diese unabsehbare Wildnis, sobald die lebhafter besiedelte Mittelzone des Isthmus von Tehuantepec mit Bahnstrecke, Quer- und Längsstraße, Umschlagplätzen und Märkten, Ölleitung (von den Feldern bei Minatitlán und Pemex nach den Tanks und Verschiffungsanlagen in Salina Cruz) und Ölpumpstationen passiert ist. Hier gibt es noch „tierra libre", Freiland, im Überfluß. Die tischgerade Aufschüttungsebene aus guten lehmigen, steinfreien, aber über lange Monate viel zu trockenen Böden wartet nur auf Bewässerung und den Einsatz von Motorpflügen, um sich zu einem Landbaugebiet erster Ordnung entwickeln zu können.

Eine unter dem Namen „Proyecto de Nejapa" im Jahre 1942 durch die „Recursos Hidráulicos" im Westteil des Istmo am Río Tehuantepec begonnene gewaltige, zur Bewässerung von 70 000 ha Land vorgesehene Anlage ist allerdings infolge eines Regierungswechsels unvollendet geblieben. Ein bereits fertiggestellter Stausee hinter einer 600 m langen Staumauer, der anfänglich 20 000 ha hätte mit Wasser versorgen können, ist infolge mangelnder Wartung später versandet; ein ebenfalls erstellter 33 km langer Verteilungskanal von 60 qm Querfläche konnte somit seinen Zweck nicht erfüllen. Millionenbeträge waren nutzlos vertan – nichts Ungewöhnliches für jung empordrängende Länder, denen sachkundige Erfahrung, sorgfältige Lenkung und zielbewußte Kontrolle noch nicht ausreichend zur Verfügung stehen. Aber man hat für die Zukunft daraus gelernt. In der Gegenwart wird diese bedauerliche und beschämende Scharte durch den Ausbau der „Presa El Marqués" am Río Tehuantepec mit einer Kapazität von 1100 Millionen cbm zur Bewässerung von 54 000 ha Land ausgeglichen. Nähert man sich auf der Straße Oaxaca-Tehuantepec dem Tiefland des Isthmus, so hat man plötzlich den überraschenden Anblick einer in Bau befindlichen, kilometerweit ausgedehnten, nach strengen schematischen und hygienischen Gesichtspunkten gestalteten Stadt vor sich. Es ist die in Verbindung mit dem Stauwerk geplante Siedlung Jalapa del Marqués; in Kürze werden unsere Atlanten sie auf den Karten Mexicos als wichtige und volkreiche Neuschöpfung erscheinen lassen müssen. Die für den Landbau großen Maßstabes geradezu prädestinierten Flächen der Isthmus-Niederung, heute noch weithin extensive Viehsavannen und Brandrodungsflächen, werden nach der Bewässerung eine der großen Kornkammern Mexicos sein. Dem „Istmo", der erst jüngst durch die Vollendung der Pipeline von den jungen Ölfeldern bei Minatitlán und Ciudad Pemex (im Hinterland von Coatzacoalcos, dem früheren Puerto México) nach den neu erbauten Raffinerien von Salina Cruz schlagartig eine völlig neue wirtschaftliche und strategische Bedeutung erlangte, wird dadurch eine weitere große Aufgabe zugewiesen werden.

Weiter gegen den Ostteil des Isthmus hin beginnen kleine Spitzkegel und lange Reihen flacher Kuppen die Ebene zu überragen. Von rechts, also von Süden her greifen zuweilen noch von Mangroven umsäumte Küstenlagunen des Pazifik und Mündungsästuare größerer Flüsse in die Fläche vor. Dann schliessen sich bald von NW nach SE höhere Einzelberge und langgereckte Kämme zu einem geschlossenen Gebirge zusammen: die Sierra Madre de Chiapas steht vor uns. Im SE schwillt sie zu wuchtigen, von Wolken umhüllten Massiven an. Nach links, nach N hinüber, setzt sie sich mit ebenfalls großen Bergzügen fort. Auch auf ihren, weit über 2000 m hohen, Kämmen liegen einzelne vom Golf herübergetriebene schneeweiße Wolkenteppiche, nach oben hinauf scharf begrenzt, nach unten hin gleich riesigen Wasserfällen im Zeitlupentempo an den Leeflanken herabsinkend. Unfern der Station Chahuites an der pazifischen Bahn (Ferrocarril Panamericano) und des Dorfes Tapanatepec verläßt die Straße, noch auf dem Boden des Staates Oaxaca, die zwischen diesen nördlichen Bergreihen und einem im Süden von der Sierra losgelösten, reichlich 700 m hohen Doppelmassiv nun auf etwa 15 km eingeengte Ebene und tritt in das Gebirge ein. Beim Aufstieg sieht man seitlich dieses Massivs in die etwa 20 km breite Bucht des Küstentieflandes um Arriaga und darüberhin zum Mar Muerto, dem „Toten Meer" Mexicos, der größten Küstenlagune am Golf von Tehuantepec.

Die im Tiefland bereits dürre Buschsavanne ist in der Fußzone des beginnenden Gebirgslandes jetzt, Anfang Dezember, noch einigermaßen grün. Aufwärts geht sie in lichte Schirmbaumwaldungen über. Solche bedecken in einiger Geschlossenheit auch die zur Küste hin vorgelagerten Berge der Sierra, während Teile der Hauptkette selbst nahezu kahl und schwer erodiert sind. Nur kleine Hangschluchtenwälder unterbrechen dort die von wenigen Einzelbäumen überragten Gras- und Gestrüppfelder. Granite lösen nach der Höhe zu die in tieferen Lagen vorherrschenden Andesite ab. Vor Rizo de Oro setzen auf rund 900 m Höhe erste Kiefern-Eichen-Wälder ein. Gleichzeitig beginnen Bergagaven und in reichem Maße Bromelien-Aufsitzer.

Eine erste Binnenhochfläche am äußersten Südwestrand der zentralen Depression von Chiapas liegt voraus unter uns. In Buchten und Taschen greift sie, nahezu eben, in den Gebirgsrand vor. Große Äcker und Weideflächen schließen sich um junge Landbaukolonien. Hinter einem Riegel weitet sie sich, auf mindestens 80 km Erstreckung zu überschauen, zu der rund 600 m hohen, von zahlreichen kleinen Kegeln, Pfropfen und Kuppen durchsetzten Fläche um Cintalapa. Die Vegetation geht, wie in den meisten dieser von den Regenwinden schwer erreichbaren intramontanen zentralamerikanischen Becken, wieder in Gestrüppsavanne über; nur auf den inselförmigen Hügeln halten sich noch Kiefern und Bergagaven. Leicht auf- und abschwellend, doch schnurgerade führt die Straße über die weite Fläche. Einmal, unfern der wenigen Häuser von Las Cruzes, zur Rechten eine ebenfalls asphaltierte Abzweigung: die Carretera nach Arriaga und zur pazifischen Bahn. Dann steht ein festungsartiger, steilwandiger Bergklotz mit roten Felsmauern halbrechts voraus über der Ebene, der Cerro Baúl (Koffer), das Wahrzeichen von Cintalapa.

Ohne eigene wesentliche Merkmale einer langen Vergangenheit, aber inmitten alt-indianischen Kulturlandes gelegen, entwickelt sich das weitläufige Markt- und Verkehrsstädtchen Cintalapa (1950: knapp 7000 Einw.) mehr und mehr zum Ausfallstor des chiapanekischen Hochlandes. Denn durch die, erst im August 1948 bis zur Grenze fertiggestellte, Carretera erhielt das Innere von Chiapas erstmalig direkte Verbindung und Austauschmöglichkeiten mit Oaxaca und dem weiter westlich gelegenen Mexico. Möglich, daß dieses neu geschaffenen Fensters zum Westen hin halber auch die „junge" Hauptstadt Tuxtla Gutiérrez der 80 km weiter östlich gelegenen „alten" Hauptstadt San Cristóbal Las Casas rasch den Rang abgelaufen hat. Sehr bedauerlicherweise, denn das schöne, charaktervolle San Cristóbal vermag zweifellos mehr zu fesseln als das stillose, allzu moderne Tuxtla. Allerdings liegt Tuxtla auf nur gut 500 m Höhe, also um 1600 m tiefer als das kühle, nebelreiche, vom Tieflands-Mexicaner als zu kalt und trist empfundene einstige Regierungszentrum von Chiapas.

1. Die Hochbecken und Hochtäler

Schon von der 500–600 m hoch gelegenen Ebene um Ocozocoautla und Tuxtla aus sieht man den Block der Mesa Central im Osten scharf abgesetzt gegen die breite Grijalva-Talung steil und hoch aufwachsen. Bald hinter Chiapa de Corzo quert die Carretera den Fluß kurz vor seinem Eintritt in die Sumidero-Klamm. Dann klimmt sie aus einer unruhigen, mit Trockenbusch spärlich bestandenen Fußstufe abgestürzter Kalktrümmer in zahlreichen engen Schleifen – eine echte Hochalpenstraße nach kühner Linienführung und landschaftlicher Umgebung – den Steilrand. Bald gewinnt sie, nur eine gute Fahrstunde von Tuxtla entfernt, auf rund 1100 m Höhe als erste weiträumige Flachform innerhalb der vielfach gekammerten und gegliederten Höhenlandschaft die Hochebene von Ixtapa. Sie berührt diese selbst allerdings nur an ihrem südlichsten Rand. Die noch vor wenigen Jahren allein benutzbare Vorgängerin dieser internationalen Prachtstraße, die alte Carretera Tuxtla – San Cristóbal – Comitán, führte quer hinüber und schloß auch das Pueblo Ixtapa selbst mit ein. Das Forscherehepaar Seler-Sachs (1925, S. 113) erlebte gelegentlich seiner Reise von Mexico nach Guatemala 1895/96 diesen alten Zugangsweg zum Hochland von Chiapas in all seinen ermüdenden, nur durch die landschaftliche Schönheit gemilderten Anstrengungen und brauchte von Tuxtla bis Ixtapa allein einen schweren Tagemarsch. Heute führt die von der Carretera Panamericana abzweigende Stichstraße nach Simojovel über Ixtapa – Bochil.

Aus dieser Fläche und ihren Randbergen entnimmt der Río Grijalva über den Río Escopetazo seinen letzten rechtsseitigen Zufluß vor dem Eintritt in den Sumidero, über den Río Burrero seinen ersten nach dem Austritt aus diesem Cañon. Im Abwässerungsbereich der beiden Flüsse bilden die Llanos de Ixtapa ein teilweise von Sanden, pyroklastischen Tuffen und Geröllen der benachbarten Andesitmassive des Hueitepec und Zontehuitz zugeschwemmtes Becken tertiärer Konglomerate, Mergel, Sandsteine und Kalke inmitten der großen Kreidekalkmasse des Mesa-Blokkes. Gelegentlich sind aus Gemischen älterer Konglomerate und jüngerer Tuffe neue, sehr feste Gesteine (Puddingsteine) entstanden. Mehrere Faltungskämme und vulkanische Aufschüttungen engen die Fläche ein und schließen sie von der etwa gleichhohen 1000- bis 1200-Meter-Terrasse am Innenrand der Mesa Central ab. Die zur Golfseite hin abschließende, bis 2000 m hohe Sierra de Chalchihuitán verhindert den Zustrom steter feuchtwarmer Meeresluft und gestaltet die Fläche trotz ihrer nur mäßigen Höhe rauh, trocken und unfreundlich.

Auf der Luvseite dieses und der benachbarten Gebirgsstöcke, ganz besonders am mehr als 2800 m hohen Massiv des Cerro Zontehuitz konnte sich dagegen eine überaus üppige und reichhaltige Tropenvegetation bilden. Hauptzuflüsse des unteren Grijalva finden dort ihren Ursprung. Unfern des Zontehuitz soll auch der „eigentliche“, also von Kapitän Juan

Grijalva entdeckte Grijalva (Verdadero Grijalva) entspringen, ein relativ kurzer, etwa 200 km langer Fluß, der südlich des Mezcalapa-Grijalva in den Golf mündet. Erst vor etwa 20 Jahren hat bei einer Laufveränderung der Mezcalapa-Grijalva das Bett dieses „eigentlichen" Stromes erreicht; sein ursprüngliches liegt seitdem, als Río Seco, nahezu trocken (vergl. hierzu: Fr. J. Santamaría, 1949: El verdadero Grijalva).

Tief eingefurchte Schluchten zergliedern das Hochland um Ixtapa. Leichte Hügelschwellen erwirken eine kleine Wasserscheide. Nach NW streben die Schluchten und Nebenbäche dem R. Burrero zu. Er mündet unter dem Namen Río Hondo oder R. Osumacinta unterhalb des Sumideros in den Grijalva ein. In Richtung SW vereinigen sie sich im Escopetazo. In ebenso jähem Gefälle überwindet er 800 m Höhenunterschied und erreicht als Río Chico oder Chiquito am Stadtrand von Chiapa de Corzo den Grijalva. Die zahlreichen Schluchten bedeuten verkehrsmäßig schwere Hindernisse für die Fläche. Ihre Sohlen sind, abgesehen von hauptsächlich mit Zuckerrohr bepflanzten Teilfläche am Escopetazo und Burrero selbst, für Landbau kaum oder gar nicht brauchbar. Die Bodennutzung wird auch im übrigen durch schwere Erosionserscheinungen auf der weithin entwaldeten hügeligen Ebene beeinträchtigt.

Wären nicht im Untergrund des tertiären Beckens am unfern des Ortes vorbeifließenden Río de las Salinas (oder Río Salado) Salzläger durch Bäche und Quellen angeschnitten worden, so würden die vornehmlich tzotzil-indianischen Bewohner von Ixtapa noch geringere Existenzmöglichkeiten besitzen. Gerade diese Erwerbsquelle, auf die seitens der Bevölkerung zur Beschaffung aller Lebensnotwendigkeiten immer wieder zurückgegriffen werden muß, ist aber auch Anlaß der äußerst rigorosen Entwaldung rings um Ixtapa. Denn die Sole muß hier, wie schon im Wirtschaftskapitel kurz erwähnt wurde, mangelnder Sonnenstrahlung halber künstlich auf gemauerten Öfen (hornos) eingedampft werden. Zwecks Erzielung einer „hornada" von 60–70 kg Salz sind nicht weniger als 24 Traglasten Brennholz nötig (de la Peña, 1951, IV, S. 1210; dort auch genaue Beschreibung des primitiven Gewinnungsprozesses). Diese Salzvorkommen gehören zu dem gleichen West-Ost verlaufenden Salzgürtel zwischen dem 15. und 16. Breitengrad, der auch andernorts in Chiapas (Bombaná, La Concordia), Oaxaca (Laguna Grande de Gopil) und Guatemala (El Bosque, San Mateo Ixtatán und R. Salinas) genutzt wird.

Außer Salzgewinnung und Salzhandel hat sich in jüngerer Zeit in bescheidenstem Rahmen ein Salzschlamm- und Sole-Kurbadebetrieb für chiapanekische Besucher bei Ixtapa entwickelt. Das Dorf selbst, Hauptort eines nicht großen und wenig bedeutungsvollen Municipios, liegt in echt indianischer Schutz- und Verteidigungslage auf einer durch mehrere Schluchten inselartig herausgeschnittenen Platte. Es zählte 1950 wenig mehr als 1100, das gesamte Municipio knapp 5000 Einwohner.

Da ein älteres Kraftwerk am Río Burrero mit Stromlieferungen für Tuxtla (33 km Entfernung) nicht ausreichte, wurde in jüngerer Zeit ein größeres am Río Bombaná etwas nördlich vom Unterlauf des Burrero-Osumacinta in Betrieb genommen. Außer Tuxtla beliefert es zusätzlich Chiapa de Corzo, San Cristóbal Las Casas und einige Gemeinden im Norden. – Kleine, sehr gestörte Braunkohlenvorkommen in den tertiären Konglomeraten werden bestenfalls örtlich genutzt.

Im oberen Teil des Burrero-Gewässersystems findet sich auf reichlich 2000 m Höhe im landschaftlich besonders schönen, klimatisch kühlen Tal von Zinacantán – vielleicht Teil eines ehemaligen, später angeschnittenen Kraters? – eine weitere Ballung abstammungsverwandter Indios (1950: Hauptort 1000, gesamtes Municipio 6312 Einw.). Hier sind die kretazischen Kalke – auch geringe Mengen kaum abbauwürdigen Marmors – und Sandsteine reichlich überschüttet von den andesitisch-dacitischen Auswürflingen und Geröllen der Hueitepec-Krater. Die Fruchtbarkeit der gemischten Verwitterungsböden wird durch die Schroffheit der Talwände und mangelnde Sorgfalt der Bearbeitung wieder aufgehoben. Zu größeren Anbauflächen fehlt allenthalben der Platz; kleine Hangfelder mit Mais, Weizen, Bohnen und Gemüsen erinnern an echt alpine Steiläckerchen. Einzeln und in Gruppen (parajes) sind die mit abgedunkeltem Gras bedeckten Lehm- und Kiefernholzhütten der Zinacantecos dazwischen verteilt. Nur im Hauptort Sinacantán des gleichnamigen kleinen Municipios gibt es innerhalb des Tales Kirche und Schule, Bürgermeisterei, eine neue kleine Station des Instituto Nacional Indigenista, ein paar Läden und Branntweinverkäufe.

Die Bevölkerung, sprachlich zu der Tzotzil-Gruppe gehörend, zählt zu den aufgeschlossensten aller indianischer Bevölkerungselemente von Chiapas, sehr zum Unterschied von den stumpferen und passiveren benachbarten Chamulas. Nicht zuletzt auf sie wird sich die Beschreibung des Bischofs Bartolomé de las Casas beziehen. Nach beschwerlicher Reise war der damals bereits siebzigjährige, in allen spanischen Kolonien bekannte, ebenso beliebte wie verhaßte „Indianer-Pater" im Frühjahr 1545 als vor kurzem geweihter Bischof in dem eigens für ihn geschaffenen neuen Bistum „Chiapa" eingetroffen. Die Bewohner der ihm anvertrauten 25 Ortschaften im Umkreis von San Cristóbal schilderte er später als „friedliche, zuvorkommende, sehr intelligente und besonders musikalisch begabte Menschen" (Gel, 1958, S. 51). Man könnte die Sinacantecos heute nicht besser charakterisieren.

Fast alle nennenswerten Siedlungen des zentralen Hochlandes sind, zumindest mit ihren Dorfkernen, an ähnliche Täler, Flächen und Becken innerhalb des unruhigen Reliefs gebunden. Nur kleine Einzelgehöfte und vorgeschobene Brandrodungskolonien finden sich auch in ausgesprochener Hanglage nahe einer Schichtquelle, eines Grundwasserloches oder in entsprechender Entfernung vom nächsten Bachlauf. Im Verbreitungsgebiet der Kalke sind bald größere, bald kleinere Poljen und Dolinen bevorzugte Ansatzpunkte dörflicher Niederlassungen. Im Bereich der vulkanischen Durchbrüche übernehmen einstige Kraterböden oder durch Lava- und Tuffmassen abgesperrte Talstücke diese Aufgabe. Ein besonders typisches Beispiel ist der etwa 1 km Durchmesser fassende Kessel von

Navenchaog (auch Navenchauc, Navenchao) 20 km westlich von San Cristóbal in einem der höchsten Teile der eigentlichen „Mesa" auf 2300 m.

Ein von Osten her am Grunde einer mindestens 6 m tief ausgespülten schmalen Barranca in dieses Becken eintretender kleiner regenzeitlicher Bach dürfte früher nach NW hin Richtung Escopetazo-Tal ausgeflossen sein. Dieser Ausgang ist jetzt versperrt. Erzstaub enthaltende dacitische Massen umschließen die Nordhälfte des Kessels. Teils bestehen sie aus einem bald grob-, bald feinkristallinen festen Gesteinspfropf, dessen Zentrum wenige hundert Meter nördlich des Dorfes liegt, teils aus pyroklastischen, relativ bis 150 m hohen Tuffmassen. Sie überlagern die alt- bis mittelkretazischen Kalke, und diese sperren ihrerseits in geschlossenem Kranz auch die Südhälfte des Kessels ab.[11])

Der am tiefsten gelegene Westteil des Kessels füllt sich in der Regenzeit mit einer Lagune und gewährt in der Trockenzeit aus einigen künstlich gegrabenen „pozos" und einem kurzen, winzigen Rinnsal den Bewohnern des Dorfes und ihren Schafen gerade so viel Wasser, daß sie leben können. Ein in der Südwestecke im Kalk befindliches Versickerungsloch (sumidero, Ponore) mit unbekanntem Ausgang am jenseitigen Steilabfall zum Valle Central sorgt für Beseitigung der überschüssigen regenzeitlichen Wassermengen. Der früher zweifellos den ganzen Kessel erfüllende See wird sich durch diese unterirdische Kluft schließlich einen Abfluß geschaffen haben. In dem um wenige Meter höher gelegenen Ostteil und versprenkelt an den Hängen liegen in Abständen einzeln oder in Gruppen, auch hier um einen Mittelpunkt mit Kirche, Schule usw., die abgezäunten Hütten der etwa 1200 Tzotzil-Bewohner ebenfalls aus der Gruppe der Zinacantecos.

Mit Holzzäunen zum Schutz gegen die Weidetiere umgeben sind auch die fast bei jedem Hause befindlichen Gärten mit Handelsblumen, wie Nelken, Gladiolen, Callas, für die Märkte von Tuxtla und San Cristóbal. Im übrigen erfüllen Äcker mit Mais, Busch- und Feldbohnen den Boden des Kessels außerhalb der Lagunenberandung. Im Bereich der dacitischen Überschüttung liegt grau bis gelbliche, quarzhaltige, über dem Kalk dagegen tonige rote Erde. Die sorgsam abgesammelten vulkanischen Gerölle und Kalktrümmer der Steilhänge sind zu Einfassungsmauern und kleinen Terrassendämmen geschichtet. In der niederschlagsarmen Zeit von November bis April finden die Schafe, wenigen Rinder und Packtiere in der trockengefallenen, am Boden mit Gras bewachsenen Lagune einige Weide. Im übrigen werden sie in die ringsum verbreiteten Kiefern-Eichen-Wälder getrieben. In diesen liegt auch die Mehrzahl der Milpas; der kleine Kessel reicht nicht aus.

Auf der einen Seite stürzen die Hänge steil zum Valle Central, auf der anderen Seite ebenso jäh zum vielfach um vorspringende Bergnasen und Felsbastionen hin und her gewinkelten Kerbtal des oberen R. Burrero

11) Die Darstellung auf der Karte im Excursionsführer C-15 des Congreso Geológico Internacional (Mexico 1956) wird den Tatsachen nicht ganz gerecht. Sie läßt die pyroklastischen Tuffe den gesamten Kessel von Navenchaog einschließen.

ab. Brandwirtschaft und Erosion haben an ihnen verheerende Spuren hinterlassen. Selbst wo der Wald nur zwecks Erzielung von Grasweide abgebrannt wird, entstehen schwere Schäden am Boden. Die Kiefernstämme werden dort, falls sie nicht für Kienholzgewinnung bereits angeschlagen sind, zwar in der Regel nur etwa 7 m hoch angekohlt und das Geäst ca. 15 m hinauf versengt, treibt dann aber, gleich einem Teil des Buschwerks, den Kraut- und Graswurzeln später wieder durch. Dagegen verbrennt die bodenschützende Narbe der Laub- und Nadelstreu fast restlos. Schon bei den ersten schweren Gewitterschauern der Regenzeit wird daher an den Steilhängen nicht nur die düngende und wassersaugende Asche, sondern auch die durch das Feuer mürbe gewordene obere Bodenschicht abgewaschen und davongespült. Schätzungsweise gehen in Gelände dieser Art auf jedem für Milpas und Weidezwecke genutzten Quadratkilometer jährlich mindestens 1000 cbm Boden zusätzlich zu der normalen Abtragung verloren. Diese Tatsachen beziehen sich keineswegs nur auf die Landschaft um Navenchaog, diese ist hier nur als Beispiel herangezogen worden. Sie können für das gesamte hier zur Darstellung gelangende Gebiet verallgemeinert werden.

Das sehr viel ausgedehntere, ca. 7×4,5 km auf dem Boden und 12×6 km im größten Durchmesser fassende,[12]) einem riesigen Krater nicht unähnliche Hochbecken oder Valle de San Cristóbal auf rund 2100 m Meereshöhe ist eine getreulich vergrößerte Wiederholung des vorgenannten Kessels von Navenchaog. Es liegt inmitten einer weiten, leicht gewellten, von zahllosen Tälern und Dolinen durchsetzten Karstebene der mittelkretazischen Kalkmassen, über die im NE das breite Massiv des Zontehuitz mit dem höchsten Gipfel des Zentralgebirges (2860 m), im W und SW der mehrgipflige Vulkankomplex des Hueitepec-Ecatepec (bis 2760 m) aufragen. Hier wie dort ist ein Teil, in diesem Falle der westliche Teil der ehemaligen Großpolje, durch jüngere andesitische-dacitische Massen überschüttet worden. Sie entstammen vorwiegend der Kraterserie des Hueitepec-Ecatepec-Komplexes, zu dem auch das Ausbruchszentrum bei Navenchaog noch gerechnet werden muß. Außerdem mögen mit nordöstlichen Windströmungen Aschenmassen von Ausbrüchen des Zontehuitz in das Becken eingeweht, vielleicht auch Tuffschlammströme eingeflossen sein. Mehr oder minder mächtige grobklastische Tuffe mit vielerlei Einschlüssen, darunter wenig oder garnicht abgerollte Kalkbrocken, rötliche und graugrüne Sandsteine (von der bei den Ausbrüchen zerrissenen kretazischen Decke?), verhüllen teilweise noch die kleinen, von Kirchen der Stadt gekrönten Kalkriffe in der Mitte des Beckens. Die nicht von vulkanischen Massen verhüllten Ränder zeigen gebankte, an Muscheln reiche Plattenkalke; bei schwachem Einfallen nach N streichen sie vornehmlich in ESE / WNW-Richtung.

Wie im Kessel von Navenchaog besteht auch hier keine oberirdische Abflußmöglichkeit der von allen Seiten zuströmenden, im Río Amarillo („gelber Fluß", oder Río de San Cristóbal, im oberen Teil von Sapper,

12) Irrtümlich beziffert de la Peña (1951, I, S. 135) die Fläche des Beckens mit 30 000 ha, also 300 – anstatt rund 30 – qkm.

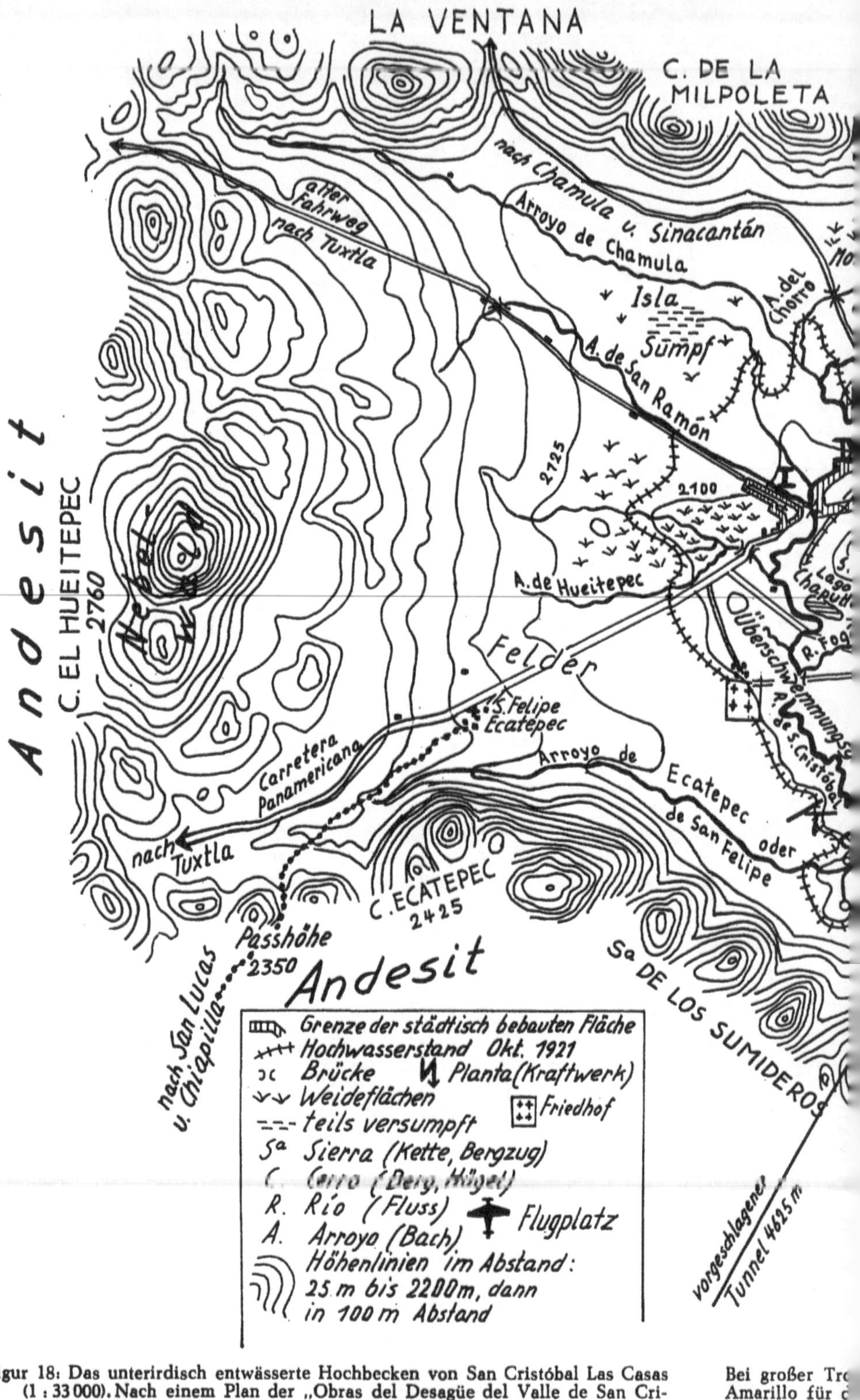

Figur 18: Das unterirdisch entwässerte Hochbecken von San Cristóbal Las Casas (1 : 33 000). Nach einem Plan der „Obras del Desagüe del Valle de San Cristóbal Las Casas, Chis." Ergänzt durch Karl Helbig.

Der Río Amarillo entsteht etwa 3 Stunden talaufwärts aus 2 Quellflüssen, deren einer vom Cerro Zontehuitz, der andere mehr aus östlicher Richtung kommt.

Bei großer Tr
Amarillo für d
niert.

Auf allen ran
Bergfelder und

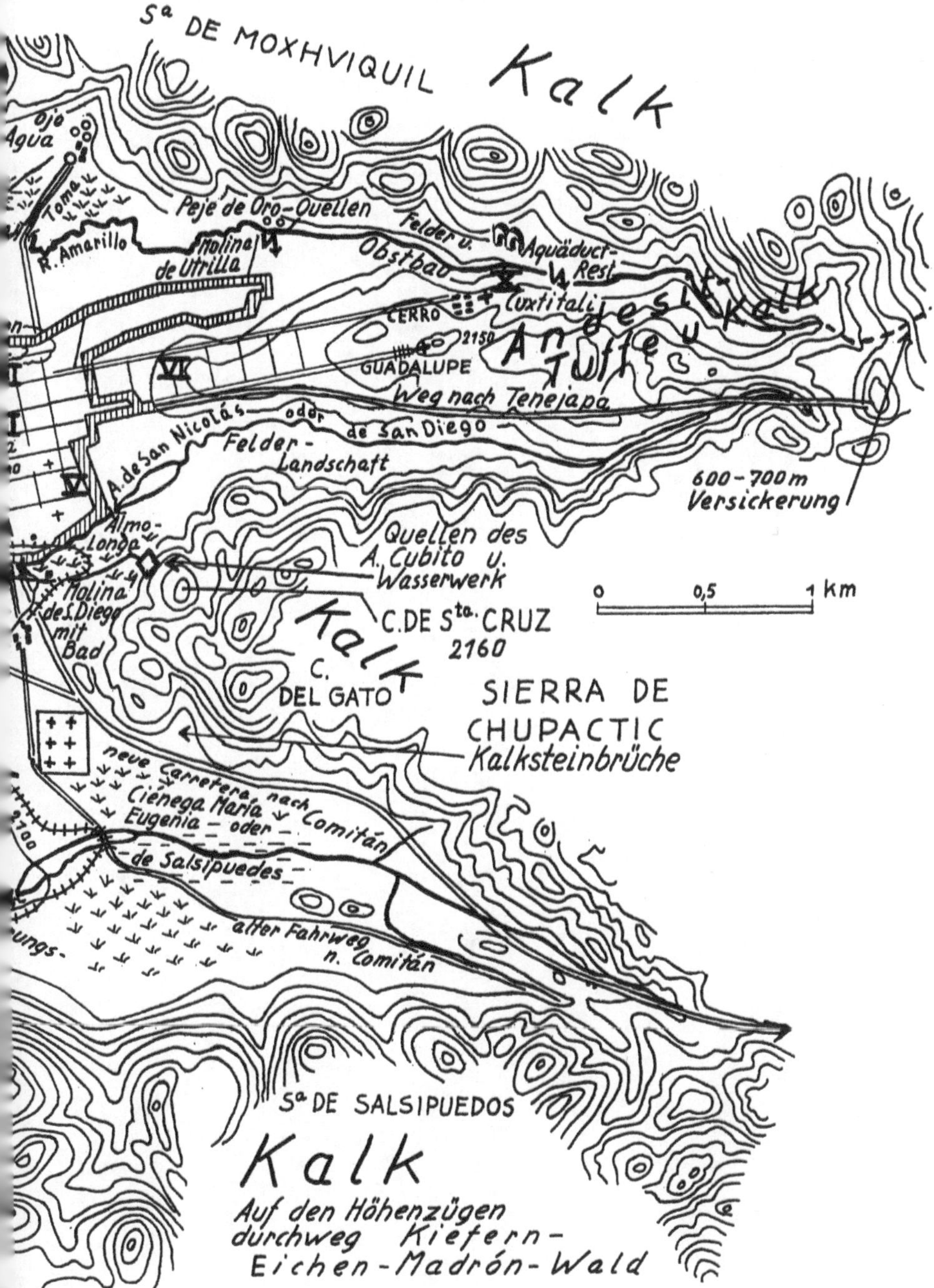

Barrios von San Cristóbal Las Casas.

I	S. Ramón	VI	Guadalupe
II	La Merced	VII	El Cerrillo
III	S. Antonio	VIII	Mexicanos
IV	S. Diego	IX	Centro
V	Sta. Lucia	X	Cuxtitali

. vom Oberlauf des R. Fogótico Wasser in den R.
ezapft werden. Die beiden Plantas arbeiten koordi-

:ügen Kiefern-Eichen-Madrón-Wald,
gen.

1899, S. 18, als „Caracol-Bach" bezeichnet) gesammelten Bäche (vergl. Fig. 18). Das Flüßchen verschwindet vor der südlichen Kalkberandung in mehreren „sumideros", hier im Sinne von echten Versickerungslöchern oder Naturtunnels. Im ganzen sind es acht Ponore, jedoch nicht alle sind in Tätigkeit. Rund 1200 m tiefer kommt das Wasser bei El Zapotal (San Lucas) als Río Frío („kalter Fluß") wieder ans Tageslicht. Noch 20 km vom Austritt entfernt verdient der Fluß seinen neuen Namen zu Recht. Nicht nur dieses im Warmland befremdlich kalte Wasser – das leider nirgends für Fischzucht genutzt wird – sondern auch mitgeführte Manzanilla-Äpfelchen, wie sie um San Cristóbal in Masssen wachsen, beweisen die Herkunft von dort oben. Ein amerikanischer Wissenschaftler soll vor mehreren Jahren die Identität der beiden Flüsse durch künstlich zugesetzte Farbstoffe nachgewiesen haben; eine entsprechende Veröffentlichung darüber ist Verf. nicht bekannt geworden. Eduard Seler scheint von der Existenz dieser immerhin interessanten Abwässerung des Beckens nichts erfahren zu haben. In seinem Reisebericht (1925, S. 116) wird zwar der San Cristóbal-Fluß, nicht aber werden die Sumideros erwähnt. Hauptsächlich von dem deutsch-mexicanischen Ingenieur Schlie entworfene Pläne zum Bau eines künstlichen Tunnels zwecks Ausnutzung des Gefälles zur Krafterzeugung werden von Zeit zu Zeit diskutiert.

Gleich dem von Navenchaog muß auch das Becken von San Cristóbal früher, das heißt nach seiner Bildung im Tertiär, von einem Süßwassersee erfüllt gewesen sein. Der im großen und ganzen ebene, nur von einigen bis 30 m hohen Kalkriffen und noch niedrigeren flach gewölbten vulkanischen Schildbuckeln (Lavablasen?) überragte, teilweise noch mit diluvialen Ablagerungen bedeckte Talboden spricht ebenso dafür wie das Vorkommen von schwachen Kieselgurlagen (Diatomit) an den Rändern und schließlich die Tatsache, daß alten Aufzeichnungen gemäß unfern des Ecatepec-Gipfels eine Siedlung namens „Coletl", mit der Bedeutung „Stadt am Ufer des Sees", gelegen hat (Morales V., 1943, S. 22). Möglicherweise hat dieser See anfangs einen unterirdischen Abfluss nach Osten hin besessen. Eine dort verlaufende Karstrinne könnte dem eingesunkenen Abflusstunnel entsprechen. Später hat der See einen Abfluss gefunden. Auflösungsvorgänge, Wasserdruck und Spaltenausspülung in den Kalkschichten des Untergrundes schufen die gegenwärtig vom Río Amarillo benutzten Sumideros.

Teile des Beckens blieben, zumal Grundwasseraustritt hinzukommt, bis zur Gegenwart versumpft. Verstopfung der Abflusstunnel durch Schlamm, Buschwerk und Kräuter kann der Stadt und den Feldkulturen verheerende Überschwemmungen bereiten (vergl. hierzu die Hochwassergrenze des Jahres 1921 auf Figur 18). In besonderer Erinnerung ist die schwere Katastrophe vom 29. Aug. bis 2. Sept. 1785, als jüngste die des Jahres 1932 (Morales V., 1943, S. 20). Der 1864 als Jefe Politico y Comandante Militar nach San Cristóbal berufene chiapanekische Revolutionsheld und spätere Staatsgouverneur General Miguel Utrilla (s. auch Becerra, 1946) ließ zwecks Beseitigung der Verstopfungsgefahr unter großem Arbeitsaufwand einen der Sumideros zu einem „embudo" (Trichter) von mehrfacher Fasssungskapazität erweitern. Dieser liegt heute jedoch so hoch, daß er nur noch bei maximalem Überschwemmungsstand erreicht wird. Leichte Hebung des entsprechenden Randgebietes im Bereich der Ponore oder Senkung des zentralen Beckenteiles müßte also seitdem stattgefunden haben. Anfang 1959 wurden $^1/_4$ Million Pesos für die Reinigung der Sumideros zur Verfügung gestellt.

Auf den tiefstgelegenen, allerdings kaum 1 m unter Beckenniveau eingemuldeten, auch in der trockeneren Jahreszeit durch Quell- und Grundwasseraustritt sumpfig bleibenden Weideflächen haben sich in großem Umfang vom Vieh nicht angenommene Kräuter, wie die Liliacea Allium glandulosum, die karminrot blühende Onogracea Oenothera rosea und eine kleine Mentacea angesiedelt. Der hier allenthalben verbreitete Löwenzahn und Spitzwegerich wird vom chiapanekischen Vieh ebenfalls nicht gefresssen, wohl aber die alle Wegränder besäumende Chilca-Composite und das auch bei uns an feuchten Grabenrändern wachsende großblättrige Vinagreva-Kraut. José Weber hat (unveröffentlicht) berechnet, daß die gegenwärtig auf den Flächen des Beckens weidenden rund 1500 Rinder, 600 Pferde und 1800 Schafe bei zweckmäßiger Drainage und Ersatz der unnützen Kräuter durch Futtergräser auf insgesamt 15 000 bis 20 000 Weidetiere vermehrt werden könnten. Notwendig wäre dabei allerdings auch Futtervorratswirtschaft für lange Dürreperioden. Gegenwärtig hat das Vieh bei langer Dürre nach Verzehr des wenigen aufgesparten Maisstrohes (rastrojo) oft nur noch die entlang der Gewässer und als Grenzmarkierungen reichlich vorhandenen Saucebäume zum Abweiden zur Verfügung. Wenn es auch diese bis in erreichbare Höhe abgefressen hat, kann es nur mit größter Mühe durchgehalten werden. Viele Tiere verenden auch in den Sümpfen, noch mehr durch die auf den nassen Weiden verbreiteten Leberegel (sanguijuelas).

Etwa der sechste Teil des Beckens wird heute von der Stadt San Cristóbal und ihren Außensiedlungen eingenommen. Sie ist jedoch im ungünstigsten, tiefsten und völlig freien Teil, einem wahren Frost- und Nebelloch, gegründet worden. Der Vergleich mit nebligen Spätherbsttagen in den Marschen der Unterelbe liegt dort manchmal nahe, wenn an kühlen Morgen die Dächer bereift sind, nasse Wolken dicht über den frostigen Weideflächen liegen, das Vieh sich frierend zusammendrängt und die Menschen sehnsüchtig auf den Durchbruch der Sonne warten. Schon unter den Randhängen und namentlich im geschützten Tal des mittleren Río Amarillo im Nordostzipfel des Beckens herrscht ein wesentlich günstigeres Lokalklima. Um den Außen-Barrio Cuxtitali – mit einer freundlichen und aufgeschlossenen, angeblich von aztekischen Kriegern, die durch den Stadtgründer Mazariegos herbeigeführt wurden, abstammenden Bevölkerung – liegt dort das Hauptgebiet der Obstkultur mit Pfirsichen, Äpfeln, Quitten, Zwetschgen, Feigen, Birnen und Walnüssen. Nahezu restlos mit Feldern und Obstgärten ausgefüllt sind auch die übrigen in das Becken einmündenden Täler, namentlich die des Río Fogotico von E, R. San Felipe von SW und R. Chamula von NW. Die aus den Sumpfflächen des mittleren Beckenteiles entspringenden kleinen Bäche reichen zur restlosen Abwässerung des Naßgeländes nicht aus.

Im Gegensatz zu vielen anderen chiapanekischen Siedlungen kennt San Cristóbal Las Casas selbst in den trockensten Monaten eine drückende Wassernot nicht. Der R. Amarillo führt niemals weniger als 3 cbm / sec guten Bergwassers. Innerhalb des Beckens wird er zunächst durch die unmittelbar neben ihm aus Kalktoren entspringenden Peje-de-Oro-Quellen verstärkt. (Der Name bezieht sich auf einen in Gold gekleideten, die Quellen bewachenden Geist, der täglich um 12 Uhr erscheinen soll.) Etwas weiter abwärts nimmt er über eine von den Spaniern zum Antrieb einer Mühle gemauerte 300 m lange Toma (Graben, künstliche Wasserzufuhr) einen Teil des besten Wassers des San-Cristóbal-Beckens auf, und zwar aus den am Nordrand des Beckens, am Fuß des Moshviquil- oderMoxbiquil-Berges [13]) entspringenden Ojo-de-Agua-Quellen. Ihren natürlichen Abfluß finden sie über das Flüßchen Agua Tibia; es wird neuerdings zur Bewässerung der Versuchsfelder des Instituto Nacional Indigenista herangezogen. Die gleichnamige Siedlung Ojo de Agua am Bergfuß ist, genau wie San Felipe Ecatepec an der gegenüberliegenden Seite, ein alter Umschlagsplatz für indianische Erzeugnisse aus den anschließenden Berggebieten. Alle in dem Hochbecken entspringenden Quellen liefern vorzügliches Wasser, weil alle Quellbecken von reinigender Brunnenkresse (berro) bewachsen sind (M o r a l e s V., S. 22).

Die Spanier entnahmen das Trinkwasser für San Cristóbal aus dem oberen Río Amarillo, leiteten es in einer Toma am rechten Flußufer abwärts, dann in einem ca 40 m langen Viadukt – von dem heute noch 8 m stehen - zur linken Talseite hinüber und erneut vermittels eines Kanales in die Stadt. In jüngerer Zeit nützen zwei kleine koordinierte Kraftwerke das Gefälle des wasserreichen, allerdings kaum 4 m breiten Flusses. Bei langer Trockenheit können sie zusätzlich Wasser vom Oberlauf des aus der Lagune Las Manzanas ca 12 km östlich des Beckens entspringenden Río Fogótico abzapfen. Der erzeugte Strom reicht jedoch für die Stadt nicht aus. Sie erhält Hilfslieferungen von der weiter oben erwähnten Bombaná-Planta; 1958 wurde überdies noch ein Diesel-Dynamo in Betrieb genommen. Zur Trinkwasserversorgung wird heute hauptsächlich das „Almolonga" genannte Quellenfeld des Cubito-Flüßchens am Fuße des östlichen Kalkrandes herangezogen. Es liefert $\pm$ 150 l / sec. Nur $^1/_5$ bis $^1/_4$ dieser Menge wird gegenwärtig zu einer kleinen Wasser-Planta hinaufgepumpt und von dort unter dem notwendigen Druck in die Stadtleitungen verteilt. Da täglich höchstens 10 Stunden gepumpt wird, gelangen rund 1 Million Liter zur Verteilung, auf rund 20 000 Einwohner 50 l je Kopf; im Vergleich zu Tuxtla, das pro Kopf und Tag 250 l ansetzt, eine sehr bescheidene Menge. Der große Unterschied erklärt sich zum einen aus dem kühleren Klima San Cristóbals, in dem weniger getrunken, gebadet und Eis verbraucht wird als in Tuxtla, zum anderen aus dem Fehlen solcher industrieller Wasser-Großverbraucher wie die Coca-Cola-Fabrik in Tuxtla; San Cristóbal besitzt nur einige kleine Betriebe für Limonadenherstellung.

Auch an den, heute zum Betrieb des einzigen Freibades von San Cristóbal herangezogenen, Río Cubito war früher eine Mühle angeschlossen.

13) Platz der indianischen Kalendergottheit Mosh.

Im Bannkreis der Stadt gibt es eine ganze Reihe von Wassermühlen. Der Weizenanbau der Umgebung reicht jedoch für ihre Inbetriebhaltung nicht aus. Es wird daher auch aus entfernteren Anbaugebieten, etwa um Huixtán und Teopisca, Weizen herangeführt. Einige Mühlen stellen zusätzlich Blockeis her. Die übrigen nennenswerten Industrien der Stadt: Kaffeeaufbereitung, Fleischwaren, Kalkverarbeitung, Feuerwerkskörper usw., wurden bereits im Kapitel „Wirtschaft" erwähnt.

Von den vorkolumbianischen Indianern wurde das flache Becken als „Gueizacatlán" (auch Hueisacatlán, Huey Zacatlán, wörtlich: zusammen mit, oder verbunden mit großem Gras) oder „Jovel" – das ist das hohe Pajón-Gras – bezeichnet. Mitten auf der Fläche wurde die Stadt am 31. März 1528 durch den von Tabasco zum oberen Grijalva-Tal heraufgekommenen Eroberer, Kapitän Diego de Mazariegos, in andalusischem Stil auf genau 2100 m Meereshöhe, wohl überlegt fast genau im Zentrum von Chiapas und in gesundem Klima, aber in Unkenntnis der lokalen Nachteile gegründet und zu Ehren des Kalenderheiligen „Villa de San Cristóbal" benannt. (Vergl. hierzu Dominguez, Flores Ruíz, Morales, Salazar Cordova, S. 97, u. a.). Ihm freundlich gesinnte Chamula hatten ihn, der dieses Becken bisher nur aus der Trockenzeit kannte, gewarnt. Sie wußten, daß es in der Regenzeit völlig versumpfte und nach Berichten ihrer Vorfahren früher ein See gewesen war. Der voreilige Spanier hatte auf diese Warnung jedoch nicht gehört. Der Ort war zunächst für 400 Familien spanischer und gemischter Abkunft berechnet; noch heute leben Nachkommen einiger jener ältesten Geschlechter in der Stadt. Wenige Jahre später wurde ihr der Beiname „de los Llanos" zugelegt. Kaiser Karl V. adelte sie 1535 und verlieh ihr ein Wappen, mit Darstellung des Sumidero-Cañons und einer Kokospalme; es ist später das Wappen des Staates Chiapas geworden. Schon im folgenden Jahr wurde sie zur „Ciudad Real" (Königlichen Stadt) erklärt und blieb es bis zur Lösung von Spanien im Jahre 1824. Ab 1829 schlicht nur noch unter dem Namen „San Cristóbal" geführt, erhielt sie zu Ehren ihres ersten hier amtierenden und berühmtesten, oben schon genannten Bischofs Bartolomé De Las Casas – ein von ihm ernannter hatte das Amt nicht angenommen, ein zweiter war auf der Überfahrt gestorben – durch ein Dekret vom 17. Januar 1844 den Zusatz „Las Casas". In der kirchen- und heiligenfeindlichen Periode, genau hundert Jahre später, stieß sie am 13. Februar 1934 das „San Cristóbal" gänzlich ab und nannte sich nunmehr nur noch „Ciudad de Las Casas", diesmal weniger den Bischof als den Beschützer der Indios damit ehrend. Die äußerst konservativ-katholische Bürgerschaft erwirkte jedoch 1945 die Berechtigung, erneut die Doppelbezeichnung „San Cristóbal Las Casas" als offiziellen Namen für ihre Stadt führen zu dürfen.

Um den ersten und ältesten „barrio" sind inzwischen neun weitere gewachsen.[14] Aber seine einstige Rolle als Hauptstadt von Chiapas hat

14) Eine wörtliche Übersetzung dieses kolonial-spanischen Ausdrucks fällt schwer, „Stadtteil" oder auch „Kirchengemeinde" besagt zu wenig. Barrios sind räumlich, gemeindlich und rechtlich festgefügte Einwohnergruppen, selbstverständlich mit einer Kirche als Mittelpunkt und einem gewählten Vorstand, der die Interessen seines Barrios zu vertreten hat und außerordentliches Ansehen genießt. Kein Bürgermeister, keine Stadtverwaltung würde z.B. einen Beschluß ohne vorheriges Anhören der Barrio-Vorstände fassen.

San Cristóbal, nach bereits einigen Teilverlegungen von Regierungsbehörden im Verlauf der zweiten Hälfte des vorigen Jahrhunderts, endgültig ab 1893 an Tuxtla abgeben müssen. Ein nach der Revolution 1911 unternommener Versuch der Sancristobalenser zur Rückerlangung der Regierung endete ohne Erfolg. Auch seine in der Mitte des 17. Jahrhunderts als fünfte Hochschule auf dem Neuen Kontinent gegründete, abwechselnd von Dominikanern, Franziskanern und Augustinern geleitete Universität, die lange Zeit einzige für Chiapas, Tabasco und Campeche, ist erloschen. Nur ein Lehrerseminar und eine Rechtsschule blieben übrig.

Wohl aber ist die Stadt seit der Ernennung zur Diözese durch eine Bulle des Papstes Paul III. am 14. April 1538, und seit dem Einzug jenes zum Bischof erkorenen Fray Bartolomé de Las Casas vom Orden der Predikatoren im Jahre 1545, einziger Bischofssitz von Chiapas geblieben. Erst 1958 wurde die Errichtung eines zweiten Episkopats für den Staat in Tapachula im Soconusco in die Wege geleitet. Geistlichkeit und katholischer Geist, katholische Kultur und Sitten geben dieser ältesten Stadt im gesamten Südteil Mexicos den wesentlichen Inhalt. Ein jüngeres, ebenfalls in ihr herrschendes Element: der internationale, besonders stark nordamerikanisch ausgerichtete Tourismus, vermag daran nichts zu ändern. Anziehungspole für ihn sind – mit Ausnahme einiger Kirchen, kleinen Sehenswürdigkeiten, Touristenhotels und Kuriositäten – nicht die Stadt und ihre Bewohner selbst, obwohl die erstere weniger unschön als viele andere mexicanische Siedlungen ist und die letzteren in ihrer betonten traditionellen Haltung nicht unsympathisch wirken. Vielmehr locken den fremden Besucher die klimatischen und landschaftlichen Vorzüge des Hochlandes als solchem und vor allem die indianische Nachbarschaft der Stadt. Der internationale Wissenschaftler findet überdies hier, vor allem dank des privaten Forschungsinstitutes und Archivs von Frans Blom und Gertrude Duby, sowie der reichhaltigen Bibliothek des deutschen Schulleiters José Weber, weit bessere Möglichkeiten zur Unterrichtung als etwa in der Hauptstadt des Staates.

Nach den verschiedensten Richtungen hin streben die Wege zu den Indiosiedlungen des Hochlandes aus San Cristóbal hinaus. Alle müssen sie den das Becken umrandenden Höhenkranz auf Pässen bis zu 2400 m hinauf überwinden. An verschiedenen Stellen, so u.a. am Westausgang des Beckens bei San Felipe, ferner auf halber Höhe des südlichsten der drei Hueitepec-Gipfel und an der „Ventana", dem „Fenster" oder der Paßhöhe nach Sinacantán und San Juan Chamula, ragen teils sehr grobe, mürbe, reichlich Feldspat und teils abgerundete Quarze enthaltende gelb-rötliche Arkosen, oberflächlich in Runsen und Klippen zerfressen, teils feinere feste, mit Muskovit und Erz angereicherte graugrüne Sandsteine, rötlich-violette ärmliche Böden bildend, riffartig aus dem Untergrund durch die vulkanischen Aufschüttungen. Andererseits liegen tertiäre Sandsteine und Mergel, wie Sapper (1899, S. 18) z. B. bei San Felipe beobachtete, zuweilen auch über den Andesiten des Hueitepec.

Ein Mischwald aus Kiefern, Eichen, Manzanilla-Wildäpfeln und Madrón-Ericazeen bedeckt Hänge und Kämme. Er ist das fortwährende und immer stärker gelichtete Nutzholz- und Brennstoffmagazin der Stadt. Auf den steilen, überaus steinigen Kalkrändern sind nur wenige Milpas und Fruchtgärten, hier vorzugsweise mit Feigenkakteen, angelegt worden. Reichlich dagegen schieben sie sich, auf kleinen Pfaden erreichbar, auf den dacitisch-andesitischen Böden am Vulkangebirge des Hueitepec und Ecatepec im W und SW sowie auf den, hinter der nördlichen und nordöstlichen Kalkberandung des Beckens beginnenden, Ausläufern des Zontehuitz aufwärts. An zahllosen Erosionsfurchen, Schluchten und Narben liegt rostbrauner, roter oder graugelber Boden nackt zutage und leuchtet weithin aus dem Grün der Waldungen und Felder. Perennierende Bäche fließen munter zu Tal; Schafe weiden auf den mit Gras und Binsen bestandenen Flanken, von ärmlichen, ungepflegten, scheuen indianischen Frauen und Kindern in malerischen Trachten gehütet.

Wahllos auf Kuppen und Kämmen, an Hängen, auf Talsohlen und den sie in $\pm$ 35 und 70 m Höhe begleitenden Terrassensystemen, wo immer eine Möglichkeit zur Anlage von ein paar Feldstücken in der Nähe ist, liegen die in „parajes" zusammengefaßten indianischen Einzelsiedlungen. Wo sich auf einer Ebenheit ein größerer Dorfkern gebildet hat, fehlt nicht die katholische Kirche. Aber ebensowenig fehlen allenthalben die drei charakteristischen „Chamula-Kreuze", die zwar durchaus „christlich" wirken, jedoch alles andere als christliche Bedeutung besitzen. Eines von ihnen soll die bösen Geister der verhaßten Ladinos, der Mischlinge, bzw. diese selbst von den Siedlungen fernhalten. Das zweite schützt vor den „naguals", den Totengeistern und dem unberechenbaren Zweiten Ich. Das dritte schließlich ist nichts anderes als das alte heilige Sonnenkreuz der Mayavölker. Um im Geheimen seine ursprüngliche Gleichschenkligkeit zu bewahren, werden an dem Längsbalken in entsprechender Höhe kleine gleichschenklige Sonnenkreuze eingeritzt bzw. an dieser Stelle Blumen, Palmblätter oder das zu religiösen Schmuckzwecken gern verwendete „pashte" (Tillandsienbehang des Bergwaldes) angebracht. Wo die drei Kreuze nicht nebeneinander, sondern hintereinander stehen, wie etwa vor der Kirche des großen Indianerdorfes Tenejapa, steht das „Maya-Kreuz" stets zuhinterst, um vor sich durch die beiden anderen Kreuze die symbolisierten Gefahren abzuwenden.

Als weitere großflächige Hohlform auf der Mesa Central mit Abfluß zum oberen Río Grijalva – viele kleinere müssen hier unberücksichtigt bleiben, sind aber nicht weniger typisch – ist noch das 6 km lange, bis 3 km breite, von Terrassenresten in rund 12 m Höhe begleitete H o c h t a l u m T e o p i s c a nebst den anschließenden Ebenheiten um Amatenango del Valle und Aguacatenango knapp 30 km Luftlinie östlich des San-Cristóbal-Beckens zu nennen. Quellbäche des Río Blanco, die später streckenweise wieder versickern, haben auf einem stufenartigen Absatz der Mesa gegen die Zentral-Depression hin eine breite Hochtallandschaft mit 1800 bis 1900 m Talbodenhöhe ausgewaschen, und zwar innerhalb ausgedehnter Kalkschichten der mittleren Kreide (Sierra-Madre-Kalk). Im Umkreis von Teopisca ist sie mit jungen Alluvien vollgespült worden.

Die kalkhaltigen Schwarz- und Braunböden, die sanft geneigten Flächen und guten Bewässerungsmöglichkeiten gaben Anlaß zu regem Ackerbau mit vornehmlich Weizen, Kartoffeln, Gemüsen und Alfalfa-Luzerne der indianischen Bevölkerung und der im Flecken Teopisca (1950: 3150 Einw.) konzentrierten Mischlinge. Neuerdings wurde in seiner Nähe auch eine staatliche landwirtschaftliche Versuchsstation mit Bewässerungsfeldbau eingerichtet. Die vielen Berieselungsgräben dieser Landschaft entziehen dem Quellsystem des Río Blanco einen erheblichen Teil seines Wassers; der Rest versickert streckenweise völlig. Pfirsiche, Quitten und Nüsse gedeihen in dieser Höhe noch gut, für Äpfel und Zwetschen liegen die Mitteltemperaturen bereits ein wenig hoch, während andererseits gelegentlich noch Frostwinde von der höheren Meseta herunter einfallen. Häufig sind Pappeln als Grenzmarkierungen angepflanzt worden.

Teopisca ist eine langgezogene, kleinstädtisch gestaltete Straßensiedlung mit Handel, Handwerk und Kleinindustrie. Während des 18. Jahrhunderts beherbergte sie eine vom damaligen Bischof von Chiapas, Don Francisco Gabriel de Olivares, gegründete berühmte Webschule. Sie hat die Textilherstellung der gesamten Umgebung bis zur Gegenwart beeinflußt. Außerhalb des Fleckens überwiegen Indios der Tzeltal-Gruppe. Sie bevorzugen die Höhen um 1500–1800 m, während die Tzotziles vor allem in der Tierra Fría um und über 2000 m zuhause sind. In den malerischen Dörfern Amatenango (1470 Einw.) und Aguacatenango (1050 Einw.), gut 5 bzw. 13 km von Teopisca Richtung E und SE entfernt, haben sie sich große eigenständige nationale Mittelpunkte und gleichzeitig bedeutsame Handwerkszentren der Keramik und Textilherstellung geschaffen. Zeitgemäße Volksschulen und INI-Stationen sorgen für den kulturellen, die Carretera Panamericana und die gut ausgebaute Straße über Aguacatenango nach Pinola für den verkehrsmäßigen Anschluß an die Neue Zeit. Teopisca und Amatenango del Valle sind Municipios, Aguacatenango ist früher eines gewesen und heute noch eine ebenfalls mit nahezu municipalen Rechten und Vollmachten ausgestattete Agencia des südwärts anschließenden großen Municipios Venustiano Carranza (San Bartolomé).

Auf der etwa 5 : 6 km messenden Fläche von Aguacatenango wurde 1954 ein riesiger Mastodon-Backenzahn gefunden. Auf ihr liegt eine, ebenfalls unterirdisch zum Río Blanco abwässernde, in der nassen Zeit auf reichlich 1 qkm anschwellende Lagune. Im September fallen während ihres Fluges gen Süden zum Nutzen der fang- und festesfreudigen Bewohner Scharen von Wildenten auf ihr ein. In der Trockenzeit wird sie zum schlammigen Suhltümpel des Viehs; die Bewohner des Dorfes sind dann auf die unregelmäßige Ergiebigkeit ihrer Brunnen und Grundwasserlöcher angewiesen. Wasseransammlungen geringeren Umfangs bilden sich während der Hauptregen auch am Grunde zahlreicher weiterer kleiner Wannen, Becken und sonstiger Hohlformen dieser auf den Höhen zur Ausbildung gekommenen, in starker Auflösung begriffenen und mit vielen Kegelgipfeln besetzten Karstlandschaft. Ein großer Quellbach des Río Blanco am Talrand östlich von Amatenango ist durch die Recursos Hidráulicos zur Trinkwasserversorgung dieses Dorfes herangezogen worden. Er versorgt auch das nahe gelegene Sägewerk von San Nicolás. Sein gutgehender Betrieb ist auf dem zunächst noch vorhandenen Reichtum der umliegenden Wälder an Kiefern – neben viel Zypressen, Eichen und auch schon ersten Mimosazeen – begründet.

Schon in dieser Höhe beginnt die Zone reichlicher Nebel und Wolkenbildungen. Ihre stärkste Verdichtung erfahren sie im Talbecken von San Cristóbal, in dem oft genug eine echte „Waschküchen"-Athmosphäre herrschen kann. Aber auch im übrigen sind im gesamten Bereich des Zentralen Gebirgsblockes, selbst und gerade in der trockeneren Zeit, neblige Vormittage, sonnenlose, diesige, verhaltene Nachmittage, verschleierte Abende mit leichtem Sprühregen keine Seltenheit. Fast an jedem Tage hüllen sich zumindest die höheren Gipfel eine Zeitlang in weiße Decken, oder schwimmen lichtgraue Wolkenstreifen weich und schwerelos in der Tiefe der Täler. Matte Pastellfarben am Himmelshorizont, eine eigenartige Mischung von Melancholie, Schwere und dennoch sanfter Befriedigung über der Landschaft und ihren Menschen gehören nicht minder dazu. Harmonisch fügen sich die grausilbern verwitterten Kiefernplanken und -schindeln, die blaßbraunen Lehmwände, die geschwärzten Grasdächer der Häuser, die ruhigen Farben der indianischen Kleidung: schwärzliches Indigo der langen Röcke, dunkles Rot der Hüfttücher und Blusen, Schwarzbraun, Weiß und gelbliches Grau der schafwollenen Überwürfe ein. Nur die bunten Bänder, als Ersatz für die früher verwendeten Quetzalfedern, an den flachen Palmblatthüten der Sinacantecos bringen eine heitere Note in diese allgemeine Schwermut, die vollendet in den kleinen, eintönig klagenden Melodien der Chamula-Flöten zum Ausdruck gebracht wird.

2. Die randlichen Bergreihen

Nur an wenigen Stellen läßt sich aus den südwestlichen Abschnitten des zentralen Hochlandes unmittelbar Einblick in den großen Graben des oberen Grijalva-Tales nehmen. Man muß dazu schon höher aufragende Erhebungen ersteigen. Der gesamte Binnenrand scheint bei der jungtertiären Gebirgsbildung leicht aufgebogen oder aufgekippt zu sein und ist seitdem in lange Reihen niedriger Buckel, Kegel und Kämme aufgelöst worden. Sie bestehen auf weite Strecken hin aus Gesteinen der mittleren Kreide, vornehmlich geschichteten Kalken (Sierra Madre Kalk). Ihre braunen Böden sind durchweg mit Waldungen bedeckt; Kiefern, gelegentlich auch Zypressen herrschen in ihnen vor. Eichen, Madrón, Manzanilla und andere Laubbäume sind eingestreut, der Bewuchs mit Bromelien und Orchideen ist unter dem Zustrom feuchter Nordostwinde überaus dicht; auch ein epiphytischer Bergwaldkaktus fehlt nicht. Zumindest im Umkreis der Siedlungen und entlang der Straßen sind allenthalben starke Spuren der Raubnutzung bzw. einer gedankenlosen Verschwendung feststellbar. Nur wenige Maultierpfade queren diese Randzone in Richtung zum Valle Central. Die einzige nach dort abzweigende Fahrstraße Richtung Pinola (Villa Las Rosas) – Soyatitán und weiter nach Pugiltic und Venustiano Carranza einerseits,

Socoltenango andererseits benutzt zum Abstieg die Auflösungsmulden, Abtragungsflächen und Erosionskerben im oberen Zufluss-System des Río Blanco. Sowohl zwischen San Cristóbal und dem Hochtal von Teopisca als auch südöstlich von diesem in Richtung auf Comitán erheben sich die randlichen Gipfel, besonders im Verlauf einiger kräftiger Anschwellungen der Mesa selbst, bis zu gut 2400 Meereshöhe; im relativen Anblick vom Hochland aus sind sie aber nur geringfügige Hügel.

Selbst der in breiter Masse zwischen diese randlichen Kalkberge eingeschobene vulkanische Komplex des Hueitepec (2760 m) wirkt nur wie der Ausschnitt eines mäßigen Mittelgebirges. Seine verschiedenen Gipfel lassen sich von San Cristóbal Las Casas aus in wenigen Stunden erklimmen. Klare Kraterformen sind im Hauptmassiv kaum zu erkennen; es sei denn, daß die eingemuldete Hohlform zwischen seinen drei Gipfeln noch ein größeres einstiges Ausbruchszentrum darstellen könnte. Reicher ist die nahe Umgebung des Hauptgipfelstockes an Zeugnissen vulkanischer Tätigkeit.

Nur durch das schmale, von der Carretera Internacional genutzte San-Felipe-Tal vom Hauptmassiv des Hueitepec und den nach Süden zu einsetzenden Kalkhöhen kaum merklich getrennt, erhebt sich der Cerro Ecatepec. Zwischen seinen Gipfeln und an den Hängen glaubt man bis zu sieben kleine Krater und Explosionstrichter mit entsprechenden Zwischenwänden und Randkränzen herauszuerkennen. Teilweise sind sie von nahezu senkrechten Dacitmauern eingefasst; hier und da sitzen Lavatürmchen und -nadeln den im übrigen glatten Rändern auf. Nur wenige sind durch Bäche angeschnitten; manche tragen kleine Milpas auf ihrem Boden.

Diese vulkanischen Massen sind in engstem Zusammenhang mit den gewaltigen tektonischen Veränderungen des Großreliefs gelegentlich der Heraushebung des zentralen Gebirgsblockes bzw. beim Absinken der Zentralen Depression in nächster Nähe des Steilabfalles entlang von Schwächelinien gefördert worden. Die Effusiva überdecken noch den oberen Teil der Steilflanke. Die darunter liegenden graugrünen grobspatigen Kalke sind von zahllosen Calzitgängen durchsetzt. Entsprechend der geologischen Karte von Boese überdecken kleinere Massen ähnlicher Vulkangesteine die Kalke im NW von Teopisca, im S und NW von Amatenango del Valle und im SE von Aguacatenango.

Während die häufig im Talkesssel von San Cristóbal lagernden Nebel die oberen Binnenhänge des Hueitepec-Komplexes in der Regel freilassen und diese daher verhältnismässig trocken sind, schlägt sich an den nach außen gerichteten Nordseiten viel Feuchtigkeit nieder. Gegen die Gipfelhöhen hin treten die Kiefern zugunsten von Nebelwald-Laubbäumen zurück. Groß- und kleinblättrige Eichen (robles und encinos), arealweise bestandbildend, und die rotrindigen Madrón-Erikazeen bleiben dagegen unvermindert bei, Ternstroemia chalicophila und zahlreiche andere ausgesprochene Höhengewächse gesellen sich hinzu. Die Nord- und Ostseiten der Stämme sind dick mit Moos besetzt. An unsere heimische Vegetation erinnern bis 10 m hohe Sauco-Bäumchen (Holunder) und Mora-Gestrüpp (zarzamora: Brombeere), seltener Chuchumecas (Himbeeren), deren Früchte gelegentlich von Indianerinnen, gleich Rosenkränzen auf Bast gezogen, angeboten werden. Mancherlei blühende Stauden, darunter schöne Wildfuchsien, Adler- und Hirschzungenfarne besiedeln Boden, Felstrümmer und verrottendes Holz. Hier und da hängen Bärlappe an feuchten Furchen; auf Lichtungen steht das hohe, büschelige Pajón-Gras. Hier soll auch die Wildkartoffel (Solanum morifolium) vorkommen, und zwar als Epiphyt, und in der Tierwelt das im übrigen selten gewordene Flughörnchen. Die schönen Quetzal-Vögel sind leider gänzlich verschwunden. Der letzte wurde um 1930 abgeschossen.

Besiedlung und Bewirtschaftung greifen jedoch vom San-Cristóbal-Becken und vom Sinacantán-Tal her immer weiter auch an diesen letzten Naturreservaten aufwärts. Eine Brandrodung folgt der anderen. Selbst unter dem höchsten Hueitepec-Gipfel wachsen auf übersteilen Feldern, die manchmal kaum dem Fuß noch Halt gewähren, bereits Mais und Bohnen. Er scheint übrigens ein altes Terrassenheiligtum gewesen zu sein. Bis zu sieben künstlich abgetreppte Stufen lassen sich an seiner frei abfallenden West- und Südseite am Gipfelkopf verfolgen. Heute krönt ihn ein hohes Holzkreuz.

3. Die Sierra de Nuevo León

(Hierzu Figuren 19 - 21)

Unter dieser, nicht allen Bewohnern geläufigen Bezeichnung sei hier jene vulkanische Bergreihe eingeführt, die sich etwa halbwegs zwischen San Cristóbal Las Casas und Teopisca als einziger auffälliger Vorsprung von dem im übrigen kaum gegliederten Rand des Steilabfalles in nahezu südlicher Richtung mit Unterbrechungen an 20 km weit in die zentrale Depression hinein erstreckt. Diese Sierra de Nuevo León gehört zu den Stiefkindern der Literatur. Da sie von keinem der üblicherweise begangenen Wege berührt oder gequert wird, scheinen alle Reisenden sie umgangen zu haben. Selbst auf der verhälnismäßig dichten Routenkarte Müllerrieds (1957, bei S. 18) bleibt sie ausgespart; Sapper (1899, S. 19), der südlich an ihr vorbeizog, zählt nur ihre einzelnen „kühn gestalteten Berge" mit Namen auf und gibt ihre Gesteine als Andesit an. Als solcher sind sie, von Boese umfangmäßig stark reduziert, auf späteren geologischen Karten ebenfalls eingetragen worden. In dem Geröll des Río Blanco z. B. sind in der Tat neben Daciten, Kalken, metamorphen Tiefengesteinen u. a. auch Andesite reichlich vertreten, teils porphyritisch und mit Fließgefüge. Die oberflächlich an den Bergen zutagegetretenen Gesteine enthalten jedoch zum Unterschied von diesen Andesiten deutlich Quarz als Gemengteil. Sie sollten daher – gleich den Gesteinen des Hueitepec usw. – besser als Dacit, teils auch als Rhyo-Dacit und Rhyolith (Liparit) angesprochen werden. Es handelt sich um ziemlich helle, zuweilen durch Hämatit hellviolett gefärbte Gesteine mit vielen, teils großen Hornblendenadeln in Nestern sowie größeren Erzeinsprenglingen und reichlichem fein verteilten Erzstaub.

Mit dem Cerro Grande de Chenecultic, dem bis ± 2100 m hoch ansteigenden, wahrscheinlich auf einen Spaltenerguß zurückgehenden größten Massiv, beginnt die Reihe unmittelbar am Steilabfall des zentralen Gebirgsblockes. Durch einen rund 1600 m hohen Sattel ist sie mit ihm verbunden. (Vergl. Figur 19 b und 20 b). Im Kontakthof mit den Kalken haben sich feinkörnige, splittrige, rötliche Hornfelse gebildet. Im weiteren Umkreis der Ausbruchs- bzw. Ausflußzentren werden die Gesteine poröser; auch ausgesprochen schlackige Auswürflinge, oft in mächtigen Blöcken

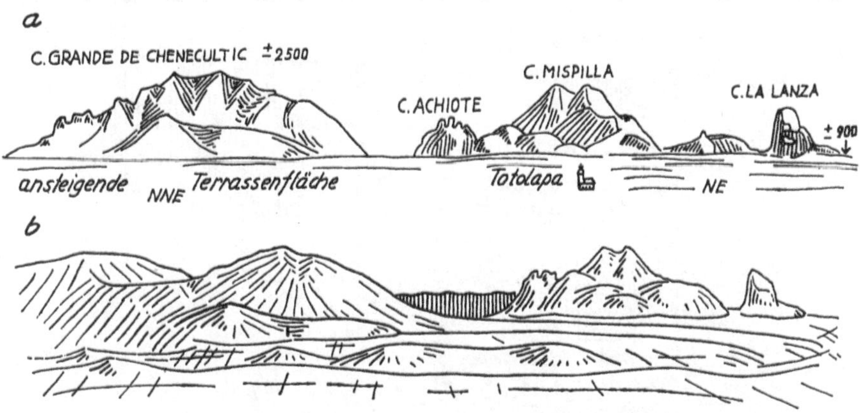

Figur 19 a Blick von Chiapilla nach E über die Fläche zu den Andesitmassiven der Sierra de Nuevo León. 17. 1. 1958

b dito aus größerer Entfernung von der Hacienda San Pedro Nichi aus gesehen, gegen a) maßstäblich überhöht. 18. 1. 1958

und ganzen Feldern, sind vorhanden. Umgelagerte, zumeist chloritisierte vulkanische Tuffe befinden sich ebenfalls in der Nachbarschaft. Es sei schon jetzt darauf hingewiesen, daß noch an vielen anderen Stellen in der Fußstufe des Steilabfalles, also in der nordöstlichen Randzone des großen Grabens, und vor allem westwärts der Sierra de Nuevo León eruptive Gesteine von ähnlicher Beschaffenheit und selbst unverkennbare kleine Kraterbildungen in weit größerem Umfang vorhanden sind, als aus den geologischen Karten erkennbar ist. Boese verzeichnet dort nur einen kleinen, auch von Sapper erwähnten Komplex bei Nandayapa am Río Grijalva. Talaufwärts von dieser Sierra de Nuevo León erwähnt Sapper (wie oben) „Andesite und deren Tuffe" noch bei Soyatitán.

Beim Überqueren des Cerro de Chenecultic aus nordöstlicher Richtung unfern der Hacienda Chajá und unter Querung des zunächst nach NW, dann nach SW zur Ebene um Totolapa abfließenden Hondo-Flüßchens, werden breite Streifen von Blöcken und Bomben passiert. Überall liegt das vulkanische Gestein deutlich auf dem Kalk. Es bildet rötliche bis braungelbe Lehmböden guter Qualität in geschlossenen, leicht begehbaren Decken, sehr zum Unterschied von der steinigen, schratigen Oberfläche der Kalkschichten. Jenseits gelangt man in einen nach W geöffneten

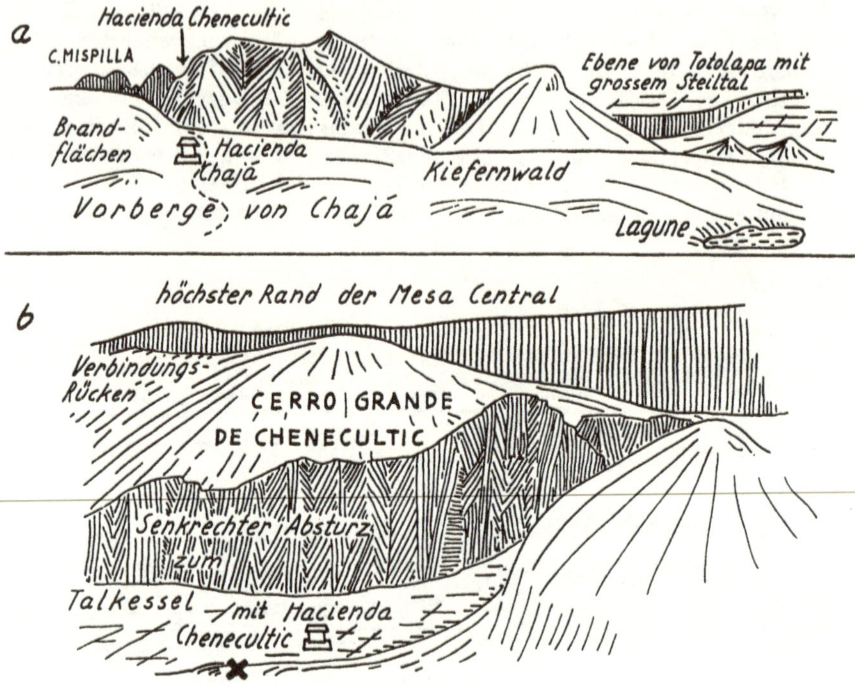

Figur 20 a Der Cerro Grande de Chenecultic aus 1800 m Höhe und ENE-Richtung gesehen. 28. 1. 1958

b × Standort: Auf dem Hang WSW von Hacienda und Kessel von Chenecultic. 28. 1. 195 8

(Krater?-) Kessel von 800 - 1000 m Durchmessser mit steilen, teils senkrechten Wänden (vergl. Fig. 20 b). Mehrere Gebirgsbäche vereinigen sich in ihm und ermöglichten auf der zwischem dem Blockwerk zusammengeschwemmten guten Braunerde die Anlage der Hacienda Chenecultic mit Bananen-, Zuckerrohr-, Obstbaum- und Kaffeepflanzungen sowie Maisfeldern. Jenseits eines niedrigen Riegels gab der kleine Río Tajaltic Anlaß für weitere ähnliche Pflanzungen bei der Ranchería gleichen Namens. Der Kiefern-Eichen-Wald ist hier bereits reichlich mit Laubhölzern, aber nur wenigen Mimosen, durchmischt. Die südlichsten Gipfelwände des Chenecultic-Bergmassivs wachsen auf wie die künstichen Mauern riesiger Forts.

In seiner Verlängerung, jenseits vom breiten Tale des Mispilla- oder San-Diégo-Flusses, einige Kilometer weiter gegen die Grijalva-Talung vorgeschoben, steht der bizarrste Vulkanstock dieser Sierra de Nuevo León, die vieltürmige Mispilla oder Mispía (indianischer Name des Stinkfuchses; vergl. Fig. 21). Sie besteht aus mehreren ineinander geschachtelten steilen Pfröpfen mit nadelartigen Aufsätzen; jähe Trichterwände an ihrer aufgebrochenen Nordwestflanke könnten eine Kraleröffnung markieren.

Auf den Höhen dieses Berges gibt es Reste vorgeschichtlicher Siedlungen. In einiger Entfernung vor seiner Westflanke liegt im unruhigen, von Lagunen und Quellbächen des R. Mispilla durchsetzten Hügelland auf noch mehr als 1000 m Höhe das große, aus zwei Abteilungen bestehende Pueblo Nuevo León (1950: 700 Einw.), eine Verwaltungs-Agencia des Municipios Teopisca. Auch seine Bewohner haben seit mehreren Jahren die Kaffeekultur aufgenommen; man pflanzt hier an den Berghängen unmittelbar in den gelichteten Wald hinein oder auf künstlichen Rodungen unter Bananen als Schattenpflanzen. Daneben werden Mais, Bohnen, Früchte und

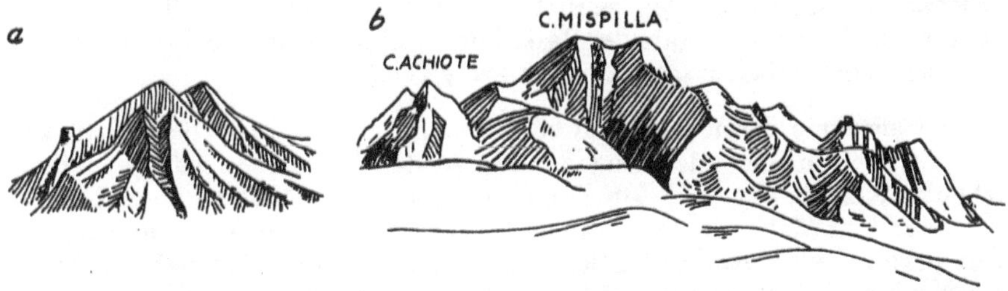

Figur 21 a Der Cerro Mispilla aus NzE-Richtung und 1920 m Höhe gesehen. 28. 1. 1958

b Das Massiv des C. Mispilla aus geringer Entfernung und von W her vom Dorfe Nuevo León aus gesehen. 29. 1. 1958

hier auch in nennenswertem Umfang Maicito (Hirse), abwärts im Tal unter Bewässerung etwas Zuckerrohr angebaut. Verkehr und Handelsaustausch mittels Reit- und Packtieren bzw. zu Fuß bestehen hauptsächlich hangaufwärts nach Teopisca und der Carretera Interamericana, in geringerem Umfang, obwohl bequemer, abwärts nach dem isoliert gelegenen Venustiano Carranza (San Bartolomé). Die bereits zur nördlichen Randzone der Grijalva-Talung überführende, aber noch reichlich aus vulkanischem Material aufgebaute Umgebung mit den wenig bedeutungsvollen Municipios Totolapa und Chiapilla ist reichlich mit alten Hacienden, kleinen Rancherías und jungen Colonias besetzt.

Gut 5 km südwestlich vom Cerro Mispilla erhebt sich, relativ vielleicht 200 m hoch, aus einer kleinen gebuckelten, mit Blockhügeln und Blockströmen bedeckten Hochfläche der von W nach E als steiler Schrägturm herausgeschobene Felspfropfen des Cerro La Lanza. Er steht tatsächlich wie eine riesige Lanzenspitze als weithin sichtbares Wahrzeichen über dem Flachland. In geringer Entfernung nördlich von ihm erhebt sich aus dem gleichen Schild ein zweiter, niedrigerer Steilfelsen. Beide Pfropfen scheinen zusammen mit einer südlich folgenden langen Felswand wiederum Teilstücke einer einstigen Kraterberandung gewesen zu sein, zumindest mit einer Kraterbildung in Verbindung gestanden zu haben.

Eine ausgesprochene vulkanische Landschaft mit Explosionstrichtern, Quellkuppen, Lavaströmen und Bombenfeldern schließt sich in südsüdöstlicher Richtung auch jenseits der breiten – für den gegenwärtigen Fluß viel zu breiten – Talung des Río Mispilla-San Diégo an. Sie kulminiert in einem langen, in diesem Falle nur wenig gegliederten Rücken (C. Bolonchac?) in gerader Verlängerung des Mispilla-Massivs. Kalke, mitunter stark verkieselt und in konkretionären Gebilden, gelegentlich auch grüne Mergel des Untergrundes treten zwischen den vulkanischen Überschüttungen immer wieder zutage. Im übrigen befinden wir uns bereits in den ausgedehnten Schottermassen der weiter unten zur Sprache kommenden, am besten als „Grijalva-Urstromtal" zu bezeichnenden Landschaft. Bemerkenswert ist, daß selbst diese Schotter vielfach noch von losen vulkanischen Effusiven überdeckt sind. Sie müssen also bereits vor den Ausbrüchen abgelagert worden sein. Die Kiesdecken erklären die Unfruchtbarkeit und nahezu fehlende Besiedlung dieses von Trockenbusch und Gestrüppwildnis beherrschten Geländestreifens.

Erst am Fuße des letzten und südlichsten Bergstockes in der zerstückelten und weit auseinandergezogenen Sierra de Nuevo León wird es wieder lebhafter. Es ist der 6–7 km lange, mit zwei rund 400 m hohen Gipfeln über der hier 800 m hoch gelegenen Terrassenfläche aufragende Cerro de San Bartolo, ein „Andesit"-Massiv gleich den vorgenannten Bergstöcken. An seinem Südhang liegt die gleichnamige, neuerdings „Venustiano Carranza" genannte malerische altspanische Stadt San Bartolomé de los Llanos (1950: knapp 6500 Einw.) mit einer großen und mehreren kleineren Kirchen. Sie ist Hauptort eines weiträumigen, vom Steilabfall über die Fußstufe bis ins Valle hinein reichenden Municipios. Steil, von einem schwer passierbaren Gewirr großer, abwärts immer schlackiger werdenden Blöcke und zusammengebackenen Trümmermaterials überlagert, fällt dieser Südhang zum hier auf rund 600 m Meereshöhe gelegenen, leicht gewellten Talboden der Zentraldepression ab (vergl. Profil, Fig. 7) und beendet damit die interessante Reihe der Vulkane von Nuevo León.

Allerdings möchte man versucht sein, auch den etwa 12 km WSW voraus aus der Ebene aufwachsenden, ideal kegelförmigen Cerro Laja Tendida noch als kleinen Vulkankrater in diese Reihe mit einzubeziehen, wenn nicht Sapper (1899, S. 18) ihn kategorisch als „aus Kreidekalk bestehend" erklärt hätte. Diese Definition ist seitdem in die Literatur eingegangen. Ihr entgegen stehen einige Tatsachen und Erscheinungen, die noch genauer Untersuchung harren. Es sind einmal die, auch als Heilbäder benutzten, Thermal- und Schwefelquellen, die in einiger Entfernung von dem kleinen Kegel bei El Carmen austreten. Ferner fiel dem Verfasser beim Marsch durch das östlich des Kegels gelegene große (und bisher wohl kaum erforschte?) prähistorische Gelände in der Ebene von Casaltique auf, daß die gelegten Steinfelder in der Hauptrichtung genau zum Laja-Tendida-Gipfel weisen. Falls es sich hier um eine alte Kultstätte handeln sollte, könnte das Beziehungen zum Erdfeuer und Feuergott ankündigen. Mehr noch geben gewisse Aussagen älterer Bewohner von Ven. Carranza zu denken. Ihnen zufolge soll der Berg vor gut 30 Jahren – also nach Sapper's Besuch – plötzlich Dampf ausgestoßen und nachts über seinem Gipfel einen Feuerschein gezeigt haben. Er hat Anlaß zu einer Massenflucht aus der Stadt gegeben. Zu einem Ausbruch ist es jedoch nicht gekommen. Der Kegel trägt seitdem den Beinamen „Cerro Fuego" (Feuerberg), in Gegenüberstellung zum „Cerro Agua" (Wasserberg) genannten C. de San Bartolo, der trotz seiner fast restlosen Entwaldung das Städtchen bisher gerade noch ausreichend mit Wasser versorgt. Noch Anfang dieses Jahrhunderts sollen seine Quellen reichlicher geflossen sein. Gelegentlich des Ausbruches des Santa María - Vulkanes in Guatemala im Jahre 1902, der in ganz Chiapas mit schweren Erdbeben verbunden war, müssen Spalten in dem Berg aufgebrochen sein und zur Versickerung von Quellen geführt haben. (Vergleiche ähnliche Vorgänge im Motozintla-Tal.) Kläglicher steht es um die Stromversorgung. Die Wasserkräfte sind unzureichend. Die vor einigen Jahren errichtete kleine Diesel - Planta arbeitet nur schlecht oder gar nicht; die meisten Leitungsdrähte sind daher zu Wäscheleinen geworden.

Verfasser konnte leider den problematischen Laja Tendida - Kegel nicht besuchen, sichtete auf seinem Marsch von Ven. Carranza nach La Concordia aber etwas weiter südwestlich vom C. Laja Tendida einen zweiten, sehr ähnlichen kleineren „Schlackenhaufen". Künftige Reisende sollten zur Klarstellung der Tatsachen eine Nachkontrolle nicht scheuen.

4. Die Ebene um Comitán

Hat man auf der Carretera östlich von Amatenango del Valle den aus mittelkretazischen Kalken bestehenden, bis 2300 m Höhe ansteigenden Riegel der Antiklinale von Tulanca (Congr. Geol. Intern., C – 15, S.46) überschritten, in einiger Entfernung davon in zweifacher Diskordanz über dem Kalk lagernde eozäne Sande und wahrscheinlich pliozäne vulkanische Konglomerate beobachtet sowie das an 10 km lange, aber nur schmale alluviale Hochtal um Guadalupe del Rincón und San Francisco passiert, so öffnet sich bei der Abfahrt oberhalb des noch 1850 m hoch gelegenen Dorfes Ajayax (auch Ahayax, Ajayach, Ajayash, Ayayax) ein weiter Ausblick auf eine rund 300 m tiefer liegende, zumeist mit offener Vegetation bedeckte Ebene. Ringsum von Höhenzügen ohne jeden Durchlaß umschlossen, stößt sie gut 50 km nach E bis in den guatemaltekischen Grenzbereich vor und endet dort im Vorfeld der 3000, mit Gipfeln 3500 m hohen, quer herüber liegenden Mauer der Altos Cuchumatanes. Nach S und SE hin schließt sich in der Tiefe das obere Endstück des Valle Central, mit den vagen Umrißlinien der jenseitigen Sierra Madre, an. Nach N hin verliert sich die Fläche hinter leichten Schwellungen auf der Meseta von Margaritas in den Buchten des nach NE hin vorprellenden, randlich bereits in einen langen Gürtel relativ 400 – 500 m hoher Kalkkuppen aufgelösten höchsten Teiles des zentralen Mesa - Blockes um San Cristóbal.

Was sich dort unter uns breitet, sind die sogenannten „Llanos de Comitán". Die Stadt selbst, die den Namen dazu gab, wird wenig später auf einem Terrassenband am äussersten Westrand der Llanos etwa 100 m höher als diese selbst erblickt. Ein langer und hoher, mit den Spitzgipfeln C. Altachéc, C. Machenéc und C. Tecuistéc besetzter Härtlingszug überragt hier randlich den zentralen Gebirgsblock. Mit ihren steilen Straßen umklammert die Stadt das Fußstück des mit 1840 m Höhe angegebenen (Karte Blom; de la Peña I. S. 199) Cerro Junchabín (Hun Chabin). Eine prähistorische, bisher nur erst wenig durch Frans Blom und Oliver La Farge (1926/27, S. 415 ff) erforschte Kultstätte der Indios in Pyramidenform krönt ihn. Unter ihr in der nordöstlichen Ebene breitet sich eine fieberverseuchte Sumpf- und Lagunenplatte. Der Name der Stadt, aus den Nahoa-Wörtern komi: Fieber, und tlán: Überfluß, hergeleitet, ist trefflich gewählt. Mexicanische Streitkräfte, die kurz vor Ankunft der Spanier dieses Hochland besetzten, haben ihn für den, ursprünglich „Balún-Canán" (Neun Sterne) genannten, Ort geprägt.

Diese Ebene um Comitán verdient die Bezeichnung „Mesa" auf jeden Fall eher als die gesamte „Mesa Central", innerhalb derer sie die größte Flachlandschaft darstellt; und zwar auf einer, im eingemuldeten Binnenteil mit jungen Aufschüttungen überlagerten mittelkretazischen Kalktafel. Einzelne in ihrer Westhälfte noch über sie aufragende Kalkkegel und -kegelchen, wie der formschöne, relativ etwa 150 m hohe Zwilling des C. Quistaj (Quistiac), ändern nichts an diesem Gesamtcharakter. Sie stehen in deutlichem Zusammenhang mit dem Gürtel der Randkuppen vor dem blockartig herausgehobenen Zentralmassiv. Auch im Ostteil der Llanos grenzen niedere, teils mit leuchtend weissen Klippen durchsetzte Kalkbergzüge das dort befindliche Seengebiet (región de los lagos) nach NW, N und E ab. Die Farben der Böden wechseln je nach Überwiegen der aufgespülten Alluvionen oder der verwitterten, schwer verkarsteten Oberfläche des Kalkes, nach Lagerungsverhältnissen und Grad der Durchfeuchtung von fast schwarz und dunkelbraun über graubraun und gelblich bis rostrot und feuerrot.

Ohne oberflächlichen Abfluß zum Grijalva, soll die Fläche doch dem oberen Stromgebiet dieses Flusses noch zugerechnet werden, weil sehr wahrscheinlich in den durchlässigen verkarsteten Kalken unterirdische Abwässerungen zum nahe gelegenen Valle Central bestehen. Hendrichs (1955, S. 41) möchte in einigen Auflösungshöhlen und einer von Travertinbänken umgebenen Quellenserie an der nächsttiefergelegenen Stufe zur zentralen Depression hin Beweise dafür sehen. Sapper (1899, S. 22) erwähnt in der Nähe der Stadt die Höhle von Pitoxtun und einen Bach an ihrem Grunde, der dort, 20 m unter der Oberfläche, in einem Wasserfall abwärts stürzt. Auch bei Zapaluta gibt es einen Versickerungstunnel ohne bekannten Abfluß; man kann ein Stück in ihn hinein gehen. Der auf den Llanos selbst gebildete Río Grande de Comitán, ein in der Trockenzeit nahezu versiegendes, während der Regen dagegen reißendes und gefährliches Flüßchen, entwässert allerdings in den im Ostteil gelegenen Tepancuapán-See. Dieser füllt in der Regenzeit drei durch schmale Arme verbundene Becken in einer 50-60 km langen Geländemulde, fällt während des Estiaje aber großenteils trocken und bietet auf seinem feuchten Boden dann gute Grasweide. Der See soll – bisher noch ohne Nachweis, nach Sapper (1899, S. 9) vielleicht unterirdisch durch den R. Pacaya – zum Stromgebiet des Usumacinta entwässern.

Innerhalb dieses, mit noch weiteren Seen (Lagos de Montebello) ausgefüllten Ostteils der Comitán-Fläche ist ein Teilabschnitt der hier kaum merklichen Wasserscheide zwischen den Oberläufen der beiden Hauptflüsse von Chiapas, dem Grijalva und dem Usumacinta, zu suchen. Eine am Nordostfuß der Stadt Comitán gelegene abflußlose Lagune mit anschließenden, mücken- und malariaverseuchten Sumpfflächen (Ciénaga de Comitán) füllt nach Hendrichs wahrscheinlich eine am Boden durch Tonablagerungen verstopfte Doline.

Daß noch in junger Vorzeit ein größerer Binnensee bzw. mehrere Teilseen auch einen Teil der Ebene östlich der gegenwärtigen Stadt bedeckten, beweisen feinsandige Ablagerungen mit pleistozänen, gut erhaltenen Gastropoden über dem Sierra-Madre-Kalk. Der Río Grande de Comitán – in seinen Einzelabschnitten trägt er als R. Jusnajab, R. Yunahau (Yocnajab) usw. auch die Namen der in der Nähe gelegenen Siedlungen – hat seine Schotter hinzugefügt. An geeigneten, das heißt von Ochsenkarren (hier mit selten auftretenden Schlitz-Scheibenrädern, vergl. Fig. 58) erreichbaren Abschnitten seines Steilbettes wird Kies, als wichtiger Baustoff für Comitán, aufgegraben. Zahlreiche, zur Dezimierung der Holzbestände lebhaft beitragende Kalkbrennereien für den gleichen Zweck sind um Material ebenfalls nicht verlegen. Sie bevorzugen übrigens als Standorte die einige Meter hohen, den nordischen „kjökkenmödderingen" vergleichbaren Abfallhaufen bei versunkenen Siedlungen der altindianischen Tojolabal-Bevölkerung, die noch heute das Grundelement der „Comitecos" bildet. Auch kleine künstliche Kulthügel aus prähistorischer Zeit, manchmal noch mit Resten von Tempeln oder Erdpyramiden, sind zahlreich vorhanden. Eine besonders große Tempelanlage, Tenam, liegt etwa halbwegs zwischen Comitán und Zapaluta (La Trinitaria) rund 5 km südlich der Carretera am Beginn der Bergzüge, die nicht minder aufschlußreiche von Chincultic unfern der alten Finca El Rincón. Näheres über diese Ruinenstätten der Comitán-Fläche kann bei Blom & La Farge (1926, ab S. 415) und Seler-Sachs (1925, ab S. 128) nachgelesen werden.

Die teils völlig ebenen Tafeln, dann wieder leichte Wellen bildenden flachlagernden Kalke weisen einen großen Reichtum an Karstformen, aber zum Nachteil der Bevölkerung auch die dazugehörige Armut an Wasser auf. In mehr oder minder tief eingesunkenen Gräben und Wannen zeugt auch in der Trockenzeit eine leichte Begrünung von nahem Grundwasserstand; doch nur sehr selten treten perennierende Quellen aus Kalklöchern aus. Das in Vertiefungen während der nassen Zeit angesammelte Regenwasser (jagüeyes) bildet oft für Mensch und Tier die einzige Möglichkeit der Versorgung. In Poljen und Dolinen liegt beste dunkle Erde und gibt Anlaß zu reichlichem Feldbau mit prachtvollem Mais – hier gibt es tatsächlich $^1/_2$ m lange Kolben, die, namentlich kurz vor der Reife geröstet, zu den begehrtesten Genüssen von Chiapas gehören –, mit Weizen und Gerste, Rhizinus, Bohnen und hervorragenden Orangen, bei Bewässerungsmöglichkeiten mit verschiedenen Gemüsen und Zuckerrohr. Die aus ihm gewonnenen braunen Zucker-„panelas" dienen vornehmlich der Herstellung von („comiteco") Schnaps in Comitán. Für sie werden in und bei der

Stadt auch Agaven (méscal) in großen Mengen angepflanzt. Hier kann man erleben, daß nordisch anmutende Weizenfelder von tropischen Agaven umsäumt sind. Mehr noch als sie werden die malerischen Blattschöpfe der Izote oder Ocozote (Hochstamm-Yucca, Schopflilie) als charakteristisches Wahrzeichen Comitáns angesprochen.

Mit fortschreitender Aufteilung der Llanos unter einstige Hacienden-Peones und neue Bauernkolonisten wird auch die früher ausschließlich zu Weidezwecken genutzte Fläche selbst immer mehr unter den Pflug, teils schon unter den Motorpflug genommen. Schon die freiheitlichen Ortsnamen wie Emiliano Zapata, Venustiano Carranza, Lázaro Cárdenas, Hidalgo, El Progréso, Esperanza u. a. deuten auf eine Entstehung der Mehrzahl der Dörfer in und nach der Revolutionszeit. Hinter ihnen geraten die alt-indianischen Siedlungen mit ihren zungenbrechenden Namen im Chañabal-Dialekt (aus der Sprachguppe der Maya-Quiché) mehr und mehr ins Hintertreffen. Die Recursos Hidráulicos mühen sich mit der, teils für Berieselungszwecke genutzten, Drainage der Ciénaga und anderer regelmäßiger Überschwemmungsgebiete, um die Malaria zu beseitigen und weiteres Neuland für Feld- und Gartenbau zur Verfügung zu stellen. Doch die Viehhaltung steht bei den für sie geradezu beispielhaften Möglichkeiten nach wie vor im Vordergrund. Rinder, Pferde und Mulas weiden in großen Herden; nach wie vor bilden sie beachtliche Handelsware mit dem nahe gelegenen Guatemala. Ihrethalben sind die Feldkomplexe mit Kalksteinmauern oder Baumstammzäunen umgeben, denn eine stete Bewachung der Weidetiere ist auf diesen weiten Flächen weder wirtschaftlich tragbar noch logisch. Die Llanos gehören dem Vieh; der Landbau, als sekundäre Wirtschaftsform, muß sich ihm unterwerfen.

Bei allen Häusern, die des idealen Klimas halber hier, zumindest für den Anfang, eher aus Maisstroh und Gras als aus solidem Lehm und Ziegeln errichtet und der heftigen Winde halber oft mit Firstreitern besetzt werden, finden sich überdies in reichem Maße Schweine und Geflügel; die Nähe der Carretera Panamericana fördert die Absatzmöglichkeiten. Kleine Schafherden deuten hingegen auf altspanisch-indianische Wirtschaftstradition. Das gemäßigte Klima auf diesen 1500 - 1600 m hohen Flächen ist der Schafhaltung zuträglich, wenn auch natürliche Tränkmöglichkeiten nicht überall vorhanden sind, und überdies in den trockensten Monaten die Tiere an die feuchter bleibenden Hänge der atlantischen Abdachung hinunterwechseln müssen (vergl. de la Peña, 1951, II, S. 515).

Zwischen dem hoch emporragenden Zentralblock der Mesa von San Cristóbal und den ebenfalls mauerartig aufwachsenden Cuchumatanes befindet sich im Bereich dieser Llanos die schon im Klima-Kapitel erwähnte große Einlaßpforte für den feuchtebringenden Passat. In breiter Scharte gegen NE hin nimmt hier die Meereshöhe im großen und ganzen nicht mehr zu. Comitán selbst, am äußersten SW-Rand dieses Wolkenpasses gelegen, profitiert allerdings nur wenig von der vom Golf heraufgetragenen Feuchtigkeit. Seine Menge an Niederschlag übersteigt bei weitem nicht in jedem Jahr 1000 mm, allerdings bleibt er auch in den trockensten Monaten nicht gänzlich aus. Eine Gegenüberstellung der wichtigsten Klimadaten von Comitán mit denen von Venustiano Carranza (San Bartolomé) am Nordrand der Zentraldepression für die Jahre 1950 - 1954 mag das veranschaulichen:

VENUSTIANO CARRANZA, 800 m. Mittlere Monatstemperatur in C

Jahr	J	F	M	A	M	J	J	A	S	O	N	D	Jahr
1950	22.6	23.9	25.0	26.1	27.0	29.4	23.9	24.8	24.0	23.4	22.5	23.1	24.6
1951	24.6	24.2	25.2	27.6	30.3	26.1	25.3	26.4	24.8	24.4	23.6	25.1	25.6
1952	24.6	24.3	26.8	27.0	26.3	25.5	25.1	25.1	24.0	22.4	23.1	23.2	24.8
1953	24.1	20.4	26.3	27.6	26.5	24.9	24.6	25.6	24.7	23.8	23.6	23.5	24.6
1954	23.3	23.1	26.5	26.5	26.2	25.1	24.9	24.5	23.9	23.6	23.4	22.8	24.5

– bedeutet: nicht meßbar Monatlicher Niederschlag in m/m

Jahr	J	F	M	A	M	J	J	A	S	O	N	D	Jahr
1950	–	0.0	40.4	23.0	48.4	191.1	202.2	206.3	154.5	140.2	0.0	0.0	1006.1
1951	–	0.0	15.2	12.2	209.0	101.3	249.5	172.0	392.7	85.6	10.0	–	1247.3
1952	0.0	0.0	125.6	15.2	140.3	387.7	301.4	251.1	286.4	411.3	–	–	1918.8
1953	–	0.0	0.0	–	120.8	381.3	436.2	45.4	703.1	166.0	–	–	1852.8
1954	0.0	0.0	15.2	40.6	356.4	481.9	301.3	306.1	317.3	241.7	–	0.0	2060.5

Maximaler Niederschlag in 24 Stunden

Jahr	J	F	M	A	M	J	J	A	S	O	N	D	Jahr
1950	–	0.0	22.0	20.0	22.0	53.2	45.2	56.0	34.2	60.2	0.0	0.0	60.2
1951	–	0.0	15.2	7.2	40.2	20.2	44.0	30.2	55.0	30.2	10.0	0.0	55.0
1952	0.0	0.0	80.2	16.0	80.0	90.2	80.2	50.2	75.2	130.2	–	–	130.2
1953	–	0.0	0.0	–	80.4	80.3	140.0	20.4	160.0	40.2	–	–	160.0
1954	0.0	0.0	10.2	20.2	70.2	75.2	120.2	120.2	105.2	105.3	–	0.0	120.2

Tage mit meßbarem Regen

Jahr	J	F	M	A	M	J	J	A	S	O	N	D	Jahr
1950	0	0	2	2	5	15	9	14	9	8	0	0	64
1951	0	0	1	2	11	8	12	9	17	6	1	0	67
1952	0	0	3	2	5	16	12	9	13	12	0	0	72
1953	0	0	0	0	4	14	11	3	14	8	0	0	54
1954	0	0	2	3	13	17	12	9	13	8	0	0	77

COMITAN, 1620 m. Mittlere Monatstemperatur

Jahr	J	F	M	A	M	J	J	A	S	O	N	D	Jahr
1950	17.6	17.3	19.3	19.4	20.2	19.2	19.0	19.5	19.2	17.6	16.4	15.6	18.3
1951	15.5	15.2	15.1	18.9	18.7	19.7	18.9	19.9	18.5	18.3	17.3	17.2	17.8
1952	16.4	17.1	19.4	19.0	20.8	19.0	19.2	19.2	19.1	16.6	16.8	15.5	18.2
1953	14.9	17.5	18.2	20.4	20.5	19.8	19.2	19.7	18.7	17 7	16.9	16.6	18.3
1954	16.6	16.6	18.6	18.1	17.7	17.2	17.5	17.8	17.2	16.4	14.8	14.2	16.9

Monatlicher Niederschlag

Jahr	J	F	M	A	M	J	J	A	S	O	N	D	Jahr
1950	10.9	5.9	39.0	12.9	86.1	177.4	111.7	75.9	165.0	138.9	1.0	0.0	824.7
1951	2.0	12.9	–	12.1	130.9	198.7	141.2	88.1	309.8	56.7	33.2	1.0	986.6
1952	4.7	6.2	21.4	108.1	205.7	183.2	139.0	158.0	222.3	160.7	15.4	2.2	1126.9
1953	6.9	1.2	6.7	34.6	73.7	186.0	127.2	39.4	177.8	136.8	10.2	12.7	813.2
1954	1.2	1.2	3.0	23.5	153.2	393.0	114.5	145.5	317.5	61.0	3.0	–	1216.6

Maximaler Niederschlag in 24 Stunden

Jahr	J	F	M	A	M	J	J	A	S	O	N	D	Jahr
1950	3.7	3.7	25.5	12.7	25.7	23.5	46.7	16.2	29.5	22.0	1.0	0.0	46.7
1951	1.5	10.5	–	6.9	30.7	61.2	40.2	27.7	56.4	18.0	25.0	1.0	61.2
1952	3.0	6.2	12.7	31.7	72.5	31.7	60.0	41.0	40.0	61.2	9.7	1.2	72.5
1953	3.7	1.2	5.5	14.2	25.7	25.0	20.7	21.5	60.4	29.9	7.5	11.7	60.4
1954	0.7	1.2	3.0	7.5	49.5	49.0	47.5	30.5	34.0	11.0	3.0	0.0	49.5

Tage mit meßbarem Regen

Jahr	J	F	M	A	M	J	J	A	S	O	N	D	Jahr
1950	4	2	3	2	11	17	11	14	16	14	1	0	95
1951	2	3	0	4	17	16	17	12	21	7	6	1	106
1952	4	1	4	8	13	17	15	13	22	9	3	2	111
1953	2	1	2	5	9	18	18	10	15	14	3	3	100
1954	2	1	1	5	11	25	12	14	24	12	1	0	108

Leider gibt es nordöstlich von Comitán bis zum Tiefland hin bisher keine meteorologischen Beobachtungsstationen; die Zone der – regenmessenden – Kaffeefincas von Nord-Chiapas bleibt durchweg westlich des eigentlichen Klimapasses auf die feuchte Laubwaldzone der Nordberge beschränkt; über Margaritas ostwärts dringt sie kaum vor. Vereinzelt noch im Umkreis der Lagos, der Seen, befindliche kleine Cafetales bilden die Ausnahme. Sie setzen dann in großem Umfang erst wieder im Vorland der Cuchumatanes ein. Doch gibt auch die Vegetation schon auf den Llanos von Comitán selbst gute Anhaltspunkte für die Zunahme der Feuchtigkeit Richtung Nordosten.

Herrscht im SW der Fläche noch niedere Mimosensavanne, so beginnen in Richtung auf die Seen zu schon nach kürzerer Entfernung höhere Schirmbaumbestände mit Galeriewaldstreifen an Wasserläufen und in Grundwassersenken; bald darauf, unter Zunahme des Epiphytenbewuchses, Pinares (Kiefernwaldungen) und, namentlich in Hohlformen, Encinares (Eichenbestand). Die einen wie die anderen Pflanzengesellschaften sind allerdings durch Mensch und Tier weithin in offene Grasflächen – mit eingestreuten sehr schönen, aber nutzlosen Disteln – verwandelt worden. Raben und Sperber, Schwalben und Tauben fügen sich gut in das Bild dieser endlosen Graslandschaften. Den Kiefern beigesellte Zypressen, Brombeeren und Bartmoosbehang erinnern an ähnliche Wälder im übrigen Zentralgebirge und auf der Sierra Madre. Eigenartiger wirkt Mimosenbuschwerk als Unterholz der Kiefern. Die gelegentlichen trockenzeitlichen Regen erlauben seine fast ganzjährige Begrünung.

Nach Osten zu bildet sich immer stärker ein feuchter Mischwald heraus. In fruchtbaren Poljen ist er von echt tropischer Üppigkeit, und vor allem im Bereich der Seen selbst entwickelt sich ein geradezu fantastischer Besatz mit Bromeliazeen und Orchideen, der „flor del Indio". Diese „Märchenwälder", deren Vielfalt durch großblättrige Farne, kriechende Bodenkräuter mit azurblauen Beeren, bis 4 m hohes Jasam-Gras und viele andere Pflanzen noch gesteigert wird und die selbst den seltenen Quetzal-Vogel noch beherbergen sollen, sowie die in Karsttrichtern und Poljen angesammelten, ihrer Unberührtheit und des Wechselspiels ihrer Farben halber viel gepriesenen drei größeren und zehn bis zwölf kleineren Seen von Montebello, Tsizcao, San José del Arco, Yalmutz, Coapilla, Catazajá u. a. nahe der Grenze von Guatemala haben Anlaß zu einer rührigen Touristenpropaganda ergeben. Obwohl für den Bau einer erträglichen Straße zu diesen sehenswerten Kleinodien nicht das geringste getan wird und die Fahrt nach dort zur Strapaze werden kann, profitiert Comitán doch schon einiges vom Erfolg dieser bis in die USA vorgetragenen Werbung.

Comitán ist eine recht rege Stadt, schon 1950 war sie auf 12 000 Einwohner angewachsen, nachdem sie in der Revolutionszeit infolge der Zerstörung vieler Hazienden und Abschlachtung der Viehherden in der Umgebung äußerst stark gelitten hatte. Die alt-indianische Bevölkerung dieses Landstriches hat zu ihrer Regsamkeit entscheidend beigetragen. Die Männer sind tüchtige Bauern, gute Landarbeiter und Viehpfleger, die Frauen geschickte Händlerinnen und Heimarbeiterinnen. Ihre Gewebe und Flechtwaren sind nicht minder begehrt als ihre aus Früchten, vor allem Pfirsichen und Guayabas hergestellten „dulces" (Pasten und Gelees). Die Stadt selber ist weniger häßlich als manche andere im Lande. Ihre auf- und absteigenden Straßen, die weiß oder bunt getünchten Häuser, die Vielzahl von mächtigen Fächerpalmen, Agaven und Blumen, vor allem Rosenhecken in den Gärten, der reichhaltige Markt, die hin und her strömenden Menschen, all das verleiht ihr einen freundlichen Aspekt. Auch das Forscher-Ehepaar Seler-Sachs (vergl. 1925, S. 128) empfand das und rühmte den „fast italienischen Eindruck" dieser Stadt. Zu Recht trug sie eine Zeitlang den Beinamen „Ciudad de las Flores".

Comitán ist auch eine geschichtsreiche Stadt in vorgeschichtsreicher Umgebung. Sie war äußerstes Bollwerk des großen Maya-Reiches und Schauplatz der entscheidenden Kämpfe zwischen Mayas und Quichés (Corzo, 1946, S. 77), Wiege der Unabhängigkeitserklärung des Staates Chiapas vom spanischen Subkönigreich oder Generalkapitanat Guatemala; sie wurde am 28. August 1821 durch den Priester der Stadt, Fray Matías de Córdoba vom Orden der Predicadores verkündet. Sie war Geburts- und erster Wirkungsort des unter und im Auftrage von Präsident Huerta 1913 auf scheußliche Weise ermordeten revolutionären Anklägers und kämpferischen Senators Dr. Belisario Domínguez (vergl. Castañon G.), der ihr im amtlichen Namen das Attribut „Comitán de Domínguez" eintrug. Außerdem ist sie Hauptplatz für – legalen und illegalen – Handel und Verkehr mit Guatemala unter restloser Abdrängung des am Südrand der Llanos um 15 km näher zur Grenze gelegenen, einstmals gleichrangigen Fleckens Zapaluta (La Trinitaria), Wohnsitz zahlreicher Viehfinqueros, Sammelplatz von Schlachtvieh aus der Hochfläche selbst und dem Valle Central sowie von Kaffee aus den jungen Anbaugebieten jenseits von diesem an den Gebirgshängen und den Bezirken von Las Margaritas, schließlich Distriktsverwaltungsplatz von acht, teils bis zur Sierra Madre hin reichenden Municipios und selber „cabecera" eines 1350 qkm großen, von (1950) mehr als 23000 Menschen bewohnten, vornehmlich bereits zur „Golf-Region" gerechneten Municipios.

Ihr wichtigster Erwerbszweig blieb bisher die Spezialindustrie der „comiteco"-(Branntwein)-Herstellung. Man spricht von einer Jahresproduktion zwischen ³/₄ und 1 Mill. Liter dieses Zuckerrohr-Mais-Agaven-Schnapses; amtliche Zahlen darüber sind nicht erhältlich. Das nahe Guatemala, mit seinem dem Alkohol völlig versklavten starken indianischen Anteil an der Bevölkerung, ist auch für dieses Erzeugnis ein gutes Absatzfeld. Eine weitere Lokalindustrie, die Hutflechterei, beruht auf den reichen Beständen der südwärts anschließenden Überschwemmungssumpf-Trockenlandschaften an Fächerpalmen. Gerbereien verwerten die in Mengen aus den Llanos de Comitán und von den großen Vieh-Hazienden im Valle Central anfallenden Rinderhäute. Gleich jenen „Ebenen" liegt auch das „Tal" gewissermaßen vor den Türen der Stadt. Man sieht es schon wenige Kilometer von Comitán entfernt zwischen den berandenden Kalkkuppen und Rücken in seiner ganzen Breite auftauchen. Nur beginnen die „Llanos" unmittelbar im Bannkreis der Stadt; von dem „Valle" jedoch trennt sie ein fast 1000 m tiefer Absturz.

5. Steilabfall und Stufen gegen das Valle Central

Hier am Rand vom oberen Teil der zentralen Depression, wo sie in nicht allzu großer Entfernung vor dem Querbruch der Cuchumatanes ihren Anfang nimmt, vollzieht sich der Übergang von den Höhen des Mesa-Blockes zu dem hier rund 700 m hohen Talboden der Cuenca etwas weniger abrupt als weiter talwärts, etwa quer von San Cristóbal. Denn im Bereich der Hochfläche von Comitán und Zapaluta befinden wir uns bereits auf der gleichen, etwa 1600 m hoch gelegenen obersten Stufe oder Ebenheit des Abbruches, die vom hohen Zentralteil der Mesa bei San Cristóbal erst nach einem mühsamen Steilabstieg von 500 m, und dann auch nur in sehr viel schmälerer Ausbildung, erreicht wird. Noch dazu gleitet das Hochland hier bis auf rund 1300 m Meereshöhe ganz allmählich ab, bis dann plötzlich der Steilabsturz zu dem tiefen Graben einsetzt.

Er bereitete der Carretera Panamericana auch in diesem, zum San Gregorio-Grijalva hinabführenden, Abschnitt genügend Schwierigkeiten und war Anlaß zur Einfügung einer Reihe schwerer Serpentinen. Die Straße schuf gute Aufschlüsse im Kreidekalk. Die festen und kompakt gelagerten Massen der Mittleren Kreide (Sierra Madre Kalk) werden in verschieden hohen Horizonten diskordant durch steilgefaltete, gut abgesonderte schwache Tafeln in Wechsellagerung mit mürben Letten und Mergeln der Oberen Kreide (Ocozocuautla-Schichten) abgelöst.

Ununterbrochen erfolgt der Absturz zur Zentralen Depression auch hier nicht; ein System von Stufungen ist eingeschoben. In ihm sah Sapper (1899, S. 77) die Spuren von Staffelbrüchen an der in Flexur herabgebogenen Schichttafel der Mesa. Diese Stufen waren das vorgezeichnete Gelände für Feldbau und Siedlung. In reichem Maße haben Tojolabal- und Tzeltal-Indianer des Hochlandes, später auch Ladinos, Besitz davon ergriffen. Noch heute bilden die Indios unter der Bevölkerung die Mehrzahl und sind nur mit einem geringen spanischen Wortschatz ausgerüstet. Stets sind auch die anschließenden Steilhänge mit durch Milpas genutzt und der Wald weithin verwüstet. Doch dieses Stufengelände besaß neben den Vorzügen auch Nachteile. Es hat wenig Gefälle, noch dazu, entsprechend dem allgemeinen Talungsgefälle, mehr in Längsrichtung des Valle Central als mit Neigung direkt zu diesem hin. Die Stufen sind daher abschnittsweise ständig und während der Regenzeit weithin versumpft, Mükken- und Malariaherde erster Ordnung. Ihrethalben mag die frühspanische, heute nur noch mit wenigen Mauerresten zwischen Tzinil und Socoltenango vorhandene Siedlung Copanaguastla, die eine volkreiche Stadt mit mehreren großen Kirchen gewesen sein soll, ausgestorben und in Trümmer gesunken sein (de la Peña, 1951, I, S. 128). Ihrethalben ist auch das einstige Municipio Soyatitán zu einem bedeutungslosen Dorf geworden.

Manche der Flächen, so vor allem die große Meseta de Zacualpa auf der Stufe rund 150 m unterhalb von Pinola (Villa Las Rosa, vergl. Fig. 3) sind so verseucht, daß dort niemand mehr wohnen mag. Die Hälfte der Bauern von Las Rosas hat dort zwar ihre Felder liegen, zieht aber den weiten Anmarsch dem ungesunden Wohnen vor. Ähnliches gilt für die Bewohner von Venustiano Carranza (San Bartolomé). Sie sind ebenfalls gezwungen, ihre Felder weitab des Städtchens zu unterhalten. Schließlich kommt noch hinzu, daß die am Rand der Stufen entspringenden Quellen, etwa die schöne wasserreiche, weit und breit einzige Quelle bei Tzujá (Fig. 3), ein für menschlichen Genuß unbrauchbares, nur vom Vieh noch angenommenes schwefliges, andere auch salziges Wasser (vergl. Río „Salado") führen.

Unterhalb der Hochfläche von Comitán folgt vor allem auf gut 750 m Meereshöhe eine an 10 km breite Terrassenstufe. Der Río Isabel hat sich ein bis 80 m tiefes Mulden-Längstälchen in ihr geschaffen, ehe er auf den etwa 130 m tiefer liegenden hügeligen Talboden der Zentralen Depression den wiederum in diesen eingeschnittenen Río San Gregorio – oder hier R. Chamuic genannt – erreicht. Talabwärts bleibt diese Stufung, wenn auch nicht immer in der gleichen Breite, bei.

In der Kalklandschaft um Pinola sind die Terrassen infolge der lösenden und einebnenden Wirkung des Blanco-Fluß-Systems besonders breit ausgebildet. Wie schon weiter oben erwähnt, haben sie zu regem Landbau und Bewässerungsvorrichtungen Anlaß gegeben. Hier folgen sich drei Stufensysteme deutlich aufeinander, und zwar der höchste Absatz auf mindestens 900 m Meereshöhe in der Umgebung von Pinola selbst, ± 140 m tiefer der nächste um Socoltenango und Soyatitán, und noch wieder rund 100 m darunter die breite Fläche um Pugiltic am unteren Río Blanco und gegen den R. San Vicente hin. Wo innerhalb dieser klaren tektonischen Stufungen weitere Ebenheiten in den Steilrand eingeschoben sind, handelt es sich um echte Flußterrassen oder um Auflösungsflächen, Dolinen und Poljen im Karst, wie etwa bei dem Talbecken von Tzimol (± 1300 m; Fig. 22) oder der Hochfläche um Ochuzjob (Ochuxhjob, Oxchucjob, ± 1600 m).

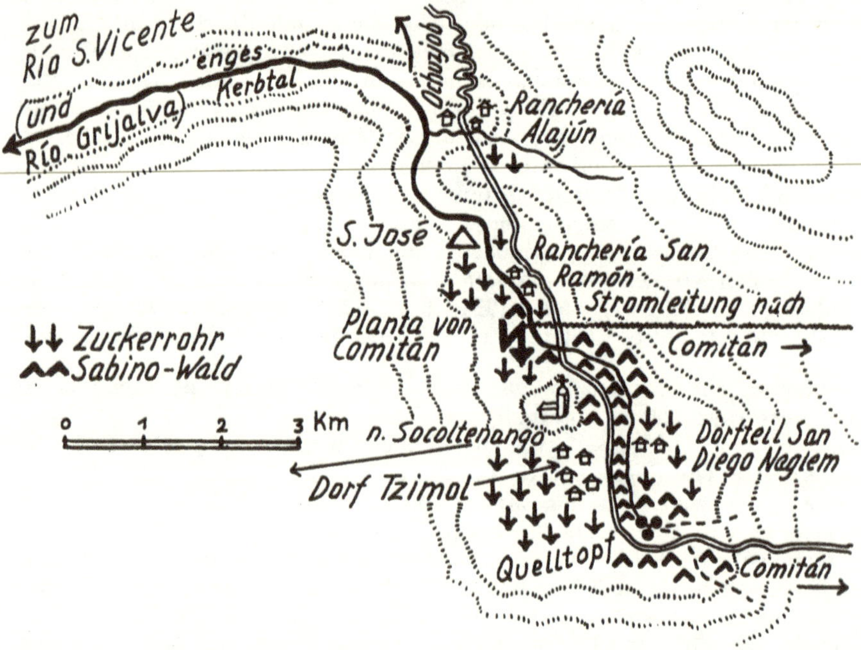

Figur 22 Ursprung des Río Tzimol – San Vicente mit dem Tal von Tzimol. 9. 2. 1958

Westlich des Río Blanco liegen die Hauptstufen etwas höher. Es scheint, als sei entlang jener Riß- oder Bruchspalte, aus der die effusiven Massen der Sierra de Nuevo León aufgestiegen sind, eine Stufung des Mesa-Randes auch in transversaler Richtung erfolgt und der Westteil um ein weniges höher gerückt als der Ostteil. Vielleicht konnte sich auch gerade hier auf einer Schwächelinie der Río Blanco als einziger der vom oberen Steilrand herabkommenden Flüsse ein durchlaufendes Tal vom Hochland bis zum Boden der Depression hin schaffen. Die abseits der vulkanischen Durchbrüche bald grobspatigen, bald porigen, mit gut erkennbaren Fossilien angereicherten, gelegentlich auch durch Beimengung kohliger Bestandteile und verunreinigender Schieferpartikelchen dunkel gebänderten Kalke (Bänderkalk) gehen in den Kontaktzonen in stark kristallin umgewandelte, von Calzitgängen durchsetzte Hartkalkgesteine ohne erkennbare Fossilien über. Kalkige Dolomite mit Mangan-Dendriten wurden ebenfalls beobachtet.

Im Verlauf der Linie San Cristóbal Las Casas – El Zapotal (San Lucas) – Chiapilla (vergl. Fig. 7) wurde die erste breite Stufe von etwa 1550 m Meereshöhe auf 1450 m abfallend gemessen. Sie bietet dort Raum für die Hacienda und Colonia Laguna Grande. Zwei weitere, nur wenige hundert Meter breite Terrassenstufen wurden in kurzer Folge auf rund 900 und 850 m Höhe passiert. Auf diesen beiden lag der verkarstete Kalk unverhüllt zutage. Um Laguna Grande dagegen sind bis zu 30 m mächtige Feinkiese aufgeschüttet worden, vermutlich vorzeitlich durch den gleichen Fluß, der weiter oberhalb auf der Stufe ein mehr als hundert Meter tiefes Tal eingegraben hat. Jetzt endet er, in der Trockenzeit völlig versiegend, in einem von einer unterirdisch gespeisten Lagune ausgefüllten Schotterloch. Ähnliche Lagunenkolke, Sickerflüsse und Trockenbetten mit gelegentlichem kleinen Wasseraustritt gibt es entlang des gesamten Steilrandes, in seiner Fußzone schwefelhaltige Quellen.

An ihm selbst fallen die Kalke steil S bis SSW zum Valle Central ein, in der Streichrichtung diesem parallel. Sie sind oberflächlich schrattig verwittert oder in Blockfelder aufgelöst. Die als kürzeste Verbindung zwischen Talung und Hochland immer noch viel benutzten Packtierpfade sind dementsprechend allerschlechtester Qualität, eine wahre Folter für Mensch und Tier. Zwischen den Gesteinen der Hänge liegt stets hellgrauer bis weißer Feinboden, in der Trockenzeit Mehl, in der Nassen Zeit schmieriger Ton, auf den Stufen braune, in Hohlformen schwarze Erde.

Die Vegetation beginnt in der Höhe mit Kiefern-Eichen-Madrón-Wäldern. Im Bereich anthropogener Eingriffe sind sie allerdings fast oder gänzlich der Kiefern beraubt. Ab ± 900 m gehen sie in einen von immergrünen Bäumen (vornehmlich Amates) durchwirkten Berg-Trockenwald über, und diesem folgt gegen die Fußstufe hin schließlich ein sehr niedriger Trockenbusch, nach E zu fleckenhaft auch Palmsavanne. Wo in der regenarmen Zeit am unteren Steilrand grüne Flecken das eintönige Braun unterbrechen, befindet sich mit Sicherheit ein Wasseraustritt; nirgends in solchem Ausmaß wie bei der Wiedergeburt des bei San Cristóbal verschwindenden Río Amarillo unfern des einsamen und in einer tiefen Hangtalfurche zusammengedrängten Pueblos El Zapotal (früher San Lucas; 1950: 1366 Einw.). Zu dem von ihm verwalteten kleinen Municipio gehören nur noch vier weitere Siedlungen, alle fünf zusammen mit nicht einmal 2500 Bewohnern.

Auf den großen Terrassen um Pinola (Villa Las Rosas) dagegen leben mehr als 10000 Menschen – davon nur rund 200 Ladinos – und tausende von Stück Vieh. Die Landschaft ringsum gleicht dank der ebenen Böden und Bewässerungsmöglichkeiten einer großen Feld-Oase. In den von Kalksteinmauern, Kakteen- und Yuccahecken umgebenen Gärten des

Fleckens selbst (1950: 6350 Einw.) wird neben anderem sogar Kaffee gezogen. Ärmlicher, schlechter entwickelt wirken die Dörfer Soyatitán und Socoltenango (600 bzw. 1880 Einw.). Auf Grund der neuen Bewässerungsanlagen besitzen sie jedoch denkbar gute Zukunftsaussichten.

Wie ein kleines Paradies wirkt dagegen wieder Tzimol (1950: 2000, das gesamte Municipio knapp 3000 Einw.) an dem aus einem Ponor, einer Riesenquelle im Kreidekalk am Steilfuß entspringenden Hauptzufluß des Río San Vincente. Ein breites Karsttal, eine Großpolje hat sich hier gebildet (vergl. Fig. 22). Sabino-Wälder, jetzt auf die Flußufer zurückgedrängt, haben es einst ausgefüllt. Üppige Zuckerrohrpflanzungen sind ihnen, bei guten Bewässerungsmöglichkeiten, gefolgt. Der Fluß speist auch die seit 1908 in Betrieb befindliche (de la Peña, 1951, IV, S. 1141) kleine Planta vom 12 km entfernten Comitán, allerdings mit dem schlechtesten Strom, der auf der ganzen Reise angetroffen wurde. Unter der Bevölkerung ist hier wie auch in Pinola, Socoltenango usw. das unvermischte indianische Element noch reichlich vertreten, in den Rancherías der Umgebung teils noch ausschließlich. Rund 500 Familien bebauen hier den guten Boden, etwa 80 Hektar davon mit Zuckerrohr, das in kleineren, mit Ochsen, oder größeren, mit Wasserrädern (norias) getriebenen „trapiches" (Zuckermühlen) gemahlen wird. Der in großen Kesseln über offenen Holzfeuern eingekochte Rohzucker geht in Form der bekannten „panelas" nach Comitán, in Ermangelung einer Fahrstraße noch auf Maultierrücken über einen mehr als 400 m hoch ansteigenden Bergrücken. Auch mancherlei Gemüse und Früchte, darunter vorzügliche Tuna-Feigenkakteen für Eigenverbrauch und den Markt in Comitán werden reichlich im Tal von Tzimol gezogen.

Andere Karstverebnungen am benachbarten Steilrand, als größte etwa die von Ochuzjob (1950: 334 Einw.) dagegen entbehren jeglicher Bewässerungsmöglichkeiten und daher auch des Zuckerrohranbaues; ja, ihre Bewohner müssen sich in der Trockenzeit oft stundenweit vom Río Tzimol-San Vicente her auf Eseln mit Trinkwasser versorgen. In der Nassen Zeit spenden sorgsam gegen das verunreinigende Vieh abgezäunte, eingestürzte Trichterlöcher und Zirkustälchen austretendes Grundwasser. Die feinkrümelige Schwarzerde in den Dolinen und Wannen ergibt gute Ernten von Mais und Bohnen.

So wechseln auf Grund der Wasserverhältnisse bevorzugte und benachteiligte Siedlungsgebiete am Steilrand ab. Keines gewährt aber einen solch trostlosen Anblick wie die „reichste" und betriebsamste, ihrem Namen („Teufelsort") bestens entsprechende Siedlung innerhalb dieses gesamten Gebietes: der jüngst aus dem Boden gestampfte, traditionslose, schematische Komplex des Ingenios (Zuckerfabrik) Pugiltic inmitten ebener Feldflächen und niedergebrannter Buschwälder. Hier beginnt bereits die zentrale Depression, das Valle Central, in seinem häßlichsten, heißesten und eintönigsten Gepräge.

B. Die Zentrale Depression

(vergl. hierzu Figur 9)

So folgerichtig nach geologischen Überlegungen und so leicht ersichtlich im Gelände selbst es ist, die klar zwischen der hohen Kette der Sierra Madre auf der einen und dem schroffen, ununterbrochenen Steilabfall des zentralen Gebirgsblockes auf der anderen Seite tief eingesenkte Hohlform der „zentralen Depression" als dritte Großlandschaft jenen beiden Gebirgsmassen gegenüberzustellen, so schwierig ist zwecks besserer Übersicht ihre Aufgliederung in einzelne Teillandschaften. Die tektonische Bezeichnung ‚Depression', also das Vorhandensein einer Einsenkung zwischen seitlich aufsteigenden Erhebungen, sagt, gleich der Waibel'schen „Großmulde" oder „großen Landsenke", über den Landschaftscharakter ohnehin nichts aus. Auch mit „Valle Central" oder „Cuenca alta del Río Grijalva" (dem hohen, will sagen oberen Stromgebiet des Grijalva-Flusses) wird bestenfalls der Tatsache Rechnung getragen, daß diese Hohlform gleichzeitig für einen Fluß oder ein Fluß-System das Tal, die Strommulde, abgegeben hat. Doch gerade daran scheitert schon die geografisch-landschaftskundliche Erfassung, denn für ein „Tal" hat diese Senke eine viel zu bewegte, viel zu formenreiche Oberfläche.

Grundverkehrt wäre es, das „Valle" etwa in seiner Gesamtheit als breit ausgeräumte Talung des Grijalva anzusehen,wenn auch ein vorzeitlicher größerer Fluß mit seinen wasserreichen Tributären an der Abtragung, Einebnung und Wiederauffüllung dieser von 700 m im SE auf weniger als 500 m im NW langsam abfallenden Senke in hohem Maße beteiligt war. Der gegenwärtige Strom, so bedeutend er als geografische Leitlinie und lebenspendende Ader für den Landesabschnitt im ganzen ist, in seinem landschaftlichen Charakter bleibt er nur einer von vielen Bestandteilen innerhalb der Großlandschaft des „Valle". Nicht einmal besitzt er in seinem gesamten Verlauf innerhalb der großen Senke ein echtes, reifes Ausräumungstal, sondern er gräbt sich streckenweise durch eng heranrükkende Bergmassen und fließt im übrigen häufig genug noch durch ein so tief eingeschliffenes Felsbett, daß dort von Überschwemmungs- oder Bewässerungsmöglichkeiten nicht die Rede sein kann; ja, daß auf weite Strecken hin unmittelbar am oberen Rand dieses Felsbettes auf fast nackten Gesteinsböden – und keineswegs auf feuchten, fruchtbaren Uferaufschüttungen – genau die gleiche lichte und wintertrockene Vegetation einsetzt, die auch fernab jeder Wasserader das Landschaftsbild bestimmt. Dann freilich folgen auch wieder ausgeglichenere Abschnitte mit jungen, nutzbaren Alluvionen, immergrünen Galeriewaldstreifen und üppigen Auen.

Neben der Stromlandschaft selbst aber weist die zentrale Depression vielfältige andere Teillandschaften auf. Nur ist es nicht leicht, sie klar gegeneinander oder gegen die berandenden Gebirgszonen abzugrenzen. Sind zum Beispiel die unteren Stufen am Steilrand der Mesa Central landschaftlich Bestandteile dieses Steilrandes selber oder schon Randstreifen des „Valle"? Oder sind die großen, von Inselbergen überragten und nach Norden hin von steil aufsteigenden randlichen Schichtmassiven besäumten

Llanos nun, wie Sapper und Waibel es aus geologischer und morphologischer Sicht taten, als intramontane Ebenen zwischen der vom Hauptgebirgskörper abgetrennten randlichen Kammberg-Zone als Teillandschaft der Sierra Madre einzufügen, oder sind diese weiten, in ihrer Höhenlage mit dem übrigen Valle durchaus korrespondierenden Flächen landschaftlich nicht ebensogut die ausgelappten Fortsetzungen des großen Grabens, von dem sie doch auch nach Vegetation, Besiedlung und Bewirtschaftung in keiner Weise zu trennen sind? Während Waibel zwar die ausgedehnte Ebene im SE der Depression um Comalapa und Chicomuselo als den trichterförmig verbreiterten Talausgang des oberen San-Miguel-Grijalva eindeutig der „Landsenke von Mittel-Chiapas" eingliedert (1933, S. 72), betrachtet er, geologisch absolut richtig, die weiter nach NW folgenden, ganz gleichartig ausgestatteten und bewirtschafteten Llanos um Jaltenango, am Custepec- Concordia-Fluß, am Dorado und um Villa Flores dagegen als „Ebenheiten im kristallinen Grundgebirge" (S. 75). Demgegenüber wird in der hier vorliegenden landschaftskundlichen Übersicht das gesamte Flachgelände der Llanos noch als Teillandschaft der zentralen Depression aufgefasst, und was sich an Bergmassiven aus ihnen erhebt, sind landschaftlich gleichwertige Teilstücke dieser zentralen Großmulde, selbst wenn sie der Entstehung nach Einheiten der „Sierra Madre" darstellen.

Trotz der Unmöglichkeit einer scharfen Präzisierung und gegenseitigen Abgrenzung mag die im folgenden gewählte Aufteilung eine landschaftliche Orientierung innerhalb des 200 km langen und bis 75 km breiten Troges erleichtern.

1. Das Hügelland im Osten

Wenn Waibel (1933, S. 73) dem „plateauartigen Nordwesten" und der „flachwelligen Mitte" der Landsenke ihren Südostteil als „bei stark gefalteten Schichten tischeben" gegenüberstellt, so charakterisiert er damit treffend jene soeben zitierte „trichterförmige Erweiterung" des weit oben in der südöstlichen Sierra beginnenden Cuilco-San Miguel(Ibarra)-Tales vor der Vereinigung dieses Flusses mit dem anderen Ursprungsarm des Grijalva, dem Río San Gregorio. Dieser letztere, viel weiter nördlich als der Cuilco aus den guatemaltekischen Cuchumatanes kommende Quellfluß durchfließt dagegen ein sehr viel weniger ebenes Gelände, vielmehr ein ausgesprochenes Hügelland. Waibel selbst hat es nicht gequert. Sapper durchzog es gelegentlich seiner Reise vom pazifischen Hafenplatz San Benito (jetzt Puerto Madero) über Motozintla nach Comitán von S nach N und berührte es ein andermal auf der südlichsten seiner drei Routen zwischen Comitán und Huehuetenango in der SE/NW-Achse. In beiden Richtungen lernte auch Verfasser diesen östlichsten Abschnitt der Cuenca kennen und beging ihn außerdem in der NE/SW-Route von Chamuic, wo die Carretera Panamericana den R. San Gregorio kreuzt, über Jocote am gleichnamigen Nebenfluß nach Chicomuselo.

Die von den Rändern des Cuchumatanes-Hochlandes herabkommenden und im Becken von Huehuetenango (in Guatemala) zum Río Saleguá gesammelten zahlreichen Bäche dürfen als der Hauptbeginn des späteren

Lagartero-San-Gregorio-Flusses angesehen werden. Nur durch eine schmale Gebirgskette wird der R. Seleguá von den oberen Zuflüssen des Río Cuilco (späteren San Miguel) getrennt. Er durchschneidet bald in engen Schluchten und tiefen Steilbetten lebhaft gefaltete bis saiger stehende harte Kalkmassen, dann wieder tritt er in weichere, teils talkige schwarzgrüne Schiefer sowie widerstandslose vulkanische Bimstuffe ein. In ihnen hat er ein schotterbedecktes, auf den Resten einer deutlichen 50 m-Terrasse und den Schwemmkegeln der einmündenden Nebenflüßchen reich bebautes, von Sabino- und Sauce-Bäumen bestandenes Sohlental ausgebildet. Mehrfach läßt sich beobachten, wie die Kalke in die Schiefer eingefaltet worden sind.

Zuckerrohr und Bananen künden den raschen Abstieg aus dem kühlen Hochland in geringere Höhenlagen. Kiefernbestände an den Talseiten wechseln mit weniger hohen Savannen aus Mimosen-Schirmbäumen und dornigem Mimosengestrüpp (espinudo). Hartlaubgewächse, erste Säulenkakteen mischen sich, trotz noch reichlichen Wasseraustrittes aus Schichtfugen, Spalten und Sickerwänden, an den sehr steilen Hängen ein. Kleine Kaffeegärten der teils indianischen (Mames), teils gemischten Bevölkerung nutzen die feuchteren Waldstreifen entlang der Hangbäche; fast überkippende Maisfelder und über ihnen noch Weizenfelder erklimmen das beiderseitige Gebirge bis zu den höchsten Höhen. Steile felsige Hänge, auf die bei uns kaum noch eine Ziege zum Weiden hinaufgetrieben werden würde, müssen hier noch, ausschließlich in Handarbeit, für den Landbau herangezogen werden, ungeachtet der steten Rutschungen und Abtragung der ohnehin nur schwachen Bodenschicht. In die Enge des Seleguá-Tales hinein gequetscht sind die größeren Handels- und Verkehrsdörfer dieser Hauptverbindungsstrecke zwischen dem zentralen Hochland von Guatemala und der Mesa Central von Chiapas. Lange Hängebrücken aus Naturgeflechten oder Drahtseilen mit schlecht erhaltenem Bohlenbelag stellen die einzige Verbindung über den wild dahinschießenden, grünschimmernden Gebirgsfluß her. Die Landschaft entbehrt nicht einer alpinen Großartigkeit.

Gegen die Grenze von Chiapas hin jedoch wird das Gefälle des Flusses geringer. Die Fußstufe der Altos Cuchumatanes ist erreicht, das hügelige Vorland, der östlichste Teil der noch an 20 km weit nach Guatemala hineinreichenden „zentralen Depression" beginnt. Das Tal des nun „Trapichillo" genannten Seleguá-Flusses umgeht einen letzten riegelartig vorgeschobenen, teils aus Schiefern, teils aus rötlichen grobkörnigen, dann grauen feinkörnigen Quarzsandsteinen, schließlich paläozoischen Kalken bestehenden Ausläufer der Cuchumatanes und tritt, verstärkt durch eine ganze Reihe kräftiger Nebenflüsse aus den weiter nordwärts gelegenen Abschnitten dieses großen Gebirgs- und Hochlandsmassivs, im Bereich der kretazischen Kalke auf rund 750 m Höhe als Río San Gregorio nach Mexico über. Zur Linken, gegen S hin, liegen hinter der großen Ebene des Cuilco – San Miguel die bizarren Kalkkegel und Kalkdome des Berglandes um Comalapa und Pacayal, noch weiter hin die hohen Blockmassive der südöstlichen Sierra Madre de Chiapas.

Der nun auf gut 30 km Lufterstreckung westwärts folgende Abschnitt bis zur Vereinigung des Gregorio mit dem San Miguel (Ibarra) zum Grijalva besitzt ein sehr unruhiges Relief. Er ist aus Flächenstücken teils mit regenzeitlichen Überschwemmungssümpfen, leichten Schwellungen zwischen den, von Terrassen begleiteten, bis gut 80 m tief eingesenkten Tälern, ferner aus bis 150 m hoch über der Ebene stehenden Einzelkuppen und Kuppenreihen sowie kammartig ausgereckten längeren Hügelzügen zusammengesetzt. Gelegentlich sind sie mit riffartigen Nadeln und Burgen besetzt; am auffälligsten der aus waagerecht gebankten rötlichen Sandsteinen bestehende C. Purgadoro NNE von Chicomuselo am rechten Ufer des R. San Miguel. Ein von Osten her zuckerhutförmig wirkender Spitzkegelfelsen wächst aus dem Westteil seines gebuckelten Rückens über dem Fluß auf. Aus südwestlicher Richtung gesehen gleicht der Bergzug einer riesenhaften Sphinx.

Überwiegend ist dieses Hügelland aus Kalken aufgebaut, im S aus karbonischen, im N aus kretazischen ohne klar erkennbare Grenze zwischen beiden (vergl. Sapper, 1899, S. 21). Doch sind mehrfach andere Gesteine eingeschoben. An Talwänden und auf Terrassen des R. San Miguel sind weiße und rötlich gefärbte Bimstuffe – vom Ausbruch des Santa María? – zu beobachten. In den Geröllen des Flusses befinden sich neben den bekannten Aufbaugesteinen der südöstlichen Sierra Madre und ihrer Vorberge auch zahlreiche Dacite; vielleicht stammen sie von dem „Andesitgang", den Sapper (ebenda) in der Nähe von Cuxshu / Comalapa passierte. Im Verlauf jenes Cerro Purgadoro, in dessen Bereich Boese auf seiner Karte einen Andesitkörper verzeichnete, hat der San Miguel weiterhin roten Sandstein mit geringen Mengen Hämatit der Todos-Santos-Schichten (?) angeschnitten. Auch zwischen Anonal und Altamisa wurde vom Verfasser ein Streifen dieses Gesteines, der Sapper entgangen sein muß, überschritten. In seiner Verlängerung nach E fließt der R. Jocote ebenfalls durch Sandstein. Auch nördlich von Altamisa folgen gegen den S. Gregorio hin auf Kalke wiederum grobe rote, aus mäßig abgerundeten Quarzkörnern, Feldspäten, Erzstaub und dunklen Mineralien (Hornblende?) zusammengesetzte Arkosen und hellere Sandsteine. Zwischen dem Gregorio und der Carretera Panamericana wurden streckenweise große Schotterdecken gut abgerollter Sandsteine – mit merkwürdig schwartenartig zerlöcherten Oberflächen – und Konglomerate angetroffen; hier müssen Aufschüttungsgebiete alter Flußläufe vorliegen.

Gegenwärtig ist dieses Hügelland abseits von San Gregorio und San Miguel Ibarra sehr wasserarm. Sie beide führen allerdings ganzjährlich reichlich Wasser und bilden in der Regenzeit schwere Verkehrshindernisse; auch in der Trockenzeit sind sie nur in wenigen Furten mehr oder minder gefahrlos zu überschreiten. Der – ohnehin sehr schlechte – Fahrweg zwischen Chamuic an der Carretera Interamericana und dem Municipal-Ort Chicomuselo bleibt in der Regenzeit wegen der Unpassierbarkeit des brückenlosen San Miguel geschlossen. Über den San Gregorio gibt es, außer an der Carretera – bei Chamuic – selbst, nur eine einzige schmale Brücke unfern der Finca El Salvador. Abseits dieser reichlich tief eingetalten beiden Flüsse herrscht weithin Wassermangel. Von der Nordseite her erhält der S. Gregorio zwar noch mehrere, zumeist in den Bergen Guatemalas gesammelte oder aus Kalklöchern und unterirdisch gespeisten kleinen Lagunen in seiner Nähe selbst entspringende Zuflüsse; von Süden her dagegen nur den aus den Bächen der Pacayal-Berge zusammengeflossenen R. Jocote – Santo Domingo, in der Trockenzeit ein 6 – 10 m breites, kaum knietiefes Flüßchen. Er und der, einige regenzeitliche Sümpfe entwässernde Arroyo de Zapotal sind südlich des R. San Gregorio für ein Gebiet von rund 25×25 km Fläche die ausschließliche trockenzeitliche Wasserführung. In der Regenzeit dagegen verwandelt sich der mittlere, leicht eingemuldete und abflußlose Teil in schwer passierbare, nur von einigen niedrigen Kalkhügeln, überragte „ciénagas" (Überschwemmungssümpfe); sie dörren später zu einer steinharten, in Trockenrissen zerplatzten tonigen Fläche aus.

Dieser natürlichen Ungunst entsprechend ist die Besiedlung hier außerordentlich dünn, nur entlang der trockenzeitlich befahrbaren Verbindung von Jocote nach Comalapa und Chicomuselo etwas dichter. Sie beschränkte sich früher auf die zentral gelegene, heute nur unbedeutende Viehfinca Altamisa. Als „las sabanas secas" (die Trockensavannen) oder gar „el desierto (die Wüste) de Altamisa" ist diese Fläche übel berufen.

Trotzdem war sie bis zum Ausbau der Carretera Panamericana mit ihrer Zweigstrecke nach Arriaga an der pazifischen Bahn das Hauptdurchgangsgebiet namentlich der indianischen Saisonarbeiter zwischen Mesa Central und der Kaffeezone im Soconusco, via Cuilco- und Motozintla-Tal über die Wasserscheide der Sierra Madre. Auf der Finca selbst haben ungezählte Tausende dieser Kontraktanten genächtigt und gerastet. Mitnahme von Trinkwasservorräten war für jeden Durchreisenden dieses Gebietes selbstverständliche Verpflichtung. Das Wasser für die wenigen – mit Nachbarschaft knapp 20 – gegenwärtigen Bewohner der Finca muß in der Trockenzeit per Esel 2 leguas (je 4 km) weit aus dem Arroyo Zapotal geholt werden.

Dennoch wird die Unwirtlichkeit der Landschaft um Altamisa gern übertrieben. (Mich persönlich belästigten hier wie in anderen Dürregebieten des Valle der ewige Geruch von trockenem Lehmstaub und dörrendem Kuhdung sowie die Masse von Viehexcrementen und Zecken unter jedem Schattenbaum, den man zur Rast erwählte, schließlich auch die Unzahl der übrigen Insekten – chaquistes, moscas, mostacillas – mehr als Hitze und Wasserlosigkeit.) Die Entfernungen sind nicht so groß, daß jemand wirklich verdursten könnte. Auch spendet die Vegetation einigen Schatten; denn abgesehen von den Ciénagas, in denen sich nur Cacaito- und Nanche-Gestrüpp neben wenigen Jícaras (Kalabassenbäumen), Lantana-Buschwerk (cinco negritos) und dem unbrauchbaren, holzigen Altamisa-Kraut, der sechsmonatigen knietiefen Überschwemmungen halber aber kein höherer Baum halten kann, herrscht weithin verworrener Trockenwald mit auffallend vielen rotstämmigen Mulato-Bäumen (= chacaj oder jiote) und nicht geringem Epiphytenbewuchs. Andernorts breitet sich lichte Akaziensavanne (hauptsächlich Espino, Ishcanal, Guanacaste, häufig bewachsen mit dunkelrot blühenden Chujquen-Misteln) mit eingestreuten Manaca-Palmen, Órgano-, Tuna- und Pitahaya-Kakteen. An den Bächen und Flüssen steht streckenweise sogar recht üppiger Galeriewald mit viel weißstämmigen Higuera (= higo oder amate, Ficus) und nicht minder hellrindigen Totopaste-Bäumen, Zapote negro und Chicozapote, Carrizo-Bambugras, reichlichem Bodenbewuchs von großblättrigen Stauden und ähnlichen immergrünen Pflanzen.

Nördlich des R. San Gregorio gesellen sich in den Savannen Fächerpalmen (Palma real oder Palmita) hinzu und werden in nordwestlicher Richtung allmählich landschaftsbestimmend. Hier gibt es etwas mehr fließendes Wasser und eine Reihe von Dauerlagunen; die Zahl der Vieh-Fincas und kleinen bäuerlichen Hüttenansammlungen mit Mais, Bohnen, Zuckerrohr, Bananen und anderen Fruchtgewächsen nimmt lebhaft zu, zumal die Carretera näher rückt und einige Verbindungswege zum Grijalva trockenzeitlich bereits mit geländegängigen Wagen befahren werden können.

Westwärts der Carretera tritt der Gregorio bald in eine höhere Kalkschwelle ein, nach Hendrichs (1955, S. 34) ausgesinterte Travertinebänke der unterirdischen, mit Kalk angereicherten Abflüsse aus dem Hochland von Comitán. Er muß sie, als 10-12 m breiter, tiefer und reißender Wildfluß, in einem bis 60 m tiefen unzugänglichen Cañon durchschneiden. Erst dann findet er Gelegenheit zur Ausbildung eines breiteren Flachtales und Ausdehnung seines Bettes auf 30 bis 80 Meter. Er verliert seine heftige Strömung aber nicht bis zu seiner Vereinigung mit dem nicht minder strömungsreichen San Miguel in nächster Nähe der beiden gegenüberliegenden Fincas San Felipe und Argelia (die letztere mit hydrografischer Mess-Station). Der San Miguel kommt in seinem letzten Abschnitt aus einer ähnlichen, teils noch bewegteren und höheren Hügellandschaft von SSW herbei. Die beiden gleichwertigen Ströme bilden nun, lokal als Río Chejel oder R. Grande (de Chiapa), weiterhin auch als R. Mezcalapa bezeichnet, ein 200 m breites, vielgewundenes Schotterbett zwischen nur spärlich von Bäumen bestandenen Prall- und Gleithängen: der Río Grijalva der internationalen Geografie ist geboren.

2. Das Grijalva-Tal bis zum Sumidero

Der am Entstehungsort des R. Grijalva herrschende Landschaftscharakter bleibt stromab zunächst unverändert bei. Das breite Schotterbett des Stromes ist nach heftigen Regen völlig ausgefüllt, in der Trockenzeit dagegen aufgeteilt in mehr oder minder breite Arme und zahlreiche Geröllinseln. Der Fluß selbst pendelt mit erheblicher Strömung in großen Schleifen zwischen schwer ersteigbaren hohen Steilhängen und flachen, mit Schilf und Gras bestandenen, streckenweise sumpfigen, von Schildkröten, Lurchen und Wasservögeln belebten Gleitufern. Die einstigen Galeriewälder sind längst weithin vernichtet; nur in schmalen Randstreifen und

Gruppen sind Bäume und Gebüsche übrig geblieben. Seit Jahrhunderten haben Vieh-Großbetriebe das Grijalva-Tal als Weideland für Zehntausende von Rindern benutzt. Zeitweise hatten Hazienden ausgedehnte Indigofelder in Bewirtschaftung. Namentlich in jüngerer Zeit haben zunehmend bäuerliche Kolonisten ihre Wirtschaftsformen: Hackbau, Pflugbau, Fruchtkulturen und, wenn irgend möglich, kleine Bewässerungsanlagen mit Zuckerrohrpflanzungen hinzugebracht. In nicht sehr großen Abständen folgen sich an beiden Seiten des Stromes Finca-Komplexe, Rancherías, junge Dörfer.

Aber zu beiden Seiten bleibt dieser Kulturstreifen nur verhältnismäßig schmal, fast möchte man ihn in diesem Abschnitt des Grijalva-Tales als „Strom-Oase" bezeichnen. Denn je weiter das Tal nach W hin aus dem feuchten Vorland der Cuchumatanes herausrückt, um so lebhafter setzt Trockenbusch auf verkarstetem, bald ebenen, bald hügeligen Kalkgelände ein. Zwar ist er grün zu Zeiten der Regen, aber nach ihrem Aufhören verödet er um so trostloser zu einem gelbbraunen „desierto" (Wüste). Zumal von der Nordseite her fließt dem Grijalva hier oberirdisch kein einziges Flüßchen zu, und auch am Südufer klafft zwischen der noch in den San Miguel Ibarra gerichteten Einmündung der vereinigten Sierraflüsse Tachinula und Yayagüita einerseits, dem Paso-Padres-Zufluß (Aguacate) östlich von La Concordia andererseits auf nahezu 60 km Tallänge hin eine lange Lücke. Erst dann folgen nahezu gleichzeitig der wasserreiche Custepec-Concordia von links und Blanco-San Vicente von rechts. Doch auch sie unterbrechen nur, aber verändern nicht grundlegend die geschilderte Armseligkeit der an die Uferoasen anschließenden beiderseitigen Tallandschaft. – Queren wir sie einmal im Verlauf der meistbegangenen Transversalroute des Valle zwischen Venustiano Carranza und La Concordia in der Mitte der Trockenzeit Ende Januar (vergl. Fig. 8):

Am blockbesäten andesitischen Steilhang des Cerro San Bartolo steigen wir von dem auf der 800 m - Stufe gelegenen großen Flecken Ven. Carranza (San Bartolomé de los Llanos) hinunter zur ± 600 m hoch gelegenen Talebene. Der Flugplatz des Ortes, ein notdürftig saubergehaltenes Weidegelände, bleibt abseits in ihr zur Linken. Voraus streicht in Talrichtung der lange gleichmäßige Rücken des Cerro Caliente „heißer Hügel" (der Name konnte nicht besser gewählt werden!), hinter ihm werden ähnliche, teils höhere Rücken sichtbar. Eine nur schütter mit Cacaito, Lantá, Cascabillo, Pumpum flor und diversen mistelbesetzten Mimosenbäumen bestandene Geröll- und Hügellandschaft wird durchwandert. Mitten in ihr wird zwischen einem schmalen, aus nur zwei bis drei Baumreihen bestehenden Galeriewaldband mit Mango, Ceiba, Ficus u. a. das breite Geröllbett des erst viel weiter abwärts ständig Wasser führenden Río Seco („trockener Fluß" ebenfalls trefflicher Name!) gequert. Aus einigen trüben, von Viehexcrementen umgebenen Wasserlöchern im Flußbett pumpen wir uns bis zum Platzen voll: das letzte Wasser bis zum Grijalva. Über den Randbergen der Mesa Central um Comitán und Teopisca liegen flach die Nordostpassatwolken. Langsam fließen sie am Steilrand herab. Aber einzelne vorantreibende Häufchen lösen sich bald über der aufsteigenden Heißluft der Talung auf.

Aus der rötlichbraunen vulkanischen Erde des San Bartolo kommen wir am Fuß des rel. 150 m hohen, aus Kalk bestehenden Caliente-Rückens über Flächen bester Schwarzerde. Unter Bewässerung würde sie üppigsten Feldbau gestatten. Nach Überwindung des von dichterem Trockenwald bestandenen breitkammigen Hügelzuges folgt Abstieg in den mit Kalktrümmern, Schwarzerdenestern, Buschwildnis und Spuren regenzeitlicher Überschwemmungslagunen ausgefüllten Kessel von Casaltique. Nur nach W hin sind seine Randhügel geöffnet. Dort ragt der ideal kegelförmige Cerro Laja Tendida schätzungsweise 300 m über der Ebene auf, unfern von ihm ein niedrigerer ähnlicher Kegel. In der Mitte des Kessels treffen wir auf ein System von 100 und mehr Meter langen, leicht in Terrassen ansteigenden, zum Teil offenbar künstlich gelegten Kalkblockreihen nebst einigen – bereits geöffneten – Hügelgräbern. Randlich liegen weit auseinander zwei einsame Gehöfte mit entlegenen spärlichen Wasserlöchern. Stoßweise leichte Brise aus SW mildert die glühende Hitze; der steinige Boden brennt durch die Stiefelsohlen.

Es erfolgt erneuter Anstieg zu der welligen, $\pm$ 750 m hohen Hügel-Hochfläche des C. d. Ocochón. Seine aufbauenden Gesteine: feinkörniger Quarzit, Opal und von porig angewitterten roten oder schwarzen Rinden umgebene, mit sekundär verkieselten Fossilien angereicherte Kieselkalke, könnten diese Erhebung als ehemaligen Korallen- oder Kieselschwammstock erklären. Von der höchsten Höhe wird der Blick in die Grijalva-Talung frei; doch vom Strom ist nichts zu sehen, nur belaubte Baumflecken und kleine hellgrüne Cañaverales (Zuckerrohrfelder) lassen seinen Lauf vermuten. Er hat sich unmittelbar in die Kalktafel der Niederung eingeschnitten und nur an den Halbmonden einige Alluvionen aufgeschüttet. Am Nordufer überragt ihn der bis rel. 200 m hohe Bergzug der Altos de Jalisco. Die Sierra Madre de Chiapas mit ihren aufgelösten Kämmen und glatten Kippschollenformen rückt näher. Fast genau im S steht der unverkennbare Halbkugelgipfel des Cerro La Bola (Kugelberg) im Señorita-Massiv.

Dann, nach mehr als zwanzig Kilometern eines überaus anstrengenden Marsches, geht es mehr stolpernd als marschierend abwärts zu einem traurigen, dennoch erlösenden Häuser-Viereck. Es ist das aus wenigen, von ärmlichen Hütten besäumten Straßen bestehende Dorf Paso de la Vega (San José de la Canoa), eine „Congregación" mehrerer Dutzend Bauernfamilien, am hohen Ufer des Grijalva. Im Schulraum finden wir Unterkunft.

Vom Lehrer und vom Bürgermeister des Dorfes erhalte ich typische Auskünfte, die, abgesehen von Zahl und Herkunft der Einwohner, als Norm für die Mehrzahl der ländlichen Siedlungen des untersuchten Gebietes gelten können: 672 Einwohner im Dorf und in randlichen Ranchos, darunter hier sehr viele „Indios Mexicanos", also mexicanisierte, teils spanisch sprechende und teils bereits gemischte Indianer, teilweise solche guatemaltekischer Abkunft, im übrigen eine Art Tzotzil sprechende Leute.

Von 208 schulpflichtigen Kindern sind nur 95 eingeschrieben, mittlere Anwesenheit im Unterricht 82; 2 Lehrkräfte: der Lehrer und seine Frau, stehen zur Verfügung. Anbau: Mais, Bohnen, Chile-Pfeffer, Süßkartoffeln (yuca und camote), Plátanos (Mehl- oder Kochbananen), etwas Erdnüsse (cacahuates), Hirse (maicito), Tabak, Wassermelonen (sandia), Papayas, nur sehr wenig Zuckerrohr auf den beiderseitigen Terrassen unter Ausnutzung einiger an den Rändern austretender Rinnsale, da der Fluß selbst für Bewässerung zu tief liegt; Rinder, Pferde, Esel, Schweine und Geflügel, Handel nach Ven. Carranza und La Concordia. Wasserversorgung aus dem 20 m tiefer im zerstrudelten Felsbett mit starker Strömung fließenden, hier etwa 60 m breiten Grijalva; über ihn öffentlicher Fährverkehr mit Hilfe großer Einbaumboote. Eine nur 150 m von ihm entfernt, unmittelbar beim Dorf aus einem 30 m breiten Kalkloch entspringende, große Quelle mit Abfluß zum Strom fördert säuerlich schwefliges, unbrauchbares Wasser. Keine Malariamoskiten (Zancudos), jedoch das ganze Jahr über „moscas" (schmerzhaft stechende Kriebelmücken), keine Onchocercosis, jedoch Pigmentmangelkrankheit der Haut (mal del pinto, ausgesprochene Armuts- und Unsauberkeitskrankheit) stark verbreitet, – wer geht schon die kleine Strecke zum Fluß hinunter, um zu baden?! Zwei Gemischtläden, ein Alkoholausschank, etwas Baumwollweberei.

Bei einer im Jahre 1945 durchgeführten Enquète zwecks Ermittlung des allgemeinen Kultur- und Sozialniveaus wurden im gleichen Dorf – wiederum typisch für viele Siedlungen – folgende Fragenkomplexe mit Null oder Nein angegeben: Öffentliche und private ärztliche Versorgung einschließlich Hebamme, Dentist, Krankenhelfer; gesundes Trinkwasser, Stromversorgung, Autostraße, Motorfahrzeuge und sonstige Motoren, Flugverkehr, Telegraf, Telefon („in Reparatur"), Radio, Postdienst, Kirche, Priester, Dorfheiliger, Militär, Polizei, Prostitution, Markt, Bäder, Abfallbeseitigung, Latrinen, Drainage, Bibliothek, Zeitungen, Kino, intellektuelle oder soziale Vereinigungen, dito solche von Frauen („einige Zusammenkünfte im Lehrerhaus"), Jugendlichen, Patrioten oder politisch Interessierten . . . . . : eine traurige, aber sehr reale Bilanz, ein Schlaglicht auf den armseligen Inhalt dieser Menschen! – – –

Jenseits des Stromes steht zunächst etwas dichterer Buschwald als nördlich von ihm. Am oder in mäßiger Entfernung vom Ufer liegen mehrere Hazienden mit hauptsächlich Vieh. Bald geht es leicht, später steiler ansteigend auf die rel. 150 – 200 m hohe, teils wellige, teils tischplatte Hochfläche des C. El Chachalaquero (benannt nach dem dort häufigen Chachalaca-Vogel). In der jenseitigen Fußstufe entspringt aus einem Kalkloch von ca. 60 cm Durchmesser mit geringem Druck eine Quelle. Gleich gibt es Leben: zwei Gehöfte von Ojo de Agua mit Anpflanzungen von Papaya, Bananen, Melonen, Kürbissen, Tomaten. Vieh drängt sich um das abrieselnde Rinnsal, das über die Gärten geleitet wird. Doch ringsum der gleiche Staub, die gleiche Trockenheit wie überall. Bald folgen große, jetzt kahle, von Baumstämmen und Knüppelwerk eingezäunte Pflugbau-Maisfelder auf Brandlichtungen im Trockenbusch mit braunschwarzen, feinkrümeligen Böden.

In ihrer Nähe wird ein Ochsenkarrenweg erreicht, und in dickem Kalkmehl steigen wir jäh abwärts zum Río de la Concordia. Sein bis 80 m breites Schotterbett ist von Sauce und anderen Bäumen besäumt. Dutzende von Frauen und Mädchen stehen im Fluß und waschen Kleidung oder füllen ihre Wasserkrüge, Knaben baden im knietiefen Wasser. Vorsichtig waten wir über die glatten Gerölle durch den Fluß. Jenseits geht es unvermutet in groben Konglomeratbänken steil aufwärts zum 550 m hoch gelegenen, wenig ansprechenden, schlecht gepflegten Markt- und Verwaltungsort La Concordia (1950: 1880 Einw.). Es ist ein erst 1826 gegründeter, zunächst rasch aufgeblühter, aber während der Revolution nahezu entvölkerter weitläufiger Ladino-Pueblo etwa in der Mitte des Valle Central.

Rund 25 km unterhalb von Paso de la Vega stößt der Grijalva auf ein bis 800 m hohes Massiv, das nach der Hauptsiedlung auf ihm, der großen Colonia Jericó (rund 500 Einw.), die „Altos de Jericó" genannt sein mag. Es handelt sich um eine eigenartige, wiederum sehr wasserarme Landschaft. Sie besteht vorwiegend aus Sandsteinen mit fast schwarzen Verwitterungsrinden, mit riffartigen Resten einer abgetragenen Kalkdecke über und groben Konglomeraten unter ihnen. Durch nicht mehr vorhandene Flüsse sind sie zwischen nackten Wänden tief aufgeschnitten und ausgeschliffen worden, oberflächlich überdies dicht an dicht zerlöchert wie riesige Bienenwaben. Das Ganze ist überdeckt von losen Kiesen und großstückigen Schottern, weit größeren, als in den Konglomeraten vorhanden sind, so daß es sich also nicht um ausgewittertes und ausgespültes Material von diesen handeln kann. Es sind Überbleibsel eines vorzeitlichen Grijalva-Bettes. Auch viel verkieseltes Holz, wie es überall im Valle in diesen Schotterzonen gefunden wird, liegt mit in dem Geröll.

Vor dem Massiv wendet sich der bisher von SE nach NW gerichtete rezente Grijalva genau rechtwinklig nach NE und bildet den mehr als 10 km langen, schmalen und schwer befahrbaren Cañon de la Angostura (zu Deutsch: Schlucht der Enge; der unterhalb von ihm einmündende rechte Nebenfluß, Unterlauf des Río Seco, ist nach ihr „Río de la Angostura" genannt). Nach seiner Überwindung erreicht er wieder ebeneres Gelände und durchfließt es, vor dem stufenartig abgesetzten Vorland des zentralen Gebirgsblockes auf seine alte Richtung zurückkehrend, in mächtigen Schleifen.

Von hier an empfängt er aus dieser Vorstufe des Mesa-Blockes in enger Folge zahlreiche größere und kleinere, zumeist sogar ganzjährige Zuflüsse. Ursache dieser auffälligen Verdichtung des Gewässernetzes wird sein, daß die durchlässigen Kalke des Steilrandes und des Valle hier weithin von wasserhaltenden vulkanischen Massen überdeckt sind. Die Einmündungen einiger anderer, nur periodisch Wasser führenden Flüßchen liegen in der Trockenzeit im Mittel 1,60 m über dem Flußniveau. In flachem Gelände mit nur noch geringer Strömung dahinfließend, eignet sich der 60–100 m breite Strom nunmehr bereits bestens als Wasserstraße und übernimmt einigen Verkehr zwischen der Angostura-Mündung und den abwärts folgenden Ortschaften. Er wird teils mit großen Einbaum-Ruderbooten (cayucos) aus Guanacasteholz oder dem noch dauerhafterem Sabinoholz, teils mit Motorlaunchen durchgeführt. Die letzteren wurden durch den in Chiapa de Corzo lebenden deutschen Bootsbauer Pablo Peutelsbacher eingeführt. Um 1920 wurde er durch einen fortschrittlichen Gouverneur nach Chiapas geholt.

An den auf 600 – 700 m Meereshöhe ansteigenden Randbergen des Angostura-Cañons – Fluß hier etwa auf 470 m [15] – setzt die Besiedlung aus; talabwärts nimmt sie rasch wieder zu. Die Uferstrecken sind, wo nicht Gruppen von Sauces und Sabinos, Ficus, Fresno-, Ceiba- und Mimosenbäumen vom einstigen Galeriewald übrig geblieben sind oder nicht gar laubwerfender Niederwald und kahle Grassavanne von den Seiten herandrängen, gut bebaut mit Bananen, Kokospalmen, Jocote-Pflaumen und anderen Fruchtbäumen, auch Baumwolle. Die letztere soll mit der, in den südlichen U. S. A. viel verwendeten, Variation „Acala" hier heimisch sein. Dazu gesellen sich Maguey-Pflanzungen und Mais, dieser in zweiter Aussaat während der Trockenzeit sogar auf den in der Regenzeit wieder überschwemmten grundwassernahen Sandinseln und Uferhängen des Flusses.

Die Besiedlung besteht weniger aus geschlossenen Dörfern als vielmehr aus kleinen Weilern, Einzelranchos und Hazienden. Ihre Zentren bilden die rechtsseitig gelegenen Municipalorte Acala (1950: 3550 Einw.) auf der hügeligen Uferterrasse in rund 500 m und Chiapa de Corzo (6750 Einw.) auf nur noch wenig mehr als 400 m Meereshöhe. Beide Plätze waren 1958 bereits durch eine Behelfsstraße auf der linken Seite des Stromes verbunden; eine bessere Carretera am rechten Ufer war in Bau. Ehe sie nicht nach Venustiano Carranza durchgeführt ist und dort Anschluß an die über Pugiltic – Soyatitán – Pinola wieder zur Carretera Panamericana hinaufführende Straße findet, wird Acala weiter unter seiner abseitigen Lage leiden. Kürzlich (Anfang 1959) sind von der Landesregierung Mittel dafür bewilligt worden. Hinderlich ist auch das Fehlen einer Brücke bei Acala über den hier wohl 100 m breiten Fluß. Nur bei ungefährlichem Wasserstand können Menschen und Ochsenkarren, die letzteren auf zusammengekoppelten Cayucos, von Ufer zu Ufer gelangen; die Ochsen selbst müssen schwimmen. Immerhin besitzt der ärmlich wirkende, nach unseren Begriffen abbruchreife, dennoch von nicht wenigen geschäftstüchtigen und gut verdienenden Händlern bewohnte, auch mit kleinen Baumwollwebereien und Seilereien ausgestattete Ort seit 1952 wenigstens einwandfreie Trinkwasserzufuhr aus dem Arroyo Cuapirul (Ing. Hidr. 1952, No. 4, S. 18 f).

Das alte Städtchen Chiapa de Corzo dagegen profitiert von der Nähe der Hauptstadt des Staates, für die es Umschlagsort zum oberen Grijalva-Tal bedeutet, ferner von der „Internacional" und dem auf ihr sich abrollenden Touristenverkehr. Nach dem im Jahre 1524 von Tabasco her erfolgten Einmarsch der Konquistadoren nach Chiapas unter Kapitän

---

15) Das Boletín Hidrológico No. 9 gibt für die weit oberhalb gelegene Beobachtungsstation Arco de Piedra nur 450 m an, eine Ziffer, die m. E. um 30 - 40 m zu niedrig gegriffen sein muß.

Luis Marín wurde es bereits am 3. Mai 1528 gelegentlich eines erneuten Kriegszuges von Diego de Mazariegos unter dem Namen „Villa Real" als erster Stützpunkt der Spanier in der oberen Grijalva-Talung gegründet. Nur 15 Jahre früher sollen die aus Nicaragua zugewanderten, ursprünglich vielleicht sogar aus Paraguay stammenden Chiapa unter Verdrängung der autochthonen Bevölkerung diesen Landstrich besetzt haben (nach Espinosa, 1925).

Die Spanier hinterließen neben manchen profanen und kirchlichen Bauwerken, darunter der 1568 durch Fray Pedro de Barrientes gegründeten großen Dominikanerkirche, einen schönen, 1562 von Fray Rodrigo de León geschaffenen maurischen Brunnen auf der Plaza von Chiapa. De la Peña (1951, I, S. 120) nennt ihn „la más bella fuente de América". Ende 1888 wurde der Ort, nachdem er inzwischen den Namen „Chiapa de los Indios" getragen hatte, in Erinnerung an den aus ihr stammenden hervorragenden Gouverneur Angel Albino Corzo mit dem neuen Namen Chiapa de Corzo versehen und später zur Stadt erhoben. Heute ist sie Hauptort eines der landwirtschaftlich reichsten Municipios im oberen Stromgebiet des Grijalva. Ihr lebhafter Bootshafen, der größte des gesamten Oberlaufes, besteht freilich aus nichts anderem als einigen wenigen, in die lehmige Steilwand eingegrabenen Stufen. Auf ihnen müssen die Fahrgäste mit ihrem Gepäck unter Entwicklung akrobatischer Fähigkeiten hinauf und hinunter turnen, während die Fahrzeuge an ihren in den Grund gerammten Palancas (Stoßstangen) in der Strömung hin und her schaukeln. Gegenüber am linken Ufer liegt eine weite Sandfläche; der wenig oberhalb einmündende große Domingo-Fluß hat sie ausgebreitet. Vom steten harten NNW-Wind wird sie in wüstenartige Ripplemarks gefältelt.

Niedere Hügel aus Kalken, schwärzlich-roten Konglomeraten und tuffigen Sandsteinen nahe beider Ufer, nach der geologischen Karte von Boese auch ein kleiner Andesitkomplex bei Nandayapa, vermögen den Flußlauf in diesem Abschnitt kaum noch einzuengen. Nur in der Höhe des von N zufließenden Agua Bendita durchsetzen noch einmal rote Sandsteinhöhen, N/S streichend und nahezu NE einfallend, streckenweise auch von angelagerten Kalkkonglomeraten begleitet, das Tal und bilden einige geringfügige Stromschnellen. Auf Chiapa de Corzo zu gehen diese Hindernisse wieder zuende. Doch nun versperrt im W der von einer Kalktafel bedeckte Block der Meseta de Copoya dem Grijalva die eingeschlagene Richtung. Er wendet sich scharf nach Norden, geradewegs gegen den weit höheren zentralen Gebirgsblock. Zwischen der Meseta de las Animas zur Linken und der Meseta de Ixtapa zur Rechten durchbricht er ihn im bis zu 1400 m tiefen Sumidero-Cañon.

3. Die Barranca-Landschaft im Nordwesten

Der Talabschnitt zwischen der weiter oben behandelten Sierra de Nuevo León und dem soeben genannten Sandsteinriegel in der Höhe des Bendita-Flusses verdient als besondere Teillandschaft der großen Grabensenke.

als „Barranca-Landschaft", herausgestellt zu werden. Es ist ein 8–12 km breiter, aus der Entfernung völlig flach wirkender Streifen zwischen dem Fuß des Steilrandes und dem eigentlichen Flußtal. In Wahrheit handelt es sich um ein von rund 700 auf 500 m abgleitendes bewegtes Hügelland mit rel. bis zu 100 m hoch aufsteigenden Kuppen und Kämmen sowie sehr zahlreichen, bis 50 und mehr Meter tief eingefurchten Barrancas. Sie sind oft so jäh und übergangslos eingeschnitten, daß hier viel Vieh durch Absturz verloren geht. Schon Sapper (1899, S. 18), der diese Landschaft bei Totolapa durchzog, hebt die außerordentliche Steilwandigkeit der Schlucht- und Hügelwände hervor. Er fand dort oberflächlich Sande und kleine Eruptivgerölle über anstehendem Andesit. Die scharfe Schluchtenbildung führt er auf dieses Lockermaterial zurück. Auch erwähnt er südlich von Totolapa eine „mit Andesitblöcken ganz übersäte Hochfläche, die wie ein alter Lavastrom aussieht", sowie weitere Flächen mit „Quarz-, Flint- und Andesitgeröllen, zwischen denen auch schönes versteinertes Holz auftritt". Ferner traf er in diesem Gebiet Kreidekalke, Mergel und Letten an.

Der gleiche Aufbau ist für die gesamte „Barranca-Landschaft" verbindlich. Im Abschnitt über „die Sierra de Nuevo León" wurden ausdrücklich schon die zahlreichen vulkanischen Erscheinungsformen und die Gerölldecken mit durchragenden Mergeln, Kalken usw. im westlichen Vorland dieser Gipfelreihe herausgestellt. Bei Begehungen des Geländes um Chiapilla und Acala zwischen dem Grijalva und dem Steilabfall der Mesa Central wurde nichts anderes vorgefunden. Die bisher vorliegende Literatur gibt hierüber nur wenig Aufschluß; einige Beobachtungen, die besonders der Geologie dienlich sein könnten, seien hier daher ausführlich mitgeteilt.

Beim Abstieg am Steilrand der Mesa beginnen bereits in der Höhe von El Zapotal (San Lucas, ± 900 m) erste Steilschluchten auf einer bis fast 600 m langsam abfallenden Stufe im Kalkstein, der hier noch keine Schotterdecke aufweist. Schotter setzen erst nördlich von Chiapilla ein, wo mehrere Bäche dem wenig oberhalb des Ortes entspringenden R. Chuchatenco in scharf abgesetzten Gräben entgegeneilen und die Schotter angeschnitten haben. Er selbst fließt östlich vom Dorf in einer an 50 m tiefen, in 35 m Höhe von Terrassen besäumten Schlucht; westlich des Pueblos verläuft die noch tiefere Barranca des Río Frío, als größtem der hier vorhandenen Flüsse. Weithin werden ähnliche Schluchten in mächtigen Kiesaufschüttungen wahrgenommen.

Die Gerölle überschreiten selten die Größe einer Faust und sind gut abgeschliffen, sie müssen einen weiten Transportweg hinter sich haben. Da diese Geröllstreifen in beträchtlicher Breite und erheblicher Mächtigkeit über den gesamten Abschnitt talabwärts zu ziehen scheinen und keiner der gegenwärtig von der Mesa herabkommenden Lokalflüsse fähig wäre, solche Mengen aufzuschütten, könnte an ein Urstromtal des einst noch mächtigeren Río Grijalva gedacht werden. Hierauf will wohl auch Müllerried hinaus, wenn er (1952, S. 26) ausdrücklich darauf hinweist, daß der Fluß früher auf einem höheren Niveau geflossen sei und seine Ablagerungen bis zu 900 m (?) Meereshöhe hinterlassen habe. Dieses Urstromtal des Grijalva müßte also näher als sein gegenwärtiges Tal gegen den Rand der Mesa hin seinen Verlauf genommen haben.

In seinen Schotterrückständen, die noch durch widerstandslose junge vulkanische Tuffe vermehrt wurden, hat sich die „Barranca-Landschaft" ausgebildet. Vielleicht handelt es sich hier auch gar nicht um „quartäre Aufschüttungen", sondern um Schotter aus jenen Perioden, als der Höhenunterschied zwischen Valle und Mesa und damit auch die Geröllzufuhr von den Hängen der letzteren noch nicht so groß war wie nach der letzten Gebirgsbildung. Denn Kalke und Dolomite aus der Nachbarschaft bzw. vom Steilrand befinden sich nur wenig unter den Geröllen, dagegen alle jene Gesteine, die weiter oben im Valle und seinen Randgebirgen anzutreffen sind: viel Granit, dunkler, manchmal feingebänderter Quarzit, Diorit und Porphyr, feinkörnige helle, teils feste, teils mürbere Sandsteine sowie gröberer und dunklerer Sandstein, der durch Klüftungsvorgänge gern in Dreiecksformen gespalten ist; genau solcher Sandstein wurde anstehend an den Hängen des oberen Cuilco-Mazapa-Tales angetroffen. Hinzu kommen Gangquarze mit viel Erzstaub, auch dichte grüne Kieselgesteine, teils als Kieselschiefer, und gelbgraue hornige Chalzedone, verkieseltes Holz und Konglomerate, dazu Obsidian und Dacit bzw. Andesit. Manche Gerölle der Decklagen zeigen gut ausgebildete Windschliff-Flächen.

Bemerkenswert sind neben diesen Gerölldecken die Zeugen vulkanischer Tätigkeit. Sehr mürbe graue andesitische Tuffsandstein- und Tufftonbänke – fast ohne Quarz, doch mit zerriebenen Kalkbestandteilen durchsetzt – kommen mehrfach, so etwa südwestlich von Chiapilla, an die Oberfläche und sind an vielen Orten von den kleinen Nebenflüssen des Grijalva bloßgelegt worden. Nach der Tiefe zu in engen, nach oben hin in größeren Abständen werden sie von Schotter- und Feinkiesbändern unterbrochen; anfänglich in rascher, später in langsamerer Folge müssen sich Perioden der Förderung und der Abtragung abgewechselt haben. Die Tuffe mögen z. T. von den Vulkanen im zentralen Gebirgsblock (Hueitepec usw.) oder den Eruptionszentren in der Sierra de Nuevo León stammen und mit nördlichen bzw. nordöstlichen Windströmungen hierher getrieben und von den Flüssen zusammengeschwemmt worden sein. Aber auch örtlich mangelt es innerhalb der Barranca-Landschaft nicht an vulkanischen Oberflächenformen. So lassen sich z. B. nördlich von Acala im Bereich der alten Hacienda San Pedro Nichi und ihrer Nachbarschaft neben Lavapfropfen und Lavawänden ausgesprochene kleine Krater erkennen. Bachläufe haben sie in engen „gargantas" (Kehlen) geöffnet. Immer sind die Rücken (lomas) zwischen den zahlreichen Explosionslöchern und -spalten frei von jenen Flußschottern, sondern nur mit vulkanischen Gesteinstrümmern bedeckt, so daß diese eruptive Tätigkeit jüngeren Datums sein muß als die Schotterablagerung. Wo sich weiter abwärts an den Hängen die Auswürflinge mit den Schottern mischen, bleiben sie selber stets unbeschliffen.

Frühe Bewohner dieses Landes haben an vielen Orten aus den Andesitblöcken eigenartige Fundamente oder Berandungen gelegt, über deren Bedeutung Verfasser nichts auszusagen vermag. Auf der Loma El Jícaro westlich oberhalb des San Agustín-Flüßchens z. B. sind sie in großer Zahl vorhanden, rechteckig bis zu 7 x 4 m Durchmesser, die Längsrichtung in Nord/Süd-Erstreckung und die Ostberandung in der Regel aus einer doppelten Blockreihe bestehend. Daneben gibt es halbrunde und seltener kreisförmige Gelege. Scherben aus gebranntem Ton sind in der ganzen Gegend häufig, desgleichen kleine pyramidenförmige Lehmhügel, die für natürliche Gebilde zu regelmäßig geformt sind.

Sehr verlockend zur Besiedelung ist diese Barranca-Landschaft gegenwärtig nicht. Alles Wasser fließt in der Tiefe der Schluchten und muß mühsam heraufgeholt werden, denn wegen der Hochwässer sind sie selber unbewohnbar. Daneben kommen, wie häufig am Fuß von Steilgebirgen im Bereich des Gefällsknickes, Versumpfungen mit Malaria vor. Chiapilla, früher weiter oberhalb am Río Frío gelegen, ist dieserhalb von den wenigen, der Seuche entkommenen Bewohnern an seinen gegenwärtigen Platz weiter unterhalb verlegt worden (A. M. Corzo, 1946, S. 95).

Die Schotterdecken und vulkanischen Blockfelder lassen nur ärmlichen Landbau ohne Pflug zu; bessere Möglichkeiten, auch mit künstlicher Bewässerung für Reis-, Zuckerrohr- und Obstanbau bieten die zahlreichen Schluchtsohlen. Sie sind allenthalben bebaut und wirken wie Oasen. Hier bieten sich bei Verbesserung der Bewässerungsanlagen und sorgfältiger Wahl der Anbaugewächse noch einige Entwicklungsmöglichkeiten.

Die natürliche Pflanzendecke bestreiten Trockenbusch und Gestrüppsavanne. Sie wird genutzt für die Gewinnung von Holz und Kopal, Guash- und Tamarindenschoten, Nanche-, Piñuela-, Copapé- und anderen Wildfrüchten, mehr noch für die Viehhaltung.

Aber im ganzen gesehen ist die Barranca-Landschaft ein benachteiligter Abschnitt, auch verkehrsmäßig kaum erschlossen. Die wenigen größeren Ortschaften in ihr, wie Totolapa (1950 knapp 1000 Einw.), Nicolás Ruíz (San Diego, 760 Einw.) oder Chiapilla (1600 Einw.) gehören zu den ärmlichsten Municipalplätzen des gesamten Valle. Nur Chiapilla profitiert von den unfernen Auen des R. Grijalva und baut dort gute Baumwolle, Zuckerrohr, Reis, Mais, Bohnen und Tabak an. Sie besitzen keinen Straßenanschluß, keinen elektrischen Strom und sind nur mit mangelhafter Wasserversorgung versehen, staubig, heiß, verschlafen und in 50 km Entfernung kaum dem Namen nach noch bekannt.

4. Die Landschaft um Tuxtla

Wenn hier die „Landschaft um Tuxtla" gesondert herausgestellt wird, so nicht nur, weil in ihrer Mitte die rund 12 qkm belegende Stadtlandschaft des „Capitál del Estado" (vergl. Fig. 23) genügend Raum und Eigenheiten beansprucht, um die landschaftsgestaltenden anthropogenen Kräfte in diesem Abschnitt in den Vordergrund zu stellen, sondern auch, weil ihr natürliches Gepräge charakteristische Merkmale aufweist, die sie von den übrigen Teillandschaften der zentralen Depression unterscheidet.

Es handelt sich hier zwischen der Meseta de Copoya im S und der Mesa de las Animas im N um ein nicht sehr breites, sehr heißes, von etwa 600 bis auf fast 400 m Meereshöhe abfallendes Nebental des Grijalva in eozänen Kalken, Letten, Mergeln und Sandsteinen. Entlang von Brüchen ist es gegen die Obere Kreide hin eingesunken, von den seitlichen Hängen

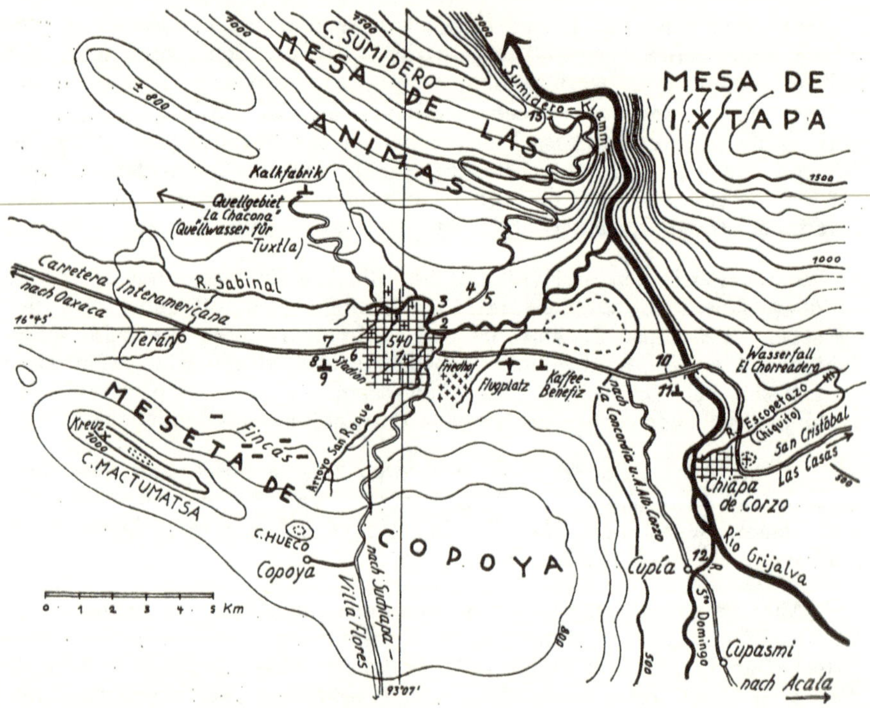

Figur 23 Tuxtla Gutiérrez und Umgebung

1. Plaza mit Regierung und Kathedrale
2. Botanischer Garten
3. Botanisches Museum und Institut
4. Zoologisches Museum und Institut
5. Zoologischer Garten und Park „Francisco Madero"
6. Archäologisches und Historisches Museum
7. Hotel und Fremdenzentrum „Bonampak"
8. Kasernen
9. Monumento Bandera
10. Brücke „Belisario Dominguez"
11. Hydrometrische Station „Puente Colgante"
12. Pumpwerk u. Tanks mit Wasserversorgung aus dem R. Santo Domingo für Stadt Tuxtla
13. Endpunkkt der Sumidero-Straße, 22 km von Tuxtla, 1260 m, Sohle der Klamm 360 m

her überschottert, ausgeräumt und später durch den in der Trockenzeit kaum beachtenswerten Río Sabinal (oder Río de los Sabinos) und seine Nebenbäche in schmalen Streifen mit Alluvionen wieder aufgeschwemmt worden.

Das in geringer Entfernung im Norden rel. 1000 m und im NE gegen San Cristóbal und den regenbringenden Passat hin um mehr als 1500 m hoch ansteigende Gebirge bewirkt, daß die feuchten Luftströmungen vom Golf sich vorzeitig abregnen, abgelenkt werden und nur als nahezu trockene Westwinde in das Tal gelangen. Gleichzeitig können die rel. nur 200-400 m aufsteigenden Höhenzüge am Süd- und Südwestrand auch die ausdörrenden Südwestwinde nicht fernhalten. So erlebt das Tal Temperaturmaxima bis 38°, allerdings auch Minima bis nur 10° C.

Entsprechend trocken ist die Vegetation, und für Landbau ist das Tal nur mit Einschränkungen geeignet. Wasser in jeglicher, oberirdischer und unterirdischer Form ist selbst weit an den Hängen hinauf knapp. Die ursprüngliche Trinkwasserversorgung der rasch wachsenden Stadt aus dem einzigen größeren, im NW gelegenen Quellenfeld La Chacona mußte durch 22 km weit hergeleitete Zufuhren aus dem Santo-Domingo-Fluß mit einer Maximalleistung von 200 l/sec. verstärkt werden. Erst 1958 wurde diese kostspielige Anlage fertiggestellt (Ing. Hidr. 1958, No. 3, S. 37). Neben den 28 000 Einwohnern der Hauptstadt ist sie zur Versorgung weiterer 18 000 Menschen in zehn benachbarten Siedlungen gedacht. Vorher schon hatten sich kapitalkräftige Unternehmer vorsorglich Privatzufuhren aus den benachbarten Bergen am Südrand der Stadt anlegen lassen. Quellen am Cerro Hueco mit zur Zeit maximal 36 l/sec. werden für weiter ausbaufähig gehalten, wenn eine Entsinterung des sehr harten kalkhaltigen Wassers gelingen sollte. Zur Diskussion stehen auch noch die Quellen Los Berros (200 l/sec.) am Río Hondo östlich von Ixtapa. Zu ihrer Nutzbarmachung würde allerdings eine Leitung von fast 40 km Länge benötigt werden.

Trockenbuschwildnis beherrscht den gesamten Talboden und seine Hänge hoch hinauf. In höheren Lagen mit nicht allzu starker Insolation ist hier ein bis 25 m hoher Trockenwald mit dem Cacho de toro als Leitbaum verbreitet. Miranda (1952, I, S. 108) hat die spezielle Vegetationsform „Selva de Cacho de Toro" dafür aufgestellt. Er ist unverkennbar an seinen schmal-ovalen, in Büscheln zusammenstehenden Blättern und fuchsschwanzähnlichen weißen, duftenden Blüten. Noch auffälliger, und sonst nirgends im oberen Grijalva-Tal wahrgenommen, ist in der über dem Trockenwald folgenden Eichenregion – etwaig vorhanden gewesene Kiefern sind ringsum bis auf den letzten Baum verschwunden – die Anwesenheit des malerischen Coyolito. Es ist eine an den südasiatischen Pandanus erinnernde schwertblättrige, aber mit Blütentrossen ähnlich denen der Dattelpalme ausgestattete, Baumlilie.

Der Anbau von Maguey-Agaven zwecks Hanfgewinnung für die Herstellung von Seilerwaren, Säcken usw. wird auch hier in dem trockenen und steinigen Tal neben der Kultur von Nahrungsgewächsen und der bescheidenen Jocote-Pflaume betrieben. Die anspruchslose Pflanze ist nach

3 Jahren schnittreif, ergibt im Mittel Jährlich 1 kg Faser und bleibt in der Regel 6 Jahre in Produktion, bis sie blüht und abstirbt. Die Anlage anspruchsvollerer Feld- und Gartenkulturen – abgesehen von den auch unter noch schlechteren Bedingungen gewagten Mais-Milpas – bleibt auf die Alluvien des Sabino-Flusses beschränkt. Neuerdings sind auch an einigen Bächen am Hang des Mactumatsa neben Citruskulturen tropische Fruchtbaumpflanzungen von Kokos, Bananen, Mangos, Aguacate, Papayas u. a. entstanden. Doch zur Hauptsache bleibt die Stadt bezüglich ihrer Versorgung mit Gemüsen, Obst und sonstigen landwirtschaftlichen Produkten auf Zufuhren aus den gesegneteren Talauen um Chiapa de Corzo und am unteren Río Santo Domingo angewiesen. Dort und auch noch an dem in ihn einmündenden Río Suchiapa hinauf liegen die bevorzugtesten Feldbau- und Siedlungsgebiete der gesamten oberen Grijalva-Cuenca; übrigens auch noch letzte Inseln des einst in diesem ganzen Abschnitt verbreitet gewesenen, durch Erfindung der Anilinfarben zum Erliegen gekommenen, Anbaues der Jiquilite-Pflanze für die Gewinnung von Indigo (añil).

Nahoa sprechende Zoques, vielleicht verwandt mit ähnlich, das „Popoluca", sprechenden Mixtecos aus dem südöstlichen Veracruz gelten als erste Bewohner einer Siedlung Tochtla oder Tochtlán (Platz der vielen Kaninchen) im Tal des Sabinal. Ab Mitte des 16. Jahrhunderts gesellten sich Dominikanermönche, später Jesuiten zu ihnen, erbauten die Hauptkirche San Marcos und nannten den Ort fortan San Marcos Tuxtla (nach T. Martínez 1948/50). Erst 1829 zur Stadt erhoben, erhielt sie 1843 zu Ehren des 1796 in ihr geborenen und in der Hauptkirche beigestetzten freiheitlichen Vorkämpfers, späteren Gouverneurs und Märtyrers D. Joaqín Miguel Gutiérrez den amtlichen Namen Tuxtla Gutiérrez (vergl. W. Domínguez, 1938). Am 9. August 1892 wurde sie, damals äußerlich noch ein rückständiges Dorf, in Nachfolge von San Cristóbal zur Hauptstadt von Chiapas erhoben und im Januar 1893 als solche bezogen, nachdem sie diese Rolle vorübergehend bereits 1833 und 1863 / 64 innegehabt hatte. Sie hat sich anfangs mit der Rolle eines Regierungssitzes über die damals wenig mehr als $^1/_3$ Million betragende Bevölkerung des Staates und einer bescheidenen Pflegestätte wissenschaftlicher und künstlerischer Betätigung begnügen müssen, denn die Verbindungen mit den Einzelteilen des Staates und mit dem übrigen Mexico waren noch unvollkommen. Ihr erster langsamer Aufstieg wurde durch die schweren Revolutionsjahre 1914–1920 wieder jäh zurückgeworfen.

Das übliche latein-amerikanische Stadtschema trifft auch für Tuxtla in vollem Umfang zu: In der Mitte der – nach den Ambitionen des jeweiligen Gouverneurs bald so, bald so gestaltete – parkähnliche (und daher hier allgemein „parque", nicht „plaza" genannte) öffentliche Platz mit Musikpavillon und Erinnerungsstandbildern zwischen den Grünanlagen, sowie mit Regierungs- und Klubgebäuden, Kathedrale, Cafés und großen Ladengeschäften nebst kleineren ambulanten Verkaufsständen an den Flanken; im Umkreis weitere Behördensitze, Handels-, Geld- und Verkehrsinstitute, Hotels, Schulen, Kinos, Großhäuser der Begüterten im altspanischen Patio-Stil. Ein paar Cuadros (Straßenblöcke) weiter der Marktkomplex und damit schon der Bereich der kleinbürgerlichen, peripher immer unansehnlicher werdenden und schlechter gepflegten Reihenhäuser entlang des strikten Straßengevierts, das nur durch den kleinen, am Stadtrand immer noch als Behelfslatrine und Suhlplatz der Schweine benutzten Flußlauf eine Unterbrechung erfährt.

Eine imponierende Ausgestaltung des Stadtbildes haben Obrigkeit und Einwohnerschaft nicht vorgenommen; de la Peña (1951, I, S. 119) wagt es sogar, den Stolz der Tuxtlecos: das Regierungsgebäude des Staates, als „ärmlich" und den föderalen Regierungspalast, ja, in einem Atemzug mit dem kirchlichen Verwaltungssitz, als „häßlich" zu bezeichnen. Der Gesamtcharakter der älteren Stadtteile ist damit bestens beleuchtet. Die eingestreuten, der Ästhetik besser genügenden Neuschöpfungen verschiedener öffentlicher Dienste und privater Institutionen vermögen wenig daran zu ändern. Erst einige gänzlich unter neuen Gesichtspunkten gestaltete Randbezirke mit wissenschaftlich-technischen Büros und sportlichen Einrichtungen, Museen und anderen kulturellen Gebäuden, Hotels und gartenmäßig aufgelockerten Wohnbezirken gewähren freundlichere Aspekte.

Milderes Klima gegenüber dem rauhen Hochland von San Cristóbal, größere Nähe zu den Feldbau- und Viehzuchtgebieten des übrigen Valle Central und zur pazifischen Küstenregion, auch die Abneigung der damals liberal eingestellten Führungskreise, in dem konservativ-kirchlichen San Cristóbal zu residieren, mehr noch Lokalpatriotismus des zwar aus Ocozocuautla stammenden, aber vorwiegend in Tuxtla lebenden, hochbefähigten Schriftsteller-Gouverneurs Emilio Rabasa gaben den Ausschlag bei der Wahl gerade dieses Ortes zur künftigen Hauptstadt. San Cristóbal und mit ihm das gesamte Hochland sind durch diesen Platzwechsel der Regierung sehr benachteiligt worden. Um auch ihm, das von Natur aus ohnehin nur karg bedacht ist, die fördernden Ausstrahlungen einer Hauptstadt zuteil werden zu lassen, sollte man sich entschließen, die Regierung zwischen Tuxtla und San Cristóbal zu teilen bzw. sie, in etwa zehnjährigen Abständen, zwischen beiden Plätzen zu wechseln. Man erinnere sich zum Vergleich, daß zum Beispiel Britisch-Nordborneo durch den turnusmäßigen Regierungswechsel zwischen Sandakan und Jesselton in erstaunlichem Maße allseitig vorangebracht worden ist.

Die bisherige Allein-Hauptstadt würde dadurch nichts verlieren; sie hat heute verschiedenste Aufgaben zu erfüllen. Inzwischen sind, wie schon weiter oben aufgezeigt wurde, in Tuxtla auch verschiedene Industriezweige heimisch geworden. Von nicht geringer Bedeutung für Wirtschaft und Verkehr der Stadt und dieses ganzen Landesabschnittes war die erstmalige Überbrückung des Río Grijalva zwischen Tuxtla und Chiapa de Corzo. Von der San Francisco Bridge Company wurde 1905/08 eine 80 m lange und 6 m breite Hängebrücke („Puente Colgante") 22 m über Normalniveau des Flusses erbaut (Espinosa, 1925). Schon 1910 wurde sie von rund 300 000 Einheiten (Menschen, Vieh, Fahrzeugen, darunter erstmalig in Chiapas auch 68 Automobile) passiert, während im früheren Fährverkehr jährlich bestenfalls 60 000 Einheiten den Fluß überschritten hatten.

Der moderne Flugplatz von Tuxtla bewältigt mehr Passagiere und vor allem Fracht als der lokale Luftdienst einer mitteleuropäischen Großstadt. Tuxtlas Hotels sind erste Station, seine Märkte erstes Besichtigungs- und Einkaufsziel aller Chiapas-Touristen. Neben Massenangeboten unvorstellbaren Kitsches namentlich der mittelmexicanischen Keramikindustrie bieten sie allerdings nur noch weniges charakteristisches Kunsthandwerk. Die Recursos Hidráulicos, das für Chiapas lebensnotwendige und bezüglich der Grijalva-Planung zukunftsentscheidende föderalistische Wasserbauamt, arbeitet hier in engster Verbindung mit staatlichen Regierungsstellen, öffentlichen und privaten klimatologischen Stationen. Gesundheitsdienst, Wissenschaft, vor allem Archäologie und Biologie, Kunst und Literatur sind durch hervorragende Persönlichkeiten und Institute vertreten. Hier befindet sich die einzige Hochschule mit universitätsähnlichem Rang des Staates Chiapas, das Instituto para Ciencias y Artes de Chiapas (ICACH), mit Fakultäten für Erziehungswissenschaft und Lehrerausbildung, Pharmazie, Medizin und Geburtshilfe, Handel und Verwaltung, Plastische Kunst (nach A. M. Corzo, 1946, S. 50). Unter Leitung ihres derzeitigen sehr aktiven Direktors Don Alberto Gutiérrez Acebo gibt das Institut auch eine wissenschaftliche Zeitschrift (ICACH) heraus. Botanischer Garten, Botanisches Institut und Museum im Parque Madero verdanken ihre Entstehung hauptsächlich dem spanischen Emigranten und hervorragenden Wissenschaftler Don Faustino Miranda, die gleichen Einrichtungen für Zoologie dem jungen tatkräftigen Tierkundler Don Miguel Alvarez de Toro.

Alle diese Einrichtungen und Bestrebungen schließen freilich nicht aus, daß auch hier der Großteil der Bevölkerung in seinem ausschließlichen und übersteigerten Streben nach äußerer Geltung und müheloser Bereicherung den inneren Werten erschreckend wenig Beachtung beimißt. Über den Status einer jahrhundertelangen hinterwäldlerischen Abgelegenheit am äußersten Rande der Zweimillionen-Quadratkilometer-Republik hat sie sich freilichst längst erhoben. Die Carretera, nach dem Anfang 1956 erfolgten katastrophalen Einsturz der „Puente Colgante" jetzt auch mit einer modernen Betonbrücke („Puente Belisario Domínguez") über den Grijalva versehen, hat Direktverbindungen mit dem gesamten übrigen Mexico und mit Guatemala geschaffen; und von ihr bzw. von Tuxtla direkt aus führen jetzt auch mehr oder minder gut befahrbare Straßen in die verschiedensten Teile des übrigen Staatsgebietes.

Eine von ihnen hat vor wenigen Jahren ein idealistischer Gouverneur, General Don Francisco Grajales, unter Aufwand von einer halben Million Pesos ausschließlich unter Berücksichtigung des Touristenbedürfnisses entgegen allen Gewohnheiten sogar „nur" zur Erschließung eines Naturschauspieles bauen lassen. Es ist die 22 km lange – inzwischen allerdings schon fast wieder unbrauchbar gewordene – Schotterstraße von der 540 m hoch gelegenen Stadt zum „Sumidero", das heißt zu einem, auf 1260 m Höhe fast senkrecht über dem in engem Cañon 900 m tiefer dahinbrausenden Grijalva gelegenen, Aussichtsplatz. Ihre in den hellen Kreidekalk hineingesprengten kühnen Haarnadelkurven am schütter bewachsenen Steilrand der Meseta de las Animas unmittelbar nördlich der Stadt gehören einprägsam zum gegenwärtigen Landschaftsbild des Tuxtla-Tales.

Die Straße führt aus den eozänen Schichten des Beckens über Verwerfungslinien zu schmalen Streifen dünnschichtiger Kalke, Letten und Kalksandsteine der Oberen Kreide und der mächtigen Masse der fossilreichen, dickbankigen Sierra-Madre-Kalke (Mittel / Unter-Kreide). Der von Chiapa de Corzo her aus der NW- in die NE- und in scharfem Knick nochmals in NW-Richtung übergehende Grijalva hat sie bis zur Einmündung des Osumacinta (R. Hondo, Burrero) in einer anfangs nur 100, später gelegentlich bis 700 m breiten und ebenso tiefen Klamm, unterhalb jener Mündung und ihrer Talbucht in einem weiteren, jedoch weniger schmalen, 25 km langen Engtal aufgeschnitten. Die weithin senkrechten Abstürze zum schäumenden Wildfluß und das Fehlen einer Talsohle neben ihm schließen eine Begehung der Klamm aus. Einige Faltboot- und Flugzeugexpeditionen haben nur sportliche Sensationen und gescheiterte Abenteuer gezeitigt.

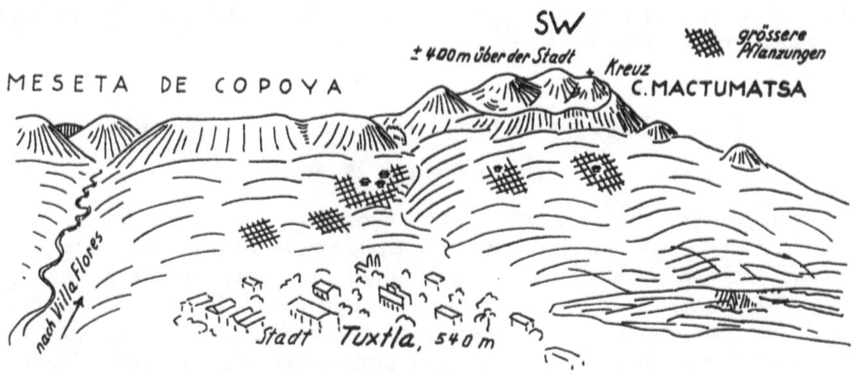

Figur 24 Blick vom Dach des Hotel Rex in Tuxtla nach SW auf den Cerro Mactumatsá. 21. 2. 1958

Die gegen die Zentrale Depression hin stark abwärts gerichtete Verbiegung der Schichten geht nordwärts in nahezu horizontale bzw. leicht zur „Antiklinale von Chicoasen" aufsteigende Lagerung über (vergl. hierzu Congr. Geol. Intern., C-15, S. 33-38, mit Profilen). Zwischen ± 1200 und 1300 m Höhe werden die vertikalen Schluchtwände durch eine steinige, mit spärlichen Milpas und kleinen Ranchos besetzte Schrägfläche unterbrochen. Die Erhabenheit dieses Naturwunders ändert nichts an der Ärmlichkeit seiner Umgebung.

Die Erklärung dieses Durchbruches seitens Müllerried (1952)) wurde bereits im Abschnitt „Geologie" zitiert. Hingewiesen sei hier noch auf die historischen Richtigstellungen von Dr. E. Flores Ruiz (1954 und

1957) bezüglich der im Lande und in der Literatur kursierenden Legende über den heldenmütigen Todessprung der chiapanekischen Widerstandskämpfer in diesen „Tepechiapán" – wörtlich: Wasser unter den Bergen, hiervon leitet sich Chiapan, später „Chiapas" ab – beim Vordringen der übermächtigen spanischen Eroberer. Gemäß dem Studium alter Dokumente sollen sich nach einem mißglückten Aufstand im Jahre 1533 lediglich „kaum 20 Indianer" auf hoffnungsloser Flucht in den Abgrund gestürzt haben, 60 wurden gehängt und 40 entkamen in ihre Dörfer.

Endet diese vielumstrittene Sumidero-Carretera – man wünscht im Lande alle verfügbaren Mittel vordringlich für „echte" Verkehrserschliessung ausgegeben – an einem toten Punkt in wirrer Buschwildnis vor einem kleinen Holzgeländer, so dient die ihr gerade gegenüber am weniger hohen, aber ebenfalls steilen Hang des C. Mactumatsa (Fig. 24) hinaufführende, 1950 fertiggestellte Straße einem nützlicheren Zweck. Sie erklimmt zunächst die über ebenfalls eozänen Kalksandsteinen und Letten liegende, randlich jäh abbrechende Kalktafel der 700 - 800 m hohen Meseta de Copoya, führt dann ins Tal des Río Suchiapa mit dem gleichnamigen Municipio (1950: 2750 Einw.) hinunter, windet sich südwärts zu weiteren Kalkmassiven empor und gewinnt schließlich die große Ebene um Jesús de la Garza, Villa Flores und Villa Corzo. Damit betreten wir die letzte der Teillandschaften in der Zentralen Depression, die der „Llanos und Bergmassive im Südteil".

5. Die Llanos und Bergmassive im Südteil

(Hierzu Figuren 25 - 35)

Gebirgsriegel, die von der atlantischen Seite der Sierra Madre ausstrahlen, und teils waagerechte, teils aufgekippte Restschollen des Zentralen Gebirgsblockes, die in vielen Fällen den Zusammenhang mit der Sierra bzw. untereinander bereits verloren und damit die Gestalt von größeren Inselbergmassiven oder kleinen Insel-Einzelbergen angenommen haben, trennen im Südteil der Zentralen Depression mehrere große Ebenen voneinander. Hier und da sind durch Flußtalungen mehr oder minder breite streifenförmige Verbindungen unter ihnen hergestellt worden. Man nennt diese Ebenen kurzweg die „llanos", eine Bezeichnung, die gleichzeitig zum Ausdruck bringt, daß offene Vegetationsformen, namentlich Grasflächen auf ihnen vorherrschen. Waibel, auf den bezüglich der ins Einzelne gehenden morphologischen Erklärung dieser eigenartigen Ebenheiten verwiesen werden muß, hebt sie als besonders charakteristische, aus dem kristallinen Grundgebirge herausmodellierte, von Alluvionen überdeckte und von den gegenwärtigen Flüssen zerschnittene Landschaftsformen an der atlantischen Abdachung der Sierra hervor (1933, S. 74-77). Sie sind jedoch nicht überall so plan, daß sie etwa in ihrer Gesamtheit als ehemalige Seeböden angesprochen werden könnten. Neben Aufschüttungsflächen, den intramontanen Quartärbildungen Sappers (1899, S. 83) und Waibels (1933, S. 75), zeigt sich an vielen Stellen der anstehende

Untergrund in weniger flachen Formen: die alte, von den jüngsten Gebirgsbildungen nicht mit erfaßte Rumpffläche der zentralen Großmulde.

Die Bergmassive in und zwischen den Llanos steigen steil, aber in mehr oder minder gut erhaltenen Stufen an. Fast nackte Felsböden, gelegentlich mit ausgewitterten oder herabgespülten Konglomeratkiesen überschüttet, bedecken sie. Alle diese Bergstöcke sind zur Speisung größerer Flüsse zu wenig umfangreich, überdies auf das Schwerste entwaldet. In der Trokkenzeit bieten sie einen trostlosen Anblick. Nur auf den Stufen und kleinen Hochflächen tritt dann in weiten Abständen noch Wasser in kleinen Sumpfmulden aus, Sammelplätze des aus den braunverdorrten Llanos hoch heraufsteigenden Viehs. Trockenwald und Nanche- Cacaito-Guayabo-Savanne wechseln in den Fußstufen ab. Nach oben hin gehen sie in beweidete Mischwälder aus Robles und Chicharros mit restlichen Kiefern und nur sehr selten noch in geschlossenere Kiefernwälder über.

Überaus steile Wände an manchen und namentlich den höchsten der aus den Ebenen übergangslos aufsteigenden Bergmassive (vergl. Fig. 28-30) lassen jedoch den Schluß zu, daß an ihrer Formung nicht nur abtragende Kräfte, sondern auch Vertikalbewegungen mitgewirkt haben und ihnen eine andere Entstehungsgeschichte beizumessen ist als den echten Inselbergen, sei es, daß sie beim Absinken des großen Grabens als einzelne Restschollen stehengeblieben oder bei der Hebung der randlichen Gebirge als isolierte Blöcke mit emporgestiegen sind. Sehr wahrscheinlich sind manche der Inselberge auch durch vulkanische Ereignisse gebildet worden; hierauf wurde schon im Abschnitt „Geologie" die Aufmerksamkeit gelenkt. Landschaftlich lassen sich die beiden Einheiten der Ebenen und Erhebungen nicht von einander trennen; doch soll nicht kurzweg von einer „Inselberglandschaft" gesprochen werden, weil für deren Entstehung ausschliesslich die Denudation verantwortlich zu machen wäre.

Dieses Landschaftsgebiet der Llanos und Einzelmassive stößt nordwärts in keinem Falle in und über das eigentliche Grijalva-Tal vor, es schließt sich vielmehr südwärts und südwestwärts an den tiefer liegenden Talstreifen und die ihn begleitenden Hügelreihen an. Wohl aber gehen die Llanos bucht- und trichterförmig ununterbrochen in die Randtäler der Sierra Madre über, als deren uferlose Erweiterungen in das Vorland sie wirken.

Im SE, um Comalapa und Chicomuselo, entwickeln sie sich aus den Tälern der Flüsse Cuilco-San Miguel Ibarra, Tachinula und Yayagüita. Bizarre Kalkberge und ausgeglichenere Rücken schiefriger, sandiger und brekziöser Gesteine überragen sie. Die hohen Bergmassen des Cerro Unión Buenavista, C. La Gloria und C. Picote, randliche Kippschollen der Sierra (Fig. 25), trennen sie nach W hin von den aus einer ganzen Reihe von Talausgängen zusammenwachsenden Llanos um Jaltenango (Angel Albino Corzo) und Nuestra Señora (Benito Juárez). Dagegen liegt im NW der Llanos von Chicomuselo, in der Höhe der Fincas San Felipe Carbonero und Méjiquito, nur eine schwache, die linken Zuflüsse des unteren San Miguel von dem Paso-Padres-Gewässersystem trennende Schwelle zwischen ihnen und den um La Concordia verbreiteten Flächen.

Sie ihrerseits gehen nach W und SW in die großen Llanos am Río Custepec über. Mit ihnen vereinigt sich auch die Jaltenango-Fläche. Von der Concordia-Ebene bleibt die letztere durch das 20 km lange Señorita-Massiv getrennt. Hier in diesen rund 600 m hoch gelegenen sogenannten „Custepeques" erleben die Llanos im Stromgebiet des oberen Grijalva

Figur 25 Blick bei Finca S. Antonio El Placer gegen SE. 2. 2. 1958

ihre weiteste geschlossene Ausdehnung mit tiefem Vorstoß ins Gebirge hin. Eine von der Sierra in NNE-Richtung ± 20 km vorgeschobene, vielfach unterbrochene Reihe zahlreicher kleiner, rel. bis 300 m hoher Kuppen und Kegel schiebt sich zwischen sie und die weiter westlich folgenden Llanos am Río Dorado und San Miguel-Brillante.

Wiederum am Oberlauf dieser Flüsse, dicht vor dem Hauptgerüst der Sierra, bestehen zwischen zahlreichen Inselbergen Übergänge zu den Llanos der – früher in mönchisch-kirchlichem Besitz befindlichen - „Frailesca" um Villa Flores und Villa Corzo. Schließlich erfüllen auch den äußersten Westteil der zentralen Depression um Jiquipilas und Cintalapa sehr ausgedehnte Llanos. Als breite, leicht geneigte Abdachungsflächen greifen sie fast bis zur wasserscheidenden Hauptkette der Sierra Madre hinauf. Sie liegen aber schon außerhalb des hier behandelten Gebietes.

Das kristalline, granitisch - dioritisch - quarzitisch - phyllitische Gesteinsgerüst des Chiapas - Gebirges kommt auf den Llanos und Inselbergen gelegentlich zutage, je weiter nach Westen, um so häufiger. Aber auch andesitische Gesteine werden beobachtet, wenngleich sie auf den bisherigen geologischen Karten nicht oder nur unvollständig verzeichnet sind. Durch den Westteil der Custepeques ziehen sich von SW nach NE Lavaströme, Bombenfelder und andesitische Brekzienmassen (vielleicht Lahars?). Die Felsbetten einiger kleiner Flüsse sind in sie eingeschliffen. Dorado und Brillante führen Andesite im Unterlauf im Geröll. Sapper (1899, S. 20) erwähnt in dem gleichen Gebiet auf seinem Marsch von La Concordia nach Tonalá mehrere „Andesitgänge", desgleichen (S. 21) nördlich von Cuxhu in den Llanos um Comalapa. Oberflächenformen und rötlich violette Böden künden auch zwischen Angel Albino Corzo und Benito Juárez andesitische Aufbaugesteine zwischen der Sierra Madre und dem Inselmassiv der Sierra de la Señorita, deutlich abgesetzt von den grauen Böden der lehmig-tonigen Aufschüttungs-Llanos.

Schließlich treten in den Vorlandtälern der Tres Picos, des höchsten Massivs in der nordwestlichen Sierra Madre, dacitische Tuffe mit Einsprenglingen von Basalt, Glimmer, Pyrit, Sandstein u. a. auf.

Primär äolisch und sekundär fluviatil abgelagerte, nicht unerhebliche Decken und Nester von Asche der Santa María-Ausbrüche trifft man vor allem in den südöstlichen Llanos des Cuilco-San Miguel-Tales an.

Verhältnismäßig große, also aus geringen Entfernungen stammende sehr feinkörnige und dazu phyllitische, schalig-splittrige und klingende schwarze Quarzitgerölle bilden die Hauptmasse der Schotter im Río Aguacate und den Zuflüssen des Portatenco (zwischen La Concordia und Chicomuselo). Sie können makroskopisch leicht mit ihnen sehr ähnlichen schwarzen bis graugrünen, feinstkörnigen, splittrigen Andesiten verwechselt werden. Als sehr alte Gesteine werden in der Zone um Chicomuselo sandige Letten, metamorphisierte Sandsteine, Trümmerbrekzien (Puddingit), schwere grobstückige Konglomerate und Sandsteine mit vielerlei, besonders grünen Einschlüssen aus dem Karbon (? Santa Rosa-Schichten) sowie Kalkschiefer und fossilreiche Kalke des Perm mit diskordant eingelagerten eozänen Mergeln und Tonen angetroffen (vergl. Congr. Geol. Intern. C-15, S. 53-60 mit Profilen sowie genaue geologische Routenbeschreibung bei Sapper, 1899, S. 22). Über allen diesen Gesteinen liegen hauptsächlich Rotböden.

Neben den genannten Formationen und den quartären Aufschüttungen überwiegen im Anstehenden der Llanos und ihrer Bergmassive jedoch flach nördlich einfallende Sandsteine und Konglomerate vermutlich der Todos-Santos-Schichtenserie (Trias / Jura). Die Sandsteine treten in hellen – gelben, grauen und fast weißen – sowie rötlichen Färbungen auf, wechseln von feinkörniger zu grober Struktur mit mäßig abgerundeten Quarzkörnern und zahlreichen Bestandteilen der alten Gebirgsgesteine. Westlich des Tablón-Flußes (im äußersten NW) wurde rötlicher, östlich von San Vicente Carbonero (im SE-Teil der Depression) streckenweise heller feiner Kalksandstein mit Muskovitausscheidungen passiert. In den nordwestlich der Dorado-Brillante-Llanos aufsteigenden Massiven steht eine (feldspatreiche) Arkose mit ebenfalls sehr wenig abgerollten Körnern an. Rot und porig (geradezu „schlackig" anmutend) verwitterte Arkosesandsteine, feinkörnige Sandsteine mit viel Erz und dunklen Mineralien, sowie grobe konglomeratische Sandsteine sind vorwiegend auch am Aufbau der Señorita und weiterer Massive in der Mittelzone der Depression beteiligt. Sie werden von harten Kreidekalkdecken oder deren formenreichen Resten (La Bola, La Vaca, El Picote u. a) überlagert. In den Massiven im nordwestlichen Abschnitt der Depression gewinnen gegen N hin diese Kalkdecken mehr und mehr die Oberhand, gegen S, beispielsweise in dem sehr einprägsamen Inselberg Nambiyuguá (zu Deutsch: Zauberbild oder Zauberaffe?; bei Waibel, s. dort Abb. 6, und anderen Autoren auch Nambiligua genannt) und den übrigen kleineren Gruppen um Villa Flores, setzen sich bald Biotit-Granite und Grano-Diorite des Grundgebirges auch oberflächlich durch.

Schon erwähnt wurde reichlich fein verteilter Pyritstaub in den Todos-Santos-Sandsteinen und wahrscheinlich Amazonit (die grünen Einschlüsse) im Santa-Rosa-Sandstein. Im übrigen ist innerhalb dieses Gebietes an nutzbaren und tatsächlich ausgewerteten Mineralien, von Ziegeltonen und anderen Baustoffen abgesehen, nur Steinsalz im Untergrund vorhanden. Insgesamt 27 salzhaltige Quellen in der Umgebung von La Concordia, und zwar in der Nähe des Concordia-Flußes und seines dicht bei dem Pueblo einmündenden Nebenbaches Limonal selbst, sodann am Salina Grande (Unterlauf des Jaltenango), Aguacate und Portatenco sowie mehreren ihrer kleinen Zuflüsse (genaue Liste siehe bei de la Peña, IV, S. 1206) fördern es zutage. Im Jahre 1936 aus ursprünglichem Privatbesitz in nationales Eigentum überführt, werden sie gegenwärtig von einer aus etwa 50 „salineros" gebildeten „Sociedad Cooperativa de Produccion Salinera" während der regenlosen Monate von November bis April auf primitivste Weise ausgewertet. [16]).

Figur 26 Blick von östlich S. Vicente Carbonero nach WSW auf die Gloria. 3. 2. 1958

Das den randlichen Quellen und salzhaltigen Adern in den trockenzeitlich fast leer laufenden Flußbetten entnommene Salzwasser wird in natürlich ausgeschliffenen Hohlformen oder kleinen, aus dem hier weit verbreiteten roten Ton gebauten Becken (pilas) in nicht mehr als 20 cm tiefen Pfützen gesammelt. Mit Hilfe der Sonne verdampft es binnen ± 20 Tagen. In ähnlich langen Perioden wird die konzentrierte Sole über zwei weitere Pilas bis zur Auskristallisation verdunstet. Die durch den eisenschüssigen Ton erlangte rote Farbe des Endproduktes wird durch Auswaschen nur unvollkommen beseitigt. Je „temporada" (klimatisch bedingte Saison) können hier bis zu 275 t Salz, bei im allgemeinen nur 150 - 200 t tatsächlichem Ertrag, erzeugt werden. Die nahezu zentrale Lage der Produktionsstätten innerhalb von Chiapas sichert restlosen Absatz in dem zugewiesenen Ostteil des Hochlandes, während die Salinen von Ixtapa den Westteil und die Küstensalinen das pazifische Tiefland mit Salz versorgen.

16) Bezüglich anderer mexicanischer Salinen siehe zum Vergleich den Beitrag des Verfassers: „In den Salinen von Cuyutlan' in: Mitt. d. Geograph. Ges. Hamburg, 51, 1955, S. 98 - 108.

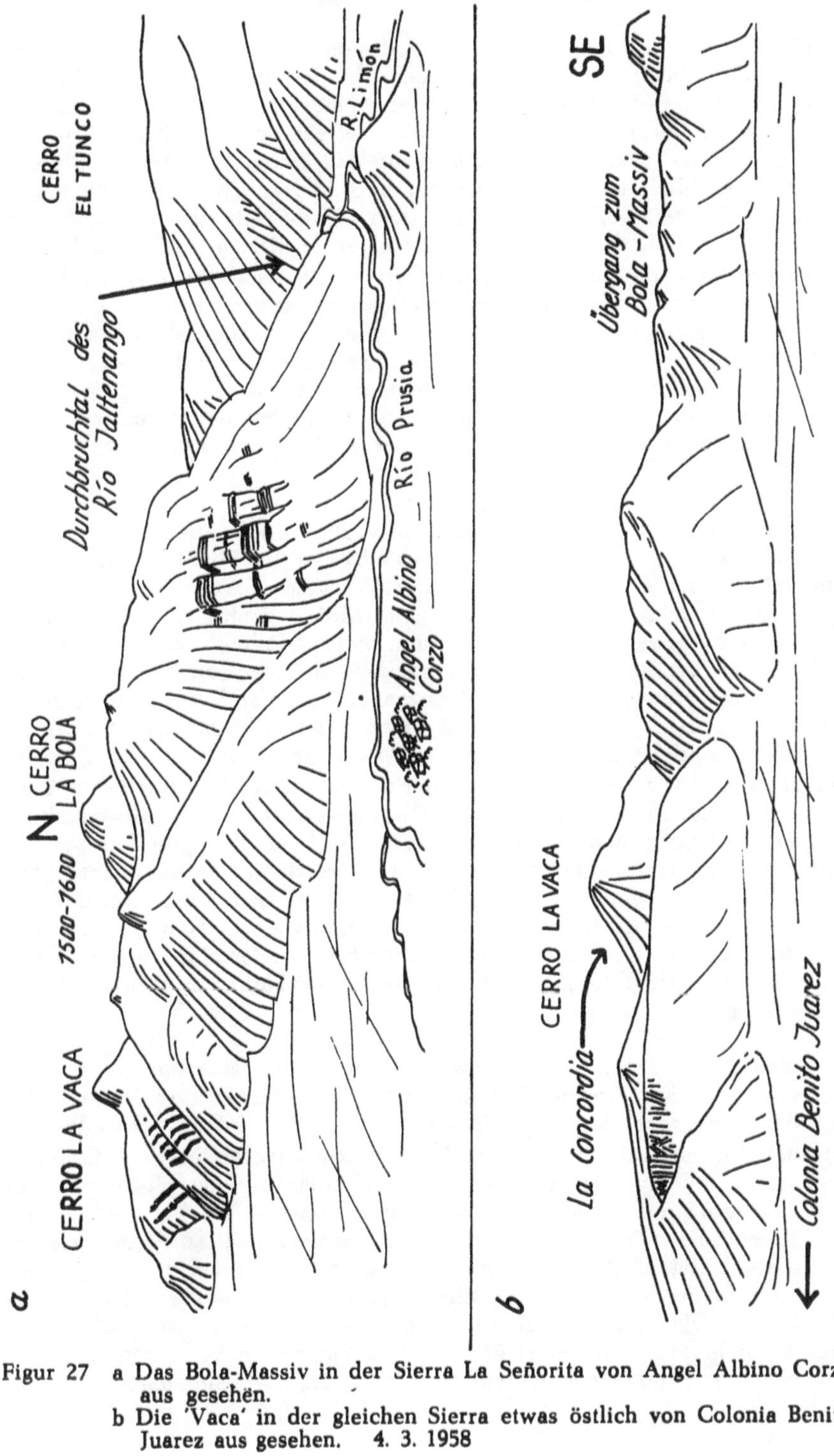

Figur 27 a Das Bola-Massiv in der Sierra La Señorita von Angel Albino Corzo aus gesehen.
b Die 'Vaca' in der gleichen Sierra etwas östlich von Colonia Benito Juarez aus gesehen. 4. 3. 1958

Hauptdörfer in den Llanos des Südostens sind (Frontera) Comalapa (1950: 1100 Einw.) nordöstlich vor dem Austritt des Cuilco-San Miguel-Tales aus dem Gebirge, und Chicomuselo (960 Einw.) im – während der Regenzeit für Wagen unerreichbaren – Vereinigungswinkel der Flüsse Tachinula und Yayagüita. An sich belanglose bäuerliche Marktsiedlungen der hauptsächlich auf Viehwirtschaft und Maisanbau eingestellten Umgebung, haben sie seit kurzem durch den Handel mit den nahegelegenen jungen Kaffee-Kleinanbaubezirken einigen Auftrieb und (noch sehr schlechte) Verbindungswege mit der Carretera Panamericana erhalten. Die breit ausgedehnte, im Halbkreis von hohen und höchsten Blöcken der Sierra Madre umschlossene, 750 - 650 m hoch gelegene Fläche geht nach N und NW in die Hügelreihe am Grijalva-Tal über. Gegen W und SW stehen der Sierra vorgelagerte, teils ganz gleichmäßige, dann wieder von N bis NNE nach S bis SSW als Kippschollen aufgesteilte Schichttafelmassive. Besonders imposant und weithin sichtbar ist der C. de la Gloria (vergl. Fig. 26).

Zwischen ihm und seinen Vorbergen im S sowie den Grijalva-Hügeln im N verläuft in allmählicher Verschmälerung und leichtem Auf und Ab der Übergang zu den Llanos am Paso Padres und schließlich am Concordia-Fluß. Es ist eine eintönige, in der Trockenzeit vor Hitze wabernde Gras- und Buschsavanne mit vorwiegend Mimosen und Cacaito. Nur die oft zahlreich engestreuten Coyol- oder Manaca-Palmen, die leuchtenden Farben mancher Blüten, etwa die auffallend dottergelben Kerzen der fiederblättrigen Huevos de iguana („Leguanen-Eier"), die wenigen breitkronigen, auch in der Trockenzeit belaubten Schattenbäume des Viehs, die schmalen, hundertfach unterbrochenen Wald- und Carrizo-Streifen an den Wasserläufen, die hier im Vorland der Sierra zahlreicher und beständiger fließen als im gesamten übrigen Valle, bieten ein wenig Abwechslung. Hier und da zieht sich ein schwachgrüner Schleier über grundwassernahe Mulden; sehr viel seltener sammelt eine restliche kleine Regenlagune (jagüey) hunderte von Rindern und Pferden an ihren zerstampften Morastufern. In weiten Abständen künden mächtige Ceibas, Guanacasten oder Higueros die wenigen Gebäude einer alten Finca; oder eine noch kahl und unfertig wirkende Colonia hat ihre mangelhaften Hütten unfern des Weges ausgebreitet.

Westlich der Finca San Vicente Carbonero zieht sich ein mit Roterde bedeckter, von Kiefern und Eichen bestandener Schiefer- und Quarzrücken aus den Vorbergen der Sierra in einer etwa 800 m hohen Schwelle quer herüber bis nahe an die steilwandigen Sandsteinzüge vor dem Grijalva-Tal. An diesen muß der aus den 50 m tief eingemuldeten Vorbergflüssen San Antonio und Guayabal zusammengeflossene Río Portatenco eine Strecke entlangfließen, bis er, mit dem Aguacate zum Paso Padres vereint, sie in einer engen, klippenreichen Schlucht zu durchbrechen vermag. Jenseits der Schwelle setzen sich ohne wesentlichen weiteren Anstieg die Llanos fort. Die Täler sind erheblich in sie eingeschnitten und folgen sich hier in nicht sehr großen Abständen. Die Flußbetten verlaufen zwischen zerstrudelten Sandsteinschichten; streckenweise sind sie, namentlich das des selbst in der Trockenzeit noch gut 50 m breite des Aguacate, mit Schottern ausgefüllt. Hier wird das Hauptgebiet der Salzgewinnung gequert. Landschaftlich tritt es nur in den bescheidenen „pilas", verkehrswirtschaftlich in den mit Salz beladenen Packtieren in Erscheinung, das heißt nur in der Trockenzeit. La Concordia ist der Sammelplatz. Per „carro" (kleinerer Lastwagen) geht das Salz von hier auf einem 125 km langen Behelfsautoweg nach Tuxtla bzw. zur Carretera Interamericana.

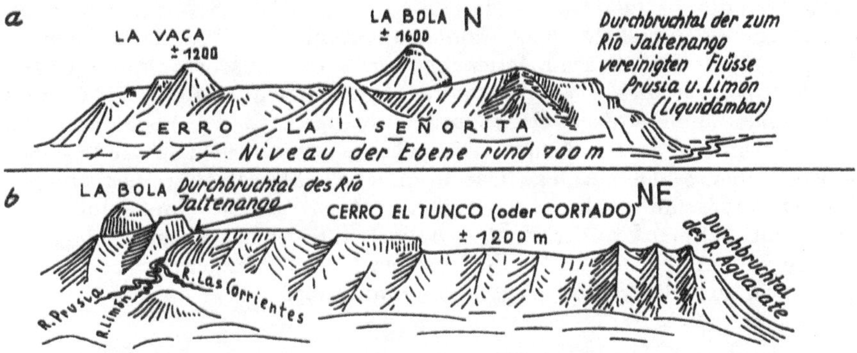

Figur 28 a Umrisslinien von Vaca und Bola von der Colonia Querétaro am Rand der Sierra aus gesehen. 4. 3. 1958

b Der an das Bola-Massiv nach E anschließende C. El Tunco, von einem Standplatz einige Kilometer NNE von Querétaro gesehen.

Der natürliche Landschaftscharakter ändert sich auf dieser Strecke anfangs nicht. Auch jenseits des bis 1300 m hohen, äusserst verkehrsbehindernden Señorita-Blockes und seiner niedrigeren, aber ebenso steilwandig abbrechenden östlichen Fortsetzung, der Schichttafel des Cerro El Tunco (s. Fig. 27 u. 28), herrscht das gleiche Bild. Dort breiten sich die Llanos von Jaltenango (Angel Albino Corzo, 1950: 1875 Einw.), einem entlegenen, erst in jüngerer Zeit auf altem Fincagelände herangewachsenen Municipalplatz am Ausgang des Prusia- und Limón-Tales. Die Eröffnung von Kaffeeplantagen in diesen Tälern ab 1910 erwirkte den Auftrieb des früher belanglosen Ortes. Hier dehnte sich früher das Gelände der Dominikaner-Finca Santa Rosa Jaltenango. Später, nach Übergang in bürgerlichen Besitz, hat F e d e r i c o A g u i l a r V e l a s c o, Hauptverwalter der altspanischen Großgrundbesitzerfamilie V e l a s c o, die dort zuletzt noch 5000 ha Land zu eigen hatte, das Dorf Jaltenango la Paz gegründet. Im Jahre 1926 wurde es zu Ehren des großen chiapanekischen Reformisten „Angel Albino Corzo" genannt. Nach restloser Enteignung der V e l a s c o s durch teils gelenkte, teils wilde Landaufteilung an Agraristen – sie schlugen u. a. 40 000 mühsam angepflanzte Kaffeebäumchen nieder, um Maisfeldgelände zu erzielen –, ist Angel Albino Corzo heute Hauptplatz eines sehr ausgedehnten, weit in die Sierra hinaufreichenden Municipios. Obwohl selbst die ältesten und am besten entwickelten Kaffeebezirke am Binnenrand des Gebirges, zahlreiche große Colonias und Viehwirtschaften ihm unterstehen, ist der Platz selber infolge seiner abseitigen Lage von jedem

Durchgangsverkehr rückständig, ja, bis heute sogar ohne öffentliche Wasser- und Stromversorgung geblieben. Kleine private Lichtanlagen, unkontrollierte Grundwasserbrunnen und der ganzjährlich fließende Río Prusia müssen diesen Mangel überbrücken.

Prusia und Limón vereinigen sich unterhalb des Ortes zum Río Jaltenango. Er durchbricht die große Sperrmauer in einer scharfen Scharte und ergießt sich unterhalb von La Concordia als Río Grande oder Salina Grande (auch Dorado) in den Concordia-Fluß. Östlich des Cerro del Tunco erzwingt der Río Aguacate einen ähnlichen Durchbruch. Wie um La Concordia, so breitet sich auch um Jaltenango Gras- und Buschsavanne auf weiten Flächen, von den etwas dunkleren Schirmbaum-, Ceiba-, Ficus- und Wildmango-Bändern der Tälchen durchschlängelt. In der Vegetation tritt die Coyol-Palme zurück; Nanche-Bäumchen werden streckenweise bestandbildend, ebenso die buschige Cacaito-„Eiche". Sie greift in der unteren Trockenwaldregion auch weit an den sterilen, steilen Sandsteinhängen der Señorita hinauf und mischt sich dort mit den stark angeschlagenen Kiefern-Eichen-Beständen. An den übrigen Massiven innerhalb der Llanos wiederholt sich die gleiche Vegetationsanordnung.

Figur 29 Der Cerro El Burro mit der auffälligen Felswand, von östlich der Col. Benito Juárez aus gesehen. 4. 3. 1958

Stets liegen Einzelberge im Blickfeld. Dem Ostteil der lang dahinziehenden, im oberen Teil senkrecht beschnittenen Schichttafel der Señorita mit der mächtigen Bola-Kalkkuppel folgt, weniger hoch und nach NNW langsam verflachend, zum Schluß an 200 m tief jäh gegen die Ebene abstürzend, der C. de la Vaca. Von ihm wieder zieht weiter nach W über die hier rund 600 m hohen Llanos eine lange, aufgelöste Hügelreihe zum rel. 450 m aufragenden, ebenfalls sehr steilwandigen und rund 10 km langen C. Cheparón. Im Süden, in der breit den R. Custepec begleitenden Ebene, steht rel. 300 m hoch der 5 km lange Inselblock des C. del Burro mit seinen nackten Felswänden und schmalen Schluchtwaldstreifen. (Fig. 29). Zu seinem Plateau sollen Felsblocktreppen hinaufführen und nahe einer Gipfelquelle weitere Anzeichen ehemaliger Besiedlung bzw. kultischer Verehrung vorhanden sein. Er und mehrere andere fast kahle inselförmige Hügel unterbrechen die Custepeques parallel zum Gebirge in einem schmalen Gürtel. Hinter ihm setzen sich die Llanos mit einer geringen Geländestufe um weitere 20 km gegen die Sierra hin fort, bis diese sich dann mit höheren Ausläufern enger um das Tal des Flusses zusammenschließt und es bald in ein echtes Gebirgstal umwandelt. Auf seine, gegenüber den Llanos bereits größere, Feuchte reagiert die Vegetation sofort durch lebhafte Einstreuung von Alamo-Pappeln, Fresno- und Mango-, Guarumbo- und Higuero-Bäumen, dazu schon Copapaya- und Piñanona-Lianen, Boden-Araceen und anderer erster Feuchtwaldvertreter.

Ganz ähnlich würde eine Beschreibung der Llanos in der Frailesca ausfallen; nur daß dort kristalline, vorwiegend granitische Grundgesteine die Sandsteine und Konglomerate ablösen, die Vegetation und damit auch die Viehbestockung im ganzen gesehen wegen niedrigster Regenfälle und längster Trockenzeit hier im NW des Grabens noch spärlicher, Hitze, Staub und Dunst noch größer sind als in den vorerwähnten Ebenen. Steigt man etwa von den südlich Suchiapa bis über 1000 m hoch aufgetürmten Kalkmassiven mit ihren mauerartig abbrechenden Hochrücken über verkarsteten, von Flüssen und Trockentälern zerschnittenen Plateaus (Fig. 30) zunächst in südwestlicher Richtung ab, so öffnet sich in der Tiefe eine weite,

Figur 30 a Ansicht der großen Durchbrüche des Río Suchiapa und R. Sto. Domingo von der Höhe der Copoya-Tafel gegen S gesehen. 9. 3. 1958

b 250 m hoher Absturz der Meseta de Copoya nach S gegen die Ebene um Suchiapa. 9. 3. 1958

spielzeughaft mit Berginseln besetzte große Talung um Jesús de la Garza. Zur Linken, das heißt auf der Südostseite des von der Straße benutzten Hangtales, bleiben anfangs geschlossen noch rel. 300 m hohe Bergreihen bei. Rechts biegt das hinter uns gebliebene Gebirge in langer Kette nach NW um, aufgeschlitzt vom tiefen Tal des Río San Juan (späteren Suchiapa). Auch voraus schieben sich vor der hier wiederum gut 600 m hohen Talung weitere, rel. 400 - 500 m hohe gleichförmige Rückenmassive noch zusammen; bis dann die Straße in Süd- und später Südostrichtung auf Villa Flores zu übergeht und die weite, nun über 700 m Meereshöhe ansteigende Ebene mit ihren Inselbergen erreicht ist.

Gleich ein Dutzend und mehr von diesen, rel. 100 - 300 m hohen isolierten Erhebungen liegen zur Rechten, links solche bis 400 m, und voraus sogar in Spitzen mehr als rel. 500 m hoch der wild zersägte Grat des C. Nambiyuguá (Fig. 31). Hat man ihn umfahren, so zeigen sich zu allen Seiten mit abwechslungsreichen Konturen immer neue Kuppen, Kegel,

Schollen, Klötze und Spitzen (vergl. Fig. 34, 35). Besonders bemerkenswert sind die wie kleine Krater auf dem Südwestfuß des Nambiyuguá hockenden Tres Tenamastes. (Fig. 32, 33. Alter Name für die drei Steine, auf denen der „comál", die breitgerundete Ton- oder Blechschale zum Tortilla-Backen, ruht). Einer der drei kleinen Berge soll nach Aussage von Gewährsleuten in einer kraterartigen Vertiefung einen Pozo, ein Brunnenloch oder Becken, mit kristallklarem Wasser besitzen, in dem gerne gebadet wird. Im Hintergrund heben sich die Llanos allmählich an zu den geschlossenen Ketten der Sierra Madre. Sie kulminieren hier in den wuchtigen Tres Picos auf 2400 m.

Dominikanermönche hatten in der spanischen Zeit diese Ebenen in Besitz genommen und neben anderen die Fincas San Lucas und San José de los Negros gegründet. Beide nahmen bald bedeutende Ausmaße an. Wie im übrigen Mexico verstand auch hier der Klerus neben der geistlichen Führung die wirtschaftliche Macht durch den Ankauf von Land, ja, von ganzen Landgemeinden – wie andernorts auch von städtischem Besitz – in seine Hände zu bekommen. Von den Jesuiten in Mittelmexico z. B. berichtete Bischof Juan de Palafox an den Pabst, daß sie die

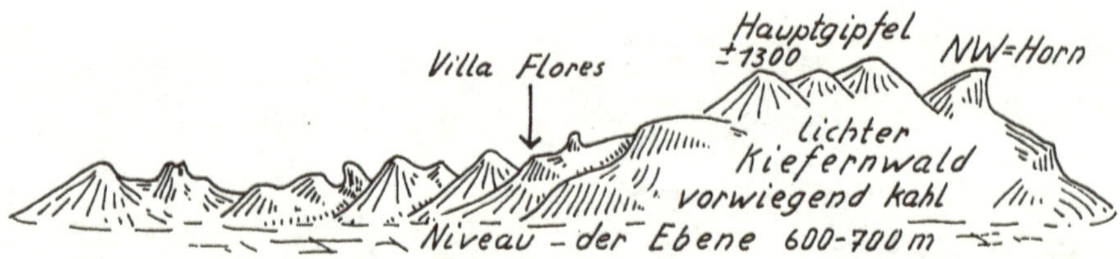

Figur 31 Die markante Umrißlinie des C. Nambiyuguá mit den vielgestaltigen, ostwärts anschließenden Bergen, von NNE unfern Calzada Varga aus gesehen. 9. 3. 1958

besten Hazienden in wucherischer Weise aufkauften: „... Es gibt darunter (Vieh)-Hazienden, die jährlich 100 000 Pesos einbringen, und von diesen besitzt die Gesellschaft allein in dieser Provinz (Puebla) sechs für sich allein. Sie hat außerdem Getreide- und Mais-Hazienden und sehr reiche Silberminen [17]).

Neben der Viehwirtschaft legten die Mönche hier in der Frailesca das Schwergewicht bereits auf die Kultur von Zuckerrohr in den feuchten Talebenen. Für die damit verbundenen schweren Arbeiten zogen sie Neger heran; daher bei der Finca San José der Namenszusatz „de los Negros". Ihr Blut hat sich in dem Gebiet zwischen den gegenwärtigen Städten Cintalapa und Villa Flores fortgesetzt; Sapper (1895) stellt diese „ziemlich starke Beimischung von Negerblut" auf seiner Völker- und Sprachenkarte (Fig. 16) heraus; auch in der Gegenwart ist sie noch gut erkennbar.

Später entwickelte sich hier die Großfinca Catarina la Grande, die gleich dem Vieh-Großbetrieb Nuestra Señora in den Custepeques jeweils

17) Zitiert nach Marc Chadourne: Anahuac; unvergängliches Mexico. Zürich 1955, S. 125.

20 000 Kopf Vieh gehalten haben soll. Nachdem sie in Einzelteilen verkauft war, gründete 1862 General Julian Grajales auf ihrem Gelände und zwar auf einem hochgelegenen Sporn im oft überschwemmten Vereinigungswinkel der perennierenden, in der Regenzeit sehr wasserreichen Sierraflüsse Pando und Amates, ein Dorf, das gegenwärtige Villa Flores. Seinen Namen entlehnte es dem aus jenen Mönchskolonisten hervorgegangenen berühmten chiapanekischen Pädagogen Fray Victor María Flores (Chanona, 1954, S. 10). Nur 6 km entfernt entstand auf einem anderen Teilgelände der einstigen Finca 1874 die Siedlung Villa Corzo.

Beiden Plätzen wurde später die Verwaltung ausgedehnter Municipios übertragen. Sie traten in einen, in solcher Nähe ungesunden, Wettbewerb. In ihm ist Villa Corzo unterlegen, weniger aus natürlicher Benachteiligung – es hat die gleiche Ausstattung des Raumes zur Verfügung wie Villa Flores und wird sogar als etwas kühler gepriesen – als vielmehr aus einem Zukurz an Initiative seiner Einwohnerschaft. In Villa Flores, als „ciudad" (Stadt, 1950: 5270 Einw.), konzentrieren sich neben der Verwaltung das Erziehungswesen und die kirchlichen Institutionen. Hier, mehr als in anderen Teilen von Chiapas, sind in junger Zeit, auf das Schwerste boykottiert durch fanatische katholische Geistliche und ihre intoleranten Anhänger, auch evangelische Glaubensgemeinschaften, teils mit eigenen Kirchen, gebildet worden. Das Städtchen vermochte außerdem militärische Besatzung, Handel und Verkehr mit Waren, Geld und Reisenden an sich zu ziehen, unterhält auf einer 96 km langen, ganzjährig befahrbaren Straße regelmäßige Autobusverbindung mit Tuxtla und in entgegengesetzter Richtung mit Arriaga im Küstenland. Dagegen verharrt Villa Corzo, trotz einiger jüngster Ansätze zur Belebung, nach wie vor als „pueblo" (Dorf, 1950: gut 1400 Einw.) in einer schläfrigen Abgelegenheit und sichtbaren Rückständigkeit. Bei de la Peña (1951, I, S. 111) wird es „ein trauriges Dörfchen und die deprimierendste Cabecera Municipal in dieser ganzen Grijalva-Zone" genannt. Die Bevölkerung der Frailesca faßt ihr vernichtendes Urteil in dem spöttischen Ausspruch „Gegen Villa Flores ist es nur ein ärmlicher Rancho" zusammen.

In den weiten, grasreichen Llanos ist, oder richtiger gesagt, war die extensive Viehwirtschaft in erster Linie mit Rindern, daneben mit Pferden, der herrschende Erwerbszweig. Dies besagt nur, daß sie die gegebene und außerdem die historisch eingefahrene, keineswegs aber die einzige mögliche Wirtschaftsform ist. Selbst bei nur 600 - 1000 mm Niederschlag, wie sie hier, im Gegensatz beispielsweise zum viel trockeneren nördlichen Mexico, immerhin noch vorliegen, sind, zumal unter pfleglicher Zuhilfenahme der von der Sierra herabkommenden Flüsse, sehr wohl auch höhere Wirtschaftsformen durchführbar. Schon eine Intensivierung der bisher je Rind durchschnittlich 1,75 ha Savannenweide beanspruchenden Viehwirtschaft müßte dem Lande zugutekommen. Durch Ansaat bzw. Anpflanzung von hochwertigen Futtergräsern in – mitunter noch zusätzlich bewässerten – sogenannten Zacatales hat sie sich in jüngerer Zeit unter fortschrittlichen Gesichtspunkten in nicht geringem Umfang durchgesetzt. Verkehrsmäßige Verbesserungen, mit schnellerem und gesicherterem Absatz auch auf weit entlegene Märkte, trugen noch dazu bei. Heute gehen die Transporte reibungslos bis nach Mexico City hin.

Mehr noch ist die Bodenbebauung vorangekommen. Früher beschränkte sie sich mit wenigen Ausnahmen auf die Selbstversorgung der Viehfinqueros und ihrer Vaqueros, mit einigen Überschüssen fast nur von Mais für das übrige Chiapas, in Sonderheit für die pazifische Küstenzone mit den Kaffeegebieten. Heute werden die Llanos schon (in beliebter Übertreibung) als „das Egypten oder Mesopotamien von Chiapas" (im Directorio... 1946/47, Abschnitt „Villa Flores") und nicht zu Unrecht als „granero de Chiapas" (Kornkammer, so bei Chanona, 1954), ja, für die gesamte Republik angesprochen. Zum Mais sind zahlreiche andere Überschußprodukte wie Sesam, Bohnen, Chilepfeffer, Zuckerrohr (auch hier allerdings leider fast nur für die Branntweinbereitung), Tomaten, Erdnüsse, Kürbisse, Melonen, Koch- und Eßbananen hinzugekommen. Der Anbau von Reis wird lebhaft propagiert und ist im Steigen begriffen.

Schon Waibel bekam die Anfänge dieser Wirtschaftsumstellung zu Gesicht und hob sie (1933, S. 109) in ihrer Tragweite gebührend hervor. Sie ergab sich ausschließlich aus der agrarischen Revolution. Gerade diese nur wenigen, noch dazu in vielen Fällen selbstsüchtigen, unsozialen und verhaßten Besitzern gehörenden, riesigen leeren Flächen lockten zur Aufteilung und Inbesitznahme durch das ländliche Proletariat, die Vaqueros, Peones und Zwergbauern. Für sie war nicht Viehwirtschaft – wann essen sie schon einmal Fleisch! –, sondern Anbau von Nahrungspflanzen Berufs- und Lebenszweck. Förderlich hierfür war noch besonders das Vorhandensein breiter „vegas", Tal-Auen. In den auf den sanft geneigten Flächen terassenförmig um 10-30 m tief eingeschnittenen Flüssen konnten sie sich entwickeln. Zudem verursacht hier nirgends Kalkuntergrund eine Versickerung des kostbaren Wassers. Die Kalkzone setzt erst am Unterlauf der Flüsse außerhalb der echten Llanos ein.

Diese Vegas wurden das bevorzugte, immer noch in Ausdehnung begriffene Neuland für zahlreiche Ejidos, Colonias, Rancherías, Einzel-Ranchos und Neu-Fincas. Für sie alle stellt die Viehwirtschaft nur noch einen, aber nicht mehr den führenden Betriebszweig dar; anfangs wird er sogar bewußt zugunsten der ackerbaulichen Erzeugung vernachlässigt. Beachtlich ist hierbei vor allem auch die Verschiebung von der Rinder- zur Schweinehaltung auf der Basis von Naturweide, Maisüberschüssen und Kürbisanbau (calabazas). Denn sie rentiert sich schneller als die nur langsam heranwachsende Rinderhaltung.

Staatliche und föderale Obrigkeiten haben im Zuge der national-revolutionären Wandlungen in Mexico dieser Entwicklung nicht nur ideellen Vorschub geleistet, sondern sie auch durch vielseitige Unterstützung praktisch gefördert. Zwar darf in einem lateinamerikanischen Land wie

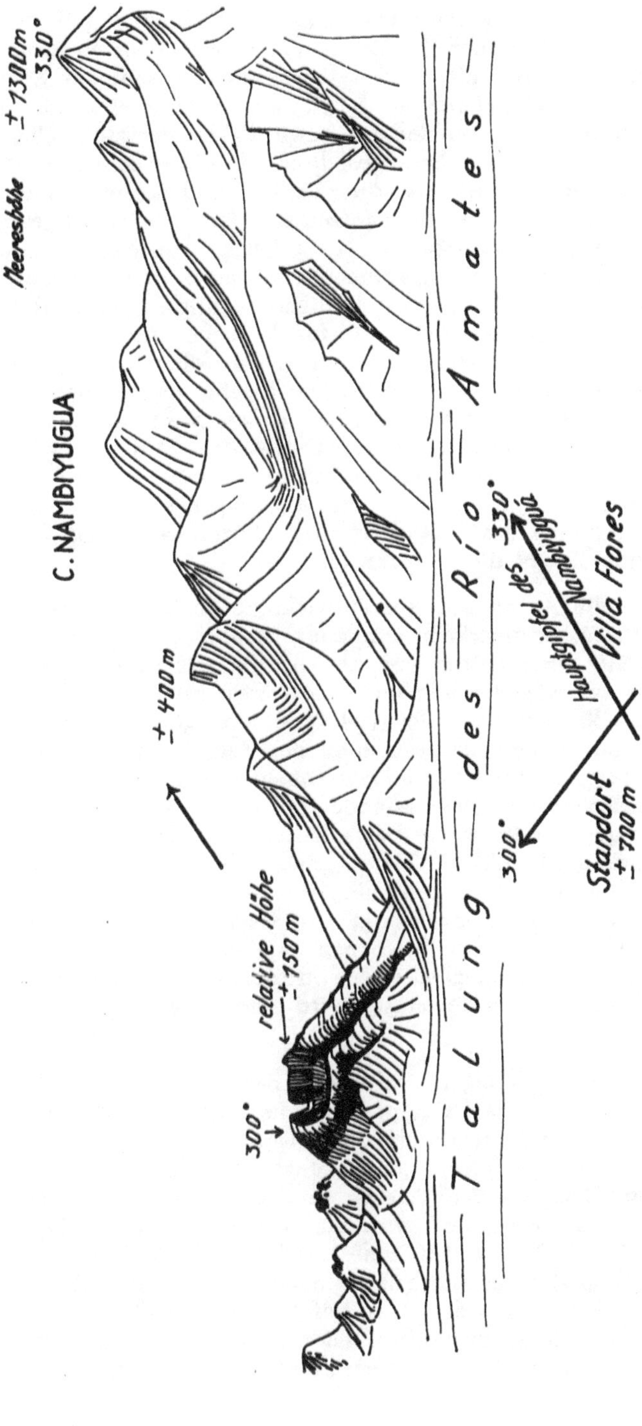

Figur 32 Blick von Villa Flores nach NW über das Amates-Tal zum auffälligsten der Tres Tenamastes. 10. 3. 1958

diesem die ungeheure Kluft zwischen enthusiastischer Planung und stokkender Durchführung, dürfen auch die überall offen und latent vorhandenen egoistischen Bestrebungen eines noch längst nicht beseitigten Kazikentums keineswegs unterschätzt werden. Spontaner, gewaltig aufgebauschter Beginn, Unterschätzung der Probleme, Fragwürdigkeit der eingesetzten Kräfte, spurloses Versickern der bereitgestellten Mittel, schamlose Ausbeute jener, die eigentlich gefördert werden sollten, und schließlich lähmendes Vakuum in jeglicher Zielsetzung folgen sich leider noch oft genug aufeinander. Dennoch ist viel Ersprießliches geleistet worden, in erster Linie selbstverständlich durch die anspruchslosen, an Härten gewöhnten Siedler selbst, dann aber auch, in fortschreitendem Maße, durch obrigkeitliche Förderung, vor allem seitens der für Verkehr und Wasserbau verantwortlichen Behörden. Allerdings darf nicht unerwähnt bleiben, daß zum Bau und zur Unterhaltung der – immer noch sehr wenigen und teils recht schlechten – Fahrstraßen zwischen der Carretera Panamericana und den Llano-Gebieten die Kooperative der Fahrzeugbesitzer durch hohe Abgaben und jeder Reisende durch einen im Fahrpreis mitbezahlten Wegezoll nicht unerheblich beitragen. Auch die Bewässerungen sind keineswegs nur hochherzige Geschenke des Staates bzw. der Föderalregierung. Doch der stete Aufschwung gleicht diese Opfer aus.

Waibel erlebte die Anfänge dieser Entwicklung noch zu Zeiten des ausschließlichen Ochsenkarrenverkehrs und zunächst auch nur in den nordwestlichen Llanos, mit einer ausschließlichen Abfuhr der Produkte nach Arriaga und Tonalá zur Küstenregion und pazifischen Eisenbahn. In den seitdem vergangenen 30 Jahren hat sich viel verändert. Die von ihm noch allenthalben wahrgenommenen harten Spuren der Revolution (S. 103-105) sind, abgesehen von einigen Kirchen- und Herrenhausruinen auf den Fincas, verschwunden, die dezimierten Viehbestände sind aufgeholt worden. Die, in einigen Fällen sogar bereits motorisierte, landbauliche Entwicklung hat auch auf die mittleren und südlichen Llano-Gebiete übergegriffen. In absoluter Umkehr der bisherigen Verkehrsrichtung erfolgt nunmehr der gesamte Abtransport nach Norden Richtung Tuxtla und Carretera Panamericana; nur die Frailesca pflegt noch die ebenso nahe und gute Verbindung zur Küstenebene. Erst die in Aussicht genommene Straße durch das San Miguel-Cuilco- und Motozintla-Tal zum Soconusco wird erneut eine Verschiebung verursachen.

Erste kleine Bewässerungsanlagen sind seitens der Recursos Hidráulicos in Zusammenarbeit mit dem Staat Chiapas auch im Bereich der Custepec-Llanos während der letzten Jahre durchgeführt worden. Für die Landbaukolonie La Tigrilla (1950: 330 Einw., jetzt wesentlich mehr) wird Wasser zur Berieselung von 40 ha aus dem Arroyo La Puerta zum Arroyo de la Cidra geführt und dort mittels einer kleinen Pumpanlage 6 m hoch gehoben. Ein anderes Ejido, Benito Juárez (630 Einw.) auf dem Gelände der einst größten Vieh-Finca im Valle Central, Nuestra Señora, kann mit Hilfe einer 40 l/sec. schaffenden Pumpe aus dem 12 m tief gelegenen R. San Francisco 36 ha, vornehmlich mit Reis, bewässern. Hier gehen die Anlagen (nach Suárez Grajales, 1956, S. 36, 38) besonders auf die Initiative der

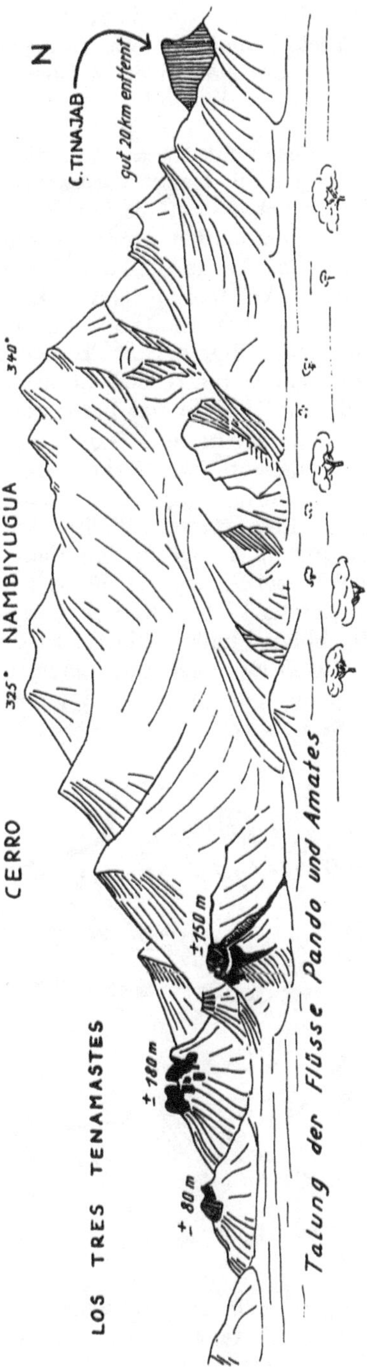

Figur 33 Die Tres Tenamastes und das Nambiyuguá-Massiv aus SSE von einem Hügel am Nordrand von Villa Corzo aus gesehen. 10. 3. 1958

fortschrittlichen Kolonisten Francisco Micelli und Brüder Orantes, echter Llano-Pioniere, zurück. Einige kleinere Anlagen (Saldaña, Retumba la Tierra, u. a.) entstanden in der Nähe von La Concordie (Ing. Hidr. 1952, No. 3, S. 148).

Das sind Anfänge für diesen mittleren Abschnitt; in den Llanos der Frailesca ist man schon wesentlich weiter vorgeschritten. Dort bieten die Auen am R. San Pedro und Sabaneta (Oberlauf des S. Miguel-Brillante), am Santo Domingo und seinen beiden großen Quellflüssen Pando und Amates, schließlich die am San Lucas und San Juan nebst ihren Nebenflüssen gelegenen, gute Möglichkeiten. Eine seit 1952 geplante Großanlage, die 500, bei Hochwasser zusätzlich 1800 ha Land der großen und fortschrittlichen Colonias San Pedro Buenavista, Primero de Mayo und Revolución Mexicana (mit zusammen rund 3000 Einwohnern) im Municipio Villa Corzo berieseln soll, war 1958 in der Fertigstellung des ersten Bauabschnittes („Nacayumba") für 800 ha begriffen (Ing. Hidr. 1952, No. 3, S. 149; 1958, No. 3, S. 36). Weitere kleine Werke waren für die Ländereien von Villa Flores im Bau oder fertig, und auch die längst fällige Versorgung mit gutem Trinkwasser für diese fortschrittliche Stadt war mittels einer motorisierten Noria- (Schöpfrad) Anlage in den Vegas des Río Pando bewerkstelligt worden. Eine Diesel-Planta zur Versorgung mit elektrischem Strom war in Villa Flores bereits 1936 in Betrieb genommen worden (de la Peña, 1951, IV, S. 1150). Ebenso hatte Villa Corzo durch einen Abzweigkanal vom Ocotillo-Bach, eine Filteranlage und einen 50 Kubikmeter fassenden Tank fliessende Wasserversorgung für interessierte Abnehmer erhalten (ebenda 1952, No. 4, S. 17 f).

Figur 34 Profillinien verschiedener Bergformen in der Umgebung von Villa Flores.

Alle diese Anlagen mögen nach unseren Begriffen Selbstverständlichkeiten und in den genannten Umfängen kaum der Rede wert sein. Hier bedeuten sie umwälzende Neuerungen, wie sie unter Beibehaltung der alten, seit den Anfängen der kolonialen Epoche bestehenden Viehwirtschaft und Finqueroherrschaft niemals eingetreten wären. Erst sie bedeuten den endgültigen Abschluß einer Jahrhunderte währenden wirtschaftlichen und sozialen Stagnation, den wahren Beginn der Neuzeit.

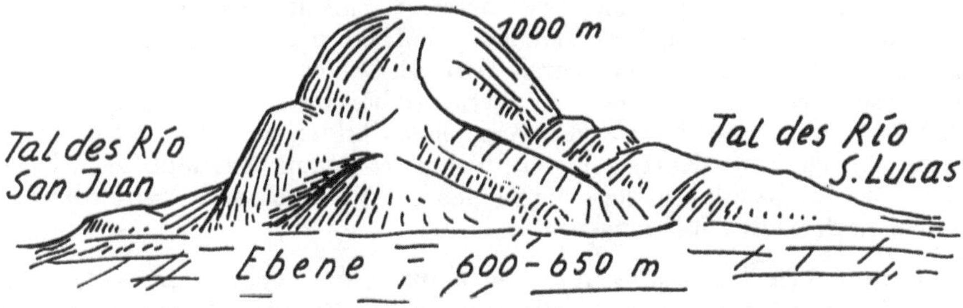

Figur 35 Die große Kuppel des C. Pueblo Viejo in der Ebene zwischen Río San Lucas und Río San Juan, vom Süden her gesehen. 11. 3. 1958

C. Die Binnenseite der Sierra Madre

Als dritte Großlandschaft im Stromgebiet des oberen Grijalva ist die gegen die Zentrale Depression hin gerichtete Seite der Sierra Madre mit den Hauptzuflüssen des oberen Stromabschnittes anzusehen. In der hier vorliegenden Übersicht wird für sie die Bezeichnung „Binnenseite" oder „innere Abdachung" der Waibel'schen „atlantischen Abdachung" vorgezogen, weil unter der letzteren auch die Abdachung des chiapanekischen Gesamtgebirges, von dem die „Sierra Madre" (nach der Waibel'schen Prägung) nur die eine, nämlich die südwestliche Komponente darstellt, gegen das atlantische Küstentiefland hin verstanden werden könnte.

Diesen nach innen gerichteten Teil der Sierra Madre aus dem Gesamtkomplex des Gebirges herauszulösen, kann insofern vertreten werden, als nur er der Grijalva-Cuenca zugehörig ist und sich überdies auf Grund der natürlichen Ausstattung landschaftskundlich in vieler Beziehung von der pazifischen Seite unterscheiden läßt. Die letztere steigt entsprechend dem jüngsten Kipp- oder Keilschollencharakter des Gebirges aus einer nur schmalen Zone von Hügeln und Vorbergen schroff, von kurzen engen Hangtälern in dichter Folge zerschnitten, zu den wasserscheidenden Hauptkämmen und -gipfeln auf. Sie verfügt neben dem Aufbaumaterial des kristallinen Grundgebirges vor allem im SE über große Massen jungvulkanischer Gesteine und Oberflächenformen, dort auch über die höchsten Niederschläge der gesamten Sierra. Die Binnenseite dagegen ist eine Abdachung, kein Absturz, ein weites, nur mäßig steiles Bergland. Lange und gewundene Flußläufe haben es zertalt. Die geringere Erosionskraft der Flüsse hat die vor der jüngsten Gebirgsbildung vorhanden gewesenen Geländeformen noch nicht in allen Fällen angetastet (vergl. Waibel, 1933, S. 36). Im Aufbau und Formenbild ihres SE-Teils haben Schichtgesteine einen wesentlichen Anteil; und nirgends gehen in ihr solche

Regenmengen nieder wie drüben etwa am Tacaná und im übrigen Soconusco. Statt dessen haben an ihrer Vegetation Kiefern und Trockenwald einen weit entscheidenderen Anteil als an der pazifischen Seite. Dort beginnen sie, mit geringen lokalen Ausnahmen, erst nach NW hin bei zunehmender Trockenheit die immergrünen Regenwälder des südöstlichen Teiles zu ersetzen. Seit der Fertigstellung der Carretera Panamericana und ihrer Anschlußstraßen gehört auch verkehrswirtschaftlich die innere Seite der Sierra Madre jetzt eindeutig zum oberen Grijalva-Gebiet, während immerhin in in dieser Beziehung die gesamte Sierra früher ungeteilt der pazifischen Küstenregion angeschlossen war. Ausnahmen bilden nur noch einige hoch hinauf geschobenen Kaffeetäler mit bisher fehlendem Anschluß nach Norden. Das Motozintla-Tal und die Llanos der Frailesca sind Vermittlungszonen nach beiden Richtungen hin.

Gerade über den Hauptkörper der Sierra Madre liegt aus der Feder von Leo Waibel eine so ausgezeichnete und vollständige Darstellung vor, daß hier nur ergänzende Beobachtungen von den eigenen Routen und jüngere Wandlungen im Landschaftsbild auf Grund neu hinzugekommener anthropogener Eingriffe und Entwicklungen hinzugefügt werden können. Die Routen des Verf. wichen von denen seines – nicht zu übertreffenden – Vorgängers vielfach ab. So wurde unter anderem auch das Bergland um Pacayal zwischen Cuilco-Tal und Guatemala-Grenze besucht, die Strecke von Motozintla über El Porvenir nach Siltepec (San Isidro) und von Chicomuselo über Bella Vista (San Pedro Remate) nach La Grandeza begangen, ferner das Custepec-Tal nebst einigen Anschlußtälchen aufgesucht, schließlich die Querverbindung von hier bis zum Prusia-Tal abgegangen und diesem abwärts nach Jaltenango gefolgt. Statt dessen wurden Waibels – teilweise auch von Müllerried durchgeführten – Querungen des Gebirges von Pijijiapam zum Río Dorado (und von dort weiter nach Villa Flores), von Mapastepec nach Liquidámbar, und von Pueblo Nuevo nach San Isidro nicht wiederholt, ebensowenig die Reisen von Sapper und Müllerried zwischen Tonalá und Villa Flores. Die sowohl von Sapper als von Waibel benutzten Wege über den Malé-Pass nach Motozintla, ferner die, überdies auch noch von Boese – teils mit, teils ohne Einschluß von Niquivil – begangenen Routen zwischen Cuilco-Tal und Küste via Motozintla, sowie Waibels Ritt von San Isidro (Siltepec) via Honduras nach Liquidámbar stimmen mit den Märschen des Verfassers überein.

Die Aufgliederung in Teillandschaften ergibt sich hier ziemlich klar aus den gut zusammenwirkenden natürlichen Faktoren von Aufbaugesteinen, Oberflächenformen und Höhenlage, Klima und Vegetationsverhältnissen. Die „großen Blockmassive" im SE mit ihren breiten Tafelhochflächen aus Kalkschichten finden im NW des Gebirges keine Parallele. Hinter den, teils gekippten, Randschollen des Vorlandes stehen dort vielmehr die langen „kristallinen Kämme" des Grundgebirges, gelegentlich von höheren Gipfelstöcken überragt, trockener und ärmlicher begrünt als der mit reichlicher Feuchtigkeit gesegnete Südosten. Das „Bergland um Pacayal" bildet schon mehr einen Vorposten, als einen echten Bestandteil der Sierra. Das Cuilco-Tal trennt es von dieser ab, und die guatemaltekischen

Altos Cuchumatanes umklammern es auf den drei übrigen Seiten mit den hohen Cuilco-Ketten, dem Cerro Estillero („Cabeza de Negro" auf der Karte der Geogr. Soc. New York) und dem C. Ocotal. Seine Sand- und Kalksteine gehören aber noch alten Formationen an und bilden den Übergang zu den jüngeren Schichtenfolgen im östlichen Hügelland der Zentralen Depression. Es ist ein kleines und reichlich wildes Gebirge mit eingeschobenen Verebnungen. Das „Cuilco-Motozintla-Tal" bildet auf Grund seiner lagemäßig bedingten klimatischen Benachteiligung und charakteristischen Trockenvegetation zweifellos die auffälligste und am schärfsten begrenzte Teillandschaft am Binnenrand der Sierra. Wenn hier an fünfter Stelle überdies noch „die großen Kaffeetäler" besonders herausgestellt werden, so, wie schon ihre Bezeichnung erkennen läßt, ausschließlich zur Kennzeichnung ihrer wirtschaftlichen Sonderstellung und als mehr oder minder fortgeschrittene Ausdrucksformen einer „Kulturlandschaft".

1. Das kristalline Kettengebirge im Nordwesten

(hierzu Figuren 36-45)

Bei der Überquerung der Sierra Madre von den Llanos um Villa Flores her hat man nicht den Eindruck, ein großes Gebirge zu passieren. Zwar wirken die von SE heranziehenden, jedoch 1500 m Meereshöhe, das heißt 800 - 900 m Llanohöhe kaum überschreitenden Ketten als eine lange Sperre, die Tres Picos mit ihrem breit gelagerten Unterbau und den fast 2500 m hohen Gipfelspitzen sogar wuchtig und alpin, doch der Anstieg erfolgt allmählich, und an breiten Pässen fehlt es nicht. Selbst Ochsenkarren vermochten das Gebirge eben südlich der Tres Picos auf der alten Straße nach Tonalá zu überwinden, seit dem Ausbau der Carretera nach Arriaga und ihres Anschlußes zur Frailesca ist diese Art des Verkehrs allerdings nahezu verschwunden. Für jene Autostraße wählte man die Route nördlich des Tres-Picos-Massivs.

Die Ansicht des Geologen Boese (1905, S. 35, zitiert bei Waibel, 1933, S. 79), daß die Tres Picos ein „intrusiver Andesit-Porphyr-Körper" sind, kann bestätigt werden; in den von dem Gebirgsstock herabkommenden Flüssen wurden solche Gerölle gefunden. Die im übrigen im nordwestlichen Teil der Sierra herrschenden kristallinen Gesteine, namentlich Granite, Porphyre ud Quarzite neben Gneis, Glimmerschiefern, Diorit u. a., gehören der ältesten Gesteinsserie von Chiapas an, sind tief zersetzt und in der Regel bereits zu rundlichen Formen abgetragen worden. Bemerkenswert ist, daß – auf den geologischen Karten nicht ersichtlich – westlich des Tablón-Flusses große Massen leicht rötlicher Kalksandsteine (unbekannten Alters) am Aufbau der Abdachung beteiligt sind.

Erst wenn inmitten lichter Bergkiefernwälder auf rund 1000 m die Passhöhe der von der „Internacional" unfern Cintalapa bei Las Cruces abzweigenden ausgezeichneten Straße nach Arriaga erreicht wird, lassen die jenseitigen ungeheuerlichen Abstürze zur überdunsteten Küstenebene, die jäh in ausgeschliffenem Granit abwärtsführenden Schluchten den wahren

Charakter des Gebirges, einer echten Kordillere, erkennen. Die von den nördlichen Ebenen und Talungen herandrängende Besiedlung setzt schlagartig aus; sie beginnt erst wieder mehr als 500 m tiefer, wenn die Hangschluchten unter geringerem Gefällswinkel schmale Sohlen auszubilden beginnen.

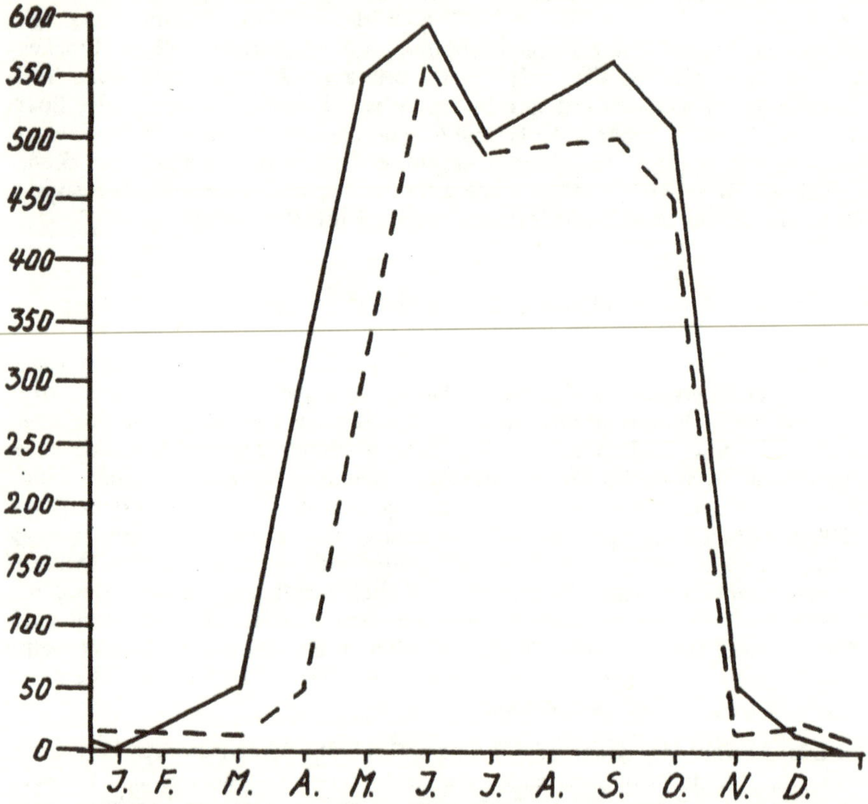

Figur 37 Lokale Unterschiede der Niederschlagsverhältnisse. (Nach Wagner/Stresemann, 1950, S. 277.)
Tropischer Feucht-Bergwald, Finca Prusia, 1000 m, 4 km vor dem Kamm der Sierra; und, gestrichelt: Kiefern-Eichen-Bergwald, Finca Liquidámbar, 1100 m, 7 km vor dem Kamm der Sierra.

In ähnlicher Weise kann man entlang aller namhaften Flüsse der nordwestlichen Binnenabdachung in echten Sohlentälern bis an den Fuß des zentralen Hauptkammes bzw. der einzelnen Gebirgsstöcke, die das Zentralgerüst zusammensetzen, vordringen. Die einzige Anstrengung dabei ergibt sich daraus, daß die Wege der regenzeitlichen Hochwässer halber vielfach an den vielzerschnittenen Talhängen entlangführen müssen. Bei der Spärlichkeit der bisher vorliegenden Routen und Mitteilungen erscheint es angebracht, die vom Verfasser angetroffenen Gesteine aufzuzählen; Fachgeologen könnten dadurch die vor allem durch Waibel, Boese und

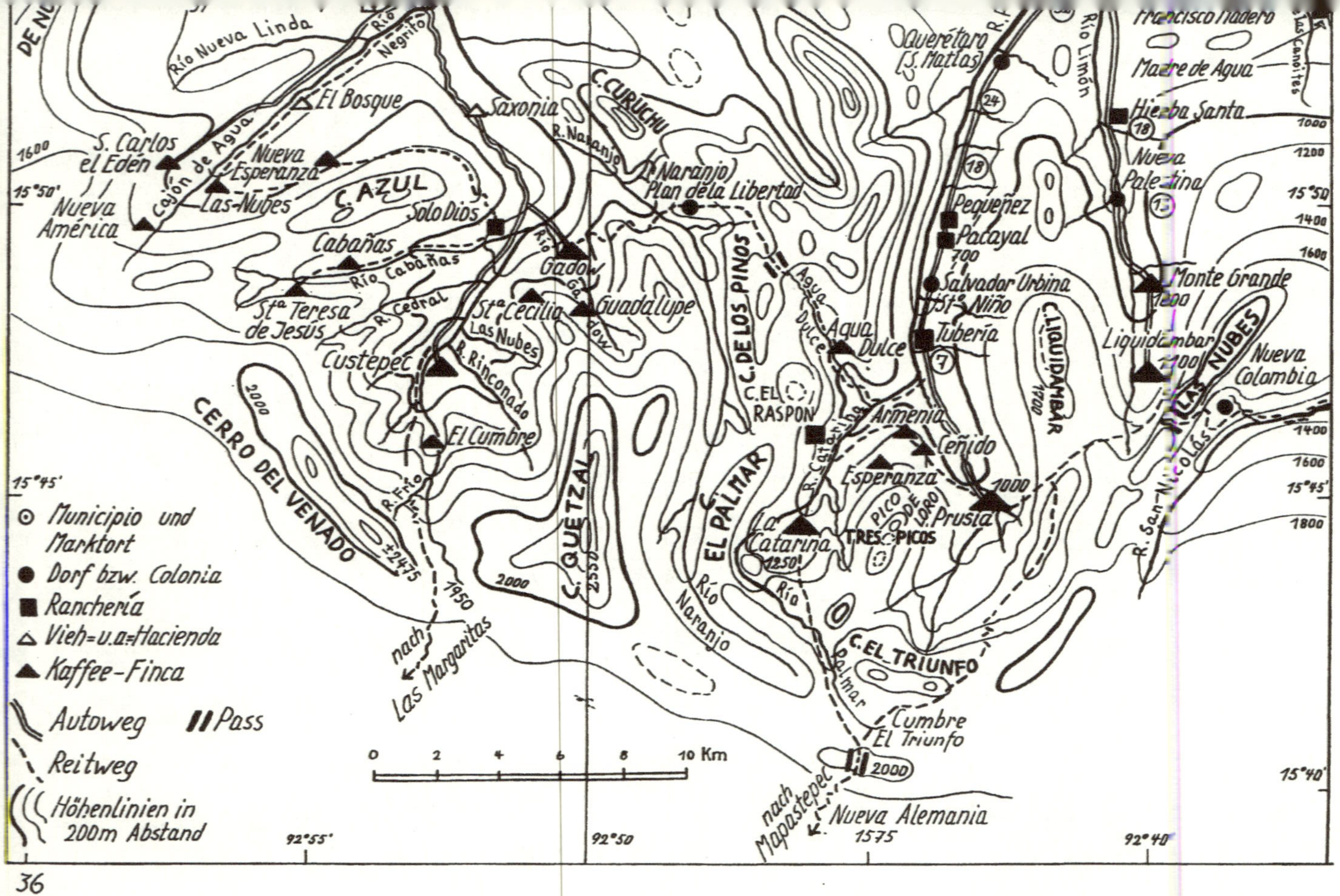

36

Figur 36:

Die Sierra und Kaffeezone vom oberen Custepec bis zum Limón-Tal. 1 : ± 480 000. Vergl. Hauptkarte Fig. 2, unten Mitte.

Autoweg	Prusia – Angel Albino Corzo:		32 km Fahrstrecke
,,	Liquidámbar – Angel Albino Corzo:		26 km ,,
,,	Angel Albino Corzo – Tuxtla:		185 km ,,
Reitweg	Prusia – Mapastepec:	±	35 km Luftlinie
,,	Custepec – Las Margaritas:		30 km ,,

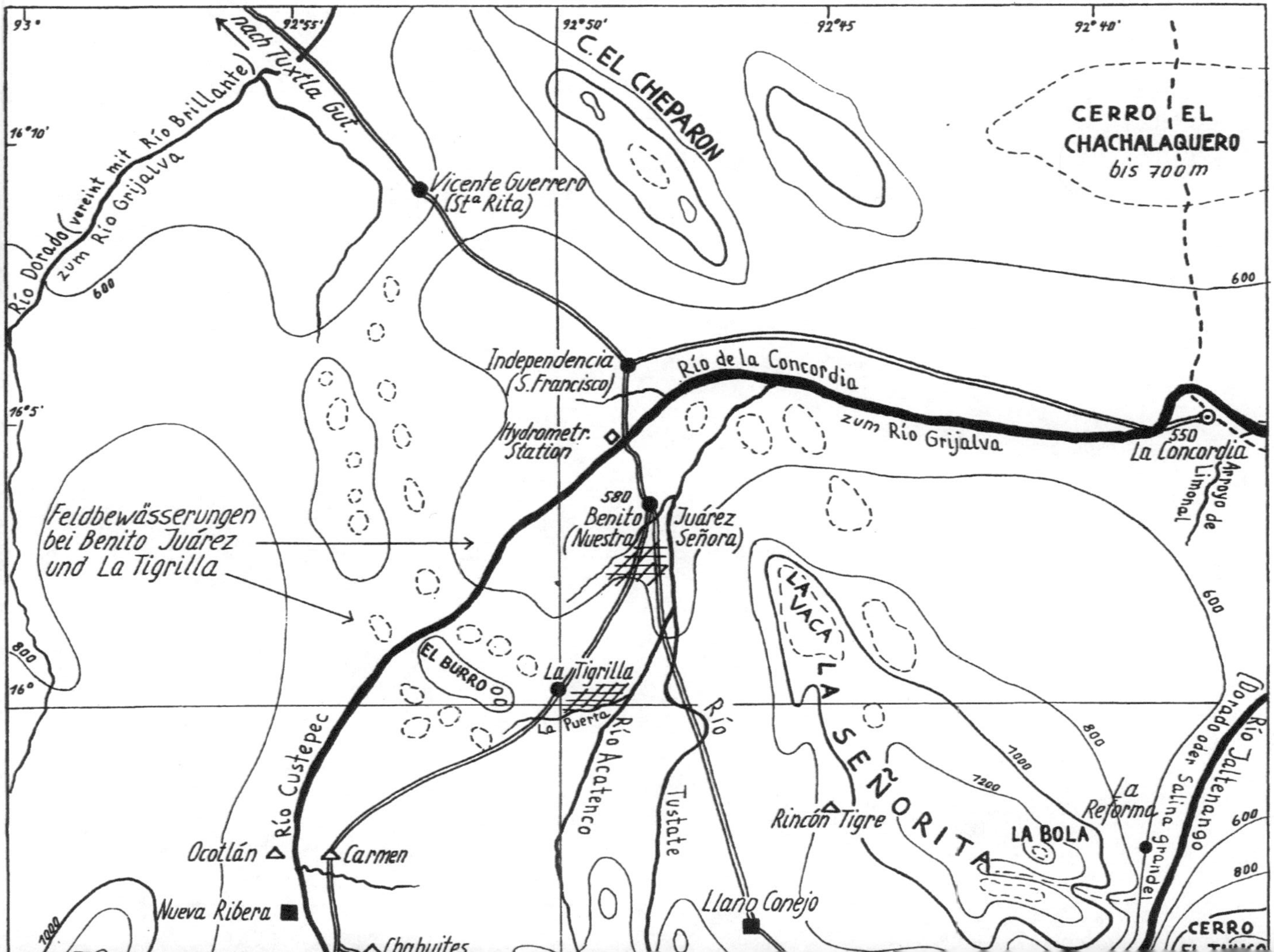

nach Tuxtla Gut.
Río Dorado (vereint mit Río Brillante) zum Río Grijalva
Vicente Guerrero (Sta Rita)
C. EL CHEPARON
CERRO EL CHACHALAQUERO bis 700 m
Independencia (S. Francisco)
Río de la Concordia
zum Río Grijalva
Hydrometr. Station
550
La Concordia
Arroyo de Limonal
580
Benito Juárez (Nuestra Señora)
Feldbewässerungen bei Benito Juárez und La Tigrilla
LA VACA
LA SEÑORITA
EL BURRO
La Tigrilla
La Puerta
Río Acatenco
Río
Tustate
Río Custepec
Ocotlán
Carmen
Nueva Ribera
Chahuites
Llano Conejo
Rincón Tigre
LA BOLA
La Reforma
Dorado oder Salina grande
Río Jaltenango
CERRO

Müllerried gegebenen Aufschlüsse und Erklärungen bestätigen bzw. weiter ausbauen.

Waibel beschließt seine Aufzählung der „jungvulkanischen Erscheinungen" innerhalb der Sierra Madre (S. 33) nach N hin mit einem Vorkommen von Glimmer-Andesit-Kristalltuff auf der Hochfläche von Monte Cristo westlich des Nueva-Independencia-Tales. Von der größeren Vulkanzone im Soconusco liegt es bereits weit isoliert, 80 km entfernt. Verf. nahm dieses ebenfalls wahr und konnte es durch mitgebrachte Proben

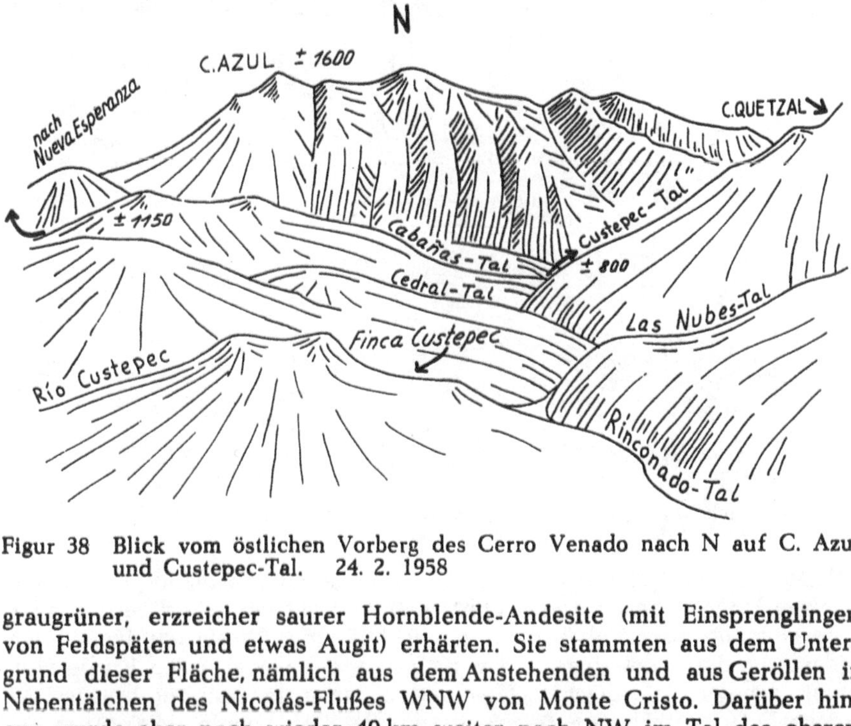

Figur 38 Blick vom östlichen Vorberg des Cerro Venado nach N auf C. Azul und Custepec-Tal. 24. 2. 1958

graugrüner, erzreicher saurer Hornblende-Andesite (mit Einsprenglingen von Feldspäten und etwas Augit) erhärten. Sie stammten aus dem Untergrund dieser Fläche, nämlich aus dem Anstehenden und aus Geröllen in Nebentälchen des Nicolás-Flußes WNW von Monte Cristo. Darüber hinaus wurde aber noch wieder 40 km weiter nach NW im Tal des oberen Custepec (Fig. 38), unfern der Einmündung des Naranjo-Flußes, heller, quarzreicher Rhyolith angetroffen. Im Kapitel „Geologie" wurde die Aufmerksamkeit auf die Kegelgestalt des C. Curuchu (Fig. 40) im unteren Naranjo-Tal – als eines möglichen kleinen Vulkans – gelenkt. Übrigens steht am Talausgang des S. Nicolás-Flusses nordöstlich von jenem Monte-Cristo-Plateau ein ganz ähnlicher „Curuchu" (indianische Bezeichnung für Zuckerhut). Da Boese wiederum 70 km weiter nordwestlich auch für das Massiv der Tres Picos Andesit-Porphyrit angibt (Sapper, 1899, S. 20, notierte auf seinem Wege nach Tonalá dort allerdings nur Gneis, Glimmerschiefer und Granit), dürften die basischen vulkanischen Gesteine entgegen der allgemeinen Darstellung also keineswegs auf den Südostteil der Sierra beschränkt sein. Altersangaben von all den genannten Fundstellen liegen allerdings nicht vor.

Die Aufmerksamkeit soll auch auf das Vorkommen kristallinen Kalkes inerhalb des Grundgebirges gerichtet werden. Als Baustoffe sind sie besonders für die großen Kaffeefincas wichtig, und manche Finqueros setzen für die Auffindung abbauwürdiger Nester oder Gänge geradezu Belohnungen aus. Waibel brachte eine mit Magnetkieskörnchen angereicherte Kalksteinprobe aus einem „Steinbruch" der Finca Liquidámbar mit (1933, S. 158, Nr. 63). Solche, stets nur kleinen „Kalkminen" bestehen mitunter nur aus einzelnen ausgespülten großen Blöcken, die gesprengt und sorgfältig verwertet werden. Sie sind auch an anderen Stellen des Gebirges (an den Rändern von Quarzgängen?) zu finden, z. B. im Tal des kleinen R.

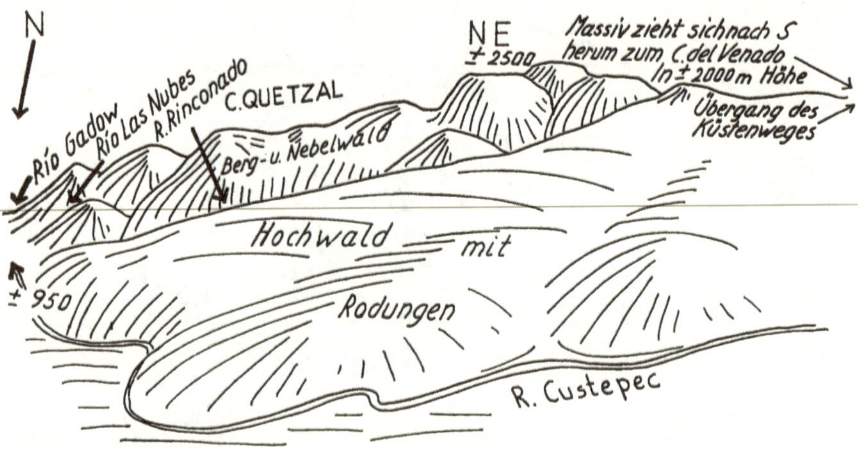

Figur 39 Blick vom östlichen Vorberg des C. Venado auf den C. Quetzal. 24. 2. 1958

Cabañas, linkem Nebenfluß des R. Custepec auf dem Gelände der gleichnamigen Finca, ebenso im etwas unterhalb und auf der gegenüberliegenden Seite einmündenden Tal R. de Gado(w). Die Finca Prusia entnimmt ihren Bedarf aus der Nähe eines 18 km unterhalb der Finca in den Prusia-Fluß einmündenden Nebenbaches. Hier soll etwas mehr Kalk in bruchstückartigen Decken über dem Granit liegen. Bei ihm könnte es sich um die gleiche Formation handeln, die in Decken und Deckenresten über den Todos-Santos-Sandsteinen der Sierra-Vorschollen am Rande der Zentralen Depression liegt. Näher bei der Finca selbst gelegene metamorphe Kalke dagegen sind völlig verkieselt und unbrauchbar. In jedem Falle ergeben die kristallinen Kalke ausgezeichneten Baukalk; jedoch verschlingt ihr Brennprozeß weit mehr Feuerholz als der von Sedimentkalken.

Es überwiegen innerhalb dieses kristallinen Kettengebirges, zumal gegen die Hauptwasserscheide hin, Granite mit rötlich-gelben, sandig bis grusigen Böden. Oberflächlich sind sie unter Wahrung der Gesteinsstruktur meistens tief zersetzt und bilden dabei eine in Chiapas „tashcal" genannte, oft mehrere Meter mächtige Übergangsschicht zwischen Fels und Erde. Im Bereich des oberen Custepec nebst seiner Nebentäler – das ist zwischen dem 2000 und mehr Meter hohen Gebirgsmassen des zum wasserscheidenden Hauptgerüst gehörenden Cerro Venado und der von ihm nach NE ausstrahlenden Massive des C. Quetzal (Fig. 39) und der Cordillera de Nueva Linda – tritt er hauptsächlich als Pegmatit und Aplit, auch in chloritisierter metamorpher Form auf. Einigen von Waibel aus anderen Gebirgsabschnitten mitgebrachten ähnlichen Aplit-Proben gab Becksmann auf Grund ihrer Eigenarten die Bezeichnungen „Chiapasit" und „Quarz-Chiapasit" (Waibel, 1933, S. 23). Daneben finden sich teils sehr glimmerhaltige, teils mit viel Feldspat und Hornblende angereicherte, stark schlierig ausgewalzte und oft plattig spaltende, von reichlichen Quarzadern durchsetzte Gneise und gneis-ähnliche Gesteine. Ein dem Gabbro ähnelndes metamorphes Gestein wurde an den Hängen des Gado(w)-Tales und am Fuße des C. Azul, der das Custepec-Tal quer durchzieht, festgestellt; es könnte Amphibolit sein. Gleich den in der Nähe liegenden Gneisen und Quarzglimmerschiefern ist es reich an Pyritimprägnationen.

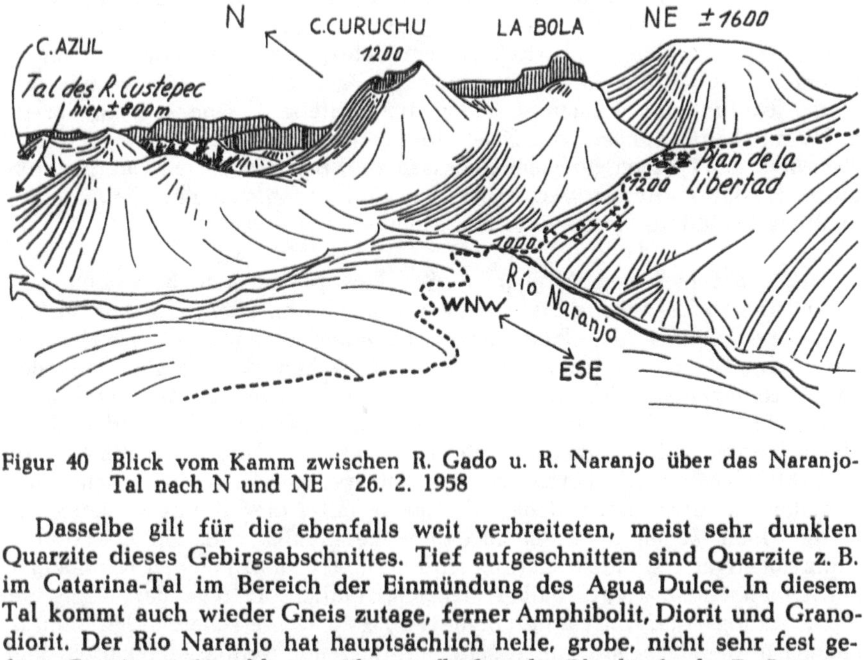

Figur 40 Blick vom Kamm zwischen R. Gado u. R. Naranjo über das Naranjo-Tal nach N und NE 26. 2. 1958

Dasselbe gilt für die ebenfalls weit verbreiteten, meist sehr dunklen Quarzite dieses Gebirgsabschnittes. Tief aufgeschnitten sind Quarzite z. B. im Catarina-Tal im Bereich der Einmündung des Agua Dulce. In diesem Tal kommt auch wieder Gneis zutage, ferner Amphibolit, Diorit und Granodiorit. Der Río Naranjo hat hauptsächlich helle, grobe, nicht sehr fest gefügte Granite aufgeschlossen. Ebenso fließen die Oberläufe des R. Catarina, R. Prusia und R. Limón fast ausschließlich durch – teils pegmatitischen – Granit. Er baut auch die trennenden Bergzüge C. Palmar und C. Raspón, die Tres Picos[18]), den C. Triunfo, C. Liquidámbar und andere auf (Fig. 41-45). Auf dem Bergriegel zwischen Prusia- und Limón-Tal stehen dann erstmalig auch rote Sandsteine an, während andererseits Granite und Aplite, Amphibolite und Quarzite auch nach SE hin zunächst noch in erheblichen

18) Diese Bezeichnung für auffällige dreigipflige Bergstöcke tritt innerhalb der Sierra Madre in mehreren Fällen auf.

Mengen beibleiben. Bis dann im Deckgebirge die Sedimentgesteine allmählich die Oberhand gewinnen und die kristallinen Ketten durch die Schicht- oder Blockmassive abgelöst werden.

Ganz allgemein sind in diesem kristallinen Nordwestteil der Sierra die Täler breiter als im SE und mit anbaufähigen Sohlen (vegas) ausgestattet, weil der SE offenbar höher emporgehoben ist als der NW und bei größerem Gefälle der Flüsse die Erosion dort mehr in die Tiefe als in die Breite gewirkt hat. Im einzelnen ist auch ihre Breite je nach Wasserreichtum und Gestein unterschiedlich. Die schwer angreifbaren Quarzite, Aplite und stark kristallinen Gneise des Cabañas-Tales (am oberen Custepec) z. B. haben nur ein verhältnismäßig enges Kerbtal ermöglicht. Der benachbarte kleinere Cedral dagegen vermochte in Amphibolit und Pegmatit ein Sohlental von 200 m Basisbreite auszuräumen. Ebenso ist das Gado(w)-Tal im stark gepressten Gneis nur eng, das des Naranjo in grobem, grusig zerfallenden Granit sehr breit. Der R. Catarina hat im Granodiorit, Pegmatit und Amphibolit einen geräumigen Quellkessel und Oberlauf gebildet, später gräbt er sich im Quarzit schluchtartig ein. Ähnliches gilt für das Prusia-Tal. Es bleibt bis zum Austritt aus dem Gebirge eng, während nur wenige Kilometer weiter der Limón in einem weniger fest gefügten Granit (mit stark abgerundeten Quarzen) schon im Mittellauf eine 1 - 2 km breite Sohle mit Laufteilungen und Inselbildungen aufweist. Zwischen 20 m und 40 m über den Flüssen gelegene Terrassen sind in allen diesen Tälern durchlaufend oder in Resten verfolgbar; sie sind das bevorzugte Gelände für Siedlungen, Milpas, Potreros und Cafetales.

Dagegen fehlen dem NW die großen Hochplateaus, nicht jedoch, zum Vorteil des Kaffeeanbaus, breite Rücken (lomas) und auch hier manche Verebnungen (planos) als Überbleibsel des alten, weitgehend abgetragenen vortertiären Gebirges. Auf den Riegeln zwischen den herabkommenden Tälern scheinen sie nicht wesentlich tiefer als 1000 m und nicht viel höher als 1200 m über dem Meere zu liegen. Ein gutes Beispiel ist die kleine Fläche von Plan de la Libertad zwischen zwei Quellflüssen des Río Naranjo (Fig. 40). Gegen den inneren Teil des Gebirges hin finden sich den Oberharzplateaus nicht unähnliche, teils auch mit Moorbildungen versehene kleine Hochflächen bis rund 2000 m Höhe hinauf, z. B. am C. Triunfo. Trotz günstiger Geländegestaltung sind sie der vielen, vor den Randbergen hängenbleibenden Nebel halber siedlungsfeinlich. Infolge der tropischen Verwitterungs- und Abtragungsvorgänge sind die wasserscheidenden Gebirgskämme in der Regel aber nicht sehr, mitunter nur wenige Meter breit, und die Quellkessel der Flüsse verzahnen sich oft in schmalen, vielfach gebrochenen Graten. (Gutes Beispiel etwa am Agua-Dulce-Paß zwischen Naranjo- und Catarina-Tal.)

Wo die Flüsse in ihren aufgehäuften Schottermassen fließen, sind sie während des „estiaje" (Zeit der Trockenheit und des niedrigsten Wasserstandes von November bis April) fast überall passierbar. Selbst kleine, in der Trockenzeit kaum 30 cm tiefe Gebirgsflüsse können in der Regenzeit aber bestenfalls noch zu Pferd, nicht aber mehr im Auto oder zu Fuß

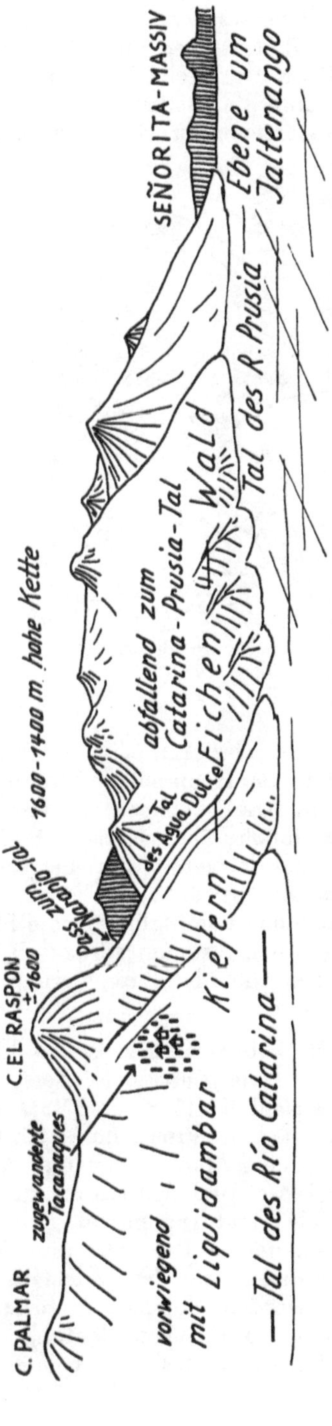

Figur 41 Blick vom SE-Hang des Catarina-Tales am Fuß des Pico de Loro nach NNW. 1. 3. 1958

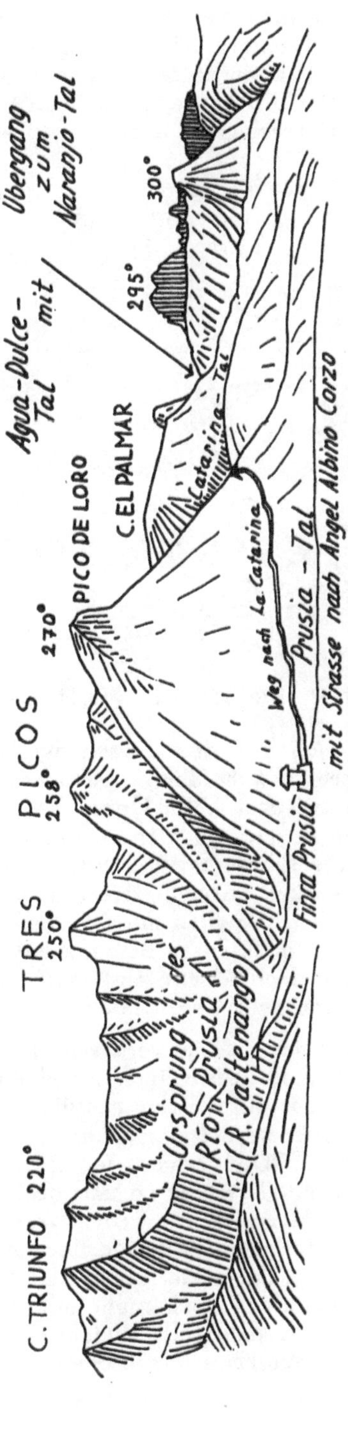

Figur 44 Blick vom E-Hang oberhalb der Finca Prusia in etwa 1250 m Höhe über das Prusia-Tal Richtung SW bis NW. 2. 3. 1958

überschritten werden. Die Finca Custepec z. B. ist während der Hauptregenzeit auf Flugverkehr angewiesen, weil der R. Custepec und die übrigen im Verlauf der Zufahrtstraße liegenden Flüsse dann hohe Wildfluten führen. Wo Brücken angelegt worden waren, sind sie in den meisten Fällen durch „crecientes" (Hochfluten) wieder zerstört worden. Hier und da hilft

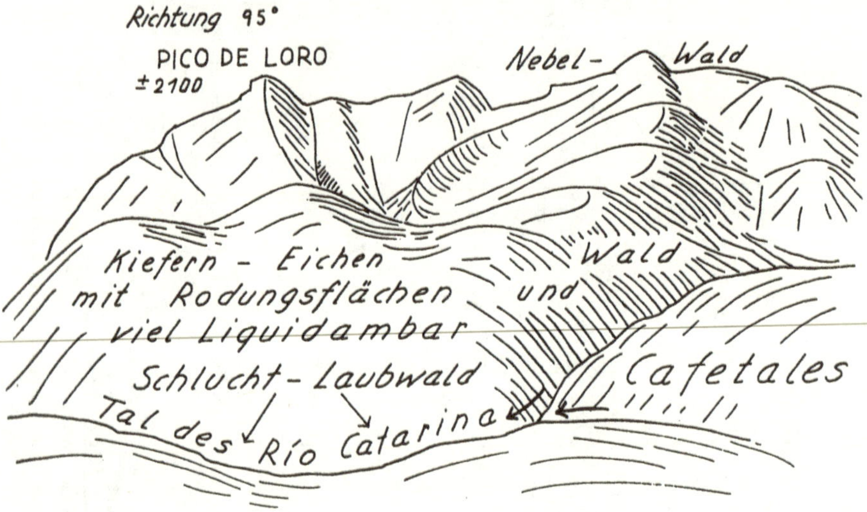

Figur 42 Die Tres Picos von Finca La Catarina, von NW aus gesehen. 28. 2. 1958

man sich für den Personenverkehr mit Hängebrücken (hamacas) oder kleinen Schwebefähren (garruchas). Im Verlauf der Hauptautoverbindungen, etwa zwischen Villa Flores, Villa Corzo und Arriaga, bauen die Straßenämter neuerdings nicht mehr, wie früher üblich, über schmale Flußabschnitte führende Pfeilerbrücken weil diese bei der gerade dort herrschenden starken Strömung stets gefährdet sind, sondern an besonders breiten und flachen Stellen massive niedere Betondämme unmittelbar in die Flußbetten hinein. Diese Betonmauern schwächen den Strömungsdruck ab und können noch bei einigem Wasserstand von den Autos befahren werden. Der Fluß und sein Geröll können dennoch passieren.

Hier im Gebirge verwischt sich der große Unterschied zwischen Trokkenzeit und Regenzeit. Selten bleibt ein Monat ohne jeglichen Niederschlag. Waibel, auf dessen ausführliches Klima-Kapitel (1933, S. 37-55) hier verwiesen werden muß, führt (auf S. 45) für die Finca Prusia im 12 jährigen Mittel für Dez. 22 mm, Jan. 24 mm, Febr. 14 mm, März 27 mm und April 20 mm Niederschlag an und hebt die dem Passat und den Nortes zu verdankende zusätzliche Feuchtigkeit durch Nebel und Tau hervor. Die eindeutig feststellbare Bemoosung der Bergwaldbäume auf der Ost- und Nordseite zeigt dabei klar die Herkunft der Hauptregen mit den „alisios", den Passatwinden. Doch nicht alle Abschnitte werden gleichmäßig bedacht; am besten jedenfalls diejenigen, die in der Nordostpassatrichtung dem großen Wolkenpaß zwischen den Altos Cuchumatanes von Guatemala und dem Hochland von San Cristóbal gegenüber liegen, das heißt: nach N hin nicht wesentlich über das Custepec-Tal hinaus. Lokal sind hier Unterschiede jedoch je nach Lage noch beträchtlich. Wagner (und Stresemann, 1950) zeigten es an einer sehr interessanten Gegenüberstellung der nur 7 km Luftlinie auseinanderliegenden Fincas Prusia und Liquidámbar im Prusia- und Limón-Tal (s. Fig. 37 und 15).

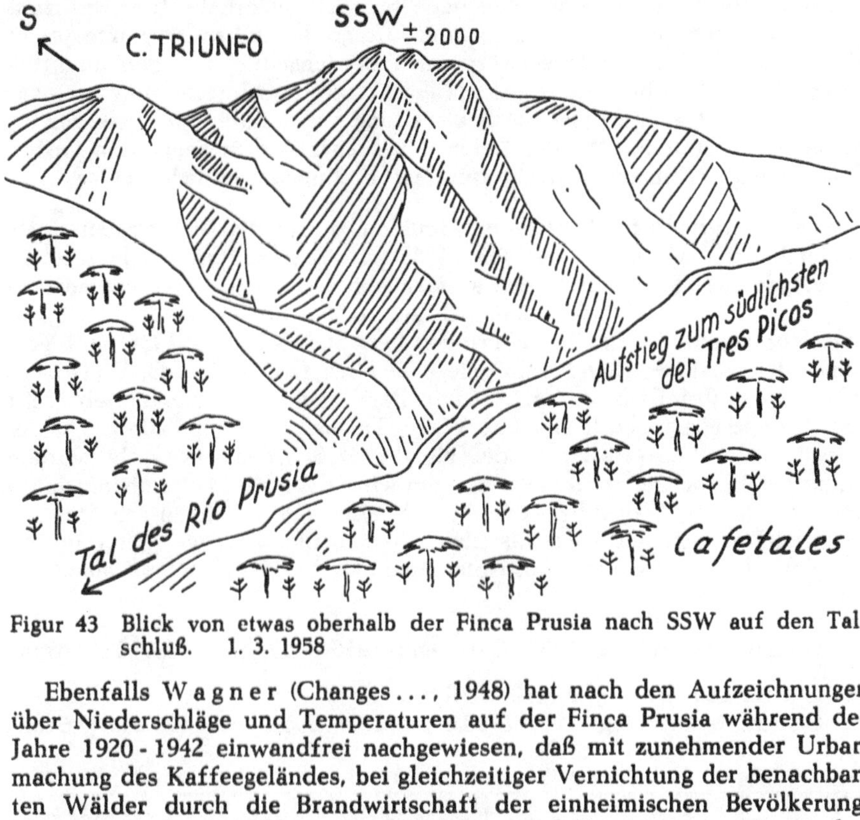

Figur 43 Blick von etwas oberhalb der Finca Prusia nach SSW auf den Talschluß. 1. 3. 1958

Ebenfalls Wagner (Changes ..., 1948) hat nach den Aufzeichnungen über Niederschläge und Temperaturen auf der Finca Prusia während der Jahre 1920 - 1942 einwandfrei nachgewiesen, daß mit zunehmender Urbarmachung des Kaffeegeländes, bei gleichzeitiger Vernichtung der benachbarten Wälder durch die Brandwirtschaft der einheimischen Bevölkerung, Temperatur, Niederschlag, Wasserführung und Ernteertrag ungünstig be-

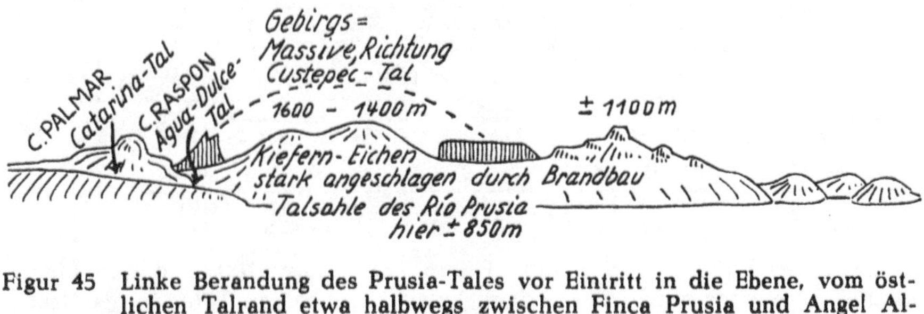

Figur 45 Linke Berandung des Prusia-Tales vor Eintritt in die Ebene, vom östlichen Talrand etwa halbwegs zwischen Finca Prusia und Angel Albino Corzo gesehen. 4. 3. 1958

einflußt werden (vergl. im Abschnitt „Vegetation" auf S. 56). Ein Vergleich über 12 Messtage im Mai 1942 zwischen dem weithin unter Bewirtschaftung genommenen Prusia-Tal und dem noch bewaldeten eng benachbarten Catarina-Tal ergab für das erstere um 10 und mehr Grad höher liegende Temperaturen bei gleicher Meereshöhe (S. 592)! Während anfangs die deutschen Kaffeepflanzer die durch die unkontrollierte Brandwirtschaft entstehenden riesigen Flächenbrände noch bis weit außerhalb ihrer Besitzungen bekämpften, mußten sie sich später infolge der sinkenden Kaffeepreise (1936) und dadurch knapper werdenden Betriebsmittel auf den unmittelbaren Schutz ihres Eigentums beschränken. Nach ihrer Internierung im Jahre 1942 unterblieb nahezu jegliche Bekämpfung der Brände, und viele der bis dahin noch geretteten Wälder fielen nun ebenfalls dem Feuer zum Opfer. Fortwährende Klimaverschlechterung ist die unausbleibliche Folge.

Hier seien noch für Prusia und Liquidámbar für die Hauptregenmonate September und Oktober (des Jahres 1955) die Tagesziffern wiedergegeben. Sie zeigen äußerst drastisch, daß an manchen Tagen die eine Finca sozusagen ertrank, während die andere nahezu trocken blieb. Von der Heftigkeit einzelner Regenfälle und Regenperioden berichtete Mitte Juli 1958 der Eigentümer der wenig westlich Prusia gelegenen Finca La Catarina, D. Valentin Plettner, (brieflich an Verf.): „Die Regenzeit hat in diesem Jahr sehr heftig eingesetzt, überall sind die Wege, Tomas und auch Teile der Cafetales ins Rutschen geraten, so daß ziemlicher Schaden verursacht worden ist und wohl noch mehr zu erwarten sein wird, denn die Hauptniederschläge kommen ja im September - Oktober. Neulich hatte ich in 30 Stunden ununterbrochenen Regens etwas über 300 mm, und 20 Tage später in 1 1/2 Stunden 105 mm, also wahre Sintfluten; und das bei dem steilen Gelände.."

I) Prusia, gut 1000 m Höhe,
Gesamtniederschlag 1955: 3276,7 mm; 1956: 3049,6 mm; 1957: 2222,6 mm.

II) Liquidámbar, gut 1110 m Höhe,
Gesamtniederschlag 1955: 2919,0 mm; 1956: 2965,0 mm; 1957: 2241,5 mm.

Sept.	1	2	3	4	5	6	7	8	9	10	11	12	13	14	15	16	17	18
I)	2,6	15,0	103,4	0,0	0,7	2,4	4,5	5,8	0,0	8,0	13,5	29,9	21,1	8,3	13,0	23,3	11,5	0,0
II)	2,5	52,0	10,0	2,0	2,5	2,5	7,0	3,0	0,0	12,0	29,0	33,0	6,0	6,0	9,0	14,0	3,0	0,0

	19	20	21	22	23	24	25	26	27	28	29	30	total
I)	0,0	0,0	12,5	4,5	6,7	1,6	6,3	22,6	11,6	16,3	7,6	0,5	353,2
II)	0,0	–	0,0	32,0	2,0	4,0	5,0	3,0	11,0	13,0	0,0	3,0	266,5

Okt.	1	2	3	4	5	6	7	8	9	10	11	12	13	14	15	16	17	18
I)	3,2	0,0	0,0	9,9	0,0	0,0	–	45,0	4,5	–	–	6,0	0,0	0,0	0,0	3,0	22,5	0,0
II)	15,0	5,0	122,0	0,0	0,0	35,5	48,5	25,0	20,0	41,0	41,0	44,0	16,5	24,5	155,5	34,5	73,5	2,0

	19	20	21	22	23	24	25	26	27	28	29	30	31	total
I)	0,0	0,0	0,0	0,0	1,7	0,0	1,0	0,6	1,7	15,5	–	4,5	0,0	119,1
II)	18,0	33,0	1,0	0,0	1,0	5,0	83,0	17,0	23,5	34,5	5,0	24,5	23,0	972,0

Zum Vergleich: Angel Albino Corzo, auf knapp 700 m in den Llanos wenige Kilometer nördlich vor dem Austritt der beiden Täler in die Ebene, erhielt im Sept. und Okt. zusammen nur 294 mm. Immerhin verzeichnete es in der 9 jährigen Messperiode von 1945 bis 1953 ein Maximaljahr (1953) mit 2586 mm, als Minimum (1951): 1543 mm. Im höheren NW des Gebirges fehlen Meßstationen. Nach dorthin nehmen im Lee der hohen und breiten Mauer des Hochlandes von San Cristóbal mit seinen aufgesetzten noch höheren vulkanischen Massiven die Niederschläge rasch ab. Um das zu demonstrieren, kann nur auf das Material von Villa Flores, auf gut 700 m im Vorland gelegen, zurückgegriffen werden. Das Städtchen empfing in den Jahren 1955 - 1957: 1409 mm, 1546 mm und 1006 mm, also kaum die Minima von A. Alb. Corzo. Ähnlich werden nach NW hin auch im Gebirge selbst die Niederschläge abnehmen. Nach dem Vergleich von Prusia und Liquidámbar mit A. Alb. Corzo wird man jedoch sagen können, daß im Gebirge schon in 1000 m Höhe etwa 1000 mm mehr fallen als im ± 700 m hohen Vorland. Absolut niederschlagsfreie Monate – A. Alb. Corzo durchschnittlich 2, Villa Flores 3 – dürften auch dort fehlen. Nur wenig niedriger dagegen liegen die Jahresmitteltemperaturen von 20 - 22° auf Prusia und Liquidámbar gegen 23 - 24° in A. Alb. Corzo (bei allerdings absolutem Maximum in letztgenanntem Ort von 52° im Februar 1948 und Minimum von 9° im März 1949), und 23,5 - 25° in Villa Flores.

Bis auf mindestens 800 m, in manchen Fällen bis rund 900 m Meereshöhe zieht sich von den Llanos her unter den Einwirkungen der Heißluft aus dem Valle Central die Trockenbuschvegetation mit typischen Vertretern wie Pito, Pumpum flor, Lantá, Ceiba und diversen Mimosaceae in den Gebirgstälern aufwärts. Über ihr folgt hier als typische Sierra-Randformation halbtrockener bzw. wechselgrüner Berglaubwald. Der Trockenwald geht von den Talsohlen aus mit auffälligen Vertretern der Baumflora wie dem rosa-violett blühenden Llaite (madre cacao), dem Guanacaste und der Manaca - Palme, Matilisguate und Palo corcho (oder marquesote) sowie mit der Siquinai-Staude in diesen Wald über.

In diesem wechselgrünen Bergwald dominiert als Charakterbaum der schlanke Liquidámbar; er wurde vom oberen Custepec-Tal bis zum mittleren Nicolás-Tal hin angetroffen, Ende Februar bis März im schönen Schmuck seines junggrünen, Zwergahornblättern ähnelnden Laubes, während andere Baumarten noch völlig kahl, wieder andere bereits völlig belaubt waren. In diesem gleichen Abschnitt wurde auch die nahezu stammlose hartblättrige Espadaña-Palme (auch Washington-Palme genannt) bis zum feuchten Bergwald hinauf und auch in den Kiefernbeständen beobachtet. Gelegentlich, so im Catarina-Tal, fand sich innerhalb dieser halbtrockenen Pflanzengesellschaft, ebenfalls sehr auffällig, ein hellrindiger, am Stamm stark und spitz bedornter kleiner eschenblättriger Baum (palito de cacho), der botanisch leider nicht ermittelt werden konnte. Im Bodenbewuchs sind besonders reichlich purpurrote, sehr viel seltener dottergelbe Wild-Hibiskus (tulipan silvestre) und leuchtend goldgelb blühende Jacobina anwesend.

Der Schluchtwald innerhalb dieser Zone ähnelt im Aussehen, nicht immer in den einzelnen Arten, bereits durchaus dem höher gelegenen feuchten Bergwald. Neben viel Amate, Guarumbo, fünfnervigen Melastomen, borkigen, schlanken, hellrindigen Álamo-Pappeln, Castaño, Cedro, Mezcal (baqueta) und einer Fülle anderer Laubbäume beherbergt er Pacaya-Palme und Carrizo-Rohr, Platanillo-Stauden teils mit dunkelroten hängenden, teils mit aufrecht stehenden gelbroten Blüten, Riesenbegonien, Quequeshte, Conte (Anthurium), Caña de Cristo und Massen anderer Stauden, dazu Lianen, Stammhafter, Baumkletterer, auch epiphytische Kakteen und andere Aufsitzer in dichten Mengen, unter den Orchideen hier besonders Oncidium-Arten. Nicht ersichtlich ist, warum Baumfarne innerhalb dieser Formation nur sehr lokal auftreten; nordwärts wurden sie nur bis zu linken Nebentälern des Catarina-Flusses, nicht aber mehr im Naranjo- und Custepec-Tal gesehen. Dort fehlten auch jegliche Zapotes. Umgekehrt war der riesige Guayabo volador dort vertreten, während er nach S hin aufhörte, obwohl er gerade im S auf der pazifischen Seite der Sierra einer der Leitbäume im Feuchtwald ist. Álamo, ohnehin stets nur in den untersten Feuchtabschnitten der Schluchten, nicht aber an den höheren Hängen, ist z.B. im Custepec-Tal sehr häufig; in den nur wenige Kilometer entfernten Wäldern des eher noch feuchteren Gado(w)Tales dagegen tritt er nicht auf. Nach SE zu wurde Álamo nur bis zum Guerrero-Tal (Siltepec) hin beobachtet.

Die Kiefern-Eichen-Zone fehlt hier an der Binnenabdachung der Sierra nirgends, bildet aber keineswegs einen zusammenhängenden Gürtel. Im allgemeinen setzt sie bei 800 m oder wenig darüber ein, doch beschränkt sie sich entweder auf die durchlässigsten Böden oder die trockeneren Hanglagen. An der Cordillera Las Nubes zwischen Limón- und Nicolás-Tal z.B. bildet sie auf der feuchten Nordseite einen nur schmalen Streifen bis ± 900 m hinauf. Im Lee des Passats auf der Südseite dagegen macht sie erst in 1800 m Höhe, also in der feuchten Wolkenzone, dem Berg- und Nebelwald Platz. Die Südseite des quer im Custepec-Tal stehenden, ± 1600 m hohen Cerro Azul trägt bis zum Kamm Kiefern-Eichenwald; im Lee dieses Bergstockes beherrscht er auch die von ihm über das Quellgebiet des Río Cabañas und Río Cedral zum Cerro Venado hinziehenden Rücken. An der den Regen stärker ausgesetzten gegenüberliegenden Seite des Tales an den Hängen des C. Quetzal dagegen sind, ebenso wie am voll in Luv gelegenen C. Venado, den bereits auf Talniveau einsetzenden üppigen Berglaubwäldern nur vereinzelt Kiefern eingemischt. Im feuchten Gado(w)-Tal tragen nur einzelne, mit sehr grusigen, leichten Böden ausgestattete Hänge Kiefern-Eichen-Wald. Wo er bis über ± 1550 m Höhe ansteigt, gesellt sich ihm auch hier, genau wie in den Pinares des Mesa-Blockes, die Madrón-Ericacea zu.

Unter den Eichen ist neben den großblättrigen Robles der gezacktblättrige Chicharro sehr häufig. Gleich dem Liquidámbar trieben auch die Eichen im Februar / März allenthalben junges Laub, ebenso Álamo und Mezcal. Zur gleichen Zeit warfen die Kiefern große Mengen ihrer braungewordenen, handlangen fünfnadeligen Büschel ab. Sie bedeckten in dichten Lagen den Waldboden. Hauptsächlich um sie zu beseitigen wird von den Viehhaltern gebrannt, weil sie das Aufkommen des Grases behindern. Gerade die

Kiefernwälder sind aber hier im Gebirge neben dem „guatal", dem verlassenen Milpa-Gelände, die einzige Weidemöglichkeit für das Vieh der Bergbauern.

Früher soll die Sierra im Bereich des kristallinen Kettengebirges kaum bewohnt gewesen sein. Die deutschen Kaffeepflanzer, die ab 1910 herüberkamen, fanden sie jedenfalls weithin leer und erst sie gaben vielen Bergen, Flüssen usw. ihre Namen. In jüngerer Zeit kommen aus den Vorhügeln und Llanos unaufhaltsam Siedler in den Tälern aufwärts und besetzen sie mit Colonias, Rancherías und Ranchos, mitunter sogar dort, wo sie bereits von den Kaffeebetrieben bewirtschaftet werden. Sie arbeiten auf der ausschließlichen Grundlage rücksichtslosen Brandbaues und sind in vielen Fällen bereits über die Kiefernzone bis in die immergrünen Bergwälder hinauf vorgedrungen. Große Bestände sind gerade hier Axt und Feuer zum Opfer gefallen. Daneben geht die Bevölkerung vor allem auf die Erlangung von Kienholz für Beleuchtungs- und Küchenzwecke aus. (Vielleicht ist die Kiefer überhaupt nur um der Kienspäne halber von allerersten Zuwanderern aus dem Norden Amerikas bis weit in die ihr garnicht gemäßen Tropengebiete Zentralamerikas mitgeführt und auf diese Weise verbreitet worden?) Ihrethalben wird jeder, auch der königlichste Baum angeschlagen und der Vernichtung preisgegeben. Wo immer man wandert, gefällte oder zusammengebrochene, im Feuer gestürzte Bäume kennzeichnen das kurzsichtige Werk des Menschen. Wie war doch in einer volkstümlichen Beschreibung von Chiapas z. B. über das Custepec-Tal (Tal des gelben Berges) zu lesen?: „Hermosísimo y dilatado valle de los distritos de Chiapa y La Libertad. Cuenta con tierras maravillosas y vistas panorámicas de hermosura imponderable": „Das schönste und weit ausgedehnte Tal der Distrikte Chiapa und La Libertad. Es besitzt wunderbare Ländereien und Landschaftsbilder von unvergleichlicher Schönheit."

Man könnte sich ähnlich begeistert über manches andere Tal der Sierra äußern. Doch wenn die Zerstörung hemmungslos weitergeht, werden solche Beurteilungen bald nur noch historischen Wert besitzen.

2. Die Blockmassive im Südosten

(Hierzu Figuren 46 – 51)

Der Übergang von den kristallinen Ketten am Binnenrand der nordwestlichen Sierra Madre zu den mehr in die Breite gehenden, zum großen Teil von alten Sedimentdecken gebildeten Blöcken seines Südostteiles vollzieht sich in der Höhe des Nicolás-Tales (Fig. 46-48). Zwischen ihm und dem Limón-(Liquidámbar)-Tal überquert man noch stark verwitterte Granite, Amphibole, Hornblendeporphyrit und Quarzit mit gelben Lehmböden. Östlich von ihm trifft man lehmige bis sandige Rotböden an und es mehren sich, zunächst vorwiegend im Sandstein, breite Kämme und tafelförmige Konturen in waagerechten und schwach geneigten Lagen, so vor allem am Independencia-, Delicias- und Honduras-Tal nebst ihren Quertälern. Beste Beispiele für horizontal gelagerte, durch die Flüsse herausgeschnittene

Sandsteintafelblöcke einer Sächsischen-Schweiz-Landschaft sind die durch das Delicias-Tal jäh zerspaltenen Massive des C. Taraya und C. La Garafa (vergl. Fig. 48) sowie die „Rosarito" genannten nördlichen Ausläufer des C. Cruz de la Piedra. [19])

Vielfach überschreitet man mehr oder minder breite, von Quellbächen zerschnittene Plateaus und leicht eingemuldete Hochkessel zwischen den tief eingefurchten, von Terrassen begleiteten Flußtälern. Gelegentlich eingeschobene rote Letten – z.B. Plateau von Honduras, Taraya-Tal –, in tieferen Lagen auch rote Tonschiefer und rötliche Konglomerate rufen zusammen mit den roten Sandsteinen und ihren ebensolchen Verwitterungsböden eine ausgesprochene Rotfärbung dieser Landschaft hervor. Daß unter ihnen die gleichen Gesteine wie im NW der Sierra das Liegende bilden, beweisen die an den unteren Talhängen aufgeschnittenen, in den Flußschottern massenhaft vertretenen und gegen die Hauptwasserscheide hin vorherrschenden Tiefengesteine und metamorphen Gesteine. Kalkstein wurde in diesem Abschnitt weder anstehend noch im Geröll wahrgenommen.

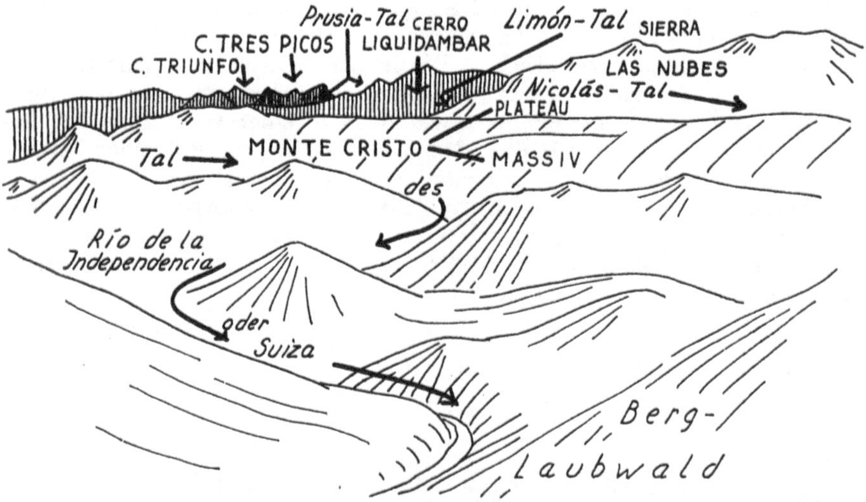

Figur 46 Blick von der Paßhöhe zwischen Las Delicias und Nueva Independencia nach W und SW; gegenüber das Monte-Cristo-Plateau, hinter diesem das obere Nicolás-Tal aufwärts Richtung C. Triunfo. Hinter dem Tal in Staffeln die Massive Las Nubes, C. Liquidámbar und Tres Picos. 21. 3. 1958

Im kleinen Kessel von Galeana halbwegs zwischen Honduras- und Guerrero (Siltepec)-Tal überquert man dann neben rotem Sandstein und Letten zum ersten Male Kalksandstein. Jenseits trifft man auf ein sehr bewegtes, leuchtend rotes Hügelland und passiert zum R. Guerrero abwärts

19) Waibel (1933, S. 80) bezeichnet Taraya, Garafa und Cruz de la Piedra allerdings als „massige Kalkklötze". Unter seinen Gesteinsproben führt er jedoch, Nr. 56 S. 160, nur einen „feinkörnigen, roten, muskowitführenden Sandstein" vom SE-Hang des Cruz de la Piedra an, den Verf. nicht passiert hat. Verf. sind in diesem Abschnitt, weder anstehend noch im Geröll, Kalke bekannt geworden.

wiederum rote Letten und rote Arkosen. Jenseits steigt man nach Überwindung der Schotter dieses Flusses und einer unteren 30 m-Terrasse in der gleichen Schichtenfolge steil aufwärts zu einer schmalen, ± 130 m über der Talsohle verlaufenden zweiten Terrasse und noch weitere ± 100 m höher zu einer breiten Verebnungsstufe an dem jäh aufstrebenden Massiv von Las Ventanas nach Siltepec (San Isidro)[20]. Diese Stufe ist bereits reichlich von dunkelgrauen, fossilreichen Kalksteintrümmern überschüttet, und am oberen Stufenrand setzt bei ± 1650 m die Kalksteinkappe massiv ein.

Sie beherrscht nun weiterhin nach Osten bis zum Cuilco-Mazapa-Chimalapa-Tal mit bis auf 3000 m Meereshöhe ansteigenden Decken und Deckenresten in dem gewaltigen, durch tiefe Kerbtäler in einzelne Koffer zerlegten Block von Las Ventanas und Las Tablas, Bella Vista und La Grandeza, Las Chicharras, Monte Ordoñez, Ojo de Agua und Malé sowie weiterhin nach Guatemala hinein in den Cuilco-Ketten der Altos Cuchumatanes das Landschaftsbild. Von den Pässen im N aus sieht man die langen gleichmäßigen Linien dieses umfangreichen Blockes das Blickfeld besäumen (Fig. 49) und von der Ebene her seinen steilen, klotzartigen Anstieg (Fig. 50, 51). Einen einheitlichen Namen für dieses Gebirge kennt die Bevölkerung nicht, vielmehr werden, wie in vielen ähnlichen Fällen, für Einzelabschnitte die Namen der nächstgelegenen größeren Siedlung, oder umgekehrt, verwendet. De la Peña (1951 mehrfach) erfaßt es kurzweg noch mit als „Cuchumatanes", womit die geologische Bezogenheit jedenfalls richtig erfaßt wird. Über genaue Lagerungsverhältnisse und mutmaßliches Alter dieser Kalkdecken und der übrigen Schichtgesteine im SE des Gebirges muß auf die detaillierten Ausführungen und sorgfältigen Überlegungen von Waibel (1933, S. 23 ff) verwiesen werden.

Nach N hin neigt die Kalkdecke sich ununterbrochen bis zum Niveau der Fläche von Chicomuselo (± 600 m) abwärts. Nach S gegen die Hauptwasserscheide der Sierra hin treten große Lücken auf, bis sie schließlich völlig aussetzt. Während z. B. das gesamte Hochland nördlich des C. Malé und dieser selbst noch aus Kalk besteht, bildet wenige Kilometer südlich von ihm die ebensohoch liegende Fläche von El Porvenir (fast 3000 m) bereits der rote Sandstein. Er kommt, einige Male von schwachen Schichten gelber und weißer Letten unterbrochen, auch in der großen Kerbe des Chimalapa- und oberen Cuilco-Tales unter dem Kalk zutage.

Gegen die steilen, oft senkrechten Wände des Kalkes ist der Sandstein an den Talhängen etwas abgeschrägt, aber immer noch reichlich steil abgesetzt. Unterhalb des C. Malé beginnt er bereits auf gut 2500 m Meereshöhe, bildet bei ± 2100 m eine erste schmale, dann bei ± 1600 m eine zweite, breitere Verebnung, nimmt nach der Tiefe zu schiefrige Struktur an und endet mit einer gut 30 m hohen Flußterrasse an den Schottern des R.

20) Der Marsch wurde im März 1958 allerdings in umgekehrter Richtung von Motozintla über Chimalapa und El Porvenir sowie die Täler des Guerrero, Honduras, Delicias, Taraya, Independencia und S. Nicolás nach der Finca Liquidámbar im Limón - Tal durchgeführt.

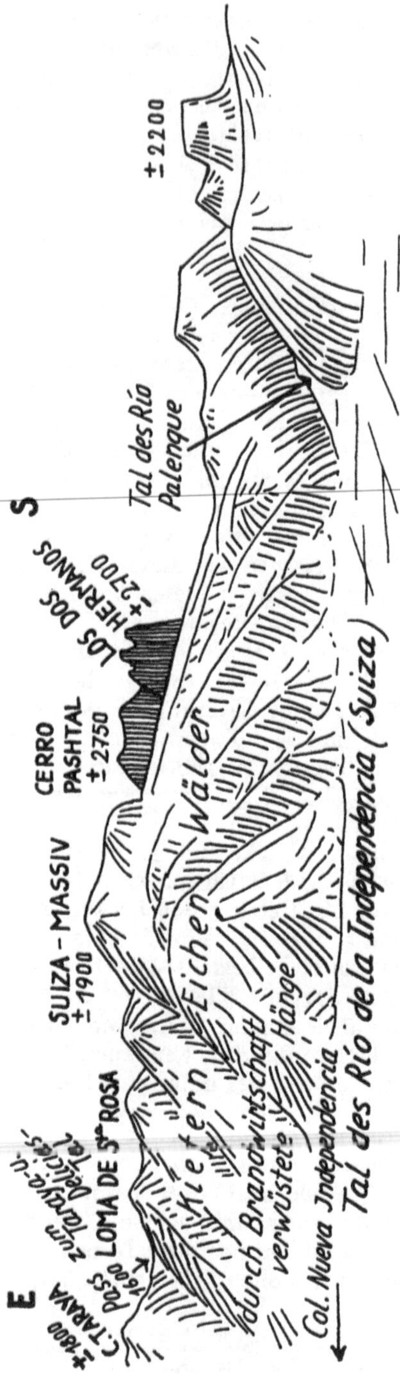

Figur 47 Blick vom Aufstieg nach Monte Cristo rückschauend über das Suiza-Tal. 22. 3. 1958

Chimalapa. Strichweise noch feine, sandige Tonschiefer und Rotkonglomerate, überwiegend aber Granite – teils grünlicher Färbung –, Granodiorite, chloritisierter Quarzit mit viel Erzstaub und metamorphisierte Tiefengesteine bauen den tieferen Untergrund auf. An einigen Stellen (s. Fig. 55) sind zeitweise die in ihnen enthaltenen kleinen Vorkommen von Blei, Silber, Kupfer, Zink, Titan und Antimon abgebaut worden. Komplizierter sind die Lagerungsverhältnisse am firstartig geschwungenen Cerro Caballete (Dachfirst) zwischen Chimalapa- und Motozintla-Tal. Dort steht im oberen Teil roter Granit, auf der SE-Seite auch etwas Glimmerschiefer an, während unten gegen das Chimalapa-Tal hin rote Sandsteine und Konglomerate ausstreichen. Hierzu würde Sappers (1899, S. 23) Hypothese harmonieren, daß die Granitergüsse, die zum guten Teil die Sierra Madre aufgebaut haben, jünger sind als das paläozoische Gebirge.

Die zentralen Kämme der Hauptwasserscheide bilden in diesem Abschnitt bis nach Guatemala hin Diorite und Glimmerschiefer, Gneis, metamorpher Granit und Quarzit. Vom Vulkankomplex des Soconusco[21]) reichen im Bereich von Niquivil auf der Wasserscheide zwischen R. Huixtla und R. Mazapa noch geringe Mengen von andesitischen Effusiva, teils zu tuffigem Sandstein verfestigt, herüber. Sie bilden schwere Bunttone; oft liegen in engster Folge auf wenigen Quadratmetern gelbe, rote, grüne, violette und fleischfarbene Böden, dazwischen gelbe und graue kaum verwitterte Tuffe. Diese andesitischen Massen reichen etwa bis zur Höhe des Dorfes Oriente, dann setzen die alten Gesteine ein, im nassen Klima der Höhen tief verwittert zu gelbem Lehm, in dem nur noch die Quarzbänder gut erhalten geblieben sind. – Der Cerro Campana unmittelbar über dem Ort Motozintla besteht aus einem schlackigen Andesitgestein; möglicherweise ist er ein kleiner, bisher als solcher nicht erkannter Vulkan. Eine prähistorische Erdpyramide und Kultstätte auf seiner Höhe könnte hierfür sprechen.

Kristalline Gesteine, wie pegmatitischer Granit, Amphibolit und Chloritgneis, unterbrochen von metasomatisch veränderten, stark calzitisierten Eruptivgesteinen (wahrscheinlich Andesiten, so um Mazapa, ferner im NW von Amatenango de la Frontera und gegenüber der Río-Blanco-Mündung), die oft plattig zerklüftet sind und manchmal geradezu „geschichtet" wirken, treten auch weiter abwärts im Motozintla-Mazapa-Cuilco-Tal bis 6 km unterhalb von Amatenango de la Frontera an den unteren Hängen, oberhalb der bis etwa 40 m hoch aufgeschütteten Talschotter, noch an die Oberfläche. Dann schneiden Sandsteine sie von den beiden Talseiten her ab. Fallwinkel von horizontal bis fast saiger folgen aufeinander. Zunächst sind es hellgraue grobkörnige Quarzsandsteine, anschließend homogener werdende rote Sandsteine, die mitunter auch in grünliche Farben überspielen. Sie spalten gern in kegel- und pyramidenförmigen Schalen, diese können flüchtig fast mit Faustkeilen verwechselt werden. Schon vor der Einmündung des Río Blanco beginnen – genau wie im Siltepec-Tal an den Ventanas – kleine und große, oft hausgroße Kalkgerölle von den Höhen her diese Sandsteine zu überdecken. In den Teilmassiven von Ojo de Agua

21) Näheres hierüber u. a. bei Helbig: Die Landschaft Soconusco...

und Las Chicharras auf der linken Talseite und den Cuilco-Ketten Guatemalas steigen die Kalke schroff mit vielen mauerartigen Abstürzen mindestens 1800 wenn nicht 2000 m über Talsohlenniveau (± 750 m) auf.

Wenig südlich des Pacayalito-Flußes (La Nueva) bauen alte Kalke dann auch das niedrigere und sehr zerstückelte Bergland um Pacayal und Comalapa auf (siehe im folgenden Kapitel). Sie bleiben weiterhin bis ins Valle Central bei und schließen dort an die Kreidekalke an. Nordwestwärts bilden sie bis gegen Chicomuselo hin den steilen Rand der Sierra. Oft recht bizarre Einzelschollen, wie der mächtige „Schiffsbug" des C. El Cofre (der Koffer) wenige Kilometer SE von Chicomuselo, liegen inselförmig vor dem Hauptblock bereits innerhalb der Zentralen Depression. In den wuchtigen Rand- und Vormassiven des C. (Unión) Buenavista, C. La Gloria usw. setzen dann wieder Sandsteine (mit oder ohne Kalkkappen?) ein. Sie verwehren den aus dem inneren Teil der Sierra herauskommenden Flüssen den geradlinigen Lauf zum Río Grijalva und verursachen ihre Vereinigung zum quergerichteten Río Yayagüita (vergl. Fig. 48/49 mit dem Beispiel des R. Delicias).

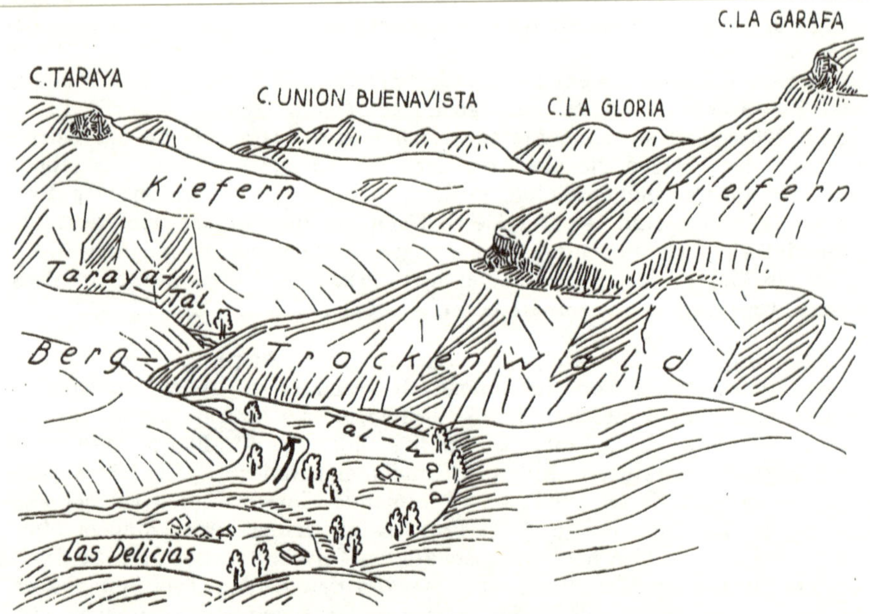

Figur 48 Durchbruch des Río Delicias nach Norden zwischen Cerro La Garafa rechts und C. Taraya links. Vor dem Massiv der Unión Buena Vista, hinten links, wendet sich der Fluß unter dem Namen R. Yayagüita ostwärts Richtung Chicomuselo. 21. 3. 1958

Auch in diesem letztgenannten Abschnitt sind Erze gefunden worden. Am Monte Sinaí, einem Teilstück des Buenavista-Massivs, wurde im Jahre 1958 unfern der großen, an 700 Einwohner zählenden Colonia San José Monte Sinaí Blei-Antimonglanz mit etwas Silbergehalt gefördert (Unternehmer D. Juan F. Gaviño Mecort).

Die isolierten Andesit-Kristalltuffe und Andesitgesteine der Hochfläche von Monte Cristo wurden im vorigen Abschnitt bereits erwähnt. Junge, kaum verwitterte Bimssande und Aschen in kleinen Decken und Restnestern, wahrscheinlich vom Ausbruch des Santa María im Jahre 1902 (z.T. vielleicht auch von der Explosion des Coseguina im Januar 1835?) nehmen

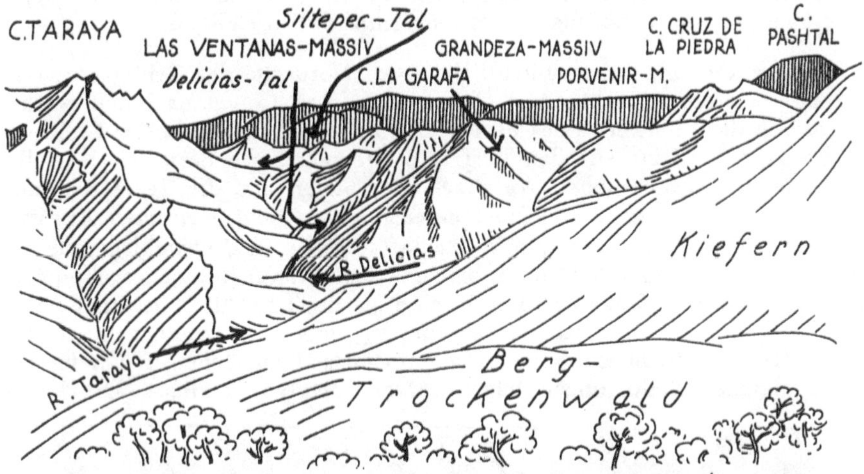

Figur 49 Blick von der Paßhöhe zwischen Delicias- und Independencia-(Suiza)-Tal Richtung E und SE. Ganz links C. Taraya, dann Durchbruchstal des R. Delicias um das im Mittelgrund stehende Garafa - Massiv. Auf diesem etwas rechts der Bildmitte Übergang zum Dorf und Tal von Honduras. Rechts C. Cruz de la Piedra und ganz rechts noch hinter diesem der C. Pashtal auf der Hauptwasserscheide der Sierra Madre. Im Hintergrund quer das Massiv von Porvenir, La Grandeza, Las Ventanas mit Siltepec, vor ihm das Guerrero-(Siltepec-) Tal links in Richtung auf Chicomuselo zustrebend. Dort wird noch ein Teil des C. La Gloria sichtbar. 21. 3. 1958

nach E hin zu. Sie liegen sowohl auf den Hochflächen und Hängen als auch zusammengeschwemmt in den Tälern, reichlich z. B. im Siltepec-Tal. Zwischen den Schottern und in den Hangnischen des Cuilco-Tales sieht man sie in Lagen bis zu 10 m Mächtigkeit. W a i b e l s Proben von ihnen (1933, S. 162, Nr. 75-77) ergaben andesitischen Charakter.

Westlich des Siltepec-Tales liegt also hauptsächlich kalkfreies Gebirge mit viel Sandstein vor, östlich von ihm solches mit Kalkdecken. Zu den Plateaus und breiten Kämmen des Sandsteingebirges gesellen sich nur wenige, wahrscheinlich tektonisch geformte Hochkessel. W a i b e l (S. 80) hält das ringsum von hohen Bergen umgebene, 1200-1300 m hohe Plateau von Monte Cristo für einen solchen. Das gleiche könnte für den 1100-1200 m hoch gelegenen, 3-4 km breiten, von Bergreihen bis 1700 m Höhe umgebenen Talkessel von Galeana zutreffen. Die vier oder fünf in ihm zur Entwicklung kommenden Bäche vereinigen zich zu einem schmalen schluchtartigen Durchbruch im NNE des Kessels. Die nur von niedrigen

Höhen umrandete kleine Hochfläche von El Porvenir dürfte durch Quellerosion in den roten Sandsteinen eingemuldet sein. Auf ihrem anmoorigen Boden sammeln sich einige Anfangsbäche des Arroyo San Angel, der später zusammen mit dem Guerrero (Siltepec, San Isidro) und Honduras (San Domingo) den Río Tachinula bildet. Stets sind die Talsohlen in den Sandsteinen und Letten breit genug für Siedlungen, Verkehrswege, Anbau und Viehhaltung (vergl. Fig. 48 mit Sohlental des R. Delicias).

Ganz anders im Kalk, namentlich an der Nordseite des Gebirges, wo er bis in die großen Flächen von Chicomuselo und Comalapa hinab reicht. „Wie von dem Schwert eines Riesen bis in das tiefste Innere des Gebirges aufgespalten" wirkte auf den Verf. z. B. die schmale Scharte des R. Bella Vista beim beschwerlichen Aufstieg. Hier bieten nur die Terrassen und Hangstufen, mehr noch die Hochplateaus selber dem Menschen Ansätze für seine Niederlassungen und Wirtschaftsformen. Und obwohl gerade sie mit ihren Höhen über 2000 m, ja, bis zu 3000 m hinauf in einem nassen und kühlen tropischen Bergklima liegen, sind sie doch reichlich besiedelt worden, anfangs von indianischen Bevölkerungselementen (hauptsächlich Mames), die auf den benachbarten Cuchumatanes-Hochflächen in Guatemala unter gleichen Bedingungen leben, später auch von Ladinos. Die Kalk-

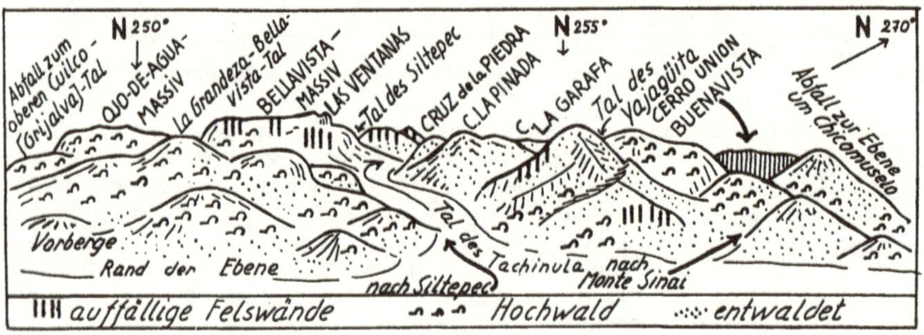

Figur 50 Blick von der Plaza in Chicomuselo nach NW auf die Sierra. 20. 12. 1958

flächen selbst, besonders die Unmasse der in sie eingehöhlten, geschützten und mit guter Schwarzerde versehenen Dolinen boten beste Möglichkeiten für Mais-, Weizen- und Gerste-, Kartoffel-, Gemüse- und Obstanbau. Hier gehören Kohl und Erbsen, Vizebohnen („haba": Vici faba), Zwiebeln, Radies und Kürbisse, Pfirsiche, Äpfel und Passiflorafrüchte (granadillas) zur üblichen Beikost, wenn auch nirgends etwa in Großanbau, sondern nur auf Zwergfeldern erzeugt. Daneben hat sich auf den rauhen Höhen besonders die Schaf- und Ziegenhaltung verbreitet. Sie hat über weite Strecken eine charakteristische Grasbüschel-Triftenlandschaft hervorgerufen.

Ebenso charakteristisch ist für die Höhen die Streu- und Einzelsiedlung. Jede kleine Hohlform ist ein abgeschlossenes Reich für eine bäuerliche Familie. Die aus Kiefern-, Tannen- oder Eichenbrettern bzw. aus Knüppelwerk mit Lehmbewurf (bajareque) und Kiefernschindeldächern (tejamanil) gefügten Hütten liegen geduckt, verwittert und verborgen in der Tiefe der

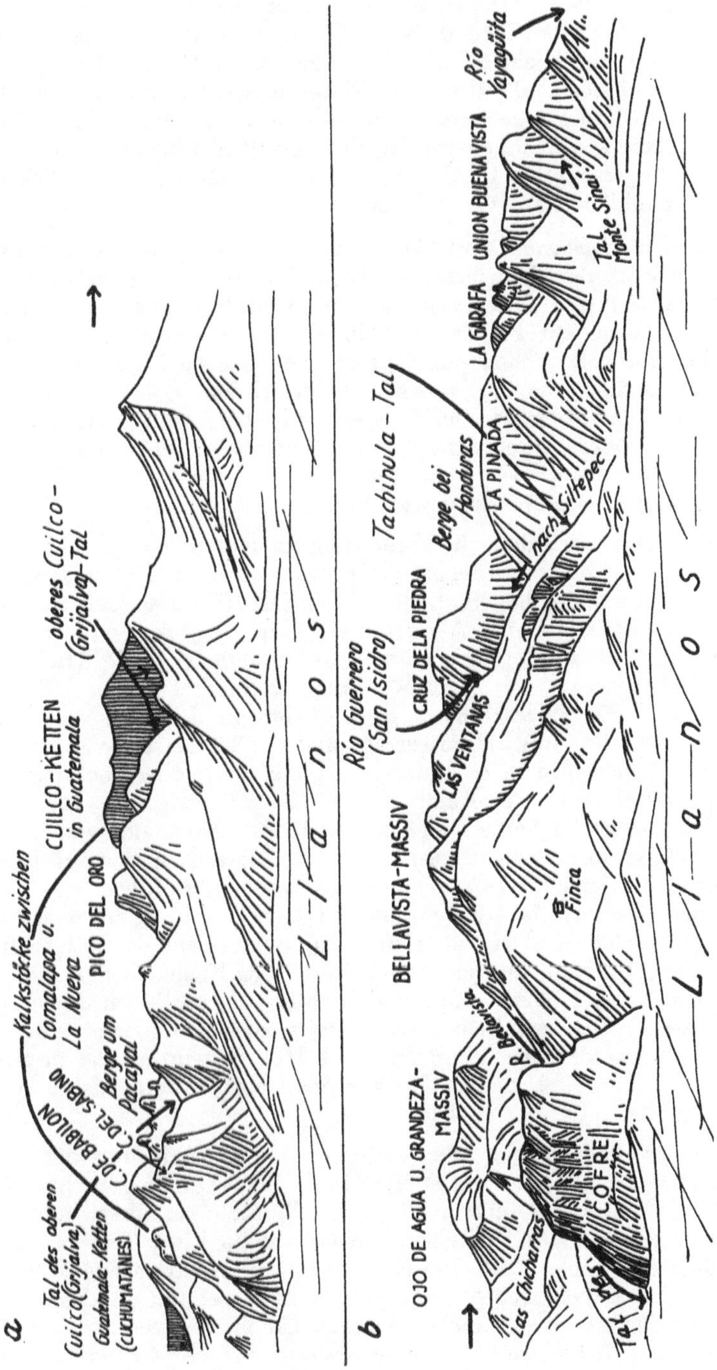

Figur 51 a Blick von südlich Chicomuselo nach ESE bis SSE.
b Blick von südlich Chicomuselo nach S bis WSW. 4. 2. 1958

Einmuldungen. Daneben bestehen nur wenige geschlossene, durchweg noch keine hundert Jahre alten Dörfer. Neue Kolonistensiedlungen, meistens in Form vieler, um ein „centro" mit Bürgermeisterei, Schule, häufig auch Gedenksäule und „beisbol" (baseball)-Platz verstreuter, Ranchos gesellen sich stetig hinzu und bilden bereits den führenden Siedlungstyp in dieser Landschaft. Manche von ihnen zählen mehr als 1000 Einwohner (Las Tablas 1250, El Progreso 1100, La Cascada und Llano Grande fast 1200, Palmar Grande reichlich 1000, Cambil 1000).

Neben den Hochflächen sind aber auch die äußeren Steilränder dieser Blockmassive trotz der Schwierigkeit des Geländes lebhaft besiedelt und bebaut. Hangstufen und Talterrassen werden dabei bevorzugt, doch müssen auch steilste Hänge für Felder und Hütten herangezogen werden. Eine ganze Reihe von volkreichen ausgesprochenen Gebirgs-Municipios ist in diesem Teil der Sierra herangewachsen, volkreich zumindest im Vergleich zu ihren sehr kleinen Flächen, denn sie zählten 1950 jeweils zwischen 3000 und 7000, das größere Siltepec fast 13 000 Einwohner. Im übrigen reichen vom Vorland her die großen Municipios Chicomuselo und Angel Albino Corzo (Jaltenango) streckenweise weit herauf.

Ihre Bedeutung, vor allem die ihrer Hauptplätze ist jedoch sehr unterschiedlich. Sofern ihre verfügbaren Gelände noch in Höhenlagen des Kaffeeanbaus liegen, das bedeutet hier bis zu fast 1600 m, weisen sie Wohlstand und einige Pflege auf. Als reichstes Dorf – dokumentiert durch gepflasterte Straßen, solide Häuser und teure Grabmale, große Kirche und ein wenig Grünschmuck im „parque" – rangiert hierbei Siltepec (San Isidro, ± 1 620 m, 1950 fast 800 Einw.). Es profitiert in der Höhe vom Anbau des Kaffees, im breiten und tiefen Terrassental des R. Guerrero von dem des Zuckerrohrs. Gleichzeitig ist es Durchgangsplatz zahlreicher Packtiere zwischen Chicomuselo und der Küste durch das gut besiedelte Tachinula-Guerrero-Tal, weiter im San Angel-Tal hinauf zum Hochland von El Porvenir mit Paßhöhe bei 3000 m westlich des C. Malé, hinunter auf 1400 m ins Tal des Chimalapa, in 1650 m über den trennenden Riegel des Cerro Caballete nach Motozintla (1260 m), erneut aufwärts bis 2000 m am Paß La Cruz unfern Buenos Aires über die Hauptwasserscheide und schließlich abwärts im Tolimán- und Huixtla-Tal Richtung Küstenebene, oder von El Porvenir auf den Höhen weiter und Richtung Escuintla im Soconusco. Am Bau eines vorläufigen Behelfs-Autoweges zwischen El Porvenir und Motozintla mit Anschluß an die Straße nach Huixtla wurde 1958 in ersten Teilabschnitten gearbeitet; die Steilabfälle des Gebirges boten dabei äußerste Erschwernisse.

Ein zweiter vielbegangener Weg zwischen Chicomuselo und der Küste führt durch das zwar engere und steilere Bella-Vista-Tal; er braucht jedoch nur eine Paßhöhe von 2700 m östlich des C. Malé zu überwinden. Er führt über die ebenfalls gut entwickelten Orte Bella Vista (San Pedro Remate, 1500-1600 m hoch, 1950: 350 Einw.) und La Grandeza (1900-2000 m, 1950: knapp 900 Einw.), echte, malerische Bergdörfer mit – des Durchgangsverkehrs halber – zahlreichen kleinen Läden. Da hier nirgends Gewerbe getrieben wird außer ein wenig Seilerei auf der Grundlage eines zusätzlichen Agavenanbaues, und jegliche Verbrauchsgüter auf Packtieren herbeigeschafft werden müssen, man überdies im entferntesten Winkel auf zeitgemäße Angebote (etwa Coca Cola, Wellblech, Stacheldraht) nicht mehr verzichten will, sind die zum Abtransport der Eigenerzeugnisse benötigten Tiere stets voll mit Rückfrachten beladen und bringen ihren Eigentümern gutes Geld ein.

Benachteiligt, abseits jeder üblichen Route ist Bejucal de Ocampo auf der Ostseite der Blockmassive geblieben (1950: 300 Einw.). Innerhalb seines kleinen Bereiches zählt es in tieferen Lagen aber einige sehr bedeutende „Kaffeedörfer", so vor allem Ojo de Agua mit der vierfachen Einwohnerzahl. Nur auf höchste Lagen ohne Möglichkeiten zum Kaffeeanbau angewiesen und daher ärmlicher als alle anderen ist das kleine Municipio El Porvenir. Die Cabecera selbst liegt auf fast 3000 m in einer etwa 1 qkm fassenden kühlen und oft nebligen Hochmulde im roten Sandstein. Es ist ein kleiner Haufen schlecht gepflegter Holzhäuser, mit lehmigen Straßen, jämmerlicher Kirche und vielen Schaf-cercos rings herum. Der Ort zählte 1950 gegen 500 Einwohner, das gesamte Municipio 5300, wovon allein $^1/_5$ auf die ebenso hoch gelegene Agencia Malé entfällt. Ihre und viele andere Bewohner dieses Gebirgslandes wandern als Saisonarbeiter (braceros) auf die Kaffeefincas im Soconusco.

Innerhalb des „Sandsteingebirges" ist, teils ebenfalls auf der Basis von Kaffee, am besten das Independencia (Suiza)-Tal besiedelt. Es ist bisher auch als einziges in diesem ganzen Abschnitt des Gebirges durch eine trockenzeitliche Fahrstraße von Angel Albino Corzo her erschlossen und besitzt damit also bereits Anschluß an Tuxtla. Noch abgelegen vom Verkehr und nur schwach besiedelt sind die Täler des Delicias- und Honduras (San Domingo)-Flusses, obwohl sie in einiger Breite bis weit ins Gebirge hinauf führen, gute Anbaumöglichkeiten und, wie alle Siedlungen dieser Gebirgslandschaft, gutes Trinkwasser reichlich zur Verfügung haben. Allerdings ist hier und mehr noch im Siltepec-Tal die Onchocercosis-Krankheit reichlich verbreitet. Diese Täler sind in der Regenzeit von der Außenwelt fast abgeschnitten. Das 100 m über dem Fluß auf einer Verebnung an einem Nebenbach gelegene große Dorf Honduras (± 1200 m, 1950 mehr als 650 Einw.) besitzt auf der Talsohle ein privates Flugfeld für den regenzeitlichen Notverkehr.

Das auf der weiter oben erwähnten, isolierten andesitischen Kristalltuff-Hochfläche oberhalb des Independencia-Tales in stark erodierter, jedoch quellreicher Umgebung gelegene, schwer erreichbare Dorf Monte Cristo, jetzt Vicente Guerrero, (± 1300 m, 1950: 400 Einw.) hat seinen Flugplatz wieder aufgegeben und verbleibt in der Isolierung. Um 1912 hatte es sich auf Grund des Kaffeeanbaus vorübergehend zu einem eigenen Municipio entwickelt, verlor aber in der Revolutionszeit einen großen Teil seiner Einwohner und seines Einflusses (de la Peña 1951, I, S. 97). So gut wie garnicht bewohnt sind die quer gerichteten, weniger breiten Nebentäler. Wohl aber werden sie in erschreckendem Umfang von den Haupttälern her für die Milpa-Brandwirtschaft herangezogen. In nur einem

Tag von Chicomuselo aus erreichbar, hat sich hingegen am Cerro (Unión) Buenavista ein lebhafter junger Ansatzpunkt für Landbaukolonisten mit der Hauptsiedlung Unión Buenavista (± 700 Einw.) entwickelt. Auch an Außenrändern und Talausgängen der großen Kalkblöcke zwischen Chicomuselo und dem Cuilco-Tal liegen junge und teils große Siedlungen in reicher Zahl (Piedra Labrada, Lázaro Cárdenas, Emiliano Zapata, Las Chicharras, Chicharritas und andere). Sie unterhalten auf steinigen Reitwegen Verkehr mit Chicomuselo und Comalapa.

Auf den hohen Gipfeln und Plateaus dieser südöstlichen Sierra liegen im Stromgebiet des oberen Grijalva die einzigen Vorkommen von Tannenwäldern (pinabeto oder romarillo: Abies guatemalensis), stets noch in Verbindung mit lang- und kurznadeligen Kiefern, Zypressen und auch mit Eichen. Waibels Aussage (1933, S. 57), daß den von 1800 bis 2500 m verbreiteten Mischwäldern nach oben zu nur noch „reine Nadelwälder" folgen sollen, kann nicht aufrecht erhalten werden. Sie resultierte nur aus seinen eigenen Routen. Auf den 3000 m hohen Porvenir-Höhen haben neben Nadelbäumen kleinblättrige Encino- und Chicharro-Eichen erheblichen Anteil an der Waldbildung, selbst der kurzstämmige Nebelwald-Baumfarn ist dort vorhanden. Denn hier handelt es sich um echte Misch-Nebelwälder, wenn nicht vom Passat, so von den Monsunwolken, -nebeln und -taufällen durchfeuchtet.

Ihre untere Grenze wechselt allerdings je nach örtlicher Lage. An der Wasserscheide zwischen Huixtla- und Motozintla-Tal steht solcher Misch-Nebelwald an den Nordhängen unter Entwicklung eines dichten Pashte-Behanges mit Kiefern, groß- und mittelblättrigen Eichen, der dicht belaubten Myrsinacea Rapanea jurgensii, Busch-Melastomen, vereinzelten Baumfarnen und Cedrillobäumen und dichter Bodenvegetation bereits auf ± 1600 m. Stämme und Steilhänge sind schwer mit Moos bewachsen, die Bromeliazeen an den Bäumen sind voll Wasser. Hier müssen die NE-Passatwinde einen großen Teil ihrer Feuchtigkeit abladen. Die besonders in der Kenterungszeit häufigen S und SW-Nebel kommen zwar trocken herauf, kondensieren sich nachts aber ebenfalls an den kühleren Nordseiten des Gebirges. Die Südflanken erhalten dagegen weit weniger Feuchtigkeit. Ja, die heftig heranbrausenden Nortes fallen, nach Abgabe ihrer Regen, über die nur 2000 m hohe Paßscharte als so trockene Föhnwinde jenseits herab, daß an den Hängen des Huixtla-Tales in starkem Gegensatz zu dem immergrünen Feuchtwald der Talsohle und der feuchteren Nachbargebiete ein merkwürdiger Halbtrockenwald mit sowohl Mezcal und Llaite als mit Pito und Siete capas, Cojon de burro, Ishcanal und anderen typischen Trockenwald-Dornmimosen, ja, mit Säulenkakteen und Agaven zur Ausbildung gekommen ist. Ab 900 m geht er aufwärts allmählich in Kiefern-Eichenwald, später mit Madrón über.

Am Cerro Triunfo oberhalb des Prusia-Tales steht auf dem mehrere Kilometer breiten, von ± 1900 m an langsam gegen die Wasserscheide hin steigenden, von einer trogförmigen Einmuldung (mit der früheren Kaffee-Ablage „Triunfo" für die Packtierkolonnen) unterbrochenen Plateau durchweg immergrüner Nebelwald. Er überzieht auch die 2050 m hohe „Cumbre", die Paßhöhe, und greift jenseits an der jäh abstürzenden pazifischen Seite noch in einer sehr schmalen Kappe abwärts. Dann setzen an dem wasserarmen, nur mit wenigen Rinnsalen ausgestatteten Hang abrupt Kiefern ein. Erst bei ± 600 m bildet die Gebirgsflanke eine breite Stufe mit vielen Quellen, dem eigentlichen Ursprungsbereich der zum Pazifik eilenden Flüsse, mit feuchtem Bergwald und zahlreichen kleinen Kaffeepflanzungen.

An der E- und S-Seite der großen Kalkblöcke über dem Chimalapa-Motozintla-Mazapa-CuilcoTal ist im Lee des Passats Trockenwald bis fast 1600 m hinauf entwickelt. Erst dann beginnen Eichen, anfangs nicht über 6 m, erst weiter hinauf und nunmehr zunehmend mit Kiefern vereint, bis 10 m hoch. Sie sind außerordenlich knorrig, voll von Bromelien, Orchideen und Pashte; dicke Teppiche dürren Laubes bedecken in der Trockenzeit den Boden. Dann gesellen sich Farnkräuter, Bergagaven und Pajóngras dem Bodenbewuchs zu. Schließlich bilden Holunder, Brombeeren, Canaco und andere Laubbäume den Übergang zum Nebelwald, der hier erst auf ± 2200 m und weniger dicht als in Luv einsetzt.

An den Nordflanken und ihren zum Passat hin geöffneten Tälern entwickelt diese „montaña" (immergrüner Laubwald) in einer wahren Überfeuchte eine unbeschreibliche Dichte von Bäumen, Bodenbewuchs und Behang, mit vielen bis 50 m hohen echten Nebelwaldvertretern wie Zapotillo, Aguacate-Arten, diversen Bergeichen. Unter den vielen Bodenkräutern erinnern rosa und violette Cosmaea, dunkelrote Salvien und rosa Malven, Skabiosen, Tagetes, Menthaceae und vieles andere mehr an den heimischen Blumenflor. Tradescantia, Sellaginella, Begonien, um nur eine kurze Auswahl der bekanntesten zu treffen, wuchern an Bachläufen und Hangwänden. Tukan und Quetzal, als bemerkenswerteste Vertreter der reichen Vogelwelt, sind in dieser wirren und feuchten Wildnis zuhause. Sie ist frei von Moskiten und Moscas, diese setzen erst mit zunehmender Wärme und Trockenheit ein.

Bis auf 1700 und 1600 m reicht dieser dunkle, immergrüne Feuchtwald zwar nicht in gleichbleibend hoher, aber immer noch reichlicher Feuchtigkeit geschlossen herab, um dann wiederum der Kiefer Platz zu machen. In den Hangschluchten zieht er sich in breiten „Handtüchern" noch einige hundert Meter tiefer, in besonders begünstigten zum Vorteil des Kaffeeanbaues sogar bis unter 900 m abwärts.

Daß die Nebel aber im allgemeinen nicht unterhalb 1200-1300 m durchziehen bzw. nicht zur Kondensation kommen, läßt sich an der sehr klar abgesetzten Linie des anschließenden Trockenwaldes verfolgen. Ihn unterbrechen nur noch die grünen Streifen der Flußuferwälder mit ihren Hartlaubbäumen, mit Matilisguate, Sauce, Sabinos, im Siltepec-Tal auch mit Platános (Tatacui) und von hier an nordwärts mit Álamos. An besonders benachteiligten Standorten kann selbst hier im Gebirge der Trockenwald sogar extreme Formen annehmen. So steht auf dem durchlässigen Tuffboden des Plateaus von Monte Cristo in spärlichem Kiefernwald sogar Guayaba- und Cacaito-Buschwerk. An dem trennenden Bergzug zwischen

Delicias- und Independencia-Tal im Lee des Taraya- und Buenavista-Massivs findet sich noch in 1600 m Höhe (unterhalb der Ranchería Santa Rosa) eine mit Copalbäumen ausgestattete Trockenbusch-Savanne, die sich von solcher aus den regenärmsten Abschnitten am Nordrand des Valle Central kaum unterscheidet. Die ebenfalls dem Trockenbusch und der Savanne zugehörige Manaca-Palme wurde am höchsten ins Gebirge hinauf auf der Sohle des Taraya-Quertales beobachtet.

3. Das Bergland um Pacayal

(Hierzu Figuren 52-54)

Wenn das im folgenden zu besprechende Bergland mit der Bezeichnung „um Pacayal" belegt wird, so geschieht das nicht nur, um es einigermaßen zu lokalisieren, sondern auch um dieses nicht unwichtige, aber bisher auf keiner Karte verzeichnete und offiziell noch reichlich vernachlässigte Dorf, administrativ eine „congregación" von zur Zeit fast 3000 Einwohnern, gebührend herauszustellen und in der Geografie einzuführen. Selbst in Tuxtla oder San Cristóbal Las Casas hört man wohl den Namen und erfährt dazu, daß es „ein reiches Kaffeezentrum dort hinten an der Grenze" sein soll, nichts aber über seine genaue Lage und Umgebung. Auf einer Fahrstraße ist es bisher nicht erreichbar.

Es handelt sich um das bizarr gestaltete, wirtschaftlich in lebhaftem Aufschwung begriffene Bergland, das sich von den Cuilco-Ketten Guatemalas nach Mexico herein zieht und den östlichen Teil der Sierra-Madre-Landschaft von Chiapas darstellt. Durch das Cuilco - San Miguel - Tal bleibt es von den „großen Blockmassiven" getrennt. Da dieses Gebiet bisher von geografischen Beobachtern entlang des Cuilco selbst nur randlich berührt, nicht aber durchwandert worden ist, dürfte eine genaue Beschreibung der Marschroute des Verfassers am ehesten einen bildhaften Gesamtüberblick vermitteln und damit die bisherige Lücke schließen. Spezialuntersuchungen wurden ohnehin nicht durchgeführt.

Im letzten Abschnitt des Cuilco-Tales, bevor es in die weite Ebene um Comalapa und Chicomuselo eintritt (Fig. 52), bildet der Fluß eine große Schleife nach W, N und NW. Sein mit Geröll gefülltes Bett ist hier um 300 m breit. Erhöhte Schotteraufschüttungen tragen bereits alten Baumbestand von Ceiba, Cedro, Amate, Guapinol und Guanacaste, Carrizo-Rohrgebüsch, dazu eingezäunte Feldstücke und Potreros, die offenbar auch in der Regenzeit zum Teil von den Fluten verschont bleiben. Viele kleine Fischzäune an künstlich abgezweigten Fangkanälen verhelfen der Bevölkerung zu einer begehrten Beikost.

Die hohen Massive zu beiden Seiten des Tales beginnen schon unterhalb der Einmündung des Río Blanco auseinander zu weichen. Es bleibt Platz für ein mäßig hohes Schichttafelbergland zwischen ihnen und dem Strom. Später jedoch drängen sie sich mit dem Monte Ordoñez- und Las Chicharras-Massiv – wohl 1800 m über dem hier auf $\pm$ 700 m gelegenen Flußbett –

zumindest auf der Westseite wieder näher heran. Etwa von der Mündung des Río Guerrero (Las Trampas) an beginnen sie endgültig zurückzuweichen. Die bisher nur schmalen Flußterrassen dehnen sich nun in 40-60 m Höhe über der Schottersohle in breite, von den Zuflüssen zerschnittene Streifen aus. Sie tragen, überraschend nach der Trockenheit des oberen Cuilco-Tales, noch jetzt, Mitte Januar, grün belaubten Wald. In Mengen blühen zur Zeit an den Bäumen schöne Cattleya- und Laelia-Orchideen. Fließende Bäche kommen reichlich aus dem höheren Gebirge herab; zumindest an der rechten Talseite, die wir benutzen. An den Hängen aufwärts steht Kiefernwald, vielfach, ganz besonders am Monte Ordoñez, durch Milpa- und Weidewirtschaft gelichtet. In der Nähe der Siedlungen, die ebenfalls auf den Terrassen liegen, durchwandert man von den Bächen her bewässerte kleine Cañaverales, Fruchtbaumpflanzungen und Cafetales unter Bananen als Schattenbäumen.

Östlich von dem auf dem Gelände der früheren Hacienda Las Trampas entstandenen Dorf Río Guerrero (ca. 150 Einw.) erhebt sich aus der breiten Terrassenfläche ein kahler, knapp 200 m hoher, rot leuchtender Einzelberg (Peñasco rojo) aus feinem roten Sandstein. Unterhalb des Dorfes dagegen treten Kalke von beiden Seiten her bis nahe an den Cuilco heran. Sie sind von Sapper (1899, S. 21) als Karbonkalke bestimmt worden. Der Chichar-

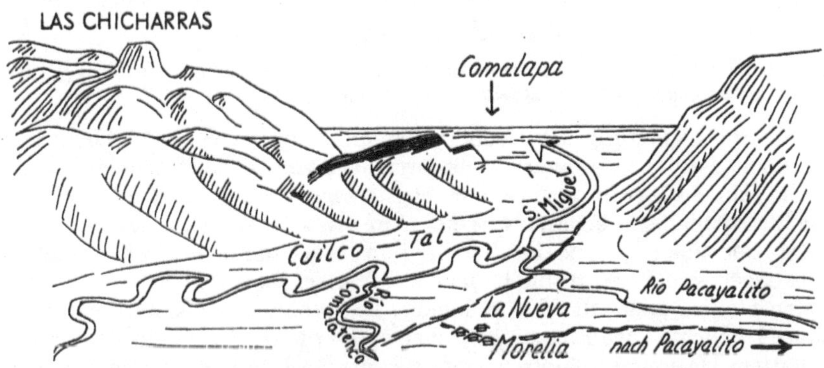

Figur 52 Blick von La Nueva nach NNW auf die letzten höheren Massive am oberen Grijalva-(Cuilco)-Tal vor Beginn der großen Ebene um Comalapa usw. 11. 1. 1958

ras-Block endet auf der linken Seite gegen das Tal hin mit einer rel. 500 m hohen dreigipfligen Kalkburg (Tres Picos). Auch am rechten Ufer erheben sich einige der vielgestaltigen kuppigen Rücken, Zelt-, Kegel- und Tafelberge aus Kalkstein um 400-500 m über das leichthügelige Flachland der nun schon mehrere Kilometer breiten Verebnungsstufe. Einzelne Klippen engen das Flußbett gelegentlich noch etwas ein. Gegen die große Ebene hin verlaufen zu seiner linken nun letzte, leicht aufgekippte Schichttafelzüge (s. Fig. 52). Zur Rechten ziehen sich noch weiterhin vielformige Kalkstöcke (z. B. Fig. 53). Wir passieren den kleinen R. Comalatenco, gleich darauf die verstreuten Häuser von Nueva Morelia (früher La Nueva, ± 720 m, knapp

300 Einw.) und verlassen hier den nach Comalapa weiterführenden lebhaften Packtierweg des Cuilco-Tales, um im Nebental des R. Pacayalito Richtung ESE in das Bergland des Grenzbezirkes hinaufzusteigen.

Das streckenweise auf mehr als 3km Breite ausgeweitete Tal des (jetzt) etwa 10 m breiten Flusses verläuft mit geringem Gefälle flach und mit nur geringem Anstieg zwischen beiderseits rel. 400 m hohen Bergreihen. Einige weniger hohe Kalkkegel stehen isoliert in das Tal vorgeschoben und an seinem Ausgang. Reichlich dichter, vollbelaubter Flußuferwald auf dunklem, besten Boden füllt es aus. Teils dient der Wald als natürlicher Schatten für hineingepflanzte Kaffeesträucher zahlreicher Kleinbesitzer. Nach zweimali-

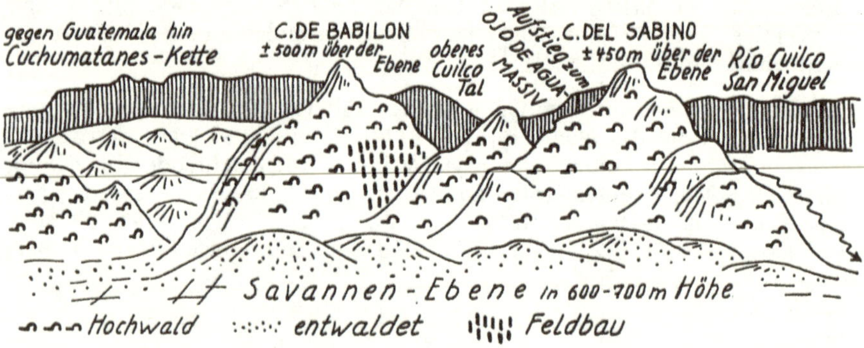

Figur 53 Zwei auffällig geformte Kalkstöcke bei Comalapa, von Tres Cruces aus gegen Süden gesehen. 20. 12. 1958

ger müheloser Querung des flachen Wassers steigen wir am SE-Hang über eine niedere Stufe, nunmehr in quarzreichem groben Sandstein auf sandigem Rotlehmboden, in fast reinem Eichenwald (hier Robles mit tief ausgebuchteten Blättern) scharf aufwärts. Auf etwa 850 m Höhe beginnen erste Häuser der jungen, noch kahlen Siedlung Pacayalito. Zwischen kleinen Pflanzungen von Zuckerrohr, Bananen, Tomaten, Papaya, Kaffee u. a. zieht sie sich bis auf mehr als 1000 m hinauf. Das stöhnende Geknarr einer von einem Nebenbach des Flusses getriebenen Trapiche (Zuckermühle, zumeist aus hartem Hormiguillo-Holz, aus dem auch die Marimbas hergestellt werden) begleitet uns lange.

In glühend heißer, windstiller Luft und schattenloser Guatal-Wildnis erklimmen wir, vom Sandstein wieder in Kalk übergehend, den jähen wasserscheidenden Kamm zwischen Pacayalito- und Guadalupe-Flüsschen, somit gleichzeitig zwischen San Miguel-Grijalva und San Gregorio-Grijalva. Wir erreichen den Kamm auf ± 1350 m und folgen ihm in vielem Auf und Ab um weitere rund 100 m aufwärts. Er bietet eine großartige Fernsicht:

Unter uns nach WNW das walderfüllte, soeben durchwanderte Pacayalito-Tal. Nach NW, zur Rechten des Cuilco, ein wildes Meer teils mit schütterem Wald und sekundärer Buschwildnis, aber – soweit man erkennen kann – nicht mit Kiefern bestandener Kalkkegel- und Kalkburgen in verschiedensten Formen, dazwischen völlig ebene Mulden und zu Tälern

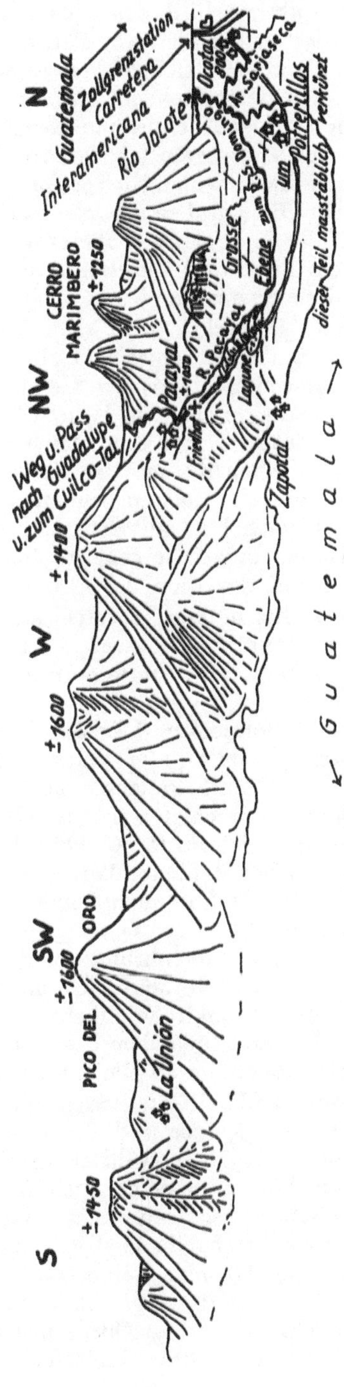

Figur 54 Bergstöcke nördlich bis südlich von Pacayal. 12.1. 1958
Wegstrecke Guadalupe – Pacayal ± 5 km
Wegstrecke Pacayal – Ocotal (Ciudad Cuauhtémoc) ± 10 km

verbreiterte Dolinen: ein typisches Bild des „Berglandes um Pacayal". Klar zeichnet sich im NNE der weite Kessel von Potrerillo heraus; in langer frischer Aufschüttung wie ein roter Strich der lange Schnitt der zur Zeit nach Guatemala hinein in Bau befindlichen Carretera Panamericana. Ein winziger Würfel leuchtet hell in der Abendsonne: das Zollhaus von Ocotal (Ciudad Cuauhtémoc). Vor vier Jahren kam ich dort von Guatemala herüber, und schon damals hatte mich dieses wunderlich geformte Bergland aus der Ferne gelockt. Zwischen den Bergen Durchblicke nach N in die große Cuenca des Grijalva, das Valle Central. Sein oberer Teil ist ausgefüllt mit einem unruhigen, aufgelösten Berg- und Hügelland voller Spitzen, Kuppen und nackten Mauern; deutlich erkennbar, wenn auch spielzeughaft klein, der schiefe Zuckerhut des C. Purgadoro über dem San Miguel-Tal. Und noch wieder hinter ihm der Rand des zentralen Gebirgsblockes, genau im N mit den kahlen Flächen der weiten Llanos von Comitán; weiter nach NW das hohe Zentralmassiv um San Cristóbal. Im W und SW steht unfern die gigantische Mauer der Blockmassive mit den gleichmäßig beschnittenen Konturen der Tafeln und den jähen Kerben der Talschluchten. Unmittelbar jenseits unseres Kammes und des an ihm beginnenden kleinen Guadalupe-Tales zieht sich von SE nach NW aus den Cuilco-Ketten und dem Estillero-Gebirge Guatemalas ein langer Bergzug ins Blickfeld. Vier Gipfel, darunter als höchster der Kegel des Pico del Oro ($\pm$ 1600 m) ragen in gleichmäßigen Abständen aus ihm heraus. Jenseits einer tischgeraden Paß-Scharte setzt er sich mit dem einprägsamen zweigipfligen Cerro Marimbero nach N fort (vergl. Fig. 54). Hinter der Scharte muß Pacayal liegen.

Zwischen strotzenden Mais-, Bohnen- und Tabakfeldern, dann einem geschlossenen Gürtel von Cafetales teils unter Naturwaldresten, teils unter angepflanzten Bananen und Chalúm-Schattenbäumen auf fettem dunkelbraunen bis schwarzen Boden erreichen wir auf 1100-1200 m Meereshöhe das große Dorf Guadalupe Victoria (1950: 1150, jetzt ca 1300 Einw.). Vor 20 Jahren war es noch ein bescheidener Weiler scheuer Bergindianer (Mames und Kakchiqueles). Daß Indios auch heute noch zahlreich vertreten sind, sieht man nicht nur an den Typen, sondern das beweisen schon die vielen ärmlichen, mit Zuckerrohrblättern oder Gras gedeckten Bajareque-Häuschen und die geradezu heidnisch anmutenden Gesänge, die uns aus der langen, düsteren Lehmkirche entgegenschallen. Doch neben ihnen überwiegen längst die Ladinos. Sie haben dieses Bergland mit seinem günstigen Feuchtklima, seinem Reichtum an fließendem Wasser und seinen hervorragenden, tiefgründigen, kalkhaltigen Böden für den Anbau hochwertiger Gewächse, wie vor allem Kaffee und Tabak, entdeckt und, nicht zuletzt allerdings mit Hilfe großzügig gewährter Kredite, ihren Nutzen daraus zu ziehen verstanden. Hier und mehr noch im benachbarten Pacayal sieht man die wohlhabendsten bäuerlichen Grundstücke – mit großen und soliden, zumeist wellblechgedeckten, gut ausgestatteten Ziegelhäusern – des gesamten oberen Grijalva-Gebietes. Fast bei jedem Haus trocknet Kaffee, in vielen Fällen auf zeitgemäßen zementierten Patios. Kleine Hand-Entpulpungsmaschinen sind zu Dutzenden in Gebrauch, während ein Trocken-Benefiz hier und weithin noch fehlt.

Nur 4 km von Guadalupe entfernt liegt der Hauptplatz Pacayal auf ca. 1000-1100 m jenseits des Marimbero-Passes im feuchten Tal des Pacayal-Flüßchens. Im oberen Teil des Dorfes entspringt dieses aus einer Tunnelöffnung im Kalkgestein bereits recht wasserreich und wird noch innerhalb des Dorfes durch drei weitere Quellbäche verstärkt. Hier und in den Nachbartälern sammeln sich die Zuflüsse des späteren Río Jocote-Santo Domingo. Von allen Seiten drängen die Berghänge heran und gewähren gute Möglichkeiten für die Kaffeekultur, die auch Pacayals Wohlstand begründet. Außerdem liegt das Dorf in unmittelbarer Grenznähe, und seine Bewohner werden auch hieraus manchen Vorteil zu ziehen verstehen. Es besitzt große, reichhaltige Tiendas (Ladengeschäfte) und Schenken, Verwaltunsgagentur, Zoll, Kirche und Schule, und sein sonntäglicher Markt ist ein Treffpunkt tausender von Menschen. Unbestreitbar ist Pacayal nicht nur das größte Dorf, sondern auch das wirtschaftliche Zentrum, der Nervus Rerum dieses gesamten „letzten Winkels" im entlegenen Grenzgebirge.

Aber verwaltungstechnisch ist Pacayal gleich Guadalupe und allen anderen aufstrebenden Siedlungen dieses Berglandes, noch genau wie vor der Entwicklung dem völlig bedeutungslosen, kleinen und „toten" Municipio Amatenango de la Frontera (1950 nur 270 Einwohner), einem armseligen Nest im engen oberen Cuilco-Tal hart an der Grenze und ohne Ausdehnungsmöglichkeiten, unterstellt[22]), obwohl längst ihm die Führung dieses Municipios gebührte. Zwar stellt ein einsam durch die Wildnis verlaufender Telegrafendraht eine, wenn auch nicht immer funktionierende, Verbindung mit der Außenwelt her. Doch noch immer sind Reit- und Packtiere die einzigen Verkehrsträger, obwohl die große Carretera nur gut 10 km entfernt vorbeiführt; und jede „carga" (Packtierlast von nicht mehr als 120 kg) kostet nach und von ihr bis Pacayal 6.– Pesos „flete" (Frachtgebühr). Der Versuch der Einwohnerschaft, einen, teils gepflasterten, Anschlußweg nach dort zu bauen, ist durch schwere Erosionsschäden an den Steilhängen unterbunden worden. Nicht einmal das Schulwesen ist bisher ausreichend unterstützt worden. In Guadalupe z. B. war für 120 Schulkinder eine einzige Lehrkraft vorhanden; und eine dem fortschrittlichen Status dieses Gebietes Rechnung tragende Ausbildung kann nur in den weit entlegenen Städten Comitán, San Cristóbal oder Tuxtla erworben werden.

Im gleichen grauen Kalk wie auf der Cuilco-Seite steigen wir in nordöstlicher Richtung abwärts. Hellere, lockere Travertinebänke schieben sich ein. Poljen mit kleinen Versickerungslagunen durchsetzen das Gelände. Den jenseitigen Nordwestrand des Pacayal-Tales, das sich später mit dem des R. de Guadalupe vereinigt, besäumt eine lange hohe und nackte Kalkwand. Die Vegetation geht in Trockenbusch mit Agaven und Kakteen über. Auf $\pm$ 850 m tritt das Tal in den anfangs rund 800 m, dann bis 4 km Durchmesser breiten, völlig ebenen Kessel von Potrerillo / Ocotal, ein riesiges Einsturzloch (?) im Kalk, ein. Graue Schwemmtonböden ohne

22) Die Municipalgrenzen zwischen Amatenango de la Frontera und Frontera Comalapa sind auf sämtlichen Karten bei de la Peña und auch andernorts falsch eingezeichnet.

jedes Steinchen, nur randlich und im Verlauf kleinerer rezenter Bäche von Kiesstreifen unterbrochen, lassen diese Ebene als einstigen Seeboden identifizieren. Schmale Galeriewaldreste durchziehen ihn an den Wasserläufen. Im übrigen ist er mit stark aufgelockerten Schirmbaumbeständen, einzelnen Amates und Manaca-Palmen, Akaziengebüsch (namentlich Huevos de iguana), Grasflächen und vielen unbrauchbaren Hartkräutern wie Escoba lisa, Flor azul u. a. überzogen. Ochsenkarren mit massiven Scheibenrädern, wie sie im übrigen Chiapas nicht, wohl aber weiterhin in Zentralamerika gesehen werden, quälen sich auf dem glühheißen Weg durch die brodelnde Hitze. Packtiere ziehen vorüber. Rinder, Pferde und Esel des in der Mitte der „planicie", teils auf einem durchziehenden niederen Hügelrücken gelegenen Streudorfes El Potrerillo (ca. 500 Einw.) und des randlich gelegenen Grenzdorfes El Ocotal weiden auf den braun verdorrten Flächen oder liegen, von Insektenwolken umschwärmt, unter den weit verstreuten Schattenbäumen.

Voraus erhebt sich der Hang des Cerro Ocotal mit der in ihn eingeschnittenen Carretera. Das Gelände steigt leicht an. Kalkbrekzien, sandiger Kalkstein und roter glimmerhaltiger Sandstein kommen an frischen Einschnitten zutage. In rötlichem Hügelgelände verzettelt sich um ein kleines Zentrum mit zwei bescheidenen Verkaufshütten, Postagentur, Guatemala-Konsulat, Zollhaus und Schule das knapp 400 Einwohner zählende Dorf Ocotal. Hier, oder genau gesagt 3,6 km weiter östlich bei km 1342,7 (von Mexico D. F. gerechnet) endet der mexicanische Abschnitt der „Internacional" (Pan American Highway, Carretera Panamericana). Nach ihrer Fertigstellung verlieh Präsident Miguel Aleman den beiden Grenzplätzen im Norden und Süden des riesigen Landes die Namen der größten indianisch-mexicanischen Nationalhelden und nannte den einen „Ciudad Juárez", den anderen, eben dieses Dorf Ocotal: „Ciudad Cuauhtémoc", als welches es nun auch auf den amtlichen Karten erscheint. Aber bis zu einer „ciudad" hat es noch einen weiten Weg.

4. Das Cuilco-Motozintla-Tal

(Hierzu Figuren 55 u. 56)

Als längster und tiefster Einschnitt innerhalb der Sierra Madre de Chiapas bildet dieses Tal eine klar begrenzte Teillandschaft. Das gilt um so mehr, weil sein Klima, seine Wasserführung und pflanzliche Ausstattung ihm eine auffällige Sonderstellung im Stromgebiet des oberen Grijalva zugeteilt haben. Überdies stellt es im Verein mit dem jenseits der Wasserscheide beginnenden Huixtla-Tal als vielbenutzter Durchgangsweg zwischen dem östlichen Hochland von Chiapas und der pazifischen Küstenregion ein ausgesprochenes „Verkehrstal" dar. Diese Aufgabe wird ihm in der Zukunft, wenn es mit einer Fahrstraße versehen sein wird, noch mehr zufallen.

So weit das Cuilco-Tal in seinem unteren Abschnitt noch gegen das Valle Central und dem seinem Ausgang gegenüberliegenden Wolkenpaß der Comitán-Fläche geöffnet bleibt, unterscheidet sich sein Pflanzenwuchs wenig von dem der anderen Sierra-Täler. Im vorigen Abschnitt wurde schon erwähnt, daß es in diesem Bereich eine verhältnismäßig üppige Vegetation und lange Begrünung zeigt. Hier herrscht ein zuträgliches, ausreichend feuchtes Klima; neben einer beschränkten Kaffeekultur läßt es sogar im Mündungsabschnitt des Río Blanco ausgedehnten Anbau von Walnußbäumen zu.

Aber dann schieben sich die Cuilco-Ketten rechtwinklig zur Passatrichtung in das Tal herein. Gleichzeitig wachsen auf der Südseite die Blockmassive mit den Gipfelpartien von Ojo de Agua, Malé und Porvenir, schließlich die Niquivilketten mit ihren Ausläufern an der zentralen Wasserscheide immer höher hinauf und verwehren auch der pazifischen Feuchte den Zutritt in dieses enge Tal. Schon wo der Cuilco bei Amatenango de la Frontera auf der Leeseite der Montañas del Cuilco aus östlicher Richtung von Guatemala herüberkommt, herrscht an den Hängen Trockenbuschwald mit vielen Kakteen, Pumpum flor und Siete capas, darüber Kiefernwald, und ganz in der Höhe breiten sich Schaftriften. Auf der gänzlich im Lee gelegenen SW-Seite kommt kaum noch ein fließendes Gewässer an den Hängen herab. Wo in den Höhen der Kiefern-Eichenwald vernichtet ist, hat eine Regeneration nicht stattgefunden, die Hänge bleiben kahl. Talab dagegen gibt es keine Kakteen, und unter den Laubbäumen nehmen typische Vertreter der semi-humiden Flora, wie Guanacaste und Ceiba, rasch zu. Der Graswuchs wird dichter. In den Hangkerben kommt immergrüner Schluchtwald zum Haupttal herab.

Hier ist das Tal am wenigsten breit, ein enger Durchbruch durch die roten bis grünlichen Sandsteine und Tonschiefer. Rund 80 und 130 m über der Sohle verlaufen gut ausgeprägte, jedoch nur schmale Terrassen, die unterste dagegen ist nahezu verwischt; etwa doppelt so hoch folgt eine Schrägstufe gegen den in der Höhe einsetzenden Kalkstein hin. Nur eine enge tiefe Kerbe ist auch das von SW kommende Tal des Mazapa-Zuflußes durch den aufwärts folgenden Granit bis zu seinem Ursprung an der Niquivil-Kette und Hauptwasserscheide. Das gleiche gilt für das Tal des Río Chimalapa, das sich zwischen dem Malé-Massiv und dem steilen First des C. Caballete eingegraben hat. Nur die in ± 30 m Höhe verlaufenden, jedoch stark erodierten Terrassen sind breit genug für Siedlungen und Felder. Alte Erdpyramiden auf ihnen beweisen, daß diese Terrassen auch in der Vorzeit schon bewohnt und genutzt wurden (z. B. bei Chimalapa).

In diesem, nun völlig im Regenschatten der Hochmassive gelegenen, Abschnitt beginnt die Vegetation so trocken zu werden, wie es andernorts innerhalb des oberen Grijalva-Stromgebietes bestenfalls noch in den ungünstigsten Abschnitten am Fuß des Mesa-Steilrandes der Fall ist. Nur in nächster Nähe der genannten Flüsse – beide und einige ihrer Nebenbäche fließen ganzjährlich – wachsen zwischen Felsen und Geröll weidenähnliches Chilca-Gesträuch und Sauce-Bäume, vereinzelte Sabinos, reich belaubte Zapote blanco, Quebramuella, Amate. Aber schon wenige Meter von den Ufern entfernt beginnen Trockenwaldbäume, dazu Agaven, die imposanten Kandelaber der mit 7-8 eckigen Säulen ausgestatteten Órganos und die dreieckigen, sehr lang bestachelten der rötlichen Pitahaya-Kakteen; ja hier – und sonst wohl nirgends in Chiapas – hat auf dem steinigen Boden auch der kleine kugelige „chilito"-Kaktus seine dichtbestachelten, igelartigen Häufchen ausgebreitet, während Gliederkakteen nur wenig gesehen werden. Graugrüne Siquinai-Stauden voll weiß-violett blühender Dolden bilden weite Gebüschfelder. Dennoch sind die Bäume und selbst viele Kakteen dicht besetzt mit Orchideen und noch mehr Bromeliazeen. Hier herrschen unter den Baumananasgewächsen die ganz schmalblättrigen, die fast keine Verdunstung haben und noch von dem letzten bißchen Feuchte aus der Luft zu leben vermögen, vor allem das „Medusenhaupt". Dürr wie Heu sind ihre Blätter in der Trockenzeit. Epiphytischer Kaktus (pitajaya) und Kletteraraceen, die mit ihren Luftwurzeln ausreichend Feuchtigkeitsentnahme aus der Atmosphäre gewähren, gehören ebenfalls zu dieser ariden Pflanzengesellschaft. Die Gräser stehen einzeln in Büscheln, eine geschlossene Narbe vermögen sie nicht zu bilden.

Wo Río Mazapa und R. Motozintla sich auf rund 1000 m Meereshöhe eben unterhalb des Municipaldorfes Mazapa de Madero (1950 knapp 600 Einw.) vereinigen, beginnt die Talsohle sich auf 1/2 km auszuweiten und in der Trockenzeit einer echten Oase zu gleichen. Sie ist ausgefüllt mit Cañaverales, Orangen-, Lima- und Mangobäumen, Bananen, Gärten voll Zwiebeln, Kohl, Radies, Tomaten, Bohnen; selbst kleine Kaffeegärten unter Bananen und Chalúmbäumen finden sich hier und mehr noch im unfern einmündenden Chimalapa-Tal aufwärts. Zahlreiche natürliche Seitenarme der Flüsse und künstliche Rinnsale sind durch die Gärten und Pflanzungen geleitet. Überall sieht man die Bauern damit beschäftigt, aus Gefäßen Wasser mit ihren Händen über die Beete zu verteilen, eine primitive, dennoch lohnende Form der „Bewässerungskultur". Zuckermühten sind an der Arbeit. Mazapa versorgt das ganze Tal und weit hinauf das ganze Bergland mit Panelas; und von seinen begehrten Zwiebeln ersteht jeder Durchreisende ein oder mehrere Bündel.

Doch unmittelbar oberhalb des auf der Terrasse lang hingestreckten Pueblos – gleich allen anderen größeren Ortschaften des Tales ursprünglich eine reine Verkehrssiedlung – hört das freundliche Bild wie eine kurze Täuschung abrupt auf. Denn weiter aufwärts führt der R. Motozintla nur nach schwersten Regen Wasser in Form kurzer, schlammgetrübter Flutstöße. Im übrigen versickert auch im größten Teil der Regenzeit alles Wasser in seinem Bett und in mehreren Nebenbächen bereits weit oberhalb des Fleckens Motozintla. Erst bei Mazapa tritt es wieder aus und schafft jene immergrüne Oase. Vor dem Ausbruch des Santa Maria-Vulkans (1902), der selbst noch im östlichen Chiapas mit schweren Erdbeben verbunden war, hat der Fluß regelmäßiger Wasser geführt; durch die Beben müssen Versickerungsspalten aufgerissen worden sein (de la Peña, 1951, I, S. 98). Im übrigen muß der starken Abholzung der Talhänge und Quellbezirke nicht geringe Schuld an der Austrocknung beigemessen werden, denn die nackten lehmigen Böden über den Urgesteinen sind kaum noch wasseraufnahmefähig. Zu welchen Ausmaßen der Erosion diese Ab-

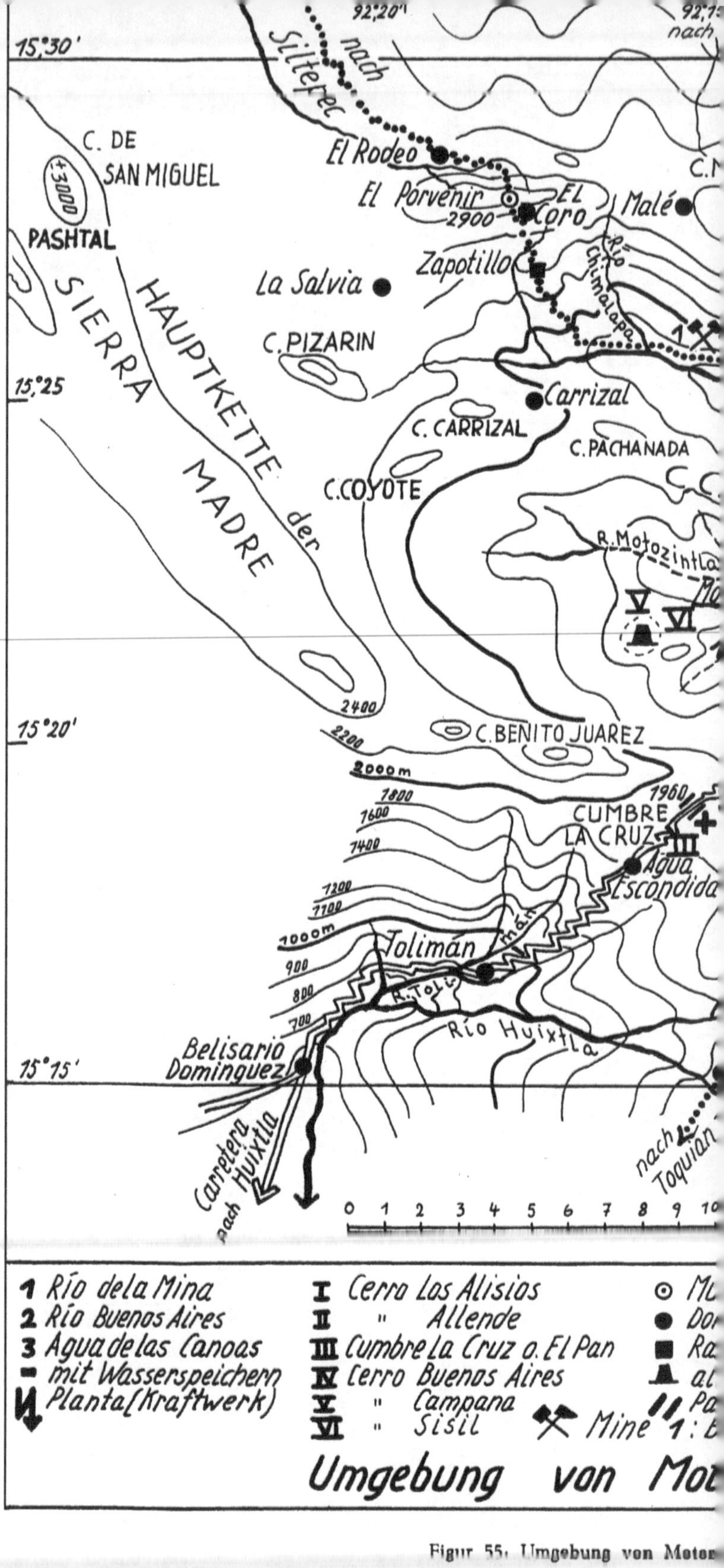

Figur 55. Umgebung von Motoz

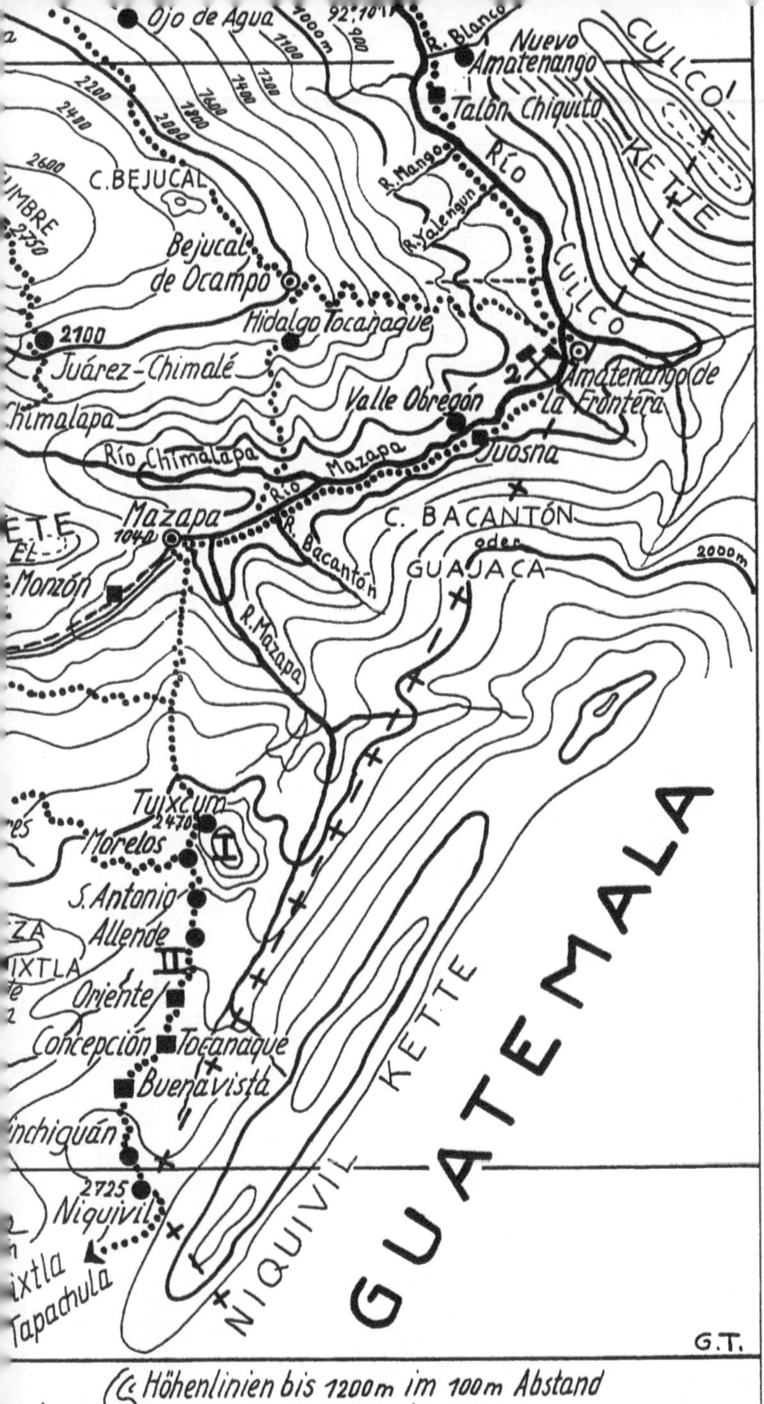

Hauptkarte Fig. 2, rechts unten.

holzung führt, kann man nirgends besser ermessen als beim Anblick der hundertfach zerrunsten Hänge und umfangreichen jungen Schutthalden vor den jungen Ausspülungskerben rings um Motozintla.

Hinzu kommt das an sich schon trockene Klima. Im elfjährigen Mittel von 1944 bis 1954 erhielt der Ort Motozintla (1260 m) nur 662 mm Niederschlag jährlich, von November bis April 26 mm, also 5 % der Gesamtmenge, von den restlichen 95 % fiel fast 1/3, 193 mm, allein im Juni. Juli bis Oktober verzeichneten zwischen 92 und 100, Mai 55 mm. Die Jahresmitteltemperatur lag bei 22°, mit tiefstem Monatsmittel von 19,9° im Januar und höchstem von 23,9° im Mai (nach Hendrichs, 1955, S. 64).

Diesem geringen Niederschlag entspricht das Pflanzenkleid des Motozintla-Tales; gegenüber dem bereits beschriebenen weist es noch eine größere Konzentration von typischen Trockenpflanzen auf. Waibel (1933, S. 59) charakterisiert diese „echte Dornstrauchsukkulentensteppe" ausgezeichnet mit wenigen Worten: „Hochgradig xerophyle Sträucher und niedere Bäume, die sich in lückigen Beständen aus einem Trockenrasen erheben". Neben den hauptsächlich verbreiteten Kakteen und Agaven sowie verschiedenen auch andernorts unter ungünstigen Niederschlagsverhältnissen verbreiteten Bäumen wie Palo mulato (jiote), Pito („miche" der Mames), Guash (tepeguaj), Siete capas, Jocote, Copal, Izote (Ocozote) u. a. sowie wenigen Amates treten nur hier in solchem Umfang auch Guamuchil, Huisache, Palo La Cruz, Plumajillo, Espino negro, der eine Art Gummi arabicum liefernde Espino blanco oder Mezquite und die alles verstrickende Rankpflanze Bejuco chiape in Erscheinung. Der Copalbaum wird allerdings bald verschwunden sein; er wird allenthalben zu Tode gezapft, denn sein zu kirchlichen Zwecken verwendetes Harz bildet einen gutgehenden Handelsartikel. Auch an den Hängen hinauf herrscht diese schüttere, laubarme Vegetation. In der Trockenzeit rostbraun verbrannte Gräser und Kräuter, Staubschichten auf jedem Gewächs und Gegenstand, die Steinwüste des breiten Geröllbettes, die allseitigen Spuren schwerster und stetig fortschreitender Erosion vermehren den trostlosen Anblick und bieten das Gegenteil von dem, das man sich bei uns unter einer „Tal"-Landschaft, noch dazu einer tropischen, vorzustellen pflegt.

Noch unfaßbarer ist die Tatsache, daß nur 1000 m höher und selbst zu Fuß in wenigen Stunden erreichbar ein Nebelwald steht, der nach dem anderen Extrem hin nicht zu überbieten ist. Schon auf dem Kamm des unmittelbar über Motozintla aufsteigenden C. Tuixcum und C. Allende – man sieht die Schule von Allende auf einem Vorsprung in ± 2300 m deutlich vom Städtchen Motozintla aus liegen – hängen selbst in der Trockenzeit an vielen Tagen die Wolken, weht nasser, kühler Wind von Osten, durchfeuchten die Nebel tagelang so intensiv die Athmosphäre, daß es ununterbrochen von den Bäumen tropft und kleine Rinnsale unter ihnen abfließen. Das gleiche gilt für den trefflich bezeichneten Cerro Los Alisios (der „Passatwindberg") und immer mehr zunehmend für die Kämme gegen die Hauptwasserscheide bei Niquivil hin. Die Stämme brechen fast und die Äste oft genug unter der Masse der aufsitzenden Nestfarne,

Moose, Bromelien, Orchideen u. a. m. Hier wirken sich, in schroffem Gegensatz zum Motozintla-Tal, beide Windsysteme, das atlantische und pazifische, gleichermaßen aus. Auch Waibel (S. 59) stellt diese überraschende Nachbarschaft zweier grundverschiedener Feuchtigkeits- und Vegetationstypen heraus. Nur wenige Schritte genügen auf dem Kamm oft, um aus dieser nassen, klebrigen Kühle unmittelbar in die von unten heraufsteigende trockene Warmluft zu gelangen.

Der Gürtel zwischen diesen beiden extremen Pflanzengesellschaften, der Dornsteppe und dem Wolkenwald, ist bzw. war mit Kiefern-Eichen-Madrón-Wald ausgefüllt. Heute findet er sich im Bereich des Motozintla-Tales und seines oberen Abschlusses in nennenswerten Beständen nur noch am Tuixcum-Allende-Sporn (vergl. Fig. 55 u. 56) und auf der Loma (Rücken) zwischen den Tälern des Agua de las Canoas und R. Buenos Aires, im übrigen nur noch flecken- und punktweise. Unaufhörlich schmelzen die Bestände durch die Milpawirtschaft und den Brennholzbedarf weiter zusammen; Tag um Tag kommen Packtierkolonnen mit Kiefern- und Eichenscheiten aus den – noch stark indianischen - Bergdörfern herunter. Es bestehen Bestrebungen, die Restwälder unter nationalen Naturschutz zu stellen, denn nur die Bäche, die sich in ihnen sammeln, führen in der Umgebung von Motozintla noch ständig Wasser. Vom Agua de las Canoas wird seit einigen Jahren Trinkwasser in das Städtchen geführt. Im Oberlauf des kleinen Flusses ist eine Staumauer mit Sandfiltern, weiter unterhalb ein Zementbecken mit Kläranlage angelegt worden. Die Weiterführung des Wassers erfolgt durch unterirdisch verlegte Rohre.

Der Ort Motozintla, (Abhang der grauen Eichhörnchen) auf einer unteren Terrasse des trockenen Flußbettes und an drei einmündenden Nebentälchen lang auseinander gezogen, ist heute „Villa" (Flecken) und Haupt eines großen, bis ins Soconusco hinüber reichenden Gebirgs-Municipios. Im Jahre 1950 wurden für es selbst 3250, für das gesamte Municipio gut 19 000 Einwohner angegeben. Heute wird der Flecken 4000 Köpfe bereits überschritten haben. Er erlebte eine rasche Entwicklung, denn erst um 1880 stellten sich erste Kreolen und Ladinos in dem vorher nur von Indios bewohnten Tal ein. Die Mehrzahl der Indios wich allmählich ins Gebirge bis hinüber nach Pinabete, Chancul und anderen Bezirken jenseits der Wasserscheide, zurück. Zusammen mit dem gesamten Cuilco-Tal, den Blockmassiven bis fast nach Siltepec hin und dem gegenwärtigen Municipio Frontera Comalapa, gehörte Motozintla bis dahin noch zu Guatemala und wurde erst 1883 auf Grund des Grenzvertrages zwischen der Nachbarrepublik und Mexico offiziell dem Staat Chiapas eingegliedert. Zunächst als San Francisco Motozintla, später zu Ehren des 1920 ermordeten revolutionären Führers Ismael Mendoza, dem die Bevölkerung des Ortes manches zu danken hatte, in Motozintla de Mendoza umbenannt (nach A. M. Corzo, 1946, S. 80), hat es seit dem Aufblühen der Kaffeekultur im Soconusco und dem dadurch gesteigerten Durchgangsverkehr einen steten Aufschwung erlebt.

Hier ist „der" große Rast- und Sammelplatz der aus dem Valle Central durch das Cuilco-Tal mit Mais, Bohnen, Schnaps zur großen Kaffeezone hinüberziehenden Arrieros (Treiber) und ihrer oft noch mit dem alten,

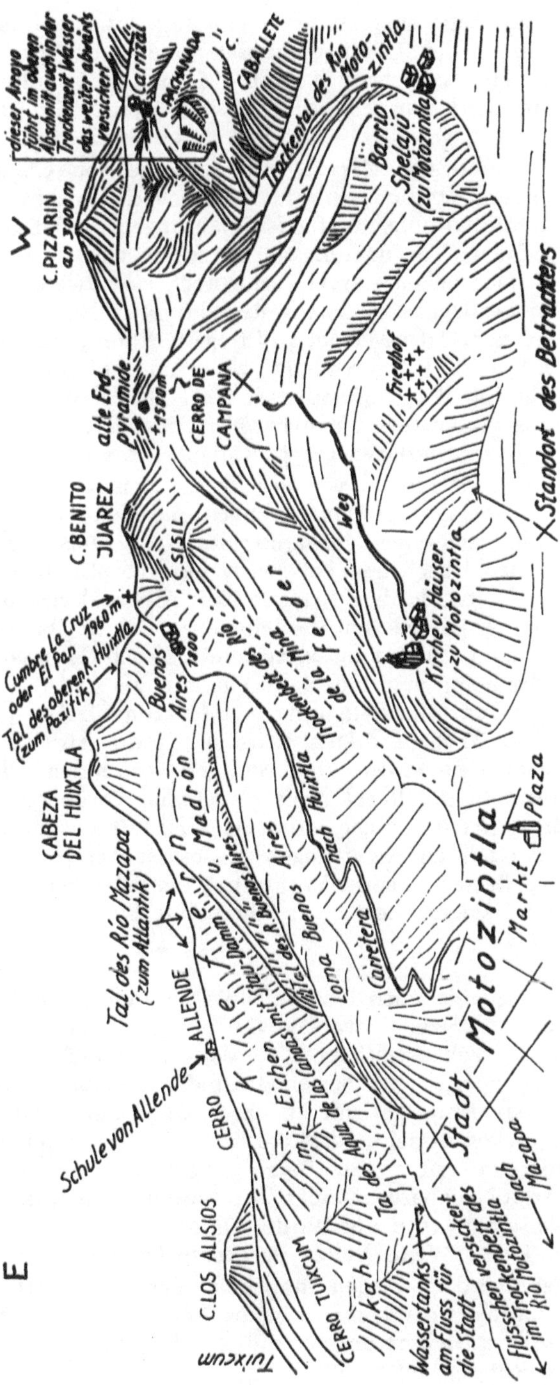

Figur 56. Blick vom Cerro de Campana bei Motozintla von Ost nach West. 9. 1. 1958

schön verzierten Lederzeug ausgestatteten Tragtiere sowie zahlloser Braceros (Saisonarbeiter). In den Übernachtungsstationen wird man an orientalische Karawansereien erinnert. Rastrajo (Maisstroh) ist hier ein vielgefragtes Handelsprodukt, von weither aus den Dörfern wird es auf Tier- und Menschenrücken in gewaltigen Bündeln herbeigeschleppt. Dieser rege Verkehr auf dem wichtigsten aller Durchgangswege von Chiapas leidet talab unter den außerordentlich schlechten Wegeverhältnissen. Teils vollzieht er sich im Geröllbett unter vielfachen Querungen der Flüsse, teils auf schwierigen Hangpfaden. Von dem bis zur Ebene hin vorhanden gewesenen halben Dutzend Hängebrücken war 1958 nur noch eine zwischen Tapitzalá und seinem gegenüberliegenden Barrio Regadío begehbar. Alle anderen waren durch Hochwasser oder Mangel an Pflege verlorengegangen. Die von de la Peña (1951, I. S. 101) erwähnte größte und solideste bei Nuevo Amatenango (früher Río Blanco, 1950: fast 1000 Einw.) bestand nur noch aus den Resten eines zerborstenen Pfeilers. Nirgends wäre zum Vorteil des höchstentwickelten Wirtschaftszweiges in Chiapas, des Kaffeeanbaues im Soconusco, der Finqueros sowohl wie der Braceros, und damit zum Vorteil des gesamten Staates eine die Entfernungen und Unkosten vermindernde Verbindungsstraße zwischen Hochland und Küste, das bedeutet hier zwischen zwei arbeitspolitisch und volkswirtschaftlich absolut aufeinander angewiesenen Teilgebieten, so dringlich wie hier. Alle anderen, unverständlicherweise vordringlich geförderten Straßenbauprojekte in Chiapas erscheinen dagegen zweitrangig. Schätzungsweise allein 30 000 Saisonarbeiter der Kaffeeplantagen, die heute vom Hochland aus mit Bus und Bahn auf dem großen Umweg über Tuxtla-Cintalapa-Arriaga-Huixtla für Hin- und Rückweg immer noch 5-6 Tage benötigen, würden für die Anreise auf einer direkten Zufahrtsstraße nur ebensoviele Stunden verwenden. Da sie auch innerhalb der Saison in der Regel mehr als einmal vorübergehend nach Hause zurückkehren, um dringliche indianische Feste nicht zu versäumen, steigert sich der Ausfall an Arbeitstagen um ein mehrfaches. Außerdem verschlingt die lange Reise – mit der Verlockung der Schnapsbeschaffung – zum Nachteil der Volkswirtschaft einen übermäßig hohen Anteil der verdienten Lohngelder.

Über die Wasserscheide nach Huixtla hin ist durch einen 1953 fertiggestellten Autoweg – „Straße" wäre zuviel gesagt – eine umwälzende Vereinfachung des Verkehrs geschaffen worden, wenn auch nach wie vor der Saumtierverkehr noch weiter besteht. Auf der Soconusco-Seite trugen die anliegenden Kaffeefinqueros mit $^2/_3$, der Staat Chiapas mit $^1/_3$ zu den Kosten eines Teilstückes dieser „Carretera" bei. Den gesamten Rest baute der Flecken Motozintla, unter reger Beteiligung freiwilligen Arbeitshilfsdienstes interessierter Nachbargemeinden. Die Straße ist noch sehr schlecht und so schmal, daß über lange Abschnitte nur an bestimmten Stellen ausgewichen werden kann. Wenn hinter Bergvorsprüngen die Warnsignale nicht gegeben oder überhört werden, muß einer der Wagen oft kilometerweit im Rückwärtsgang zurückfahren. Jeder Wagen muß in Motozintla 12,50 Pesos Wegezoll entrichten und nimmt nach Möglichkeit ein Häufchen Steine für Ausbesserungsarbeiten mit.

Da im Motozintla-Tal verwendbares fließendes Wasser für die Stromversorgung infolge der Versickerung des Flusses nicht mehr zur Verfügung steht, wurde zwecks Errichtung einer kleinen Planta auf den strömungs- und wasserreichen Río Chimalapa jenseits des C. Caballete ausgewichen. Die Leitung mußte über den 1650 m hohen Paß des Berges hinweggeführt werden. Die mit Turbine und Dynamo schweizerischer Herkunft ausgestattete Planta ist seit 1954 in Betrieb und leistet bei 60 m Gefällsdruck und 1100 Umdrehungen 60 – 75, normal 67 Kilowatt.

Auch im übrigen nahm Motozintla am zeitgemäßen Fortschritt mehr teil als mancher andere Platz von Chiapas, nicht zuletzt wohl deshalb, weil der Staatsgouverneur der jüngsten Amtsperiode, D. Efraim Aranda Osorio, aus diesem Municipio stammte und ihm besondere Förderung entgegenbrachte. Es besitzt Verwaltungs- und Grenzbehörde, Gesundheitsdienst und Hospital (1958 in Bau), eine große saubere Plaza, einen modernen Markt, Volks- und gehobene Schule, einige Hotels, darunter sogar ein dreistöckiges, und – neben den unvermeidbaren, ununterbrochen dröhnenden „fortschrittlichen" Musikmaschinen und Lautsprechern – sogar einige Straßenbeleuchtung und Leuchtreklame über dem Kino, einmalige Errungenschaften zwischen Huixtla und Comitán. Bis zum Malé hinauf sieht man nachts den kleinen erleuchteten Komplex durch die endlose Finsternis schimmern.

In der Nachbarschaft, durchweg höher gelegen als der Flecken selbst, sind nach der Agrarreform zahlreiche neue Bauernkolonien auf ejidalem, nationalem und privatem Grund entstanden. Buenos Aires, Benito Juárez und El Carrizal stehen bereits über oder dicht an der 1000 Einwohner-Grenze. Ob Motozintla künftig auch ein Minenplatz werden wird, bleibt abzuwarten. Alle früheren Feststellungen bzw. Mutmaßungen, daß Chiapas keine abbauwürdigen Erze enthalte, sind jedenfalls überholt. Das Gebirge ringsum hat zahlreiche Erzvorkommen aufzuweisen. Versuche zum Abbau sind bisher wegen ungenügender technischer Ausrüstung, am Kapitalmangel und am Transportproblem fehlgeschlagen oder nicht weitergekommen. Auf kleine verlassene Stollen und Schürfstellen trifft man z. B. oberhalb Chimalapa und unterhalb Mazapa. A. M. Corzo erwähnt (1946, S. 80) die Bemühungen eines Engländers namens Thomas Reay (oder Ray?). Zur Zeit der Besuche von Helbig (Ende 1957 und März 1958) unterhielt der Schweizer Juan Sonderegger wenig oberhalb Amatenango de la Frontera am linken Talhang eine kleine Mine. Die in die nächstgelegene (!) Schmelzhütte von San Luis Potosí weit im Norden Mexicos geschickte Probeladung ergab gute Resultate an Kupfer, Zink, Titan, und Nebenerzen. Die in Aussicht gestellte technische Beihilfe blieb jedoch aus, so daß auch dieser Versuchsbetrieb nicht weitergeführt werden konnte.

5. Die großen Kaffeetäler

Mit dem vorhergehenden Abschnitt ist ein gedrängter landschaftskundlich-monografischer Überblick des oberen Grijalva-Stromgebietes im großen und ganzen abgeschlossen. Auch die im folgenden zur Sprache kommenden

Täler sind innerhalb der „Sierra Madre" bei der Wiedergabe der natürlichen Gestaltung und Ausstattung dieses Gebirges bereits mit erfaßt worden. Warum sie dennoch abgesondert als eigenständige Teillandschaft behandelt werden, ist in der Einführung zu diesem Kapitel schon angedeutet worden. Jedes für sich ist vor allem seines Kaffees halber in jüngerer Zeit ein Begriff geworden, und alle zusammen bilden heute – wenn auch mit Zahlen schwer erfaßbar – ein wesentliches Glied im Wirtschaftspotential der Grijalva-Cuenca. Gleichzeitig bedeuten sie sowohl für die Municipios als den Staat Chiapas und die föderale Finanz eine gute Einnahmequelle, denn alle drei erheben auf jeden Sack Kaffee, ob er exportiert wird oder im Lande bleibt, eine nicht geringe Steuer.

Da diese – nicht zuletzt von deutschen Pflanzern veranlaßte – wirtschaftliche Entwicklung zumindest für einige der Täler noch recht jung und wenig bekannt ist, selbst ihre Anfänge datieren noch keine fünfzig Jahre zurück, soll die Herausstellung erst recht nicht unterbleiben. Andererseits soll eine eingehende Beschreibung der Kaffeekultur nach der agrartechnischen und betrieblichen Seite hin hier nicht vorgenommen werden. Darüber gibt es Auskunftsquellen genug; speziell auf die Sierra Madre von Chiapas zugeschnitten sind Waibels Ausführungen darüber (1933, S. 112 ff) und Helbigs Arbeit über die Landschaft Soconusco.

Kaffee benötigt bei guter Verteilung der Regen namentlich in der Blütezeit und nicht zu starker Heftigkeit vor der Reife mindestens 2000, möglichst nicht weniger als 2500 mm Niederschlag. Hinzu gehört eine für die Ernte gesicherte, aber das Wachstum nicht unterbrechende, also höchstens 3-4 monatige Trockenzeit. Ferner müssen nicht allzu hohe, jedoch stets frostfreie Temperaturen, wie vor allem mittlere tropische Höhengebiete sie aufweisen, und möglichst tiefgründige Verwitterungsböden vorliegen. Gegen austrocknende Winde (Föhn) und Stürme (Nortes, Tornados) ist Kaffee sehr anfällig, gedeiht also am besten, wo sie nicht auftreten. Er übersteht nicht nur, sondern er bevorzugt Schräghanglagen und wächst selbst noch an Steilhängen, wo die meisten anderen Kulturen nicht mehr möglich sind.

Alle diese Bedingungen sind an der Binnenabdachung der Sierra Madre zwar nicht überall, aber reichlicher vorhanden, als frühere Reisende zu überblicken vermochten. Da die Regenmenge der ausschlaggebende Faktor für die Kaffeekultur ist, scheiden von vorn herein alle nicht genügend feuchten Gebiete aus, denn Bewässerung lohnt sich vielleicht noch im kleinen bäuerlichen Garten, wird von den Großbetrieben aber abgelehnt. Rein vegetativ decken sich die Grenzen des Kaffeeanbaues mit denen der „montaña", des immergrünen und auch noch des wechselgrünen Berglaubwaldes. In Ausnahmefällen findet man Cafetales sogar in der Randzone des Kiefernwaldes; in keinem Falle aber können sie im Trockenwald angelegt werden. Außerdem liebt Kaffee Schatten, richtiger gesagt Halbschatten, wie er nur unter einer ganzjährigen Laubbedachung möglich ist. Unter Zusammenfassung aller Ansprüche des Kaffeestrauches (cafeto) ergibt sich an der Binnenabdachung der Sierra ein Gürtel zwischen bestenfalls 900 und 1600 m, optimal 1000 bis 1450 m Höhe, der nach NW einigermaßen geschlossen nicht über die westlichen Nebentäler des R. Custepec hinausreicht.

Vom Soconusco kam der Kaffee nach hier erst nach der 1908 erfolgten Eröffnung der pazifischen Bahn (Ferrocarril Panamericano) herüber, und zwar 1910/11 durch den deutschen Finquero Guillermo Kahle in das von ihm „Prusia" (Preussen) genannte Tal südlich von Jaltenango. Das 1000 bis 1450 m hohe Gelände – höher hinauf ist der Anbau noch möglich, wird aber zu kostspielig – ist, von der schmalen Talsohle und kleinen Hang-Verebnungsflächen abgesehen, sehr gebrochen und oft ausgesprochen steilwandig. Die Arbeiten in den Cafetales, namentlich die dreimaligen Reinigungen jährlich, werden dadurch reichlich teuer. Der Untergrund besteht aus quarzreichen Granodioriten und Graniten, sehr harten Quarziten und in der Höhe aus etwas weicheren Quarzsandsteinen. Die darüber gebildeten rötlich-gelben Lehmböden sind nicht erster Qualität, beginnen aber erst jetzt, nach fast fünfzigjähriger Nutzung, spürbar an Fruchtbarkeit nachzulassen, so daß mit Nitro - Phosphor - Kali (der Badischen Anilin- und Sodafabriken) und Pulpe-Kompost nachgeholfen werden muß. Zur schnelleren und gründlicheren Zersetzung der Pulpe werden ihr neuerdings die in einem Institut in Mexico nach dem Francés'schen Verfahren entwickelten Naturbakterien zunächst in Form von Saprophyl-Pulver (mit Abbaubakterien), später von in Wasser aufgelösten Edaphonbriketts (mit humusbildenden Bakterien) beigemengt. Die früher jahrelang dauernde Zersetzung der Pulpe vollzieht sich unter dieser Methode bereits in 4-6 Monaten; gleichzeitig verschwinden der üble Geruch und die Scharen von Onchocercosis übertragenden Moscas, die sonst über den Pulpehaufen schwärmten.

Die noch immer im Besitz der Familie Kahle befindliche Finca Prusia (derzeitiger Besitzer Walter Kahle, Hauptverwalter sein Schwiegersohn Hubertus von Knoop) ist von ihrem kapitalkräftigen Gründer von vornherein, insbesondere ab 1921 als Großunternehmen von 970 ha aufgezogen worden. Zu Beginn des Zweiten Weltkrieges erbrachte sie gut 11 000 Quintales Oro. Zur Zeit des „Fideï-Kommisses" (Konzentrierung der Deutschen während des Zweiten Weltkrieges in der Hauptstadt und Einsetzung mexicanischer Treuhänder auf den Pflanzungen) sank die Produktion auf 4500 Quintales ab. In der Gegenwart erbringt sie von den nach den Landabgaben verbliebenen 11, größtenteils bepflanzten, caballerias (je 42,795 ha, also rund 470 ha) im Jahresdurchschnitt 20 000 Kisten je 70 kg Uva (Kirschen) und 7500-8000 Quintales Oro (Arabis und Maragogype), was einem Hektarertrag von mindestens 15 Quintales entsprechen würde. (Waibel, S. 133, gibt für 1926 erst 7,5 qts an.) In ständiger Beschäftigung stehen 60-70 Familien, während der 3-4 monatigen Erntezeit (Dez.-Apr.) erhöht sich die Zahl der männlichen und weiblichen Arbeitskräfte, Indios aus dem Hochland um San Cristóbal und Comitán sowie Saisonarbeiter aus den Llanos, auf ± 800 Köpfe. Der Kaffee hat hohen Säuregehalt, eignet sich daher wenig zum Reinverbrauch, ist für Mischungen aber um so begehrter und wird gut bezahlt.

Jahrzehntelang mußte die Abfuhr teils mit Ochsenkarren über die Llanos via Villa Flores nach Tonalá oder mittels Maultieren auf einem seitens der Finca erstellten Reitweg von 60 km Länge (nach Messungen von Walter Kahle: 55 000 Schritt) über das Triunfo-Plateau an die andere Seite der Sierra zur pazifischen Bahn erfolgen. Jetzt erfolgt sie in Lohnfracht über die finca-eigene 32 km lange Straße im Prusia-Tal nach Angel Albino Corzo und weiter im Valle Central 135 km nach Tuxtla zur Carretera Panamericana. Die Wagen nehmen 2,5-4 t Ladung, wofür im Durchschnitt 250.– Pesos Transportkosten aufgewendet werden müssen. Zum Vergleich: Die Fincas im Huixtla-Bezirk im Soconusco zahlen bis Bahnhof Huixtla durchschnittlich 50.– Pesos je Tonne (Preise für 1958). Somit liegen die Unkosten für Frachten an der Binnenseite der Sierra noch wesentlich höher als an der pazifischen Seite; dafür gestaltet sich die Arbeiterbeschaffung hier jedoch billiger.

Im oberen Teil des Catarina-Nebentales hat sich, vorwiegend auf ehemaligem Prusia-Gelände, ab 1929 auf noch jungen Böden, aber durchweg sehr steilem Gelände die Finca La Catarina (1250 m, Besitzer Valentin Plettner) entwickelt, im Jahre 1958 noch ohne Trockenbenefiz, mit ± 3000 qts Pergamino-Ertrag. Wie schon im Wirtschaftskapitel erwähnt wurde, war sie die einzige Großfinca an dieser Seite der Sierra, die mangels Straßenanschluß noch bis in die jüngste Zeit über das Gebirge hinweg zur pazifischen Bahn abtransportieren mußte. – Im unteren Teil dieses Tales bzw. des benachbarten, ebenfalls zum Prusia führenden, Palmar-Tales haben mehrere kleine Fincas (Armenia, Esperanza, Ceñido) ihre Anpflanzungen ausgebreitet.

Östlich von Prusia entstand im nächstfolgenden Tal des R. Limón in gleicher Höhe ab 1921 die Finca Liquidámbar (seit 1922 im Besitz der Familie Hermann Schimpf sr. und jr.). Im Gegensatz zu dem vorsätzlichen Großunternehmen Prusia wuchs sie langsamer heran, ist gegenwärtig mit Jahresmittelertrag von 9500 qts Eigenernte (Arabis und Marago) zuzüglich ± 1000 qts aus aufgekauftem Pergamino erstellten Oro jedoch zur größten Kaffeepflanzung an der gesamten Binnenseite der Sierra geworden. Auf der Pflanzung leben neben dem Verwaltungsstab ständig rund 100 Arbeiterfamilien, in der Ernte werden 1200 Pflücker beschäftigt. Die Betriebs- und Wohngelände der Fincas Prusia und Liquidámbar nehmen sehr bedeutende Komplexe ein (vergl. Fig. 57); nach Anlage, Pflege und Versorgung unterscheiden sie sich vorbildlich von den üblichen ländlichen Siedlungen des Landes. Die Böden, vorwiegend Granit und Sandsteine, scheinen hier noch weniger ausgelaugt zu sein als im Prusia-Tal. Zu ihrer Verbesserung werden auf Liquidámbar ausschließlich organische Dünger verwendet. Die Finca führte ihren Kaffee früher auf einem 18 km langen Anschlußweg über den Prusia-Weg nach Mapastepec ab. Jetzt besitzt sie im breiteren und besser als das Prusia-Tal zugänglichen Limón-Tal ebenfalls eine Fahrstraße nach A. Alb. Corzo (28 km). Unterhalb an Liquidámbar schließt die ebenfalls bedeutende Finca Monte Grande (im Besitz des Levantiners Samuel Moisés) mit ± 4000 qts Produktion an.

Zur Zeit von W a i b e l s Besuch waren nur erst Prusia- und Limón-Tal Sitze von Großunternehmen. Er hielt aber die Ausdehnung der Kaffeekultur nach NW für möglich, zumal am Río Custepec schon Anfänge dafür zu verzeichnen waren (1933, S. 134). Seitdem ist das bezüglich Klima, Boden und Geländegestaltung in der Tat gut geeignete Tal dieses Flusses zu einer dritten großen Domäne der Kaffeekultur geworden, und zwar hauptsächlich

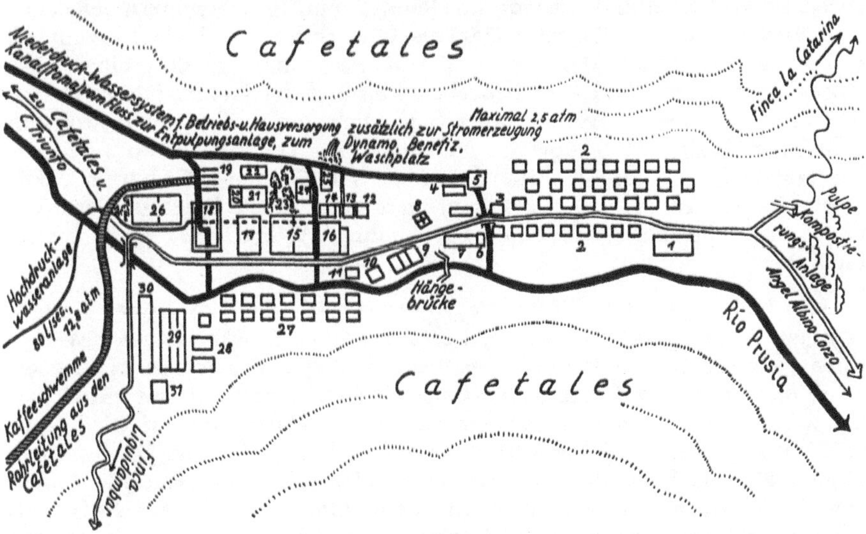

Figur 57 Wirtschafts- und Wohnkomplex einer Kaffee-Groß-Finca, 1958. (Prusia, Besitzer Walter Kahle, Verwalter Hubertus v. Knoop).

1. Sportplatz
2. 74 Häuser für Arbeiterfamilien
3. Tienda (Laden) der Finca, verpachtet
4. Privat-Tienda
5. Waschplatz
6. Schlachtplatz
7. Marktstände
8. Kirche
9. Angestelltenwohnungen u. Schule
10. Tankstellen, Zementschuppen
11. Maultierstall
12. Carcel (Haftlokal)
13. Maissilo für 100 t.
14. Werkstätten und Garagen
15. Patios (Kaffee-Trockenhöfe)
16. Trockenbenefiz, mit Schäl-, Trocken-, Sortiermaschinen usw., Kraftanlage. Kaffeespeicher, Maisspeicher für 150 t. Maismühlen, Verladerampe
17. Bodega (Ausrüstungslager), Zementdach dient als Patio.
18. Naßbenefiz (Entpulpungsanlage).
19. Kaffeekirschen-Empfang
20. Büros und Polyklinik
21. Wohnhaus des Verwalters
22. Wirtschaftsgebäude
23. Garten
24. Tennisplatz
25. Schwimmbassin mit Wasserfall
26. Angestellten- und Gästehaus
27. Junggesellenhäuser für Arbeiter
28. 2 Häuser für Comitecos, mit Küchenhaus
29. Kaffee-Pflanzbeete
30. Junggesellenbaracke für 400 Chamulas
31. Hauptküche mit Maismühle, Tortilla-Maschinen (i. d. Hauptsaison täglich bis zu 15 000 Stck.; Gesamtverbrauch jährlich ± 200 t Mais, 17 t Bohnen, 9 t Zucker, 3 t Salz, wöchentlich 1-2 Rinder).

auf Initiative wiederum eines Deutschen: Juan Martin Pohlenz, und seiner vielköpfigen Nachkommenschaft. Nach manchen Rückschlägen (Brände, Revolution, Internierung, Aufteilung) kam die bereits 1918 gegründete Finca Custepec (1000 m) erst ab 1951 zu bedeutender, noch nicht abgeschlossener Entwicklung. Der 2400 ha große Besitz ist weitgehend innerhalb der Familie aufgeteilt; von den schon in Produktion befindlichen, zwischen C. Azul und C. Venado im Haupttal und in Nebentälern gelegenen Cafetales wurden (1958) rund 6000 qts Oro, durchweg Árabis, erzielt. In mehreren Seitentälern des oberen R. Custepec sind überdies eine ganze Anzahl von Mittel- und Kleinbetrieben während der letzten Jahre entstanden bzw. zur Zeit im Ausbau begriffen. Auch von ihnen sind mehrere in deutschem Besitz; El Gadow im gleichnamigen Tal: Ernesto Jaeger; Las Nubes im Tal des R. Nueva Linda: Guillermo Sonnemann, Nueva Esperanza: Ricardo Baumann. Als höchste liegt am Cerro Venado die nicht sehr große Finca La Cumbre: W. Hotow; vergl. hierzu Figur 36.

Alle bisher genannten Täler liegen im Bereich des kristallinen Kettengebirges. Aber Kaffee ist ebensogut in den großen Blockmassiven des Südostens vorhanden. Im Rahmen des Pacayal-Berglandes wurde bereits gezeigt, daß er auch auf Kalkböden Einzug gehalten und sich gut entwickelt hat, während die Finqueros im Soconusco seinen Anbau nur auf kristallinen und vulkanischen Gesteinen für lohnend hielten. Selbst im Sandsteingebirge (Delicias-, Honduras-, Guerrero-, Nicolás-Tal) ist er heute nicht mehr fremd. Nahezu alle Täler südöstlich des R. Limón beherbergen Kaffeeanpflanzungen, wenn auch nur wenige davon größeren Umfang angenommen haben, wie z. B. die Fincas La Suiza, El Olvido, Candelaria und La Lucha im Independencia (Suiza)-Tal. Das San Nicolás-Tal ist im Bereich des Ranchos El Rosario und des Ejidos Nueva Colombia (300 Einw., auf früheren Weideflächen der verschwundenen Finca Talismán, ± 1600 m) voll von üppigen Cafetales, hier allerdings zumeist auf tief verwitterten Andesiten.

Für den Bereich der Sub-colecturia (Steuererhebungs-Unterbezirk) Monte Cristo (Vicente Guerrero) stellte Don Augusto Z. Affre aus Angel Albino Corzo (mit Brief vom 5. Sept. 1959) folgende sehr aufschlußreichen jüngsten Jahresproduktionsziffern zur Verfügung, und zwar in „bultos", das sind Säcke je 59 kg Pergamino (zwei davon sind eine Maultierlast oder „carga", und 100 kg Pergamino ergeben mindestens 80 kg Café oro). In Klammern hinzugefügt werden die Einwohnerzahlen nach dem Zensus von 1950. Sie haben sich in manchen Siedlungen seitdem allerdings nicht unerheblich verschoben, und bei den Fincas enthalten sie nur die ständige Belegschaft, ohne Saisonarbeiter:

Nueva Independencia, Ejido (276)	500	bultos
Nueva Colombia, „ (297)	500	„
Puerto Rico, „ (105)	400	„
La Laguna el Cofre, Colonia Agrícola (198)	500	„
Plan de Ayutla, Congregación (89)	300	„

La Suiza, Finca (47)	2000	,,
Candelaria ,, (?)	500	,,
El Olvido ,, (28)	600	,,
Flor de Mayo ,, (?)	300	,,
San José los Cimientos, y Anexos, Finca (148) . . .	300	,,
La Lucha, Finca (?)	250	,,
El Matazana, ,, (?)	200	,,
El Esfuerzo, ,, (34)	200	,,
Reynaldo Sanchez (wahrscheinlich Rancho El Rosario)	200	,,
La Vainilla (?)	200	,,
Santa Rita (?)	150	,,
Argentina (?)	100	,,

Das sind allein in diesem kleinen Bereich, der sich auf die Flußgebiete des Río de la Independencia (Suiza) und des Río San Nicolás beschränkt, 7200 (von der Steuer erfasste!) Sack Pergamino oder rund 340 t Café Oro in einem Jahr.

Ganz besonders ausgedehnt hat sich der Kaffeeanbau weiter südostwärts in den Kalkmassiven. Schon Waibel spricht (S. 132) von kleinen indianischen, teils bewässerten Kaffeegärten bei den 1600 m hoch gelegenen Dörfern San Pedro Remate (Bella Vista) und San Isidro (Siltepec). Diese beiden Municipios haben sich seitdem zu ausgesprochenen Kaffeelieferanten entwickelt. Das Tal des R. Bella Vista, so eng und steil es ist, trägt eine nahezu ununterbrochene Reihe von kleinen Cafetales an seinen Hängen. Südlich von Comalapa ist das Reforma-Tal (R. Chilimuya) zu nennen, und weiterhin sind auf den großen Massiven der Chicharras und des Ojo de Agua bis ins Municipio Bejucal de Ocampo hinein überall in entsprechender Höhenlage hunderte, ja vielleicht tausende von kleinen Kaffeepflanzern zu finden. Comalapa und Chicomuselo sind die Zwischensammelplätze ihrer nach Comitán und zur Carretera weitergehenden Ernten von gutem Maragogype- und Árabis-Kaffee. Betreffs der Mengen sei auf die Tabelle im Wirtschaftskapitel verwiesen. Nur die Hochrücken der zentralen Wasserscheide trennen dieses ausgedehnte junge Anbaugebiet noch von dem alten „klassischen" des Soconusco. Für den Bereich Chicomuselo - Comalapa - Pacayal, also die Klein-Produktionsgebiete am südöstlichen Binnenrand der Sierra Madre, schätzte ein Händler für 1958 die zum Verkauf gekommenen Mengen auf 40 000 Quintales (im weiteren Bereich des hier zur Darstellung gelangten Landesteils 6000 Quintales für Comitán und 3000 für Nuevo León - Teopisca) [23]).

Eine wesentliche landschaftliche Umgestaltung ist, wenigstens dem äußeren Anblick nach und abgesehen von den Siedlungskomplexen nebst ihren

23) Freundlichst mitgeteilt von Don José Weber, S. Cristóbal L. C., mit Brief vom 20. Juni 1959

notwendigen Milpas, durch die Kaffeekultur selber nicht hervorgerufen worden. Die kleinen Bauern pflanzen, wo nicht unter Bananen, zumeist in den gelichteten Primärwald hinein. Fortschrittliche Kaffeebauern und vor allem die großen Fremdfinqueros entfernen ebenfalls den Wald nicht gänzlich. Sie lassen alle als Schattenspender geeigneten, das heißt die nicht zu dicht belaubten, daneben auch die schwer zu schlagenden Bäume, wie den mit steinigen Konkretionen im Stammholz versehenen Mezcal, stehen und pflanzen weitere Schattenbäume hinzu. Am meisten werden dafür gewählt Chalúm und fiederblättrige Mimosen. Gerade von diesen nehmen viele nachts Schlafstellung ein und lassen den notwendigen Tau gut durch; tagsüber spenden sie zuträglichen Halbschatten und regulieren die Verdunstung anspruchsgemäß. Außerdem wirken ihre Wurzeln stickstoffanreichernd.

Die Kleinpflanzer bleiben neben der Bewirtschaftung ihrer Cafetales in der Regel landwirtschaftliche Selbstversorger. Rinder dagegen halten sie meistens nicht, sie gedeihen ohnehin schlecht in der Feuchtwaldregion, außerdem nützt man das Gelände vorteilhafter für den Kaffee als für Weideflächen. Dagegen müssen Pferde und Maultiere für den Transport ausreichend zur Verfügung sein. Schweine, Hühner und vor allem Truthühner (guajalote, bei den Mames „champipe") sieht man bei jedem Hause.

Alle Großfincas dagegen betreiben nach wie vor absolute Monokultur. Bestenfalls sind kleine Hausgärten, etwas Milch- und Kleinvieh vorhanden, und für die ständigen Arbeiter steht Milpagelände zur Verfügung. Die Masse der Braceros wird durch Zukauf von Lebensmitteln verpflegt. Je Kopf und Tag werden 1200 gr Mais, 200 gr Bohnen, 70 gr Fleisch, dazu Kaffe, Zucker und Gewürze als gut ausreichend erachtet. Die Lebensmittel sind bedeutende Rückfrachten der den Kaffee abtransportierenden Packtiere und Lastwagen. Durchschnittlicher Tagelohn neben der Verpflegung betrug 1957/58 nicht über 10 Pesos; geschickte Pflücker brachten es im Akkord auf 18, mit Familie im Höchstfall auf 35 Pesos. Bei sechswöchentlicher Verpflichtung wurde ein Wegegeld von 15 Pesos gezahlt (im Soconusco für 13 Wochen Verpflichtung 35 Pesos). Man muß dabei berücksichtigen, daß diese Lohngelder für die Saisonarbeiter, namentlich die indianischen, oft die einzige größere Bareinnahme für das gesamte Jahr darstellen.

Ohne Überheblichkeit kann gesagt werden, daß diese erfreuliche und zukunftsfrohe Aufwärtsentwicklung in einem noch vor 50 Jahren wirtschaftlich völlig unbedeutenden Gebirgsabschnitt ohne die – zwar einträgliche, aber ebenso aufreibende und oft enttäuschende – Pionierarbeit der deutschen Pflanzer sehr wahrscheinlich in solchem Umfang nicht stattgefunden haben würde. Das wird auch von den Mexikanern einschränkungslos anerkannt. Diese Finqueros verdienen auch noch in anderer Hinsicht eine Würdigung. Neben ihren vielseitigen landwirtschaftlichen, fabriktechnischen und kaufmännischen Aufgaben sind sie in allen Fällen gleichzeitig verantwortlich für das Gesundheits- und Schulwesen, die Verwaltung und Rechtspflege ihrer stattlichen Belegschaften. Außerdem sind sie durchweg wissenschaftlich sehr interessiert. Sie liefern das beste meteorologische Beobachtungsmaterial an die Wetterämter, führen Bodenuntersuchungen durch, betreiben Waldschutz, bekämpfen die Erosion, legen Sammlungen an und vor allem: sie öffnen jedem durchkommenden Studienreisenden gastlich ihre Tür und gewähren ihm rückhaltlos Einblick in den großen Schatz ihrer Erfahrungen. Dafür sie ihnen auch am Abschluß dieser landschaftlichen Übersicht Hochachtung und gebührender Dank gezollt.

VI. Schlußbetrachtung: Bilanz und künftige Möglichkeiten der Entwicklung

Die Durchwanderung und Bereisung der oberen Grijalva-Cuenca nach verschiedenen Richtungen hin hat, obwohl sie in der physiognomisch wenig ansprechenden Trockenzeit durchgeführt wurde, bezüglich der Entwicklungsmöglichkeiten auf Grund der vorhandenen Bestandsfaktoren im ganzen genommen keinen ungünstigen Eindruck hinterlassen. Von Natur aus ist dieses Stromgebiet zwar gewiß nicht gerade paradiesisch, in manchen Abschnitten sogar recht nachteilig ausgestattet worden mit steinigen und durchlässigen Böden, schwierigem Gelände, Wasserarmut, langer Trokkenzeit, Mangel an erfrischender Kühle und wohltuendem Schatten oder umgekehrt mit alzuviel Nebel und Nässe, auch mit lästigen und gefährlichen Insekten, ungesunden Sümpfen und tödlichen Mikroben.

Doch diese, wohl nirgends in ihrer Gesamtheit und immer nur lokal begrenzt auftretenden, Mängel werden kompensiert durch eine größere Summe positiver Gegebenheiten. Sie halten annehmbare, wenn nicht sogar günstige Lebensbedingungen für den Menschen bereit, vor allem dann, wenn er seine Kenntnisse und Kräfte nach bestem Vermögen zur Beseitigung etwaiger Nachteile und zur Verbesserung des vorhandenen Potentials einsetzt. Beweis hierfür ist unter anderem die weiter oben erwähnte Verwandlung extensiv genutzter Weidewildnisse in ertragreiche Felderlandschaften, weil die Geländegestaltung ideal, die Böden gut, die Regenfälle ausreichend sind bzw. die Anlage von Bewässerungen durchaus möglich war, und weil die Überwindung des Verkehrsproblems in Angriff genommen worden ist. Die Berge von Maiskolben und Sesamähren oder Kürbissen in den jungen Kolonialdörfern und Ackerbau-Hazienden des Valle Central, die aus der Sierra herabkommenden, mit Kaffee beladenen Packtiere, die Lastwagen voll Gemüse, Früchten und Schlachttieren auf den neuen Straßen und vieles andere mehr zeugt von einem Aufschwung, der bei einer mangelhaften natürlichen Ausstattung des Raumes nicht möglich sein würde.

Dennoch setzt auch dieses Land von Natur aus den Menschen manche Probleme entgegen, und wie überall fügt er auch hier nicht wenige durch Unkenntnis, Beharrungsvermögen und Mangel an Kräften selber hinzu, oder sie ergeben sich einfach aus der gegensätzlichen Mentalität und Zielsetzung der verschiedenen Bevölkerungsgruppen. Nehmen wir nur den – keineswegs in Chiapas allein stattgehabten – Zusammenprall grundverschiedener Wirtschaftsauffassungen und Produktionssysteme. Da stehen die nach konservativen Methoden und im Familieneinsatz für die Eigenversorgung arbeitenden indianischen bzw. mexicanischen Kleinbauern auf der einen, die nach modernsten Gesichtspunkten unter Einsatz von Fremdarbeit und Kapital für den Weltmarkt erzeugenden Fremd- und Großunternehmer auf der anderen Seite. Da sie aufeinander angewiesen waren, der eine um des Lohnes, der andere um der Arbeitskraft halber, mußten sie auch zusammen leben. Der eine lernte dabei rationelle Arbeit, Umgang mit Geld, Hygiene, bessere Lebensweise kennen (ohne allerdings diese Kenntnisse in allen Fällen praktisch für sich persönlich einzusetzen), und der andere mußte lernen, daß Großbesitz unter einer armen und landhungrigen Bevölkerung nicht auf die Dauer unangefochten bleiben würde.

Als unter revolutionären Entwicklungen und Regierungen – nach dem Sturz des Diktators Profirio Diaz, 1911, sind vor allem die Amtszeiten der Präsidenten Alvaro Obregón, Venustiano Carranza, und Lázaro Cárdenas zu nennen – die Zeit zur Änderung der Besitzverhältnisse gekommen war, haben verständlicherweise beide versucht, das Beste herauszuholen. Die Grundeigentümer bemühten sich, soweit es noch möglich war, durch geschickte Aufteilungen an Familienangehörige und Strohmänner soviel Besitz als möglich zu retten. Die zum Zuge gekommenen Reflektanten auf Grund und Boden arbeiteten mit den ihnen gemäßen Mitteln des organisierten Zusammenschlusses, der Forderung und nicht selten auch der aus dem Selbsterhaltungstrieb erwachsenen Gewalt. Die hieraus entstandenen Unzuträglichkeiten und Probleme dürften zu jenen gehören, die zum Vorteil einer weiteren Aufwärtsentwicklung des Landes am ehesten gelöst werden müssen. Der zur Landabgabe gezwungene Großgrundbesitzer muß aufhören, im „Agraristen" nur einen Räuber und Tagedieb zu sehen, der sich an den Früchten anderer gütlich tun möchte; und der also Beschuldigte muß, wo er es wirklich noch sein sollte, lernen, daß Besitz nur dann behauptet werden kann, wenn er durch höchsten Kräfteeinsatz täglich neu erworben wird. Ebenso müßte der dritte Partner, die Regierung, sich von dem bedenklichen politischen Druckmittel lösen, über die neu verteilten Ländereien keine Besitztitel auszugeben und sich überdies das Recht jederzeitiger Rücknahme des Landes in nationales Eigentum vorzubehalten, sofern der Nutznießer der herrschenden Partei untreu werden sollte. Denn diese Einschränkung erzeugt Unsicherheiten, die gerade für den auf weite Sicht arbeitenden Bauern wenig förderlich sind.

Angeschlossen seien einige weitere, ausschließlich von den Menschen selber ausgelöste Probleme, die in die gleiche Richtung zielen. Hierher gehört z. B. das System der Arbeiterwerbung für die Kaffeefincas mit Hilfe privater und ungenügend kontrollierter Agenten, der sogenannten „engachadores" (weil sie dem Angeworbenen einen „enganche", einen Vorschuß zahlen) oder „habilitadores" (Bevollmächtigten), anstatt durch uneigennützig arbeitende staatliche Vermittlungsämter. Denn diese, durch hohe Gebühren bereits gut verdienenden Agenten versuchen in vielen Fällen nicht nur den Finquero sondern auch den bitterarmen Bracero mit unlauteren Mitteln noch mehr zu melken. Das Ende 1936 im Soconusco als Gegengewicht der Unternehmerinteressen gegründete „Sindicato de Trabajadores

Indígenas en las Fincas Cafeteras" (Gewerkschaft einheimischer Arbeiter auf den Kaffeefincas), dem heute weit über 25 000 Plantagenarbeiter angehören (P o z a s A., 1952, S. 42 f), hat diese Mißstände und Gefährdung der sozialen Ordnung nicht auszuschalten vermocht, weil eine aktive und konstruktive Kampfbereitschaft bei den Mitgliedern durchaus nicht immer vorhanden ist.

Genannt werden muß hier auch nochmals der schon unter dem Begriff „Kazikentum" berührte Komplex. Gerade in abgelegenen Landesteilen mit wenig entwickelter Bevölkerung, wie in Chiapas, hat es sich bilden und, wenn auch unter anderen Namen, bis in die Gegenwart halten können. In einem sozial ausgerichteten Staatswesen, wie es Mexico erstrebt, muß es künftig auch im letzten Municipio unmöglich sein, daß in der Hand von Einzelnen zu viel Besitz, Macht und Einflußnahme angehäuft werden, daß also z. B. Grundbesitz, Produktenankauf und Warenverkauf – vielleicht sogar noch unter Bevorschussung der Ernten! –, Packtiere und Autobus, Speisewirtschaft und Kino, Übernachtungsstätte und Stromversorgung, Alkoholverkauf, Bürgermeisterei und vielleicht auch noch Deputiertenamt in einer Hand bzw. in einer Familie vereinigt sind. Die Macht dieser „Kaziken" geht nicht selten so weit, daß sie auf Rechtssprache, politische Ausrichtung, soziale Angelegenheiten, ja selbst auf kirchliche Wichtigkeiten – etwa Besetzung der Pfarrstelle – entscheidend und absolut einzuwirken verstehen.

Neben der Sorge um wirtschaftliche und gesellschaftliche Entwicklungen hat die um den Menschen selbst stets im Vordergrund zu stehen. Die Bestrebungen des INI hinsichtlich der indianischen Bevölkerung sind bereits an anderer Stelle erwähnt worden, ebenso das allgemeine Schulwesen, das seit einigen Jahren erstmalig für die gesamte junge Generation obligatorisch, wenn auch noch längst nicht überall in voller Tätigkeit ist. Daß bei einer solchen umfassenden Neuaufgabe anfangs noch Mängel (wie der Fremde sie stets zuerst sieht!) hinsichtlich Erfassung und Gewöhnung der Kinder, Lehrstoff und Lehrkräften auftreten können, ist verständlich. Mehr als auf das Eindrillen eines – nicht immer sehr nützlichen – Unterrichtsstoffes möchte man Wert auf die innere Bereicherung der Jugendlichen gelegt sehen; denn ihre Umwelt ist mehr als arm an Geist und Kultur, Ethik und Ästhetik, Verantwortung und Willensbildung der Persönlichkeit. Vielleicht ist diese Inhaltlosigkeit – und nicht der vielzitierte heldenhafte Gleichmut oder das Protzen mit dem „macho", dem „männlich" sein – die wahre Erklärung für die leichte Bereitschaft des Mexicaners zum Sterben, denn ein Leben ohne wahren und täglich neuen Inhalt ist letzten Endes nicht lebenswert, es fällt nicht schwer, sich von ihm zu trennen. Donnernde Musikboxen nordamerikanischer Herkunft, und schwenkbare Lautsprecher zur Universalversorgung ganzer Landschaften sowie letztrangige, noch dazu oft völlig abgespielte und kaum noch erkennbare, aber immer noch in Geld umgesetzte Filme verantwortungsloser und nimmersatter Verleiher sind nicht die besten Mittel zur Erzielung eines höheren inneren Kulturniveaus und bedürfen dringend echter Gegengewichte seitens der wehrlos vergewaltigten Bevölkerung. Wer anders als die Jugend soll sie aufbringen?!

Die starken und noch unverbrauchten Kulturkräfte der arbeitsamen, intelligenten und geschickten, abgeklärten und anständigen, auch körperlich zähen und kräftigen indianischen Bevölkerung werden hierbei in Zukunft neben oder besser gesagt zusammen mit den geringeren der Ladinos noch mehr ins Gewicht fallen müssen, als gegenwärtig Möglichkeiten dafür bestehen. Chiapas hat den Indios viel zu danken. Was wäre z.B. die Kaffeekultur, der Ausbau der Straßen, und was wird aus dem großen Grijalva-Projekt werden ohne den Einsatz der stets bereiten, stets gut erträglichen Indianervölker der „Chamulitos" und ihrer Nachbarn aus dem zentralen Hochland? Es ist erfreulich, daß ihre Werte im chiapanekischen Schrifttum (z.B. durch R. Rodríguez, 1952) und in der chiapanekischen Kunst (z.B. durch Francisco C. Nieto, 1956) immer mehr erkannt und anerkannt werden. Gerade auf Grund seines langen Zusammenlebens mit den Indios von Chiapas formulierte auch Wolfgang Cordan den warnenden und seherischen Schlußsatz seines aufschlußreichen und mutigen Mexico-Buches (1955, S. 96): „Mexico wird indianisch sein oder es wird nichts sein"!

Die gesundheitliche Fürsorge im Stromgebiet des oberen Grijalva ist auf guten Wegen, wenn bei der Ausdehnung des Landes, der allseitig verbreiteten Streusiedlung und dem noch unzureichenden Verkehrsnetz ausreichende ärztliche Versorgung auch noch nicht durchgeführt werden konnte. Die große Anti-Malaria-Aktion, die Maßnahmen zur Bekämpfung der ebenso gefährlichen wie entstellenden Onchocercosis waren vordringlich; sie werden mit Eifer und Erfolg durchgeführt. Die Austrocknung ausgedehnter Sumpfbezirke, vor allem in dem besonders von Malaria bedrohten Gebieten um Socoltenango-Soyatitán-Pinola und Comitán wurde folgerichtig mit der Mückenbekämpfung verbunden. Die Beschaffung einwandfreien Trinkwassers zwecks Ausschaltung der verheerenden typhoiden Krankheiten steht ebenfalls seit Jahren auf der Liste der öffentlichen Arbeiten obenan. Mehr und besseres Trinkwasser muß auch für die zahlreichen noch unversorgten Gemeinden vordringlich bleiben – denn Wasser ist wichtiger als z. B. Coca Cola! –, ebenso die Insektenbekämpfung großen Stils zum Vorteil von Mensch und Vieh.

Von einem mengenmäßigen Ernährungsproblem kann in Chiapas nicht gesprochen werden, denn es ist Überschußgebiet vor allem für Mais und Vieh. Wohl aber bilden die Extensität der Viehwirtschaft sowie die Einseitigkeit der Maisernährung, die Wahl der Anbaugelände und die angewandten Produktionsmethoden ein Problem. Gewiß ist Mais eine gesunde Kost, und die Gründung einer „Comisión Nacional del Maíz" in Mexico zwecks Förderung gerade dieser ältesten amerikanischen Kulturpflanze hat volle Berechtigung. Aber auf vielen Flächen könnten hochwertigere (und auch schmackhaftere) Gewächse erzielt werden. Nur in höchstgelegenen Siedlungen gehört der Brotbackofen neben den Häusern bisher zum Siedlungsbild; die gut stehenden Weizenfelder um Teopisca und Amatenango del Valle beweisen, daß er mindestens bis 1700 m abwärts weit mehr verbreitet sein könnte; nur müssen Bearbeitung, Düngung und Bewässerung dementsprechend ausgerichtet werden. Und vor allem muß zwecks Erhaltung der Bodenkräfte der Anbau von Mais mit dem von anderen Gewächsen, namentlich Leguminosen, und Ölfrüchten, in Fruchtfolge treten (de Anda, 1951, S. 68).

Bewässerungsmöglichkeiten größten Stils soll künftig das schon in Kap. IV, 3 erläuterte Grijalva-Projekt erbringen. Es kann voll unterstrichen werden, sofern nur beim Stau und Wasserentzug am Oberlauf eines Flusses ähnliche nachteilige Auswirkungen, wie sie sich etwa im Bereich der Lerma - Chapala - Santiago - Cuenca in Mittelmexico einstellten[24]), von vorneherein ausgeschaltet bleiben. Unterhalb des Sumidero wird an diesem Projekt bereits gearbeitet. Jüngst wurde der Beginn der Bauarbeiten an der auf 10 Mill. cbm Fassungsvermögen berechneten Presa von Mal Paso im atlantischen Tiefland, als dem ersten der geplanten Großwerke in dem hoffnungsvollen Zukunftsgebiet der Grijalva-Cuenca, gemeldet (Ing. Hidr. 1958, No. 3, S. 37; Helbig, 1959: Das Grijalva-Usumacinta-Projekt). Daß dieses Projekt für große Landesabschnitte gleichzeitig das Trinkwasser- und Stromproblem lösen, außerdem dem Verkehr neue Wege erschließen soll, erhöht noch seinen Wert und seine Dringlichkeit. Wie weit die mit den geplanten Stauseen notwendig werdende Räumung von Siedlungen, namentlich der alten und historischen Stadt Chiapa de Corzo, praktisch durchführbar sein wird, kann Verf. allerdings nicht übersehen. Das Opfer wäre zum Wohle des Ganzen berechtigt, doch sollte jede andere Möglichkeit vorher bestens erwogen werden.

Der verkehrsmäßigen Erschließung steht noch ein weites Feld offen und ihre Notwendigkeit ist erkannt. Nur die erforderlichen großen Summen waren bisher nicht zur Verfügung. Selbst die 1958 begonnene Asphaltierung des letzten Carretera-Abschnittes zwischen San Cristóbal Las Casas und Comitán wurde 1959 seitens der damit beauftragten Compañía Azteca wegen Erschöpfung der Mittel auf halbem Wege wieder eingestellt. Doch mehrere andere dringliche Straßenverbindungen, insbesondere die von Chiapa de Corzo nach Acala, waren zur gleichen Zeit bereits in Bau; noch weit dringlicher wäre die bereits mehrfach erwähnte Straße im Cuilco-Motozintla-Tal. Straßen sind der Schlüssel zur Erschließung jeden Landes, und sie müssen auch an dieser Stelle gefordert werden, so gerne man als Fremder sich weiterhin den Mexicaner als guten Reiter und den Indio als guten Fußgänger vorstellen möchte. Diese Eigenschaften verlieren sich leider schnell, sobald der erste „carro" seinen Einzug nimmt; und jeder Reisende wird sich des Eindrucks nicht erwehren können, daß in diesem Lande das Auto weniger Entfernungen überbrücken und Zeit einsparen soll, als vielmehr Bequemlichkeit bedeutet; denn Zeit hat man hier immer, und der Raum ist kein Begriff; es gibt nur „cerca": nahebei, und „lejos": weit entfernt. Selbst kürzeste Wegverbindungen über schmale Bergkämme zwischen benachbarten Tälern fand Verfasser schon seit Jahren unbegangen, weil sich inzwischen eine, wenn auch vier oder sechs mal so weite,

24) Vergl. hierzu u. a. K. Helbig: Der Chapala-See in Mexico und seine Austrocknung; Peterm. Geogr. Mitt. 1959, H. 1, S. 18 - 33.

Möglichkeit der Autobenutzung talab und dann wieder talauf ergeben hatte. Die gewonnene Zeit fand er nur in den wenigsten Fällen sinnvol genutzt.

Jeder Blick in die Zukunft von Chiapas wäre unvollständig, wenn nicht das schwerste Problem, das der Waldverwüstung, auch hier nochmals herausgestrichen würde. Der glücklicherweise seit einiger Zeit bereits in Tätigkeit getretene Forstdienst (Servicio Forestal) wird von der – bisher noch sehr lückenhaften – Forstaufsicht mehr und mehr auch zur Wiederaufforstung fortschreiten müssen. Das muß sehr bald geschehen, ehe von vielen Hängen, an denen Aufforstung heute noch gut möglich wäre, die letzte Erde davon schwimmt. Gleichzeitig wird eine Bereitstellung anderer Brennstoffe als der aus den nächstgelegenen Wäldern notwendig werden, zumal die Bevölkerung und damit der Brennholzbedarf stetig und schnell anwachsen. Denn so schnell wie abgeholzt und zerstört wird, vermag weder die Natur noch der Mensch noch die Staatskasse wieder aufzubauen.

Allen anderen Maßnahmen voran aber muß die Einschränkung der Brandwirtschaft gehen; nicht durch Verbote, an die sich niemand halten würde, sondern durch Aufklärung und gelenkte Überführung zu intensiveren Wirtschaftsformen. Sie bringt, wie z. B. Hendrichs (1955, S. 69) exakt nachgewiesen hat, nur Augenblicksvorteile durch die frische Asche, und zwar durch die Umwandlung des Calziumkarbonats im Holz während des Brennprozesses in Calziumoxyd, das sich seinerseits unter den Regen in Calziumhydrat umsetzt und in dieser Form von den Pflanzen aufgesogen werden kann – sofern die Asche bis dahin nicht abgespült ist. „Der schlimmste Feind des Waldes ist das System der (Brand) Rodungen", sagt de la Peña (1951, IV, S. 1267); und die Zukunft von Chiapas, möchte Verfasser hinzufügen, so faszinierend und unvergeßlich die nächtlichen Feuerschlangen an und Feuerdome über den Bergen auf ihn auch gewirkt haben, beruht auf der Erhaltung seiner Wälder. Er möchte daher an den Schluß seiner Ausführungen jene warnenden Verse von José Guerra Utrilla setzen, die er in einem der Aufklärung dienenden Schaukasten des kleinen, von Dr. Faustino Miranda mit Vorbedacht auch dem Pflanzenschutz gewidmeten Botanischen Museums in Tuxtla fand und die ihn mindestens ebenso beeindruckten wie jene nächtlichen Flammenspiele:

Talador de Arboles. Mil veces Asesino!

Mil veces asesino,
porqué al bosque cortaste sus venas,
porqué al árbol
indefenso y tierno
derribaste, con instinto feroz,
porqué a traición le hundiste
el filo inclemente de tu fierro:
Por no tener piedad
de que su piel sangraba,
mil veces asesino!
Porqué cortaste brazos
de mis hermanos bosques ...

Tu alma de Satanás,
inteligencia de hiena!
Mil veces asesino!
Porqué has desnudado cerros y
montes,
porqué has hecho carbón de la
hermosura,
porqué has quemado la vida de la
naturaleza,
porqué has hecho cenizas del vestido
de las sierras?
Asesino de árboles:

La vida ha de vengarse,
ya llegara el día
en que no tengas agua,
ni aire transparente,
ni tierras de cultivo:
y morirás sediento!
El sol ha de quemarte!
Como hiciste a los bosques,
mil veces asesino!

Und in der freien Übersetzung:

Baumverwüster! Tausendfacher Mörder!

Tausendfacher Mörder,
warum zerschnittest du dem Wald seine Lebensadern?
Warum zerstörtest du den wehrlosen, schwachen Baum mit wilden Instinkten?
Warum warfst du ihn verräterisch
nieder mit der harten Schärfe
deines Eisens?
Weil du kein Mitleid dafür hast,
daß seine Haut blutete,
du tausendfacher Mörder!
Warum schnittest du meinen Brüdern,
den Wäldern, die Arme ab?
Du, mit der Seele des Satans
und der Schlauheit der Hyäne,
tausendfacher Mörder!
Warum hast du die Hügel und Berge entkleidet?
Warum machtest du Kohle aus all der Schönheit?
Warum verbranntest du das Leben der Natur?
Warum verwandeltest du in Asche
das Kleid der Gebirge?
Mörder der Bäume:
Das Leben wird sich rächen;
schon nähert sich der Tag,
an dem du kein Wasser,
keine klare Luft,
kein Kulturland mehr haben wirst:
und vor Durst wirst du sterben!
Die Sonne wird dich verbrennen,
wie du es den Wäldern angetan hast,
du tausendfacher Mörder!

Figur 58 Ochsenkarren mit Schlitzscheibenrädern auf den Llanos von Comitán.

VII. Anhänge

1. Wetterbeobachtungen

Die Wetterbeobachtungen des Verfassers in Chiapas erstrecken sich über den Zeitraum vom 11. Dez. 1957 bis 11. Apr. 1958, das bedeutet ausschließlich Trockenzeit. Mit verarbeitet werden hier auch die Beobachtungen außerhalb des Grijalva-Stromgebietes und zwar an der pazifischen Abdachung der Sierra Madre, weil die dortigen Vorgänge im Luftraum nicht ohne Einwirkungen auf die Wetterlage nördlich des Gebirges bleiben. Durchweg wurde die Trockenzeit 1957/58 in Chiapas als überdurchschnittlich hart bezeichnet. Sie hatte früh eingesetzt; besonders die Bohnenernte hatte darunter gelitten und streckenweise kaum $^1/_3$ des Durchschnittsertrages erbracht. Selbst in dem regenreichsten Abschnitt des Staates, dem westlichen Vorland des Tacaná-Vulkans, blieb zum Schaden der Kaffeepflanzungen Niederschlag lokal bis zu 2 Monaten aus. Die Finca Irlanda z. B., 1050 m hoch, verzeichnete nach dem 22. Dez. erst wieder am 24. Febr. Niederschlag (18 mm); „in Strömen" regnete es dann erstmalig am 15. März.

Verfasser selbst erlebte während dieser knapp 18 Wochen Aufenthalt nur an sehr wenigen Tagen Regenfälle, die meisten davon in dem abgeschlossenen Hochbecken von San Cristóbal Las Casas (2100 m). Dort wurden schon ab Mitte Dezember mehrere Male morgens Reifbildungen oder triefende Taufälle, tagsüber reichlich Bewölkung notiert. Schneefälle ereignen sich dort nie, weil die Tiefsttemperaturen ausschließlich an die winterliche Trockenperiode gebunden sind. Mitte Januar kam die Sonne an einigen Tagen überhaupt nicht durch; Nebel lagen vor den umrandenden Bergen und zumindest morgens bis über die Mitte des Beckens. Dabei war es naß und kalt, am 16. Jan. beispielsweise um 7 h 30: 6,4°, um 13 h 30: 8,5°, um 19 h: 6,1°. Das war tagsüber ausnehmend kühl, im allgemeinen erreichen die Mittagstemperaturen (13-14 h) während dieser Wintermonate zwischen 11 und 20°, in der ersten Aprilhälfte bereits mehrere Male über 23° C. Die nach oben hin scharf begrenzten, etwa 400 m dicken Nebelschichten begannen nachmittags nach S abzutreiben und, nachdem sie noch lange in dichten Schwaden vor dem Ecatepec-Bergzug hängen geblieben waren, am Rande des großen Grijalva-Grabens sich aufzulösen. Die Luft war still oder es stand schwache Brise aus NE bis NW.

Am 21. Jan. regnete es morgens bei Windstille ganz leicht, am 22. Jan. gegen Abend bei SW-Wind, Stärke 2, etwas mehr und am 23. Jan. morgens unter Auffrischung des Südwest bis auf Stärke 4 nochmals leicht. Tau und Reif wechselten um diese Zeit ab; Reif fiel auch am 5., 6. und 7. Februar. Am 2. Febr. verzeichnete die Station San Cristóbal 0,2 mm, am 20. Febr. 0,1 mm Regen, am 23. Febr. Gewitter und am 24. Febr. 13,3 mm Niederschlag in Form mehrstündigen Landregens. – Gelegentlich eines Aufenthaltes in S. Cristóbal im ersten Drittel des Februar 1954 wurden ebenfalls starke Taufälle und Morgennebel, auch tagsüber einige Male Bewölkung bis 10 und umlaufende Winde von NE bis NW in Stärken 1 bis 3 notiert. – Auch im ersten Drittel des März 1958 gab es wieder viel Morgennebel und noch Tau, der in den tieferen Gebieten des Valle Central um jene Zeit nur noch selten auftrat, wohl aber am Binnenrand der Sierra Madre beiblieb. Ende März/Anfang April taute es jedoch auch in San Cristóbal kaum noch, trotz teils sehr dichter Morgennebel; ab 7. April dann wieder heftig. In diesen Tagen trat hier bereits die Vorstufe der Kenterung ein. Am 6. April fiel gegen 17 h zunächst wenige Minuten lang leichter Regen mit sehr großen Tropfen; es donnerte. Eine Viertelstunde später setzte plötzlich ein heftiger Gewitterschauer, anfangs mit Graupel, ein und währte 20 Minuten lang, Ergebnis 23,8 mm. Am 7. Apr. nachmittags erneut Donner und leichter Regen, nicht meßbar; am 8. Apr. nachmittags bei SW 2 Gewitter und 4,8 mm Niederschlag; am 9. Apr. nachmittags Gewitter und 20 Minuten lang leichter Regen aus NE: 3,1 mm; am 9. Apr. um 15 h 15 Gewitter, Wind in heftigen Stößen aus NNE, sehr heftiger Schauer mit anfangs Hagel, gut 20 Minuten lang. Damit war die in San Cristóbal ohnehin nicht allzu scharf ausgeprägte Trockenzeit überwunden.

Auf allen, über sämtliche Monate des Aufenthaltes verteilten Märschen innerhalb des Valle Central (oder der „Cuenca") wurde mit Ausnahme des 21. Jan., an dem es morgens im Bereich der Hacienda San Pedro Nichi innerhalb der „Barranca-Landschaft" ganz leicht nieselte, an keinem Tage Regen erlebt oder von solchem gehört; in den Tälern an der Binnenabdachung der Sierra dagegen wohl. Am 25. Febr. fiel auf der Finca Custepec (920 m) nach längerer regenloser Zeit von 7 h 30 bis 7 h 38 Niederschlag mit mittlerer Intensität; er brachte den Cafetales spürbare Erfrischung. An der Abdachung der Sierra gab es kaum einen Tag ohne Tau, wohl aber manche Tage, namentlich in Höhen über 1800 m, an denen die Taufälle mit „triefend" notiert wurden. Am 19. März wurde in Siltepec, 1600 m, ab 17 h leichter Nieselregen, während der Nacht und am folgenden Vormittag etwas stärkerer Sprühregen, beim Weitermarsch nach W, Richtung Honduras-Tal, von 15 h 30 bis 18 h wiederum Nieselregen und ab 21 h 30 für ca. 2 ½ Stunden Sprühregen erlebt. Die infolge der zahlreichen Brände jener Jahreszeit völlig durch Dunst verschleierte Athmosphäre wurde schlagartig klar und gestattete gute Fernsicht. Die noch weiter nordwestlich gelegene Finca Liquidámbar verzeichnete für den 21. März lang anhaltenden Nieselregen mit 7 mm Meßergebnis. Der während der Regen herrschende schwache NNE-Wind wurde in der regenfreien Zeit durch leichten stoßweisen Südwest abgelöst. Gegen die nordwestliche Cuenca hin nahm ganz allgemein die Stärke des SW-(auch S und SSW)-Windes gelegentlich bis auf 5, in Böen bis 8 zu.

Selbstverständlich lagen im 400-700 m hohen Valle Central die Temperaturen am höchsten. Morgens um 7 h wurden dort während aller Märsche und Aufenthalte nur an 4 Tagen weniger als 15° gemessen, und zwar am 19. Januar in San Pedro Nichi auf ± 500 m: 14,8°, sowie vom 4. bis 6. Febr. in Chicomuselo und Alta Misa (beide um 600 m hoch): 12,2°, 10,4° und 9,5°. Häufig stand das Thermometer morgens schon bis an 20°. In den Berggebieten der Sierra bis 1200 m hinauf wurden morgens nicht wesentlich niedrigere Temperaturen als in der Cuenca festgestellt. Die Warmluft des Valle Central reicht wohl so weit hinauf und schwächt die Kühlung der Bergwinde fast völlig ab. In größeren Höhen waren die Beobachtungszeiten leider nicht lang genug, um eine gleichmäßige und gesetzmäßige Abkühlung feststellen zu können. Erlebt wurden vielmehr recht sprunghafte Unterschiede, z.B. am 21. Dezember bei Bellavista auf ± 1350 m um 6 h: 6,1°, am 22. Dez. in Juárez-Chimalé auf 2050 m oberhalb des Motozintla-Chimalapa-Tales: 9,5°; in Pinabete auf 2430 m eben südlich der Hauptwasserscheide, am 8. Jan. um 7 h: 9,6°; in El Porvenir auf 3000 m am 19. März um 7 h: 10,1°; in Siltepec auf 1600 m am 20. März um 7 h: 15°; in Honduras, ± 1450 m, am 21. März um 7 h: 15,5°; am 22. März in Nueva Independencia auf ca. 1000 m um 6 h 30: 11,7°, und in Nueva Colombia, ± 1600 m am 23. März um 5 h 30: 17,9°, drei Stunden später auf 1900 m Höhe im Nebelwald 14,2°; am 24. und 25. März in Liquidámbar, 1100 m, um 7 h: 15,9 bzw. 18,1° C.

Mittags wurden während dieser Monate im Valle Central zwischen 26 und 32° gemessen, auch in den Berggebieten nur wenig darunter, z. B. in Prusia, 1000 m, am 2. März um 14 h: 31,6°; in Villa Flores, 640 m, am 10. März um 14 h: 31,8° C. Die absoluten Maximalmessungen während des gesamten Aufenthaltes fanden am 25. März am Prusia-Fluß unterhalb Angel Albino Corzo, ca. 680 m Höhe, um 12 h mit 34,1° und am 30. März um 14 h 30 in Tuxtla, 540 m, mit 35,8° C statt. Die Temperatur in den Gepäckkisten aus Blech erreichte während der Märsche in offenen Landschaften des öfteren 35°; die Farbfilme (Kodachrome) haben darunter gelitten. Jeder kleinste Schatten und Luftzug waren während der Märsche im Valle stets Wunschtraum und kostbares Geschenk; schon eine leichte Verschleierung der Sonne durch Branddunst wurde dankbar hingenommen. Die Nächte dagegen wurden durchweg kühl empfunden; selbst auf 500 m Höhe konnte nicht ohne zumindest eine Baumwolldecke geschlafen werden, bei aufkommenden Nortes genügte sie nicht. Im Gebirge dagegen war das Marschieren selbst mittags nicht unangenehm. In der hohen Wolkenzone konnte man an nassen Tagen frösteln, und nachts in den windigen Quartieren – Bauernranchos, primitive Schulgebäude usw. – wurde der Körper trotz zwei Decken und Zuhilfenahme aller verfügbaren Kleidung nicht warm.

Um 19-20 h herrschten innerhalb der Cuenca während der Beobachtungsmonate durchweg Temperaturen zwischen 20 und 26°; bis etwa 1500 m Höhe hinauf wurden zwischen 19 und 21 h niemals weniger als 17° gemessen, in Comitán auf etwas mehr als 1600 m dagegen am 16. Dez. um 20 h: 11,4°; am 12. Jan. um 21 h: 15,3°, am 7. Febr. um 19 h: nur 11,2°, am 8. Febr. um 20 h: 11,4° C. Verhältnismäßig kühle Abende boten auch der 8. und 9. Jan. in Motozintla (1260 m), mit 14 und 15,5°; am 22. Dez. zeigte dort das Thermometer um 20 h noch 17,8°, und am 17. März um 19 h sogar noch 21,9°. In Villa Flores herrschten Mitte März um 20 h noch ± 28°. In San Cristóbal lagen die tiefsten Abendtemperaturen (19 h) an einigen Dezember- und Januartagen zwischen 7 und 9°, sonst im allgemeinen zwischen 11 und 13°; Anfang März waren sie schon auf 16-19°, Anfang Apr. bis 20° angestiegen.

Die Zeit vom 24. Dez. bis 7. Jan. und vom 12. bis 17. März wurde an der pazifischen Abdachung der Sierra und im Küstentiefland verbracht. Besonders interessant war dort der Gang der Wolkenbildungen. Als Beispiel seien einige Beobachtungen auf der Finca Irlanda, auf 1050 m ca. 40 km westlich des Tacaná-Vulkanes gelegen, angeführt. Am 25. Dez. morgens windstill und wolkenlos, normaler Taufall, 19,1° C. Ab ca. 11 h Wolkenbildungen am 4050 m hohen Kegel des Tacaná von SE her; etwas später auch NE-Passat-Gewölk aus Richtung des großen Wolkenpasses zwischen Cuchumatanes und zentralen Mesa-Block auf den Tacaná zutreibend. Verdichtung zu StraCu im weiteren Umkreis des Bergmassivs, jedoch kein Niederschlag, und ab 16 h wieder Auflösung. Um 19 h nur noch Bewölkung 4, leichte NNW-Brise (Stärke 2), Temperatur 22,4° C. Am darauf folgenden Tag anfangs die gleiche Wetterlage, später noch stärkere Überwölkung des Himmels, gleichzeitig dichte Dunstschichten über dem Tiefland. Die StraCu-Wolken lösen sich jedoch wiederum ohne Niederschlag auf (es sei denn, daß es in nächster Nähe des Vulkans geregnet hat). Tagestemperaturen um 7 h: 19,3°; 13 h: 27,0°; 19 h: 23,6° C. Auf der nur wenige Kilometer Luftlinie entfernt um 600 m tiefer gelegenen Finca La Lucha wurden um diese Zeit morgens zwischen 90 und 95 %, mittags 45-60 und abends 80-88 % Feuchte gemessen. Die Temperaturen lagen dort nur um 1 bis bestenfalls 2½ Grad höher als auf Irlanda.

Auch an den restlichen Dezember- und ersten Januartagen wurden die am Tacaná gebildeten Wolken stets durch Nordströmungen wieder aufgelöst, obwohl sie sich mehrmals über den ganzen Himmel zu StraCu verdichtet hatten. Am 1. Januar standen zum ersten Male schon am frühen Vormittag Cu-Bänke in langen Reihen über dem Pazifik; bis gegen 15 h hatten sie rund ⅓ des Himmels überzogen, während gleichzeitig die um den Tacaná gebildeten Wolken bis zu diesem Zeitpunkt die Hälfte des Himmels bedeckt hatten. Gegen 17 h lagen die Pazifikwolken auf den 800-900 m hohen, scharf gegen die Sierra abgesetzten Vorrücken. Bald darauf zogen sie – in den Tälern geschlossen, an den Hängen in Fetzen – bis 1400 m aufwärts. Alle höheren Bergmassive waren um diese Zeit schon in den Tacaná-Wolken verschwunden. Ein farbenprächtiger Sonnenuntergang mit indigoblauen Nebeln und tiefroten Löchern zwischen den Wolken beschloß den Tag. Der erwartete Regen blieb jedoch wiederum aus.

Am 2. Jan. ließ sich aus 2300 m Höhe am C. Boquerón nordwestlich des Tacaná beobachten, daß die Golfwolken in ca. 400 m mächtigen Decken langsam über die Sierra-Kämme bis zur Niquivil-Kette vorstießen, die vom Pazifik her mit SE-Wind am Tacaná gestauten Wolken dagegen nicht weiter nördlich vorwärts kamen und auch nach W hin sich nur über etwa 50 km ausdehnten, weil dort westliche Luftströmungen ihnen entgegen wirkten. Der SE-Wind seinerseits ließ die Golfwolken nicht weiter südwärts vordringen und faserte sie nach N hin aus. Wie sich der Wolkenstau im Bereich der Niquivil-Ketten auf Wetterlage und Pflanzenwuchs auswirkt, ist weiter oben ausführlich geschildert worden. Auch auf den frappanten Gegensatz zwischen der aus dem Valle Central bzw. auch aus dem Motozintla-Tal aufsteigenden trockenen Warmluft und den feuchtkühlen Strömungen des Wolkengebirges ist mehrfach hingewiesen worden.

Die kurze Beobachtungsperiode Mitte März an der Pazifikseite der Sierra stand nach unverhältnismäßig langem Ausbleiben von Niederschlägen im Zeichen hoher Temperaturen und sehnlicher Erwartung des Regens. Am 14. März um 13 h wurden auf Irlanda (1050 m) 30,5° gemessen, die höchste Temperatur dieser und mehrerer voraufgegangener Trockenzeiten. Der Feuchtegehalt der Luft betrug zu diesem Zeitpunkt 52 %; morgens um 7 h bei 21,3°: 72 %; und um 20 h bei 24,9°: 80 %. Tagsüber, besonders nachmittags drohte Regen. Gegen 16 h wurde es fast dunkel, gegen E hin wurde Donner gehört. Bald darauf löste sich ein Wolkenbruch. In der bereits erwähnten benachbarten und tiefer gelegenen Finca La Lucha dagegen fielen nur wenige Tropfen Regen, und anschließend klarte es heller auf als an allen Vortagen. Erst am folgenden Nachmittag kam es zu einem kleinen Schauer aus SE mit 2 mm Meßergebnis. Seit längerem war kein feststellbarer Tau mehr gefallen. Im Jahresdurchschnitt verzeichnet La Lucha infolge sehr hoher Niederschläge in den Sommermonaten jedoch rund 1000 mm mehr Regen als Irlanda.

2. Die Gesteinsproben

Bezüglich der Fundorte vergleiche die Ziffern 1 bis 38 auf Karte 1. Die makroskopische Bestimmung ist Herrn Dr. Herbert-Willi Grebe zu danken; Dünnschliffe und mikroskopische Untersuchungen konnten leider nur in einigen Zweifelsfällen vorgenommen werden. Wo nicht ausdrücklich „Geröll" vermerkt, handelt es sich stets um Anstehendes.

1) Am Nordrand des Kessels von Navenchaog. a) Hellgraues grob kristallines Gestein mit Fluidaltextur, große Einsprenglinge von Feldspäten, Nester dunkler Mineralien, wahrscheinlich Hornblenden, Erzstaub: Dacit. b) Das gleiche, etwas feiner kristallin.

2) Hochbecken von San Cristóbal Las Casas. a) Tal des Río Amarillo bei Cuxtitali; grob klastischer Tuff, in der eruptiven Grundmasse Glas, Feldspat, Glimmer und Erzsstaub; Einsprenglinge von rotem und grünem Sandstein, dacitischen Eruptivgesteinen und Amphibolit: dacitischer Tuff.

b) Am Ostrand des Beckens unfern der Almolonga-Quellen durch Erosion in dünnen Schichten freigelegt: Diatomit (Kieselgur). c) Aufstieg zum C. Hueitepec von SE her; poröses Eruptivgestein mit Feldspat und Hornblende in glasiger Grundmasse, vereinzelt Glimmer, Erzstaub: Dacit. d) Ebenda von einem durchragenden Riff auf ± 2350 m; stark verwittertes rötliches Schichtgestein mit vielen Feldspäten, sehr vielem, teils abgerundeten Quarz, Dunkelmineralien Augit, Hornblende, und dunkle Eruptivgesteine als Einsprenglinge: Arkose-Sandstein. e) Bei San Felipe Ecatepec; feinkörniger graugrüner Sandstein mit Muskovit und Erz.

3) Abstieg von San Felipe Ecatepec am Steilrand des Mesa-Blockes zum Valle Central. a) Dacit, wie oben. b) Graugrüner Kalkstein, grobspatig, mit

Dunkelmineralien, durchsetzt von Calzitgängen. c) Bänderkalk in gut ausgeprägter grauer und schwarzer Streifung; Verunreinigung durch kohlige oder schiefrige Partikelchen hervorgerufen. b) Heller poriger Kalkstein mit vereinzelten Foraminiferen.

4) In der Sierra de Nuevo León. a) Am Cerro Grande de Chenecultic; graues vulkanisches Gestein mit Quarz, Feldspat, Hornblende und Erz: Rhyolith.

b) Vorwiegend Plagioklas, sehr viel Hornblendenadeln, auch in Nestern, Quarz, Erz: Rhyo-Dacit. c) Am Cerro La Lanza; wie b), Rhyo-Dacit. d) Ebenda; tuffiges Gestein, fein kristallin, etwas porös, vereinzelte Einsprenglinge von Plagioklas, Hornblende, Erz, rötliche Färbung wahrscheinlich durch Hämatit: rhyodacitischer Tuff. e) In dem Hügelland südlich des C. La Lanza, Richtung San Bartolo; oberflächlich massenhaft herumliegende weiße Brocken in rundlichen und zylindrischen Formen: verwitterte Konkretionen von wahrscheinlich Kieselkalk; brausen unter Salzsäure nicht in jedem Falle.

5) Beim Ingenio Pugiltic. I. Weithin den Untergrund bildend: grobspatiger Kalkstein, stark kristallin umgewandelt, keine Fossilien erkennbar, z. T. von Calzitgängen durchsetzt. II. Gerölle aus dem unfern vorbeifließenden Río Blanco; a) hellgraues poröses Eruptivgestein mit großen Feldspatleisten, Hornblende in glasiger Grundmasse, viel feinverteiltes Erz, Porenräume durch Sekundärmineralien ausgefüllt, kein Quarz: Dacit. b) Mittelgraues porphyritisches Gestein mit Feldspat, Augit, Hornblende (?), Erzstaub, vereinzelt Fließgefüge zu erkennen; Mineralien oft sekundär verändert: Andesit. c) Grünes, stark verändertes chloritisches Kristallingestein mit Fluidaltextur (?), Plagioklas, Pyroxene, Erzstaub: metamorphes Tiefengestein.

d) Chloritisiertes grünliches Gestein mit Feldspäten, etwas Erz, Glas und angewitterten dunklen Mineralien; nicht ersichtlich ob Sediment- oder Eruptivgestein, könnte umgelagerter vulkanischer Tuff sein. e) Feinkristallines rötliches Gestein mit Feldspäten und wenigen größeren Dunkelmineralien, u. a. Biotit; porphyritische Gänge oder Röhren mit großen Feldspat-Einsprenglingen, Augite, Erzstaub, fleckenhaft chloritisiert: vielleicht kontaktmetamorpher Hornfels.

6) Bergzug zwischen Comitán und Tzimol. Hellgrauer grobspatiger Kalkstein mit einzelnen Brocken eines dunkleren Kalkes; im Querschnitt erkennbare Fossilien, z. B. kleine Brachiopoden (Thecidea oder Cranea?), Foraminiferen.

7) Zwischen Altamisa und Santa Helena. Grobkörniger roter Sandstein mit Feldspäten und einigen dunklen Mineralien (Hornblende erkennbar), Quarzkörner mäßig abgerundet. b) Grobkörniger heller Sandstein mit viel Erzstaub.

8) Zwischen Altamisa und Anonal. Rötlicher Sandstein mit geringen Mengen Hämatit.

9) Geröll aus dem Río San Miguel östlich Chicomuselo. Dunkles vulkanisches Gestein; Feldspat und Hornblende, z. T. chloritisiert, als Ein-

sprenglinge in feinkörniger Grundmasse mit gleichem Mineralbestand: dacitische Lava.

10) Bei San Pedro Nichi, nordöstlich von Acala. I. Anstehend: a) vulkanisches Gestein, Feldspat, Hornblende, Hämatit: wahrscheinlich Dacit. b) In der Umgebung von a), gelbgraues Sedimentgestein mit Mangan-Ausscheidungen (Dentriten) auf Kluftflächen und in Spalten: kalkiger Dolomit.

II. Aus weit verbreiteten Gerölldecken innerhalb dieser „Barranca-Landschaft": diverse Quarze und Quarzite, teils gebändert, mit sehr viel Erzstaub, Chalcedon, grüne Kieselschiefer, Kieselholz, feinkörniger, mürber und grober Sandstein, der letztere in Dreiecksformen (durch Klüftung bedingt, teils oberflächlich noch durch Wind abgeschliffen), Basalt, Obsidian u. a. m.

11) Anstehendes zwischen Venustiano Carranza und Paso de la Vega.

a) Näher nach Ven. Carranza zu, in nahezu konischen Zapfen innerhalb von Kalkmassen vorkommend: feinkörniger Quarzit. b) Näher nach Paso de la Vega hin: Graugelbes, oberflächlich stark porig angewittertes Gestein: Opal, in den Kernen Auskristallisation von Quarz, Bergkristall, sekundäre Verkieselung von Fossilien; vielleicht Korallen oder Schwämmen.

12) Anstehendes und Geröll am Río de la Concordia, unfern des Ortes La Concordia. Graugrünes, sehr feinkörniges Gestein: Quarzit.

13) Östlich von La Concordia anstehend: a) Rötlicher Sandstein mit mäßiger Abrundung der Quarzkörner, Hornblendenadeln, Feldspat und Erz, mit Biotit-Auskristallisationen. b) Etwas weiter südöstlich gegen den Rand der Sierra-Vorberge hin, dunkelgraues, sehr schweres und festes Gestein: In feinkristalliner Grundmasse Plagioklase, Hornblende, Quarzkörner, Erzkörner, Einschluß eines dunklen feinkristallinen Gesteins: wahrscheinlich Grano-Diorit.

14) Gerölle aus den Flüssen Aguacate, Portatenco und San Antonio, in diesen absolut vorherrschend. Schwarzes, klingendes Gestein, gern in konischen und zylindrischen Formen: In dunkler, kristalliner Grundmasse einzelne Feldspatleisten und Hornblenden, sehr spröde und splittrig, makroskopisch mit Andesit zu verwechseln: Quarzit bis phyllitischer Sandstein.

15) Zwischen San Vicente Carbonero und Chicomuselo anstehend. a) Rötlichgrauer feinkörniger Kalksandstein mit Muskovit-Ausscheidungen. b) Schweres, buntes brekziöses Gestein; enthält roten Sandstein, Quarz, Schiefer, Kalkstein, Puddingit. c) Graues, grüngeflecktes Gestein, durchgehend und tiefgründig verwittert; wahrscheinlich ein Sandstein, Mineralkomponenten unter Limonitbelag, Quarzeinschlüsse aus Quarz und Feldspat: Amazonit.

16) Señorita-Massiv, Aufstieg Richtung Cerro de la Bola, oberhalb Angel Albino Corzo. a) Feinkörniger Sandstein mit sehr viel Erz und dunklen Mineralien, wahrscheinlich auch Feldspäten. b) Konglomeratischer grober Sandstein, Quarze und Feldspäte wenig abgerundet, stärker abgerollte

Brocken eines kristallinen Gesteins, ferner von Chloritschiefer und Kalkstein. c) Schlackig und verbrannt aussehende Gesteine: tiefrot verwitterter Arkose-Sandstein.

17) Anstehend und im Geröll zwischen El Brillante und Jericó. Graues tuffig wirkendes Gestein: ein Sandstein mit nur mäßig abgerundeten Quarz- und reichlich Feldspatkörnern.

18) Auf den Hügeln bei Villa Corzo. Kristallines Gestein mit Quarz, Feldspat und verwitterten Dunkelmineralien: wahrscheinlich Biotit-Granit.

19) Beim Rasthaus El Ocotal zwischen Villa Flores und Arriaga. Feines, rötliches Schichtgestein: Kalksandstein.

20) auf dem wasserscheidenden Gebirgszug über dem Arriaga-Tal. Grünliches Tuffgestein: ein metasomatisch stark veränderter, chloritisierter dacitischer Tuff mit Einsprenglingen von Sandstein, Glimmer, Basalt, Feldspat und Pyrit.

21) Oberes Custepec-Tal und Nebentäler. I. Custepec-Tal unterhalb und oberhalb der Finca. a) Pegmatitischer Granit. b) feinstkörniger Ganggranit: Aplit. c) Stark verwitterter Granit. II. Cedral- und Cabañas-Tal. a) Dunkles Gestein, an der Grenze von kristallin und metamorph, jedoch für Gabbro nicht mehr kristallin genug: Amphibolit. b) Schlierig ausgewalzter Quarzglimmerschiefer mit Pyrit. c) Metamorpher Kalkspat, von einzelnen, auf der Sohle des Cabañas-Tales zutagekommenden Blöcken stammend. d) Dunkler Quarz und heller Kalkspat, wahrscheinlich vom Rand eines Ganges stammend. e) Kristallingestein mit Quarz, Feldspat und Chlorit: metamorpher Granit. f) Helles vulkanisches Gestein, porphyrisch, mit Biotit, Feldspat und Quarz: Rhyolit. III. Anstehendes aus dem Gadow-Tal. a) Dunkelgraues, gebändert wirkendes Gestein; Quarz, Feldspäte und Hornblenden in Parallelgefüge: Gneis. b) Dunkles, metamorph-kristallines Gestein mit Feldspäten, Hornblenden und Erz: Amphibolit.

22) Aus dem Catarina-Tal. a) Anstehend an der Einmündung des Agua Dulce: dunkler Quarzit mit reichlich Pyrit-Imprägnation. b) weiter oberhalb anschließend, dunkles metamorphes Gestein in lagiger Textur mit porig verwitterter Rinde, enthält etwas Quarz, Feldspat, viele geschuppte Hornblenden, das ganze in Parallelgefüge: Amphibolit. c) Helleres grünliches Kristallingestein, Hornblende, Chlorit, Feldspäte, Erze, wenig Quarz: Diorit. d) Dunkleres Kristallingestein mit mehr Quarz: Grano-Diorit. e) Pegmatitischer Granit mit viel Quarz und Feldspat.

23) Gebirgsriegel zwischen Prusia- und Limón-Tal. a) Roter Sandstein. b) Verkieselter Kalkstein, tritt in Bänken zwischen Quarziten auf.

24) Übergang vom Limón-Tal zum oberen Nicolás-Tal bei Nueva Colombia. a) Stark verwittertes Gestein mit Quarz, Feldspäten, Hornblende: verwitterter Granit. b) Quarzitisches Gestein, metamorph, mit sehr viel Erzstaub (Magnetit), oberflächlich stark verwittert. c) Dunkles kristallines Gestein mit Einsprenglingen von Feldspäten, z.T. Feldspatnadeln in glasiger

Grundmasse mit vielen dunklen Mineralien (Pyroxen oder Amphibol): wahrscheinlich Amphibolit. d) In feinkristalliner Grundmasse Feldspäte, verwitterter Glimmer und teils abgerundete, teils kristallförmige Quarze: Zwischenstufe von Granit und Dacit.

25) Zwischen Nueva Independencia, Monte Cristo und oberem San Nicolás-Tal. a) Sehr dunkles, fast schwarzes porphyrisches Gestein; in dunkler kristalliner Grundmasse Feldspatleisten, Glimmerneubildungen (?), Augit: kann eruptiv, kann metamorph sein. b) Graugrünes Eruptivgestein mit Einsprenglingen von Feldspat, Hornblende, Erzstaub, etwas Augit: saurer Andesit. c) Mineralbestand wie b), kristallin, und stärker verwittert: wahrscheinlich ebenfalls saurer Andesit. d) Vollkristallines Gestein mit hellen Feldspäten, Quarz, Hornblende, etwas Biotit: Hornblendegranit. e) Völlig verwittert, möglicherweise dasselbe wie d). f) Ein ebenfalls stark verwittertes kristallines Gestein.

26) Im Kessel von La Galeana zwischen Honduras- und Siltepec-Tal. Rötliches Schichtgestein: Kalksandstein.

27) Schweres Erzstück aus den Bergen südwestlich von Chicomuselo: Blei-Antimonglanz.

28) Zwischen Siltepec und Hochfläche von El Porvenir. a) Fuß des Ventanas-Massivs an der Talstufe bei Siltepec: Dunkelgrauer Kalkstein mit Fossilresten, darunter Seeigelstacheln. b) Weiter oberhalb Richtung El Porvenir: Rötlicher Arkose-Sandstein.

29) Abstieg vom Cumbre-Paß zum Chimalapa-Tal. a) Feinkörniger rötlichbrauner Sandstein (mit Auskristallisation von Quarz auf einer Kluftfläche). b) Kristallines Gestein mit Quarz, Feldspat, Chlorit, viel Erzstaub und Nestern mit nicht näher bestimmten dunklen Mineralien: kann Tiefengestein oder Eruptivgestein sein.

30) Tal des Río Chimalapa. a) Feinsandiger rötlicher Tonschiefer vom unteren nördlichen Talhang. b) Chloritisierter Quarzit mit sehr viel Erzstaub. c) Metamorphes Tiefengestein mit Quarz, Feldspat und chloritisierten dunklen Mineralien.

31) Am Cerro Caballete oberhalb Motozintla. Kristallingestein mit Quarz, Feldspat, Biotit z. T. in Chlorit umgewandelt, viel Erzkörnchen: Granit bis Granodiorit.

32) Hauptwasserscheide Motozintla-Huixtla beim La Cruz-Paß. Dunkles Tiefengestein; in feinkristalliner, chloritisierter Grundmasse Hornblenden und Feldspäte: Diorit. b) Metamorphes Gestein mit Chlorit, Erzstaub, Calzit: Kalkglimmerschiefer mit Talk (?).

33) Abstieg von Niquivil nach Motozintla. I) Auf dem Allende-Tuixcum-Rücken, abwärts auf die pyroklastischen Andesittuffe von Niquivil folgend. a) Dichter, horniger Quarzit. b) Tuffiger Sandstein. II) Auf dem Hang nach Motozintla abwärts. a) Geschieferter Gneis, Quarz und Feldspäte

besonders gut zu erkennen. b) Metamorphes, ungeschiefertes Gestein mit vorherrschend Quarz, außerdem Feldspat, dunkle Mineralien in Chlorit umgewandelt: kann metamorphes Konglomerat oder metamorpher Granit sein.

34) Die drei häufigsten Gerölle im Río Motozintla. a) Porphyrisches Gestein mit eingesprengten Feldspäten, Dunkelmineralien chloritisiert, das ganze sekundär verkalkt: metasomatisches Eruptivgestein, wahrscheinlich andesitisch. b) Metamorphes Gestein mit Quarz, Feldspat, sehr viel Chlorit: wahrscheinlich Chlorit-Gneis. c) Metamorphes Gestein mit Amphibol-Hornblenden, z. T. in Chlorit umgewandelt: Amphibolit.

35) Anstehendes auf der rechten Talseite am Río Mazapa unterhalb des Ortes Mazapa. a) Metasomatisch verändertes Eruptivgestein, stark calzitisiert. b) Kristallingestein mit vorwiegend Quarz und Feldspat: wahrscheinlich Pegmatit.

36) Auf der linken Talseite des Río Cuilco unterhalb Amatenango de la Frontera anstehend. a) Feinkörniger roter Sandstein, ähnlich 29a). b) Grobkörniger hellgrauer Quarzsandstein mit dunklen Mineralien und Erz.

37) Auf der rechten Talseite des Río Cuilco unterhalb Nuevo Amatenango. Chloritisiertes Kristallingestein mit Feldspäten und Hornblende; kann Eruptiv- oder Tiefengestein sein, das erstere wahrscheinlicher.

38) Am Cerro Ocotal anstehend. a) Roter Sandstein mit Glimmerschüppchen. b) Dunkelgrauer sandiger Kalkstein. c) Kalkbrekzie.

3. Einheimische Pflanzennamen und ihre botanische Bezeichnung

Aus der reichhaltigen Pflanzenwelt im Strombereich des oberen Río Grijalva ist hier nur eine kleine Auswahl derjenigen Arten getroffen worden, die dem Verf. während seiner Reisen am häufigsten auffielen. Die meisten Namen sind nach Miranda: „La vegetación de Chiapas" bestimmt worden. Die kurzen Zusätze sollen nicht die botanischen Besonderheiten, sondern lediglich einige auffällige Merkmale wiedergeben.

a. Wildpflanzen

Aile: *Alnus arguta Spach, Betulaceae.* Bis 15 m hoher Baum im Kiefern-Eichen-Madrón-Wald; ellyptisch bis eiförmige Blätter; leichtes, festes Holz.

Álamo: *Populus arizonica Sag., Salinaceae.* Bis 30 m hoher Baum, hellrindig, an feuchten Standorten, namentlich Nordrand der Sierra Madre.

Albahaca cimarrona: *Ocimum micranthum Willd., Menthaceae.* Würzig duftendes, zur Bereitung von Speisen verwendetes Wildkraut, offene Standorte, an Wegen usw.

Algodoncillo: *Luehea candida Mart., Tiliaceae.* Bis 15 m hoher Baum, große herzförmige Blätter, große weiße Blüten, primär im Trockenwald, sekundär auf Rodungen im wechselfeuchten Bergwald.

Altamisa: *Parthenium hysterophorus L., Compositae.* Hartes, hohes besenartiges Unkraut, verbreitet sich schnell in Savannen und auf Rodungen.

Amate: *Ficus spec.,* sehr häufig *glabrata, Moraceae.* Immergrüner, dichtbelaubter, breitkroniger Baum, bis 40 m hoch, besonders im Flußuferwald, aber auch im übrigen weit verbreitet; beliebter Schattenbaum.

Amolxihuitl: *Phytolacca icosandra L., Phytolaccaceae.* Bäumchen im Eichen-Nebelwald (z.B. Cerro Hueitepec), März/April fleischrote saftige Blütenstände. Die grünen Früchte schäumen und können wie Seife verwendet werden.

Anillito: *Anoda hastata Cav., Malvaceae.* Blaublühendes Kräutchen an Wegrändern und offenen Standorten.

Anona: *Anona reticulata L., Anonaceae.* Bis 15 m hoher Baum, gelegentlich in Trockenwald und Savanne. Faustrgoße Früchte eßbar, doch weniger schmackhaft wie die der verwandten Chirimoya und Guanábana.

Anona del monte: *Anona scleroderma Saff., Anonaceae.* Immergrüner Baum der unteren bis mittleren Etage im Feuchtwald, große lanzett-ovale Blätter, Frucht eßbar, doch sehr große Samen.

Arbusto: Sammelbezeichnung für Gesträuche, hohe Stauden, kleine Bäume.

Arpón (oder Ventanilla): *Monstera Karwinskyi Schott, Araceae.* Klimmpflanze mit großen herzförmigen durchlöcherten Blättern ähnlich der Piñanona.

Barba de mantél: *Bauhinia divaricata L., Caesalpiniaceae.* Bäumchen oder Gesträuch im Trockenwald, Mitte der Trockenzeit große weiß-rosa-violette Blüten.

Begonia: *Begonia spec., Begoniaceae.* In vielen, auch riesenhaften Arten im immergrünen Feuchtwald. In der Zoque - Sprache: tucunjoyo: Ohrring - Blume.

Bejuco: Sammelbezeichnung für Lianen, Windenpflanzen usw.

Bejuco chiape: *Pithecoctenium echinatum (Jacq.) Sch., Bignoniaceae.* Namentlich in sehr trockenem Buschwald alles umstrickende Windenpflanze mit rauhschaligen ovalen großen Hülsen voll papierartiger Samen.

Bejuco de agua: *Vitis tiliifolia HBK u. V. Bourgaeana Planch., Vitaceae.* Die beiden wichtigsten Trinkwasser spendenden Lianen im Feuchtwald.

Bojón(cillo): *Chamaedorea spec., Palmaceae.* Ähnlich der Pacaya-Palme, doch nur an den jungen Schossen schwach gegliedert, Übergang von Fieder- zu Fächerblatt, Fruchtbüschel korallenroter kleiner Beeren; im Feuchtwald.

Brasil: *Haematoxylon brasiletto Karst., Caesalpiniaceae.* Bedornter, bis 15 m hoher Baum besonders an zeitweise nassen Standorten der Savannen, hier „brasilares" bildend.

Bromeliaceae: siehe Tecolúmate und Pashte.

Cacaito: *Curatella americana L., Dilleniaceae.* Auch „chaparro" genannt. Bis 8 m hohes Bäumchen im Trockenbusch und auf Savannen auf ärmlichsten Böden; große rauhe Blätter, kann mit tropischen Eichen verwechselt werden.

Cacho de toro: *Bucida macrostachya Standl., Combretaceae.* Bis 25 m hoher Baum im Trockenwald an nicht zu sonnigen Standorten. Schmal-ovale Blätter in Büscheln an den Zweigspitzen, weiße, angenehm duftende Blütenbüschel.

Cajete: siehe Jopí.

Canaco: *Alchornea latifolia Sw., Euphorbiaceae.* Großblättriger, hellrindiger, bis 30 m hoher Baum mit schleimigem Saft; rote Beerenfrüchte in Trauben. Auch als Schattenbaum im Kaffee.

Candelaria, Flor de Candelaria: *Laelia superbiens Lindl., Orchidaceae.* Heißt lokal auch „tanal". Massenhaft vor allem in der Kiefern-Eichen-Madrón-Zone, doch nicht gern über 1800 m. Bildet ganze „Rasen" auf den Ästen, auch auf Felsen.

Candox: *Tecoma stans HBK, Bignoniaceae.* Bis 8 m hohes Bäumchen im Trockenwald, bis 4 cm lange gelbe Glockenblüten, vanilleartige Kapseln.

Caña (de) Cristo, Caña agria: *Costus spicatus Swartz u. C. ruber Griseb. Zingiberaceae.* Häufige Staude im Feuchtwald, rote und weißblühende Art, sehr saftige aromatische Stengel, wirken, in kleinen Mengen gekaut, erfrischend.

Capa de pobre: *Gunnera insignis DC, Halorrhagaceae.* Staude mit riesenhaften Blättern (Mantel des armen Mannes) an Wasserlöchern usw. im Nebelwald.

Capote, Capote blanco, Quequeshte: *Xanthosoma mexicanum Liebm., X. roseum Schott, Araceae.* Großblättrige, milchsaftführende Stauden im Feucht- und Flußuferwald. Ähnlich ist auch Quequeshte de Puerco: *Calathea insignis Pet., Marantaceae.*

Capulín: *Muntingia calabura L., Eleocarpaceae.* Bis 12 m hoher Baum, sekundär auf ausgelaugten Böden des Bergwaldes. Grüne Früchte von Wildkirschenrgöße sind eßbar. Bast zum Flechten von Lassos, Netzen usw., daher auch angepflanzt.

Carrizo, Carricillo: *Lasiacis procerrima Hitch., Poaceae.* Ein dem Bambus ähnliches Hochgras mit grünen, dauerhaften Rohren, im feuchten Berg- und Flußuferwald.

Cascabillo: Andere Bezeichnung für „Algodoncillo", siehe dort.

Caspirol: *Inga laurina Willd., Mimosaceae.* Bis 12 m hoher Baum im Berg- und Galeriewald; wird auch als Schattenbaum im Kaffee verwandt.

Castaño: *Sterculia mexicana Br., St. apetala Karst., Sterculiaceae.* Beide bis 40 m hoch, ersterer an Feuchtstellen des Bergwaldes, ebenholzschwarze glänzende schlanke Samen in faustgroßen holzigen Hüllen; letzterer im Flußuferwald des Valle Central.

Cedro (real): *Cedrela mexicana Roem., Meliaceae.* Bis 45 m hoch, nicht allzu häufig im wechselgrünen Bergwald, reichlich verzweigt, dicht belaubt; bestes Bau- und Möbelholz.

Cedrillo: *Turpinia paniculata, Staphylaceae.* Im Feuchtwald an Steilstellen, Blätter ähneln denen des Cedro, aber weicher, kürzer und glatter. Anfang der Trockenzeit hellviolette Blütenständer.

Ceiba: Ceiba pentandra Gaertn., Bombacaceae. Einer der größten und auffälligsten Bäume, bis 60 m hoch und 2 m Durchmesser, flaschenförmig aufgetriebener Stamm, in der Jugend mit stachligen Auswüchsen. Samen enthalten Kapokwolle. Bevorzugt grundwassernahe Standorte und Flußufer. Viel auf Dorfplätzen, genießt Verehrung.

Cepillo: siehe Peine.

Cepillo: *Combretum farinosum HBK, Combretaceae.* Weit verbreitete, noch die höchsten Bäume erklimmende Liane mit waagerecht stehenden, starren, langen dunkelroten "Bürsten"-Blüten (cepillo: Bürste) von eigenartig schönem Aussehen.

Ciprés, Nuculpat: *Cupressus Lindleyi Kl., Cupressaceae.* Bis 40 m hoher Baum in höchstgelegenen Kiefern-Eichenwäldern der Sierra Madre; als schnellwachsend auch gern bei den Dörfern angepflanzt. Andere, doch nur bis 12 m hohe „ciprés" in den Pinares der Mesa Central, namentlich um Teopisca und Comitán, sind: *Juniperus Gamboana Martz. u. J. comitana Martz., Pinaceae.*

Ciruela: siehe Jobo.

Cojón de coche (de puerco, de burro): *Stemmadenia mollis Benth., Apocynaceae.* Niederer Baum und Gebüsch in der Trockenregion, mit klebrigem Milchsaft, spitz-ovale Blätter, apfelgroße, wurstartig verkrümmte leuchtend gelbe Früchte. Der Name bedeutet: Schweine- oder Eselhoden.

Cola de pava: *Cupania glabra Swartz, Sapindaceae.* Bis 20 m hoher Baum in der mittleren Etage des Feuchtwaldes, großgezähnte, paarig stehende Blätter, rote, eßbare Früchte, rötliches, festes Holz.

Come mano, Contzontzon: *Syngonium podophyllum Schott, Araceae.* Pfeilblattgewächs mit Gliederstämmchen und langen Triebspitzen; namentlich an Wasserläufen im Feuchtwald. Äußerst scharfer, die Hände angreifender Saft (come mano: Hand-Esser).

Conte: *Anthurium spec. Araceae.* Auch diverse *Philodendron* werden so genannt. Häufig im Feuchtwald, namentlich in der Nähe von Bachläufen.

Copal (de Santo): *Bursera bipinnata u. B. excelsa Engler, Burseraceae.* Der letztere, häufig um Motozintla, Acala und in anderen Trockenregionen auftretende Baum wird bis 25 m hoch, der erstere niedriger. Blätter wirken von weitem wie Mimosen, aus der Nähe wie kleine Farne. Beide werden auf Weihrauch gezapft.

Copapaya: *Philodendron polytonum, Araceae.* Klimmpflanze im Feuchtwald, mit geschlitzten, aber nicht gefensterten Blättern und dicken, stumpfen Trieben.

Coshosté: *Ternstroemia tepezapote Schl. et Cham., Theaceae.* Lorbeerartiges Bäumchen und Gebüsch im Trockenwald, namentlich am Steilabfall der Mesa Central.

Coyol: *Acrocomia mexicana Karw., Palmaceae.* Bis 20 m hohe Fiederpalme, schwer bestachelter Stamm, harte Kugelfrüchte in Büscheln, mit eßbarem, fetthaltigen Mark. Der Stamm wird auch auf Wein gezapft. Häufig in Savannen und Sekundärwald, namentlich südlich des Grijalva.

Coyolito: *Beaucarnea Goldmanii Rose, Liliaceae.* Eine an Pandanus erinnernde mehrstämmige Schopflilie, Blüten in großen Büscheln; häufig in den Wäldern am Sumidero.

Cuaulote, Cablote: *Guazuma tomentosa HBK, Sterculiaceae.* Bis 15 m hoher ulmenähnlicher Baum, breitwipflig, daher gern als Schattenbaum in den Savannen. Die knorpeligen grünen Früchte werden vom Vieh gefressen.

Cupapé: *Cordia dodecandra DC, Borraginaceae.* Laubwerfender, bis 30 m hoher, stark verästelter Baum mit auffallend lachsfarbenen Blüten in der Trockenzeit. Im Trockenbusch des Valle Central.

Cuquet: siehe Espino blanco.

Chacaj, Jiote: siehe Mulato.

Chalúm: *Inga Micheliana Harms, Mimosaceae.* Baum mit großen gerundeten Blättern, nicht allzu dicht stehend; häufig im feuchten Bergwald. Haupt-Schattenbaum der Cafetales, in der Literatur auch als *Inga mexicana.*

Chaparro: siehe Cacaito. „Chaparral" wird die Nachfolgewildnis des vernichteten Trockenwaldes genannt.

Chapón: *Stemmadenia Donnell-Smithii Woods, Apocynaceae.* Strauch oder Bäumchen im Unterholz des Feuchtwaldes bis ca. 800 m aufwärts. Saft der Früchte ergibt eine Art Chiclé.

Chicharro: *Quercus Skinnerii Benth., Fagaceae.* Bis 45 m hohe Eiche auf Lehmböden ab 700 m aufwärts, bevorzugt feuchte Hänge und der Feuchtluft ausgesetzte Kämme, dort zuweilen in reinen Beständen, noch auf 3000 m Höhe (z. B. El Porvenir).

Chichi, blanco u. colorado: *Aspidosperma stegoneris Woods u. A. megalocarpon Muell., Apocynaceae.* Schlanke, hellrindige Bäume im Feuchtwald zwischen 200 und 800 m, immer einzeln stehend, der „colorado" bis 60 m hoch. Samen ähneln einer Frauenbrust: chiche oder chichi.

Chicozapote: *Achras zapota L., Sapotaceae.* Hoher, dichtbelaubter Baum des Feuchtwaldes mit sehr schmackhaften Früchten. Der Milchsaft dieses Baumes ergebt den echten Chiclé.

Chilca: *Senecio salignus DC, Compositae.* Bis 4 m hohes, gelbblühendes Gesträuch mit weichen graugrünen Blättern, namentlich auf Sekundärstandorten der hohen Eichenwaldzone, viel z. B. um San Cristóbal. – Ein auf den Schottern des Motozintla-Mazapa-Tales wachsendes weidenähnliches Gesträuch mit gelb-orangenroten Korbblüten wurde ebenfalls „chilca" genannt, botanischer Name nicht ermittelbar.

Chipe: *Pteridium aquilinum Kühn, Polypodiaceae.* Ein namentlich sekundär auftretender Farn im feuchten Bergwald. Im Volksmund werden alle Farne (helechos), auch die Baumfarne „chipe" genannt; in Massen auftretend bilden sie „chipales".

Chiquinib(e), Arbol de chiquinib: *Quercus acatenangensis Trel., Fagaceae*. Mittelgroße bis hohe Eiche mit spitzlanzettlichen Blättern. Fiel besonders in der Sierra de Nuevo León auf. Gutes Brennholz.

Chonte, Lechero: *Mabea excelsa St. & Stey., Euphorbiaceae*. Bis 30 m hoher Brettwurzelbaum im unteren Feuchtwald, gern an Flüssen und auf Flußterrassen. Leicht mit Ficus zu verwechseln.

Chujquen: *Psittacanthus calyculatus Don., Loranthaceae*. Eine dunkelrot blühende, sehr häufige Mistel im Trockenbusch und in Savannen, besonders auf Jocote- und Cuquet-Bäumchen schmarotzend. Für das trockene Motozintla-Tal nennt Matuda (S. 524) außerdem: *Psittacanthus Schiedeanus (C. & S.) Blume*.

Encino: *Quercus spec., Fagaceae*. Sammelbegriff vornehmlich für die kleinblättrigen (Stein)-Eichen. Die großblättrigen sind „robles". Bilden vereint: „encinales".

Escoba lisa, auch: Malvavisco: *Sida acuta Burm. u. S. rhombifolia, Malvaceae*. Bis kniehohes hartstengliges, blaßgelb blühendes Unkraut, Gefahr für die Weidegebiete, wird nicht vom Vieh gefressen. Bedeutet: glatter Besen

Espadaña: *Dioon spinolosum, Cicadaceae*. Sehr schmalfiedrige kleine Fiederpalme mit starren, harten Blättern an höchstens $^1/_2$ m hohem knolligen Stamm. Wurde besonders im wechselgrünen Bergwald, auch in der Kiefern-Eichen-Zone der inneren Sierra-Abdachung beobachtet.

Espino blanco, Cuquet, Mezquite: *Acacia pennatula Benth., Mimosaceae*. Bedorntes, höchstens 7 m hohes Bäumchen und Gestrüpp in Trockenbusch und Savanne. Ergibt gute Holzkohle. Ob die im Motozintla-Tal auf eine Art Gummi arabicum genutzte „Espino blanco" die gleiche ist, kann nicht gesagt werden, wahrscheinlicher siehe Mezquite. Bedeutet: Weißdorn.

Espino negro: *Piptadenia flava Benth., Mimosaceae*. Bäumchen und Gestrüpp im Schotterbett des R. Motozintla, bräunlich-violette bis schwarze Rinde, bedornt. Bedeutet: Schwarzdorn.

Flor azul: *Ageratum corymbosum, Compositae*. Ein an Heliothrop erinnerndes Unkraut auf Sekundärflächen. Unter dieser Bezeichnung lernte Verf. es in Zentralamerika kennen; in Chiapas bekam er keinen einheimischen Namen dafür genannt. Bei Miranda wird die Pflanze nicht aufgeführt.

Flor de Mayo, Palo La Cruz: *Plumeria rubra L., Pl. acutifolia, Pl. typica, Apocynaceae*. Laubwerfender, nicht sehr hoher Baum, große lanzettförmige Blätter, überaus stark duftende weiße bzw. rote Blüten, werden als Schmuck für das Kreuz am „día de la cruz" (3. Mai) verwendet. Fielen vor allem im Motozintla-Tal auf.

Fresno, Madre de agua: *Fraxinus Uhdei Ling., Oleaceae*. Bis 40 m hoher Baum im Galeriewald der Savannen oder im Trockenwald unfern der Flüsse. Im Jan./Febr. auffallend durch seine unzähligen rosa Blüten.

Grama: *Paspalum spec.*, hauptsächlich: *distichum L., Poaceae*. Ein buschig wachsendes, breitblättriges Gras, das den Boden sehr verfilzt. Gefürchtet in den Cafetales.

Granadilla: *Passiflora spec., Passifloraceae*. Eine im Bergwald bis 2000 m hinauf nicht seltene Liane mit sehr wohlschmeckenden Gallertfrüchten, wird daher bei den Häusern auch angepflanzt. Für Chiapas werden besonders genannt: *P. ligularis Juss. und P. puadrangularis L.*

Guamúchil: *Acacia Pringlei Rose, Mimosaceae*. Bis 15 m hoher Baum mit dunkler Rinde, etwas bedornt, sehr dicker Stamm. Wurde besonders in der Trockenvegetation des Motozintla-Tales beobachtet.

Guanacaste, Conacaste: *Enterolobium cyclocarpum Gr., Mimosaceae*. Sehr feinfiedriger, imposanter Baum, bis 45 m, mächtig verästelt, dicker Stamm; im Trocken- und Halbtrockenwald, auch im Flußuferwald der Trockenvegetation.

Guapinol: *Hymenaea courbaril L., Caesalpiniaceae*. Bis 40 m hoher Baum im wechselgrünen Berg- und Feuchtwald, glatter, grauer Stamm, ausgezeichnetes Zimmerholz.

Guarumbo: *Cecropia obtusifolia u. C. peltata, Moraceae.* Der bekannte „Ameisenbaum" Mittel- und Südamerikas. Im Feucht- und Schluchtenwald. Gegliederter Stamm wird bis zu 25 m hoch, riesige, ins Bläuliche schimmernde Blätter, die Stiele in der Regel voll Ameisen.

Guash, Guaje: *Leucaena Collinsii Br. & R., Mimosaceae.* Bis 12 m hoher, der Albizzia ähnlicher Baum, mit 7-12 cm langen eßbaren Schoten. Nur im Warmland des Valle Central.

Guayabillo: *Matudaea trinervia Lund., Hamamelidaceae.* Bis 25 m hoher Baum mit wechselständigen, mittelgroßen, länglich lanzettlichen Blättern und holzigen Früchten. Wurde hauptsächlich im Bergwald um Prusia beobachtet.

Guayabo: *Psidium guajava L., Mirtaceae.* Bäumchen und Gebüsch, unserem Apfelbaum ähnelnd, mit zitronenförmigen gelblichen bis rötlichen, schmackhaften Früchten. Besonders auf Sekundärflächen des Trockenwaldes; auch angepflanzt.

Guayabo volador: *Terminalia amazonia Exell, Combretaceae.* Hellrindiger Brettwurzelbaum bis 40 m hoch im immergrünen Tieflands- und Bergwald namentlich im Soconusco; auf der Binnenabdachung der Sierra Madre nur um Custepec bekannt. Name nimmt Bezug auf die geflügelten Samen.

Helecho, Helecho arboreo: spanische Sammelbezeichnung für Farne und Baumfarne; siehe auch: Chipe. Baumfarne sind Verf. drei Arten bekannt geworden, ein bestachelter speziell zwischen 800 und 1400 m, ein sehr großer im Nebelwald ab 1600 m aufwärts, ein dritter mit Vorliebe an Steilhängen und Rutschen zwischen ca. 100 und 1300 m.

Hierba: Sammelbezeichnung für Gräser und Kräuter. Größere Futtergräser sind „zacate".

Hierba de lengua de toro: *Salvia misella HBK, Menthaceae.* Besonders in feuchtwarmen Wäldern an Wasserläufen, rot blühend.

Higo: *Ficus Cookii Standl., Moraceae.* Sehr hellrindiger und großer Baum mit viel Milchsaft, häufig im Trocken- und Galeriewald, auch in den Savannen. Vergl.: Amate.

Hoja blanca: *Calathea lutea Mey., Marantaceae.* Bis 3 m lange „Wildbananen"-blätter, besonders an sumpfig-sonnigen Standorten im Regen- und Schluchtenwald. Beobachtet wurden 2 Arten mit rötlichen und weniger rötlichen Blattnerven. Sehr ähnlich der Platanillo, siehe dort. Blätter zur Verpackung von Speisen, Zucker-Panelas usw.

Hoja de cuero: *Anthurium crassinervium od. giganteum Matuda, Araceae.* Ein sehr großblättriger Epiphyt im Feuchtwald bis 1000 m aufwärts. Wurde jenseits der Wasserscheide an der pazifischen Abdachung beobachtet.

Hormiguillo: *Platymiscium dimorphandrum D. Sm., Fabaceae.* Bis 30 m hoher Baum im Trockenwald, glänzende, eiförmige Blätter, armlange Kerzen voll kleiner gelber Blüten. Festes, tönendes Holz, gern zum Bau von Marimbas, Zuckermühlen usw.

Huevos de iguana: *Cassia nicaraguensis Benth., Ceasalpiniaceae.* Bis 7 m hoch werdendes Bäumchen und Gebüsch im Trockenwald, mit dottergelben Blüten.

Huisache: *Acacia farnesiana Willd., Mimosaceae.* Bis 6 m hohes Bäumchen und Gebüsch in besonders trockenen Gebieten z. B. Motozintla-Tal, und sekundär. Blätter ergeben unangenehm riechendes Cassia-Öl.

Ishcanal: *Acacia Collinsii Saff. u. A. spadicigera Schl. & Ch., Mimosaceae.* Die „Ameisen-Akazie" Mittelamerikas. Gestrüpp und Bäumchen des Trocken- und Halbtrockenwaldes, mit großen, von Ameisen bewohnten Dornen.

Izote, Ocozote: *Yucca elephantipes Regel, Liliaceae.* Bis 6 m hohe Schopflilie, vornehmlich in offener Höhenvegetation, wild und als Heckenpflanze. Großer, gelblich-weißer Blütenbaum, angenehm duftend. Blüten sind eßbar.

Jacinto de agua: *Eichhornia crassipes Solms, Pontederiaceae.* Die „Wasserhyazinte", hauptsächlich auf Flüssen und Kanälen des Tieflandes. Wurde im

Stromgebiet des oberen R. Grijalva nur auf einigen kleinen Lagunen nördlich Ven. Carranza und um Nuevo León gesehen, wahrscheinlich eingeführt.

Jasam: *Mariscus jamaicensis Britt., Cyperaceae.* Bis 4 m hohes Binsengras an den verlandenden Ufern der Seen auf der Comitán-Fläche.

Jícara: siehe: Morro.

Jobo, Palo de *Jobo: Spondias mombin L., Anacardiaceae.* Hellrindiger, breitästiger, bis 25 m hoher Baum, sehr dunkles Laub, Blätter in Bündeln dicht beisammenstehend. Zumeist sekundär auf Rodungen im immergrünen und wechselgünen Bergwald.

Jopí, Cajete: *Ochroma lagopus Sw. var. bicolor Rowlee, Bombacaceae.* Bis 35 m hoher, schnellwachsender Baum, zumeist sekundär im Feuchtwald bis 800 m, sehr große, dreispitzige Blätter; leichtes, festes Holz: Balsa wood.

Lantá, Motmot, Mozmot: *Ceiba acuminata Rose, Bombacaceae.* Im Wuchs der Ceiba ähnlich, nicht ganz so mächtig; sehr häufig im Trockenbusch der Zentraldepression. Die spindelförmigen Früchte sind grün genießbar, gurkenähnliches, neutral schmeckendes Fleisch. Ergeben reif Kapokwolle wie die echte Ceiba.

Laurel: *Litsea laurescens HBK, Lauraceae.* Bis 7 m hohes Bäumchen mit glänzenden lanzettlichen Blättern; gern vereint mit Eichen in den Wäldern der Mesa Central. Lorbeer.

Leche María, Marillo, Palo marillo: *Colophyllum brasiliense Camb., Guttiferae.* Bis 50 m hoher Feuchtwaldbaum, kleine lederartige glänzende Blätter, Blattnerven sehr eng, fast parallel angeordnet.

Liquidámbar: *Liquidambar styraciflua L., Hamamelidaceae.* Bis 50 m hoher, schöner schlanker Baum, dem Ahornlaub ähnliche, jedoch kleinere Blätter. Sehr häufig im wechselgrünen Bergwald und Kiefernwald der Binnenabdachung der Sierra Madre.

Llaite, Yaite, Cuchunuc: *Gliricidia sepium Steud., Fabaceae.* Ein durch seinen reichen rosa Blütenschmuck in der Trockenzeit auffallender Baum des Trokken- und Halbtrockenwaldes. In manchen Gegenden ist „madre de cacao" die übliche Bezeichnung für diesen Baum, weil er als Schattengewächs in Kakao- und später auch in Kaffeepflanzungen verwendet wurde.

Macuelís: siehe Matilisguate.

Macús: *Calathea Allouia Lindl., Marantaceae.* Nahe verwandt der Hoja blanca und wie diese im immergrünen Feuchtwald. Die gelblich-grüne Blüte ist eßbar.

Madrón: *Arbutus glandulosa Mart. & Gal., Ericaceae.* Im Eichen-Kiefernwald der Höhenregionen, in der Regel nicht unterhalb 1500 m. Bis 20 m hoch, auffallend durch seine rotbraune Rinde. Laub färbt sich gegen Ende der Trockenzeit tiefrot.

Maguey: Sammelbezeichnung für Agaven. Siehe: Ojoyó, und unter Kulturpflanzen: Mescal.

Maluco: *Genipa americana L., Rubiaceae.* Bis 25 m hoher Baum im Flußuferwald der zentralen Depression, mit dicken, stumpfen Ästen, in der Trockenzeit kahl, doch voll von Früchten ähnlich denen der Wildfeigen.

Manaca: *Scheelea Preussii, Palmaceae.* Ähnlich der Coyol-Palme, doch unbestachelt, vorwiegend im heißen Küstentiefland. Doch wird auch die in den höheren Gebieten verbreitete Coyol als „manaca" bezeichnet.

Mano de león: *Philodendron radiatum (?), Araceae.* Klimmer im Feuchtwald, handartig gelappte große Blätter, ähnlich Arpón und Piñanona, doch letztere kommt nur in den höher gelegenen Wäldern vor. Es gibt eine Art mit, eine ohne Luftwurzeln.

Manzanilla: *Crataegus pubescens Steud., Rosaceae.* Bis 9 m hoher bedornter Baum mit mittelgroßen, eiförmiegn, leicht eingesägten Blättern, weißen Blüten, kleinen gelb-orangenen Apfelfrüchten, roh und gekocht genießbar. Weit verbreitet in der Kiefern-Eichen-Zone um San Cristóbal Las Casas.

Matapalo: *Ficus involuta Miqu., Moraceae.* Bis 25 m hoher, reichlich Milchsaft führender, auf Gastbäumen siedelnder Würger. (Matapalo: Baumtöter.)

Matilisguate, Macuelís: *Tabebuia pentaphylla Hemsl., Bignoniaceae.* Im Feucht- und Schluchtenwald in der Trockenzeit auffallend durch überreichen Flor von hellvioletten großen Trichterblüten, ähnlich der Petunie.

Matorral: Bezeichnung für die dem vernichteten Trockenwald folgende Gestrüppsteppe.

Melastoma: *Conostegia Mexicana Cogn., Tibouchina spathulata Branleg, Melastomaceae.* Die erstere rosa blühend im Bergwald, die zweite wurde im Nebelwald der Wasserscheide zwischen Motozintla und Huixtla, an den Niquivil-Bergen usw. beobachtet. Siehe auch: Patashtillo.

Mesté: *Baccharis vaccinioides HBK, Compositae.* Harte, für Besen geeignete Staude im Nebelwald, Jahresanfang grau-weiß-grünlich blühend.

Mezcal, Baqueta: *Chaetoptelea mexicana Liebm., Ulmaceae.* Höchster Baum von Chiapas (bis 80 m und 6 m Durchmesser), breitkronig, im immergrünen und wechselgrünen Bergwald der Sierra Madre. Im Stammholz steinharte Ausscheidungen, die das Fällen erschweren. Man brintg ihn durch Ringeln der Rinde zum Absterben.

Mezquite: Siehe Espino blanco. *Prosopis juliflora DC, Mimosaceae.* Scheidet dunklen, klebrigen Gummi aus.

Moczeté, Mashté: *Lantana velutina M. & G., Verbenaceae.* Andernorts auch „cinco negritos" genannt, nach den aus 5 Fruchtkörperchen bestehenden schwarzen Beeren. Rot-gelb blühendes Gestrüpp sekundär auf Rodungen.

Morro: *Crescentia cujete L., Bignoniaceae.* Der wilde „Kalebassenbaum", auch 'jícara' genannt. Nur an sehr trockenen Standorten mit hartem lehmigen Untergrund.

Mulato, Chacaj, Jiote: *Bursera simaruba Sarg., Burseraceae.* Einer der wegen seiner rötlichen glatten Rinde am meisten auffallenden Bäume im Trocken- und Galeriewald, bis 30 m hoch, sehr wasserreiches Holz.

Nanche, Nance: *Byrsonima crassifolia HBK, Malpighiaceae.* Einer der häufigsten Bäume im Valle Central, kann bis 15 m hoch werden, infolge der Brände meistens kleiner. Spitz-ovale Blätter, gelb-rot geflammte Blüten, angenehm säuerliche Früchte. Vergesellschaftet bildet er 'nanchales'.

Naranjito: *Zizyphus sonorensis Wats., Rhamnaceae.* Immergrünes Bäumchen im Trockenbusch, sieht wie kleiner Orangenbaum aus, auch bedornt, doch Blätter ohne Duft.

Ocote: Andere Bezeichnung für „pino": Kiefer. Ocotal: Kiefernwald.

Ojoyó, Maguey: *Furcraea guatemalensis Trel., Amaryllidaceae.* Die Wildagave der Kiefern-Eichenwälder, auch im wechselgrünen Bergwald. Ihre Faser wird als „ishtle" (ixtle) genutzt, ist von recht guter Qualität.

Órgano: *Lemaireocereus griseus Br. & Rose, Cactaceae.* Der Orgel- oder Kandelaber-Kaktus, im Trockenbusch und als Einzäunung. Im Schnitt ein 7-8 strahliger Stern. Früchte werden gegessen, doch nicht so schmackhaft wie die der Pitahaya.

Orquidias: Orchideen. Zu nennen sind vor allem: *Cattleya Skinneri:* San Sebastian, *Laelia superbiens:* Flor de Candelaria, *Laelia thamnia:* Tempesquite, *Oncidium leucochilum:* Cholol, sowie die gelegentlich massenhaft auftretende Erd- oder Gras-Orchidee *Sobralia decora* bzw. *S. macrantha Lindl.*

Ortiga: *Urera baccifera Gaud., Urticaceae.* Bis 6 m hohe Staude oder Gebüsch mit riesenhaften Blättern, blau-lila blühend, mit Vorliebe an Steilhängen, Rutschen und Wegrändern im Bergwald.

Pacaya: *Chamaedorea spec.,* z. B. *Aguilariana St. & Stey., Palmaceae.* Im Feuchtwald der pazifischen Abdachung der Sierra häufig, auf der Binnenseite nur lokal auftretend. Dünne, mehrere Meter lange, teils gebogene Gliederstämmchen, große Fiedern; Büschel zunächst orangenfarbiger, dann fast schwarzer Kugelfrüchte.

Pajón: *Muhlenbergia (Epicampes) macrouda* od. *Stipa ichu, Gramineae.* Hartes, hohes Büschelgras der Hochregionen (das 'Ichu' des peruanischen Paramó), von der indianischen Bevölkerung als „jovel" bezeichnet. Nur nach dem Brennen austreibende junge Schößlinge werden vom Vieh gefressen.

Pajulul, Agrín: *Rhus Schiedeana Schlecht., Anacardiaceae.* Häufiges Bäumchen und Gebüsch im Trockenwald des Steilabfalles, dicht belaubt, mit kleinen weichen Blättern.

Palito de cacho: ? *Zanthoxylum procerum D. Sm., Rutaceae* (?). Bäumchen mit hellem Stamm voll spitzer, harter Dornen; Blätter erinnern an die der Esche. Wurde im unteren Catarina-Tal beobachtet. Botanischer Name unsicher.

Palma real, Palmita: *Sabal mexicana Mart., Palmaceae.* Bis 25 m hohe, geradstämmige Fächerpalme, Leitbaum der „palmares" am Nordrand der Zentralen Depression. Blätter als Dachbedeckung, für Hüte, Flechtwerk aller Art. Nicht zu verwechseln mit der aus Cuba stammenden „Palma real": Roystonea regia, die als Schmuckbaum in Parks usw. angepflanzt wird.

Palo corcho, Marquesote: *Bernoullia flammea Oliv., Bombacaceae.* Schnellwachsender Weichholzbaum im Bergwald, besonders an und auf Lichtungen, breite violette Blütendolden.

Palo de agua: *Iresine arbuscula Ul. & Br., Amarantaceae.* Bis 12 m hoher Baum im Feuchtwald der Sierra Madre, meistens an Flußufern. Stamm enthält viel Wasser.

Palo La Cruz: siehe Flor de Mayo.

Papaya cimarrón, P. orejona: *Pileus mexicanus Johnst., Caricaceae.* Bis 15 m hoher Baum im Trockenwald und Übergang zum Eichen-Kiefernwald. Stamm unten sehr dick; eiförmige Blätter, handgroße bombenförmige Früchte können roh und gekocht gegessen werden.

Parrutz: Sammelbezeichnung für diverse Wild-Tagetes; im gemäßigten Hochland.

Pashte, Pastle, Pashtle: *Tillandsia usneoides L., Bromeliaceae.* Die wehende Behang-Bromelie der feuchten Bergwälder; wird auch als „heno"; Heu, bezeichnet. Schmuckpflanze für Festlichkkeiten. Vergl. Cerro Pashtal in der Sierra Madre.

Patashtillo: *Miconia argentea DC, Melastomaceae.* Bis 8 m hoher Unterwuchs in Feuchtwäldern von 500 - 1400 m, dreinerviges, großes, spitz-ovales Blatt, oberflächlich rötlich-grün, Unterseite violett-rot. Weiter aufwärts durch die Nebelwald-Melastome abgelöst, siehe Melastoma.

Paterno, Paterna: *Inga paterno Harms., Mimosaceae.* Bis 20 m hoher Baum im Bergwald. Gern als Schattenbaum in Cafetales, widerstandsfähiger gegen Raupen als der Chalum.

Peine, Cepillo: *Sloanea ampla Johnst., Eleocarpaceae (Tiliaceae).* Bis 35 m hoher Baum im Feuchtwald mit großen dunklen Blättern. Anzeichen für gute Kaffeeböden.

Pie de Venado: *Calliandra emarginata HBK, Mimosaceae.* Bis 8 m hohes Bäumchen und Gebüsch in Trockenwald und Savanne des Valle Central. Auffällig eckige, hülsenförmige Kelche, in denen die weiß-rötlichen Blüten sich entwickeln.

Pinabeto, Pinavete: siehe Romarillo.

Pino: *Pinus spec., Pinaceae.* Als häufig auftretende Kiefern seien genannt: *P. oocarpa, P. Moctezumae, P. Hartwegii, P. tenuifolia,* in höheren Regionen namentlich der Mesa Central: *P. ayacahuite:* Pinabete. 'Pinares' sind Nadelwälder.

Piñanona: *Monstera deliciosa Liebm., Araceae.* Klimmer mit gelochten Blättern, daher andernorts auch 'ventanilla', 'Fensterchen', genannt, an Bäumen und Felsen epiphytisch; lang herabhängende Luftwurzeln sind gutes Flecht- und Bindematerial. Violette Früchte schmecken wie Ananas (piña).

Piñon: *Jatropha curcas L., Euphorbiaceae.* Grotesk verästeltes Bäumchen, laubwerfend, meist sekundär an Trockenhängen. Wurde vor allem um Siltepec-Honduras beobachtet.

Piñuela: *Bromelia Karatas L., Bromeliaceae.* Eine Art Wild-Ananas im Trockenbusch des Valle Central. Spindelförmige Früchte wachsen im Kreis um den Wurzelhals; in ledriger Hülle körnige, säuerlich-angenehm schmeckende Gallert.

Pita: *Aechmea magdalena André, Bromeliaceae.* Wild-Ananas ähnlich der vorgenannten, doch ohne solche Früchte. Blätter etwas breiter und länger. Gute Faser für Geflechte, „silk grass" der Engländer.

Pita(h)aya: *Hylocereus undatus Br. & R., Cactaceae.* Der dreikantige Säulenkaktus, große weiße Blüten, wohlschmeckende Früchte. Wild in Trockenwald und Savanne; auch gern als Einzäunung.

Pitajaya: *Epiphyllum oxypetalum Haw., Cactaceae.* Epiphytischer Kaktus, wird sowohl im Feucht- wie im Trockenwald angetroffen, häufig auch auf den Fächerpalmen der Palmares.

Pito, Miche: *Erythrina Goldmani St., Fabaceae.* Bis 25 m hoher Baum vornehmlich im Trockenwald, große glatte Blätter, schmale rote Röhrenblüten, gedrehte Hülsen voll tiefroter glänzender Bohnensamen.

Pitshan: *Brahea prominens Bail., Palmaceae.* Eine bis 15 m hohe Fächerpalme mit verhältnismäßig kleinem Schopf (in Zentralamerika „suyate" genannt), besonders in Eichenwäldern der Mesa Central. Am Steilrand und in den Bergen unfern von Comitán wurde eine wesentlich kleinere, meistens nicht mehr als 2 m hohe Art mit kleinen stachligen Zähnen an den Rippen beobachtet. Die Blattnerven ergeben gutes Flechtmaterial speziell für die Hüte der Indios.

Platanillo: *Heliconia latisphata Benth., Musaceae.* Häufige Staude in jeglichem Feuchtwald, eine kleinere Wildform der Banane, Blätter bis 3 m lang; es gibt solche mit aufrecht stehenden rot-orangenen und andere mit hängenden dunkelroten Blüten. Früchte ungenießbar.

Platáno de sombra, Tatacuí: *Platanus chiapensis Standl., Platanaceae.* Eine echte Platane, nur in Nähe von Gewässern. Vom Verf. beobachtet wurde sie lediglich am Río Guerrero, Siltepec-Tal.

Plumajillo, Camarón: *Alvaradoa amorphoides Liebm., Simarubaceae.* Bis 20 m hoher, infolge der Brände meistens jedoch nur kleiner Baum mit Fiederblättern im Trockenbusch, besonders an trockensten Standorten; mit fuchsschwanzartigen dunkelroten Blüten.

Pochote: *Ceiba aesculifolia Br. & R., Bombacaceae.* Der echten Ceiba ähnlich, doch weniger massiger Stamm. Die Baumwolle der Früchte soll dem Kapok der Ceiba für manche Zwecke überlegen sein. Trockenwald und Savanne, auch im Galeriewald.

Primavera, Palo blanco: *Cybistax Donnell-Smithii, Bignoniaceae.* Bis 30 m hoher, hellrindiger Baum im Feucht- und wechselgrünen Wald, verliert zeitweise das Laub. Gutes Nutzholz.

Pumpum flor, Pomposhuti, Tamborcito: *Cochlospermum vitifolium Spr., Cochlospermaceae.* Andernorts auch Tecomasuche, Tecomasuchil, Berberilla u. a. genannt. Infolge seiner großen gelben wachsartigen Blüten während der Trockenzeit einer der auffälligsten Bäume im Trockenwald. Wird bis 15 m hoch.

Quebracho: *Acacia Milleriana St., Mimosaceae.* Bis 20 m hoher, dorniger, breit verzweigter Baum mit fingerlangen, leicht gebogenen, bis 2 cm breiten Hülsen, sehr fein gefiedert, dunkelgrüne Blätter. Es ist nicht der Gerbrinden-Quebracho. Im Trocken- und Halbtrockenwald besonders an regenzeitlich verschlammten Standorten; im Verein „quebrachales" bildend.

Quebramuela; vielleicht identisch mit Lombricero: ? *Andira inermis, Fabaceae(?).* Dichtbelaubter Baum nahe Wasserläufen in besonders trockenen Tälern (Motozintla, Chimalapa u. a.). Dunkle gefingerte Blätter erinnern in der Form an unseren Rainfarn. Sehr hartes Holz, das ihm den Namen (Backenzahnbrecher) gab. Sehr wahrscheinlich nicht Andira.

Quequeshte: siehe: Capote.

Quiebramuela: *Ruellia stemonacanthoides (Oerst.) Hemsl., Acanthaceae.* Mittelding von Staude und Bäumchen, bis 2 m hoch, leuchtend rot bis rosa blühend. Im wechselgrünen Wald und Kiefern-Eichenwald der inneren Sierra-Abdachung.

Roble: *Quercus spec., Fagaceae.* Sammelbezeichnung für großblättrige Eichen. Am häufigsten Qu. conspersa und Qu. peduncularis. Bilden vereint „robledales".

Romerillo, Pinabeto, Pinavete: *Abies guatemalensis Rehd., Pinaceae.* Die „Tanne" der höchsten Nadelwaldzone, bis 40 m hoch, Äste nahezu horizontal.

Sabino: *Taxodium mucronatum Ten., Taxodiaceae.* Stets in Flußnähe, besonders im nördlichen Teil der Zentralen Depression. Sehr schöne Wälder z. B. bei Tzimol. Oft riesenhafte Bäume, von weitem mit der Sauce zu verwechseln, doch Blätter noch schmäler, fast nadel- oder schuppenförmig.

Salté, Tzalté: *Dodonaea viscosa Jacq., Sapindaceae.* Baum und Gestrüpp im Eichen-Trockenwald, z. B. am Steilabfall der Mesa Central. Büschelförmig angeordnete schmal-lanzettliche Hartlaubblätter.

San Sebastian: *Cattleya Skinneri Bat., Orchidaceae.* Eine der schönsten Wildorchideen, Dez./Jan. blühend. Wird auch in der Nähe der Häuser an Bäumen gezogen.

Sangre de perro, Sangre de drago: *Croton draco Schlecht., Euphorbiaceae.* Kleinblättrige Art als Gebüsch, großblättrige als Baum bis 25 m hoch im immergrünen Wald beiderseits der Wasserscheide in der Sierra Madre. Stamm enthält roten Saft.

Santo Domingo: *Trixis radialis (L.) Kuntze, Compositae.* Gelbblühendes, meterbis mannshohes Unkraut, massenhaft an Wegen und auf Rodungen in der Eichen- und Trockenwaldzone namentlich am Steilabfall der Mesa Central.

Sauce: *Salix chilensis Molino, Salicaceae.* Eine an Flußufer gebundene Weide, bis 20 m hoch, sowohl im warmen wie gemäßigten Land vorkommend.

Sauco: *Sambucus mexicana Presl., Caprifoliaceae.* Holunder, bis 10 m hoch, in den hochgelegenen Kiefern-Eichenwäldern, z. B. um San Cristóbal, auch als Einzäunung.

Shauko, Nulibé: *Tagetes erecta L., Compositae.* Gelb blühende kleine Staude in den Trockenbuschsavannen des Valle Central, häufig z. B. um Acala. Siehe auch: Parrutz.

Siete capas: *Ipomoea murucoides R. & Sch., Convolvulaceae.* Bis 10 m hoher, krummwüchsiger, breit verzweigter Baum mit angeblich siebenfacher Rinde (siete capas: sieben Mäntel), spitzovalen Blättern, Mitte der Trockenzeit voll von weißen Windenblüten dicht an den Ästen. *Miranda* (II, S. 168) führt ihn unter dem, Verf. nicht bekanntgewordenen, Namen 'Pajaro bobo', Pinguin, an und als 'nicht sehr häufig im Trockenwald und an der Grenze der Eichenwälder". An den Hängen des Motozintla- und Chimalapa-Tales z. B., auch andernorts, ist er jedoch massenhaft vertreten und geradezu vegetationsbestimmend.

Siquinay: *Vernonia Deppeana Less., Compositae.* Buschwerk und Bäumchen mit graugrünen, schmal-lanzettlichen Blättern und großen, aufrechtstehenden weißen bis leicht violetten Blütendolden, sehr dekorativ; in Trockentälern und auf Sekundärflächen, namentlich der Sierra-Abdachung, oft weite Felder bildend. Kann auch „Tziquinay" geschrieben werden.

Sonzapote, Zunzapote: *Licania platypus Fritsch, Rosaceae.* Bis 50 m hoher Baum im immergrünen Wald, namentlich in der Nähe von Wasserläufen. Sehr angenehm schmeckende faustgroße Früchte mit gelbem, etwas faserigem süßen Fleisch.

Sosa: *Solanum torvum Swartz, Solanaceae.* Staude mit großen gefingerten Blättern auf Lichtungen und an Wegrändern vornehmlich der Bergwaldzone, Unterseite der Blattrippen bestachelt.

Tamarindo: *Tamarindus indica L., Caesalpiniaceae.* Aus Indien eingeführt, als Frucht- und Schattenbaum bei den Dörfern angepflanzt und von hier aus verwildert in die Savannen vorgedrungen.

Taray: *Eysenhardtia adenostylis Baill., Mimosaceae.* Im Trockenwald des Valle Central, zusammen mit Quebracho, Lantá, Copál u. a. maßgeblich an der Vegetation beteiligt; sehr hartes, rötlich-violettes Kernholz.

Tatacui: Siehe Platáno de sombra.

Tecolúmate: *Tillandsia spec., z. B. prodigiosa, Bromeliaceae.* Mit dieser Bezeichnung wird hauptsächlich die große, zu Schmuckzwecken verwendete Behang-Bromelie belegt, die kleineren hängenden sind kurzweg „heno": Heu, alle gemeinsam auch „pashte", siehe dort. Die aufsitzenden Bromelien, Orchideen usw. werden allgemein als „parásites" zusammengefaßt.

Tecomasuche: siehe: Pumpum flor.

Totoposte, Totopostle: *Licania arborea Seem., Rosaceae.* Breiter, dichtbelaubter, hellrindiger, aus der Ferne mit *Ficus* verwechselbarer Baum im Galeriewald und an Feuchtstellen des Trockenwaldes, bis 35 m hoch. Samen ergeben eine Art Tungöl.

Tronadora: war botanisch nicht zu ermitteln. Baum mit schmalen Blättern, gelben, an große Löwenmäulchen erinnernden Blüten; sie und die Blätter ergeben einen bitteren Tee. Wurde in den Tälern um Motozintla beobachtet, im Januar blühend.

Tulipan silvestre: *Hibiscus bifurcatus, Malvaceae.* Dunkelrotblühende Staude, sehr häufig im wechselgrünen Bergwald sowie Kiefern-Eichenwald, vornehmlich auf Lichtungen. Eine dottergelb blühende Art wurde ausschließlich auf den Höhen zwischen Gadow- und Naranjo-Tal beobachtet.

Tulipanillo: *Salvia cinnabarina Mart. & Gal., Labiatae.* Stark riechende, klebrige Salvie im Bodenbewuchs der Kiefern-, Eichen- und auch noch Trockenwälder.

Tuna: *Opuntia spec., Cactaceae.* Gliederkaktus der Trockenregionen, zumeist in rosa und gelb blühenden Arten. Siehe auch unter „Nutzpflanzen".

Tzunté: Botanisch nicht zu ermitteln. So wurde am Steilrand der Mesa Central um Pinola/Tzinil und Socoltenango ein übermannshohes, verästeltes, hartes, mit stachligen Samenbällchen besetztes Unkraut genannt, das die Guatales völlig überwucherte. Soll den Boden stark austrocknen. Vielleicht: *Triumfetta lappula, L., Tiliaceae.*

Volador: Siehe: Guayabo volador.

Yaite: Siehe: Llaite.

Zapote blanco, Matasano: *Casimiroa sapota Oerst., Rutaceae.* Ein der echten Zapote blanco: *Morisonia americana L., Caparidaceae,* sehr ähnlicher Baum in Höhengebieten ab 1000 m, gern in Flußufernähe bzw. noch am Rande des Trockenwaldes, auch im immergrünen Wald. Mit faustgroßen eßbaren Früchten. Bis 20 m hoch.

Zapote de agua, Zapote de mico, Zapotón: *Pachira aquatica Aubl., Bombacaceae.* Bis 25 m hoher Baum im Feuchtwald der warmen Regionen. Fällt durch seine großen trichterförmigen weiß-grüngelblichen Blüten und kakaobohnenartigen, hartschaligen Früchte auf, sind ungenießbar.

Zapote negro od. prieto: *Diospyros ebenaster Retz., Ebenaceae.* Bis 15 m hoher Baum im Feuchtwald, fast schwarze, wohlschmeckende Früchte. Dunkle, unpaarig stehende, mittelgroße Blätter. Gutes Nutzholz.

Zapotillo: *Dipholis minutiflora Pitt., Sapotaceae.* Milchsaftführender Baum von 25–30 m Höhe im Feuchtwald bis ca. 1000 m. aufwärts, ziemlich große ellyptische Blätter. An der Binnenabdachung der Sierra, z. B. um Prusia.

Zapoyolillo: *Prunus Salasii St., Rosaceae.* Bis 30 m hoher Baum im Feucht- und wechselgrünen Wald, paarig stehende kleine Blätter, borkige Rinde, gutes Zimmerholz. Früchte ähneln denen der Zapote, doch sind ungenießbar bitter.

Zarro, Corazón bonito: *Poeppigia procera Presl., Caesalpiniaceae.* Bis 30 m hoher Baum im Feucht- und wechselgrünen Wald, ähnelt etwas der Guanacaste, rotes unverwüstliches Kernholz. In der Trockenzeit überreich gelb blühend, sehr schöner Anblick.

Zarzamora, Mora (de arbusto): *Rubus spec., z. B. eriocarpus Liebm., adentrichos Schl., u. a., Rosaceae.* Brombeere, in Höhenlagen, namentlich ab 2000 m aufwärts im Kiefern-Eichen-Nebelwald häufig. Sehr viel seltener sind Himbeerstauden: chuchumecas der Indio-Sprache.

Zunzapote: Siehe: Sonzapote.

Gesammelte Pflanzen, für die einheimische Namen nicht erhältlich waren.

(Bestimmt durch Dr. Faustino Miranda)

Acaena elongata L., Rosaceae. Ein dem Sonnentau ähnliches Bodenpflänzchen auf den Triften der Nebelwaldzone um Porvenir-El Rodeo usw.

Allium glandulosum Link & Otto, Liliaceae. Sehr häufiges Unkraut auf den nassen Wiesen um San Cristóbal, wird vom Vieh nicht gefressen, Gefahr für die Weide.

Allophyton megaphyllum Brandeg., Scrophulariaceae. Leuchtend rotblühende Staude an Feuchthängen im unteren Regenwald.

Arrabidoea chica (?), Bignoniaceae. Nicht sehr großer Baum mit rosa „Petunien"-Blüten und vanilleartigen Schoten im Trockenbusch; blüht und trägt noch einiges Laub im Januar.

Bidens ostruthioides Schultz Bip., Compositae. Gelb blühendes Bodenkräutchen, häufig im Nebelwald um Niquivil usw.

Bidens pilosa L., Compositae. Eines der häufigsten Unkräuter im Kaffeewald und auf Rodungen im Bergwald.

Browallia americana L., Solanaceae. Blaublühendes kleines Kraut im oberen Feucht- und Kaffeewald, an Wegrändern, Hängen usw.

Calea spec., z. B. urticifolia var. axillaris, Compositae, häufige Unkräuter im Kaffeewald; die genannte Art lokal als „hierba de perro" oder „chichiquizo" bekannt.

Coleus, Labiatae. Kleines Bodengewächs mit auffällig rotbunt gefärbten Blättern, wild nicht sehr häufig im Feuchtwald der Sierra; gern in Gärten.

Cologania glabrior Rose, Leguminosae. Blau-violett blühendes Kräutchen auf mageren (Sandstein) Böden, z. B. im Señorita-Massiv.

Desmodium plicatum Schlecht., Leguminosae. Dunkelblau blühende Staude an Wegrändern im Kaffeewald. Ihr nahe verwandt ist Alfalfa: D. nicaraguense.

Epicampus macroura?, Poaceae. Eines der häufigsten Langgräser im Kiefernwald.

Erigeron. Weißblühendes Bodenkräutchen, häufig im Nebelwald.

Eupatorium, Compositae. Staude und Gebüsch mit weißen Blütenköpfchen, häufig in Cafetales und Ocotales am Binnenrand der Sierra. Kommt am nächsten der Beschreibung von *Miranda's* (II, S. 51) Eupatorium collinum DC: Hierba de chucho.

Fuchsia splendens Zucc., Onagraceae. Hohe, manchmal auch an Baumstämmen kletternde Staude im Eichen-Nebelwald, rot-gelbe Blütenglöckchen, z. B. am Cerro Hueitepec.

Heliotropium fruticosum L., Borraginaceae. Kleines, an Edelweiß erinnerndes Kraut im Eichen-Trockenwald; wurde besonders um Comitán Tzimol beobachtet.

Indigofera mimiata Ort., Leguminosae. Blaublühendes Kräutchen auf mageren Böden, z. B. auf den Sandsteinen des Señorita-Massivs. Verwandt der „jiquilite", siehe unter „Kulturpflanzen".

Iresine celosia L., Amarantaceae. Häufiges Unkraut in den Cafetales am Binnenrand der Sierra.

Jacobinia umbrosa, Acanthaceae. Mit großen goldgelben Leuchtern blühende Staude und Gebüsch im Berg- und Kaffeewald.

Lamouruxia vicosa HBK, Scrophulariaceae. Rot blühende, klebrige Staude im Eichen-Trockenwald am Steilabfall der Sierra.

Lobelia laxiflora HBK, Campanulaceae. Milchsaft führende Staude mit rotgelben Blüten im Eichen-Kiefernwald um 1000 m, besonders am Binnenrand der Sierra.

Loeselia glandulosa (Cav.) G. Don., Polemoniaceae. Kleines blau-violett blühendes Kraut im Bergkiefern- und Eichentrockenwald beiderseits des Valle Central.

Loeselia involucrata Don., Polemoniaceae. Sehr häufige, gelb blühende Staude im Trockenwald.

Lopezia Jacq. (?), Onagraceae. Rosa-violett blühendes Kräutlein im oberen Feucht- und Kaffeewald der Sierra.

Mahonia johnstonii Standl. et Steg., Berberidaceae. Häufiges Gebüsch und Bäumchen im Eichen-Trockenwald am Steilabfall der Mesa Central, safrangelbes Holz.

Monnina xalapensis HBK, Polygalaceae. Häufige Staude mit blauen Blüten und rötlichen Beeren in den Ocotales um San Cristóbal u. a. O.

Ocnothera rosea, Onagraceae. Karminrot blühendes Kraut auf den nassen Wiesen im Hochbecken von San Cristóbal.

Petrea divaricata L., Verbenaceae. Mit himmelblauen Sternblüten überreich blühende Liane im Feucht- und Galeriewald der Zentralen Depression. Ihr ähnlich ist die auch in Gärten angepflanzte Petrea volubilis L.: Capitán lila.

Polygala paniculata f. leucoptera Blake, Polygalaceae. Struppiges Kraut mit wohlriechender Wurzel an der Grenze von oberem Bergwald und Nebelwald.

Rapanea jurgensii Mez., Myrsinaceae. Dichtbelaubter großer Baum im Nebelwald, z. B. bei Niquivil, ähnelt kleinblättrigen Eichen.

Ruellia spec., Acanthaceae. Bläulich-violett blühendes Kraut im feuchten Schluchtwald der Sierra. Eine weitere Art: R. alticaulis, auf den mageren Sandsteinen im Valle Central. Für R. stemonacanthoides siehe: Quiebramuela.

Russelia coccinea (L.) Wetts., Scrophulariaceae. Rot blühende Staude, leicht mit Salvie zu verwechseln, im oberen Feucht- und Kaffeewald der Sierra.

Salvia lavanduloides HBK, Labiatae. Häufiges, blau blühendes Kraut im hohen Eichen-Kiefernwald, z. B. am Cerro Hueitepec.

Senecio lermesinus Hemsl., Compositae. Orangenrot blühende Rankstaude in den Ocotales, auf Lichtungen im Bergwald usw., vornehmlich am Binnenrand der Sierra.

Tagetes tenuifolia Car., Compositae. Orangenfarbig blühende Wildtagetes an Wegrändern und auf Lichtungen im Bergwald; wurde vor allem in den Bergen um Pacayal beobachtet, ähnliche Arten um La Grandeza u. a. O.

Ternstroemia chalicophila Loes, Theaceae. Schmalblättriger kleiner Baum mit schönen weißen fünfblättrigen Blüten, häufig oberhalb 2400 m am Cerro Hueitepec. Verwandte Arten werden südöstlich von San Cristóbal „tilil", bei Comitán „naranjillo" genannt.

Vernonia melanocarpa (Gleason) Blake, Compositae. Gebüsch und Bäumchen, wurde in Mengen beim Abstieg von der Wasserscheide nach Motozintla beobachtet.

Vernonia oaxacana Schultz Bip., Compositae. Mattviolett blühendes Gebüsch und Bäumchen, wurde besonders im oberen Cuilco-Tal beobachtet.

b) Nutzhölzer von Chiapas

Im Botanischen Museum von Tuxtla Gutz. sind folgende 30 meistgebrauchte Nutzhölzer ausgestellt; die Gewichte beziehen sich auf 1 cbm:

Aceituna: *Simarouba glauca DC, Simaroubaceae.* Bis 25 m, 416 kg, Handel: Simarupa.

Balsamo: *Myroxylon Balsamum var. Pereirae (Royle) Harms, Fabaceae.* Bis 30 m, 919 – 1115 kg, Handel: Perubalsam.

Canelo, Madrón: *Calycophyllum candidissimum (Vahl) DC, Rubiaceae.* Bis 35 m, 812 – 867 kg, Handel: Degame, lemonwood.

Caoba: *Swietenia macrophylla King., Meliaceae.* Bis 70 m, 410 – 606 kg, Handel: Mexican mahogany.

Cedro: *Cedrela mexicana Roem., Meliaceae.* Bis 40 m, 575 kg, Handel: Cedro, Mexican cedar.

Ciprés: *Juniperus Gamboana Martz., Pinaceae.* Bis 15 m, 516 kg, Handel: cedar, pencil cedar.

Coralillo: *Pithecolobium arboreum (L.) Urb., Mimosaceae.* Bis 35 m, 812 kg, Handel: Sabicú, Bahama Sabicú, Moruro rojo.

Chicozapote: *Achras chicle Pittier, Sapotaceae.* Bis 40 m, 1106 kg, Handel: Sapodilla.

Chichi colorado: *Aspidosperma Matudai Lundell, Apocynaceae.* Bis 40 m, 914 kg, Handel: Mylady.

Chiquinib, Encino: *Quercus acatenangensis Trel., Fagaceae.* Bis 40 m, Handel: Black oaks.

Fresno: *Fraxinus Uhdei Ling., Oleaceae.* Bis 40 m, 535 – 678 kg, Handel: Mexican ash, Fresno.

Granadillo: *Dalbergia Granadillo Standl., Fabaceae.* Bis 15 m, 1142 kg, Handel: Cocolobo.

Guachipilín: *Diphysa robinioides Benth., Fabaceae.* Bis 20 m, 840 kg, Handel: Guachipilín.

Guaje blanco: *Albizzia caribaea (Urb.) Br. & R., Mimosaceae.* Bis 30 m, 800 kg, Handel: Guaje blanco.

Guanacaste: *Enterolobium cyclocarpum (Jacq.) Griseb., Mimosaceae.* Bis 45 m, 463 kg, Handel: Conacaste, Genizero, Cenicero, pichwood.

Guanacastillo: *Albizzia longepedata Br. & R., Mimosaceae.* Bis 25 m, Handel: Guanacastillo.

Guapinol: *Hymenaea courbaril L., Caesalpiniaceae.* Bis 35 m, 770 – 1082 kg, Handel: Guapinol, Courbaril, Mexican Locust.

Guayacán: *Guaiacum sanctum L., Cigofilaceae.* 6 – 15 m, 1200 – 1350 kg, Handel: Lignum vitae, Bastard lignum vitae.

Guayacán de montaña: *Tabebuia guayacan Hemsl., Bignoniaceae.* Bis 35 m, 963 – 1249 kg, Handel: Yellow Guayacan.

Hormiguillo colorado, Palo de marimba: *Platyniscium dimorphandrum Donn. Sm., Fabaceae.* Bis 30 m, 860 kg, Handel: Masa, maca wood.

Jopí: *Ochroma bicolor Rowlee, Bombacaceae.* Bis 30 m, 120 – 190 kg, Handel: Balsa wood.

Leche María, Bari, Marillo: *Calophyllum brasiliense Camb., Gutiferae.* Bis 50 m, 571 – 785 kg, Handel: Santa Maria.

Liquidámbar: *Liquidambar styraciflua L., Hamamelidaceae.* Bis 50 m, 571 kg, Handel: Red gum.

Maluco, Jagua: *Genipa americana L., Rubiaceae.* Bis 25 m, 812 kg, Handel: Jagua.

Matilisguate, Maculís, Roble de tierra caliente: *Tabebuia pentaphylla (L.) Hemsl., Bignoniaceae.* Bis 25 m, 639 – 821 kg, Handel: Roble, Ocobo, Amapa.

Mulato: *Bursera simaruba Sarg., Burseraceae.* Bis 30 m, 390 kg, Handel: West Indian birch.

Pinabete de San Cristóbal: *Pinus ayacahuite Ehrenb., Pinaceae.* Bis 45 m, Handel: Mexican white pine.

Primavera: *Cybistax Donell-Smithii (Rose) Seibert, Bignoniaceae.* 15–30 m, 416–557 kg, Handel: Primavera.

Sabino, Ahuehuete: *Taxodium mucronatum Tenore, Taxodiaceae.* Bis 50 m, 464 kg, Handel: Mexican southern cypress.

Volador, Guayabo volador: *Terminalia amazonia (Gmel.) Exell, Combretaceae.* Bis 40 m, 749 kg, Handel: Nargusta.

c) Kultur- und Zierpflanzen (in Auswahl)

Achiote: *Bixa orellana L., Bixaceae.* Wird überall im Warmland in kleinem Umfang angebaut, Samen ergeben Farbstoff für Gewebe, Reis, Öl, Lippen usw.

Aguacate: *Persea americana Mill. Lauraceae.* Bis höchstens 2000 m anbaubar: Butterfrucht, Advokatenbirne.

Ajo: *Allium sativum L., Liliaceae.* Knoblauch. Wird allseitig angebaut, mehr als die Zwiebel.

Ajonjolí: *Sesanum orientale (indicum) L., Pedaliaceae.* Sesam, nur im Warmland; Anbau nimmt in letzter Zeit im Valle Central zu.

Alfalfa: *Medicago sativa, Fabaceae.* Wird namentlich unter Bewässerung um Amatenango del Valle und Teopisca zu Futterzwecken angebaut. Es gibt auch eine bis 3 m hohe Wildform im westlichen Valle Central: Desmodium nicaraguense (Oerst.), ebenfalls alfalfa oder hoja ceniza genannt, gutes Futter.

Algodón: *Gossypium spec., z. B. hirsutum, mexicanum, barbadense u. a., Malvaceae.* Baumwolle. Wird besonders im Grijalva-Tal um Acala und Chiapa de Corzo angebaut, neuerdings Versuchsanbau um La Concordia u. a. O.

Argentina: *Ixora coccinea L., Rubiaceae.* Beliebter Zierstrauch mit dunkelroten kleinen Blüten, nur im Warmland.

Arroz: *Oryza sativa L., Poaceae.* Reis. Sein Anbau innerhalb des behandelten Gebietes steckt noch in den Anfängen, obwohl viele Möglichkeiten speziell im Valle Central vorhanden sind. Einige Bewässerungsfelder wurden bei Benito Juárez und La Concordia gesehen.

Betabel: *Beta vulgaris L., var. crassa Alef., Cruciferae.* Rote Beete. Wird im gemäßigten Klima, in einigem Umfang z. B. um Comitán angebaut.

Bugambilia: *Bougainvillea glabra Choisy, Nictaginaceae.* Im Tief- und Hochland eine der beliebtesten Zierpflanzen in Gärten und Parks.

Cacahuate: *Arachys hypogaea L., Fabaceae.* Erdnuß. Nur im Warmland des Valle Central, dort vor allem um Venustiano Carranza und Villa Flores. Außer den Nüssen wird das Kraut als Futter verwertet.

Café: *Coffea arabica L., Rubiaceae.* Kaffee. Anbau vor allem an der Sierra-Abdachung, in den Bergen um Pacayal, weniger im oberen Cuilco-Tal, um Pinola, in der Sierra de Nuevo León und in geeigneten Lagen um San Cristóbal. Großanbau der Sorten Arabica, Maragogype und Bourbon (árabe, márago, borbón) nur an der Sierra.

Calabaza: *Cucurbita pepo L., Cucurbitaceae;* in verschiedenen Varietäten. Kürbis. Anbau allgemein für Gemüse, Süßigkeiten und Schweinefutter.

Camote: *Ipomoea batatas L., Convolvulaceae.* Batate. Anbau nicht ausreichend verbreitet, trotz vieler Möglichkeiten.

Campana, Floripondio: *Datura candida (Pers.) Pasqu., u. arborea L., Solanaceae.* Trompetenblume (Glocke). Wird der überaus lieblich duftenden Blüten halber trotz der starken Giftigkeit gern angepflanzt, vor allen von den Indios der höchsten Sierra-Regionen, und zwar D. candida. D. arborea bleibt auf Gärten des Warmlandes beschränkt.

Caña de azucar: *Saccharum officinarum L., Poaceae.* Zuckerrohr. Wird nur unter Bewässerung in der Nähe von Flüssen und Bächen kultiviert, braucht mindestens 21° C Mitteltemperatur und geht daher nicht wesentlich über 1500 m Höhe aufwärts. Verarbeitung des Saftes zu Rohzuckerscheiben (panelas) und Schnaps. Hauptanbaugebiete um Comitán, Tzimol, Pugiltic (einzige Fabrik im oberen Stromgebiet des Grijalva).

Cebada: *Hordeum spec., Poaceae.* Gerste. In Höhenlagen des Weizens (trigo); Anbau sehr beschränkt.

Cebolla: *Allium cepa L., Liliaceae.* Zwiebel. Hauptsächlich im Hochland und unter Bewässerung bei Mazapa.

Ciruela: *Prunus domestica L., Rosaceae.* Zwetsche, Pflaume. In geringem Umfang auf der Mesa Central, nicht unter 1800 m, z. B. um San Cristóbal. Siehe ferner: Jobo.

Coco: *Cocos nucifera L., Palmaceae.* Kokos. In einigem Umfang nur im tiefsten Teil der Zentralen Depression um Chiapa de Corzo, Tuxtla, Suchiapa.

Col: *Brassica oleracea var., capitata L., Cruciferae.* Weißkohl. Reichlich in der Tierra templada.

Coliflor: *Brassia oleracea var. botrytis L., Cruciferae.* Blumenkohl. Ebenfalls, doch weniger reichlich im Hochland.

Concepción: Siehe: Flor de pascua.

Chayote: *Sechium edule Sw., Cucurbitaceae.* Stachelkürbis. Auch unter dem Namen „pataste" bekannt. Kleiner Gemüsekürbis mit weichen Stachelauswüchsen. Wurde auch wild im Nebelwald beim Übergang von Nueva Colombia nach Liquidámbar an einem Bachlauf angetroffen.

Chile: *Capsicum annum var., Solanaceae.* Roter Schotenpfeffer. Wird in mehreren Varietäten universal angebaut, wichtigstes Gewürz und Vitaminquelle.

Durazno: *Prunus persica Stokes, Rosaceae.* Pfirsich. Nur in Höhenlagen, namentlich der Mesa Central, aber auch auf den Blockmassiven der Sierra; bei manchen Siedlungen in großen Mengen.

Flor de pascua, Concepción, Flor de nochebuena: *Euphorbia pulcherrima Willd., Euphorbiaceae.* Weihnachtsstern, Empfängnisblume, Poinsettia. Sehr beliebter Schmuckstrauch.

Frijól: *Phaseolus vulgaris L., Fabaceae.* Bohne. Wird gleich dem Mais und häufig mit diesem zusammen universal als zweitwichtigstes Nahrungsmittel angebaut. Wird jedoch nur selten als Gemüse, fast immer als steif zusammengekochter Bohnenbrei (frijoles) verzehrt.

Granadilla: *Passiflora ligularis Juss., Passifloraceae.* Passiflorafrucht. Einheimische Wildpflanze, Liane, doch der wohlschmeckenden Früchte halber auch oft angepflanzt.

Haba: *Vicia faba, Fabaceae.* Vizebohne, Puff-, Pferde-, Gartenbohne. Wird im Hochland ab $\pm$ 1400 m aufwärts angebaut, meistens Zwischenkultur im Mais. Anbau könnte weiter verbreitet sein!

Higuerilla, Higuero: *Ricinus communis L., Euphorbiaceae.* Kommt in allen Höhenlagen, besonders im Warmland verwildert und angepflanzt vor, wird zuweilen bis 6 m hoch. Planmäßiger Anbau erfolgt bisher nicht, obwohl viele Verwendungsmöglichkeiten des Öles ihn lohnen würden.

Ishco, Ixco, Tulipán: Siehe: Jamaica.

Jamaica: *Hibiscus sabdariffa L., Malvaceae.* Beliebter Zierstrauch in Gärten und Parks; wegen der leuchtend roten Blüten halber auch als Grenzmarkierung für die den einzelnen Arbeitern zugeteilten Pflanzungs- und Reinigungsstücke in den Cafetales angepflanzt, hier stets unter der Bezeichnung „ishco".

Jícara: Siehe: Morro.

Jiquelite: *Indigofera suffruticosa Mill., Fabaceae.* Indigo. Wurde früher in großem Umfang im Valle Central, hauptsächlich um Chiapa de Corzo, Acala, Suchiapa angebaut; heute nur noch wenig und fast nur um Suchiapa. Der Farbstoff wird „añil" genannt.

Jobo, Jocote: *Spondias mombin L., und Sp. purpurea L., Anacardiaceae.* Die einheimische „ciruela": Pflaume. Beide Bäume ähneln sich sehr, doch sind die Früchte des Jocote denen des Jobo überlegen. Hauptanbau um Chiapa de Corzo und Tuxtla, auch andernorts im Warmland. Großes Angebot zur Zeit der Reife auf den Märkten, gelbe bis leicht rötliche pflaumengroße Früchte mit saftigem Fleisch um großen Stein. Blütezeit – rosarot – sehr ästhetisch, zumal sie in die trockensten Monate fällt.

Lima: *Citrus limetta Risso, Rutaceae.* Ein dem Limón ähnlicher Baum, Früchte jedoch größer, hellgelb bis schwach orangenfarbig, süßliche und etwas säuerliche Varietäten, nicht so wohlschmeckend wie Orangen. Häufig im Valle Central und in den Tälern der Sierra, auf der Mesa Central nur unter günstigen Bedingungen.

Limón: *Citrus aurantifolia Swingle, Rutaceae.* Die kleine, sehr saure Zitrone, englisch „lime", aus der der bekannte „lime juice" bereitet wird. Kann nur im Warmland kultiviert werden.

Maicito, Maíz de Guinea: *Sorghum vulgare Pers., Gramineae.* Hirse. Bis 5 m hoch. Angebaut wird in einigen Abschnitten des Valle Central, mehr zu Futter- als zu Nahrungszwecken, der sogenannte „sorgo de grano", Körnerhirse. Leidet sehr unter Vogelfraß.

Maíz: *Zea mays L., Poaceae.* Mais. Hauptanbaugewächs vorwiegend auf Trockenfeldern und im Brandbau. Bei Bewässerung sind im Warmland 2–3 Ernten jährlich möglich. Nach der Farbe der Körner werden „blanco, negro, amarillo, colorado" unterschieden.

Mango: *Mangifera indica L., Anacardiaceae.* Mangopflaume. Anbau nur im Warmland möglich, in großem Umfang vor allem für die Versorgung von Tuxtla. Verwildert, aber reich tragend an vielen Flußläufen des Valle Central, nahezu waldbildend.

Manzana: *Malus pumila Mill., Rosaceae.* Apfel. Wird hauptsächlich um San Cristóbal und Teopisca angebaut. Früchte oft klein und unansehnlich, doch wohlschmeckend.

Melón: *Cucumis melo L., Cucurbitaceae.* Netzmelone. Anbau nur in der warmen Zone.

Membrillo: *Cydonia oblonga Mill., Rosaceae.* Quitte. Nur in Höhenlagen in geringem Umfang; Verwendung der Früchte wie bei uns.

Mescal, Maguey: *Agave mescal, Amaryllidaceae.* Wird vor allem bei Comitán seit altersher zur Gewinnung von Schnaps („comiteco") aus der gedämpften, zerkleinerten und vergorenen Knolle angepflanzt, um Tuxtla zur Gewinnung von Pulque-Bier aus dem Herzstück der Pflanze.

Morro: *Crescentia cujete L., Bignoniaceae.* Kalebassenbaum. Siehe auch unter „Wildpflanzen". Wird um der Kalebassen („jícaras") halber auch angebaut, besonders um Chiapa de Corzo, wo aus den Schalen verschiedenste Gegenstände hergestellt und bemalt werden.

Naranjo: *Citrus sinensis Osbeck, Rutaceae.* Orange, Apfelsine. Frucht des Warmlandes, von wo sie in großen Mengen auf die Märkte des Hochlandes hinaufgeschafft wird. Doch kommen selbst in San Cristóbal in geschützten Höfen noch kleine Bäume gut voran.

Nuez: *Juglans regia L., Juglandaceae.* Walnuß. Wird um San Cristóbal, aber auch an den Hängen des Río Blanco-Tales um Nuevo Amatenango angepflanzt.

Papa: *Solanum tuberosum L., Solanaceae.* Kartoffel. Kann von 1200 m an aufwärts wachsen, wird aber viel zu wenig angepflanzt, hauptsächlich nur auf der Mesa Central.

Papaya: *Carica papaya L., Cariaceae.* Baummelone. Einer der im Warmland am häufigsten angepflanzten Fruchtbäume, schnellwachsend; gelegentlich auch verwildert auf Guatales.

Piña: *Ananas comosus Merr., Bromeliaceae.* Ananas. Anbau sehr gering, nur gelegentlich im Valle Central.

Plátano: *Musa paradisiaca L. u. var., M. sapientum L., Musaceae.* Banane. Die erstere ist die Koch- oder Mehlbanane, die hauptsächlich als Gemüse verwertet wird, gekocht, gebraten, in Scheiben geröstet, die letztere die Speisebanane. Die andernorts allgemeine Bezeichnung „guineo" für die Eßbanane wird in Chiapas kaum gehört. Muß Jahresmitteltemperaturen über 22° und niemals unter 10° haben, daher nirgends im gemäßigten Hochland.

Rábano: *Raphanus sativus L., Cruciferae.* Radies. Reichlich Anbau auf der Mesa, bis Comitán hinunter.

Sandi(j)a: *Citrulus vulgaris Schrader, Cucurbitaceae.* Wassermelone. Anbau einigermaßen verbreitet, nur nicht in frostgefährdeten Gebieten. In einigen Teilen des Valle Central in großen Mengen.

Tabaco: *Nicotiana tabacum L., Solanaceae.* Tabak. Anbau zumeist nur für Eigenbedarf, doch längst nicht überall. Größere Felder zwecks Verkauf der Ernten wurden nur im Bergland um Pacayal und punktweise im Valle Central, namentlich im Westteil gesehen.

Tomate, *Jitomate: Lycopersicum esculentum Mill.,* Solanaceae. Hauptanbau in der Zentralen Depression, auch um Comitán. Es gibt kleine Wildarten, die besonders schmackhaft sind.

Toronja: *Citrus grandis od. maxima Merr., Rutaceae.* Pampelmuse, Grapefruit. Anbau nur sehr beschränkt.

Trigo: *Triticum aestivum L., Poaceae.* Weizen. Anbau zumeist auf Bergfeldern in den Hochregionen. Unter Bewässerung hauptsächlich um Teopisca-Amatenango del Valle. Könnte sehr viel mehr verbreitet sein.

Tuna real: *Opuntia ficus-indica, Cactaceae.* Feigenkaktus. Stets angebaut, bis ins Hochland hinauf, weit größere Glieder als die Wild-Tuna, nur wenige oder keine Stacheln, gelb blühend, große rote feigenartige Früchte, sehr schmackhaft.

Yuca: *Manihot (dulcis) esculente Crantz, Euphorbiaceae.* Maniok, Kassave. Die am meisten, doch durchaus nicht allseitig angebaute Süßkartoffel, und häufig mehr um der Stärke halber denn als Nahrungsmittel.

Zacate elefante, Z. gigante: *Pennisetum purpureum Schumach., Poaceae.* Elefantengras. Wird von Viehfinqueros zusätzlich als Schnittfutter angebaut, besonders in Milch- und Mastbetrieben. Noch häufiger findet sich Zacate Guinea oder Zacatón: Panicum maximum Jacq., ebenfalls ein buschiges Hochgras. Vermehrung durch Stecklinge (ohne Wurzel). Solche Grasfelder heißen „zacatales".

Zacate (de) limón: *Cymbopogon citratus Stapf, Poaceae.* Zitronellagras. Wird hauptsächlich in Cafetales als Grenzmarkierung gepflanzt. Das aromatische Öl wird kaum genutzt, doch werden die Blätter als wohlschmeckender Tee (té limón) verwendet.

Zapote colorado: *Calocarpum sapota Merr., Sapotaceae.* Zapotefrucht, fälschlich auch Mammey, die von der ähnlichen *Mammea americana* stammt. Wird um der großen, süßen Früchte halber hier und da bei den Siedlungen angepflanzt; im übrigen werden die diversen Wild-Zapotes gesammelt.

4. Liste einiger Tiere

(Die lateinischen Namen zumeist nach Bezeichnungen im Zoologischen Garten von Tuxtla.)

Aguila arpía: *Harpia harpyja,* Ordnung *Falconifornes,* Familie *Accipitridae.* Harpye. Einer der stärksten und gefährlichsten Raubvögel. Nur selten, über Regenwaldgebieten.

Alacrán: Skorpion.

Ara: Der große langschwänzige Bunt-Papagei. Lokal auch „guacamaya" genannt.

Ardilla: Eichhörnchen, meist von grauer Farbe.

Avispa: Wespe.

Cabeza de viejo: *Taira barbata.* Weißkopfmarder; im Feuchtwald der Sierra.

Cantil: *Bothrops.* Gelegentlich auch „barba amarilla" (Gelbbart) genannt. Die gefährlichste Giftschlange; Feuchtwälder der Sierra.

Cascabel: Klapperschlange. In offenen, warmen Landschaften.

Cocodrilo (pardo): *Cocodrilus morceleti,* Ordn. *Lonicata,* Fam. *Cocodrilidae.* Krokodil. Bis 2 m lang, im Río Grijalva weit aufwärts.

Colibrí: Fam. *Trochilidae.* Kolibri. Auch „chupaflor" oder „picaflores" genannt (Blumensauger, Blumenstecher). Im Warmland.

Comején: Termite. Richtet an Pflanzungen und Häusern des Warmlandes manchen Schaden an. Termitenbauten treten aber nirgends landschaftsbestimmend auf.

Conejo: Kaninchen. Namentlich in den Savannen und offenen Buschwäldern des Valle Central.

Coral: *Elaps.* Korallenschlange. Es gibt sehr giftige, aber auch ungefährliche Arten.

Coyote: *Licisus.* Wildhund, Art Schakal.

Cuervo: Rabe. Ist in Chiapas nur in den Llanos von Comitán bekannt.

Chacú: Ein Wildhuhn der Feuchtwälder in der Sierra.

Chachalaca: *Ortalis vetula.* Schwatzvogel. Ein sehr verbreiteter Hühnervogel, namentlich in offenen Gebieten. Nördlich von La Concordia wird ein Hügelzug nach ihm benannt: Cerro Chachalaquero. Vergl. *P. Brodkorb:* The Chachalaca of interior Chiapas. Proc. Biol. Soc. Washington, Vol. 55, 1942, p. 181–182.

Chancho de monte: Wildschwein, siehe: Jabalí.

Chapulín: Die geflügelte Heuschrecke.

Chaquiste: Siehe: Jején.

Chicharra: Sammelbezeichnung für Grillen oder Zikaden.

Danta: *Papirella bardi.* Tapir. Nur noch in letzten Schlupfwinkeln der hohen Sierra-Wälder.

Faisan, Hoco: *Grax rubra.* Hokko-Huhn. In den Feuchtwäldern des Soconusco bis 800 m aufwärts; ob auch am Binnenrand der Sierra anwesend, ist unklar. Sehr schöne große Vögel, das Männchen schwarz mit geteiltem Federkamm, um die Augen gelb; das Weibchen braun getigert. Körper so groß wie der des Pfau.

Garrapata: Sammelbezeichnung für Zecken. In allen Viehgebieten; Plage.

Garrobo: Lokale Bezeichnung für den männlichen Leguan, siehe: Iguana.

Gavilán: Sperber (?). Großer dunkler, weißbrüstiger, im übrigen bräunlich-grauer Vogel (in den Feuchtwäldern des Soconusco vereinzelt auch weiß). Lebt fast ausschließlich von Fröschen, Eidechsen, Schlangen.

Guaqueque alazán: *Dasyprocta punctata,* Ordn. *Rodentia,* Fam. *Dasyproctidae.* Fast ausschließlich in den Feuchtwäldern des Soconusco; ob auch an der Binnenseite der Sierra, ist unklar. Kleines hochbeiniges Tier, ähnlich dem Paca, schwarz-goldbraun meliert; ausgezeichnetes Fleisch.

Hoco: Siehe: Faisan.

Hormiga: Sammelbezeichnung für Ameisen.

Iguana: Leguan, Rieseneidechse. Werden im warmen Feuchtland bis 1,5 m lang; in den Trockengebieten kleiner. Siehe auch: Garrobo.

Jabalí (de collar): *Tayassu angulatum,* Ordn. *Artodactyla,* Fam. *Tayassuidae.* Wildschwein, nicht sehr groß, hochbeinig, mit weißem Kragen. Auch das Peccari (andernorts „jaguilla" genannt), Bisam- oder Nabelschwein, ein ebenfalls kleines, überaus angriffslustiges Wildschwein, wird in Chiapas „jabalí" genannt.

Jején: Kriebelmücken, sehr lästig. Meistens: *Accactae*. In Chiapas „chaquistes" genannt.

León, Puma chiapaneco: *Felis concolor mayensis*, Ordn. *Carnivora*, Fam. *Felidae*. Silberlöwe, Puma. Nur noch in entlegenen Randgebieten des Valle Central.

Mapache, Mapacho, Mapachín: *Procyon cancrivorus*, Ordn. *Carnivora*, Fam. *Procyonidae*. Waschbär. Schwarzgrau, fast fuchsähnlicher Kopf; quer über Gesicht und Augen ein breites schwarzes Band, geringelter Schwanz. Braucht Wassernähe, weil er seine Beute zu waschen pflegt. Frißt auch Mais und Früchte.

Mico, Mono araña: *Ateles vellerosus Gray*. Spinnenaffe (spider monkey). Langschwänziger Akrobat der Regenwälder; wird aber nur sehr selten noch gesehen.

Mico de noche: *Pottus flavus*, Ordn. *Carnivora*, Fam. *Procyonidae*. Gespenstertierchen. Wird aufrecht stehend bis zu 60 cm lang, schönes goldbraunes Fell, zierliche Greiffüße. Pflanzenfresser; doch können die größeren sehr gefährlich werden.

Mono: Siehe: Mico.

Mosca: Sammelbezeichnung für Fliegen und Kriebelmücken.

Mosco alazán, Mosca de café: Die „fuchsrote Kaffeefliege" der Cafetales und benachbarten Gebiete. Gelblich-grau bis schwach rötlich, etwas größer und durchsichtiger als der „chelón". Überträgt die Filiariasis oder Onchoceriasis (Oncho, Onchocercosis), die schwere Gesundheitsstörungen, namentlich an den Augen, hervorruft und gebietsweise große Gefahr bildet.

Mosco chelón: Die schwarze kleine Kriebelmücke, die sich mit Vorliebe in den Augenwinkeln, hinter den Ohren, an den Ellenbogen niederläßt, sehr schmerzhaft sticht und in den Warmgebieten wie auch in den Kiefernzonen äußerst lästig wird, nicht aber Krankheiten überträgt.

Mostacilla: Winzige, nur in der Bewegung mit bloßem Auge sichtbare Zecken, die stets in großen Mengen beisammen sind und, wenn nicht rechtzeitig entfernt, heftigen Juckreiz hervorrufen.

Murciélago: Sammelbezeichnung für Fledermäuse.

Ocelote: *Felis pardalis*, Ordn. *Carnivora*, Fam. *Felidae*. Ozelot. Im Regenwald; weniger häufig als der Tigrillo.

Paloma: Sammelbezeichnung für Tauben. Solche gibt es, namentlich in den offenen Landschaften, massenhaft.

Pavón: Wildpfau, auch: pava de monte. (Guan cornudo?) Nur im Feuchtwald.

Pisote, Pizote, Tejón: *Nasua narica*, Ordn. *Carnivora*, Fam. *Procyonidae*. Nasenbär. In den Feuchtwäldern namentlich der Sierra.

Pucuyo, auch: Luciérnaga: Feuerfliege, Leuchtwürmchen. Nur auf feuchten Lichtungen des Warmlandes.

Puerco espín: *Coendu mexicanum*, Ordn. *Rodentia*, Fam. *Erethizontidae*. Stachelschwein. Sehr häßlicher Kopf, hellgrau meliert, der übrige Körper dunkelbraun, etwa 40 cm langer Greifschwanz, klettert auch auf Bäume; Pflanzenfresser.

Quetzal (in Chiapas wird deutlich „Quet-zal" gesprochen; die oft gesehene Schreibung „Quezal" trifft für hier nicht zu): *Pharomachrus mociño*. Trogon, Königsvogel. Langgeschwänzter, sehr schöner Vogel des oberen Feuchtwaldes. Wappentier von Guatemala. In der Sierra Madre noch einigermaßen vertreten, im übrigen nur sehr lokal und selten. Am Hueitepec bei San Cristóbal wurde vor ca. 30 Jahren der letzte abgeschossen. In den Wäldern im Umkreis der Seen von Comitán hat z. Zt. eine Familie Abschußkonzession; gute Bälge werden für 300 Pesos verkauft.

Saltón: Die flügellose Heuschrecke („Springer").

Sanate, Zanate: *Cassidix m. mexicanus,* Fam. *Icteridae.* Schwarzstärling. Einer der häufigsten in der Nachbarschaft der Siedlungen lebenden, sehr geselligeu Vögel, glänzend schwarz.

Tepezcuintle: *Agouti paca,* Ordn. *Rodentia,* Fam. *Agoutidae.* Kleiner flinker Läufer, Fleischfresser, lebt in Höhlen, unter Baumwurzeln usw. nur im warmen Feuchtwald.

Tigre: *Felis onza,* Ordn. *Carnivora,* Fam. *Felidae.* Der mittelamerikanische Jaguar. Auch Viehräuber. Braucht in der Nähe Wälder als Schlupfwinkel.

Tigrillo: *Felis tigrinus,* Ordn. *Carnivora,* Fam. *Felidae.* Häufiger als der Ocelote, diesem ähnlich, doch in der Anordnung der Flecken unterschieden.

Tortuga: Schildkröte. Namentlich an sumpfigen bzw. regenzeitlich überschwemmten Ufern des R. Grijalva usw.

Tucán: Ramphastos sp. Tukan. Einer der Charaktervögel des Regenwaldes. Etwa 30 cm langer Körper und ebenso langer Schnabel, schwarzes Gefieder, an Hals und Brust lebhaft grün und scharlachrot.

Tuza: Geomys heterodus, englisch gopher: Ein kleines Nagetier (Art Wühlratte) in Erdhöhlen, namentlich in der Feuchtwaldregion. Wurzelzerstörer und Förderer der Erosion, aber auch Bodendurchlüfter. Kurzes grobes braunes Haar, Körper 20 – 25 cm lang, kurzer Schwanz, entstellende Backentaschen für den Abtransport der aufgewühlten Erde. Zerbeißt auch härteste Wurzeln.

Vampiro: Vampyr. Tritt vor allem in bestimmten Abschnitten des Valle Central und den Vorbergen der Sierra auf. Überfällt nachts die Weidetiere und kann große Schäden anrichten.

Venado común und cola blanca: *Cervus mexicanus* u. *Odocileus virginianus* Ordn. *Artiodactyla,* Fam. *Cervidae.* Das übliche „Reh", in Wahrheit ein kleiner Hirsch, Mittelamerikas. Cola blanca wird fast so groß wie die Hirschkuh bei uns.

Zancudo: *Anopheles spec. Malariamoskit.* Der Name bedeutet „Stelzbein". Die Tierra templada ist frei von Malaria. Besonders verbreitet ist sie auf den sumpfigen Stufenlandschaften um Pinola, Soyatitán usw., auch um Comitán. Die dortigen „ciénegas" (Sümpfe) werden z. Zt. seitens der „Recursos Hidráulicos" trockengelegt.

Zompopo, Sompopo, Zampopo: *Atta mexicana oder fervens.* (Bräunliche) Blattschneiderameise. Nur im Warmland. Die in den Bauten gestapelten Blattsegmente bilden bei der Zersetzung Schimmelpilze, von denen die Zompopos leben. Vergl. *Edson J. Hambleton:* El exterminio del Zompopo. Revista Agrícola de Guatemala, 1945, Agosto y Septiembre.

Zopilote: *Coragyps atratus.* Der namentlich bei den Siedlungen und über Viehgebieten verbreitete kleine Aas- oder Rabengeier.

Zorro, Zorra gris: *Urocyon cinereoargenteus,* Ordn. *Carnivora,* Fam. *Canidae.* Fuchs. Kleiner und grauer als der unsrige.

Zorzal, Chorcha: *Icterus gularis.* Webervogel. Nur im Warmland, zumeist in Kolonien nistend.

5. Verdeutschung von Fremdbegriffen

Adobe: Große luftgetrocknete, mit trockenem Gras durchmischte Lehmziegel oder Lehmplatten zum Bau von Hauswänden, Einfassungsmauern usw. Die oft 80 bis 100 cm breiten Platten werden nicht aufrecht, sondern waagerecht verbaut, so daß die Wände sehr dick werden. Gut verputzter Adobe hält jahrzehntelang, selbst an hundert Jahre. Sehr häufig wird jedoch nicht verputzt; die Regen waschen viel ab.

Aljibe: Zisterne.

Arriero: Packtiertreiber, in vielen Fällen beritten.

Arroyo: Bach, kleiner Fluß.

Bajareque: Lehm-Knüppelbau, primitiver als unser Fachwerk. Roh gespaltenes Knüppelwerk, mit Querlatten oder -stangen verbunden, wird mit Lehm beworfen. Haltbarkeit beschränkt. Fast jedes Bajareque-Haus, das man sieht, ist reparaturbedürftig. Auch als „embarro"-(Lehm)-Bauweise bezeichnet.

Beneficio: Kaffee-Aufbereitungsfabrik. Große Fincas sind stets mit eigenen Naß- und Trockenbenefizen versehen. Die Kleinpflanzer liefern an Fremd-Benefize zur Aufbereitung. Die größten Aufkauf- und lohnverarbeitenden Benefecios von Chiapas befinden sich in Tuxtla und San Cristóbal (*Zardain*) und Tapachula (*Figueroa*).

Bosque: Wald, in dem einzelne Baumarten vorherrschen. Gegenteil: Selva.

Bracero: Wanderarbeiter, Saisonarbeiter.

Caballería: Flächenmaß. 1 Cab. von 1000 cuerdas = 42,795 ha oder 105,7471 acres. 1 acre = 4046,71 qm.

Cabecera: Hauptstadt, Hauptort.

Cafetal: Kaffeepflanzung.

Cañaveral: Zuckerrohrfeld; caña de azucar: Zuckerrohr.

Carretera: Jeder, auch nur mit Ochsenkarren befahrbare Weg ist eine „carretera", zum Unterschied von „camino", Fußweg, und „camino de herredura", Hufeisen-, also Reitweg. Heute nennt man vor allem die Autostraßen bzw. Autowege: Carretera. Kurzweg wird so auch die quer durch Chiapas verlaufende „Carretera Panamericana" oder „Internacional" (Pan American Highway) genannt.

Cerro: Berg, Hügel; Abkürzung: C.

Ciudad: Stadt, mit Rechten einer Stadt, San Cristóbal Las Casas auch mit Wappen versehen.

Colonia: Nach der Revolution im Zuge der Agrarreform entstandenes Dorf auf nationalem bzw. aus Privathand in nationalen Besitz zurückgeführtem Grund. Seine Bewohner sind „colonos" oder „agraristas". Jeder hat seine Parzelle, die er bearbeitet; sie ist ihm (bisher) aber nicht durch Urkunde als Eigentum übertragen, sondern in Staatsbesitz verblieben. Unterschied: Ejido, Ranchería, Rancho und Pueblo.

Congregación: Eine Dorfgemeinschaft, die sich aus einer größeren oder geringeren Zahl von Einzelbauern freiwillig zusammengeschlossen hat zwecks Gründung einer Gemeinde, nicht aber etwa eines Gemeinbesitzes und gemeinsamer Arbeit.

Cuenca: Stromgebiet, gleichzeitig im Sinne von Talung, Strommulde.

Ejido: Gemeinschaft von Bauern, die auf Gemeindeland (Ejidal-Land, bei uns Allmende) angesiedelt worden sind. Jeder „ejidatario" hat eine Parzelle für sich, ohne Besitztitel, die er nicht verkaufen kann, auch nicht an Ejidatarios des gleichen Ejidos, sondern nur vererben. Außerdem steht gemeinsames Weideland und Holznutzungsrecht zur Verfügung. Gelegentlich sind auch auf enteignetem Finca-Gelände „ejidos" gegründet worden; sie werden teilweise gemeinsam bearbeitet; nebenher hat jedes Mitglied für Eigenbedarf eine kleine Parzelle, also wie im Kolchos. Auch dieses Land ist nicht verbriefter Besitz. – In Chiapas werden im allgemeinen „ejidos", „colonias" und „congregaciones" kurzweg „colonia" genannt.

Estiaje: Die Zeit der geringsten Niederschläge und des niedrigsten Wasserstandes in den Flüssen.

Ferrocarril: Eisenbahn. Im Stromgebiet des oberen Río Grijalva gibt es keine. Die nächstgelegene ist der „Ferrocarril Panamericano" im pazifischen Küstentiefland.

Finca, Finquero: Speziell in Chiapas und Guatemala gebräuchliche Bezeichnung für Hacienda und Hacendado. Kommt vom spanischen „hincar": niederknien, und geht auf den altgermanischen, wahrscheinlich durch die Goten nach Spanien übertragenen Brauch zurück, daß ein freies Stück Land umritten und dann durch Hineinknien des künftigen Eigners in Besitz genommen wurde.

Guatal: Verlassenes, mit Sekundärvegetation überwuchertes Milpa-Gelände.

Hacienda, Hacendado: Große Pflanzung, zumal von Exportgewächsen, oder große Viehwirtschaft und deren Besitzer. In Chiapas sind dafür „finca" und „finquero" gebräuchlich, siehe daselbst. Bestenfalls bei Vieh- und Gemischtbetrieben spricht man auch dort von Hazienden, niemals aber z. B. beim Kaffee.

Herradura: Hufeisen, auch Bezeichnung für länglich-enge Flußschlingen; camino de herradura: Reitweg.

Ingenio: Zuckerrohr-Aufbereitungsfabrik. Im Stromgebiet des oberen R. Grijalva gibt es bisher eine einzige, in Pugiltic (Gebr. *Pedrero*).

Jagüey: Regentümpel, der auch im Estiaje (s. dort) noch etwas Wasser oder feuchten Schlamm enthält.

Ladino: Die in Mittelamerika gebräuchliche Bezeichnung für den Mischling aus indianischem und spanischem Blut (Mestize, mestizo). Das Wort bedeutet „schlau, überlegen"; gemeint sind also jene, die sich durch ihren spanischen Blutzuschuß dem reinblütigen „dummen" Indio überlegen wähnen. Das Wort wird auch in der Bedeutung „anderssprachig" angewandt.

Legua: Längenmaß. 1 legua oficial: 4,19 km, nach dem Maß der Arrieros: 1 Stunde Wegstrecke, nach der Praxis: 3,6 km.

Machete: Langes gerades, gegen die Spitze hin breiter werdendes Haumesser an hölzernem Griff und häufig in schön verzierter mit Fransen versehener Lederscheide. Universalwerkzeug.

Maíz: Mais, jedoch nur die Körner. Der Kolben mit grünen Körnern: helote, mit harten Körnern: mazorca, ohne Körner: olote, das Stroh: rastrojo.

Mesa, Meseta: Tisch, Tafel. Die erstere Bezeichnung wird für große tafelartige Flächen, die letztere genau genommen mehr für weniger breite Stufen angewandt. Doch hört man für Mesa auch Meseta gleichbedeutend.

Milpa, Milpero: Maisfeld und Maisfeldbesitzer.

Montaña: Immergrüner Wald und das von ihm bedeckte Gebirge.

Monte: Sekundärwald, Trockenwald, Gestrüppwildnis.

Municipio: Verwaltungsbegriff etwa im Sinne unserer (größeren) „Gemeinde", räumlich aber oft von der Ausdehnung mindestens eines Kreises. Auch die „cabecera municipal", der Municipial-Hauptort, wird kurzweg als „municipio" bezeichnet, ganz gleich, ob er Pueblo, Villa oder Ciudad ist.

Oro: In einem „Trockenbenefiz" erzieltes exportfertiges Endprodukt des Kaffees, wörtlich: Gold. Die nur „Oro" erzeugenden Groß-Finqueros rechnen 100 kg Pergamino = 80–84 kg Oro; die von den Kleinerzeugern aufkaufenden Händler dagegen rechnen weniger Oro und entsprechend mehr für „cáscara" (Schale). Von 4 kg „cereza" oder „uva" (Kirsche oder Traube), also unbearbeiteten Kaffeefrüchten, werden durchschnittlich 1,5 kg Oro erzielt.

Panela: Rohzuckerscheiben. In der Regel werden sie noch ganz primitiv dadurch hergestellt, daß der eingekochte Zuckersaft in Vertiefungen gegossen wird, die man in Baumstämme eingestemmt hat.

Pergamino: Nur in einem „Naß-Benefiz" bearbeiteter, noch nicht restlos entschälter Kaffee, an dem sich noch die Pergamin-Hülle, eben das „pergamino" befindet. Vergl.: Oro.

Peso: Landeswährung. 1 Peso zu 100 Centavos besaß 1958 folgenden Devisenwert: 12,50 Pesos = 1 US$, oder 3 Pesos = 1 DM.

Planta: Wörtlich: Fußsohle, Basis, Grundlage; wird angewandt für Grundbetriebe, also z. B. Wasserwerk, Kraftwerk.

Potrero: Zum Unterschied von der reinen Naturweide in Savanne und Wald, die aus verlassenen Milpas oder auch aus eigens gesäuberten Waldstücken hervorgegangene, mitunter auch eingezäunte Weidefläche.

Pozo: Grundwasserloch, Brunnen.

Presa: Staudamm und Stausee.

Pueblo: Dorf, aus bäuerlichen Besitzungen allmählich zusammengewachsen; administrativ können auch kleine Landflecken mit Gemischtwirtschaft noch „pueblo" sein.

Quintal: Gewichtsmaß. 1 Quintal (spanisch) = 46 kg. Getreide wird in der Regel noch nach „fanega", einem Hohlmaß von 90,8 l, gehandelt. Eine fanega Mais z. B., frisch geerntet oder gut abgelagert, schwankt zwischen 115 und 138 kg. (1 fanega = 12 almudas je 4 cuartillas à 1,9 l; 1 carga oder Packtierlast = 2 fanegas.

Ranchería: Weiler, Streusiedlung, aus mehreren Einzelgehöften zusammengewachsene bäuerliche Siedlung, oft über große Flächen verteilt. Kann, wenn groß genug, auch Verwaltungsagenten und / oder Dorfrichter haben.

Rancho: Einzelgehöft und -haus. Administrativ können auch mehrere Häuser noch „rancho" und noch nicht „ranchería" sein.

Rastrajo: Stroh, speziell Maisstroh; wichtiges Zusatzfutter in der Trockenzeit und an Packtier-Raststationen.

Recursos Hidráulicos: Wörtlich: Hydrografische Grundlagen oder Naturschätze. So heißt das Amt für Wasserbaufragen und Wasserwirtschaft in Mexico.

Río: Fluß, abgekürzt: R. Diese Bezeichnung steht vor dem Namen jedes nennenswerten Flusses; die kleineren sind „arroyo", abgekürzt: A.

Selva: Hochwald, in dem keine Baumart augenfällig vorherrscht. Gegenteil: Bosque. . . .

Sierra, Sierra Madre: Kette, Mutterkette. Bezeichnung für größere Hochgebirge; die Hauptketten in Mexico sind: S. M. Oriental, S. M. Occidental, S. M. Sur und S. M. de Chiapas.

Tejamanil: Mit dem Machete gespaltene Schindeln aus Kiefern- oder Tannenholz, bis zu 1,20 m lang, 10–12 cm breit, nur wenige Millimeter dick. Werden mit Holzstiften auf den Dachsparren befestigt, halten bis zu 10 Jahren; billiger als Wellblech. Per „zonte" (400 Stück, altes Maya-Maaß) z. Zt. 36.– Pesos.

Tienda: Laden, in der Regel Gemischtwarenladen.

Toma: künstlicher Graben, Zuleitung für Kraftwerke, Mühlen, Bewässerungen usw.

Valle: Tal.

Vaquero: Viehhirt, stets beritten; strikt unterschieden vom Landarbeiter: peón.

Vega: Fluß- und Tal-Aue.

Villa: Flecken, administrativ zwischen „ciudad", „Stadt" und „pueblo", Dorf, stehend.

6. Bibliografie (nicht vollständig)

Betreffs Karten siehe den Abschnitt III.

Abkürzung: BolSocMexGeogrEstad.: Boletín de la Sociedad Mexicana de Geografía y Estadistica, México D. F.
Ing Hidr.: Ingeniería Hidráulica en México (siehe am Schluß unter „Zeitschriften").

Aguilar, José u. a.: Atlas Universal (Aguilar). Madrid 1954. Abschnitt Mexico p. 71–72, K. 1 : 5 Mill., Abb.

Aguilar Sol, José: Septima zona escolar del estado. (Cuadernos geográficos.) Tuxtla Gutz. (Dirección General de Educación Publ. del Estado.) 1956, 36 S. – Diese Zone umfaßt 16 Municipios im SE des Staates Chiapas.

Albores, E. J.: Angel Albino Corzo, el hombre de la reforma. Cuadernos de Chiapas XI, Tuxtla Gutz. (Dep. de Bibliotecas), 1946, 20 S.

Alvarez de Toro, Miguel: Los animales silvestres de Chiapas. Tuxtla Gutz. (Ediciones del Gobierno del Estado), 1952, 250 S., Abb., Lit.

Alvarez del Villar, José: Esquema geobotánico de Chiapas. BolSocMexGeogrEstad. LXXIII, Nr. 1–3, 1952, p. 95–124, K. mit 7 Vegetationszonen und zwar: I. Bosque tropical de la vertiente del Pacífico. II. Xerofita Tehuana (um Arriaga und Tonalá). III. Bosque de coniferas en la Sierra Madre de Chiapas. IV. Tropofitia de la Depresión Central. V. Praderas y Xerofitia occidentales. VI. Bosques de coniferas en la Cordillera Central. VIII. Bosque tropical de la vertiente del Golfo.

Amor y V., Fernando: Obras de abastecimiento de agua potable y alcantarillados en Tuxtla Gutiérrez, Chis. IngHidr. XIII, 1959, Nr. 1, p. 11–20, mit Liste und Karte aller Quellen usw. in der Umgebung, Stadtpläne mit Wasserverteilungs- und Kanalisationsnetz. (Sehr wertvolle Arbeit; konnte im Text leider nicht mehr berücksichtigt werden.)

Amram, David W., Jr.: Eastern Chiapas. Geograph. Review XXVII, 1937, p. 19–36, 1 K., 15 Abb. – Bezieht sich auf das Gebiet E und SE von Ocosingo mit Zugangsmöglichkeiten nach San Cristóbal Las Casas; Angaben über Bevölkerung und Handel dieser Stadt auf p. 20–25.

de Anda, Luis: El cultivo del maíz en Chiapas. Ateneo I, Tuxtla, 1951, p. 64–71.

Atlas climatológico de México. Dirección de Geografía, Meteorología e Hidrología, Secretaría de Agricultura y Fomento, México D. F., 1939. (Servicio Meteorológico Mexicano, Tacubaya, 1939.)

Basauri, Carlos: La población indígena de México. Etnografía Tomo II: Familia "Maya - Quicheana". Ed. Secretaría de Educación Publica, México, 1949, 568 S., Abb., Bibliogr. Die „Tribus indígenas del Estado de Chiapas" werden behandelt auf p. 89–104, sodann die einzelnen Gruppen gesondert p. 105–262. – Bringt systematisch archäologische, vorspanische, koloniale und jüngere Daten; geogr. Verteilung, Sprachen, teils mit Vokabularien, botan. und zoolog. Bezeichnungen, Anthropologie, materielle u. geistige Kultur, Wirtschaft u. Sozialstruktur. Nicht immer zuverlässig.

Becerra, Francisco S.: General Miguel Utrilla, gobernador, politico y militar. Cuadernos de Chiapas XII, Tuxtla Gutz. (Depart. de Bibliotecas), 1946, 17 S.

Becerra, Marcos E.: Nombres geográficos indígenas (del Estado de Chiapas). Tuxtla Gutz. (Talleres Tipográficos del Gobierno del Estado), 1932, 385 S. – Lokalisierung und Erklärung der Ortsbegriffe.

Bernoullé: Reise des Herrn Dr. Bernoullé und Richard Cario von Retalhuleu in Guatemala nach Comitan in Süd-Mexico, im Sommer 1877. (Mitgeteilt von Dr. Oscar Drude.) Petermanns Mitt. 24, 1878, p. 410–413. – Reisten über den R. Amelco, Santa Cruz Almor, San Mateo, bei Chacula Übertritt in mexicanisches Gebiet. Besonders Vegetationsbeobachtungen.

Blom, Frans: Vida precortesiana del Indio Chiapaneco de hoy. Estudios Antropológicos, México D. F., 1956, p. 277 - 285, 9 Nrn. Lit.

Blom, Frans & Oliver La Farge: Tribes and temples; a record of the expedition to Middle America conducted by the Tulane University of Louisiana in 1925. New Orleans 1926 / 27. Middle American Research Series Publ. 1, 2. 536 S., 4 K., Abb., Bibliogr., Index. – Ab S. 401 das zentrale Hochland von Chiapas, spez. Pyramiden und Ruinen um Comitán (Hun Chabin, Tenam, Chinkultic).

Boese, E.: Reseña acerca de la geología de Chiapas y Tabasco. Boletín del Instituto Geológico Mexicano Nr. 20, 1905, 116 S., 9 Fig. geol. Karte, mit Höhenliste p. 86–100. Ausführliches Ref.: Petermanns Mitt. 52, 1906, p. 235 bis 240 von Karl Sapper.

Caceres Lopez, Carlos: Epopeya de los Chiapas, tribu que dio nombre a una entidad. Tuxtla Gutz. (Departam. de Prensa y Turismo), 1951, 70 S., Abb. – Geschichtlicher Rückblick.

Calzada, Rómulo: Pobreza y riqueza de Chiapas. Ateneo I, Tuxtla Gutz., 1951, p. 37–63.

Castañón G., Fernando: Doctor Belisario Dominguez. Datos biográficos. Publicaciones de la Dirección de Acción Cívica y Bellas Artes. Tuxtla Gutz., 1937, 26 S.

Castanón Gamboa, Fernando: Panorama histórico de las comunicaciones en Chiapas. Ateneo I, Tuxtla Gutz., 1951, p. 75–127, K., Abb. – Rückblick über die Verkehrsentwicklung.

Congr. Geol. Intern.: Congreso Geológico Internacional, XX Sesión: México. Hrsg.: Manuel Maldonado-Koerdell. Excursión C – 15: Geología del mesozoico y estratigrafía pérmica del Estado de Chiapas. México 1956, 82 S., K. u. Routenpläne. Anhang: Webber, B. N. & J. Ojeda R.: Estructuras geológicas del Sureste de Oaxaca y Sur de Chiapas, p. 75–82, K. Englische Ausgabe: Guidebook for Excursion C – 15, 29 S., ohne Karten. – Genaue geol. Interpretation entlang der Route auf der Carretera Panamericana und im Gebiet um Chisomuselo.

Cook, Sherburne F.: Soil erosion and population in Central Mexico. Ibero-Americana 34, Berkeley, Univ. of California Press, 1949. Spanische Ausgabe: La erosión del suelo y la población en el México Central. In: Problemas agrícolas e industriales de México, Nr. 2, Abril-Junio 1956, p. 211–249, K.

Cordan, Wolfgang: Mexiko; Versuch über das Unzerstörbare. Frankfurt/M., (Büchergilde Gutenberg), 1955, 104 S. 84 Bildtafeln. – Vieles bezieht sich auf Chiapas und die dortigen Indios.

idem: Mayakreuz und rote Erde; unter Indios in Mexiko. Zürich u. Stuttgart (Werner Classen), 219 S., K. – Bezieht sich auf San Cristóbal Las Casas und das Chamula-Land; Schilderung ihres großen Frühlingsfestes.

idem: Geheimnis im Urwald; Entdeckungsfahrten auf den Spuren der Mayas. Düsseldorf-Köln (Eugen Diederichs), 1959, 237 S., 85 Abb. – Aufenthälte im Lakandonen-Land, mit Ausführungen über Gesamt-Chiapas.

Corzo, Angel M.: Geografía de Chiapas. (Libro para los maestros y los alumnos de las escuelas secundarias del Estado de Chiapas.) México D. F. (Editorial Protos), 1943, 116 S., Abb.; 2. Ausg. 1946.

Chanona, R.: Regiones naturales de Chiapas. Cuadernos de Chiapas Nr. 7. Tuxtla Gutz. (Gobierno del Estado, Depart. de Bibliotecas), 1946.

Chanona C., Alfonso: Onceava zona escolar del Estado (Chiapas). Tuxtla Gutz., (Dirección General de Educación Publica del Estado, Cuaderno Geográfico Nr. 1) 1954, 11 S. (vervielfältigtes Manuskript). – Die 11. Schulzone umfaßt die Municipios Venustiano Carranza, La Concordia, Angel Albino Corzo, Villa Corzo und Villa Flores. Geografisch-wirtschaftlich-staatskundlicher Überblick.

Dirección General de Agricultura del Estado, Sección de Control de Plagas, Ed.: La Mosca Prieta. Tuxtla Gutz. (Depart. de Prensa y Turismo) 1951, 12. S. – Aufklärungsschrift gegen einen jüngeren Pflanzenschädling.

Directorio Monográfico del Estado de Chiapas, correspondiente al año 1946/1947. – Amtliche Zusammenstellung über Grundlagen und Entwicklung.

Domínguez, Wenceslao: Don Joaquín Miguel Gutiérrez; politico, gobernante, militar, reformador, liberal y revolucionario. Publ. de la Dirección de Acción Cívica y Bellas Artes, Tuxtla Gutz., 1938, 14 S.

idem: Fundación de la ciudad (San Cristóbal) según Fray Antonio de Remesal. Boletín de la Cámara Nacional de Comercio e Industria de Ciudad de Las Casas, Chis. I, Nr. 1, 1937, p. 1–10.

Dupré Ceniceros, Enrique: The forest problem of Mexico. Proc. of the Inter-American Conference on Conservation of Renewable National Resources, Denver, Colorado, Sept. 7–20, 1948. (Dep. of State Publ. No. 3382), p. 418–425.

(Echeagaray Bablot, Luis): La cuenca del Grijalva-Usumacinta a escala nacional y mundal. México D. F. (Secretaría de Recursos Hidráulicos), 1957 (segunda edición corregida), 149 S., zahlr. Karten, Pläne, Diagramme, Abbildungen usw.

idem: Algunas consideraciones sobre la planeación de las obras en la cuenca de Grijalva. Ingeniería Hidráulica, México D. F., XI, Nr. 1, 1957, p. 9–20, mit Kärtchen der geplanten Stauseen und Kraftwerke.

Esperón de la Flor, Salvador: Registro alfabético de corrientes de los Estados Mexicanos. Ingeniería Hidráulica en México, III, Nr. 1, 1949, p. 98 bis 130 und mehrere Fortsetzungen. – Liste der Flüsse des Landes mit kurzen Laufbeschreibungen. Doch nicht immer zutreffend.

Espinosa, Luis: Chiapas. México D. F., 1925, Sept. Número de Aniversario. – Erstes Heft einer Revista (Zeitschrift), die offenbar nicht fortgesetzt worden ist.

Flores Ruíz, E.: Ciudad real, su principio y evolución. Boletín de la Sociedad de Literatura y Artes de San Cristóbal I, Nr. 6, 1943, p. 11–16. – Stadtgeschichtliche Ausführungen über San Cristóbal Las Casas.

idem: El Sumidero – La leyenda de los Chiapas. Abside, Revista de Cultura Mexicana XVIII, Nr. 4, México 1954, 23 S., Abb., 8 Nrn. Lit. Und: El Sumidero – La leyenda de los Chiapas ante la historia. Ebenda XXI, Nr. 1, 1957, p. 73–86. – Geschichtliche Richtigstellungen.

Freudenberg, Wilhelm: Geologie von Mexico, dargestellt nach der Literatur und nach eigenen Forschungen. Berlin (Gebr. Borntraeger) 1921, 232 S., 29 K. und Textfig., Lit.-Hinweise.

de la Fuente, José Manuel: Tuxtla: su agua y sus enfermedades hídricas. Ateneo 7, Tuxtla 1957, p. 27–42, Abb.

idem: La Onchocercosis en Chiapas. Ateneo 3, Tuxtla 1952, p. 49–70, K., Abb. – Jährlich 20000 und mehr Erkrankungen, zumeist in der Trockenzeit.

(Gel, Frantisek): Las Casas; Leben und Werk. Aus dem lateinischen Text übertragen, mit Anmerkungen und einer Lebensbeschreibung versehen von Frantisek Gel. Nachwort von Dr. J. Plojhar. Deutsche Übertragung aus dem Tschechischen von Dr. G. Thomas. Leipzig (Koehler & Amelang), 1958, 274 S., 1 K.

Gerstenhauer, Armin: Die Agrarproduktion Mexikos. Geograph. Rundschau (Braunschweig) 10, 1958, H. 4, p. 121–128, 5 Kartenskizzen, Literatur.

Guzmán Mardueño, Anastasio: Aspectos demográficos y sanitarios en la República Méxicana. Ingeniería Hidráulica en México IV, Nr. 1, 1950, p. 11–48, zahlreiche, teils farbige Pläne, Graphiken usw.

Helbig, Karl: Chiapas, Mexicos südlichster Staat. Übersee-Rundschau (Hamburg), Ibero-Amerika-Heft, Okt. 1957, p. 35–38, Abb.

idem: Deutscher Kaffee aus Mexico. Ebenda, 1959, H. 6, p. 3–7, Abb.

idem: Mexico: Der Süden wird erschlossen. (Das Grijalva-Usumacinta-Projekt). Ebenda 1959, Ibero-Amerika-Heft, Okt. 1959, H. 10, p. 45–48, 1 K., 3 Abb.

idem: Die Landschaft Soconusco im Staate Chiapas, Süd-Mexico, und ihre Kaffeezone. Deutsche Geographische Blätter, Bremen, Bd. 49, H. 1-2, 1961, 131 S., K., Abb.

Helfritz, Hans: Mexiko und Mittelamerika. Berlin (Safari) 1954, 10 K., 6 Farbtafeln, 144 Abb., 737 S. – U. a. ein Kapitel „Bei den Chamulas von Chiapas", p. 449–466.

Hendrichs, Pedro H. D.: Morfología y climatología de la cuenca del Grijalva. Diss. Univers. Nac. Auton. de México, Facultad de Filosofía y Letras, México D. F. 1955, als Manuskript vervielfältigt, 84 S., 70 K., Textfig. und Abb., statist. Tabellen, 92 Nrn. Literatur.

Höck, F.: Die nutzbaren Pflanzen und Tiere Amerikas und der alten Welt verglichen in Beziehung auf ihren Kultureinfluß. Leipzig (W. Engelmann) 1884, 58 S.

Jaeger, Fritz: Zur Gliederung und Benennung des tropischen Graslandgürtels. Verhandl. Naturforsch. Ges. Basel LVI, Tl. 2, 1945, p. 509–520; auch in: Geogr. Berichte, Mitt. Geogr. Ges. in der D.D.R. Berlin, 1, 1956, p. 36 – 44.

Langman, Ida: Recuerdos de Chiapas. Ateneo 7, Tuxtla 1957, p. 43–61. – Eindrücke und Studien vornehmlich botanischer Art gelegentlich eines Besuches 1948.

Lauer, Wilhelm: Humide und aride Jahreszeiten in Afrika und Südamerika und ihre Beziehung zu den Vegetationsgürteln. In: Studien zur Klima- und Vegetationskunde der Tropen. Bonner Geogr. Abhandl. Heft 9, 1952.

Lötschert, Wilhelm: Nebelwälder. Kosmos (Stuttgart), 1959, H. 4, p. 148 bis 152, 9 Abb. – Bezieht sich auf Studien in El Salvador, doch in vielem vergleichbar für Chiapas.

Loewe Seeber, Paul: Informe general sobre la exploración sanitaria de la zona cafetera de Argovia, Chiapas. Diss. Univ. Nac Auton. de México D. F., 1940, 79 S., Abb. – Exakte Klassifizierung und Analysierung der Krankheitsfälle, besonders der wichtigsten: Dysenterie, Masern, Malaria, Onchocercosis.

López, Carmen: Enfermedades tropicales del Sureste. Publicaciones del Estado Nr. 17, Villahermosa, Tabasco, 1947, 122 S. – Der größte Teil der beschriebenen Krankheiten trifft auch für Chiapas zu.

McBride, Felix Webster: Cultural and historical geography of Southwest Guatemala. Smithsonian Inst. Publ. No. 4, Washington 1945, 184 S., 20 K. und Pläne, 47 Taf. Abb., geogr. und Fremdnamen-Index; Anhang: Kulturpflanzen. 4 S. Bibliogr.

Martínez, Maximino: Catalogo de nombres vulgares y científicos de plantas mexicanas. México D. F. (Imprenta Mexicana) 1937, 552 S., 5 S. Bibliogr.

idem: Las plantas medicinales de México. México D. F. (Ediciones Botas) 1933, 645 S., Abb., Index.

idem: Plantas útiles de México. México D. F., 2. Aufl. 1936, 400 S., Abb., Reg.

Martínez, Tomás: Chiapas. In: Directorio General de la Peninsula, II. Sección. Mérida (Edición Linotipográfica Peninsular) 1948–50, 76 S. – Das Buch enthält weitere Überblicke von Campeche, Quintana Roo, Tabasco, Yucatán und Stadt Guatemala.

Matuda, Eizi: A contribution to our knowledge of the wild and cultivated flora of Chiapas. I.: Districts Soconusco and Mariscal. The American Midland Naturalist (Univers. of Notre Dame, Indiana) 44, No. 3, 1950, p. 513 bis 616. – Nach Familien u. botan. Namen geordnet, mit Fundorten, aber nur wenigen einheimischen Namen. Weit umfangreicher als Miranda für die betr. Gebiete. Weitere Bände sind bisher nicht erschienen; dagegen gesondert: A contribution to our knowledge of wild flora of Mt. Ovando. Ebenda 43, No. 1, 1950, p. 195–223.

de la Maza, Francisco: Arte colonial en Chiapas. Ateneo 6, Tuxtla 1956, p. 59–122, Abb. – Mit Beispielen hauptsächlich aus Chiapa de Corzo und San Cristóbal las Casas.

Medina Peralta, Manuel: Resultados de las ultimas determinaciones gravimétricas hechas por la Dirección Geografía y Meteorología, en el Sureste del país. In: Anuario de la Dirección . . ., México 1946, p. 189 – 196, K. der gravimetr. Stationen und K. der Isanomalien.

de Mier y Terán, Manuel: Descripción geográfica de la Provincia de Chiapas. Ateneo 3, Tuxtla 1952, p. 139–164. – Wiedergabe eines im Jahre 1822 durch den General de Mier y Terán abgefaßten Rapportes; hauptsächlich Beschreibung der Wegstrecke Tehuantepec – San Cristóbal.

Miranda, Faustino: Characteristics of the vegetation in certain temperate regions of Eastern Mexico. Ecology 31, Nr. 3, 1950.

idem: La selva del ocote. Ateneo 3, Tuxtla 1952, p. 35–47, Abb. – Beschreibung der Kiefern in Chiapas.

idem: La vegetación de Chiapas. 2 Vol. Tuxtla Gutz. (Ediciones del Gobierno del Estado) 1952, 334 u. 426 S., 122 Abb., Index. – Bestes botanisches Nachschlagewerk.

Morales V., Lino: El valle de San Cristóbal. Boletín de la Soc. Cientifica de Literatura y Artes en San Cristóbal I, Nr. 4, 1943, p. 18–23.

Muller, Cornelius H.: The central american species of Quercus. US Departm. of Agricult., Misc. Publ. No. 477, Washington 1942, 216 S., Abb.

Müllerried, Federico K. G.: Contribución a la geología de México y Noroeste de la América Central. México (Univ. Nacion. Auton. de México) 1945, 75 S., K., Bibliogr. zu jedem Kapitel, hierunter u. a. viele weitere einschlägige Veröff. des Autors.

idem: Contribución a la geología del Soconusco y región vecina del Sur de Chiapas. BolSocMexGeogrEstad. 66, Nr. 3, 1948, p. 405–430, K., Abb., Lit.

idem: Formación del cañon de „El Sumidéro". Ateneo 4, Tuxtla 1952, p. 23 bis 27, Abb. Mit Nekrolog für Müllerried von Faustino Miranda.

idem: La geología de Chiapas. Ed.: Gobierno Constitucional del Estado de Chiapas (1952–1958), México D. F. 1957, 180 S., 7 K., 5 Textfig., 16 Abb., 140 Nrn. durchweg geolog. Literatur, erschöpfend. – Für weitere Arbeiten von Müllerried siehe vor allem: Boletín de la Sociedad de Geología en México.

idem: El mapa geológico de la América Central. Revista Geográfica del Instituto Panamericano de Geografía e Historia, México D. F., 1944, p. 35–64, K. 1:5 Mill.

Muñoz Osorio, Francisco: Oncocercosis. Observaciones clinicas en la 4a Zona Sanitaria Auxiliar. México D. F. (Inst. Politecnico Nac., Escuela Superior de Medicina Rural), 1955, 103 S., Abb., 3 S. Bibliogr. – Spezialuntersuchungen in einem Teil der Kaffeezone von Soconusco.

Nieto, Francisco C.: Cruces en Chamula. Tuxtla Gutz. 1956, 25 S., 10 Abb. – Literarisch und künstlerisch hochwertige, tief empfundene Einblicke in Seelenleben und Brauchtum der Chamula-Indianer.

Noriega, José S. u. a.: Control y aprovechamiento del Río „Grijalva". Estudio preliminar. Preparación del plan de estudios definitivos y programa de construcción de las obras. México (Recursos Hidráulicos) 1947, 252 S., 14 großmaßstäbliche Karten von der Mündung bis zur Vereinigung von R. San Gregorio und R. San Miguel, mit Zuflüssen, Siedlungen, Höhenlinien in 50 oder 100 m Abstand, km-Angaben.

Ordoñez, Ezequiel (Ing.): Las provincias fisiográficas de México. Revista Geográfica del Inst. Panamericano de Geografía e Historia. México, 1942.

D. Paniagua, B.: Chiapas, a traducción del conferencia dada en la Universidad de Jurisprudencia y Diplomacía de Washington. Washington D. C., Apr. 1922, 8 S. – Kurze Einführung in Landschaft, Wirtschaft, Geschichte, Kultur.

de la Peña, Moises T., Hrsg.: Chiapas Economico, Tomo I–IV. Tuxtla Gutz. (Depart. de Prensa y Turismos, Secc. Autográfica) 1951, zus. 1290 S., zahlr. klimatol., geol., wirtschaftl., administrative u. a. Karten, Statistiken, Abb. Mitarbeiter: Lic. Hilario Miramontes, Ing. Manuel Mesa A., Lic. Rómulo Calzada, Ing. Oscar Castellanos, Lic. Arsenio Dorantes. – Umfangreichstes Standardwerk.

idem: La potencialidad ganadera de Chiapas. Ateneo 2, Tuxtla 1951, p. 43-81, K.

Pfeifer, Gottfried: Das wirtschaftsgeographische Lebenswerk Leo Waibels. *22. 2. 1888; † 4. 9. 1951. Erdkunde (Bonn) VI, 1952, p. 1–20. – Würdigung und Ergebnisse der Reisen in Chiapas auf p. 9f.

Pineda, Emilio: Descripción geográfica del departamento de Chiapas y Soconusco. BolSocGeogrMex., 3, 1852, p. 341–435.

Pozas A., Ricardo: El trabajo en las plantaciones de café y el cambio socio-cultural del Indio. Revista Mex. de Estadist. Antropol. XIII, 1, México D. F. 1952, p. 31–48.

Ramirez Contreras, Enrique: Enriquecer al Estado de Chiapas, debe ser la meta de su gobierno y de los Chiapanecos. México D. F. (Selbstverlag) 1957, 38 S. – Vorschläge für die Entwicklung.

Rec. Hidr.: Secretaría de Recursos Hidráulicos: Chiapas y sus grandes posibilidades. Compendio del estudio preliminar, realizado por la Secretaría de... sobre el aprovechamiento del caudal del río Grijalva y sus afluentes. Tuxtla Gutz.(Gobierno del Estado de Chiapas) 1951, 41 S. – Überblick von der Cuenca des Río Grijalva nach natürlichen Gegebenheiten und Möglichkeiten der Nutzung für die Gewinnung von Strom, Anbauflächen, Bewässerung usw.

idem: Cuencas del Grijalva y del Usumacinta. México D. F. 1955, 33 S., K. des Gewässernetzes 1 : 1 Mill., zahlreiche farbige Teilkarten, 11 Abb.

idem: Boletín Hidrológico, Tomo 9, México D. F. 1952: Datos de la Región Sureste hasta Diciembre de 1951. 305 S., K., Graphiken. – Klimatologische und wasserbaukundliche Statistiken von Südost-Mexico.

Reiche, Carlos: Elementos de Botánica arreglados para la enseñanza agrícola, forestal, secundaria y normal de México. Una introducción en la flora de la República. México D. F., 2. Aufl. 1927, 363 S., Abb., Reg. der einheimischen und botanischen Namen.

idem: Kreuz und quer durch Mexiko. Aus dem Wanderbuch eines deutschen Gelehrten. Leipzig (Deutsche Buchwerkstätten), 1930, 128 S., Abb. – Speziell das Kapitel „Reisebilder aus dem Staate Chiapas", p. 94–100.

Reyes, Bernardo: Panorama de las actividades antropológicas en Chiapas durante el régimen del Dr. Rafael P. Gamboa. Tuxtla Gutz. (Talleres Linotipográficas del Gobierno del Estado) 1944, 9 S., Text und 18 S. mit 88 Nrn. Titeln von Vorträgen, Rapporten und Publikationen für 1941–1944, mit Kommentaren.

Rittlinger, Herbert: Ins Land der Lacandonen. Wiesbaden (Brockhaus), 1959, 355 S., 68 Abb., 6 Textfig. – Im Anfang einige Ausführungen über Comitán und eine Fahrt zu den Seen von Montebello; reichlich ausgeschmückt.

Robles Garnica, Roberto: Campaña contra el tifo epidémico en la región Tzeltal-Tzotzil del Estado de Chiapas. Boletín Técnico No. 1, México D. F., 1957, 26 S.

Rodas, Jaime R.: Monografía de la ciudad de Comitán, Estado de Chiapas. Comitán, Chis., 2. Aufl. 1948, 21 S.

Rodríguez, Rigoberto: Algo sobre el problema indígena de Chiapas. Colonia Chiapaneca (Organo de la mesa directiva de este colonia en México), México D. F., 1951, Mayo, p. 33–34.

Rovirosa, José N.: Hidrografía del Sureste de México y sus relaciones con los vientos y las lluvias (1897). Mit Kommentaren von Francisco J. Santamaría. Sammlung: Contribución de Tabasco a la cultura nacional. Gobierno constitucional de Tabasco, Nr. 4, Villahermosa 1945, 49 S.

idem: Ensayo histórico sobre el Río Grijalva. Examen crítico de las obras antiguas y modernas que traten de los descubrimientos de Juan de Grijalva. Ebenda Nr. 7, 1946, 73 S. Anhang: El Río Grijalva, p. 69–73.

Salazar Cordova, Manuel: Mi Tierra: Chiapas, su geografía. México D. F. (Selbstverlag) 1946, 120 S. – Für Schul- und Allgemeingebrauch.

Santamaría, Francisco J.: El verdadero Grijalva. Identificaciones y rectificaciones históricas-geográficas. Sammlung: Publicaciones del Gobierno del Estado de Tabasco, Nr. 43. Villahermosa 1949, 68 S., K. von Tabasco aus dem Jahre 1579. – Richtigstellung der Entdeckungsgeschichte.

Santibáñez, Enrique: Chiapas, reseña geográfica y estadística. Sammlung: La República Mexicana. Paris u. México (C. Bouret) 1911, 29 S. Großformat, Abb. – Gute, jedoch etwas veraltete Übersicht namentlich für Schulgebrauch; besonders gute Foto-Wiedergaben.

Sapper, C.: Beiträge zur Ethnographie von Südost-Mexico und Britisch-Honduras. Petermanns Mitt. 41, 1895, p. 177-186, Völker- und Sprachenkärtchen.

idem: Informe sobre la geografía física y la geología de los Estados de Chiapas y Tabasco. Boletín de Agricultura, Minería é Industrias Méx. 1894, Marzo, p. 187–211.

idem: Über Gebirgsbau und Boden des nördlichen Mittelamerika. Ergänzungsheft No. 127 zu Petermanns Mitt., Gotha (Justus Perthes) 1899, 119 S., 3 K. (Übersicht, Geologie, Böden) u. 2 Tafeln geolog. Profile. Abschnitt „Chiapas und Tabasco" S. 7–23, mit genauer geologisch-morphologischer Beschreibung der Routen. Im Anhang: Höhenliste des Staates Chiapas, p. 98–100.

idem: Die mittelamerikanischen Vulkane. Peterm. Mitt. Ergänzungsheft 178, Gotha, 1913, 173 S., K., Register.

Schmieder, Oscar: Länderkunde Mittelamerikas: Westindien, Mexico und Zentralamerika. Leipzig (Enzyklopaedie d. Erdkunde) 1934, 194 S., 39 K., 24 Abb., Lit., Register. In Spanisch: Geografía de América. Traducción de Pedro R. Hendrichs. Fondo de Cultura Económica. México D. F. 1946.

Secretaría de Fomento, Hrsg.: Geografía y Estadística de la República Mexicana. Tomo 20: Chiapas. 1898.

Seler-Sachs, Caecilie: Auf alten Wegen in Mexico und Guatemala. Stuttgart (Strecker u. Schröder) 1925, 286 S., große Klappkarte und 14 andere Karten, Abb., Reg. – 6. Abschnitt: Quer durch Chiapas, p. 101–130; 7. Abschnitt: Von Comitan bis Guatemala, p. 131-157.

Standley, Paul C.: Trees and shrubs of Mexico. Contributions of the U. S. National Herbarium, Vol. 23, part 1–5, Washington 1920–1926.

Starker, Leopold A.: Vegetation zones of Mexico. Ecology 31, Nr. 4, (Oct.) 1950, p. 507–518, mit guter Vegetationskarte. In Spanisch: Zonas de vegetación en México. BolSocMexGeogrEstad. LXXIII, Nr. 1-3, 1952, p. 45–93.

Suárez Grajales, Cuauhtémoc: Chiapas, estudio geográfico e histórico del Estado. México D. F., 1956, 79 S., Abb., Lit.

Tamayo, Jorge L.: Bosquejo geográfico de Chiapas. BolSocMexGeogrEstad. LXII, No. 1, 1946, p. 55–64.

idem: Geografía de América. Sammlung: Breviarios del Fondo de Cultura Económica. México-Buenos Aires 1952, 347 S., K., Statistiken. Abschnitt XXII: Centroamérica, p. 228–272. Hierin: Mesa Central de Chiapas, p. 249–250, Sierra Madre de Chiapas p. 250–253, Valle Central de Chiapas, p. 269–271.

idem: Geografía general de México. 4 Teile. México 1949 f. Und: Geografía moderna de México. México D. F. (Librería Patria S. A.) 1953, 2. Aufl. 1955, 431 S., K., Abb. – Nicht regional; Chiapas wird allgemein und in den verschiedenen Kapiteln kurz gesondert behandelt.

Termer, Franz: Carlos Sapper, explorador de Centro América (1866–1945). Anales de la Soc. de Geografía e Historia de Guatemala XXIX, 1956, Nr. 1–4, p. 55 – 139, Abb., Bibliografie der Veröffentlichungen Sappers p. 102-139. – Reisen in Chiapas p. 68–72.

idem: Die gegenwärtigen wirtschaftlichen und sozialen Zustände in den mexikanischen Staaten Chiapas und Tabasco. Mitt. Geograph. Ges. Hamburg XXXVIII, 1927, p. 407–423.

idem: Paisajes geográficos del Norte de América Central. (Traducción José Gavira.) Publ. Soc. Geogr. Nac. Serie B, No. 16, Madrid 1933,; mit K. der 10 Landschaftstypen vom Istmo bis Fonseca-Golf. – Die Karte ist auch enthalten in: Hendrichs: Morfología . . . , Fig. 70.

idem: Über die Mayasprache von Chicomucelo. Proceedings of the Twenty-Third International Congress of Americanists, New York, Sept., 1928, p. 926 bis 936, mit Vokabularien.

Thompson, M. L. u. A. Miller: The Permian of southermost Mexico and its fusulinid faunas. Journ. of Paleontology (Tulsa) 18, 1944, p. 481–504, gute Profile.

Traven, Ben: Land des Frühlings. Berlin (Gutenberg), 1928, 429 S. u. 64 S. Abb., farbige K. mit politischer Aufteilung von Chiapas. – Auf Grund einer Reise in Chiapas erworbene, für Mexico allgemeingültige Erkenntnisse spez. gesellschaftskundlicher Art, neben vielen Mitteilungen über Landschaft, Wirtschaft, Geschichte usw.

Trens, Manuel B.: Reseña histórica de Chiapas. Ateneo 2, Tuxtla, 1951, p. 137–161.

Troll, Carl: Forschungen in Zentralmexico 1954. Die Stellung des Landes im dreidimensionalen Landschaftsaufbau der Erde. Deutscher Geographentag Hamburg 1.–5. Aug. 1955; Tagungsberichte u. wissenschaftl. Abhandl., Abtl. Forschungen u. Beobachtungen auf Reisen, p. 191–213, 4 K., 4 Textfig., Lit. Wiesbaden 1956.

idem: Das Pflanzenkleid der Tropen in seiner Abhängigkeit von Klima, Boden und Mensch. Ebenda Frankfurt/M., 13. Mai 1951, p. 35 – 66, Remagen 1952. Auszug in: Geograph. Berichte. Mitt. Geogr. Ges. i. d. D. D. R. Bd. I, H. 1, p. 21–35, Berlin 1956.

idem: Zur Physiognomik der Tropengewächse. Jahresbericht d. Ges. von Freunden u. Förderern der Rheinischen Friedrich-Wilhelms-Universität zu Bonn, 1958, 75 S., 68 Abb., Lit. – Mit vielen Beispielen aus Mexico. (Konnte bei der Bearbeitung leider nicht mehr herangezogen werden.)

Vazquez, Andres Clemente: Bosquejo histórico de la agregación a México de Chiapas y Soconusco. México (Publ. de la Secretaría de Relaciones Exteriores) 1932, 661 S.

Vega, Crisóforo: Anotaciones bibliográficas acerca de la Oncocercosis en México y Guatemala 1917–1945. México (Univers. Nac. Auton. de México) 1946, 20 S. – Eine sehr vollständige Bibliografie über diese Krankheit, zumeist jedoch ohne Seitenangaben.

Velasco, Alfonso Luis: Geografía y Estadística de la República Mexicana. Tomo XX: Geografía y Estadística del Estado de Chiapas. México, 1898. – Nach Boese, p. 5, handelt es sich hierbei hauptsächlich um Auszüge aus den Veröffentlichungen von Sapper.

Verwiebe, W. A.: Geology of Southern Mexico oil fields. Pan American Geologist, Vol. 44, 1925, p. 121–138.

Vivó, Jorge A.: Geografía de México. 4. Aufl. México, Buenos Aires (Fondo de Cultura Económica) 1958, 349 S., K.

idem: Geografía linguística y política prehispánica de Chiapas y secuencia histórica de sus pobladores. México D. F., 1942.

idem: La integración de Chiapas y su agregación a la Nación Mexicana. BolSocMexGeogrEstad. LXXVIII, Nr. 3, 1954, p. 389–509.

Vivó, Jorge A. u. José C. Gómez: Climatología de México. Instituto Panamericano de Geografía e Historia, Publ. No. 19. México D. F., 1946, 77 S., zahlr. K. u. Diagr., Liste der meteorol. Stationen. – Im klimatologischen Teil wird Chiapas auf p. 9–11 behandelt.

Wagner, Helmuth O.: Notes on the life history of the Emerald Toucanet. The Wilson Bull. 56, No. 2, June, 1944, p. 65–76. – Hierin ein klares Vegetationsprofil von Mapastepec bis Prusia. – Ferner eine interessante Arbeit über Verbreitung und Lebensweise der Quetzal-Vögel: Zur Biologie von Pharomachrus mocinno De La Llave; Vorkommen in Mexico und angrenzenden Gebieten. In: Ornitholog. Monatsber. 49, H. 6, 15. März 1942, p. 153–162, Abb.

idem: Changes in the climate of a coffee plantation in Chiapas from 1920 to 1942. Proceedings of the Inter-American Conference on Conservation of Renewable Natural Resources, Denver, Colorado, Sept. 7–20, 1948, (Departm. of State Publication 3382), p. 589–596, 3 Graphiken. – Untersuchungen auf der Finca Prusia.

idem & E. Stresemann: Über die Beziehungen zwischen Brutzeit und Ökologie mexicanischer Vögel. Zool. Jahrbücher, Abtl. Systematik, Ökologie u. Geographie der Tiere. Bd. 79, H. 3, Jena 1950, p. 273–308, 7 Textfig. – Auf p. 277 Diagramm der monatlichen Niederschlagsmengen auf Fincas Prusia und Liquidámbar.

idem & Hans Lenz: El bosque y la conservación del suelo, su importancia cultural y económica. México D. F. (Editorial Cultura) 1948, 170 S., Textfig. – Mit vielen Beispielen aus Chiapas. Ein Auszug in: Biblioteca Enciclopedica Popular, Tercera Epoca, Nr. 22, México D. F., ohne Jahr, 143 S., Textfig.

Waibel, Leo: Die Sierra Madre de Chiapas. Mitt. Geogr. Ges. Hamburg XLIII, 1933, p. 13–162, K. 1 : 400 000, 4 Textfig., 18 Abb., mit Anhang: Die gesammelten Gesteine, von Ernst Becksmann, p. 154–162. – Spanische Ausgabe: La Sierra Madre de Chiapas. Übersetzt von Enrique Berlin, überarbeitet und kommentiert von Jorge A. Vivó. Hrsg.: SocMexGeogrEstad., México D. F. 1946, 291 S. – Durch Karten und Nachträge gegenüber der deutschen Ausgabe erweitert.

idem: Die wirtschaftsgeographische Gliederung Mexikos. Geograph. Zeitschr. 35, 1929, p. 416–439, 2 Ksk., viele Lit.-Hinweise, spez. auf Wirtschaftskarten p. 425.

idem: Norder und Föhn in der Sierra Madre de Chiapas. Meteorol. Ztschr. (Braunschweig) 49, 1932, p. 254–258, 1 Abb., 1 Diagr.

Weber, José: Bosquejo sobre la situación económica de San Cristóbal Las Casas. 1948, (San Cristóbal), Manuskript, 57 S. – Eine vorzügliche Bilanz der Gegebenheiten, Aufzeigung der Mängel und Wege zur Verbesserung auf dem materiellen und geistigen Sektor.

Woolrich B., Manuel A.: Enciclopedia chiapaneca. BolSocMexGeogrEstad. Parte I: Biografía e Historia. II: Geografía. Beide noch nicht erschienen. III: Hidrología. Vol. LXVI, 1945, Nr. 1–2, p. 169–280; und weitere 7 Teile geplant. – Es werden 639 Wasserläufe von Chiapas alphabetisch aufgezählt, mit Ursprung, Verlauf usw. Im Ganzen brauchbares Hilfsmittel für die Geografie, im Einzelnen lückenhaft und mit manchen Fehlern.

Zimmermann, Günter: Das Cotoque; die Maya-Sprache von Chicomucelo. Zeitschr. f. Ethnologie 80, 1955, p. 59–87, 4 Abb., Wörterverzeichnis, Lit. – In der Nationalbibliothek von Paris neuentdecktes, aus dem Jahre 1775 stammendes Material über diese Sprache in Form eines Beichtspiegels, ferner unveröffentlichte Cotoque-Wörter aus dem Nachlaß von Sapper.

Statistiken:

Secretaría de Economía, Dirección General de Estadística: Estados Unidos Mexicanos: Compendio Estadístico 1955. México (Talleres Graficos de la Nación) 1957, 430 S. – Ferner: Septimo Censo General de Población, 6 de Junio de 1950: Estado de Chiapas. México D. F. 1952, 275 S. – Ferner: Tercer Censo Agrícola, Ganadero y Ejidal, 1950: Chiapas. México D. F. 1957, 600 S.

Departamento Técnico: Estado de Chiapas; esquema social y económico. México D. F. (Almacenes Nacionales de Deposito S. A.) 1956, 46 S., administrative Karte.

Zeitschriften:

Acción Indigenista; Boletín Mensual del Instituto Nacional Indigenista. México D. F. (Jan. 1958 erschien Nr. 55.) – Eine 4seitige bebilderte Monatszeitschrift die über die staatliche Förderung der indianischen Bevölkerung berichtet.

Boletín de la Sociedad Científica, Literaria y Artística de San Cristóbal L. C., Chiapas. México, Tomo I, Num. 1: Sept/Oct. 1942, zweimonatlich. Erlosch bereits mit Tomo II, Num. 4, Nov. 1944.

Ateneo. Organo del Ateneo de Ciencias y Artes de Chiapas. Tuxtla Gutz., Vol. I: Jan. – März 1951, dann in ca. halbjährigen Abständen. Bis Anfang 1958 lagen 7 Bände vor, je 150 – 200 S., mit wissenschaftl. und literarischen Beiträgen aus verschiedensten Wissensgebieten, vielfach mit Karten u. Abb.

Chiapas; Revista Grafica Mensual. Tuxtla Gutz. Erschien 1950 – 1953 monatlich im Umfang von ca. 30 S., bebildert. Gelegentlich interessante Beiträge über wirtschaftliche und kulturelle Themen, im übrigen Lookalberichte.

Ingeniería Hidráulica en México (abgekürzt: IngHidr.) Revista Trimestral, Organo Oficial de la Secretaría de Recursos Hidráulicos. México D. F., seit 1947 jährlich 4 Hefte von 100 – 300 S. Umfang, ausgezeichnet ausgestattet mit Karten, Plänen, Abb. usw. – Unterrichtet über die laufenden Arbeiten des Wasserwirtschafts-Ministeriums und bringt überdies selbständige Aufsätze. Chiapas in mehreren Heften berücksichtigt.

Im wesentlichen abgeschlossen Mitte 1958.

Liste der Karten und Figuren

1. Übersichtskarte: Landschaftliche Gliederung und Fundplätze der Gesteinsproben. Nach Seite 13.
2. Übersichtskarte: Das obere Stromgebiet des Río Grijalva in Chiapas. Als Beilage.
3. Kartenausschnitt Comitán-San Bartolo, a) nach Karte der Recursos Hidráulicos b) mit Ergänzungen. Seite 30–31.
4. Geologische Übersicht, a) nach der Carta Geológica de México, b) Chiapas als geologischer Block, nach Webber und Ojeda. Seite 36.
5. a) Geologische Übersicht nach Müllerried; b) Geologisches Profil durch das südöstliche Chiapas, nach Müllerried. Seite 38.
6. a) Geologische Grundlagen von Chiapas; b) Orografisch-klimatologisch bedingte Großzonen von Chiapas. Seite 40.
7. Schnitt von der Mesa Central zur Zentralen Depression. Nach Seite 40.
8. Schnitt durch die Zentrale Depression. Nach Seite 41.
9. Schnitt von der Zentralen Depression über die Sierra Madre zum Pazifik Nach Seite 42.
10. a) Die Klimagebiete von Chiapas; b) Die Pflanzengesellschaften von Chiapas Seite 43.
11. Jahres-Isothermen, Isohyeten und Zahl der Regentage. Nach Seite 43.
12. Vergleich der Niederschläge im oberen und unteren Stromgebiet des R. Grijalva. Seite 46.
13. Jährlicher Gang der Temperaturen in verschiedenen Höhenlagen. Seite 47.
14. Niederschlag und Temperaturen in verschiedenen Teilen des Stromgebietes Seite 48.
15. Klimatische Daten für die Finca Liquidámbar. Seite 49.
16. Völker- und Sprachen, Analphabetismus. Nach Seite 75.
17. Profil der Carretera Panamericana im Staate Chiapas. Nach Seite 95.
18. Das unterirdisch entwässerte Hochbecken von San Cristóbal Las Casas, Karte Nach Seite 108.
19. a) und b) Blick von W her auf die Sierra de Nuevo León aus verschiedenen Entfernungen. Seite 119.
20. a) Der Cerro Grande de Chenecultic; b) Talkessel von Chenecultic. Seite 120.
21. Cerro Mispilla aus NzE-Richtung gesehen; b) dito von W her gesehen Seite 121.
22. Ursprung des Río Tzimol – San Vicente, Kärtchen Seite 132.
23. Tuxtla Gutiérrez und Umgebung, Karte Seite 150.
24. Blick von Tuxtla auf den Cerro Mactumatsá. Seite 155.
25. Blick von San Antonio del Placer gegen SE. Seite 158.
26. Blick auf den Cerro La Gloria. Seite 160.
27. Vom Rand der Sierra nach N und NE a) auf die Señorita mit C. La Bola und La Vaca; b) auf C. El Tunco gesehen. Seite 161.
28. Die Sierra La Señorita a) von Angel Albino Corzo aus in Richtung NW, b) von Benito Juárez aus in Richtung SE gesehen. Seite 163.
29. Der Cerro El Burro in den Custepeques-Llanos. Seite 164.
30. a) Absturz der Meseta de Copoya nach S; b) Durchbruch der Flüsse Suchiapa und Santo Domingo durch das Kalkmassiv südlich von Suchiapa Seite 165.
31. Der C. Nambiyuguá und die Berge um Villa Flores von NNE her gesehen Seite 166.

32. Blick von Villa Flores nach NW zum C. Nambiyuguá und dem auffälligsten der Tres Tenamastes. Seite 169.
33. Die Tres Tenamastes und C. Nambiyuguá von Villa Corzo aus gesehen Seite 171.
34. Bergprofile aus der Umgebung von Villa Flores. Seite 172.
35. Der Inselberg C. Pueblo Viejo in den Llanos der Frailesca. Seite 173.
36. Die Sierra Madre und Kaffeezone vom Custepec- bis zum Limón-Tal, Karte nach Seite 175.
37. Lokale Unterschiede der Niederschlagsverhältnisse (Prusia u. Liquidámbar) Seite 176.
38. Blick vom C. Venado nach N auf das Custepec-Tal mit dem C. Azul. Seite 177.
39. Blick vom Hang des C. Venado auf C. Quetzal. Seite 178.
40. Blick über das Naranjo-Tal. Seite 179.
41. Blick vom SE-Hang des Catarina-Tales. Seite 181.
42. Die Tres Picos von Finca La Catarina aus. Seite 182
43. Blick in den Talschluß des R. Prusia. Seite 183.
44. Blick von SE über das Prusia-Tal. Seite 181.
45. Linke Berandung des Prusia-Tales. Seite 183
46. Blick von der Paßhöhe zwischen Delicias- und Independencia-Tal nach W und SW. Seite 188.
47. Blick vom Hang des Monte Cristo-Massivs über das Independencia (Suiza)-Tal. Seite 190.
48. Durchbruch des Río Delicias nach N. Seite 192.
49. Blick von der Paßhöhe zwischen Delicias- und Independencia-Tal nach E und SE. Seite 193.
50. Blick von Chicomuselo nach SW über die Sierra. Seite 194.
51. Blick von westlich Chicomuselo a) nach ESE bis SSE; b) nach S bis WSW Seite 195.
52. Ausgang des Cuilco-Tales in die Ebene um Comalapa. Seite 201.
53. Kalkstöcke bei Comalapa. Seite 202.
54. Die Berge nördlich bis südlich von Pacayal. Seite 203.
55. Umgebung von Motozintla, Karte nach Seite 208.
56. Blick vom C. de Campana oberhalb Motozintla. Seite 211.
57. Wirtschafts- und Wohnkomplex der Finca Prusia. Seite 217.
58. Ochsenkarren in den Llanos von Comitán. Seite 227.

Karten und Zeichnungen: *Gertrud Tischner*

Liste der Abbildungen

Bild 1: Die Sierra de Nuevo León vom südlichen Talrand des Río San Diego gegen N hin gesehen.

Bild 2: Blick von der Wasserscheide zwischen Pacayalito und Guadalupe nach NW.

Bild 3: Der Kessel von Potrerillos mit dem Galeriewaldstreifen des R. Pacayal.

Bild 4: Die Scholle des C. El Cofre vor dem Rand der Sierra unfern Chicomuselo.

Bild 5: Schaftrift-Landschaft am C. Malé.
Bild 6: In den Llanos von Comitán; (unfern Hacienda Camponá).
Bild 7: Savannenlandschaft unfern Chicomuselo; aufgelöste Kalkstöcke im Vorland der Sierra.
Bild 8: Flußuferwald am Río Prusia innerhalb der Savannenlandschaft
Bild 9: Kiefern-Eichenwald der Hochregion mit Pashte-Behang (Tillandsien) unterhalb Malé.
Bild 10: Sabino-Wald am Río Tzimol.
Bild 11: Coyolito-Schopflilien im Berg-Trockenwald der Meseta de las Animas.
Bild 12: Jung ausgetriebene Cacaito-Bäumchen (Curatella) auf den Felsböden des Señorita-Massivs.
Bild 13: Trockenvegetation im Motozintla-Tal.
Bild 14: Tal des Río Saleguá, eines der Haupt-Ursprungsflüsse des R. Grijalva.
Bild 15: Das Hochbecken von Navenchaog.
Bild 16: Im oberen Bellavista-Kerbtal (Maíz Blanco) einige Kilometer unterhalb La Grandeza.
Bild 17: Abstieg vom C. Caballete zum Motozintla-Tal.
Bild 18: Auf der Stufe von Pinola (Villa Las Rosas) am Steilabfall der Mesa Central.
Bild 19: Der Río San Gregorio, mit Galeriewaldresten, unmittelbar vor seinem Zusammenfluß mit dem R. San Miguel zum R. Grijalva.
Bild 20: An einem der Sumideros (Versickerungslöcher) des Río Amarillo im Hochbecken von San Cristóbal.
Bild 21: Austritt des R. Pacayal aus einem Kalkloch.
Bild 22: Saumpfad am Steilabfall der Mesa Central zur Grijalva-Talung.
Bild 23: Prähistorische Steingelege unfern der Hacienda San Pedro Nichi.
Bild 24: Auf dem Gelände der Kaffee-Finca Custepec.
Bild 25: In den Salinen am Río Grande, östlich von La Concordia.
Bild 26: Eine aus Hormiguillo-Holz hergestellte Trapiche (Zuckerrohrmühle)
Bild 27: Herstellung und Verwendung von Adobe, luftgetrockneten Lehmplatten.
Bild 28: Ein „bajareque"-Haus: Knüppelwerk mit Lehmbewurf.
Bild 29: Feuerstelle in einem indianischen Haus.
Bild 30: Straße im Dorfe Pacayal.
Bild 31: Schule und Lehrerhaus der Colonia Tzinil.
Bild 32: Straße in der Stadt Comitán.
Bild 33: Arkadenhäuser im Zentrum von Villa Flores.
Bild 34: Plaza mit Geschäftsräumen im Zentrum von Tuxtla Gutz.
Bild 35: Altspanische Brücke und Mühle in San Cristóbal Las Casas.
Bild 36: Chamula-Indianerinnen am Markttag in Tenejapa.
Bild 37: Reger Besuch von Indios auf dem Ostermarkt in San Cristóbal.

Urhebervermerk: Alle Aufnahmen vom Verfasser aus der Zeit Dez. 1957 – Apr. 1958. Bilder 14 und 20 vom Februar 1954.

Bild 1: Die Sierra de Nuevo León vom südlichen Talrand des Río San Die
C. Mispilla, in der Mitte, weiter zurück der C. Grande de Chenecu

ain gesehen. Links Cerro La Lanza, rechts
nten sieht man den Rand der Mesa Central.

Bild 2: Blick von der Wasserscheide zwischen Pacayalito und Guadalupe nach NW. Vordergrund und Mitte: Kalkstöcke um Pacayal und Comalapa. Links schließen die großen Blockmassive westlich des Cuilco-Tales das Blickfeld (höchste Spitze hinten wahrscheinlich C. Pashtal). Im Hintergrund zur Mitte hin C. (Unión) Buenavista (schwach darüber der C. de la Picote). und C. de la Gloria. Rechts Beginn vom C. Ocotal Richtung Guatemala. Zwischen den Bergen Blick in den oberen Teil der Zentralen Depression im Bereich der Zuflüsse des R. San Gregorio.

Bild 3: Der Kessel von Potrerillos mit dem Galeriewaldstreifen des R. Pacayal. Blick nach SW auf die 'Berge um Pacayal', im Hintergrund links das Horn: C. Pico de Loro. In dem Hochtalbecken unter ihm liegt Pacayal; schräg rechts tiefer vor ihm 2 Spitzgipfel des C. Marimbero; weiter rechts davon auf der Hochfläche das große Kaffeedorf Guadalupe Victoria. Rechts im Bild Kipp-Kalkschollen gegen das Jocote-Santo Domingo-Tal.

Bild 4: Die Scholle des C. El Cofre vor dem Rand der Sierra unfern Chicomuselo.

Bild 5: Schaftrift - Landschaft mit Pajón - Büschelgras auf fast 3000 m am C. Malé.

Bild 6: In den Llanos von Comitán; letzte Kiefern im Weideland, mit Grundwasserquellmulde (unfern Hacienda Campuná)

Bild 7: Savannenlandschaft unfern Chicomuselo; aufgelöste Kalkstöcke im Vorland der Sierra. Rechts aufwärts führt das Bellavista-Tal.

Bild 8: Flußuferwald am Río Prusia innerhalb der Savannenlandschaft unfern Angel Albino Corzo (Jaltenango). Vorn mächtiger Amate-Baum (Ficus)

Bild 9: Kiefern-Eichenwald der Hochregion mit Pashte-Behang (Tillandsien) unterhalb Malé. Hinter dem C. Caballete im Mittelgrund vorn verläuft das Motozintla-Tal.

Bild 10: Sabino-Wald am Río Tzimol.

Bild 11: Coyolito-Schopflilien im Berg-Trockenwald der Meseta de las Animas. Hinten sieht man den Absturz zur Sumidero-Klamm.

Bild 12: Jung ausgetriebene Cacaito-Bäumchen (Curatella) auf den Felsböden des Señorita-Massivs.

Bild 13: Trockenvegetation im Motozintla-Tal, Orgelkakteen und Izote oder Ocozote (Yucca). Indianische Träger: Mames aus den Bergen um Motozintla.

Bild 14: Tal des Río Saleguá, eines der Haupt-Ursprungsflüsse des R. Grijalva, hier noch auf dem Boden Guatemalas. An den Hängen schütterer Kiefernbestand, auf der zerschnittenen Terrasse Felder und Siedlungen

Bild 15: Das Hochbecken von Navenchaog. Hinten rechts Abwässerung durch Versickerungsloch (sumidero) zum Valle Central.

Bild 16: Im oberen Bellavista-Kerbtal (Maíz Blanco) einige Kilometer unterhalb La Grandeza. Die Hänge des Kalkgebirges sind durch Milpa-Wirtschaft weitgehend entwaldet. Verkehr ausschließlich auf Saumpfaden.

Bild 17: Abstieg vom C. Caballete zum Motozintla-Tal. Man sieht das trockene Geröllbett des versickerten Flusses, hinten links den großen Flecken Motozintla, allseitig entwaldete, schwer erodierte Hänge.

Bild 18: Auf der Stufe von Pinola (Villa Las Rosas) am Steilabfall der Mesa Central. Man sieht am Gebirgsrand eine nächst höhere Stufe sich abzeichnen.

Bild 19: Der Río San Gregorio, mit Galeriewaldresten, unmittelbar vor seinem Zusammenfluß mit dem R. San Miguel zum R. Grijalva. Er ist auch in der Trockenzeit nur an wenigen Stellen passierbar.

Bild 20: An einem der Sumideros (Versickerungslöcher) des Río Amarillo im Hochbecken von San Cristóbal.

Bild 21: Austritt des R. Pacayal aus einem Kalkloch am Rande des Dorfes Pacayal.

Bild 22: Die Saumpfade am Steilabfall der Mesa Central zur Grijalva-Talung sind schlechtester Qualität. Trotzdem vollzieht sich auf ihnen erheblicher Packtierverkehr, hier zwischen San Cristóbal und El Zapotal / Chiapilla / Acala.

Bild 23: Prähistorische Steingelege in der Trockensavanne auf der Loma El Jícaro unfern der Hacienda San Pedro Nichi (Barranca-Landschaft).

Bild 24: Auf dem Gelände der Kaffee-Finca Custepec im gleichnamigen Tal. Hinten der Cerro de Venado im Verlauf der Hauptwasserscheide der Sierra, oberhalb des Kaffeewaldes bedeckt mit Berg- und Nebelwäldern.

Bild 25: In den Salinen am Río Grande, Unterlauf des R. Jaltenango, östlich von La Concordia. Die Verdunstungsbecken sind während der Trockenzeit auf dem Sandsteinfelsbett des Flusses angelegt worden.

Bild 26: Eine aus Hormiguillo-Holz hergestellte Trapiche (Zuckerrohrmühle) für Ochsenantrieb. Das Joch der Tiere wird durch eine Stange mit dem Göpelbalken verbunden.

Bild 27: Herstellung und Verwendung von Adobe, luftgetrockneten Lehmplatten.

Bild 28: Ein 'bajareque,- oder embarro'-Haus: Knüppelwerk mit Lehmbewurf, gedeckt mit tejamanil' Kiefernholzschindeln, durch Holzstifte befestigt.

Bild 29: Feuerstelle in einem indianischen Haus in Zinacantan.

Bild 30: Straße (mit abgestellten Pferden an einem Markttag) in Pacayal.

Bild 31: Schule und Lehrerhaus der Colonia Tzinil (Beispiel für viele).

Bild 32: Straße in der Stadt Comitán. Wasserträger sind ständig unterwegs.

Bild 33: Arkadenhäuser im Zentrum von Villa Flores.

KARL M. HELBIG

Bild 34: Plaza (oder 'parque') mit Geschäftshäusern im Zentrum von Tuxtla Gutz., hinten der Abbruch der Meseta de Copoya mit dem C. Mactumatzá.

Bild 35: Altspanische Brücke und Mühle in San Cristóbal Las Casas.

Bild 36: Chamula-Indianerinnen am Markttag in Tenejapa.

Bild 37: Reger Besuch von Indios auf dem Ostermarkt in San Cristóbal.

Urhebervermerk: Alle Aufnahmen vom Verfasser aus der Zeit Dez. 1957 – Apr. 1958. Bilder 14 und 20 vom Februar 1954.

Die Andengrenze von Altchile

Von Ehrfried Lankenau, Essen

Zwischen der unendlichen Weite der Atacama-Wüste und den undurchdringlichen, regennassen Urwäldern Patagoniens, zwischen dem blauen Pazifik und den rauchenden Vulkanen und Gletschergipfeln der Anden erstreckt sich Chile als eines der Länder, die in mustergültiger Eindrücklichkeit zum Verstehen ihrer staatlichen Raumgestaltung geeignet scheinen. Auf indianischer Grundlage hat sich durch Verschmelzung von kolonialspanischem Lebensstil mit moderner Zivilisation in diesem „letzten Winkel der Welt" ein Kulturraum eigenen Gepräges entwickelt, so daß die Bildung des chilenischen Staatsgebietes nicht nur in Beziehung auf seine äußeren natürlichen Gegebenheiten, sondern auch auf seine innere kulturelle Entfaltung auf den ersten Blick eine ihr innewohnende Harmonie und Selbstverständlichkeit erkennen läßt.

Daß aber solche Schlichtheit in der Zusammenfügung naturbestimmter und kultureller Faktoren durchaus nicht ursprünglich ist, möge die Herausarbeitung eines Problems aufzeigen:

Das Chile der Gegenwart, welches von der Pazifikküste bis zum Grenzkamm der Hochanden reicht und als schmaler Streifen zwischen dem Weltmeer und dem Hochgebirge dahinstreicht, ist ein Gebirgsflankenstaat. Das koloniale Altchile hingegen, welches sich von der Pazifikküste über die Hochkordillere hinweg bis weit in die Wüstensteppe von Mittelargentinien hinein ausdehnte, war ein Gebirgssattelstaat.

Dieser kolonialspanische Sattelstaat Altchile werde im folgenden mit seinem damaligen politischen Namen „Reyno de Chile" um der Eindeutigkeit willen benannt, wohingegen als „Altchile" im engeren Sinne jener damals dem Reyno zugehörige Raum auf der Andenwestseite bezeichnet werde, der heute einen Teil der jetzigen Republik Chile bildet.

*

Das „Reyno de Chile" der Kolonialzeit faßte die beiden klimatisch, pflanzen- und wirtschaftsgeographisch ähnlichen Hangseiten und Vorländer der Anden – Altchile im Westen, Cuyo im Osten – nicht nur politisch, sondern auch kulturell und ethnographisch zu einem einheitlichen Gebilde zusammen. Die Raumausdehnung und die orographischen Grundlagen dieses typischen Sattelstaates kommen ganz ausgezeichnet auf den alten Karten von Chile aus dem 17. und 18. Jahrhundert (36, 37, 38, ferner 29), die auf dem Werke des Jesuitenpaters Alonso de Ovalle (19) fußen, zur Darstellung, weil auf ihnen auch das Andengebirge andeutungsweise verzeichnet ist.

In Hinsicht auf die politische Raumgestaltung ist die Entwicklung recht aufschlußreich, welche Cuyo – also das mittlere Westargentinien: das Gebiet der drei jetzigen argentinischen Provinzen Mendoza, San Juan, San Luis und des Territoriums Neuquén – genommen hat. Dieses Andenvorland ist von Chile (Santiago) durch die schwierig zu übersteigende Hochkordillere, von der La-Plata-Mündung (Buenos Aires) durch die weiträumige Pampa und eine Halbwüste getrennt. Bemerkenswert ist nun, in welcher Richtung die Überwindung dieser verkehrs-, siedlungs- und kulturfeindlichen Räume in der Geschichte vor sich ging:

Das westargentinische Andenvorland wurde nämlich nach Westen hin, nach Altchile, nach der Pazifikküste zu in das spanische Kolonialreich einbezogen. Die Gebirgsübergänge erwiesen sich demnach als weniger trennend und weniger beschwerlich als die großen Entfernungen der Ebene. So konnte dieses Gebiet „Cuyo" oder „Chiquito" rund 2½ Jahrhunderte lang, fast die ganze spanische Kolonialzeit hindurch, zu Altchile gehören.

Erst 1776 wurde Cuyo vom „Reyno de Chile" abgetrennt, nachdem sich der argentinische Kernraum am La-Plata-Trichter um Buenos Aires als stark genug zur politischen und wirtschaftlichen Beherrschung des gesamtargentinischen Raumes zwischen Anden und Atlantik erwiesen hatte. Als die spanische Krone kurz darauf (1778) dort endgültig das „Virreinato del Plata" schuf, wurden diesem auch die Cuyoprovinzen zugeschlagen (1, 24).

Gewöhnlich werden nur die drei Provinzen Mendoza, San Juan und San Luis als „Cuyoprovinzen" angegeben. Die genannten Karten zeigen jedoch einwandfrei, daß auch das Gebiet der Gobernación Neuquén mit zu Cuyo gehörte. Die gebräuchliche Weglassung mag darin begründet sein, daß dieser ganze Südzipfel damals beinahe unbesiedelt war. Der Ort Neuquén bestand noch gar nicht, wohingegen die drei anderen heutigen Provinzhauptstädte auf den Karten schon erscheinen – San Luis bezeichnenderweise auf der einen Karte als „S. Louis de Chili".

*

Nunmehr ist der Punkt erreicht, an dem die vollzogene Rückschau in das kolonialspanische Altchile für ein erstes Durchstoßen zu einer allgemeinen geopolitischen Erkenntnis ausgewertet werden kann. Daß der geopolitische Charakter eines Hochgebirges sich am klarsten in seiner grenzenbildenden Kraft erzeige, findet keine Bestätigung am Beispiel der Andenkordillere im mittelchilenisch-mittelargentinischen Raum (verengt und beispielhaft ausgewählt: in der Breite Santiago – Mendoza) bis zum Ende des 18. Jahrhunderts, sondern erst seit dem Zusammenbruch der spanischen Kolonialherrschaft und der Bildung der neuen selbständigen Republik Chile. Die übliche Annahme, daß von Anfang an die Bedeutung eines Gebirges als einer Grenzzone feststehe, ist bei den Anden weder für die fast dreihundertjährige Epoche des „Reyno de Chile" noch für die vorhergehende Inkazeit gültig.

Vielmehr wurden die Anden erst zwischen den beiden jungen Republiken Chile und Argentinien zur Grenzzone und darauf abermals später – keineswegs ohne weiteres – im 19. Jahrhundert zum Träger der linienhaften Staatsgrenze zwischen ihnen. Die Abhängigkeit der Grenzführung von der Bodengestalt – als eindeutiges Problem der Geopolitik – kann für die Andengrenze demgemäß nicht als Ausgangsstellung einer Untersuchung genommen werden, sondern stellt einen Reifezustand dar.

In vorinkassische Zeit zurückzugehen, erübrigt sich deshalb, weil damals der mittelchilenisch-mittelargentinische Raum noch nicht zu einem politischen Gebilde geworden war. Denn dies meint doch Geopolitik: die Beziehungen zwischen den geographischen Erscheinungen eines Erdraumes und seiner staatlichen Durchgliederung zu erweisen. Von der Inkazeit an aber bildet das langgestreckte, steilaufragende, hohe Kettengebirge der Anden in diesem Abschnitt keine Grenze, sondern das Rückgrat des Staates. Der Staat des „Reyno de Chile" wird von ihm mitten durchzogen, während der gegenwärtige Staat – die Republik Chile – einseitig dem Gebirge anliegt. Alle grenzenschaffenden geographischen Gegebenheiten waren damals in dem zentralen Hochgebirge weniger wirksam als in den Randzonen seiner Vorländer.

Damit wird als Problem deutlich gemacht: die Entwicklung aufzuzeigen, welche den kolonialspanischen Sattelstaat – also jenes politische Gebilde mit zentralem Kettengebirge als Rückgrat und beiderseitigen Gebirgsvorländern, welches wie ein „Sattel" den Anden aufsaß – in den modernen Gebirgsflankenstaat verwandelt hat; die Kräfte zu erkennen, welche das ursprünglich einigende, nicht trennende Gepräge der Hochkordillere durch eine beinahe mustergültige „Naturgrenze" ersetzt und auf solche Weise voneinander geschieden haben, was vordem als Staat, Volk, Sprache, Kultur und Wirtschaftsbereich zusammengehörte.

*

Das Altchile der Kolonialzeit reichte von der Wüste im Norden bis zum Waldgebiet im Süden. Es umfaßte also die beiden chilenischen Großlandschaften des Kleinen Nordens und Mittelchiles. Dazu gehörten südlich des Araukanerlandes der Frontera noch einige vereinzelte südchilenische Städte wie Valdivia, Osorno und Río Bueno als zeitweilige Außenbesitzungen in der geopolitischen Bedeutung von Wachstumsspitzen: „Etappen auf dem Wege nach der Magellanstraße" (5) – sowie schließlich das Gebiet der Insel Chiloé.

„Wir haben in Mittelchile deutlich ein Kerngebiet spanischen Koloniallandes; wir haben in Südchile ein räumlich davon getrenntes spanisches Herrschaftsgebiet, das wir am besten als eine Kolonie des Koloniallandes Mittelchile bezeichnen können; und wir haben als trennenden Streifen zwischen beiden das Land der freien Araukaner . . . ." (5).

Die geographischen Grundlagen des kolonialen „Reyno de Chile“ waren überraschend einheitlich auf beiden Kordillerenseiten – ganz anders als etwa bei Ecuador oder Peru, die auch auf die Ostseite der Anden übergreifen. Altchile, klimageographisch ein ausgesprochenes Etesiengebiet, pflanzengeographisch eine Dornbuschsteppe, wies besonders hinsichtlich der natürlichen Vegetation eine weitgehende Übereinstimmung mit Cuyo auf. Cuyo ist teils „Monte“ (Trockensteppe mit Dornsträuchern, Gestrüpp, Kakteen), teils Halbwüste, teils patagonische Hartgras- und Strauchsteppe mit Borstengräsern (16).

So wie auf altchilenischer Seite im Norden die Wüste, im Süden die dichtbewaldete, regenreichere Araucanía (zwischen den Flüssen Bio-Bio und Toltén) als völlig andersartige Landschaften nicht in den kolonialen Sattelstaat einbezogen werden konnten, so verlor dieser auch jenseits der Anden auf der Cuyoseite an politischer Kraft, sobald der Vegetationscharakter sich wandelte.

Deutlich kommt diese Bindung des Sattelstaates an die geographischen Grundlagen bei der vergleichenden Betrachtung einer politischen oder topographischen Karte des „Reyno de Chile“ (etwa einer der genannten alten Ovalle-Karten) mit einer Karte der natürlichen Großlandschaften, welche auf Grundlage der Bodengestalt, der Pflanzenwelt und der Wirtschaft gegliedert worden sind (z. B. einer solchen Karte von Argentinien in 16), zum Bewußtsein. Besonders eindrucksvoll wird dabei, wie der Sattelstaat gerade nur so weit auf der Andenkordillere aufsitzt, als diese ein waldloses, schmales, hohes Kettengebirge bildet: also zwischen dem breiträumigen Puna-Hochlande im Norden und der mit Wäldern von Nothofagus-Arten dicht überkleideten niedrigeren Kordillere im Süden.

Allein dieses waldlose, großenteils sogar baumlose, mit Dorngestrüpp bewachsene Mittelstück der Hochkordillere ist zum Rückgrat jenes kolonialen Sattelstaates geworden. Das Reyno de Chile war demnach in seiner gesamten Ausdehnung – nicht nur in den beiden Vorländern, sondern auch im zentralen Gebirge – auf den Bereich der Dornbuschsteppe beschränkt.

*

Daraus wird auch die Grenzführung des Reyno de Chile verständlich:

Altchile auf der Andenwestseite erstreckte sich vom Río Copiapó im Norden bis zum Río Bio-Bio mit seinem Nebenfluß, dem Río Laja, im Süden. Diesem Raume entsprach lagemäßig ziemlich genau das Cuyo-Gebiet auf der Andenostseite: im Norden und Süden schmal an der Kordillere ansetzend (Provinz San Juan und Territorium Neuquén), jedoch in der Mitte gegenüber dem chilenischen Kernraum – dem Becken von Santiago und dem Aconcagua-Tal – in bedeutender Breitenentfaltung in die Ebene ostwärts weit hinausreichend (Provinzen Mendoza und San Luis).

Die Kordillere, die den Staat zerschnitt, verhinderte also nicht, daß die staatenbildende Kraft vom Santiaginer Kernraum aus landwärts allseitig ziemlich gleich weit reichte. Die geometrische Form des „Reyno de Chile“

war ein Halbkreis mit dem Mittelpunkt Santiago. Dieser Halbkreis legte sich an die Küste des Stillen Ozeans an.

Zwischen der Atacama-Wüste und dem Puna-Hochlande im Norden, dem Araukanerland der Frontera und der Waldkordillere im Süden, der Küste des Großen Ozeans im Westen und der Halbwüste von Zentralargentinien im Osten umfaßte das „Reyno de Chile" etwa 480 000 km² – nämlich 180 000 km² in Altchile (vom Copiapó bis zum Bio-Bio / Laja) und 300 000 km² in Cuyo (ohne Territorium Neuquén). Selbstverständlich sind diese Zahlen beim Fehlen genauer Grenzen – besonders auf der Cuyoseite – nur mit Vorbehalten aufzunehmen. Immerhin geben sie eine Vorstellung von der Weiträumigkeit des kolonialen Sattelstaates.

Rechnet man dagegen das „Reyno de Chile" in seiner größeren Ausdehnung auf altchilenischer Seite bis zur Insel Chiloé unter Berücksichtigung des nur nominell beherrschten Araukanerlandes und der völlig unbesiedelten Striche Südchiles sowie auf cuyanischer Seite unter Einbeziehung des Südzipfels, des Territoriums Neuquén, wo die kolonialspanische Herrschaft gleichfalls fraglich war, so ergeben sich etwa 720 000 km² als Fläche für den gesamten Sattelstaat – nämlich 300 000 km² in Altchile und 420 000 km² in Cuyo.

Mit dieser größeren Fläche erscheint das „Reyno de Chile" auf den alten Ovalle-Karten aus dem 17. / 18. Jahrhundert.

*

Kein Zweifel kann bestehen, daß die Bevölkerungsdichte dieses kolonialen „Königreiches" gering war. Seine Einwohnerzahl mag im Jahre seiner Zerschlagung (1778) etwa 260 – 300 000 betragen haben. Die erste Volkszählung (1), besser Volksschätzung, die in diesem Jahre im Bistum Santiago ohne Einbeziehung der Indianer vorgenommen wurde, ergab etwa 200 000 Bewohner auf der pazifischen Seite (aber nur bis zum Río Maule südwärts) und etwa 60 000 jenseits der Anden. Bei diesem Ergebnis fehlt also das chilenische Gebiet südlich des Río Maule.

Für dieses erbrachte die 13 Jahre danach (1791) erfolgte Zählung im Bistum Concepción etwa 105 000 Einwohner ohne Einrechnung der freien Indianer – offensichtlich eine vielfach übertriebene Zahl –, während für das nunmehr auf die Westseite der Kordillere beschränkte Bistum Santiago ungefähr das gleiche Ergebnis wie 1778 festgestellt wurde: etwa 204 000.

Wie hoch die tatsächlichen Bevölkerungszahlen nun auch gewesen sein mögen – das Cuyogebiet, größer an Fläche, war jedenfalls beträchtlich dünner besiedelt als der altchilenische Raum westlich der Anden. Hier, im Becken von Santiago, im Aconcagua-Tal und in der Längsebene, lagerte nicht nur das politische, sondern auch das bevölkerunggeographische Schwergewicht dieses Sattelstaates. Die Anden waren menschenleer.

Solch Ungleichwertigkeit zwischen Altchile und Cuyo ist einer der Gesichtspunkte, welche die Bildung des Sattelstaates der spanischen Kolonialzeit verständlich machen können. Nicht in dem Andengebirge erfolgte die Auflockerung des altchilenischen Kernsiedlungsraumes, sondern erst in weit größerer Entfernung: in den Randzonen von Cuyo, vom Kleinen Norden und von Südchile. Die Hochkordillere wirkte nicht als Randzone, sondern als überspringbare Kluft. Die aus der schlichtesten geopolitischen Betrachtungsweise eines Gebirges hinsichtlich seiner Gestalt ableitbaren Gesichtspunkte von Trennung und Abgrenzung, welche scheinbar am verständlichsten die sinnvolle Bindung eines politischen Gebildes an die geomorphologischen Gegebenheiten der Erdoberfläche ausdrücken, werden im Falle des „Reyno de Chile" überdeckt von der Wirkungskraft anderer grenzenschaffender Faktoren.

Die bereits für Altchile in südlicher Richtung herausgearbeitete politische Abstufung von einem kolonialen Kernraum (Santiaginer Becken) über einen nicht der tatsächlichen Herrschaft unterworfenen Zwischenbereich (Frontera) bis zu einer Außenbesitzung mit Wachstumsspitzen (Südchile / Chiloé) wiederholte sich im „Reyno de Chile" mit gleicher Dynamik auch in Richtung nach Osten und Norden, nur daß anstelle des freien Araukanerlandes der Frontera als nicht einbezogene Zwischenzonen das siedlungsfeindliche Andengebirge im Cuyo-Sektor und die Wüstensteppe im Sektor des Kleinen Nordens auftraten.

Das Reyno de Chile besaß also einen rhythmischen oder dynamischen Aufbau rings um das Becken von Santiago, soweit nicht die Pazifikküste eine solche zonale Gliederung verkümmern ließ. Nicht die Hochkordillere war sinngemäß die zentrale Achse dieses Staates, wie dessen Beziehung zur bedeutendsten Oberflächengestaltung dieses südamerikanischen Raumes auf den ersten Blick erkennen lassen mochte. Ebensowenig lag eine Anlehnung dieses Staates an die Meeresküste als Ausgangslinie seiner Entfaltung vor.

*

Mit dem Zusammenschluß von Altchile im Westen und Cuyo im Osten der Hochkordillere in der spanischen Kolonialzeit blieb nur ein Zustand erhalten, der bereits vorher bestanden hatte, als dieser Raum etwa 1440 bis 1520 dem Inkareiche als Außenbesitzung zugehörte. Der Inkastaat erstreckte sich auf chilenischer Seite südwärts bis zum Río Maule – vielleicht sogar bis zum Río Bio-Bio oder wenigstens bis zum Río Itata (5), auf argentinischer Seite bis zum Río Atuel – vielleicht sogar, wie Funde andeuten (17), bis Malal-hue, dem heutigen Malargüe.

Die politische Ausdehnungskraft der Inka fand genau so wie diejenige der spanischen Conquistadores ihr Ende an der Waldgrenze des Araukanerlandes in Südchile. „Das alte Inkareich umfaßte nur Trockengebiete und nicht die Wälder: ‚Die peruanische Kultur wie der Herrschaftsbereich der Inkas schneidet scharf mit der Waldgrenze ab' (Hettner)" (11). Stellt man dazu die Unmöglichkeit der Einbeziehung der nordchilenischen Wüste in das tatsächliche Herrschaftsgebiet der Inka sowie dessen Beschränkung auf einen schmalen Saum des Andenvorlandes auf argentinischer Seite, so taucht nicht nur das kartographische Bild des „Reyno de Chile" bereits über 100 Jahre vor der spanischen Kolonialzeit auf, sondern es wird die Bindung dieses Sattelstaates an die Dornbuschsteppe überhaupt zu einem wesentlichen geopolitischen Sachverhalt, der wechselnde Herrschaftsformen über lange Zeiten überdauert (30).

Hüben wie drüben zogen sich von Cuzco (Peru) aus längs der Hochanden die 5,50 m breiten Inkastraßen südwärts, manchmal am Gebirgsfuß, manchmal die großen Längstäler im Gebirge bevorzugend (z. B. von Calingasta durch das Calingasta - Patos - Tal und das Uspallata - Tal bis zum Río Mendoza). Sie endeten auf chilenischer Seite am Río Maule, auf cuyanischer Seite weit südlich von Mendoza bei San Rafael am Río Diamante (17).

Der Bau dieser Inkastraßen folgte zeitlich und örtlich unmittelbar dem großen Eroberungszuge, den der Inka Yupanqui Pachacutec durch einen seiner Generale, den Fürsten aus königlichem Blute Sinquiruca, 1433 durchführen ließ und der 6 Jahre dauerte, also bis 1439. Sein Ergebnis war die Einverleibung von Altchile und Cuyo noch während der Regierungszeit Yupanquis (1400 – 1439) ins Inkareich (17).

*

Die Besetzung erfolgte meist ohne Kämpfe, also durch Unterwerfung der eingeborenen Indianer vor der erdrückenden Übermacht der Inkatruppen. In Cuyo leisteten die Huarpes keinerlei Widerstand, in Chile begann er erst nach Überschreitung des Río Rapel – also durchaus entsprechend zu der spanischen Conquista – in den Kämpfen mit den Promaucaes.

Auch die Vorstoßlinien des Eroberungszuges waren die gleichen, welche später die Spanier einschlugen: beiderseits längs der Anden südwärts. Die nach Chile eindringende Heeresabteilung überschritt wahrscheinlich genau wie 1535 – 36 die spanische Expedition unter Diego de Almagro die Grenzkordillere im San-Francisco-Paß und erreichte auf chilenischer Seite durch die Quebrada Paipote das seit den ältesten Zeiten besiedelte Copayapu-Tal, jene wichtige Landschaftsscheide zwischen Großem und Kleinem Norden, in dem sich an lagebegünstigter Stelle später die Stadt Copiapó erheben sollte.

Beide Eroberungszüge umgingen an ihrem Südrande sowohl die beträchtliche Breite der Puna als auch die Atacama - Wüste. Beide querten die Andenkordillere dort, wo sie begann, das orographische Rückgrat des Sattelstaates zu werden.

Das letzte Jahr der Inkaherrschaft im eroberten chilenisch - cuyanischen Raum (1520) sah noch einmal einen großen inkassischen Feldzug, den der Inka Huayna Capac zur Sicherung und Erweiterung seiner Macht unternahm – vergebens, denn bereits vor dem Erscheinen der Spanier brach sie dort zusammen.

Daß es sich bei diesem Südzipfel des Inkareiches nicht um zwei getrennte Außenbesitzungen in den beiden Kordillerenvorländern, sondern um ein einheitlich verwaltetes Gebiet handelte, ist selbstverständlich. Auch damals lag in diesem Raume schon die geopolitische Struktur eines Sattelstaates vor, wenngleich es kein autonomes politisches Gebilde war.

Wo sich sein Kernraum befand und ob es überhaupt einen solchen gab (wenn auch nur in bescheidenen Anfängen), ist nicht mehr auszumachen. Während jedoch die frühzeitige Entwicklung des Uspallata-Weges über die Anden sowie die unverwischbare Gunst der Siedlungslage die beiden Orte Santiago und Mendoza (gleichgültig, welche Art von Siedlungen sich damals dort befanden und wie sie hießen) ziemlich gleichmäßig begünstigte, deutet manches andere bereits auf den späteren kolonialspanischen Kernraum im Becken von Santiago und im Aconcagua-Tale hin.

*

Zwischen beiden Andenvorländern aber erstreckte sich das Hochgebirge, menschenleer, unfruchtbar, unwirtlich, verkehrsfeindlich – und trotzdem einigend. Was eine kaum zu überwindende Schranke schien, war von vielen kleinen Verkehrsadern durchzogen. Was sich vom Vulkan Ojos del Salado (mit 6870 m dem höchsten Gipfel des heutigen Chile) bis zum Vulkan Antuco als zurückweisende Kordillerenmauer erhob, wurde allerorten von schmalen Saumpfaden gequert.

Durch wasserlose Schluchten führten sie im Kleinen Norden hinauf nach den geröllübersäten, sturmgepeitschten Paßlücken, längs rauschender Flüsse in Mittelchile nach den gletscherbehangenen Scharten im Grenzkamm. Mühselig waren die tagelangen Märsche. Aber ganz offenbar waren die Verbindungen über die Kordillerenpässe recht rege.

Mancherorts hängt noch heute der Name „Inca" an den Gipfeln und Pässen der Grenzkette zwischen Altchile und Cuyo, an Rastplätzen, Wasserstellen, Mineralvorkommen, Weideplätzen, Seen, in den damals begangenen Quertälern, dazu selbstverständlich auch an den beiden großen Inkalängsstraßen mit ihren heute verfallenen Unterkunftshütten (tambos, tambillos oder tamberías).

Nahe dem San-Francisco-Paß in rund 27° s. Br., wo die Hochkordillere die Bedeutung des Rückgrates des Sattelstaates annimmt, finden sich ein Paß, ein Salar und ein Vulkan Incahuasi nahe beieinander; in der weiteren Umgebung erscheint der Name wiederholt. Hier führte offensichtlich einer der Hauptübergänge über die Anden, der seit dem ersten Eroberungszuge stark benützt wurde.

Von diesem Nevado de Incahuasi an, dem vierthöchsten chilenischen Gipfel (6610 m), taucht der Name südwärts noch ein knappes Dutzend Male allein auf chilenischer Seite auf (22). Von Vallenar ging ein Weg durch das Tránsito-Tal über einen 4800 m hohen „Paso del Inca" nach dem nördlichsten Zipfel von Cuyo übers Gebirge, nach der jetzigen argentinischen Provinz San Juan (39).

Das südlichste Vorkommen des Namens Inka im Hochgebirge auf chilenischer Seite scheint in der Santiaginer Hochkordillere zu sein: eine

„Cuesta del Inca" im Yeso-Tal in 2840 m Höhe. Darauf erscheint zwar noch einmal etwas südlicher ein Fundo „El Inca" am Unterlauf des Río Cachapoal bei San Vicente, jedoch in der Küstenkordillere.

*

Von den vielen Pässen nun, die doch meist hohe und schwierig zu begehende Gebirgsübergänge abgaben, war von Anfang an der von Uspallata der bevorzugte und wichtigste gewesen – trotz seiner beträchtlichen Höhe von über 3800 m (Bermejo-Paß 3843 m, Iglesia-Paß 3816 m). Von seiner Lagegunst zogen sogar noch die ihm benachbarten Kordillerenpässe Gewinn hinsichtlich ihrer Begangenheit, soweit sie gleichfalls die Täler des Río Aconcagua und des Río Mendoza verbanden.

Denn diese beiden tiefen Taltröge strichen ziemlich geradlinig hinaus ins Vorland, verkürzten also die Zahl der Reisetage innerhalb des Hochgebirges. Dazu boten sie die kürzeste mögliche Strecke der Gebirgsüberquerung zwischen dem wichtigen Mendoza-Kleinraum im Osten und dem noch wichtigeren Santiago-Aconcagua-Kleinraum im Westen dar.

Aus diesen Gründen wurde der Uspallata-Paß schon zur Inkazeit von allen Übergängen der chilenisch-argentinischen Anden am meisten benützt. Noch jetzt erinnern Bezeichnungen wie Puente del Inca (eine natürliche Brücke über den Río Mendoza aus einer Moränenablagerung, zugleich der gegenwärtige Name einer Eisenbahnstation am Transandino bei der Einmündung des vom Aconcagua-Massiv kommenden Horcones-Tales), Termas del Inca und Laguna del Inca (bei Portillo) an die Begehung dieses Weges in jener alten Zeit. Vielleicht hat der tragische Tod des Inka Yupanqui – er ertrank auf seiner ersten Inspektionsreise in das neuerworbene Cuyogebiet 1439 im Río Mendoza – hier besonders namenverbreitend und namenerhaltend gewirkt (17).

Ob die Angabe des spanischen Konquistadors Martín de Olavarría (17) gegenüber der Anschauung des chilenischen Historikers Barros Arana (2, 3) zu Recht besteht, daß die pazifische (chilenische) Seite überhaupt vom Cuyo-Gebiet her auf dem Wege über den Uspallata-Paß ins Inkareich eingefügt worden sei und nicht beim Vordringen durch den Kleinen Norden, bleibe dahingestellt.

*

Diese verkehrspolitische Dynamik des Uspallata-Passes, des San-Francisco-Passes und der übrigen Andenpässe während der Inkazeit und der spanischen Kolonialzeit macht einen Exkurs ins Allgemein-Geopolitische möglich. Welche Bedeutung kommt den Pässen zu, wenn die eigenartige Abweichung von der „Regel" eintritt, daß „selbst kleinere Gebirge noch fühlbar als Kultur- und Wirtschaftsscheiden" wirken und daß, „je höher und ausgedehnter die Gebirgsmauern sind, um so stärker . . . . ihre trennende Kraft zur Geltung" kommt (11)? Das geopolitische Gepräge der Anden in den Jahrhunderten des inkassischen und kolonialspanischen Sattelstaates bietet sich unter ganz bestimmten Voraussetzungen verkehrsgeographischer Art dar: daß nämlich brauchbare, sehr lebendige Paßübergänge ihre beiderseitigen Vorlandschaften intensiv verbinden.

Daß neben der Oberflächengestalt noch andere geographische Gegebenheiten – wie die Verkehrsgeeignetheit – in den Hochanden grenzenschaffend wirken können, ist ersichtlich. Ebenso deutlich aber ist geworden, daß damals weder ihr „schützendes Verkehrshemmnis" noch „die Möglichkeit der leichten Überwachung der Durchgänge bzw. Übergänge" (15) als „erwünschte Grenzkriterien" eine Rolle gespielt haben.

Pässe als lebendige Verkehrsadern gehören zu den wesentlichen Merkmalen eines Sattelstaates. Ohne ihr Vorhandensein ist ein Sattelstaat kaum vorstellbar. Sie sind die Bindeglieder für den politischen Zusammenschluß der beiden Gebirgsvorländer zu einem Staat, denn durch sie „können die gemeinsamen Wirtschafts- und Verkehrsinteressen der beiden Hangseiten des Gebirges so bedeutend werden, daß das Verlangen nach staatlicher Verbundenheit selbst Sprach- und Volksunterschiede in den Hintergrund treten" (11) lassen könnte – eine die politische Zusammengliederung erschwerende Voraussetzung, die weder in der Inkazeit noch in der spanischen Kolonialzeit überhaupt in diesem Raume bestanden hat.

Zweierlei jedoch gibt dem Problem der altchilenisch-cuyanischen Sattelstaatbildung eine gewisse Schwierigkeit. Zum ersten waren die verbindenden Pässe nach ihrer Verkehrstauglichkeit damals ebenso wenig gut wie heutzutage. Die bequeme Gebirgsüberwindung auf Paßwegen aber, sollte erwartet werden, ist eine der Voraussetzungen dafür, daß sich die beiden Gebirgsseiten nicht fremd bleiben. Zum anderen würde es der üblichen Anschauung mehr entsprechen, wenn nicht eine Reihe von Pässen, wie im Reyno de Chile, sondern ein einziger, aber hervorragend wichtiger verbindender Paß vorhanden wäre; ob dieser nun niedrig oder hoch, leicht oder schwer gangbar wäre, würde ihn dann weniger zur aktiven Lebensader zwischen den beiden Vorlandschaften machen als die Tatsache, daß er auf größere Erstreckung hin überhaupt den einzigen nicht nur benützbaren, sondern auch wirklich gut ausgewerteten Gebirgsübergang bildete.

Allerdings ist der Verkehr nicht gleichmäßig über den Hochkordillerenabschnitt zwischen Ojos del Salado und Antuco verteilt gewesen. Uspallata-Paß und San-Francisco-Paß waren die weitaus bevorzugten Übergangsstellen. Daß der Name Inka südlich von Santiago verschwindet, deutet darauf hin, daß der hauptsächliche Verkehr zur Inkazeit zwischen Altchile und Cuyo im Kleinen Norden – vom San-Francisco-Paß bis zum Uspallata-Paß – über die Anden gegangen ist, während von Mittelchile aus kein Bedürfnis nach Verbindung mit dem südlichen Cuyozipfel bestanden hat. Das ist verständlich: war doch das südlichste Cuyo damals eigentlich noch Niemandsland, jedenfalls nicht fest in inkassischem Besitz. Ihm genügte die Verknüpfung mit dem Mendoza-Gebiet wohl völlig.

Ob Mittelchile bis zum Maule bzw. Itata oder gar Bio-Bio ganz fest in inkassischer Hand war, bleibt gleichfalls fraglich. Auch hier dürfte man nicht über die Längsverbindung mit dem Santiago-Gebiet hinausgekommen sein. Ein Querverkehr über die Anden sollte erst in der spanischen Kolonialzeit eintreten, als die Grenzen des tatsächlich beherrschten und gesicherten Bereiches weiter nach Süden verschoben wurden.

Über wieviele Kordillerenpässe (6) jedoch sind die Inkasaumpfade verlaufen, ohne daß der Name Inka an ihnen hängen geblieben – oder von denen er wieder abgefallen ist? Die ganze Fragwürdigkeit der mündlichen Überlieferung innerhalb der eingesessenen Bevölkerung wird hier sichtbar, die Möglichkeit des Vergessens oder der Entstellung.

*

Als die Inkaherrschaft zusammengebrochen war, schien der Uspallata-Paß zunächst ausgeschaltet zu sein. Die Andenübergänge verödeten, denn ihr Leben in jener Zeit nährte sich durchaus aus den politischen und militärischen Gegebenheiten und Anforderungen – nicht aus irgendwelchen Notwendigkeiten der Wirtschaft: dem Güteraustausch.

Für zwei Jahrzehnte war auch die geopolitische Bedeutung der Hochkordillere als der orographischen Zentralachse eines Sattelstaates erloschen. Erst als sich dieser zum zweiten Male in der Geschichte auf dem gleichen Raume bildete, nach dem Eintreffen der Spanier, wuchs der Verkehrswert der Pässe wieder. Besonders der Uspallata-Paß erlangte in der spanischen Kolonialzeit eine hervorragende Stellung. Sein Wiederaufleben vollzog sich zwar nicht schlagartig, aber doch in stetig zunehmendem Maße – im Zusammenhang mit den Eroberungswellen, die über Altchile und Cuyo dahinfluteten.

Größere Verlagerungen des transandinen Verkehrs traten ein. Der San-Francisco-Paß bei Copiapó, der in der Inkazeit eine große Rolle gespielt hatte, mußte diese abgeben. Die Pässe von Mittelchile, die in der Inkazeit unbelebt waren, traten in Wirksamkeit. Die Übergänge in der Hochkordillere des Kleinen Nordens dagegen verloren mehr und mehr ihren Verbindungswert zwischen hüben und drüben.

Die Kolonisation und Besiedlung durch die Spanier erfolgte von Peru aus, nicht vom La Plata her. Beide Andenvorländer, das chilenische im Westen wie das cuyanische im Osten, wurden zunächst nach Norden orientiert. Von Peru aus geschahen die ersten Eroberungszüge – auf denselben Wegen, die schon die Inka eingeschlagen hatten: beiderseits der Anden längs der Gebirgsränder südwärts.

Damit hatte sich in den Anfängen der spanischen Kolonialzeit ein Sattelstaat von beinahe der gleichen Struktur wie in der Inkazeit entwickelt: politisch zwar nicht selbständig, sondern als Außenbesitzung mit Peru verknüpft, geopolitsch jedoch infolge seiner tatsächlichen Abschnürung von Peru durch weite siedlungs- und wirtschaftsfeindliche Leerräume – die nordchilenische Wüste und die hohe Puna – als Sonderbildung erkennbar. Die Verlagerung des Paßverkehrs vom nördlichen auf den südlichen Kordillerenabschnitt war eine innerstaatliche Angelegenheit ohne Bedeutung. Nur der wachsenden Dynamik des zentralen Uspallata-Paßweges kann ein ansehnlicher Strukturwert im Sattelstaat beigemessen werden.

*

Zwischen dem Cuyogebiet und der Atlantikküste um Buenos Aires widerstand zunächst die Halbwüste noch jeglichem Durchgangsverkehr. Die Pampa war noch immer unendliche Einsamkeit und ohne wirtschaftlichen Wert. „Die Oasen längs des Gebirges von Mendoza bis Jujuy werden das Fleisch für die Silberberge (gemeint ist Potosi) liefern, nicht die Pampa. Die Grenze der menschlichen Siedlungen verläuft also von Norden nach Süden mitten durch das heutige Argentinien und wird durch die Trockenzonen, nicht durch das Gebirge gebildet" (25, 26).

Von Buenos Aires aus hingegen, das im gleichen Jahre wie Valparaíso gegründet wurde (1536), ging die Vorstoßlinie in nördlicher Richtung am Río Paraná und Río Paraguay entlang durch das Tiefland auf Asunción (Paraguay) zu – also gerade entgegengesetzt der Kolonisationsrichtung in Altchile und Cuyo. Auch Nordwestargentinien blieb dabei „links liegen": Tucumán war völlig an Peru gebunden. Der Einflußbereich von Buenos Aires war noch lange Zeit auf den La-Plata-Küstenraum beschränkt und von seinem Pampa-Hinterland ferngehalten. Weder die geomorphologische Form noch die sonstigen grenzenbegünstigenden geographischen Eigenschaften der Anden verknüpften die Grenzidee, die damals von Buenos Aires ausgehen konnte, mit dem Hochgebirge weit drüben im Westen. Auch als Schutzgrenze, „die das Leben eines Staates in Selbstbescheidung gegen die Umwelt abschließen soll" (15), wurde es nicht empfunden.

Das Cuyogebiet nahm andererseits bald eine höchst bedeutsame Neuorientierung vor. Die ursprünglichen Bindungen nach Norden hin, nach Peru, schwächten sich ab. Gegenüber Nordwestargentinien (Tucumán) kam es zur Trennung. Damit war der Nordweg nach Peru zerschnitten. Die Gemeinsamkeit mit Chile machte sich mehr und mehr geltend. Hierfür sind die Städtegründungen in Cuyo aufschlußreich. Der von der Pazifikküste ausstrahlende Einfluß verdichtete sich zur tatsächlichen Einverleibung.

Die dauernde Einbeziehung von Cuyo durch die spanische Conquista in das spanische Weltreich und damit in den abendländischen Kulturkreis ist vom Westen, von Altchile her, über die Hochkordillere hinweg erfolgt. Als sich nach drei Jahrzehnten Eroberungskrieg die Besitzverhältnisse geklärt hatten, gehörte Nordwestargentinien (Tucumán) zur Audiencia von Charcas (1563), also zu Peru – Cuyo hingegen zu Altchile.

Der koloniale Sattelstaat war fertig.

*

In den knapp drei Jahrzehnten der Eroberung (10) war der San-Francisco-Paß zunächst stark in Benützung. Über ihn drang die erste Europäerexpedition (1535–36) unter Almagro in Chile ein. Über ihn erfolgten die Nachschübe der nächsten Jahre aus Peru. Die ersten Pferde, die chilenischen Boden betraten, schleppten sich durch seine sturmgepeitschte Gebirgslücke und zerstießen sich ihre kupfernen Hufeisen an seinem scharfkantigen Geröll. Indianische Hilfstruppen lagerten an den wenigen Süßwasserstellen der Paipote-Schlucht, durstgeplagt, halb verhungert und die angebaute, fruchtbare Taloase von Copiapó ersehnend. Er sah die Heimkehr der Enttäuschten, die in Chile ein Dorado erträumt, doch statt des Goldes nur ein armes Steppenland mit Espinobüschen gefunden hatten (4).

Ganz anders der Uspallata-Paß.

Während der ersten großen Welle der Besetzung Altchiles, die durch Diego de Almagro (1536–38 in Chile) repräsentiert wurde, trat er überhaupt noch nicht wieder in Funktion. Almagro kam bis Mittelchile – er selbst mit der Kerntruppe bis ins Aconcagua-Tal, seine Vorposten bis an den Río Maule, also bis an die Südgrenze des zerfallenen Inkareiches. 1536 wurde Valparaíso gegründet. Der kolonialspanische Kernraum war im Entstehen.

Eine Überschreitung des Uspallata-Passes hätte also wohl im Bereich der Möglichkeit gelegen. Aber auf der anderen Kordillerenseite war noch ein Vakuum. Der Paß blieb vergessen.

In der zweiten Besetzungswelle trat er jedoch wieder ins Licht der Geschichte ein – vielleicht schon sehr frühzeitig, mit Sicherheit nachweisbar aber erst an ihrem Ende, als sie bereits wieder tief abgeschwungen war. Pedro de Valdivia (1540–54 in Chile) unterwarf ganz Mittelchile bis an den Bio-Bio / Laja (Gründung von Santiago 1541, von Penco-Concepción ein Jahrzehnt später: 1550), überrannte die Frontera und setzte sich südlich des Araukanerlandes an einzelnen Punkten im südchilenischen Seengebiet fest (Gründung von Villarrica 1552, von Valdivia 1552).

Gleichzeitig begann die Eroberung von Cuyo. Der erste Versuch von Chile aus mißlang. „Bereits im Jahre 1543 hatte Diego de Rojas, einer der Konquistadoren aus Zentralamerika, versucht, von Westen her die Landschaft an der Ostseite der Kordillere zu erobern. Nach seinem Tode im Kampfe mit den Indianern, den kriegstüchtigen Diaguiten, wurde sein Nachfolger, Francisco de Mendoza, von seinen eigenen Leuten ermordet" (25). Die Verschwörer gaben das Unternehmen auf. Daß Rojas den Uspallata-Paß überschritten hat, ist nur zu mutmaßen.

*

Der Siegeszug Valdivias auf altchilenischer Andenseite scheint auch den Widerstand auf der cuyanischen Seite zu Fall gebracht zu haben. Als von 1550 an eine valdivianische Städtegründung nach der anderen erfolgte, war Cuyo spanisch geworden. Noch mehr: in demselben Jahre „gründete Juan Núñez de Prado die Stadt Barco, aber schon erhob Chile den Anspruch auf diese Landschaft" (25). 1552 stand der Konquistador Francisco de Villagra am Río Diamante – also weit südlich von Mendoza –, überschritt dann wahrscheinlich sogar den Río Atuel und erreichte die Tehuelchen-Siedlung Cochicó (17).

In diesem Zeitpunkt begann der Uspallata-Paß notwendig zu werden. Es mußte eine Verbindung zwischen den beiden Konquistadoren Valdivia und Villagra auf beiden Kordillerenseiten hergestellt werden, weil Valdivia, in schwere Kämpfe mit den Araukanern verstrickt und allerorten hart bedrängt, Hilfe brauchte.

1552 gelang dies: der Paß wurde von Diego Maldonado wieder aufgefunden und erstmalig von Cuyo aus (mit 8 Begleitern) überschritten. Ein Jahr darauf (1553) erlebte er den Übergang der ersten größeren spanischen Truppenabteilung (200 Mann) unter Villagra selbst, geführt von dem kordillerenerfahrenen Maldonado.

Im gleichen Jahre querte Francisco de Aguirre, von Valdivia abgesandt, in umgekehrter Richtung das Gebirge und gründete jenseits das argentinische Santiago del Estero im Auftrage seines Befehlshabers als Schwesterstadt des chilenischen Santiago. Das war ein weiter Wurf, der von der raumüberwindenden Energie der Männer im altchilenischen Kernraum ebenso Zeugnis ablegt wie von der Großzügigkeit, mit der sie ein erst im Wachstum begriffenes politisches Gebilde zu erfassen vermochten.

Der kolonialspanische Sattelstaat des „Reyno de Chile" ist die Schöpfung des Konquistadors Pedro de Valdivia.

Als jedoch Pedro de Valdivia nach der Niederlage bei Tucapel erschlagen wurde, mag sich hierin der militärische und politische Tiefstand des Jahres 1554 charakterisiert haben. Die schweren Kämpfe mit den Indianern um den Eckpfeiler Penco – Concepción deuten auf dasselbe hin. Die Spanier standen zwar überall im Bereich der Dornbuschsteppe – im Kleinen Norden und in Mittelchile ebenso wie in Cuyo. Der Gegner war an die Waldgrenze im Süden zurückgedrängt – beiderseits der Andenkordillere. Die Idee einer Staatsgründung im Raume der offenen Landschaft zwischen Wüste und Urwald war sichtbar geworden. Aber der Besitz war noch durchaus ungefestigt.

*

Immerhin konnte die dritte und letzte große Besetzungswelle unter García Hurtado de Mendoza (1557 – 61 in Chile) von Anfang an das leidlich gesicherte Mittelchile hinter sich lassen und gleich an dessen Südgrenze mit der Truppenlandung in Penco - Concepción beginnen. Abermals wurde das Araukanerland zwischen Bio - Bio und Toltén im Sturm überrannt. Neue Vorposten im südchilenischen Seengebiet wurden angelegt (Gründung von Osorno 1558). Das Inselmeer von Chiloé wurde erreicht (9). Einer seiner Leute, Ladrilleros, stieß sogar bis zur Magellanstraße vor und durchfuhr sie bis zum Atlantischen Ozean (33).

Damit taucht die andere, die modernere Idee einer Staatsbildung auf: Chile zwischen Weltmeer und Anden als Gebirgsflankenstaat in außerordentlicher Längserstreckung. Ladrilleros legte die Wachstumsspitze für den Freistaat Chile des 19. Jahrhunderts fest. Daß noch drei Jahrhunderte verstreichen sollten, bis dort die Stadt Punta Arenas gegründet wurde (1848), zeigt die Unfruchtbarkeit dieser politischen Vorstellung für das 16. Jahrhundert.

Valdivia aber war der Mann des 16. Jahrhunderts: er verwirklichte, was seiner Zeit als politische Möglichkeit dargeboten wurde – den Sattelstaat. Mendoza hingegen war ein Mann der Zukunft: er schaute das, was erst unsere Zeit verwirklichte – den Gebirgsflankenstaat.

Doch war Mendoza kein Phantast gewesen. Als er Chile verließ, war die Conquista beendet (1561). Altchile war befriedet, wenigstens auf eine Reihe von Jahren hinaus, und gesicherter als je zuvor. Im gleichen Jahre überschritt eine hier nicht mehr benötigte spanische Truppenabteilung den Uspallata-Paß von West nach Ost. Es bestand also jedenfalls die Möglichkeit zu einer solchen Verringerung der Besatzungsmacht von Altchile. Ihr Führer, der Hauptmann Pedro de Castillo (8), gründete im Auftrage Hurtado de Mendozas auf der Cuyoseite in hervorragender Lage am Ausgange der Paßstraße ins Andenvorland die Stadt Mendoza (1561). Damit waren – zwanzig Jahre nach der bereits von Valdivia vorgenommenen Gründung von Santiago (1541) – nunmehr beide Paßausgänge militärisch gesichert.

Daß die neue Stadt den Namen des chilenischen Gobernadors empfing, war ebenso kennzeichnend für die politische Lage der Cuyoseite wie die Namenübertragung der chilenischen Hauptstadt Santiago auf Santiago del Estero. Auch für García Hurtado de Mendoza war die Zugehörigkeit von Cuyo zu Altchile eine feststehende Tatsache.

Der altchilenisch-cuyanische Sattelstaat war der gegebene Ausgangsraum für seine Operationen. Ihn zu sichern, war seine Aufgabe und sein Werk. Er hatte ihn vorgefunden, als er nach Chile kam. Der Vorstoß nach der Magellanstraße hingegen war ein Wurf ins Ungewisse.

Ein Jahr darauf wurde mit der Gründung von San Juan (1562) durch Jufré (33) nicht nur die wichtige Flankendeckung des Cuyogebietes im Norden, sondern auch die Sicherung der Paßübergänge von Cuyo nach dem Kleinen Norden vollzogen. Hat Mendoza den Vorzug der Lage gegenüber dem chilenischen Kernraum, so besitzt San Juan ein weitaus größeres Einzugsgebiet von Paßwegen infolge der strahlenförmigen Anordnung der bei Calingasta zusammentreffenden Täler. Die Lage am Gebirgsfuß ist beiden gemeinsam.

*

Die vier letzten Jahrzehnte des 16. Jahrhunderts dienten der Erhaltung und dem Ausbau des in der Conquista Erreichten. Altchile war von schweren Kämpfen gegen die aufständischen Araukaner erfüllt. Es war ein Verteidigungskrieg zur Bewahrung des Besitzstandes.

Hierbei nun traten um die Jahrhundertwende erstmalig auch die Verbindungslinien über Buenos Aires nach dem Mutterlande Spanien in Wirksamkeit. Drei große Truppennachschübe gingen 1583, 1602 und 1603 von Buenos Aires über Mendoza und den Uspallata-Paß nach Altchile, im letzten Jahre eine recht ansehnliche Abteilung von rund 1000 Mann.

Auf der Cuyoseite schob sich das spanische Kolonialland, das sich während der Conquista noch weitgehend an den Andenfluß geklammert hatte, nur sehr langsam ostwärts durch die Steppe und Halbwüste ins Tiefland hinaus vorwärts. Erst 1596 wurde San Luis von Martín de Loyola gegründet, „ein Wachtposten am Wege gegen die Gefahren der Steppe, fast kann man sagen der Wüste" (25). Damit entstand gleichsam ein geschütztes Vorfeld für die Städte Mendoza und San Juan, welche die Paßübergänge deckten.

In Rückbildung dagegen war das von Santiago aus beherrschte Cuyogebiet im Nordwesten gegenüber dem Tucumán-Gebiet. Santiago del Estero konnte nicht in die Generalkapitanie Chile einbezogen werden, sondern gliederte sich dem nach Peru ausgerichteten Tucumán an. Die vom altchilenischen Kernraum ausstrahlende politische Kraft verlor in dieser Richtung an Wirksamkeit.

So war um 1600 der äußere Rahmen des kolonialen Sattelstaates allseitig erreicht. Dieses Kolonialland „erhielt die gleiche politische und administrative Organisation wie die übrigen spanischen Kolonien. Es war eine Capitanía General, anfangs vom Vizekönigreich Peru abhängig. Die Trennung von diesem erfolgte erst im 18. Jahrhundert" (12).

*

Auch auf altchilenischer Seite selbst war im Vergleich zu der überwältigenden Wucht der dritten Conquista-Welle unter Hurtado de Mendoza nunmehr um 1600 ein Nachlassen der politischen Raumbewältigung eingetreten. Der Santiaginer Herrschaftsbereich fand seine Schranken, wo die Natur sie ihm setzte: am Südrande der Dornbuschsteppe.

Das unter Mendoza erreichte und eroberte Inselgebiet von Chiloé war zwar spanisch, aber nicht mehr kolonialchilenisch. Es war politisch durchaus unabhängig von der Generalkapitanie Chile, gehörte vielmehr unmittelbar zum Vizekönigreich Peru (12). Noch in den Zeiten der Selbständigwerdung der chilenischen Republik fühlte man sich auf Chiloé als „anders" und hielt am zähesten an der Bindung an die spanische Krone fest.

Die Frontera blieb Kampfraum für drei Jahrhunderte. Daß sie als freies Indianerland allen Versuchen zur Einbeziehung in das spanische Kolonialreich trotzen konnte, verdankt sie der Tatsache, eine andersartige natürliche Landschaft zu sein. Durchaus erst in zweiter Linie steht dabei die Kampfkraft der Araukaner. Eine rein historische Betrachtungsweise möchte dies wohl nicht wahrhaben, wenn sie die geopolitischen Gegebenheiten übersieht: die Abhängigkeit vom erfüllten Erdraum.

Hatte der Inkasattelstaat etwa 80 Jahre bestanden (1440–1520), so war dem kolonialspanischen Sattelstaat eine Lebensdauer von etwa 225 Jahren beschieden — gerechnet von der Erstüberschreitung des Uspallata-Passes durch Maldonado 1552 bis zur Loslösung Cuyos von Chile 1776.

*

Nur sehr langsam hatte sich das spanische Kolonialgebiet um den La Plata von Buenos Aires aus westwärts durch die Pampa und schließlich bis an den Andenfuß erweitert. Erst sein Erstarken in der ausgehenden Kolonialzeit (in der zweiten Hälfte des 18. Jahrhunderts) brachte ihm so viel Machtentfaltung, daß die „Naturgrenze" der Hochkordillere mit ihren

Hauptketten, Pässen und Wasserscheiden (27) erreicht wurde und die Cuyoprovinzen für Altchile verloren gingen. Erst die Unabhängigkeit Argentiniens 1810 und der bedeutende Aufschwung der jungen Republik sicherten diese Neuerwerbung endgültig.

Auf jeden Fall verlief der Prozeß der Abtrennung Cuyos ebensowenig schlagartig wie seine Angliederung. Er hatte wohl sicherlich schon beträchtlich vor 1776 begonnen und war mit diesem Jahre noch längst nicht beendet. So scheinen in den drei Jahrzehnten der Unabhängigwerdung der Republik Chile – zwischen 1800 und 1830 weitgerechnet – die Bande mit Cuyo trotz dessen bereits bestehender politischer Zugehörigkeit zu Buenos Aires noch nicht ganz gelöst worden zu sein.

Wer damals in der Zeit der Freiheitskämpfe aus Chile in die Verbannung gehen mußte (Martínez de Rosas) oder wer die Flucht ergriff (O'Higgins, die Carrera), der ging mit Vorliebe nach Mendoza – da war er vor einem Zugriff ziemlich sicher, aber gefühlsmäßig und wohl auch tatsächlich doch noch nicht „in der Fremde".

Mehr und mehr jedoch ging die Entwicklung dahin, daß der siedlungs- und wirtschaftsleere Andenbereich von beiden politischen Sammelräumen aus – von Santiago wie von Buenos Aires her – als erwünschte Grenzzone verstanden wurde. Die dem Hochgebirge eigenen Grenzfaktoren setzten sich schließlich derart durch, daß es zur Sonderbildung zweier Staaten, zweier Völker mit verschiedenartiger Kultur- und Wirtschaftsentfaltung kam.

*

Im Verlauf der Staatwerdung der beiden Republiken Chile und Argentinien wurde weiterhin sichtbar, wie die historische Entwicklung in einem trennenden Gebirge zuerst nur einen Grenzstreifen zu schaffen beliebt und diesen erst in fortgeschrittenen Stadien zu einer Grenzlinie zusammenschrumpfen läßt.

Noch das ganze 19. Jahrhundert hindurch spielten Grenzstreitigkeiten zwischen den beiden Schwesterrepubliken, ehe die Grenze endgültig fest wurde (31) und die Reichweite der Machtausstrahlungen von Santiago und Buenos Aires damit eindeutig schied. Die Entscheidung über die Wahl der Hauptketten (der höchsten Gipfellinien) oder der Wasserscheide als Grenze wurden zu Machtproben, weil dadurch dem einen oder dem anderen Staate kleine Landgewinne zukamen, die – an sich weder wirtschaftlich noch strategisch von erklecklichem Wert – als Ausdruck und Erfolg des erstarkten nationalen Selbstbewußtseins verbucht werden konnten.

Erst der Schiedsspruch des englischen Königs machte endlich 1902 dem Streit ein Ende, indem er die Wasserscheide – von einigen Ausnahmen abgesehen – zur Grenze erklärte (18, 23, 28). Damit war an einem kleinen Objekt ein bedeutsamer geopolitischer Fall zur Erledigung gekommen. Dem politischen Kräftespiel war eine neue geographische Form zugewiesen. Die pflanzengeographischen Gegebenheiten, die im Sattelstaat eine wesentliche Rolle gespielt hatten, waren ausgeschaltet bei der Bestimmung des politischen Raumes der beiden modernen Staaten Chile und Argentinien; die orographisch-hydrographischen waren allein maßgebend geworden.

Der an die Dornbuschsteppe gebundene Sattelstaat des spanischen Kolonialgebietes des „Reyno de Chile" hatte nunmehr endgültig in dem neuen selbständigen Nationalstaate Chile einem von der Oberflächengestalt bestimmten Gebirgsflankenstaate Platz gemacht.

*

Als Schrittmacher dieser geopolitischen Umgliederung aber ist die Verkehrsentwicklung anzusprechen.

Beide Länder hatten verkehrsfeindliche Zonen zu überwinden: Chile die Hochkordillere, Argentinien die Pampa, Steppe und Halbwüste. Während jedoch Argentinien durch den Ausbau von Landstraßen, sodann im 19. Jahrhundert eines immer dichter werdenden Eisenbahnnetzes die weiten Ebenen erschloß und im Gefolge der Durchgliederung mit Verkehrsadern daraufhin auch mit Siedlungen und Bevölkerung durchsetzte, blieb die Verbindung zwischen Altchile und den Cuyoprovinzen praktisch bis 1910 auf dem Stande der Inkazeit erhalten.

Die meisten Pässe hatten nach wie vor nur äußerst mühsam zu beschreitende Saumpfade und waren (wie noch heutzutage) winters monatelang tief verschneit – wo doch allein das tägliche lebendige Hinüberpulsen auf diesen kleinen Verkehrswegen die enge Verknüpfung der Cuyoprovinzen mit dem historischen Stammlande Altchile hätte aufrecht erhalten können.

Noch ungangbarer als die Hauptstraße über den Uspallata-Paß waren die beiden anderen Saumpfade (14, 22), die damals vom altchilenischen Kernraum nach Cuyo überhaupt stärker benützt wurden: einmal der Pfad von Santiago aus durchs Maipo- und Yeso-Tal in der Santiaginer Hochkordillere über den Piuquenes-Paß (4 024 m) – zum andern der Pfad von San Felipe (im Becken von Los Andes) aus durchs Putaendo-Tal in der Aconcagua-Kordillere über den Valle-Hermoso-Paß (3 514 m).

Charles Darwin, der 1832–1836 eine Weltreise auf dem Schiffe „Beagle" unter Führung des Kapitäns Fitzroy durchführte, unternahm während seines Aufenthalts in Chile einen 24-tägigen Ritt im Herbst des Jahres 1835 (vom 18. März bis zum 10. April) von Santiago durch die Anden über den Piuquenes-Paß nach Mendoza und wieder zurück über den Uspallata-Paß nach Santiago. Er schilderte in seinem bekannten Reisewerke eindrucksvoll die mühsame Kordillerenüberschreitung auf dem unsäglich schlechten Piuquenes-Saumpfade (7).

*

Auch die wichtigste Straße der gesamten chilenisch-argentinischen Anden über den Uspallata-Paß war in der Kolonialzeit nicht weiter ausgebaut worden und also noch im 19. Jahrhundert auf inkassische Verkehrsverhältnisse – ohne Wagen – zugeschnitten geblieben. Etwa in der gleichen Zeit wie Darwin lernte sie auch Eduard Poeppig – der erste deutsche

Vulkanbesteiger (Vulkan Antuco 1828), Andinist und Geograph in Chile – auf seiner Forschungsfahrt von Los Andes durch das Aconcagua-Tal auf den Uspallata-Paß im Jahre 1828 kennen (21).

Während die Inka durch ihre guten Brücken berühmt waren, fand Poeppig nur noch zwei Brücken überhaupt im Aconcagua-Tal innerhalb der Hochkordillere: die Puente de las Vizcachas oberhalb von Los Andes und die Brücke über den Nebenfluß Colorado an dessen Einmündung in den Río Aconcagua. Der Weg selbst durchs Aconcagua-Tal und über den Uspallata-Paß war denkbar primitiv.

Schon die Inka hatten Unterkunftshütten aller sechs Leguas an ihren Straßen gehabt, gut mit Lebensmitteln, Kleidung und bequemen Nachtlagern für die Reisenden versehen (17). In der frühen Kolonialzeit waren sie verfallen. Erst Ambrosio O'Higgins, einer der letzten und wohl der bedeutendste aller spanischen Gobernadores im „Reyno de Chile" (1788 bis 1796), hatte die Uspallata-Straße in gewissen Abständen wieder durch Schutzhütten sichern lassen.

Dann kam 1817 der große Andenübergang der Truppen von San Martín. Auch im Sommer sind die Nächte in der mittelchilenischen Hochkordillere bitter kalt. Beim Biwakieren wurde das Holz der Hütten von den Soldaten verbrannt; die Schutzhütten selbst erlitten dabei eine fast völlige Zerstörung. Poeppig fand sie nur noch als Ruinen vor. Sein großes Reisewerk brachte einen anschaulichen Bericht (20):

„Noch stehen hier in geringer Entfernung voneinander die zwei letzten der Casuchas, Hütten, welche, aus den Steinen der Gegend selbst erbaut, bestimmt sind, dem Reisenden ein Obdach gegen unvorhergesehene Schneestürme zu bieten . . . . . Schon die Inkas hatten eine ähnliche Einrichtung, und die Spanier ahmten sie nach. Sie sind die einzigen Vorkehrungen zum Schutz und zur Erleichterung der Reisenden, die diese sieben Tagereisen lange einsame Wildnis der Anden durchziehen . . . . . . Alle Casuchas sind sich ähnlich; sie bestehen aus sehr dicken Wänden, bisweilen von kreisrunder Form, die man aus den großen Felsstücken aufbaute, welche überall umherliegen. Das Innere ist kaum einige Schritte breit und enthält durchaus nichts als einen leeren, feuchten und dunkeln Raum, denn die einzige Öffnung für das freundliche Licht des Tages ist die kleine Tür, welche hoch über dem Boden angebracht ist, damit die Schneestürme des Winters sie nicht verwehen mögen. Ehedem fand der zur ungünstigen Jahreszeit hier ankommende Fremde einen Vorrat von Kohlen und selbst von trockenen Nahrungsmitteln, welche auf Kosten der Regierung im Herbst hinaufgeschafft wurden. Er erhielt gegen geringe Vergütung in den letzten Orten zu beiden Seiten der Anden den Schlüssel zu den Türen der Casuchas und die Erlaubnis, im Notfalle sich jener Vorräte zu bedienen. Gleich vielem Guten der Vorzeit ist auch diese Einrichtung im Kampfe der Revolution zugrunde gegangen . . . . . Die Erschöpfung des Landes und die Notwendigkeit, auf ganz andere Dinge die Aufmerksamkeit zu richten, haben den Wiederaufbau jener Hütten gleichmäßig verhindert."

*

Die ausgehende Kolonialzeit und die Zeit der Unabhängigwerdung der beiden Republiken Chile und Argentinien war die tragische Epoche in der Geschichte der mittleren Anden. Ihre geopolitische und historische Entwertung war die Begleiterscheinung zu der Veränderung der nationalen Raumvorstellungen.

Nicht in allen Köpfen der Wende vom 18. zum 19. Jahrhundert war die große Idee geschwunden, daß die Hochkordillere eine Brücke zwischen den beiden Andenvorländern darstelle und keine Scheidemauer. Der königstreue, kolonialspanisch empfindende Gobernador Ambrosio O'Higgins gehörte ebenso zu ihnen wie der revolutionäre General und Cuyo-Gobernador José de San Martín. Aber die breiten Massen der beiden jungen Völker, des chilenischen und des argentinischen, fühlten anders.

Schier bedeutsam mutet hier ein Kleinstadtschicksal an: der allzu späte Eintritt des chilenischen Los Andes in die Siedlungsgeschichte.

Die Stadt Los Andes am Ausgang des Aconcagua-Tales und des Uspallata-Weges aus der Hochkordillere, die lagemäßig vollkommen Mendoza auf der anderen Gebirgsseite entspricht, wurde erst 1791 von Ambrosio O'Higgins gegründet. Also erst am Ende der Kolonialzeit erfaßte man – und auch da nur ganz vereinzelt – die hervorragende strategische und verkehrsgeographische Bedeutung dieses Punktes. Ein Jahrhundert früher hätte sein Einfluß bis ins Cuyogebiet ausstrahlen können. Jetzt war Cuyo bereits von Altchile abgespalten. Der Weitblick des Gobernadors O'Higgins kam zu spät.

Auch die Stadt Los Andes selbst, nicht nur der Sattelstaat, hat solch kurzsichtiges Mißverstehen geopolitischer Erfordernisse zu bezahlen gehabt. Nach dem Verlust des Cuyogebietes war Los Andes an jeglicher großen Entwicklung verhindert. Noch heute kümmert es als bescheidene Kleinstadt von 19000 Einwohnern dahin.

Folgender Sachverhalt lag also um 1800 vor: Die geopolitischen Verhältnisse waren im Umbruch. Die seit vier Jahrhunderten eingefahrenen Gegebenheiten des Sattelstaates wirkten abgeschwächt noch weiter in vereinzelten Geschehnissen, welche überraschten, weil sie merkwürdig verspätet auftraten. Denn die Geschichte suchte bereits einen neuen geopolitischen Zustand herzustellen, während sich gleichzeitig noch Vorgänge alten Stils vollzogen.

*

Dahin gehörte – ebenso bezeichnend verspätet wie die Stadtgründung von Los Andes, als nämlich Cuyo schon abgegliedert war – der Wiedereintritt der mittelchilenischen Hochkordillere in die große Geschichte beim Übergang des Befreiungsheeres unter San Martín und Bernardo O'Higgins im Sommer 1817.

Als in diesem Jahre die Hochanden trotz der Mangelhaftigkeit ihrer Pässe und Saumpfade unter voller geopolitischer Auswertung ihrer ehemaligen Rückgratslage innerhalb des bereits vergangenen Sattelstaates erstmalig in ihrer gesamten Längserstreckung – soweit sie eben die Grenze zwischen Altchile und Cuyo bildeten: also vom Río Copiapó bis zum Río Bio-Bio / Laja – von einer militärischen Aktion erfaßt wurden, war dies zwar eine erstrangige und folgenreiche Tat, aber in ihrer Durchführung beinahe ein Anachronismus.

Dieser Andenzug des Befreiungsheeres 1817 war der letzte große in der langen Reihe der Truppenübergänge zum Zwecke der Besitzergreifung oder Besitzsicherung des jenseitigen Gebirgsvorlandes, die mit den Inka begannen und durch Maldonado in der Conquista wieder auflebten. Er gehört nicht in die neuere Geschichte der beiden Nationalstaaten Chile und Argentinien, die durch das Hochgebirge säuberlich getrennt sind und derartiger Überschreitungen nicht bedürfen.

Er war ein Ende, nicht ein Anfang – trotz seiner in die Zukunft weisenden Absichten und Folgen.

Damals – 1817 – wurde das Andengebirge mit seinen Pässen wieder aktiv in der Aufgabe, die ihm geopolitisch in der Zeit des Sattelstaates zugestanden hatte und die offenbar während des 18. Jahrhunderts nicht mehr richtig erkannt und ausgenützt worden ist: Mittler zu sein zwischen den beiden Andenvorländern von Altchile und Cuyo, nicht lebloser Trennungsraum, siedlungs- und verkehrsleeres Niemandsland.

Erst der weite Blick San Martíns für strategische Gegebenheiten hat den vorher beinahe geschichtslos gewordenen Kordillerenraum wieder einbezogen in den historisch durchgegliederten südamerikanischen Bereich.

Trotz der bereits vierzigjährigen politischen Zugehörigkeit des cuyanischen Gebietes zu Buenos Aires war es 1817 noch in mannigfaltiger Hinsicht an Chile gebunden. Denn was bedeutet es anderes, wenn Chile von Cuyo aus befreit wurde, als daß das Gefühl der Zusammengehörigkeit beider Vorländer noch einmal Menschen zum Handeln brachte? – als daß mindestens die Vorstellung von einer staatlichen Struktur, die einmal über die Anden hinweggegriffen hatte, in den Zeitgenossen von damals noch nicht erloschen war?

Chile wurde doch nicht von einem „fremden" Land aus befreit – so weit war die Trennung der Nationalitäten noch nicht gediehen. Das Nationalgefühl hüben wie drüben war noch ebenso in den Anfängen seiner Entfaltung wie die Besinnung auf die Eigenständigkeit der Kultur und des Volkslebens.

*

Freilich handelte es sich nicht mehr um die Erhaltung oder Wiederherstellung des geschlossenen Sattelstaates Altchile-Cuyo. Der gehörte bereits der Vergangenheit an. Seine Einheit war wohl auch im 18. Jahrhundert in weiten Kreisen der Bevölkerung schon nicht mehr als Idee lebendig. Die Menschen von 1800 sahen seinen Zerfall wohl als ebenso zufällig und belanglos an wie die Menschen von 1600 seine Bildung. Das politische Bewußtsein der breiten Bevölkerungsmasse, nicht der Führer, ist in dieser Hinsicht nie sehr wach und ausgeprägt gewesen.

Aber da war ein Unterschied. Die koloniale Geschichte auf chilenischem Boden wurde um 1600 von einer kleinen Gruppe spanischer Soldaten gemacht. Um 1800 aber war die Geschichte eine Angelegenheit des Volkes geworden. Ein chilenisches Nationalgefühl auf engerem Raume war zum Durchbruch gelangt. Ein gemeinsames chilenisch-cuyanisches Nationalgefühl im modernen Sinne hat es nicht gegeben. Als man sich beiderseits der Anden der historischen Zusammengehörigkeit bewußt wurde, war das einheitliche staatliche Gebilde bereits in der Vergangenheit versunken.

Als Volk und Staat im 19. Jahrhundert in ihrem Wollen zur Übereinstimmung gelangten, war Cuyo zwischen den neuen Nationen Chile und Argentinien zu einer Gruppe argentinischer Grenzprovinzen geworden. Kein Wunder, daß dem Andenzuge des Generals San Martín etwas Romantisches anhaftete.

Als San Martín den Oberbefehl der argentinischen Nordarmee abgab und dafür den Gobernadorsposten von Cuyo eintauschte, wo er sich ein neues, gut diszipliniertes und gut bewaffnetes Heer zu schaffen gedachte, handelte er mit Bedacht. Cuyo war kein revolutionäres, sondern ein ruhiges Gebiet, bot also Aussicht auf einige Jahre gleichmäßiger, ungestörter Ausbildung seiner Truppen gemäß seinen modernen Anschauungen vom Militärwesen.

Cuyo ähnelte damals in gewisser Hinsicht dem spanientreuen Chiloé – auch in dem geringen Einfluß der Hauptstadt. „Bisher war die Revolution von der Küste getragen worden, von Buenos Aires und seiner Aristokratie. Das Land, vor allem die Provinz, stand teilnahmslos beiseite. Einige vierzig Spanier hatten 1811 in Mendoza, damals einer Stadt von 16000 Einwohnern, die Herrschaft der Königstreuen wiederherstellen können, bis Buenos Aires eingriff . . . . " (25).

Anderseits bot Cuyo die Voraussetzungen für die Bewaffnung und Ausrüstung seiner Soldaten, vor allem wiederum Mendoza. „Es kam ihm zustatten, daß dort der Mittelpunkt eines bedeutenden Handwerks lag. Aus den Zeiten des Handelsweges über die Anden gab es dort geschickte Schmiede, Sattler und Weber; daraus ließ sich jetzt eine Kriegsindustrie aufbauen" (25).

So schuf sich San Martín, „ein ausgebildeter Offizier im europäischen Sinne, während alle anderen südamerikanischen Heerführer neben ihm nur Dilettanten waren" (25), seine schlagkräftige, siegreiche, wiewohl nur kleine Musterarmee von 4000 Mann.

*

Was die Gesamtleistung der Gebirgsbezwingung anbelangt, so pflegt man San Martíns Kordillerenmarsch mit den berühmten Alpenübergängen Hannibals im 2. Punischen Kriege (218 v. Chr.) und Napoleons zu vergleichen. Für die mittelchilenischen Anden stellte er auf jeden Fall etwas Einzigartiges und Einmaliges dar.

Der Kern des „Andenheeres" brauchte 3 Wochen für die Gebirgsüberschreitung: vom Aufbruch in Mendoza (18. Januar) bis zum Zusammentreffen der beiden Abteilungen mitten im Becken von Los Andes / San Felipe bei Curimón (9. Februar) gerechnet. Drei Tage darauf, am 12. Februar 1817, wurde der königstreue spanische General Marcó del Pont bei Chacabuco geschlagen.

San Martín war ein trefflicher Organisator – in eine Reihe zu stellen mit Napoleon und Wallenstein, was diese Fähigkeit anbetrifft. Drei Wochen Gebirgsmarsch bedeuteten Mühseligkeiten, Strapazen, technische Schwierigkeiten, große Anforderungen an die Verpflegung. Sie wurden so geschickt bewältigt, daß das Andenheer keine nennenswerten Einbußen erlitt und unmittelbar darauf die Schlacht bei Chacabuco gewinnen konnte.

Die Menschenverluste waren ganz gering. Die Zahl der mitgeführten Tiere (Pferde, Maultiere) soll auf ein Drittel der ursprünglichen Stärke zusammengeschmolzen sein (25). Wenn das Holz der Casuchas auf dem Uspallata-Wege dabei verfeuert worden ist und die Hütten stark gelitten haben, so deutet das wohl kaum, wie Poeppig meinte (20), auf eine wilde Soldateska und die Nachlässigkeit ihres Heerführers, sondern ergab sich notwendigerweise aus der völligen Holzarmut der oberen Täler und Paßhöhen.

Die spanischen Vorhuten im Putaendo-Tal bei Achupallas und im Aconcagua-Tal bei Guardia Vieja wurden ohne eigene Verluste geworfen und gefangen. Diese Vorpostenscharmützel waren die einzigen Kampfhandlungen innerhalb der Hochkordillere von Mittelchile und dem Kleinen Norden, welche die chilenische Geschichte überhaupt verzeichnen kann.

Bei Chacabuco hatte das Befreiungsheer nur 150 Tote und Verwundete, das spanische Heer 500 Tote. Es war also eine Kampfhandlung kleinsten Ausmaßes – keine Schlacht, sondern der letzte Widerstand eines schon zur Flucht entschlossenen Gegners (8).

*

Bemerkenswert ist, welchen Paß der Grenzkette San Martín für den Übergang der Hauptmacht wählte: den Valle-Hermoso-Paß (auch Patos-Paß genannt) in 3 514 m Höhe. Der Saumpfad führte vom argentinischen Patos-Tal zwischen den Riesenbergen Aconcagua (7 040 m) und Mercedario (6 670 m) zunächst zum Espinacito-Paß (4 460 m) in einem Ausläufer der mächtigen Ramada-Kette empor und senkte sich von der wasserscheidetragenden Grenzkette auf der chilenischen Seite zum Putaendo-Tal wieder hinunter.

Nach dem San-Francisco-Paß der Conquista und dem Uspallata-Paß der Kolonialzeit hatte nunmehr der Valle-Hermoso-Paß der Befreiungskriege als dritter Grenzpaß eine kriegsgeschichtliche Bedeutung angenommen. Er wurde von San Martín vor allem mit der Absicht der Umgehung und Täuschung des Gegners gewählt. Die politische Rolle des Uspallata-Passes, seines nicht allzu fernen südlichen Nachbarpasses, fiel ihm dabei aber keineswegs zu.

Diese Hauptabteilung des Andenheeres über den Valle-Hermoso-Paß stand unter Führung des Generals San Martín selbst. Bei ihr befanden sich auch die chilenischen Hilfstruppen unter Bernardo O'Higgins, dem Sohne des früheren chilenischen Gobernadors und späteren Vizekönigs Ambrosio O'Higgins. Es waren nach Cuyo geflüchtete chilenische „Patrioten". 2300 Mann Infanterie, ein Kavallerieregiment, ein Artilleriebataillon mit 21 Kanonen (beide mit insgesamt 1600 Pferden) und den Troß (Milizen, Krankenpfleger, 3600 Maultiere für das Gepäck) hatte ein erwachtes Nationalgefühl und ein militärisches Genie hier in Bewegung gesetzt (8).

Den Uspallata-Paß querte im Nachtmarsch die weitaus kleinere Truppenabteilung des Obersten Las Heras mit 800 Mann. Diese beiden Gruppen bildeten den Kern des „Andenheeres" – entsprechend der geographischen Lage von Mendoza / Cuyo zu Santiago / Altchile.

Nicht nur die Verlustzahlen, auch die Truppenstärken waren winzig. Die gleiche Zeit sah die „Große Armee" Napoleons von 600000 Soldaten, 180000 Pferden und 1400 Geschützen auf dem Marsche nach Moskau (1812). Die gleiche Zeit erlebte die Völkerschlacht bei Leipzig (1813) mit, wo 160000 wieder aus dem Boden gestampfte napoleonische Truppen gegen 255000 Mann Verbündete kämpften – ebenfalls in einem „Befreiungskriege".

Noch weit geringer war das Truppenaufgebot bei den übrigen Paßüberschreitungen, die zur Flankendeckung oder einfach nur zur Ablenkung vorgenommen wurden. Über den Planchón-Paß (3008 m) ging Freire mit 100 Mann nach Curicó und Talca. Über den Azufre-Paß (3663 m) zog der Hauptmann Cabot mit 60 Mann nach La Serena und Coquimbo. Ganz unwesentliche Abteilungen überwanden den Piuquenes-Paß in der Santiaginer Hochkordillere und den Comecaballos-Paß in der Breite von Copiapó. Hierin spiegelte sich die nach Nord und Süd schnell abnehmende Raumbedeutung des kolonialen Sattelstaates.

*

Das nördliche Mittelchile war unbestreitbar zum politischen Kern Chiles geworden. Santiago war das Herz des Landes. Im Santiaginer Becken – nicht etwa auch noch in La Serena oder in Concepción – mußte sich militärisch das Geschick des Landes unwiderruflich entscheiden. Das wußte San Martín so gut wie Marcó del Pont.

Wenn daher San Martín mit diesen Patrouillen den spanischen Gobernador irreführen wollte, so dürfte er kaum Glauben gefunden haben. Umso überraschender war der ungemein große Erfolg dieser Scheinmanöver. Eine Handvoll Leute genügte, um die Städte Mittelchiles und des Kleinen Nordens nicht nur zu besetzen, sondern zum völligen Abfall von der spanischen Herrschaft zu bringen.

Am Vorabend der Schlacht von Chacabuco war die endgültige Entscheidung schon gefallen. Landleute und Stadtbewohner hatten überall zu den Waffen gegriffen und die Macht an sich gerissen. Es war ein Volksaufstand. San Martín hatte richtig gerechnet, als er die chilenischen Patrioten in Cuyo in sein Heer einreihte: damit wurde sein Andenzug zu einer nationalchilenischen Sache.

Zugleich taucht damit die abschließende Beurteilung der geopolitischen Bedeutung der Hochkordillere während dieser Überschreitung durch das Befreiungsheer San Martíns auf. Was gegen die Spanier, die fern der Heimat auf Kolonialboden fochten, mit den 4 000 Mann des Andenheeres zu erringen möglich war, weil das gesamte Volk sich gleichzeitig erhob: den Sieg von Chacabuco – das konnte umgekehrt Chile auch mit einem Vielfachen dieser Zahl nicht mehr zu erreichen hoffen, wenn es selbst drüben im argentinischen Raum gegen die geballte Kraft einer jungen Nation, die auf eigenem Boden kämpfte, zur Bewahrung Cuyos hätte antreten wollen.

Die Schlacht von Chacabuco hat den Verlust des Cuyogebietes besiegelt – so paradox es auch klingen mag. Nicht die formelle Abgliederung vom Jahre 1778, sondern die neue nationale Kraftentwicklung entschieden den politischen Besitzstand. Die staatentrennende Wirkung der Hochkordillere hatte ganz ungemein zugenommen, als San Martíns Unternehmen gelang.

Aber gerade durch die Eigenartigkeit des Gelingens wurde deutlich, daß es für Chile zur Unmöglichkeit geworden war, auf gleichem Wege den Besitz eines Gebietes auf der anderen Kordillerenseite – eben der Cuyoprovinzen – im Ernstfalle militärisch zu sichern und zu halten.

Damit war nicht nur die außenpolitische Einstellung Chiles gegenüber Argentinien in der Cuyofrage gegeben, sondern auch die Grenzentwicklung für das ganze 19. Jahrhundert vorweggenommen.

*

Im gleichen Maße, wie sich fernerhin der neue freie Staat Chile auf die schmale pazifische Seite der Anden beschränken mußte, ging auch die alte geopolitische Bedeutung des Uspallata-Passes verloren. Weitere Kordillerenstraßen zwischen Mittelchile und dem mittleren Westargentinien wurden nicht angelegt. Dem Bau der Transandinen Bahn von Los Andes nach Mendoza (1910) mit der Untertunnelung des Uspallata-Passes (Cumbre-Passes) konnte im Hinblick auf die politische Stellung Cuyos keinerlei Bedeutung mehr zukommen. Sie dient dem Durchgangsverkehr nach Buenos Aires oder dem Austausch von Wirtschaftsgütern (viele Viehtransporte), wobei allerdings Cuyo als Ausfuhrgebiet nicht unbeträchtlich beteiligt ist.

Was weiterhin bei Uspallata geschehen ist – der Umbau der primitiven Straße zu einer Autostraße, ihre Verlegung vom höheren Bermejo-Paß (3 842 m) auf den benachbarten niedrigeren Iglesias-Paß (3 816 m), die Verwendbarmachung des Bahntunnels für Kraftwagen, die Anlage von Siedlungen (Hotels in Portillo, Grenzbahnhof Caracoles auf chilenischer Seite) – kann ebenso wenig wie neuere Pläne (Verkürzung des Schienenweges mit Durchstechung eines tieferliegenden Nachbartunnels unter dem Navarro-Paß) an der Tatsache ändern, daß die geopolitische Rolle des früher hochwichtigen Uspallata-Überganges ausgespielt ist.

Wohl sind als Ergebnis jahrhundertelanger politischer Verbundenheit immer noch gewisse kulturelle und wirtschaftliche Beziehungen zwischen Chile und Cuyo vorhanden. „Relativ stark ist noch die wirtschaftliche Bindung zwischen San Juan und Chile. Sind doch die Kulturbeziehungen zu Chile eng. Der Arribeño der alten Cuyoprovinz steht dem chilenischen Aristokraten auch in seiner sozialen Einstellung näher als dem Porteño von Buenos Aires" (13).

Um diese Bindungen zu stärken, werden mannigfaltige Wirtschaftspläne erwogen. Die Cuyoprovinzen können Chile als Abnehmer von Waren gebrauchen. Chile kann – bis zu einem gewissen Grade – ihre Produkte aufnehmen. „Die direkte Entfernung Mendoza – Pazifische Küste wäre nur etwa ein Drittel der Entfernung Mendoza – Buenos Aires; aber . . die Bahn, als Schmalspurbahn, ist für den Frachtverkehr wenig leistungsfähig, außerdem im Winter oft für Wochen unterbrochen. Vor allem aber bietet der innere argentinische Markt der Cuyoprovinz bessere und sicherere Absatzmöglichkeiten als der Weltmarkt" (13).

Auf jeden Fall wird der seit nunmehr 180 Jahren bestehende Zustand der politischen Zugehörigkeit von Cuyo zur Republik Argentinien durch solche wirtschaftlichen Erwägungen nicht berührt. Der Hauptpaß der mittelchilenischen Anden, der sich trotz aller Primitivität jahrhundertelang als Einigungsband eines Sattelstaates bewährt hatte, ist heute geopolitisch ausgeschaltet.

*

Wenn man Ähnlichkeiten der geopolitischen Gestaltung bei anderen Staaten in Südamerika – am naheliegendsten bei Ecuador, dann fernerhin bei Peru und Kolumbien – oder in Mittelamerika (Panama, Costarrica, Nicaragua, Guatemala) suchen wollte, so ist es zu bedenken, daß es sich dort insofern nicht um Sattelstaaten gleichen Typs wie des „Reyno de Chile" handelt, als deren Kordilleren nicht nur das orographische Rückgrat, sondern zugleich auch den politischen und wirtschaftlichen Kernraum darstellen, sei es, weil eingeschaltete Hochebenen hierfür die Entfaltungsmöglichkeit bieten (Hochlandstaaten), sei es, weil die Kordillere überhaupt plateauartig niedrig und nicht als scheidende Gebirgsmauer ausgebildet ist.

Immerhin zeigte auch Peru beim Verlust des Acre-Territoriums an Brasilien, daß die politische Macht des großräumigen atlantischen Tieflandsstaates stärker war als diejenige des pazifischen Kordillerenstaates – trotz weitaus größerer Entfernung des atlantischen Kernraumes vom umstrittenen Grenzgebiet und trotz der Schwierigkeit der Überwindung verkehrsfeindlicher Zwischenräume. Aufschlußreich sind auch die Schrumpfungsprozesse, die Ecuador und Bolivien in ihren östlichen Vorländern durchgemacht haben.

In keinem Falle aber hat sich die geopolitische Entwicklung so beispielhaft dargestellt wie bei Chile / Argentinien, wo der politische Machtüberschuß des atlantischen Raumes zur Herausgestaltung der trennenden Kraft des Andenkettengebirges geführt und einen jahrhundertelang bestehenden Kordillerensattelstaat wieder auseinander gerissen hat.

LITERATUR

1. Anuario Dic. 1946.
Santiago de Chile 1946. – Dirección General de Informaciones y Cultura. S. 341 u. 472.

2. Barros Arana, Diego: Historia General de Chile. – 14 Bände. – Santiago 1884–1902.

3. Barros Arana, Diego: Compendio de la Historia de América. Santiago 1865.

4. Barros Arana, Diego: Der Kriegszug des Diego de Almagro über die Kordillere (1535).
Übers. von E. Werner aus: Historia General de Chile, Tomo I. – Andina VI, 4. – Valparaíso 1928.

5. Berninger, Otto: Die chilenische Frontera als Landschafts- und Kulturscheide.
Geographische Zeitschrift (hrsg. v. Alfred Hettner). – 39. Jg., 7. Heft. – Leipzig / Berlin 1933. – S. 417.

6. Brackebusch, L.: Die Kordillerenpässe zwischen der argentinischen Republik und Chile.
Zeitschrift der Gesellschaft für Erdkunde. – Bd. 27. – Berlin 1892.

7. Darwin, Charles: Journal of Researches into the Geology and Natural History of the Various Countries visited during the Voyage of H.M.S. Beagle round the World.
London 1837.

8 Díaz Meza, Aurelio: Historia de Chile.
Santiago / Valparaíso 1915.

9. Espinoza, Enrique: Geografía Descriptiva de la República de Chile.
4a Edición: Santiago 1897.

10. Friederici, Georg: Der Charakter der Entdeckung und Eroberung Amerikas durch die Spanier.
Allgemeine Staatengeschichte (hrsg. v. Herm. Oncken). – II, 2. – Stuttgart / Gotha 1925.

11. Hennig, Richard / Körholz, Leo: Einführung in die Geopolitik.
5. Aufl.: Leipzig / Berlin 1938. – S. 38 u. 44.

12. Kaufmann, Gabriele: Ansiedlungen und Volksdichte in Chile.
Inaugural-Dissertation Heidelberg. – Ohne Jahresangabe. – S. 17.

13. Lufft, Hermann: Lateinamerika.
Leipzig 1930. – S. 114.

14. Martin, Carl: Landeskunde von Chile.
2. Aufl.: Hamburg 1923.

15. Maull, Otto: Politische Grenzen.
Weltpolitische Bücherei. – Berlin 1928. – S. 38.

16. Maull, Otto / Kühn, Franz / Troll, Carl / Knoche, Walter: Süd-Amerika in Natur, Kultur und Wirtschaft.
In: Handbuch der Geographischen Wissenschaft. – Wildpark Potsdam 1930

17. Morales Guiñazú, F.: El Camino del Inca.
Revista Geográfica Americana. – Buenos Aires 1934. – Año II, Vol. II, Núm. 14.

18. Oficina de Límites: Memoria sobre la Demarcación Arbitral de Límites entre Chile y la República Argentina.
Santiago 1904.

19. Ovalle, Alonso de: Histórica Relación del Reyno de Chile y de las Misiones y Ministerios que ejercita en él la Compañía de Jesús. Roma 1646. – In: Medina, J. T.: Colección de Historiadores de Chile. – Tomos XII–XIII, Libro I, Cap. 6. – Santiago 1888.

20. Poeppig, Eduard: Im Schatten der Cordillera, Reisen in Chile.
Bearbeitet von Wahrhold Drascher. – Stuttgart 1927. – S. 143–144.

21. Poeppig, Eduard: Reise in Chile, Peru und auf dem Amazonenstrom während der Jahre 1827–1832.
1. Bd. – Leipzig 1835.

22. Riso Patrón, Luis: Diccionario Geográfico de Chile.
Santiago 1924.

23. Riso Patrón, Luis: La Línea de Frontera con la República Argentina entre 27 – 50° S.
Comisión de Límites. – Santiago 1907.

24. Rosales, Diego de: Historia general del Reyno de Chile. 3 Tom. – 1674. – Publ.: Benjamín Vicuña Macckenna. – Valparaiso 1877 bis 78.

25. Samhaber, Ernst: Südamerika. Gesicht – Geist – Geschichte. Hamburg 1939. – S. 214–15 u. 432–37.

26. Samhaber, Ernst: Sudamérica. Biografía de un Continente.
Buenos Aires 1946. – Trad.

27. Steffen, Hans: Das chilenisch-argentinische Grenzgebiet.
Mitt. d. Vereins für Erdkunde. – XII, 4. – Leipzig 1902.

28. Steffen, Hans: Der Schiedsspruch im chilenisch-argentinischen Grenzstreit.
Petermanns Geographische Mitteilungen. – IXL, 1. – Gotha 1903.

29. Steffen, Hans: Weitere Beiträge zur Erforschungsgeschichte der südamerikanischen Kordilleren.
Ibero-Amerikanisches Archiv. – Jg. VIII, H. 1. – Berlin 1934.

30. Troll, Carl: Die geographischen Grundlagen der andinen Kulturen und des Inkareiches.
Ibero-Amerikanisches Archiv, Jg. 5. – Berlin 1931.

31. Varela, Luis: La République Argentine et le Chili. – Histoire de la Démarcation de leurs Frontières depuis 1843–1899.
2 Bde. – Buenos Aires 1899.

32. Wilhelmy, Herbert: Südamerika im Spiegel seiner Städte.
Hamburger romanistische Studien. – B, Bd. 23. – Hamburg 1952.

33. Zorrilla de San Martín, Juan C.: Historia de América.
2a Edición: Santiago 1933.

KARTENMATERIAL

34. Espinoza, Enrique: Atlas de Chile.
Santiago 1897.

35. Gay, Claudio: Atlas de la Historia Física y Política de Chile.
2 Bände. – Paris 1854.

36–38. Historische Karten:

1703: Carte du Paraguay, du Chili, Détroit de Magellan, & Terre de Feu: dans l'Amerique Meridionale.
Par la veuve de Nicolas Visscher.

1711: Partie la plus meridionale de l'Amerique, ou se trouve le Chili, le Paraguay, et les Terres Magellaniques avec les fameux Detroits de Magellan et de le Maire. – Par N. de Fer.

1733: Typus Geographicus. – Chili a Paraguay a Freti Magellanici, & c., ex PP. bg Alfonso d'Ovalle & Nicol. Techo nec non de Brouwer, Narbouroug, de Beauchesne &c. à Guiliel de l'Islio descripto, usw. – Norib. A. MDCCXXXIII.

39. Mapa de Chile.
Hrsg.: Departamento de Tierras y Colonización / Servicio de Mensura y Clasificación de Tierras. – 1 : 500 000. – Santiago 1928–30.

40. Mapas de la Comisión Chilena de Límites.
1 : 250 000. – Santiago 1904–12.

*

KARTEN

Tafel I. 1. Altchile und Cuyo.
„ II. 2. Historische Karte von 1711.
„ III. 3. Historische Karte von 1630.

BILDER

Tafel IV. Grenzkette in Mittelchile:
4. Laguna del Inca.
5. Sierra Negra.

„ V. Die Kordillere als Gebirgsmauer:
6. Transversalkette.
7. Elqui - Kordillere.

„ VI. Vergletscherung des Grenzkammes:
8. Gletscher am Vulkan San José.
9. Büßerschnee (Penitentes).

„ VII. Pässe:
10. Paßscharte der Santiaginer Hochkordillere.
11. Planchón - Paß.

„ VIII. Vulkanmassive als Grenze:
12. Vulkan Antuco.
13. Vulkan Peteroa.

„ IX. Hausformen:
14. Chilenisches Fundo - Haus.
15. Chilenisches Bauernhaus.

„ X. Altchilenisches Dorf (Pomaire):
16. Dorfkirche.
17. Gehöft.

„ XI. Bewohner der Kordillerentäler:
18. Chilenische Huasos.
19. Carretero und Capataz.

„ XII. Araukaner:
20. Araukanerin.
21. Araukanische Ruca.

KARTEN UND BILDER

Die Andengrenze von Altchile

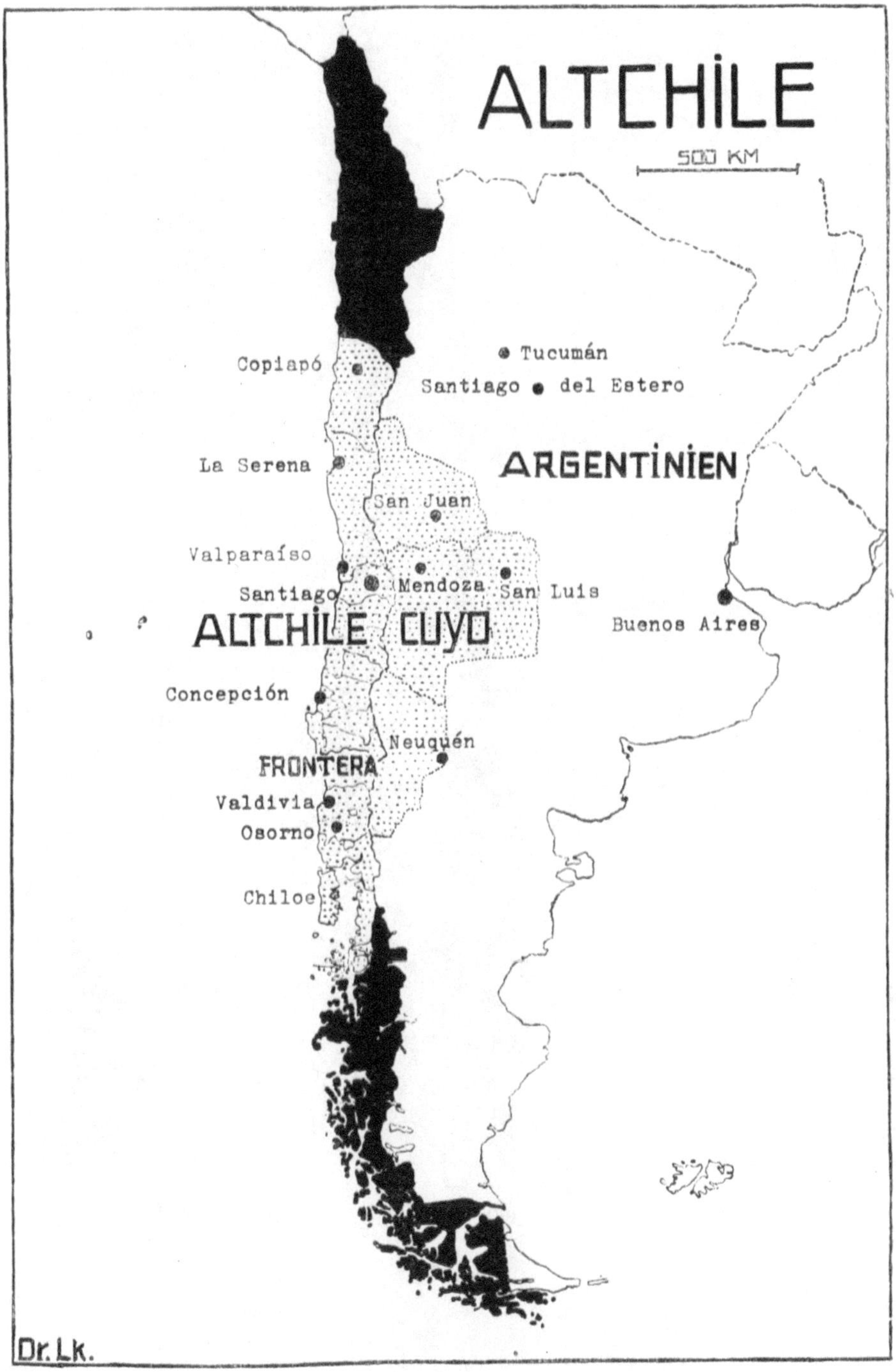

1. *Altchile und Cuyo.*

EHRFRIED LANKENAU

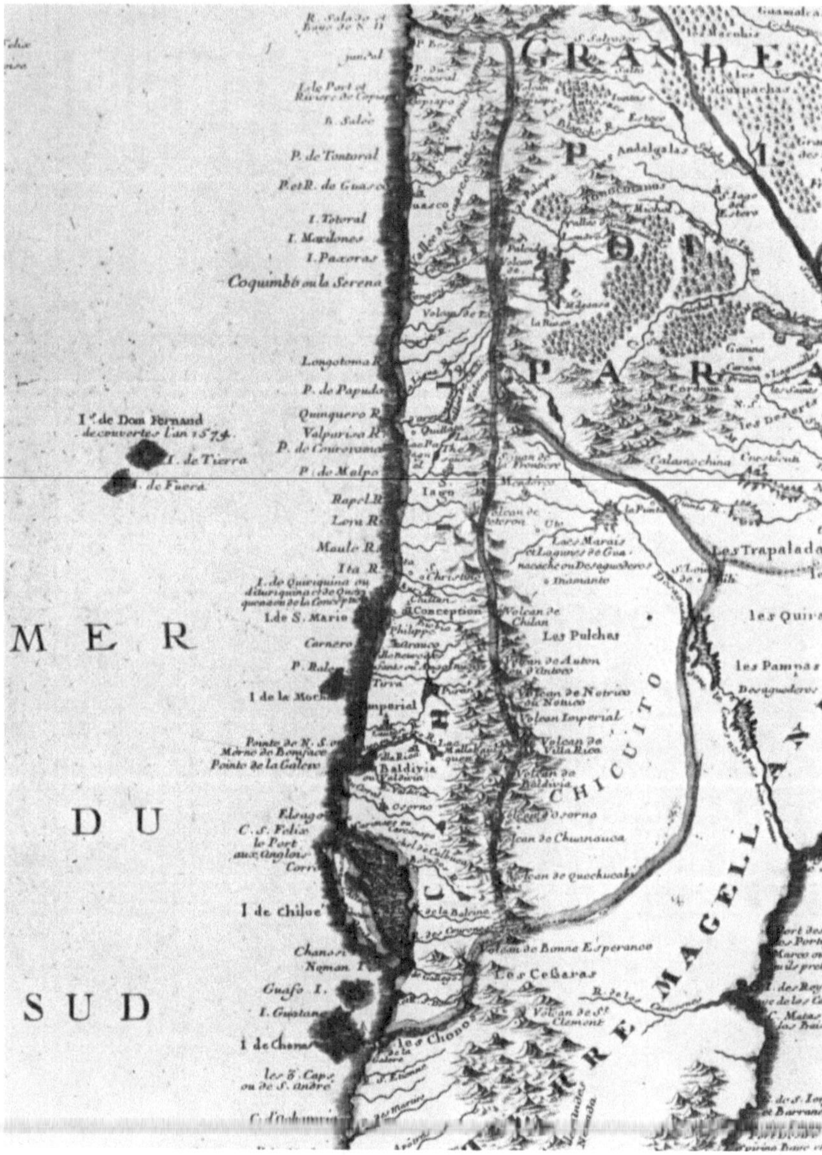

2. *Historische Karte von 1711*
Partie la plus meridionale de l'Amerique. (Fer.)

Die Andengrenze von Altchile

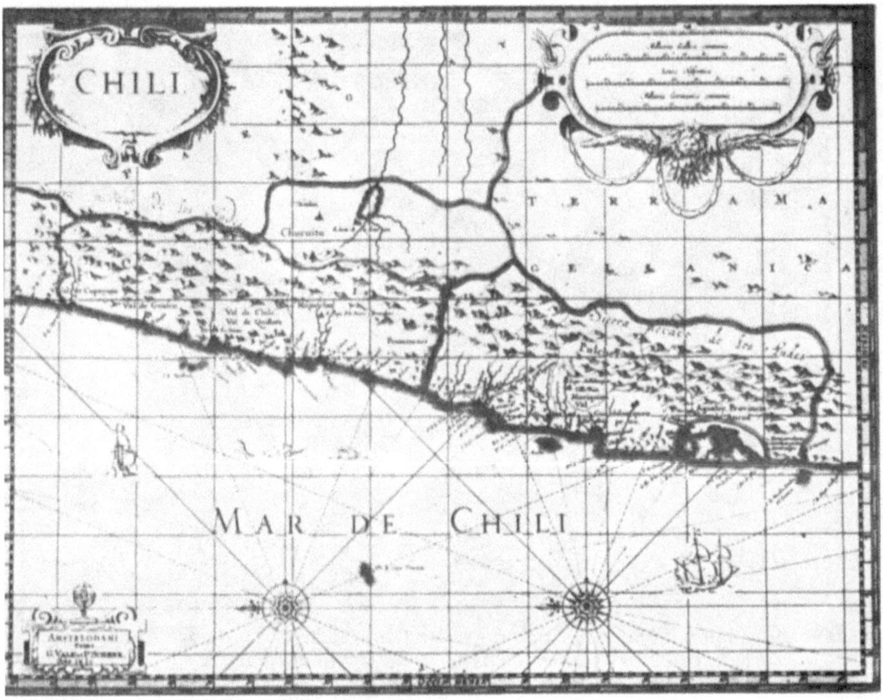

3. *Historische Karte von 1630.*
Chili. (Amstelodami: G. Valk et P. Schenk.)

Grenzkette in Mittelchile:

4. *Laguna del Inca:* dahinter der dreigipflige Ojos del Inca („Augen des Inka") – nahe dem Uspallata-Paß.

5. *Sierra Negra:* rechts der Nordhang des Vulkans Tinguiririca.

Die Kordillere als Gebirgsmauer:

6. *Transversalkette:* am Übergang zum Kleinen Norden – Cerro Lepirco – das tief eingeschnittene Sobrante-Tal.

7. *Elqui-Kordillere:* Grenzkette mit Cerro Tórtolas (6 300 m)

EHRFRIED LANKENAU

Vergletscherung des Grenzkammes:

8. *Gletscher am Vulkan San José:* nahe dem Paß Nieves Negras – vorn Mittelmoräne.

9. *Büßerschnee (Penitentes):* am Vulkan Petcroa.

Pässe:

10. *Paßscharte der Santiaginer Hochkordillere:* im Hintergrund Loma Larga (5 400 m) und Cortaderas (5 200 m)

11. *Planchón-Paß:* oberhalb der Teno-Seen am Fuße des Vulkankegels überquert der Saumpfad die argentinisch-chilenische Grenze – Gipfelhöhe des Planchón: 3 970 m

EHRFRIED LANKENAU

Vulkanmassive als Grenze:

12. *Vulkan Antuco:* Laja-Tal.

13. *Vulkan Peteroa:* rechts Planchón (3 970 m) – links Peñón (3 950 m) – vorn Ciegos-Hochtal.

Hausformen:

14. *Chilenisches Fundo-Haus:* Fundo La Palma am Río Laja – mit Tinaja.

15. *Chilenisches Bauernhaus:* Mittelchile

Altchilenisches Dorf: Pomaire im Maipo-Tale.

16. *Dorfkirche* in Pomaire.

17. *Gehöft* in Pomaire.

Bewohner der Kordillerentäler:

18. *Chilenische Huasos.*

19. *Carretero* (links) *und Capataz* (rechts).
Aus: Claudio Gay, „Atlas de la Historia de Chile", I, Tafel 18.

Araukaner:

20. *Araukanerin:* in Tracht und mit Schmuck.

21. *Araukanische Ruca:* Frontera.